辐射化学基础教程

彭 静 主编

彭 静 郝 燕 魏根栓 编著

北京大学出版社

PEKING UNIVERSITY PRESS

内 容 简 介

本书主要介绍了辐射化学的基本知识和基本研究方法。全书共 11 章。第 1 章概述辐射化学研究内容和学科的发展以及应用简介。第 2 章介绍辐射化学研究与辐射加工中常用的辐射源与辐照装置。第 3 章讲述电离辐射与物质的相互作用,重点介绍荷电粒子和电磁辐射与物质的相互作用。第 4 章介绍辐射剂量学(包括辐射剂量的测定)以及辐射防护的基本知识。第 5 章讲述辐射化学中瞬态产物(包括激发分子、离子、电子和自由基)的生成、性质和反应。第 6 章介绍脉冲辐解技术以及辐解动力学研究。第 7 章讲述液态水和稀水溶液的辐射化学,包括液态水、无机物稀水溶液和有机物稀水溶液的辐射化学。第 8 章讨论有机物的辐射化学研究进展。第 9 章讲述高分子辐射化学,包括辐射聚合和辐射接枝共聚、辐射交联、辐射降解。第 10 章介绍气体和固态无机物的辐射化学。第 11 章介绍辐射加工在材料改性、灭菌和保鲜以及纳米粒子合成等方面的应用现状和未来的发展方向。

本书侧重辐射化学的理论基础部分,同时兼顾了辐射加工应用的最新进展。可作为辐射化学与辐射工艺等大学本科生和研究生的教材,高等院校以及科研院所从事辐射化学和辐射工艺研究人员的参考书和培训教材。也可供从事放射化学、核燃料循环化学以及放射医学等方面的研究人员参考。

图书在版编目(CIP)数据

辐射化学基础教程/彭静主编;彭静,郝燕,魏根栓编著. —北京:北京大学出版社,2015.6
ISBN 978-7-301-25937-5

Ⅰ.①辐… Ⅱ.①彭…②郝…③魏… Ⅲ.①辐射化学-高等学校-教材 Ⅳ.①O644.2

中国版本图书馆 CIP 数据核字(2015)第 127959 号

书　　　名	辐射化学基础教程
著作责任者	彭　静　主编　彭　静　郝　燕　魏根栓　编著
责 任 编 辑	郑月娥
标 准 书 号	ISBN 978-7-301-25937-5
出 版 发 行	北京大学出版社
地　　　址	北京市海淀区成府路 205 号　100871
网　　　址	http://www.pup.cn　新浪官方微博:@北京大学出版社
电 子 信 箱	zye@pup.pku.edu.cn
电　　　话	邮购部 62752015　发行部 62750672　编辑部 62767347
印 刷 者	北京溢漾印刷有限公司
经 销 者	新华书店
	787 毫米×1092 毫米　16 开本　23.25 印张　580 千字
	2015 年 6 月第 1 版　2015 年 6 月第 1 次印刷
定　　　价	59.00 元

前　言

　　电离辐射与物质相互作用可引起物理、化学和生物三种效应。辐射化学就是研究电离辐射与物质相互作用所产生的化学效应的一门学科，是伴随核反应堆和加速器技术发展而产生的交叉学科，涉及能源、材料、环境、农业等诸多领域，是核技术应用领域的重要组成部分。此外，辐射化学是连接辐射物理和辐射生物学之间的桥梁，也是研究辐射生物学的基础。利用辐射化学的方法可以很容易地获得所需自由基，方便研究自由基或离子自由基的反应。利用辐射化学中的脉冲辐解技术可以研究化学反应中的快反应，为瞬态物种的化学动力学研究提供可靠和直观的研究手段。

　　其中，高分子辐射化学是辐射化学和高分子学科的交叉领域，高分子辐射化学的研究推动了辐射加工工艺的产生和发展。由于辐射加工技术具有应用面广、能耗低、无污染、技术附加值高等优点，被誉为"绿色加工产业"。目前国际上辐射加工已形成一种重要的产业，高分子辐射加工已被用于制备高性能热缩材料、电线电缆、发泡材料、橡胶轮胎等，产生了巨大的经济效益和社会效益。近些年来，随着环境保护的迫切需要，医疗卫生用品的辐照灭菌和食品辐照保鲜，以及"三废"的辐照处理也被广泛应用。

　　由于电离辐射是自然界固有的特征之一，它来自宇宙空间，也来自人类居住的地球。同时核电、核试验、核武器、放射医疗等人为放射源也会给人类生命带来影响。为了合理地利用电离辐射，有效地保护人类和环境，并为人类造福，需要我们了解和掌握辐射化学的基本知识。

　　1960 年北京大学在国内首次开设辐射化学课程，1993 年北京大学的吴季兰和戚生初主编，由原子能出版社出版了国内第一本《辐射化学》教材。本书在该书的基础上进行了改编：主要在辐射剂量学部分增加了辐射防护基本知识，深入介绍了脉冲辐解研究的方法；精简了气体、固体无机物和有机物的辐射化学部分，增加了辐射化学应用部分；并对辐射化学的最新研究进展进行了简要介绍。同时，本书每一章中给出了一些例题，并在每一章后面增加了小结和思考题部分，有助于读者有重点地阅读、学习和加深理解。本书可作为高校辐射化学、辐射加工、辐射生物学、核农学、放射医疗等专业本科生和研究生的教材，也可作为相关专业的参考教材，以及从事辐射加工工艺研究和开发人员的培训教材。

　　本书侧重介绍辐射化学的基本概念、基础知识和基本研究方法。全书分为 11 章：绪论、辐射源与辐照装置、电离辐射与物质相互作用、辐射剂量学、电离辐射中的瞬态产物、脉冲辐解、液态水和稀水溶液的辐射化学、有机物的辐射化学、高分子辐射化学、气体和固态无机物的辐射化学，以及辐射化学的应用。在辐射化学应用部分，结合编者所从事的科研领域以及产业化实例进行了介绍。

　　本书由彭静主编。第 1、3～8、10 章由彭静编写；第 2、9 章由郝燕编写初稿，彭静修改；第 11 章由魏根栓编写。

　　本书撰写过程中得到了魏根栓教授、翟茂林教授、吴季兰教授、姚思德研究员和张利华研究员的大力支持与帮助,他们为全书的提纲和内容的编写提供了很多宝贵的意见,在此表示深深的谢意。同时,敖银勇、王硕珏、徐敏、周瀚洋也参与了本书部分图表、附录等内容的绘制和录入,这里也一并表示感谢。

　　由于水平限制,本书还存在很多不足之处,恳请读者批评指正。

编　者

2014 年岁末于北大技物楼

目　　录

第1章 绪 论

1.1 辐射化学的内容和特点

辐射化学(radiation chemistry)这个名称是 1942 年由美国伯顿(Burton M)提出的,在此之前,由于它和放射化学(radiochemistry)学科有着密切的关系,例如(n,γ)反应[①]产生的反冲原子核常具有较高的能量,它在介质中减速时使周围的分子(或原子)电离和激发产生辐射化学效应。在使用和储存放射性核素及其标记化合物时也常伴有辐射化学效应,因此人们把辐射化学作为放射化学的一个分支。实际上,辐射化学和放射化学两者无论在基础理论或在研究目标方面都是不同的。放射化学是研究放射性核素的化学行为的化学分支学科;辐射化学则是研究电离辐射与物质相互作用所产生的化学效应的化学分支学科。1961 年,美国辐射化学之父林德(Lind S C)对辐射化学进行了定义:"Radiation chemistry is the science of the chemical effects brought about by absorption of ionizing radiation."因此,**辐射化学是研究物质吸收电离(高能)辐射后所引起的化学效应的科学**。这里**电离辐射**(ionizing radiation)指能导致中性物质分子或原子电离的辐射。在辐射化学研究中,常用的电离辐射有:①波长小于 30 nm(即能量相当于 41.3 eV)的电磁辐射[②];②高能荷电粒子(电子、质子、氦核、反冲核以及高能核分裂碎片等);③快中子;④放射性物质核衰变放出的 α、β、γ 射线。这些辐射具有的能量远大于原子(分子)的电离能(约 5~25 eV),它们作用于物质时,致使原子或分子电离和激发,所以电离辐射也称高能辐射。电离辐射在物质中产生的离子和激发分子在化学上是不稳定的,会迅速转变为自由基和中性分子,并引起复杂的化学变化。辐射化学的任务就是,研究体系中所发生的化学变化并把它们分类;研究这些变化与

---

① (n,γ)反应:指中子辐射俘获,即中子被靶核俘获,发射一个或数个 γ 光子的过程。

② 电磁辐射(electromagnetic radiation):是以电磁波或光子形式传递能量的方式。包括致电离的电磁辐射(如 X 和 γ 射线)和非电离辐射[如微波、可见光、无线电波、紫外线辐射(除非常短的波长以外)]。因此,电磁辐射与电离辐射含义有交叉,也有区别。

环境的关系以及了解为什么产生这类变化等等。目前已经知道的辐射诱导的化学变化主要有：辐射分解，辐射合成，辐射聚合，辐射降解、交联以及辐射氧化还原，氢化和异构化等，这些化学过程将在本书的其他章节中给予详细介绍。

辐射化学的特点如下：

（1）辐射化学体系中，电离辐射给反应体系提供能量。因此，必须有辐射源或者辐射装置。第2章将具体介绍辐射化学中经常使用的辐射源和辐射装置。

目前跟电离辐射有关的仪器或设施通常采用三角三叶形警示标志[图1.1(a)]。2007年2月15日一个新的电离辐射警示标志出台，以作为传统的三角三叶形国际辐射标志的补充。该标志由辐射波、骷髅头加交叉的股骨图形，以及一个奔跑的人形组成[图1.1(b)]。国际原子能机构(IAEA)和国际标准化组织(ISO)启用上述新标志的目的是，帮助减少大型辐射源事故性照射造成的不必要死亡和严重伤害。新标志旨在警示任何地方的任何人注意靠近大型电离辐射源的潜在危险，这是在全世界11个国家实施的一个为期5年的项目所取得的成果，目的是确保其"危险-远离"的信息非常清晰，并为所有人所理解。

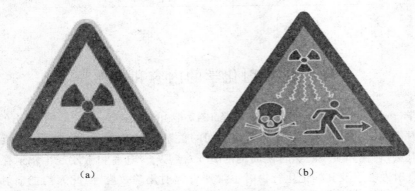

（a）　　　　　　　　　　　　　　　　（b）

图1.1　电离辐射的警示标志：(a) 常用标志；(b) 补充标志

（2）高度的学科交叉性。由于辐射化学是研究电离辐射与物质的作用，因此不仅需要了解辐射物理、放射化学的相关知识，对于不同物质还需要了解物质的特征和反应，比如高分子科学、无机化学和有机化学等相关知识。此外，辐射化学是辐射生物学、辐射医学的基础，只是研究的观点、方法和直接研究的对象有所不同。辐射化学是生命力很强的边缘学科之一，它与辐射物理、放射化学、光化学、化学反应动力学、高分子化学、辐射生物学以及放射医学等领域都有着密切关系。

（3）反应体系非常复杂。由于电离辐射的能量可以使中性物质发生电离和激发，选择性差，所以体系中的所有物质在电离辐射作用后都可以发生反应，导致辐照后产物种类繁多、复杂。

（4）与光化学的关系更为密切。这一点将在1.2.3节中给予详细讨论。

1.2　辐射化学与其他学科的关系

1.2.1　与一般化学的区别

辐射化学必须有辐射源，比如放射性核素源和电子加速器等辐照装置，具体内容将在第2章进行详细介绍。而且研究辐射化学的初、次级过程，要求有许多新技术和设备，比如激光光解装置和脉冲辐解装置等，该设备的原理及其应用将在第6章进行详细介绍。此外，衡量辐射化学变化的量，一般采用**辐射化学产额**或者 **G 值**表示。这里 **G 值**定义为**物质每吸收 100 eV 能量在物质中所引起化学变化的分子数、离子数、自由基数或电子数等，单位为个数 · 100 eV^{-1}**。[①] 辐射化学产额的国际(SI)单位为 mol · J^{-1}。辐射化学产额国际单位与 G 值定义单位的换算关系为 1 个数 · 100 eV^{-1}＝1.036×10^{-7} mol · J^{-1}。

1.2.2　与放射化学的区别

放射化学(radiochemistry)是研究放射性元素及放射性同位素的化学变化，即研究与放射性核素性质变化有关的科学。所研究的物质都具有放射性。

辐射化学(radiation chemistry)是研究核外电子变化的科学，即研究物质与电离辐射相互作用后产生的化学效应的科学。辐射化学由于来源于放射化学学科，研究过程中也需要了解放射化学的知识，涉及剂量的探测和辐射防护。通常所研究的物质不具有放射性。

1.2.3　与光化学的区别

辐射化学的发展除了与放射化学有关外，与光化学有着更加密切的关系，辐射化学的许多理论都是建立在光化学研究的基础之上的。这两门学科之间存在着许多共同点，例如体系吸收能量后产生激发分子和自由基中间产物，有类似的次级反应等，因此辐射化学和光化学之间没有真正的界限，从某种意义上讲，可以把辐射化学看做是光化学的一个分支。但是，习惯上把光谱的紫外区和可见光区中波长较长(即能量较低)的电磁辐射与物质相互作用引起的化学变化称为光化学，而将能量大于约 40 eV 的电磁辐射产生的化学效应归入辐射化学。图 1.2 为电磁辐射波谱。对于光谱紫外区和可见光区中波长较长的电磁波，它们的能量与原子、分子的电子激发能是同一量级(表 1.1)，因此它们被物质吸收时主要使物质的原子或分子激发：

$$A + h\nu \longrightarrow A^*$$
(1-1)

式中，* 表示原子或分子处于电子激发状态。由(1-1)反应式产生的激发分子引起的化学变化构成了光化学反应。由图 1.2 和表 1.1 可知，电磁辐射包括电离辐射和非电离辐射，电离辐射与物质的作用就涉及辐射化学，而 150～800 nm 波长的电磁辐射与物质的作用就涉及光化学。

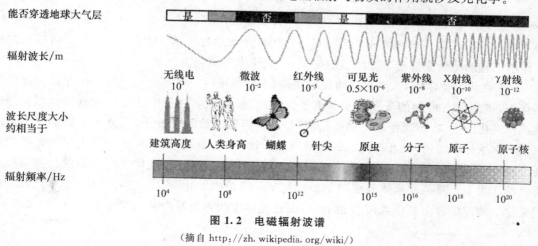

图 1.2　电磁辐射波谱

(摘自 http://zh. wikipedia. org/wiki/)

[①]　G 值的单位在早期书和文献中常被略去不写。本书中为了方便讨论，在描述 G 值时省去单位，仅以数字显示。

表 1.1　电磁辐射的能量

电磁辐射	波长/nm	频率/Hz	能量/eV	备　注
可见光区	760~400	$(3.95~7.50) \times 10^{14}$	1.63~3.1	
近紫外区	≈300	≈1.00×10^{15}	4.1	光化学范围
远紫外区	≈200	≈1.50×10^{15}	6.2	
舒曼紫外区*	≈150	≈2.00×10^{15}	8.2	
极紫外线	121~10	≈$(0.3~3) \times 10^{16}$	10.2~124	
长波 X 射线	≈30.0	1.00×10^{16}	41.3	辐射化学范围
短波 X 射线	≈0.100	3.00×10^{18}	12 377	
γ 射线	≈1.00×10^{-3}	3.00×10^{20}	1 237 705.6	

* 舒曼紫外区(120~200 nm);1893 年,德国物理学家维克托·舒曼发现,低于 200 nm 的紫外线辐射会被空气强烈地吸收,称之为真空紫外线(VUV)。因此,舒曼紫外区也称为真空紫外区。

由于辐射化学和光化学所用的能量不同,因此两者也存在很多差别。这些差别主要由于引发反应的辐射能不同,导致能量吸收的初级物理过程和化学过程不同,以及原初化学粒种的性质及其空间分布不同。差别主要表现在以下几方面:

(1) 辐射化学中常用入射粒子的能量很高(keV~MeV),其值远大于原子和分子的电离能(5~25 eV,如 H_2,15.4 eV;CH_4,13.07 eV;He,24.58 eV)及化学键能(2~10 eV),因此它与物质相互作用时,不仅可使物质的分子激发,而且可使物质的分子电离,形成正离子和电子。一个入射粒子损失其全部能量,可使许多分子电离和激发,例如能量为 1 MeV 的电子在气体中损失它的全部能量,可产生约 3×10^4 离子和约两倍于此值的激发分子。显然,在辐射化学中,激发和电离过程是同等重要的。由于光化学中光子的能量接近于分子的电子激发能,因此能量吸收的初级物理过程主要为激发过程。在某些情况下,如双光子作用时,也伴有光电离过程,例如用汞弧光(183.2 nm)照射 NO 分子,主要为光激发解离。

$$NO + h\nu \longrightarrow N \cdot + O \cdot \qquad (1\text{-}2)$$

但若用 123.0~140.0 nm 或小于 123.0 nm 的紫外线照射时,则可发生光电离过程。

$$NO + h\nu \longrightarrow NO^{\overset{\bullet}{+}} + e^- \qquad (1\text{-}3)$$

$$NO^{\overset{\bullet}{+}} + e^- \longrightarrow NO^{\neq} \longrightarrow N \cdot + O \cdot \qquad (1\text{-}4)$$

$NO^{\neq}$ 表示该分子处于高激发态。反应(1-1)表明,光化学过程是一次性的,即光子通过一次相互作用把它的能量全部给予被激发的分子,而光子本身消失。

(2) 在辐射化学中,入射粒子的能量很高,入射粒子可与路径上的任何分子在任何部位发生作用,产生所有可能的激发分子和离子。因此,辐射化学过程中的激发和电离作用无选择性。在光化学中,入射光子的能量按反应(1-1)全部传递给激发分子,而分子所处的能态是由量子力学条件决定的,只有当光子的能量满足跃迁条件(即 $\Delta E = h\nu$),且两个不同能态间的跃迁为允许跃迁[①]时,反应(1-1)的光激发过程才能发生,也就是说,光化学中光激发过程是有选择性的。表 1.2 是某些单体分别用 303~313 nm 的光和 γ 射线引发时测得的自由基产额。辐射化学中测得的自由基产额用 G 值表示,而光化学中的自由基产额用光量子产额[②] ø 来表示。

---

① 允许跃迁,跃迁概率大,吸收强度高;禁阻跃迁,跃迁概率小,吸收强度弱,甚至观察不到。

② 光量子产额:又称量子产率(quantum field),衡量一个光量子引发指定物理或化学过程的效率,即引发指定物理或化学过程的速率与吸收光子的速率之比。

比较表 1.2 中的自由基产额可以看出,用 γ 射线引发时,自由基产额受单体结构的影响远比用紫外光引发时小,即光化学过程中光吸收具有选择性。在表中所列的单体中,甲基丙烯酸甲酯对该范围的光选择性吸收最强。如果选用单色光,则在体系的某一组分上可产生单一的电子激发态,因此通过选择光的波长可得到所希望的激发态。

表 1.2　一些单体和光、γ 射线作用后得到的自由基产额

单　体	G 值	相对值	ϕ	相对值
苯乙烯	0.6	1	0.001	1
甲基丙烯酸甲酯	4.0	7	0.12	120
乙酸乙烯酯	8.0	13	0.003	3
丁酸乙烯酯	4.8	8	—	—

* G 为辐射化学产额(个数·100 eV^{-1});ϕ 为光量子产额(自由基数·吸收单位光量子$^{-1}$)。

　　(3) 辐射化学过程和光化学过程产生的活性粒子种类及在空间的分布不同(图 1.3)。辐射化学过程中除入射粒子作用于物质引起分子激发和电离外,原初电离作用产生的次级电子往往具有足够的能量,它们在穿过物质时也可使物质分子激发和电离,所以辐射与物质相互作用的原初过程导致沿着入射粒子的径迹产生像一串葡萄似的、一组组紧挨在一起的激发分子和离子的群团,这些物种不稳定,会继续反应生成自由基等。因此,在辐射化学中产生的活性粒子包括离子、电子、激发分子和自由基,它们主要集中在入射粒子的径迹周围[图 1.3(a)],在体系中分布不均匀。而在光化学研究的体系中,主要生成激发分子,而且可与光量子发生作用的分子或原子在统计意义上是均匀分布的,因此光激发过程完全是一个随机过程,形成的激发分子基本上也是均匀分布的[图 1.3(b)],它的浓度很低,只能与周围正常的分子作用。

　　光化学中形成的激发分子的性质可从光谱研究得到。在辐射化学中,除了快电子可以产生光化学上允许的激发态以外,慢电子、离子的中和过程都可导致三重激发态,这些激发分子的性质还不是很清楚。辐照过程中还常常形成负离子,因此,辐射化学过程比光化学过程复杂得多。

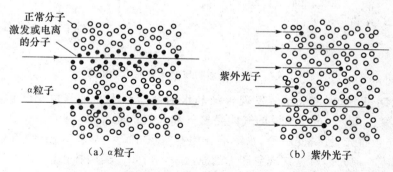

图 1.3　辐射化学过程和光化学过程产生的活性粒子在空间的分布

　　(4) 由于辐射化学过程中激发和电离作用是非选择性的,辐射能主要由溶剂分子吸收(当溶质浓度不太高时)。在光化学中光吸收是选择性的,因此通常是溶质分子吸收能量。

　　总之,辐射化学是生命力很强的边缘学科之一,它与辐射物理、放射化学、光化学、化学反应动力学、高分子化学、辐射生物学以及放射医学等领域都有密切的关系。

1.3　辐射化学学科的发展

1.3.1　辐射化学发展历史

由于辐射化学是从放射化学中发展出来的一门新学科,所以要了解辐射化学的发展历史,就离不开放射化学的发展史。

1. 早期阶段(1895—1942)

著名科学家居里夫妇(Curie M & Curie P)继德国科学家伦琴(Röentgen W C)于 1895 年发现了 X 射线和法国科学家贝克勒尔(Becquerel A H)发现放射性现象之后,从沥青铀矿中发现了钋 Po 和镭 Ra,并分离得到了一定量的镭,为辐射化学研究提供了最早的辐射源。因此,早期工作主要集中在以镭为辐射源,对气体的辐射化学研究上,对水溶液研究得较少,且主要是现象观察和定性研究。

1899—1900 年,英国科学家卢瑟福(Rutherford E)对铀进行研究,提出了两种类型的射线:一是 α 射线,当时不清楚其特性;二是 β 射线,表现为阴极射线电子。法国维拉德(Villard P V)同样对铀进行了研究,发现了与 α、β 射线不同,具有很强穿透能力的射线,命名为 γ 射线。至此,3 种射线被发现,并成为辐射化学中主要的电离辐射源。目前这 3 种射线已经研究得比较清楚,α 射线是氦核流,β 射线是高速的电子流,γ 射线是穿透力极强的光子流。它们穿透物质的能力有所不同,如图 1.4 所示。对比 3 种射线,α 射线用一张纸就可以阻挡;β 射线可以穿透纸,但被铝板所阻挡;γ 射线穿透力最强,可以穿过混凝土,但可以用铅来阻挡。有关电离辐射与物质的相互作用过程将在第 3 章进行介绍。

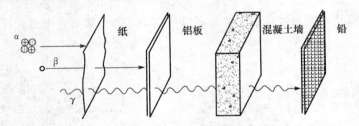

图 1.4　不同射线对物质的穿透能力示意图

在这段时期里,1901 年 Curie 发现含结晶水的镭盐会不断地释放出气体,1902 年英国 Ramsay W S 和 Soddy F 证实生成的气体是氢气和氧气。此外,研究者们还观察到辐照后玻璃变色、照相底板感光、红磷变白磷、水溶液冒泡和空气中产生臭氧等,意味着辐射化学在 19 世纪末已经诞生。但人们对这些现象产生的原因一无所知。美国林德(Lind S C)对早期辐射化学的研究作出了重要贡献,被认为是美国辐射化学之父。他广泛研究了 α 射线对气体的作用,1912 年发现在 α 射线的辐照下,简单气体物质可转变为气体混合物。碳氢化合物辐照后转变成比母体化合物分子量[1]大(或小)的碳氢化合物的混合物。他强调,这些变化与 α 粒子在气体中的电离作用有关。1910 年,Lind 通过研究 α 射线在气体中产生的离子对数目和发生

---

① 　分子量:全称为相对分子质量。另外,本书亦将相对原子质量简称为原子量。

化学变化的分子数之间的关系,首先用**离子对产额**(ion pair yield)定量表示了气体的辐射化学效应。离子对产额 Y 定义为

$$Y = M/N \qquad (1\text{-}5)$$

其中,M 是体系中变化(消失或生成)的气体分子数,N 为形成的离子对数目。固体无机物和气体的辐射化学将在第 10 章进行讨论。

20 世纪 20 年代,医用 X 射线机的研制成功为辐射化学研究提供了穿透能力较强、更适于液体和固体研究的辐射源。随着 X 射线用于医疗,X 射线的生物效应的研究工作也得到发展,从而促进了水和水溶液辐射化学的研究。1927 年美国科学家 Fricke H 的工作对水和水溶液辐射化学的发展起着重要的作用,他研究了许多无机和简单有机物的水溶液体系,发现照射过程中存在着氧化还原反应,如反应(1-6),这里"⟶〰〰⟶"表示该反应为体系吸收了电离辐射能后所发生的反应,是辐射化学中专有的符号。并据此于 1929 年提出将硫酸亚铁体系作为测定 X 射线的剂量计,该剂量计也被称为 Fricke 剂量计。这标志着辐射化学研究进入了定量阶段。从此辐射剂量学也快速发展起来。第 4 章将对辐射剂量学的基本知识进行介绍。

$$Fe^{2+} \;\xrightarrow{\;\sim\!\!\sim\!\!\sim\;}\; Fe^{3+} + e^- \qquad (1\text{-}6)$$

这段时间,用离子对产额(M/N)来定量表示液相中的辐射化学效应时遇到了困难,因为在液相中形成的离子对数目不清楚。由于体系吸收的能量可以被准确测量(如用 Fricke 剂量计),因此用辐射化学产额 G 替代离子对产额是方便的。此时,**G 值**(G value)**定义为体系中吸收 100 eV 能量所变化(形成或破坏)的分子数**。$G(x)$ 表示体系每吸收 100 eV 能量生成产物 x 的分子数;$G(-x)$ 表示体系每吸收 100 eV 能量,物质 x 分解的分子数;$G(x)_\alpha$ 表示用 α 射线照射时形成产物 x 的产额。这里 G 和 M/N 有下列关系:

$$G = (M/N) \times (100/W) \qquad (1\text{-}7)$$

式中,W 为气体中形成一对离子对所需的平均能量。若 W 值近似地取 33.97 eV,则

$$G \approx 3M/N \qquad (1\text{-}8)$$

即气体的辐射化学产额近似为离子对产额的 3 倍。

从此,辐射化学从放射化学中独立出来,成为一门新兴学科。

2. 发展期(1942—1980)

1942 年以后,原子能事业迅速发展,各种粒子加速器和反应堆相继建立,为辐射化学研究提供了强大辐射源,其中值得一提的是反应堆,它对开展辐射化学研究提供了方便、廉价和高比活度[①]的放射性核素源,为推广辐射化学研究打下了基础。各种实验技术(如核素标记技术、电子自旋共振技术、质谱、红外光谱、核磁共振技术以及色谱技术等)和其他学科(如光化学和化学动力学等)的进展,使辐射化学研究进入了一个新阶段。另一方面,原子能事业迅速发展又向辐射化学家提出了许多需要迫切解决的问题,例如辐射损伤问题(包括反应堆内部元件的辐射损伤、核燃料后处理过程中萃取剂的辐射损伤以及生命系统的辐射损伤等)、抗辐射材料的研究以及巨大的辐射能的利用等等。所有这些使得辐射化学无论在基础理论方面的研究,还是在辐射工艺方面的研究都取得了飞速的发展。

20 世纪 60 年代,脉冲技术的发展为研究短寿命中间产物的吸收光谱和衰变动力学创造

---

① 比活度:每单位质量放射性核素的活性。单位:$Bq \cdot g^{-1}$ 或 $Ci \cdot g^{-1}$。

了条件,使我们能观察到在微秒或更短的时间标度内产生的过程,加强了辐射化学基础理论的研究。例如,在此之前,许多研究者(如美国 Allen A O,以色列 Czapski G 等)曾指出,水和水溶液的辐解,除了产生氢原子以外,还产生一种带单位负电荷的还原性粒种。这种带单位负电荷的还原性实体(即水化电子)的存在,最终被美国 Hart E J 和 Boag J W 用 10^{-6} s,即微秒量级的电子束脉冲辐照无氧水所证实。有关辐射化学中的瞬态物种以及脉冲辐解研究将分别在第 5 章和第 6 章进行介绍。

这一时期各种体系主要是水体系的辐射化学研究广泛,对液态水的辐解机理也越来越清楚。因此,第 7 章将介绍液态水和稀水溶液的辐射化学,第 8 章介绍有机物的辐射化学。

3. 应用发展时期(20 世纪 70 年代—21 世纪初)

第二次世界大战结束后,辐射化学发展非常迅速,这可能有两个原因:①生产和科学技术的发展为辐射化学研究创造了条件;②辐射化学对其他学科以及技术领域中的一些问题提供了解决的方法。由于第二个原因,辐射化学已渗入到诸如生物学、医学、材料学、半导体学科以及环境科学等各个学科领域和国民经济的许多部门,推动着科学技术和工农业生产的发展。

自 20 世纪 60 年代以辐射法替代催化法合成溴乙烷以来,辐射化学在工业方面的应用已逐渐形成一种加工工艺——辐射工艺(radiation processing),它们以核辐射(主要为 γ 辐照)或加速器产生的电子束作为一种有效手段生产优质的化工材料,或用于食品辐照、医疗用品消毒等。例如,聚丙烯酰胺(PAM)作为高效絮凝剂、稠化剂、选择性堵水剂、稳定剂、纸力增强剂(纸张增强剂)等,已在冶金、石油、纺织、造纸等部门得到广泛应用。由于化学引发聚合得到的 PAM 含水量高,储存稳定性差,水溶性低,运输、使用和储存都不方便,因此,国内外开始采用辐射引发聚合来生产高质量的 PAM 产品。此外,辐射化学对农业的促进也很明显,如农产品的辐射加工,包括食品的储存、保鲜及灭菌消毒。由于高分子材料的辐射加工非常有效,也促进了高分子辐射化学的发展。有关高分子辐射化学的基本原理将在第 9 章进行介绍。

随着核能转为民用,核工程中的辐射化学研究发展迅速。以普雷克斯(Purex)萃取分离流程为代表的湿法后处理工艺是目前唯一实现工业化的乏燃料后处理流程。因此,对于后处理流程中的分离试剂的辐射化学研究非常必要。北京大学、中国科学院上海应用物理研究所、中国原子能科学研究院、上海大学等对 Purex 流程中磷酸三正丁酯(n-TBP)萃取体系的辐射化学问题进行了系统的研究,主要贡献包括:①萃取剂及其萃取体系辐解产物的定性与定量分析;②萃取剂的辐解动力学、能量转移以及辐解机理研究;③辐照对萃取体系物性以及萃取性能(包括对金属离子的保留)的影响;④萃取剂的辐射保护等。这些研究成果为我国建立基于 Purex 流程的乏燃料后处理体系奠定了基础。

中国工程物理研究院针对核反应堆中材料的辐射老化与安全性进行了研究,主要贡献包括聚氨酯泡沫、硅橡胶泡沫、氟橡胶和环氧树脂等材料的辐射老化。考察了剂量、剂量率、辐射类型等对辐照后材料的气体辐解产物、力学性能以及热性能的影响。

辐射化学研究不仅具有生产实践上的意义,而且对于基础理论和科学发展也具有重要的意义。由于脉冲辐解技术是研究短寿命化学物种的强有力方法,它不仅适合于辐射化学过程中发生的化学机理和瞬态物种作用研究,也适合于任何普通化学或者生物化学过程中的化学机理与瞬态物种研究。比如 1962 年,美国 Hart 和 Boag 利用微秒脉冲辐解方法证实了水化电子的存在,这也佐证了 Keene 在液氨中发现的亚稳态溶剂化电子存在的合理性。因此,辐射化学的基础研究也促进了化学基础理论的研究。

此外,辐射化学的研究不断与辐射损伤和肿瘤治疗,以及与此有关的生物化学基础理论相结合。这段时期主要的研究方向有:

(1) 研究抑制辐射损伤和用于肿瘤治疗的辐射保护剂和敏化剂及其反应机制。研究发现,用 5-溴脱氧尿苷(BUdR)部分取代干细菌(microccus denitrificans)中 DNA[①] 的胸腺嘧啶脱氧核糖核苷(TdR),并以 X 射线辐照,当 X 射线能量略大于 Br 原子的 K 吸收带[②] 的边界时,其单位剂量的死亡率增高,这一结果可能对肿瘤治疗有用。

(2) 研究胶束界面水溶液辐射化学以模拟生物体系的辐射损伤过程,即模拟细胞膜反应。模拟细胞膜反应主要有两种:研究胶束界面的辐射化学效应;研究单分子层类脂物[③] 的辐射化学效应。

研究发现,在 N_2-H_2O 界面用电子束照射单分子层类脂物(例如丙烯酸十八醇酯和甲基丙烯酸十八醇酯),其辐射化学效应为聚合作用,而硬脂酸乙烯醇则水解为单分子层硬脂酸。20世纪 90 年代开始加强了对超氧自由基离子 $\cdot O_2^-$ 的研究,$\cdot O_2^-$ 离子比较稳定,在辐射损伤中起重要作用。据报道,$\cdot O_2^-$ 离子可能引起癌症,其作用机理可能为

$$Fe^{2+}(酶蛋白中) + \cdot O_2^- + 2H^+ \longrightarrow H_2O_2 + Fe^{3+} \tag{1-9}$$

$$\cdot O_2^- + H_2O_2 \longrightarrow O_2 + OH^- + \cdot OH \tag{1-10}$$

生成的 $\cdot OH$ 自由基作用于构成 DNA 的嘧啶(或嘌呤)碱基,导致 DNA 受到损伤。

$$(1-11)$$

过氧化物 A 是致突变物质。超氧化物歧化酶 SOD 具有歧化 $\cdot O_2^-$ 离子成为 O_2 和 H_2O_2 的功能,从而对生物体内 $\cdot O_2^-$ 离子的含量进行调节。

1.3.2 辐射化学现状与发展趋势

目前辐射化学研究主要集中在辐射化学基础研究、高分子辐射化学与辐射加工、核工程中的辐射化学、环境治理中的辐射化学以及与生命体系相关的物质的辐射化学研究等。从长远

---

① 脱氧核糖核酸(deoxyribonucleic acid,缩写为 DNA):又称去氧核糖核酸,是一种生物大分子,可组成遗传指令,以引导生物发育与生命机能运作。

② 吸收带:是指吸收峰在紫外光谱中的波带位置。K 吸收带多由含有共轭双键(如丁二烯、丙烯醛)等化合物产生的一类谱带,其强度较大,吸收峰通常在 217~280 nm 之间。

③ 类脂物:主要是指在结构或性质上与油脂相似的天然化合物。它们在动植物界中分布较广,种类也较多,主要包括蜡、磷脂、萜类和甾族化合物等。

观点看，辐射能化学储存的研究对辐射化学应用会起重要的作用。下面分别讨论几个主要研究领域的研究现状和发展趋势。

1. 辐射化学的基础性研究

辐射化学的基础研究主要涉及辐射化学的基本过程和辐射效应。由于电离辐射与物质作用的过程中，在时标为 $10^{-18} \sim 10^{-15}$ s 内主要发生物理过程，在 $10^{-14} \sim 10^{-11}$ s 内主要发生物理化学过程，而在 10^{-11} s 以后，通常持续时间 $t > 10^{-8}$ s 内主要发生化学反应。为了研究辐射化学的基本过程，就需要有对应的不同时间分辨率的脉冲辐解装置。随着飞秒激光技术及加速器技术的发展，使超短脉冲束流技术得以实现。超高时间分辨的脉冲辐解装置是 20 世纪 90 年代开始发展起来的新技术，对观察辐射化学初始反应过程非常重要。通过采用一系列先进的分析检测技术，可以使脉冲辐解装置的时间分辨率达到 10^{-12} s 即皮秒(ps)甚至亚皮秒[1]，日本东京大学、日本大阪大学、法国巴黎南大学、美国布鲁克海文(Brookhaven)国家实验室、日本早稻田大学等都先后建成了 ps 脉冲辐解装置。利用这些装置可以观察更短时间内的初始辐射化学反应过程，因为大多数化学基元反应，如电子的溶剂化过程、偕离子对复合、溶液中激发态生成与衰减、纳米粒子的成核-生长过程以及刺迹中电子转移和反应等都是在 ps 甚至亚皮秒内发生的，因此这将有利于辐射化学反应过程的深入认识。比如微秒(μs)条件下测得的水化电子的 G 值为 2.7，采用 ps 脉冲技术观察到的 G 值则为 $4.0 \sim 4.2$，说明刺迹中产生的水化电子在扩散到均相体系的过程中发生了快速的衰减，因此推测出水化电子在非均相和均相体系中的动力学行为是不同的。然而，由于许多化学反应过程都在 μs 或纳秒(ns)时间尺度内完成，而且 ps 脉冲辐解装置系统复杂昂贵，所以 ns 或 μs 级脉冲辐解装置仍然具有重要地位，彼此之间具有互补性。

我国的辐射化学基础研究主要从 20 世纪 80 年代开始，并在 80~90 年代经历了辐射化学的快速发展时期，北京大学、中国科学技术大学、北京师范大学、上海科技大学、华东化工学院、中国科学院长春应用化学研究所(后面简称中科院长春应化所)、中国科学院上海应用物理研究所(原中国科学院上海原子核研究所，后面简称中科院上海应用物理所)等单位都开展了相关研究。在基础研究方面，吴季兰等对烷烃以及 n-TBP 体系的辐射化学和天然产物的辐射化学进行了细致深入的研究，并且探讨了辐解机理以及能量转移过程。张志成、葛学武等在金属纳米粒子和各种功能型聚合物乳胶粒子的辐射法合成及其应用方面也取得了很多研究成果。20 世纪 80 年代末，北京师范大学建成了国内第一台 μs 级电子脉冲辐解装置，1991 年中科院上海应用物理所建成了国内第一台 ns 级电子脉冲辐解装置，这些都为辐射化学的机理研究和反应动力学研究奠定了基础，并促进了我国辐射化学基础研究的发展，相关内容将在第 6 章详细讨论。进入 21 世纪，有关纳米材料的辐射合成迅速发展起来，在碳纳米管的辐射化学以及石墨烯的辐射制备等方面都有一些新进展。

2. 高分子辐射化学与辐射加工

在高分子辐射聚合方面，张志成等开展的丙烯酸酯辐射乳液聚合，在理论和应用上取得了一系列成果，并成功实现了工业化生产，用于制造纺织品印染用粘合剂和增稠剂，是目前辐射

---

① 亚皮秒：比皮秒更短的时间，比飞秒长些。

聚合研究方面最成功的例子。白如科等率先开展了辐射引发的活性可控自由基聚合，取得了一系列有意义的研究成果。

辐射接枝聚合与传统化学接枝方法相比，具有操作简单，可在室温甚至低温下反应，不需要引发剂或者催化剂，可以得到纯净的接枝共聚物等优点。翟茂林等利用辐射接枝法制备出一系列新型阳离子、阴离子和两性离子交换膜，与商品 Nafion 膜（一种全氟化高分子聚合物磺酸盐阳离子交换剂）相比，具有更好的离子交换性能和阻钒性能，同时化学稳定性较好，在液钒储能电池隔膜中具有很好的应用前景。李景烨等利用辐射接枝技术，引发含氟丙烯酸酯类单体接枝聚合到普通棉布的表面，可获得超疏水棉布。由于这种接枝结构使含氟基团通过共价键紧密地连接在纤维素大分子上，形成分子层面的复合材料，经过 50 次加速洗涤测试后仍具有稳定的超疏水特性。上述几个例子都成功开拓了辐射技术在功能高分子材料领域的应用。

在辐射交联研究方面，20 世纪 90 年代孙家珍等首先发现聚四氟乙烯（PTFE）在熔点附近很窄的温度范围（330～340 ℃）辐照时可以发生交联。在此工作基础上，日本科学家进行了后续的工艺改进和商业化生产，并以交联 PTFE 膜为基材进行了大量燃料电池隔膜方面的工作。魏根栓、乔金樑等利用橡胶乳液辐射硫化和喷雾干燥的方法得到了不同种类的超细粉末橡胶，系统研究了不同种类橡胶乳液的辐射交联规律及其敏化交联反应。此外，天然高分子的辐射交联研究也取得了一系列进展，研究发现，虽然天然高分子属于辐射降解型聚合物，但是在一定条件下也可以发生辐射交联为主的反应，最终得到水凝胶材料。

3. 核工程中的辐射化学

目前主要集中在新分离体系，如离子液体、新型分离试剂和新分离方法（如介孔材料吸附、柱色谱分离）等过程中简单体系的辐射稳定性和辐解机理研究。

离子液体[①]作为有望取代挥发性的有机稀释剂或者新的干法分离试剂，受到了国内外学者的广泛关注。英国 Seddon 等率先对几种亲水性咪唑类离子液体的 α、β、γ 辐照稳定性进行了初步研究。结果表明，所研究离子液体具有良好的耐辐照性，耐辐照稳定性明显高于 n-TBP/煤油体系，与取代苯相似。法国 Berthon 等研究了憎水性咪唑类离子液体及憎水性季铵类离子液体的 γ 辐照稳定性，发现尽管 γ 辐照会导致离子液体的颜色加深、紫外（UV）吸收及粘度等变化，但核磁共振波谱（NMR）、电喷雾电离质谱（ESI-MS）等分析结果表明，这些离子液体在很高剂量下仍具有很好的结构稳定性。同时，美国 Wishart 等研究了季铵类离子液体的脉冲辐解动力学和离子液体的辐解机理。2013 年美国 Shkrob 等利用电子自旋共振（ESR）法和理论计算研究了不同离子液体体系的辐射化学行为，为复杂体系和离子液体辐解机理研究提供了新方法。我国学者也对离子液体的辐射化学稳定性作了系统的研究，在提高离子液体辐射稳定性以及辐解产物分析和辐照引起变色原因等方面取得了一些成果。

2002 年 5 月，巴黎第四代核能系统国际论坛（GIF）研讨会选出了六种优先发展的第四代核能系统，其中超临界水堆（SCWR）是六种第四代核反应堆中唯一以轻水作冷却剂[②]的反应堆，它是在现有水冷反应堆技术和超临界火电技术基础上发展起来的革新设计。与目前运行

---

①　离子液体：又称室温离子液体或室温熔融盐，也称非水离子液体、液态有机盐，是完全由特定的阳离子和阴离子构成的、在室温下或近室温下呈液态的熔盐体系。

②　冷却剂：又称载热剂（heat-carrying agent），是用来冷却堆内燃料元件并将燃料裂变时所放出的热量带出堆外的物质。

的水冷堆相比，它具有系统简单、装置尺寸小、热效率高、经济性和安全性更好的特点。这让SCWR成为一种比较有前途的先进核能系统。日本Katsumura等在超临界水的辐射化学方面作了大量的研究，研究了重要瞬态物种如水化电子等的辐射化学产额随温度的变化。研究发现，超临界水中瞬态物种的性质不仅与温度有关，还受水的密度影响很大。因此，超临界水的辐射化学比常温水的辐射化学更复杂。

4. 环境治理中的辐射化学

大量研究表明，辐射技术是处理水污染问题的十分有效的方法之一。其基本原理是，水辐解后产生羟基自由基（·OH）、水化电子（e_{aq}^-）和氢原子（·H）等主要的活性产物，以及活性较低的H_2和H_2O_2等分子（详细讨论见第7章）。除少数含氟水溶液物质外，几乎所有的有机污染物都能被·OH降解，而有些亲电子的有机污染物则与e_{aq}^-反应，转化成可以从水体中分离出来的无毒或毒性相对较小的化合物。因此，在氧气饱和条件下，·OH降解有机污染物的效率能成倍增加，最终使污染化合物矿化为二氧化碳和水，从水体中彻底去除。吴明红等的研究结果表明，采用辐射技术可以处理水中众多类别的有机污染物，显示出其在处理水体中难降解有机污染物方面具有一定的潜力。但戚生初等的研究表明，如果废水成分比较复杂时，由于存在竞争反应，会导致某些有机物，如氰化合物的G值很小，处理效率不高。因此，处理成分复杂的废水时需要预先作一些常规处理。

5. 生物体系的辐射化学

近期关于生物体系的辐射化学主要集中在金属蛋白[①]的辐解、DNA辐射损伤的直接作用和间接作用以及抗氧剂的辐射化学研究方面。

目前利用脉冲辐解技术和金属粒子可以探测酶的活性以及研究蛋白内的长程电子能量传递过程。对DNA辐射损伤的直接作用研究发现，除了可能通过糖-磷酸酯单元的直接电离过程以外，在高传能线密度[②]辐射引起的DNA辐射损伤中起关键作用的是嘌呤的单电子氧化过程和低能电子作用与激发结合导致损伤的过程。美国、德国、日本和印度等国在生物体系的辐射化学方面作了很多研究。吴季兰、袁荣尧等深入研究了天然产物（如中草药、酒等）的辐射效应，为我国食品辐照奠定了理论基础。张钰华等研究了鲤鱼胚胎等的辐射生物效应，发现不同的射线对鲤鱼鱼苗生长的影响不同，（n，γ）能刺激鱼苗生长。此外，吴季兰等的研究也表明，在水存在下，电离辐射对种子的生长也有显著影响。哈鸿飞等利用辐射接枝改性高分子基材方法，对生物物质在基材上的固定化进行了研究。姚思德、王文峰等开展了蛋白质的辐射损伤研究、环境激素辐射降解和抗氧化剂的脉冲辐解研究。利用脉冲辐解方法，很多天然和合成的抗氧剂的反应速率常数和单电子还原电位被确定出来。此外，结合抗氧剂的辐解产物研究也可以为抗氧剂的选择提供很好的依据。

总之，如前所述，就现状看，辐射化学发展趋势大致可分为以下几个方面：

---

① 金属蛋白：由蛋白质和金属离子结合形成。其中多数金属离子仅和蛋白质连接；少数除和蛋白质相连外，还和一个较小的分子相连，如血红蛋白中的铁（Ⅱ）除和蛋白质相连外，还和卟啉相连。

② 传能线密度（LET）：表述辐射品质的量。带电粒子在物质中穿行单位长度距离时，由能量转移小于某一特定值的非弹性碰撞所造成的能量损失。

(1) 辐射化学基础理论的研究,特别是对短寿命中间产物的研究仍值得深入探索。其目的在于探索短寿命中间产物的形成过程及其变化规律,并将其发展为基础化学的一部分。预测未来辐射化学基础理论方面的研究主要有:①研究电子在溶剂或玻璃体中的变化规律,电子存在的状态和溶剂化电子的结构,新型溶剂或者超临界液体状态下电子与溶质反应的动力学以及电子在液体中的迁移过程等等;②复杂体系的自由基离子化学和激发分子化学;③胶束溶液或固相与液相界面处的辐射化学;④不同尺度受限空间内水和液体有机化合物的辐射化学;⑤随着体系的非均相性以及复杂性增加,对辐射化学的基础性研究难度越来越大,更短时间标度的作用过程对脉冲辐解设备的要求也越来越高。因此,未来需要开发新型的皮秒加速器,甚至飞秒加速器。进一步改进现有的分析检测方法,比如采用红外和拉曼等振动光谱法,以及如何整合加速器与分析检测技术以得到超快脉冲辐解装置。

(2) 高分子辐射化学中,由于辐射接枝可以有效改善材料的性能,简便和高效,是最有希望实现应用的研究领域,也发展最为迅速。但该领域仍存在以下未解决的科学问题:①电离辐射能量高,对体系无选择性,不容易得到分子量可控且分布窄的接枝共聚物。虽然通过加入链转移剂,结合辐射引发,可以实现可控的辐射接枝聚合,但适用的体系有限。②对于非均相体系的辐射接枝聚合反应,很难获得体相接枝均匀的产物。③辐射引发聚合反应过程复杂,二元甚至多元单体辐射接枝共聚的机理尚不清楚。④缺乏有关无机基材辐射接枝聚合的理论研究。⑤新型反应介质体系的辐射接枝聚合机理研究较少。因此,这些问题都是未来辐射接枝聚合的发展方向。此外,特殊极端环境(如高真空、高压、低温、高温等)下高分子材料的辐射效应研究也值得关注。

(3) 核工程中辐射化学研究将侧重在实际使用过程中复杂体系的辐射化学行为和原位研究方面,以及新型分离体系和分离方法的辐射化学评价。

(4) 应用辐射化学的研究,包括纳米材料的辐射合成、辐射灭菌与食品储藏以及环境保护等的应用基础研究。由于辐射法可以方便地合成不同结构的金属纳米粒子,关于多元金属纳米粒子的可控合成及其在催化方面的应用基础值得广泛研究。而辐射灭菌与食品储藏中生物物质的辐解产物和辐解机理仍值得深入研究。对于环境保护中的复杂体系,或者混合物的辐射降解研究比较困难,需要结合多种手段研究。

(5) 与生物相关物质的辐射化学研究,其中包括抑制辐射损伤和用于肿瘤治疗的辐射保护剂和敏化剂以及反应机制的研究。研究发生在胶粒界面的辐射化学效应,以模拟细胞界面的反应;研究细胞组分的单电子还原电位,以探讨维持生命过程及细胞活力的电子迁移及交换机制;以及研究原始地球上生命物质分子的起源和进化等。

1.4 辐射化学的应用简介

20 世纪 70 年代中期,辐射技术用于生产,逐步形成了辐射加工工艺。我国辐射加工产业从小到大,现已具有相当的规模。截至 2010 年底,已建成设计装源能力 30 万居里(Ci)[①]以上钴源辐照装置 120 座,总设计装源能力已达 1.2 亿居里。已建成功率 5 kW 以上电子加速器

---

① 居里:活度单位。活度指放射性核素在单位时间内衰变的核素数。1 居里(Ci)意思是 1 s 内放射性核素衰变 3.7×10^{10} 次。

171 台,总功率达 11 500 kW。伴随着我国经济结构性调整和产业优化升级,又给辐射加工产业带来新的发展机遇。据初步测算,未来 10 年左右我国辐射加工产业市场产值约有 2500 亿元,预计经过 15 年左右的努力,我国将成为世界上核技术应用产业大国,辐射加工产业规模和对社会的贡献将有大幅度的提升。下面分别简单介绍辐射化学在几个重点领域的应用,具体应用举例详见第 11 章。

1.4.1 辐射化学在高分子材料中的应用

辐射在化学工业方面的应用开始于 20 世纪 60 年代初,目前主要集中在高分子领域。

(1) 辐射交联:辐射交联产品是辐射加工工艺中最具有代表性,且具有显著经济效益的项目。与化学交联法相比,辐射交联具有一系列技术上的优点。例如,辐射交联可以在常温常压下完成。控制吸收剂量就能控制交联度。此外,辐射交联还具有产品纯净、无废物产生和生产效率高于化学法等优点。

主要的辐射交联产品有热收缩材料,电线、电缆绝缘材料和聚乙烯泡沫塑料。辐射交联的热收缩材料主要用于电力、石油等部门。辐射交联的电线、电缆绝缘材料具有良好的耐热、耐油和耐燃特性,广泛用于汽车、飞机、电子等工业。目前,辐射交联工艺主要用于生产薄的低压电线、电缆绝缘材料,尚不能用于生产厚的高压电缆绝缘材料。因为辐照厚材料时,材料温度升高不易冷却,产生的氢气在材料中形成微孔等问题尚未解决。辐射交联的聚乙烯泡沫塑料主要用做绝缘、建筑、汽车坐垫、汽车顶棚、救生、隔热和包装等材料。

国内多家单位自 20 世纪 80 年代以来进行了环境敏感性高分子水凝胶材料的辐射合成及应用研究,并开发了可用于有效治愈伤口的水凝胶辅料(wounding dressing)等产品,开展了橡胶胶乳的辐射硫化研究,开发了超细粉末橡胶及可用于坦克履带的高性能橡胶制品。

(2) 辐射降解:也是高分子材料的主要辐射效应之一。辐射降解法可降解不易降解、难以粉碎的有机物,辐射降解产物的分子量和分子量分布可由辐照工艺控制。辐射降解的 PTFE 超细粉可应用于工程塑料、涂料、油墨等领域,作为助剂使用。甲壳素、壳聚糖也是辐射降解型高分子,其降解产物在生物技术、医学、饲料添加剂方面有一定的应用。翟茂林、吴国忠等研究了壳聚糖的辐射降解,并成功将其应用于保健食品、植物生长促进剂、动物饲料添加剂及水产养殖等方面。

(3) 电子束固化涂层技术:用电子束或紫外线进行涂层固化,这项研究在国外已应用于纸张、布匹、纤维、金属板的印刷、染色和磁性介质的粘附层(磁带、磁盘)等。电子帘型加速器的使用更促进了电子束固化涂层技术的发展。电子束固化涂层工艺具有无污染、节能和质量好等优点,但涂层辐射固化需在 N_2 气氛中进行或使用抗氧的特殊涂料。

(4) 高分子材料辐射接枝改性:辐射接枝是使高分子材料改性的一种重要手段。一些高分子材料(如聚乙烯、聚丙烯、PTFE)经与单体(如丙烯酸、甲基丙烯酸、丙烯腈、苯乙烯等)辐射接枝后可制备高分子膜。例如,聚乙烯与丙烯酸辐射接枝后可作为电池隔膜;以 PTFE 为基膜,与苯乙烯辐射接枝,并在 70 ℃ 下用 98% 的浓硫酸磺化后,可制成阳离子交换膜。以聚烯烃无纺布为基材,利用辐射接枝方法可以制备一系列用于分离有毒重金属或者放射性核素的吸附材料。

(5) 辐射合成医用高分子材料:辐射法进行生物材料的合成或改性是备受人们重视的领域。所谓生物材料,是指一系列用做医学器材的材料,如体外器具、人工肾等。辐射法合成这些材料具有工艺简单,不需用化学引发剂,产品纯净,并兼有对产品灭菌消毒等优点,因此在生物医学工程中具有重要意义。目前用辐射接枝、交联等方法合成的水凝胶和聚乙烯醇水凝胶可分别用做软质透镜、血液净化膜、医用防粘连水凝胶膜等。用辐射法制备缓释抗癌药物,在药疗方面已成功地把天然荷尔蒙和水凝胶组成的药栓植入人体内,治疗子宫疾病。此外,其他一些生物材料(如人造骨骼、人工皮肤等)的合成以及生物酶、药物、抗生素的辐射固定等研究也在进行中。

1.4.2　辐射化学在食品加工中的应用

食品辐照就是利用电离辐射照射粮食和各种食品(如水果、蔬菜等),进行杀虫、灭菌,抑制发芽和延缓后熟等,使食品可以在常温和一般条件下保存较长时间。据 1990 年统计,已有 38 个国家和地区批准了 200 余种食品和调味品可用辐射处理供一般消费,其中包括:鳕鱼、虾、鸡肉、深度冷冻的肉、香料、葡萄、蘑菇、洋葱和土豆等。我国十分重视食品辐照研究,在建立辐照食品卫生标准和检测方法研究方面做了许多工作。到目前为止,我国已批准的辐照食品有豆类、谷物及其制品、干果果脯类、熟畜禽肉类、冷冻包装畜禽肉类、香辛料类、新鲜水果、蔬菜类。目前的应用主要以香辛料、大蒜、脱水蔬菜为主。据核农学会调查,2005 年我国辐照食品产量达到 14.5 万吨,占世界辐照食品总量的 36%,产值达到 35 亿元,近年来又有进一步增长。以辐照食品的种类和数量而言,我国是世界上辐照食品应用最多的国家之一。

食品加工趋向采用辐照、化学法和冷藏等技术综合处理,例如肉类用单一辐照处理会产生异味,该异味可能是肉类中含硫蛋白经辐照产生甲硫醇、硫化氢等所致,但与低温技术相结合则异味可以消除。

1.4.3　辐射化学在环境保护中的应用

21 世纪初,利用辐射处理环境污染物取得两项重大进展:

(1) 污水处理厂生产的污泥辐照处理后的综合利用。污泥经 γ 射线或电子束消毒灭菌后制成堆肥,供农田使用或作辅助饲料。该技术在印度已经实现了应用,有一些示范基地。图 1.5 为印度开发的污泥辐照处理流程示意图。

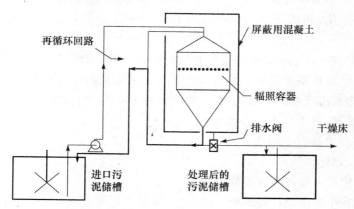

图 1.5　污泥辐照处理流程示意图

(2) 钢铁工业排放的烟道气辐射净化和利用。重油燃烧产生的烟道气含有大量的 NO_x 和 SO_x(主要为 NO 和 SO_2),用电子束辐照充 NH_3 的烟道气,将 NO_x 和 SO_x 转变为 $(NH_4)_2SO_4 \cdot 2NH_4NO_3$:

$$NO_x + SO_x + NH_3 \;\text{\Large\rightsquigarrow}\; (NH_4)_2SO_4 \cdot 2NH_4NO_3 \qquad (1\text{-}12)$$

它可作肥料使用。此法不仅变废为宝,而且无二次污染物。1986 年,在德国的卡尔斯鲁厄(Karlsruhe)建立了一座实验性工厂,可处理烟道气 20 000 $m^3 \cdot h^{-1}$。1989 年,中科院上海应用物理所建立了中国第一套电子束辐射烟道气脱硫脱硝实验装置,进行了原理性研究和重要工艺参数的实验,取得了一些结果。1998 年,中日合作共同投资在中国成都建成了一套烟道气处理量为 300 000 $m^3 \cdot h^{-1}$ 的 90 MWe 系统,是世界上第一套具有工业规模的电子束净化烟气工业示范装置,SO_2 去除率 80%,NO_x 去除率 20%。辐射净化烟道气的典型工艺流程图如图 1.6 所示。有关烟道气的辐射处理原理将在第 10 章详细讨论。

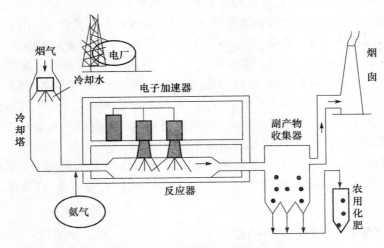

图 1.6　电子束净化烟气的工艺流程示意图

　　废水辐射处理研究始于 20 世纪 50 年代。由于废水成分复杂,复杂的竞争反应使得污染物的辐射分解产额很低,因此用单一辐射方法处理大规模的废水,需要很强的辐射源和很高的运行成本。韩国大丘印染联合企业在 1998 年建了一座辐照污水处理示范厂,目前韩国大邱已经实现处理废水商业化,利用 1 MeV、500 kW 的电子加速器可以处理的废水量达到 10 000 $cm^3 \cdot d^{-1}$。

　　近年来,综合处理技术(即辐射与其他方法相结合)在处理废水、污水、废物、废气和辐射"废物"利用等方面已取得很多进展,例如辐射-浮选法净化汞阴极电解生产氯、碱工厂产生的含汞离子,金属汞和汞沉淀物的废水,汞的去除率约为 100%。与传统的硫化物法和离子交换法相比,此法节省试剂,且无二次污染物产生。

　　辐射综合处理技术具有下列优点:

　　(1) 使辐射源小型化。

　　(2) 可以得到比单一处理方法更好的效果。

　　(3) 用化学法和生物法难以处理的一些物质,用综合处理方法可望得到解决。例如,传统的生物处理活性污泥法不能直接用来去除废水中的腐殖质[①]。如果将辐射技术和活性污泥法

----

　　① 腐殖质(humus):已死的生物体在土壤中经微生物分解而形成的有机物质。呈黑褐色,含有植物生长发育所需的一些元素,能改善土壤,增加肥力。

相结合,先用电离辐射处理废水,使废水中低分子量和高分子量成分以及不能被生物降解的污染物被降解或氧化改性,然后辐照后废水中的生化需氧量(BOD)[①]和化学需氧量(COD)[②],再用活性污泥法降低。或者将辐照处理与臭氧处理相结合,可将废水中的有机污染物完全氧化成 CO_2 和水。目前韩国商业化的辐射处理废水的工艺流程示意图如图 1.7 所示。

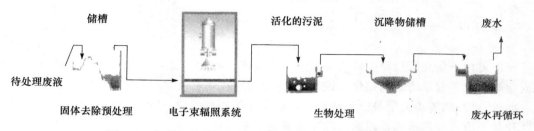

图 1.7　电子束辐照和生物处理结合处理废水工艺流程示意图

　　虽然辐射加工在很多领域均具有广泛的应用,但是辐射加工工艺遇到的主要困难是设备投资大和人们对放射性的恐惧心理,加之某些加工产品的成本仍高于一般方法,导致许多辐射加工工艺仍停留在中间试验或研究阶段。因此,为了推广辐射加工技术,除了要做必要的宣传推广工作之外,我们必须充分利用辐射方法的特点,使其在工艺上和经济上优于传统的方法,并且制备传统方法无法得到的高附加值产品。目前低能电子加速器的成本已经大幅降低,因此利用可自屏蔽的低能电子加速器来进行辐射加工在经济上具有一定的优势,是未来辐射加工技术发展的方向。

1.5　学习辐射化学的意义和目的

　　辐射化学是连接辐射物理和辐射生物学的桥梁,其理论、模型和实验方法对促进辐射生物学的研究和发展起到不可或缺的重要作用。辐射诱导的化学变化不仅是辐射生物学效应的早期事件,在辐射诱导的 DNA 损伤与修复、生物辐射敏感修饰剂、辐射诱导的活性氧分子代谢和功能等研究领域都扮演着重要角色。随着辐射生物学效应研究朝着系统辐射生物学方向发展,辐射生物学效应发生机理的精确研究和定量描述更需要辐射化学的方法和手段支持。因此,学习辐射化学将有助于理解相关辐射引发的生物过程。

　　利用辐射化学可以研究水化电子、自由基或离子自由基反应。因为辐射可产生较单一的氧化性或还原性物种,如辐照叔丁醇无氧碱性水溶液时,则反应按(1-13)和(1-14)式进行,导致 ·OH 和 ·H 自由基被转化为叔丁醇自由基,其寿命较长,较为稳定。这样,根据水辐解机理(详见第 7 章)该体系就主要得到单一还原性水化电子。

$$·OH + (CH_3)_3COH \longrightarrow H_2O + (CH_3)_2COH\dot{C}H_2 \qquad (1-13)$$

---

　　① 　生化需氧量(BOD):指在一定期间内,微生物分解一定体积水中的某些可被氧化物质,特别是有机物质所消耗的溶解氧的数量。以 $mg·L^{-1}$ 或百分率、ppm(10^{-6})表示,是反映水中有机污染物含量的一个综合指标。

　　② 　化学需氧量(COD):以化学方法测量水样中需要被氧化的还原性物质的量。在一定条件下,以氧化 1 L 水样中还原性物质所消耗的氧化剂的量为指标,折算成每升水样全部被氧化后需要的氧的毫克数,以 $mg·L^{-1}$ 表示。反映了水中受还原性物质污染的程度,也作为有机物相对含量的一个综合指标。

$$\cdot H + (CH_3)_3COH \longrightarrow H_2 + (CH_3)_2CO\overset{\cdot}{H}CH_2 \tag{1-14}$$

又如照射 N_2O 饱和的强碱性水溶液时,氢原子和水化电子通过反应(1-15)和(1-16),可被清除掉。最后体系中只得到单一氧化性 ·OH 自由基:

$$OH^- + \cdot H \longrightarrow e_{aq}^- + H_2O \quad k = 2.3 \times 10^7\ L \cdot mol^{-1} \cdot s^{-1} \tag{1-15}$$

$$e_{aq}^- + N_2O \longrightarrow N_2 + O^- \overset{H_2O}{\longrightarrow} N_2 + OH^- + \cdot OH \quad k = 9.1 \times 10^9\ L \cdot mol^{-1} \cdot s^{-1}$$
$$\tag{1-16}$$

上述反应可用于研究不稳定变价金属离子和金属离子配(络)合物的性质及反应机理。因此,辐射化学研究不仅丰富了基础化学理论,而且会加强对基础化学理论的研究。

此外,脉冲辐解动力学是研究快反应和瞬态化学物种的唯一而有效的手段。对于化学和生物化学反应机理的研究可以通过脉冲辐解技术来实现。

因此,辐射化学作为有活力的交叉学科,可以为其他化学和生物学学科提供有效的研究手段和研究方法。本课程的学习目的是:掌握辐射化学的基本知识,包括基本概念、基本理论、基本实验技术和研究的基本方法,了解辐射加工的基本原理和现状与发展趋势;培养对辐射化学的兴趣,进而开拓科研思路,利用辐射化学的知识来解决生活与科研中的一些问题。

1.6　小　　结

本章主要介绍了辐射化学研究的内容和特点,以及辐射化学与其他化学学科的区别。其中,辐射化学与光化学关系密切,关于辐射化学与光化学的区别可以归纳为表1.3。此外,辐射化学与放射化学也密不可分,辐射化学侧重在研究电离辐射与物质作用后产生的化学效应以及作用机理方面。因此,辐射化学学科发展离不开放射化学。本章简述了辐射化学学科的发展史,重点介绍了目前研究现状、未来发展趋势和辐射化学的应用进展。通过本章学习希望能够了解辐射化学作为一门有活力的交叉学科,涉及辐射物理、辐射生物学、放射化学、材料化学等多门学科,在功能材料制备、核工程、食品辐照、环境保护等方面都发挥着重要的作用。

表 1.3　辐射化学与光化学的区别

	辐射化学	光化学
(1) 激发能量	**高能量**,一般为 keV~MeV	200~275 nm 紫外光能仅相当于 1.8~6.2 eV,化学键能通常在 2~10 eV
(2) 选择性	电离辐射激发**无选择性**	对光子具有高度选择性,基团量子化吸收
(3) 吸收能量主体	溶剂为吸收能量主体,尤其是稀溶液体系。存在**直接作用**与**间接作用**	溶质吸收能量
(4) 活性粒种	电离与激发同时产生,有大量**活性粒种**:离子、次级电子、激发分子、自由基、离子自由基、中性小分子等。空间分布主要在入射粒子的径迹周围	主要是激发过程,活性粒种有激发分子(单重态和三重态)及自由基等。基本均匀分布
(5) 产额	辐射化学产额(G 值)	量子产额(量子产率)

重要概念：

辐射化学，电离辐射，电磁辐射，放射化学，光化学，辐射化学产额，G 值，量子产率，离子对产额。

重要公式：

离子对产额 Y

$$Y = M/N \tag{1-5}$$

G 值与离子对产额关系式

$$G = (M/N) \times (100/W) \tag{1-7}$$

主要参考文献

1. 吴季兰，戚生初. 辐射化学. 北京：原子能出版社，1993.

2. 中国科学院. 中国学科发展战略·放射化学. 北京：科学出版社，2013.

3. 核科学技术辞典. 北京：原子能出版社，1993.

4. 周公度，主编. 化学辞典. 第二版. 北京：化学工业出版社，2011.

5. Spinks J W T，Woods R J. Introduction to Radiation Chemistry. 3rd Ed. John Wiley & Sons Inc，1990.

6. Hart E J，Boag J W. Journal of the American Chemical Society，1962，84(21)：4090.

7. Boag J W，Hart E J. Nature，1963，197(486)：45.

8. Wishart J F，Rao B S M. Recent Trends in Radiation Chemistry. 1st Ed. World Scientific Publishing Co Pte Ltd，2010.

9. Muroya Y，Watanabe T，Wu G，et al. Radiation Physics and Chemistry，2001，60：307.

10. Muroya Y，Sanguanmith S，Meesungnoen J，et al. Physical Chemistry Chemical Physics，2012，14：14325.

11. 彭静，袁立永，翟茂林，等. 核化学与放射化学，2009，31：86.

12. Wishart J F. Journal of Physical Chemistry Letters，2010，1(21)：3225.

13. Yuan L Y，Xu C，Peng J，et al. Dalton Transactions，2009，(38)：7873.

14. Qiu J Y，Zhai M L，Chen J H，et al. Journal of Membrane Science，2009，342：215.

15. Deng B，Cai R，Yu Y，et al. Advanced Materials，2010，22：5473.

16. Sun J Z，Zhang Y F，Zhong X G，et al. Radiation Physics and Chemistry，1994，44(6)：655.

17. 王文锋，姚思德，苗金玲，等. 辐射研究与辐射工艺学报，2005，23(2)：79.

18. 闵锐. 辐射研究与辐射工艺学报，2009，27(6)：326.

19. 赵文彦，潘秀苗，主编. 辐射加工技术及其应用. 北京：兵器工业出版社，2003.

20. 黄玮，陈晓军，高小铃，等. 原子能科学技术，2006，(6)：677.

21. 吴季兰，袁荣尧，哈鸿飞. 核化学与放射化学，1980，1：17.

22. 吴季兰，张钰华. 辐射研究与辐射工艺学报，1986，4：2.

23. 袁荣尧，周玉荣，孙海，等. 北京大学学报(自然科学版)，1988，2：158.

24. 戚生初，何永克，吴季兰. 辐射研究与辐射工艺学报，1992，1：25.

25. 王文锋，骆坚，左志华，等. 中国科学 B 辑，1993，12：1466.

26. 殷亚东，张志成，徐相凌，等. 化学通报，1998，12：22.

27. Ni Y H,Ge X W,Zhang Z C,et al. Chemistry of Materials,2002,14(3):1048.

28. He X D,Ge X W,Liu H R,et al. Chemistry of Materials,2005,17(24):5891.

29. Yao S D,Sheng S G,Cai J H,et al. Radiation Physics and Chemistry,1995,46(1):105.

30. Ha H F,Pan Y D,Wu J L,et al. Radiation Physics and Chemistry,1985,25(4-6):501.

31. Ha H F. Journal of Controlled Release,1994,29(1-2):195.

32. Chen S M,Wu G Z,Liu Y D,et al. Macromolecules,2006,39(1):330.

33. Zhai M L,Yoshii F,Kume T,et al. Carbohydrate Polymers,2002,50(3):295.

34. 张志亮,彭静,黄凌,等. 高分子学报,2006,7:841.

35. Peng J,Qu X X,Wei G S,et al. Carbon,2004,42(12-13):2741.

36. Peng J,Qiao J L,Zhang S J,et al. Macromolecular Materials and Engineering,2002,287(12): 867.

37. 许云书,傅依备,黄瑞良,等. 兵器材料科学与工程,1999,(2):4.

38. 傅依备. 材料导报,2003,(2):4.

39. Zhang Y W,Ma H L,Zhang Q L,et al. Journal of Materials Chemistry,2012,22(26):13064.

40. 崔振鹏,王硕珏,敖银勇,等. 物理化学学报,2013,29(3):619.

思 考 题

1. 什么是辐射化学？辐射化学研究的内容是什么？
2. 什么是电离辐射和电磁辐射？二者的关系和区别是什么？
3. 辐射化学与放射化学的关系与区别是什么？
4. 辐射化学与光化学的关系与区别是什么？
5. 辐射化学与普通化学之间的主要区别是什么？
6. 目前辐射化学在工业上的应用有哪些？
7. 辐射化学研究的意义是什么？

第2章 辐射源与辐照装置

2.1 概 述

由于辐射化学研究离不开辐射源和辐照装置,因此本章介绍辐射化学中常用的几种辐射源和辐照装置。我们首先解释什么是辐射源和辐照装置。

辐射源(radiation source)指能发射电离辐射的物质和装置。根据产生辐射的方式不同,辐射源大致分为三类:①放射性核素源,简称放射源(radioisotope sources),指天然的和人工生产的放射性核素源,即通过放射性同位素产生的电离辐射。常用的有钴源(^{60}Co 源)和铯源(^{137}Cs 源)。②机器源(machine sources),包括 X 射线装置、粒子加速器、激光辐射装置等。从机器源可以获得 X 射线、电子、质子、氘核、氦核等高能粒子。由机器源产生电离辐射的主要优点是,整个处理系统都不涉及放射性物质,比较容易进行辐射屏蔽保护。③反应堆(reactor)和中子源(neutron source)。

辐照装置(irradiation facility)是用来安全可靠地辐照物质的工艺装置。由辐照室、辐射源、辐射源储存室、升降机构、屏蔽设备、传送设备、通风设备、剂量监测和其他控制系统组成。

在介绍辐射源和辐照装置之前,我们还要学习一些基本概念。

2.1.1 基本概念

(1) **同位素**(isotope):指质子数相同而中子数不同的一组原子,互为同位素。其英文词 isotope 来自于希腊文的 2 个词根"iso"和"topos",前者意思是"equal",后者意为"place",连起来的意思就是"相同位置"。所以,同位素具有相同的原子序数,在周期表中占有同一位置,但由于中子数不同而具有不同的质量数。通常同位素的表示形式为 ^{A}X(A 为质量数,X 为元素符号)。同位素分为天然同位素与人工同位素;或者稳定同位素与不稳定(或放射性)同位素。同位素的化学性质基本相同,物理性质有差异(主要表现在质量上),例如:质谱行为、放射性转变和气态下的扩散本领有所差异。

(2) **放射性同位素**(radioisotope):就是具有放射性的同位素。具有以下特点:能自发地放出射线;有一定的半衰期;放射性原子数目的减少服从指数规律。

（3）**半衰期**（half life），$t_{1/2}$：指初始浓度降低一半所需的反应时间。

（4）**核衰变常数**（nuclear decay constant），λ：代表一个原子核在单位时间内发生衰变的概率。根据测量的衰变常数或半衰期可以判断属于哪种核素。

放射性同位素的衰变规律服从以下公式：

$$N = N_0 e^{-\lambda t} \tag{2-1}$$

式中，N 为经过 t 时间衰变后，剩下的放射性原子数目；N_0 为初始的放射性原子数目；λ 为核衰变常数，与该种放射性同位素性质有关，量纲是时间的倒数。不同的核素，具有不同的 λ 值。根据半衰期与核衰变常数的定义，二者存在以下关系：

$$\lambda = \frac{\ln 2}{t_{1/2}} \tag{2-2}$$

【例 2.1】　一种放射性同位素的活性经过 30 天下降了 45%。求：(a)其核衰变常数为多少？(b)半衰期为多少天？

解　已知 $N/N_0 = (100-45)/100 = 0.55$，$t=30$ d，根据式(2-1)得

$$\lambda = -\frac{\ln \frac{N}{N_0}}{t} = -\frac{\ln 0.55}{30} d^{-1} = 0.020\ d^{-1}$$

则根据式(2-2)得

$$t_{1/2} = \frac{\ln 2}{\lambda} = \frac{0.693}{0.020} d = 35\ d$$

（5）**核素**（nuclide）：指具有确定的质子数（即原子序数或电荷数）、中子数和核能态一类原子核的总称。是讨论原子核及放射性时常用的术语之一。已发现核素 1800 多种，其中稳定的核素，包括寿命很长的天然放射性核素约 270 种。

（6）**放射性活度**（radioactive activity），A：指单位时间内的核衰变数。定义为

$$A = \frac{dN}{dt} = \lambda N \tag{2-3}$$

式中，A 的 SI 单位为贝克（勒尔）（1 Bq = 1 s^{-1}），专用单位为居里(Ci)，1 Ci = 3.7×10^{10} Bq；λ 为衰变常数，单位 s^{-1}；N 为放射性核素的数目。

【例 2.2】　某个化合物 A：$t_{1/2}=45$ min，化合物 B：$t_{1/2}=45$ a，已知每一个化合物有 10^{10} 个原子，计算这两个化合物的活度 A。

解　根据公式(2-3)$A=\lambda N$ 和(2-2)$\lambda=\frac{\ln 2}{t_{1/2}}$，得 $\lambda_A = 2.6\times10^{-4}\ s^{-1}$，$\lambda_B = 4.8\times10^{-10}\ s^{-1}$，则

$$A_A = \frac{0.693}{(45\ min)\left(\frac{60\ s}{1\ min}\right)}\times10^{10}\ 原子 = 2.6\times10^6\ Bq$$

$$A_B = \frac{0.693}{(45\ a)\left(\frac{365\ d}{1\ a}\right)\left(\frac{24\ h}{1\ d}\right)\left(\frac{60\ min}{1\ h}\right)\left(\frac{60\ s}{1\ min}\right)}\times10^{10} = 4.8\ Bq$$

结果表明,半衰期与核衰变常数成反比,半衰期越短,活度越高。

（7）**比活度**（specific activity）,SA:指每单位质量放射性核素的活性,单位 $Bq \cdot g^{-1}$ 或 $Ci \cdot g^{-1}$。定义为

$$SA = \frac{A}{m} = \frac{\lambda N}{m}$$

（2-4）

或

$$SA = \frac{N_A \lambda}{M}$$

（2-5）

式中,N 为放射性核素的数目,m 为放射性核素的质量,N_A 为阿伏加德罗常数,M 为放射性核素的原子量。比活度也称活度浓度,表征放射源或者放射性物质的纯度。

【**例 2.3**】　已知镭的 $M = 226$ g $\cdot$ mol^{-1},$t_{1/2} = 1600$ a,计算镭的比活度。
解　由式（2-2）得

$$\lambda = \frac{\ln 2}{t_{1/2}} = \frac{0.693}{1600 \times 365 \times 24 \times 3600} s^{-1} = 1.37 \times 10^{-11} s^{-1}$$

根据式（2-5）得

$$SA = \frac{N_A \lambda}{M} = \frac{6.023 \times 10^{23} \times 1.37 \times 10^{-11}}{226} Bq \cdot g^{-1} = 3.65 \times 10^{10} Bq \cdot g^{-1}$$

为了纪念居里夫妇的贡献,将 1 Ci 定义为 1 g 镭的活度,因此 1 Ci = 3.7×10^{10} Bq。
（8）**辐射功率**（radiation power）,P:定义

$$P = A \times E_1$$

（2-6a）

式中,E_1 为放射源每次衰变释放的射线总能量,单位 J;P 为放射源的功率,单位 J $\cdot$ s^{-1} 或 W,也可表示为

$$P = 1.602 \times 10^{-13} \times A \times E \quad (W)$$

（2-6b）

式中,1.602×10^{-13} 是单位换算系数,即 1 MeV = 1.602×10^{-13} J;A 为放射源的活度,单位 Bq;E 为放射源每次衰变释放的射线总能量,单位 MeV。

【**例 2.4**】　计算 10 000 Ci ^{60}Co 源的功率。
解　根据式（2-6b）得

$$P = 1.602 \times 10^{-13} \times A \times E$$
$$= (1.602 \times 10^{-13} \times 10^4 \times 3.7 \times 10^{10} \times 1.25 \times 2) W = 148 \ W^{①}$$

功率为 $P(kW)$ 的 γ 辐射源的加工率 C 可由下式求得:

$$C = \frac{3600f}{D} \quad (kg \cdot kW^{-1} \cdot h^{-1})$$

（2-7）

---

①　这里需要注意的是,虽然^{60}Co 衰变时产生 2 个 γ 光子和 1 个 β 射线,但是制成钴源以后,β 射线被金属外壳屏蔽掉,只有 2 个 γ 光子放出来,所以这里钴源释放的射线总能量就是 2 个 γ 光子的能量,为 2.50 MeV。

或者

$$C = 3.74 \times 10^{-4} \times G \times M \times f \quad (\text{kg} \cdot \text{kW}^{-1} \cdot \text{h}^{-1}) \qquad (2\text{-}8)$$

式中,D 为吸收剂量[①](kGy),G 为产物的 G 值,M 为产物的分子量,f 为装置的能量吸收效率。

【例 2.5】 用功率为 1 kW 的 ^{60}Co 源照射土豆,若此装置的能量吸收效率 f 为 25%,吸收剂量为 0.1 kGy,则此 ^{60}Co 源的加工率是多少?

解 根据式(2-7)得

$$C = \frac{3600 \times 25\%}{0.1 \times 1000} \text{t} \cdot \text{kW}^{-1} \cdot \text{h}^{-1} = 9 \text{ t} \cdot \text{kW}^{-1} \cdot \text{h}^{-1}$$

由式(2-7)可知,剂量越高,加工率越小,因此辐射加工中降低剂量有利于减少成本。

【例 2.6】 由甲醇辐射合成乙二醇,G 值为 4,M 为 64,若设 f 为 50%,计算该辐射法合成的加工率。

解 利用式(2-8)得

$$
\begin{aligned}
C &= 3.74 \times 10^{-4} \times G \times M \times f \\
&= (3.74 \times 10^{-4} \times 4 \times 64 \times 0.5) \text{kg} \cdot \text{kW}^{-1} \cdot \text{h}^{-1} \\
&= 0.05 \text{ kg} \cdot \text{kW}^{-1} \cdot \text{h}^{-1}
\end{aligned}
$$

即生成 1 kg 的乙二醇需要 20 kW · h 能量,成本较高。

由式(2-8)可知,G 和 M 越大,加工率越高。根据加工率,可以估算生产成本。

(9) 电子加速器的额定功率,P_e:定义为额定加速电压 V(MV)和电子束流强度 I(mA)的乘积,表示其加工能力的大小。即

$$P_e = V \times I \quad (\text{kW}) \qquad (2\text{-}9)$$

2.1.2 放射源的概况

对放射源的基本要求如下:①有一定的半衰期和合适的电子能量;②易于得到和加工;③操作、维修、使用方便,价格尽量便宜。根据放射源对人类的危害,《放射性同位素与射线装置安全和防护条例》(国务院 449 号令)将放射源分为 5 类:Ⅰ类为极高危险源,人受到辐照后几分钟至 1 小时之内就会死亡;Ⅱ类为高危险源,受照射后的人在几小时至几天内死亡;Ⅲ类为危险源,人受到辐照后在几小时、几天至几周之后死亡;Ⅳ类为低危险源,人受到辐照后会产生临时性损伤,不会死亡;Ⅴ类为极低危险源,一般人受到辐照后不会产生永久性损伤。一般,放射源的放射性活度越高,危害性越大。

由放射性同位素构成的放射源,其源体的形状一般采用棒状源、板状源和圆筒状源几种。其中,圆筒状源具有剂量率高、自吸收小、筒内筒外都可照射样品的优点,适合于科学研究及开发应用研究。

放射性源按释放辐射的类型可分为 α、β、γ 三类放射源。α 源释放的 α 粒子,其质量为 6.64 × 10^{-27} kg,由两个带正电荷的质子和两个中子组成,相当于氦原子核,它通常由一些重原子(例

---

① 吸收剂量:通常简称为剂量,指单位质量物质所吸收电离辐射的平均能量,单位 Gy,1 Gy = 1 J · kg^{-1}。详细内容将在第 4 章叙述。

如铀、镭)或一些人造核素衰变产生。α 粒子与同能量的电子和 γ 射线相比,穿透物质的能力小得多,在空气中只能前进几厘米,因此使用 α 辐射源时必须注意源的能量利用效率和照射的均匀性,照射容器必须是薄壁的。α 辐射源常作为内源使用,这样可以均匀地照射大体积样品,因此更适于气体的辐射化学研究。一些核反应过程也可作为 α 源[例如：$^{10}B(n,\alpha)^7Li$ [①]和 $^6Li(n,\alpha)^3H$ 等],只要将被照物质与 ^{10}B 和 ^6Li 的化合物均匀混合,用慢中子照射混合物,则核反应产生的 α 粒子会同时照射样品物质。β 辐射源释放的 β 粒子质量极小,仅为 α 粒子的 1/8000。β 粒子是高速电子,它的穿透能力比相同能量的 α 粒子强,但也很容易被容器壁吸收,因此使用 β 辐射源作为外辐照源时,容器壁也要制得很薄。与 α 辐射源一样,β 辐射源适于照射气体物质和作内照射源。使用 β 辐射源时,β 粒子与高原子序数物质相互作用所产生的韧致辐射,会导致周围辐射本底增高。放射性核素治疗中常用的 α 射线放射源为 ^{211}At(平均能量为 5.87 MeV)和 ^{212}Bi(平均能量为 0.331 MeV)。常用的 β 射线放射源为 ^{131}I(平均能量为 0.470 MeV)、^{32}P(1.70 MeV)、^{89}Sr(1.40 MeV)等。与 α、β 辐射源相比,γ 源是目前使用最广的放射性核素源,由反应堆制得,可制成很高的比活度和各种形状,释放的 γ 射线穿透物质能力强,用于气体、液体和固体辐射化学研究和辐射加工工艺。因此,本章放射源部分主要介绍 γ 辐射源。

2.1.3　机器源的概况

机器源具有以下特点：①粒子能量可调,吸收剂量率高;②能量利用率可高达约 70%,可定向照射;③可加速粒子具有多样性,如：电子、质子、各种重离子等。根据对人类的危害,《放射性同位素与射线装置安全和防护条例》(国务院 449 号令)对机器源的危害性也进行了分类：Ⅰ 类为高危险机器源,短时间受照射人员产生严重放射损伤,甚至死亡,或对环境可能造成严重影响;Ⅱ 类为中危险机器源,使受照人员产生较严重的放射损伤,大剂量照射甚至导致死亡;Ⅲ 类为低危险机器源,一般不会造成受照人员的放射损伤。该危害性主要与机器源的能量和产生的粒子种类有关。一般能量越高,粒子的原子序数越大,危害性越大。

机器源主要包括电子加速器和重离子加速器。如果按照电子加速轨迹来分,机器源分为直线加速器和回旋加速器(外加磁场);按加速方式,分为静电加速器、高频高压加速器和微波加速器等;按被加速粒子能量,分为低能、中能和高能加速器。由于电子加速器在辐射加工和辐射化学研究中应用十分广泛,因此本章机器源部分重点介绍该类辐照装置。

2.2　γ　　源

γ 源释放的 γ 粒子,即 γ 射线,是一种波长极短的电磁辐射,具有波粒二象性,穿透物质的能力强,适用于研究气体、液体和固体的辐射化学。目前常用的 γ 源主要是 ^{60}Co 源和 ^{137}Cs 源。辐射加工用辐射源一般采用双层不锈钢包壳,制成圆棒形元件。下面分别介绍。

2.2.1　^{60}Co 源和钴源辐照装置

^{60}Co 是由无放射性的 ^{59}Co 元素,经放入核反应堆中让它的原子核俘获一个中子(高通量 10^{14})所变成的。^{60}Co 半衰期为 5.27 a,其衰变过程如图 2.1 所示。每次衰变时放出 2 个 γ 光

---

① 　$^{10}B(n,\alpha)^7Li$：表示 ^{10}B 受到中子照射后,发生核反应,放出 α 射线,生成 ^7Li。

子,能量分别为 1.17 MeV 和 1.33 MeV,平均辐射能量为 1.25 MeV。将 ^{60}Co 核素从反应堆中取出,在热室中用两层不锈钢外壳氩弧焊密封就成为钴放射源(图 2.2)。由图 2.1 可知,^{60}Co 衰变还放出 β 射线,但是将 ^{60}Co 制成钴源后,β 射线被金属外壳屏蔽,所以最终钴源被利用的只有 γ 射线。在照射物品时,γ 射线是穿过不锈钢外壳而作用于被照物品的,所以放射性元素不会泄漏出来污染物品,功率为 1.48×10^{-2} W·Ci^{-1}。由于 ^{60}Co 源的自吸收,源的功率每月下降 1‰,所以照射室的辐射场剂量要经常修正,源也需要补充和更新。

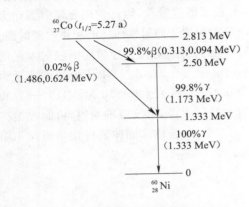

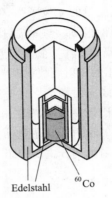

图 2.1　^{60}Co 的衰变图
(β 衰变括号中的数值依次为 β 电子的最大能量和平均能量)

图 2.2　钴源元件(左)及钴源源架(右)

^{60}Co γ 辐射源的优点很多,主要包括:

(1) γ 射线的能量高,穿透能力强,可加工有外包装或容器中的产品,其源可制得很高的比活度 $(7.4 \sim 14.8) \times 10^{11}$ Bq·g^{-1}(约为 $20 \sim 40$ Ci·g^{-1}),一般为 $(3.7 \sim 18.5) \times 10^{10}$ Bq·g^{-1}(约为 $1 \sim 5$ Ci·g^{-1})。

(2) 源体可制成金属状态并密封在金属外套中(金属外套也起过滤 β 射线的作用),使它在水中没有放射性泄漏。

(3) 为金属单质,可根据需要加工为各种形状,^{60}Co 源元件通常是将钴棒包裹在不锈钢管中,然后在反应堆中辐照一段时间制备而成,其放射性活度为 $50 \sim 100$ Ci·g^{-1}。将制成的大量 ^{60}Co 源元件平行地固定在矩形不锈钢架上,元件的活度和位置均可调整,以便形成中心对称的辐射场,以用于辐射加工辐照。

(4) 装置结构简单,^{60}Co 装置一般分干法和湿法两类。干法装置常把钴源储存在一个屏蔽的容器中,使用时通过传动系统将源移至完全屏蔽的照射室。这种装置安排紧凑,缺点是照射空间小,照射样品和辐射的强度均受限制。湿法装置是把钴源储存在水井中,水作为屏蔽物质,照射时用传动装置将源移出水井,因此,照射室需要很好的屏蔽。为了保证安全操作,钴源室通常以高密度混凝土(2.3 g·cm^{-3})作为屏蔽层,防护墙厚度 $1.5 \sim 2.0$ m,照射室入口建成迷宫式,采用多重保险及连锁装置,并具有通风设施以去除辐射产生的臭氧和热量。湿法装置的优点是辐照室空间大,可以使用辅助设备,可以照射较大体积的样品以及能在不同的剂量率下照射样品。一般活度较强的 ^{60}Co 源(超过 3.7×10^{14} Bq,即 10 000 Ci)都采用湿法装置。

归纳起来,一般常用的 ^{60}Co γ 辐照装置主要由以下几部分组成:辐射源、储源室、辐照室及附属的转动、操作、安全、通风装置等,钴源辐照装置如图 2.3 所示。储源室是钴源不工作时放置的地方,通常是在辐照装置的中央设一个水井,利用水吸收射线好的特点,将辐射源存放

在水井中,这种方法装卸方便、安全可靠,不会溶
解固体放射源。水井的水深根据钴源活度大小
而定,井壁要能防止渗水。辐照室是钴源照射
样品的场所,一般为圆形或方形,是辐照工作的
中心场所,现常采用混凝土室作为辐照室。为
提高混凝土屏蔽 γ 射线的能力,还可在其中加
入适当的填料以提高混凝土的密度,如铁矿石、
铁块、重晶石等。辐照室一般都采用迷宫作为
进出通道,以降低辐照室入口处的剂量率。

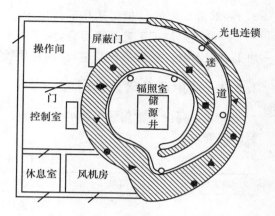

图 2.3　^{60}Co γ 辐照装置示意图

　　为了防止发生意外事故,保证操作人员的安
全,辐照室需安装安全门、监测辐射剂量的设备、
必要的报警装置、迫降装置及通风装置等。以上
装置中的安全门是一种连锁系统,当工作人员未离开辐照室时,源体不能从外面启动;只有当
工作人员离开,将安全防护门关上并锁住后,才能重新启动升源程序,将钴源送入辐照室。报
警装置显示辐射源所处位置的声、光报警信号,以指示室外操作人员辐射源是否确实进入储源
室内,并警示操作人员在升源前尽快离开辐照室等。迫降装置是在任何情况下,都可把辐射源
收回到安全位置的装置。

2.2.2　^{137}Cs 源

　　图 2.4 是^{137}Cs 的放射性衰变图。^{137}Cs 源寿命较长,半衰期为 30.2 a,γ 射线能量为 0.66

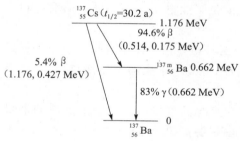

图 2.4　^{137}Cs 的衰变图

（β 衰变括号中的数值依次为 β 电子的最大
能量和平均能量）

MeV,能量较低且射线自吸收严重,射线利用率不
高。另外,^{137}Cs 源不能制成金属状态,常以 CsCl 或
硫化物、氧化物状态存在,将^{137}Cs 源封在不锈钢外
壳中泄漏的潜在危害大,在水中易发生放射性污染,
此源常用干法装置。因此,^{137}Cs 源的工业应用远不
及^{60}Co 源普及。但由于铯源的 γ 射线能量较低,比
较容易屏蔽,适用于移动式辐照装置。

　　^{85}Kr 主要作为 β 辐射源,使用时将^{85}Kr 和被辐
照物质密封在密封箱内。其优点是^{85}Kr 为惰性气
体,与所有物质几乎不起反应,并可根据被辐照物质

形状制成任何形状的密封箱。有人考虑用它代替 0.3~0.5 MeV 的电子加速器。

　　工业上安装核素源,其规模由产品的产量决定,而源的活度是决定产品产率的重要因素。
如果 G 值与剂量率和照射时间无关,则产率与源的活度之间的关系可由下列方程式表示:

$$Y = \frac{A \times E \times 10^6 \times G \times f \times M \times 3.6 \times 10^3}{10^2 \times N_A} \tag{2-10}$$

式中,Y 为产率(g·h^{-1});A 为放射源的活度(Bq);E 是核素每次衰变所释放出的被利用的粒
子总能量(MeV);G 是辐射化学反应产额(G 值);f 是能量吸收效率(0<f<1,一般为 25%~
40%);M 是生成产物的分子量;N_A 是阿伏加德罗常数(6.02×10^{23})。

　　由方程(2-10)可知,产物的 G 值和分子量越大,产率越高。一般辐射化学反应的 G 值约

为 $1\sim3$,链反应的 G 值可达几千到几万。

一种辐射加工工艺是否可行,除了取决于辐射加工成本以外,还取决于产品的特殊性能和加工过程本身。在经济核算中,源的使用效率也是一个重要因素,特别是钴源。

2.2.3　放射源危险分类

表 2.1 列出了常用放射源的危险分类。目前我国根据分类的等级对放射源进行相应的辐射防护管理。

表 2.1　常用放射源的危险分类

核素名称	Ⅰ类源/Bq	Ⅱ类源/Bq	Ⅲ类源/Bq	Ⅳ类源/Bq	Ⅴ类源/Bq
^{60}Co	$\geqslant 3\times 10^{13}$	$\geqslant 3\times 10^{11}$	$\geqslant 3\times 10^{10}$	$\geqslant 3\times 10^{8}$	$\geqslant 3\times 10^{5}$
^{137}Cs	$\geqslant 1\times 10^{14}$	$\geqslant 1\times 10^{12}$	$\geqslant 1\times 10^{11}$	$\geqslant 1\times 10^{9}$	$\geqslant 1\times 10^{4}$
^{90}Sr(^{90}Y)	$\geqslant 1\times 10^{15}$	$\geqslant 1\times 10^{13}$	$\geqslant 1\times 10^{12}$	$\geqslant 1\times 10^{10}$	$\geqslant 1\times 10^{4}$

2.3　电子加速器

2.3.1　电子束的基本工作原理

电子加速器,也叫电子束(electron beam)辐照装置,是一种以人工方法使电子在真空中受磁场力控制、电场力加速而达到高能量的电磁装置。自由电子可被电场直接或间接加速到很高的能量。与 γ 射线相比,电子束具有以下特性:

(1)高能量利用效率。辐射加工使用的高能电子束是工业电子加速器给出的荷电粒子流,它的能量利用效率比 γ 射线高出 $1\sim2$ 倍。

(2)低穿透性。电子是荷电粒子,质量小。当电子束与物质相互作用时受介质分子或原子库仑场作用,能量迅速损失,引起较大的能量吸收密度,因此电子束与 γ 射线相比,穿透力低,射程短。

(3)高功率与高剂量率。电子束给出的剂量率比 ^{60}Co γ 辐射源高出 $4\sim5$ 个数量级,在辐照样品时可大大节约辐照时间,进而减少射线对基材的辐射损伤,同时也可增加产额。

(4)能量可调,应用范围广。与 γ 辐射源不同,电子加速器给出的电子束是定向的,并可根据被辐照物的要求调节能量,使用相应能量的加速电子束。因此,电子束几乎可以应用于全部辐射加工领域,具有广阔的应用空间。

电子直线加速器的工作原理如图 2.5 所示,类似于电视机内主要部分显像管即阴极射线管的工作原理[图 2.5(a)]。由高频振荡管、高频变压器和高频电极及其对钢筒、倍压器芯柱之间形成的分布

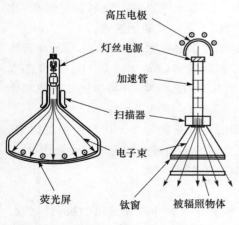

高压电极

灯丝电源

加速管

扫描器

电子束

荧光屏

钛窗

被辐照物体

（a）阴极射线管　　（b）电子加速器

图 2.5　电子直线加速器的工作原理示意图

电容①组成一个高频振荡器,它在两个高频电极之间产生 300 kV 以上的高频电压。这一高频电压通过高频电极与芯柱上的半圆电晕环间的分布电容和芯柱内的整流硅堆组成的并联耦合串联倍压系统,在高压电极上产生所需的直流电压。从高压电极内的电子枪产生的电子流在此负极性电压作用下通过加速管时得到加速,从加速管中出来的高能电子束由磁扫描器在水平方向进行扫描,然后穿过钛窗对产品进行辐射加工[图 2-5(b)]。高气压钢筒内充以 SF₆ 气体,以保证加速器的高电位梯度。

2.3.2　电子加速器的分类

1. 按电子束的能量分类

电子加速器种类繁多,不同类型的加速器有着不同的结构和性能特点。工业辐照加速器能量范围为 0.15～10 MeV,按电子束能量可分为三个能区:

(1) 低能电子加速器(0.15～0.5 MeV):这类电子加速器功率为几千瓦至 500 kW,它通常为一次加速的高压加速器,体积小、外形规整,没有加速管和扫描装置,具有自屏蔽功能,结构比较简单。比如电子帘型加速器[图 2.6(a)],是一种自屏蔽型加速器。它在生产线上只占一小部分空间,就可替代各种巨大的热处理装置,能节约大量能源和厂房。被辐照物以每分钟几十甚至几百米的速度通过辐照窗,生产效率很高。这种加速器在农产品的辐射灭菌、表面涂层固化、海水淡化膜、橡胶硫化等方面有重要应用。近年来,电子帘型加速器还被用于邮件或包裹表面的消毒灭菌。在 110～300 keV 范围内,基本取代了扫描型电子加速器[图 2.6(b)]。

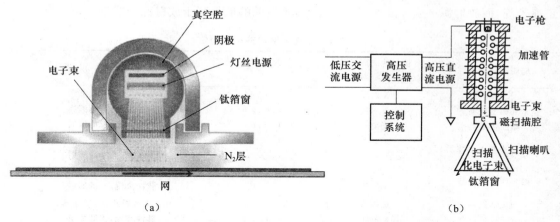

图 2.6　用于辐射涂层固化的电子帘型加速器(a)和工业扫描型电子加速器(b)

(2) 中能电子加速器(0.5～5 MeV):这类电子加速器功率为几十千瓦至 200 kW,主要包括高气压高电压变压器、高频高压加速器(也称为地那米加速器)、绝缘变压器和谐振变压器等类型。在以上几种中能电子加速器中,高频高压加速器是世界上应用最广的电子加速器,它性能稳定,产生直流高压,可应用于电线电缆、包敷材料、聚乙烯发泡塑料的辐射交联,高强度耐湿聚乙烯热缩管的辐射加工,辐射生产防水阻燃木塑地板等方面。

---

① 分布电容:除电容器外,由于电路的分布特点而具有的电容叫分布电容。例如线圈的相邻两匝之间,两个分立的元件之间,一个元件内部的各部分之间,都具有一定的电容,这个电容值就是分布电容。在低频交流电路中,分布电容的影响一般可以忽略,但对于高频交流电路,分布电容的影响就必须考虑。

（3）高能电子加速器（5~10 MeV）：这类电子加速器功率为几千瓦至 30 kW，包括微波电子加速器和电子直线加速器。电子直线加速器的注入和引出效率都很高，可应用于医疗器械和卫生用品的辐照消毒灭菌、粮食灭虫、食品辐照保鲜、进出口食品检验检疫、中成药灭菌、抗生素降解、半导体器件改性等。以上划分和称呼，不同文献会有所不同，请根据实际情况注意区别。

　　2. 按被加速的粒子类型分类

　　按加速粒子的种类划分，加速器可分为电子加速器、质子（H^+）加速器、重离子（A_n^{m+}）加速器和微粒子团加速器。

　　3. 按粒子加速原理分类

　　按粒子的加速原理、加速器结构划分，加速器可分为直流高压型、电磁感应型、直线共振型和回旋共振型加速器。

　　4. 按应用领域分类

　　按应用领域分类，加速器可分为辐照加速器、探伤加速器、医用加速器、离子注入机等。

　　5. 按加速电场分类

　　按照加速电场分类，加速器可分为高压加速器和高频加速器两大类。

　　各类加速器的主要特性如表 2.2 所示。由表 2.2 可知，机器源可以产生 X 射线、电子和正离子等，而放射源产生 α、β、γ 射线。通常，机器源的能量高于放射源的能量。

表 2.2　各种辐射源的主要特性

加速器或辐射源	被加速的离子或产生的辐射类型	能量/MeV	备　注
X 射线机	X 射线	0.05~0.3	脉冲束流，连续能谱
共振变压器	X 射线	0.1~3.5	脉冲束流，连续能谱
高压倍增器	正离子	0.1~0.5	连续束流，单能辐射
范德格拉夫静电加速器*	X 射线	1~5	连续束流，连续能谱
	电子和正离子	1~5	连续束流，单能辐射
电子回旋加速器	电子	10~300	脉冲束流，单能辐射
	X 射线	10~300	脉冲束流，连续能谱
回旋加速器	正离子	10~20	主要是连续束流，单能辐射
电子直线加速器	X 射线	3~630	脉冲束流，连续能谱
	电子	3~630	脉冲束流，主要是单能辐射
离子直线加速器	正离子	4~400	脉冲束流，主要是单能辐射
同位素	α 射线	4.0~5.5	单能辐射
	β 射线	0.01~2.25	连续能谱
	γ 射线	0.5~2	单能辐射或含少量分立的能量

　　注：表中所列 X 射线的能量指最大能量。正离子指带一个正电荷的离子，如质子、氘核。电荷数大于 1 的正离子，其加速能量等于表中能量值乘电荷数。

　　* 1931 年，美国物理学家范德格拉夫（van de Graff）建成第一台静电加速器，并以他的名字命名。

2.3.3　电子加速器的组成

　　虽然电子加速器原理各异，种类繁多，但其基本组成结构是相同的，主要由五部分组成：电子枪、加速结构、导向聚焦系统、束流输运系统和高频功率源或高压电源。除以上五个基本组成系统之外,通常还有束流监测和诊断系统、维持加速器所有系统正常运行的电源系统、真空系统、恒温系统等辅助设备和靶室。下面分别介绍电子加速器的五部分基本组成。

1. 电子枪

电子枪是加速器的电子注入器,它发射出具有一定能量、一定流强、一定束流直径和发射角的电子束流。用来为电子加速器提供电子束的电子枪一般分为热发射和场致发射两种。电子枪的功能在于给出满足要求的电子束,而电子枪的材料和工艺结构又必须考虑到加工和维修使用的方便。无论哪种类型的电子枪,它们均由阴极、聚焦极和阳极三部分组成。阴极是电子枪的关键部件之一,它是电子的发射极,决定了电子枪的发射能力和寿命。聚焦极是电子注入形状的限制极;阳极用来引出电子束,使其准确进入加速系统。设计电子枪时需考虑以下几方面:注入电子具有一定的能量,枪的结构要有足够的耐压强度,能承受一定的加速电压;要有足够的发射能力,能给出足够的脉冲电流;电子束的束流直径和发射角要求在给定范围内;结构简单,易于加工、安装和检修;枪的使用寿命尽可能长。

2. 加速结构

加速结构是加速器的关键部件,用于将带电粒子束加速到高能,按照设计目标,达到预定能量。电子加速器中的加速结构主要是加速管,根据加速电子的方式的不同,加速管分为行波加速管和驻波加速管两种。

3. 导向聚焦系统

为使从电子枪发射的电子束汇聚成细束注入加速管,使其沿着预定轨道运动,为此在电子枪出口安装了聚焦线圈。同时为了保证电子在加速管中横向运动的稳定性,即避免电子在加速过程中散开而损失掉,在加速管外部安装有多组螺线管聚焦线圈。导向聚焦系统一般由形态各异的电磁场构成,如偏转磁铁、四极磁铁等。

4. 束流输运系统

束流输运系统的作用是在加速器各个系统间输运带电粒子束,其物理设计任务是:给定加速器束流出口的束流参数,设计最佳输运元件组合,令靶上得到符合参数要求的束流,进而保证整个加速器系统在设计、运行上都经济合理。

5. 高压电源或高频功率源

此部件组成主要是为加速结构形成加速电场提供高电压或高频功能。对于低、中能加速器,通常使用直流高压电源。对于高能加速器,使用的是高频功率电源,目的是获得具有时间脉冲特点的电子束。

2.3.4 加速器的危险分类

我国 2005 年颁布了《放射性同位素与射线装置安全和防护条例》,根据射线装置对人体健康和环境可能造成危害的程度,将射线装置从高到低分为Ⅰ、Ⅱ、Ⅲ类。按照使用用途分为医用射线装置和非医用射线装置。

（1）Ⅰ类为高危险射线装置,事故时可以使短时间受照射人员产生严重辐射损伤,甚至死亡,或对环境造成严重影响。

（2）Ⅱ类为中危险射线装置,事故时可以使短时间受照射人员产生较严重辐射损伤,大剂量照射甚至导致死亡。

（3）Ⅲ类为低危险射线装置,事故时一般不会造成受照射人员的辐射损伤。

具体分类列于表2.3中。

表2.3　射线装置分类表

装置类别	医用射线装置	非医用射线装置
Ⅰ类	能量>100 MeV 的医用加速器	生产放射性同位素的加速器（不含制备 PET 用放射性药物的加速器）
		能量>100 MeV 的加速器
Ⅱ类	放射治疗用 X 射线、电子束加速器	工业探伤加速器
	重离子治疗加速器	安全检查用加速器
	质子治疗装置	辐照装置用加速器
	制备正电子发射计算机断层显像装置（PET）用放射性药物的加速器	其他非医用加速器
	其他医用加速器	中子发生器
	X 射线深部治疗机	工业用 X 射线 CT 机
	数字减影血管造影装置	X 射线探伤机
Ⅲ类	医用 X 射线 CT 机	X 射线行李包检查装置
	放射诊断用普通 X 射线机	X 射线衍射仪
	X 射线摄影装置	兽医用 X 射线机
	牙科 X 射线机、乳腺 X 射线机、放射治疗模拟定位机	其他非医用 X 射线机
	其他高于豁免水平＊的 X 射线机	

＊ 对于辐照装置,在不加任何防护的情况下,符合以下条件之一者,可予以豁免:①所产生的辐射,其最大能量不大于5 keV者;②正常运行条件下,在距设备的任何可接近表面 0.1 m 处,所引起的周围剂量当量率或定向剂量当量率不超过 $1\ \mu Sv \cdot h^{-1}$ 者。

2.4　$^{60}Co\ \gamma$ 辐照装置与电子加速器性能比较

γ 射线穿透性强,适合加工厚而不规则的样品。与之相比,电子加速器的电子束穿透能力低,适于化工产品的精细加工等,但电子加速器的高剂量率、高产率、高利用率、能量可变、开关自如等优点,使其在辐射加工领域具有更广阔的应用前景。以上两种辐射源的性能对比如表2.4所示。

表2.4　$^{60}Co\ \gamma$ 辐照装置与电子加速器性能比较

	$^{60}Co\ \gamma$ 辐照装置	电子加速器
能量范围/MeV	1.17~1.33	0.2~10
剂量率	剂量率低,约为 $10^4\ Gy \cdot h^{-1}$,辐照时间长	剂量率高,约为 $10^4\ Gy \cdot s^{-1}$,辐照时间短
功率	功率低,约为 1.48 kW/3.7 pBq,处理量小	功率高,约为 1.5 kW/unit,处理量大
穿透能力	射线穿透能力强,适合于大包装及不规则物件的辐照	电子束穿透能力低,适合于材料表面、浅层的辐射加工及化工产品的精细加工等
设备操作	设备简单,操作和维修方便	设备复杂,需专业人员维修
辐射防护	连续辐射,防护条件要求高	可随时关机,防护较易
设备维护	源强度逐渐衰减,需定期测定剂量和补充新源	源强度保持恒定,能量在一定范围内可调

2.5　其他辐照装置

2.5.1　脉冲辐解装置

脉冲辐解装置主要由两部分组成：

（1）提供高强度、短脉冲电子束的加速器：例如微波直线加速器（microwave linear accelerator），它产生的脉冲电子束的脉冲宽度为纳秒（ns）至微秒（μs）量级，20 世纪 70 年代已能给出宽度为 10^{-11} s 的单个电子脉冲。每个脉冲的平均功率达几十 kW。当体系受一个脉冲电子束辐照时，可在定域范围内形成足够高浓度的活性粒子（如离子、激发分子、自由基），并可用相应的快速技术（如记录光谱、电导等的瞬间变化）检测它们。除了微波电子直线加速器以外，静电加速器和场致发射型脉冲电子发生器也是常用的脉冲辐射源。

（2）快速检测装置：由于一个脉冲持续的时间很短，因此必须以相应的快速检测技术相匹配，才能研究在 ns 或 μs 时间标度内发生的快速物理和化学过程。检测方法是建立在短寿命中间产物不同的物理特性基础上的，例如检测活性粒子的光吸收和光发射性质、带电粒子的导电性质、自由基的顺磁性性质等。

图 2.7 为一典型的脉冲辐解装置示意图。图中，分析光源发出的连续光束通过样品照射池，单色器用来选择波长，光检测器把接收到的光信号转换为电信号，加速器为样品辐照提供单一的脉冲电子束。当样品受一个脉冲电子束辐照后，形成的活性粒子往往在某些特征的波段上对光产生强烈的吸收（如水化电子在波长 720 nm 处呈现强吸收，其瞬态吸收谱见附录 5），样品脉冲辐照前后透射光强度随时间变化可展示在示波器的屏幕上，这种变化反映了活性粒子浓度随时间的变化，从而可以给出活性粒子的形成和衰变的动力学信息。20 世纪 60 年代以后，脉冲辐解技术已发展成为研究辐射化学原初过程的重要实验技术，极大地推动了辐射化学以及普通化学的发展，它的第一个重要贡献就是直接证实了水化电子的存在。具体应用将在第 6 章详细讨论。

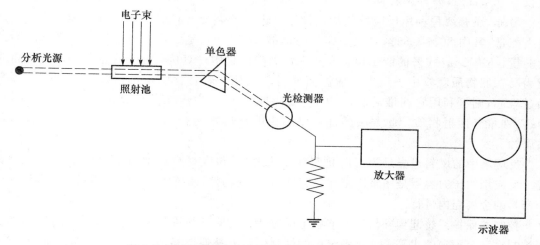

图 2.7　用动态分光光度法检测的脉冲辐解装置示意图

2.5.2　反应堆

核反应堆是一个能维持和控制核裂变链式反应,从而实现核能-热能转换的装置。反应堆通常由堆芯、控制与保护系统、慢化系统、冷却系统、反射层、屏蔽系统、辐射监测系统等组成。反应堆的分类方法很多,根据燃料类型,反应堆可分为天然气铀堆、浓缩铀堆、钍堆;根据中子能量可分为快中子堆和热中子堆;根据冷却剂材料可分为水冷堆、气冷堆、有机液冷堆、液态金属冷堆;根据慢化剂可分为石墨堆、重水堆、压水堆、沸水堆、有机堆、熔盐堆、铍堆;根据中子通量分为高通量堆和一般能量堆等等。图 2.8 为典型的压水堆示意图。

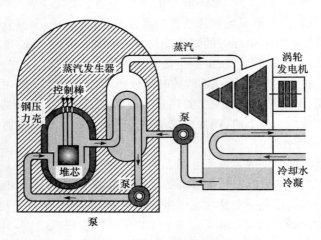

图 2.8　压水堆工作示意图

下面简单介绍反应堆的各部分组成。

堆芯是反应堆的核心部件,其中的燃料是可裂变材料,核燃料在堆芯中完成链式裂变反应,将核能转化为热能。自然界天然存在的易于裂变的材料只有^{235}U,它在天然铀中的含量仅有 0.711%,另外两种同位素^{238}U 和^{234}U 各占 99.238% 和 0.0058%,后两种均不易裂变。另外,还有两种利用反应堆或加速器生产出来的裂变材料^{233}U 和^{239}Pu。铀裂变放出的巨大能量,其中 80%～85% 是裂变碎片的动能,5%～6% 是裂变过程放出的中子和 γ 射线的能量,还有 5%～6% 的能量包含在放射性裂变产物中。直接利用反应堆作为辐射源常常因为受辐照物质吸收中子产生放射性而变得复杂化。若将含^{23}Na 的溶液作为冷却剂循环通过堆芯,则可利用它在堆芯吸收中子生成^{24}Na($t_{1/2} = 15$ h,$E_{\gamma 1} = 1.37$ MeV,$E_{\gamma 2} = 2.75$ MeV)在堆外照射物质。此方法的优点是不影响反应堆运行,无放射性污染。缺点是元件易腐蚀。

反应堆中的燃料包壳是为了防止裂变产物逸出,包壳材料通常采用铝-锆合金和不锈钢等。反应堆的压力容器是用来固定和包容堆芯、堆内构件,使核燃料的链式裂变反应限制在一个密封的金属壳内进行。

控制与保护系统起到补偿和调节中子反应性以及紧急停堆的作用,可以将链式反应的速率控制在一个预定的水平上。该系统中的控制棒用来补偿燃料消耗和调节反应速率,其材料要求热中子吸收截面大,而散射截面小,常选用硼钢、银-铟-镉合金等作为控制棒材料。在控制系统中还会安装安全棒,用来快速停止链式反应。

慢化系统中的慢化剂可将快中子能量减少,使之慢化成为中子或中能中子的物质。慢化剂要求具有良好的慢化性能、尽可能低的中子俘获截面等。一般慢化剂有水、重水和石墨等。

冷却系统的主要功能是反应堆堆芯中核裂变反应产生的热量传送回蒸汽发生器,进而起到冷却堆芯、防止燃料元件烧毁的作用。在压水堆中,水作为冷却剂又起到中子慢化剂的作用,使裂变反应产生的快中子慢化。常用的冷却剂有轻水、重水、氦和液态金属钠等。

反射层设在反应堆活性区周围,它可以把活性区内逃出的中子反射回去,减少中子的泄漏量。常用的反射层材料有轻水、重水、石墨、铍、氧化铍、氧化锆等。

屏蔽系统的主要作用是减弱中子能量和衰减反应堆芯中产生的 γ 射线。常用的屏蔽材料由含有重元素(如铅)、轻元素(如水中的氢)以及中子吸收剂(如硼)的材料组成。加有重晶石或铁矿石的混凝土也是常用的屏蔽材料。

辐射监测系统用于监测并及早发现反应堆放射性泄漏情况。

2.5.3　中子源

中子源指能发射中子(n)的装置或物质,主要是通过核反应或核裂变产生,一般说来,核反应效率不高,大部分能量损失在靶物质分子(或原子)的激发和电离上。常用的中子源有:

(1) 利用核辐射引起的核反应产生中子、^{226}Ra-Be 源、^{210}Po-Be 源以及 ^{124}Sb-Be 中子源。^{210}Po-Be 中子源的优点是 γ 辐射本底小。

(2) 加速荷电粒子引起的核反应产生中子,如 $^{3}T(d,n)^{4}He$[①]、$^{2}D(d,n)^{3}He$、$^{3}T(p,n)^{3}He$[②] 等。

(3) 放射性核素 ^{252}Cf 自发裂变释放中子,其平均能量为 2.384 MeV,中子产额达 2.32×10^{12} n·s^{-1}·g^{-1}。

较大通量密度的中子可由反应堆得到。随着科技的进步,相应研究体系(如薄膜、纳米团簇、生物大分子和蛋白质等)的尺度分布越来越大,获得数量在克量级的样品也越来越困难。因此,小样品的快速、高分辨的中子散射测量迫切需要新一代通量更高、波段更宽的中子源,即散裂中子源。脉冲散裂中子源突破了反应堆中子源的中子通量上限,使中子探针的功能变得日益强大。散裂中子源是由加速器提供的高能质子轰击重金属靶而产生中子的大科学装置。通过原子的核内级联和核外级联等复杂的核反应,每个高能质子可产生 20~40 个中子,每产生一个中子释放的热量仅为反应堆的 1/4(约 45 MeV)。散裂中子源的特点是在比较小的体积内可产生比较高的脉冲中子通量,能提供的中子能谱更加宽泛,大大扩展了中子科学研究的范围。

---

① $^{3}T(d,n)^{4}He$:表示氚核 ^{3}T 被氘核 d 轰击,放出 1 个中子 n,变成 ^{4}He。

② $^{3}T(p,n)^{3}He$:表示氚 ^{3}T 被质子 p 轰击,放出 1 个中子 n,变成 ^{3}He。

2.6　小　　结

辐射源分为放射源（或核素源）、机器源和中子源等。其中，核素源包括 γ 放射源，α、β 放射源，混合射线源等。机器源包括 X 射线装置、电子加速器、重离子加速器等。需要根据不同的使用目的选择合适的辐射源或辐照装置。一般，辐射化学研究和辐射加工中较常用的辐射源为^{60}Co γ 源和电子加速器。辐射防护中常用 α、β、γ 放射源。核工程中常用核反应堆和中子源等。此外，脉冲辐解装置也是辐射化学基础研究常用的装置。

重要概念：

同位素，放射性同位素，核素，核衰变常数，半衰期，放射性活度，比活度，辐射功率。

重要公式：

放射性同位素衰变规律　　　　　$N = N_0 e^{-\lambda t}$ 　　　　　　　　　　　　　　(2-1)

核衰变常数与半衰期的关系式　　$\lambda = \dfrac{\ln 2}{t_{\frac{1}{2}}}$ 　　　　　　　　　　　　　(2-2)

放射性活度　　　　　　　　　　$A = \dfrac{\mathrm{d}N}{\mathrm{d}t} = \lambda N$ 　　　　　　　　　　　(2-3)

比活度　　　　　　　　　　　　$\mathrm{SA} = \dfrac{N_A \lambda}{M}$ 　　　　　　　　　　　　(2-5)

放射源辐射功率　　$P = 1.602 \times 10^{-13} \times A \times E$ 　（W）　　　　(2-6b)

电子加速器的额定功率　　$P_e = V \times I$ 　（kW）　　　　　　　　(2-9)

放射源的加工率　　$C = \dfrac{3600 f}{D}$ 　（kg · kW^{-1} · h^{-1}）　　　(2-7)

$C = 3.74 \times 10^{-4} \times G \times M \times f$ 　（kg · kW^{-1} · h^{-1}）　(2-8)

主要参考文献

1. 吴季兰，戚生初. 辐射化学. 北京：原子能出版社，1993.
2. 常文保，主编. 化学词典. 北京：科学出版社，2008.
3. 哈鸿飞，吴季兰. 高分子辐射化学——原理与应用. 北京：北京大学出版社，2002.
4. Spinks J W T, Wood R J. An Introduction to Radiation Chemistry. 2nd Ed. John Wiley & Sons Inc, 1976.
5. 翟茂林，伊敏，哈鸿飞. 高分子材料辐射加工技术及进展. 北京：化学工业出版社，2004.
6. 史戎坚. 电子加速器工业应用导论. 北京：中国质检出版社，2012.
7. 倪永红. 辐射技术与材料合成. 芜湖：安徽师范大学出版社，2011.
8. 何仕均. 电离辐射工业应用的防护与安全. 北京：原子能出版社，2009.
9. 潘自强，主编. 辐射安全手册. 北京：科学出版社，2011.
10. 周舜元. 中国辐射卫生，2002，11(4)：193.
11. 张曼维. 辐射化学入门. 合肥：中国科学技术大学出版社，1993.

思　考　题

1. 实验室常用的辐射源有哪几类？按产生机制，每一类又可细分为哪几种？
2. 介绍 ^{60}Co 辐射源的特点。
3. 选择辐射源时，需要考虑哪些因素？
4. 根据 ^{241}Am 衰变纲图（图 2.9）分析，如果选择 ^{241}Am 作为电磁辐射源，须作哪些相关处理？

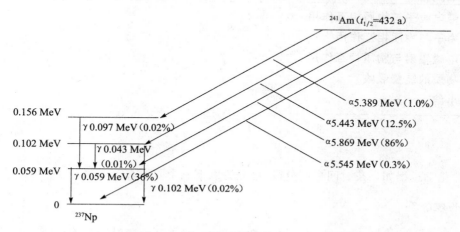

图 2.9　^{241}Am **的衰变纲图**

（括号内为射线比例）

5. 详细比较电子加速器与 γ 辐射源的特点。
6. 放射性活度与辐射源所含核数目的关系是什么？
7. 如何制备钴源？
8. "辐射源质量大，放射性一定强"的说法是否正确？为什么？

第3章　电离辐射与物质的相互作用

辐射化学过程如果按时间标度分段,可分为以下三个阶段。

1. 物理阶段

一般发生在 $10^{-18} \sim 10^{-15}$ s 内。在这段时间内,随着电离辐射能在体系内消失,能量传递到物质中会产生阳离子、激发分子、**刺迹**(spur)和云团(或团迹 blob)等。体系原有的热力学平衡被破坏。电离辐射穿过物质时的路径称为**径迹**。由于电离辐射与物质作用过程中会产生**次级电子**(在电离过程中产生的某些自由电子,如果具有足够的能量,能进一步引起物质电离和激发,这些电子称为次级电子),次级电子的能量足以使物质进一步电离和激发。次级电子的能量不同,产生的活性粒子的数量和分布范围也不同。图3.1是快电子径迹中离子和激发分子的分布示意图。由图可知,在次级电子能量小于 100 eV 时,它们在物质中会产生小的激发和电离粒子团。这种包括激发分子、离子对在内的短寿命活性粒子云集的小球体通常称为刺迹。图3.1中的刺迹、团迹、短径迹(short track)和分支径迹(branch)是由一些数目不等的初级产物(离子对、激发分子和自由基等)组成的活性粒子团,其大小取决于吸收的能量。刺迹中

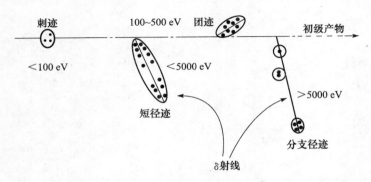

图 3.1　在水介质中离子和激发分子在快电子径迹中的分布

(图中黑点表示正离子,电子和激发分子未表示出来)

吸收的能量约为 6～100 eV,团迹约为 100～500 eV,短径迹约为 500～5000 eV,分支径迹则大于 5000 eV。一般刺迹可看成一个类球体,每个刺迹中平均含 2～3 个离子对和若干激发分子及自由基。团迹是一个类椭圆的球体,内含 7 个以上的离子对、激发分子及自由基。短径迹则是一个沿能量较高的次级电子径迹,由离子对、激发分子及自由基组成的圆柱体。短径迹和分支径迹统称为 δ 射线(或 δ 电子)。

2. 物理化学阶段

发生的时间一般为 10^{-14}～10^{-11} s。这阶段发生的过程有:部分传递的能量递降为振动能和转动能、能量传递、解离以及离子分子反应等。体系重新建立热平衡,并形成了一些新的分子和活性瞬态产物,如自由基、溶剂化电子($e^-_{溶剂化}$ 或 e^-_{sol})等。有关溶剂化电子的解释将在第 5 章中详细讨论。

3. 化学阶段

一般发生在 10^{-11} s 以后,通常持续时间 $t > 10^{-8}$ s,取决于反应速率常数、扩散系数、浓度等。此阶段发生的事件包括:活性瞬态产物的扩散及化学反应,如自由基-自由基反应,自由基与溶质、辐解分子产物之间的反应等。最终使体系达到新的化学平衡。

因此,为了更好地理解物质的辐射化学行为,我们有必要首先了解电离辐射与物质的相互作用,即电离辐射穿过物质时的物理过程。这里**物质**是指各种化学元素,包括固体、液体和气体,既可以是单质,也可以是化合物或混合物。**电离辐射**具体分为粒子辐射和致电离的电磁辐射等。粒子辐射按照带电性质,又可以分为轻带电粒子(如 e^+、e^-)、重带电粒子(指质量大于电子质量的带电粒子,包括 α、氘 d、氚 t、质子 p 等),以及重离子(原子序数 $Z > 2$)和不带电粒子(如中子)辐射。致电离的电磁辐射主要包括 γ 射线和 X 射线辐射。

本章将从微观机制上分别讨论带电粒子、中子和电磁辐射在与物质相互作用过程中的物理过程以及能量在物质中的沉积。主要介绍电离辐射与物质相互作用过程中在 10^{-18}～10^{-15} s 时间内(即物理阶段)所发生的事件。通过电离辐射与物质相互作用的研究,可以了解电离辐射的特性,而且这些规律也是放射化学、辐射防护、辐射测量及核技术应用的理论基础。

3.1　带电粒子与物质相互作用

3.1.1　电离和激发

带电粒子在与物质的相互作用过程中,会发生以下过程。

1. 弹性散射(elastic scattering)

带电粒子在物质中运动时,受原子核库仑场的影响而改变运动方向的现象称为散射。如果散射前后入射粒子和原子核的总动能不变,则称为弹性散射。电子因为质量小,在物质中穿过时常发生弹性散射。对于低能电子和高原子序数物质,弹性散射更为重要。

2. 非弹性碰撞（inelastic collision）

如果散射前后总动能不相等，则称为非弹性散射或非弹性碰撞。非弹性碰撞指带电粒子与原子中的核外电子通过库仑相互作用，发生能量转移，使核外电子获得能量，由低能级激发到高能级，发生激发过程，或打出电子发生电离过程。由于辐射化学的过程被认为是电离和激发过程，因此带电粒子与物质相互作用过程中，对物质的辐射化学行为起主要贡献的过程就是非弹性碰撞。这样，带电粒子与物质相互作用过程中能量损失的重要形式就是通过非弹性碰撞引起的电离和激发。

电离（ionization）就是具有一定动能的带电粒子与原子中的轨道电子发生非弹性碰撞时，将其部分能量传递给轨道电子，当轨道电子获得的动能足以克服原子核的束缚，逃出原子壳层而成为自由电子的过程。原子失去一个电子后带正电，其与逃出的电子合称为正、负离子对。由带电粒子与原子核外电子作用产生的电离，称为直接电离或初级电离（primary ionization）；由 δ 电子引起的电离则称为间接电离或次级电离（secondary ionization）。直接电离和间接电离合称为总电离。

激发（excitation）是指当核外电子获得的动能不足以克服原子核的束缚，而只能从低能级跃迁到高能级，使原子处于激发态的过程。

图 3.2 为带电粒子与物质之间发生非弹性碰撞的示意图。其中（a）为电离过程，即核外层电子克服束缚成为自由电子 e^-，原子成为正离子；（b）为激发过程，即核外层电子由低能级跃迁到高能级而使原子处于激发状态，退激发光。

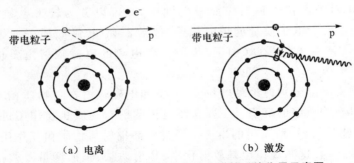

　　　　（a）电离　　　　　　　　　　　（b）激发

图 3.2　带电粒子与物质之间的非弹性碰撞作用示意图

3. 韧致辐射（bremsstrahlung）

通常处于激发态的原子是不稳定的，跃迁到高能级的电子将自发地跃迁到低能级而使激发态的原子退激，激发能（即电子跃迁前后两能级的能量差）将以 X 射线的形式放出，称为特征 X 射线。该激发能也可传递给核外电子，使该电子获得足够的动能，逃离原子核的束缚而成为一个自由电子（即俄歇电子），该过程称为**俄歇效应**。

当高速带电粒子在物质中的核电场中穿过时，带电粒子与核库仑场间发生强烈相互作用，与此同时带电粒子会被减速，并将部分能量转变成电磁辐射 X 射线的过程称为**韧致辐射**。通常 X 射线管产生的具有连续能谱的那部分 X 射线即是快电子在靶核附近受到减速时产生的韧致辐射。图 3.3 为带电粒子与物质之间韧致辐射的作用示意图。可知，放出的 X 射线能量为 $h\nu = E - E'$，其中 E 和 E' 分别为入射电子与散射电子的能量，单位 MeV。

韧致辐射的特点是：①韧致辐射能量分布在 0 至入射电子能量之间，即其能谱为连续谱。② 入射电子能量低于 8 MeV 时，发出的 X 射线可取任何方向；入射电子能量高于 8 MeV 时，发射的光子会朝向前方，即与入射电子方向相同。③ 韧致辐射发生的概率与入射荷电粒子的能量有关。例如能量小于 100 keV 的电子，韧致辐射损失可以忽略；当能量为 10 MeV 的电子作用于钨靶时，有 50% 的能量转变为次级辐射；电子能量

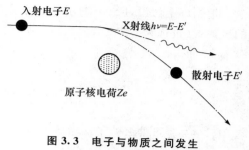

图 3.3　电子与物质之间发生韧致辐射的示意图

为 100 MeV 时，则有 90% 的能量变成次级辐射。重带电粒子只有在能量很高（如 1000 MeV）时，韧致辐射才显得重要。

电子与物质作用过程中的韧致辐射所占总能量的概率可以采用辐射产率来计算。具体计算公式如下：

$$Y = \frac{6 \times 10^{-4} ZE}{1 + 6 \times 10^{-4} ZE} \tag{3-1}$$

其中，Y 为韧致辐射产率，Z 为物质的原子序数，E 为入射电子的初始动能（MeV）。

重离子在能量较高时，与物质相互作用的能量损失过程和 α 粒子一样，主要通过非弹性碰撞引起的电离和激发作用。在能量较低时，发生俘获介质原子的轨道电子的电荷交换作用，使其有效电荷发生变化而使电离损失变小，而与原子核的非弹性碰撞，即核阻止作用的能量损失成为主要作用。

由以上作用过程可知，在一般情况下带电粒子通过弹性散射过程传递给物质的能量可以忽略。韧致辐射放出的电磁辐射穿透能力较强，在照射小体积样品时，它将穿透样品散逸在周围环境中，所以对体系产生的化学效应没有贡献；只有在照射较大体积样品时，部分韧致辐射能量可被样品吸收，这时就要考虑韧致辐射对样品辐解的影响。因此，在带电粒子与物质相互作用的过程中，只有非弹性碰撞过程才对电离辐射能的传递和发生的化学效应起重要作用。

下面重点讨论带电粒子由于非弹性碰撞所引起的能量损失。

3.1.2　非弹性碰撞中带电粒子的能量损失

对于能量为几 MeV 的重带电粒子，每次碰撞转移给电子的能量大于大多数电子在原子中的结合能，所以对于快速的重带电粒子，其运动速度大于靶原子核的核外电子的轨道速度，与入射粒子相比，可以认为碰撞前靶原子中的电子处于"静止状态"。因此，Bethe 提出如下假设：

（1）入射的重带电粒子与束缚电子之间只有库仑静电作用，与原子核的相互作用可以忽略。

（2）入射的重带电粒子的质量和速度是如此之大，以致它们在物质中通过时不被散射，与核外电子发生一次非弹性碰撞后，能量和速度可视为不变。

（3）入射的重带电粒子与核外电子发生非弹性碰撞时，给予电子的能量大于电子的束缚能。

　　根据以上假设,Bethe 利用量子力学方法推导出了重带电粒子在非弹性碰撞时能量损失的表达式(也称为 **Bethe 公式**):

$$-\frac{dE}{dx} = \frac{4\pi z^2 e^4 NZ}{m_e v^2} \ln \frac{2m_e v^2}{I} \tag{3-2}$$

或

$$-\frac{dE}{dx} = \frac{2\pi z^2 e^4 NZ}{E} \frac{m}{m_e} \ln \frac{4E}{I} \frac{m_e}{m} \tag{3-3}$$

式中,$-\dfrac{dE}{dx}$ 是重带电粒子在物质中单位路程非弹性碰撞损失的能量,单位 keV·μm^{-1}或 eV·nm^{-1};m_e 是电子静止质量;m 为重带电粒子的质量;Z 和 z 分别为物质的原子序数和重带电粒子的电荷;v 为重带电粒子的速度;E 是重带电粒子的能量;e 是电子电荷(esu);N 是单位体积被辐照物质中所含的原子数;I 是介质原子的平均激发能(eV)。

　　Bethe 公式表明:①能量损失与物质单位体积中电子密度($NZ = N_A \rho Z/A$)[①]成正比。②能量损失与重带电粒子的 v^2 近似成反比,入射带电粒子速度越小,作用时间愈长,电离能量损失越大。但是,当带电粒子的能量消耗到一定程度,其速度降低到与轨道电子的速度相当时,它将要从作用物质中俘获电子,使其有效核电荷减少,因而电离损失反而减少。③能量损失与重带电粒子的电荷平方(z^2)成正比。z 越大,与核外电子的库仑作用力愈大,传递给轨道电子的能量越多。例如,具有相同速度的 α 粒子和质子,由于 α 粒子带有 2 个正电荷,所以在同一物质中前者的能量损失为后者的 4 倍。

　　平均激发能 I 数值与入射射线的种类、能量大小无关,只与物质原子的性质有关,与原子间化学结合的方式也无关。除了 H 和 He 等简单原子以外,I 的理论计算很复杂,对于简单物质,I 可用以下经验式求得:

$$I \approx KZ \quad (\text{eV}) \tag{3-4}$$

对不同元素,K 可从实验求得,一般在 8~16 之间,如对于轻元素(碳、氢等),$K \approx 15$ eV;对于重元素,$K \approx 10$ eV。Lind 给出,$K \approx 11.5$ eV($Z \leqslant 30$)和 $K \approx 8.8$ eV($Z > 30$)。对于复杂物质,I 可由下式求得:

$$\ln I = \frac{\sum_i N_i Z_i \ln I_i}{\sum_i N_i Z_i} \tag{3-5}$$

式中,I_i 是各组成原子的平均激发能,Z_i 是各组成原子的原子序数,N_i 是单位体积中含第 i 个组成原子的数目。

　　如果 I 为已知,则可通过(3-2)或(3-3)式计算出$-(dE/dx)$,对于水,$I = 65.1$ eV,因此能量为 E(以 MeV 表示)的质子束流通过水时:

$$-\left(\frac{dE}{dx}\right) = \frac{18.70}{E} \lg \frac{E}{0.0299} \quad (\text{keV}\cdot\mu\text{m}^{-1}) \tag{3-6}$$

α 粒子通过水时:

$$-\left(\frac{dE}{dx}\right) = \frac{297.35}{E} \lg \frac{E}{0.1195} \quad (\text{keV}\cdot\mu\text{m}^{-1}) \tag{3-7}$$

如果粒子速度很大,则对公式(3-3)还应考虑相对论修正。

---

①　N_A 为阿伏加德罗常数,ρ 为物质的密度,Z 为物质的原子序数,A 为物质的质量数。

公式(3-2)或(3-3)对电子不适用,因为入射粒子为电子时,必须考虑入射粒子受到的横向反冲和入射电子与介质电子之间的能量交换,因此对于能量小于 50 keV 的电子,Bethe 公式变为

$$-\left(\frac{dE}{dx}\right) = \frac{2\pi e^4 NZ}{E} \ln \frac{E}{I} \sqrt{\frac{\varepsilon}{2}} \quad (keV \cdot \mu m^{-1}) \tag{3-8}$$

式中,ε 为自然对数的底,E(以 eV 表示)为入射电子的能量。在水中,(3-8)式可表示为

$$-\left(\frac{dE}{dx}\right) = \frac{10.19}{E} \lg \frac{E}{55.8} \quad (keV \cdot \mu m^{-1}) \tag{3-9}$$

当电子能量较高时,电子速度很大,需对电子质量进行相对论校正,则(3-8)式变为

$$-\left(\frac{dE}{dx}\right) = \frac{2\pi e^4 NZ}{m_e v^2}\Big[\ln \frac{m_e v^2 E}{2I^2(1-\beta^2)} - (2\sqrt{1-\beta^2} - 1 + \beta^2)\ln 2 + 1 - \beta^2$$

$$+ \frac{1}{8}(1 - \sqrt{1-\beta^2})^2\Big] \quad (keV \cdot \mu m^{-1}) \tag{3-10}$$

式中,$\beta = v/c$(电子速度与光速之比)。这里要注意的是,严格来说,公式(3-8)和(3-10)只适用于气体,因为在液体和固体中,入射电子的电场致使凝聚介质极化,使介质的阻止本领减小。在电子能量较高时,需要对这种效应进行校正,否则对水来说,10 MeV 的电子就可产生 10% 的误差。

将带电粒子在介质中、单位路程内因非弹性碰撞损失的能量 $-\left(\frac{dE}{dx}\right)$ 称为**介质对带电粒子的阻止本领**(S)。为了消除密度的影响,S/ρ 称为**质量阻止本领**。

$$S/\rho = -\left(\frac{dE}{dx}\right) \times \frac{1}{\rho} \quad (keV \cdot cm^2 \cdot mg^{-1}) \tag{3-11}$$

式中,ρ 为物质的密度,S/ρ 表示带电粒子通过单位质量厚度(mg·cm^{-2})物质时因非弹性碰撞损失的能量。此外,也用原子阻止本领 S_A 描述带电粒子通过单位面积(cm^2)1 个原子时由于非弹性碰撞损失的能量:

$$S_A = \frac{S}{\rho} \times \frac{A}{N_A} \tag{3-12}$$

式中,A 为原子量,N_A 为阿伏加德罗常数。

阻止本领、质量阻止本领和原子阻止本领可以相互转换计算,但是对不同的物质,转换系数不同。表 3.1 列出了 S、S/ρ 和 S_A 在不同物质中的转换系数。

由公式(3-2)和(3-11)可知,**阻止本领与单位体积物质所含的电子数 NZ 成正比,质量阻止本领与每克物质所含的电子数成正比**,即

$$-\frac{1}{\rho}\left(\frac{dE}{dx}\right) \propto \frac{Z}{A} \times N_A \tag{3-13}$$

对于大多数元素,Z/A 值在 0.4~0.5 之间,因此对质量阻止本领的影响很小,但氢却例外,$(Z/A)_H = 1$,每克物质中所含的电子数以氢为最多,所以带电粒子在氢中最容易损失能量。除了介质的电子密度以外,阻止本领还与带电粒子所带的电荷数及其速度有关,例如速度相同的质子和 α 粒子:

$$-\left(\frac{dE}{dx}\right)_{质子} = -\frac{1}{4}\left(\frac{dE}{dx}\right)_{\alpha粒子} \tag{3-14}$$

对于能量相同的带电粒子,轻带电粒子的速度比重带电粒子大得多,例如,相同能量时,电子速度分别为质子和 α 粒子速度的 43.8 倍和 85.6 倍,所以

$$-\left(\frac{\mathrm{d}E}{\mathrm{d}x}\right)_{电子} \ll -\left(\frac{\mathrm{d}E}{\mathrm{d}x}\right)_{质子} \ll -\left(\frac{\mathrm{d}E}{\mathrm{d}x}\right)_{\alpha粒子} \tag{3-15}$$

表 3.1　S、S/ρ 和 S_A 在不同物质中的转换系数

物　质	$S/(\mathrm{keV \cdot cm^{-1}})$	$S_A/(\mathrm{eV \cdot cm^2 \cdot 原子数^{-1}})$	$\dfrac{S}{\rho}\Big/(\mathrm{keV \cdot cm^2 \cdot mg^{-1}})$
氢	1	1.861×10^{-17}	11.12
空气	1	1.861×10^{-17}	0.7734
铝	1	1.658×10^{-20}	3.7×10^{-4}

3.1.3　带电粒子在物质中的吸收

在研究带电粒子在物质中的吸收过程时,我们需要了解射程和路程的概念。通常将电子在介质中从起点到终点的直线距离称为**射程**(range)。而入射粒子在物质中所经过的实际轨迹称为**路径**(path)。这里二者概念不同,路径是入射粒子在物质中所经过的实际轨迹,由于入射粒子与物质发生多次碰撞,不仅能量减少,而且运动方向亦在改变,因此,其运动的路径是曲折的,并大于射程。射程等于路径在入射方向的投影。α 粒子或重离子与核外电子发生多次非弹性碰撞而逐步损失能量,由于它们的质量远大于电子,每次碰撞后运动方向几乎没有改变,故运动的径迹近似为直线。因此对离子或重离子,其射程等于其路径长度;对电子而言则复杂得多(图 3.4),电子与介质相互作用有散射、非弹性碰撞和轫致辐射等复杂过程。

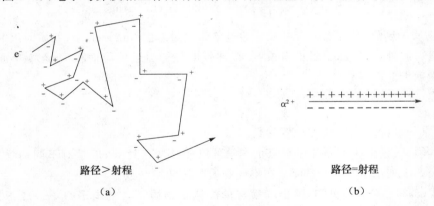

路径＞射程　　　　　　　　　　　　　　　　路径＝射程
　(a)　　　　　　　　　　　　　　　　　　　(b)

图 3.4　电子(a)与 α 粒子(b)在介质中的射程与路径示意图(图中箭头实线为路径)

因此,在带电粒子入射的径迹上产生的离子或激发分子的密度不同,越在射程末端,离子对数目越多。通常射程单位用线厚度 x_m(cm)或质量厚度 R_m(mg·cm^{-2})表示,二者存在以下关系:

$$R_\mathrm{m}(\mathrm{mg \cdot cm^{-2}}) = x_\mathrm{m}(\mathrm{cm}) \cdot \rho(\mathrm{mg \cdot cm^{-3}}) \tag{3-16}$$

R_m 近似与物质的密度无关,尤其是物质的密度相差不大时。一般阻止本领大,射程小。图 3.5 为 5.49 MeV 的 α 粒子在空气中的 Bragg 曲线,可知 α 粒子的能量损失率随其径迹的变化,随路径增加,空气对 α 粒子的阻止本领增加,在路径末端,阻止本领达到最大值,该值称为 Bragg 峰,之后粒子能量很快降为 0。阻止本领随路径变化的曲线称为 Bragg 曲线。该曲线对

辐射治疗具有重要的应用价值,可利用峰区高的值来施于肿瘤所在的病灶,局部高效地杀死癌细胞,而在此区域之外的健康组织受损较小。

此外,我们可以采用下式来计算电子在固体中的射程:

$$r = \frac{2.76 \times 10^{-2} A U_0^{1.67}}{\rho Z^{0.89}} \qquad (3\text{-}17)$$

式中, r 为射程, μm ; ρ 为物质的密度, $g \cdot cm^{-3}$; Z 为物质的原子序数; A 为物质的原子量; U_0 为电子的加速电压, kV。注意,方程(3-17)主要适用范围为 $10 \sim 1000$ keV 能量的电子。

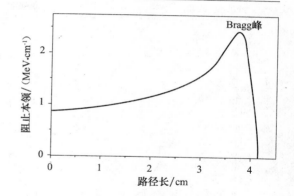

图 3.5　5.49 MeV α 粒子在空气中的 Bragg 曲线图

对于低原子序数物质,可以采用以下经验性方程来估算电子的射程。

电子能量范围为 $0.01 \sim 2.5$ MeV 情况下可采用

$$R_m = 0.412 E^{1.27-0.0954\ln E} \qquad (3\text{-}18a)$$

如果电子能量大于 2.5 MeV,则采用

$$R_m = 0.530 E - 0.106 \qquad (3\text{-}18b)$$

式中, E 单位为 MeV, R_m 单位为 $g \cdot cm^{-2}$ 。

表 3.2 是电子能量为 1 MeV 时在不同介质中的射程。可以看出,介质密度对质量厚度影响不大,线厚度随介质密度增加而明显减小,而且高原子序数的物质有利于阻止电子。

表 3.2　1 MeV 电子在不同介质中的射程

	液态水($\rho=1.0$ g $\cdot$ cm^{-3})	空气($\rho=0.00129$ g $\cdot$ cm^{-3})	铅($\rho=11.3$ g $\cdot$ cm^{-3})
$R_m/(g \cdot cm^{-2})$	0.430	0.491	0.763
x_m/cm	0.430	380.6	0.068

为了反映带电粒子的能量沿着粒子径迹传递情况的差别,还采用了传能线密度或线能量转移这一术语,英文全称为 linear energy transfer,简称为 LET。**LET 可以定义为带电粒子在某一介质中的线性能量转移或狭义线碰撞阻止本领 L_Δ**,它等于 dE 除以 dl 而得到的商,其中 dl 是粒子所通过的距离,而 dE 是由能量转移小于某一特定值 Δ 的非弹性碰撞所造成的能量损失,即

$$L_\Delta = \left(\frac{dE}{dl}\right)_\Delta \qquad (3\text{-}19)$$

例如, L_{100} 就表示能量 $\leqslant 100$ eV 时的线能量转移,单位 keV $\cdot \mu m^{-1}$ 。

LET 与总阻止本领 S 的区别在于:①S 着眼于粒子本身能量的损失,反映出物质对电子的阻挡能力,其能量损失包括非弹性碰撞能量损失和辐射能量损失两部分。②LET 着眼于粒子传递给介质的能量,表示沿着粒子径迹传递能量的线密度,而且是指总阻止本领中限制在选定的能量截止值 Δ 以下那部分能量传递。反映了沿着粒子径迹传递的能量在空间分布上的特点。当 Δ 趋近于无穷大时,LET 数值将与线碰撞阻止本领相等。

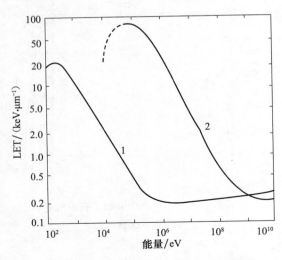

图 3.6　电子和质子在水中的初始 LET 值
与能量的关系：1—电子，2—质子

LET 在径迹的不同部位是不同的，而且初级粒子在径迹某段的能量损失未必全由非弹性碰撞所造成，可能会产生轫致辐射而带走一部分能量，这部分能量并不被吸收。

图 3.6 表示电子和质子在水中的初始 LET 值与它们的能量之间的关系。该图表明，质子的 LET 值比同样大小能量电子的 LET 值大，且两者均随入射粒子能量增加而降低，达到一最小值。随着粒子能量进一步增加（如电子能量接近 10^6 eV，质子能量接近 10^{10} eV），速度逐渐接近光速 c（如 2 MeV 电子速度为 $0.98\ c$），它们的 LET 值开始慢慢上升。这是因为荷电粒子的速度在相对论效应区域时能使距离比较远的原子发生电离所致。图 3.6 中对应电子最小 LET 值的能量为 1～2 MeV。图中 LET 值为电离辐射在水中通过 1 μm 距离，取不同能量传递值以下时，由于非弹性碰撞而损失的能量。由于 100 eV 可以排除 δ 射线带走能量所得到的传能线密度，可以更确切地描绘沿着入射粒子径迹的能量密度分布，因此通常初始 LET 值就是指能量≤100 eV 时的线能量转移。

表 3.3 列出了一些荷电粒子在水中的 LET 值。由表可知，重荷电粒子的 LET 值比电子大。根据动量和能量守恒，重荷电粒子非弹性碰撞传递给物质电子的最大能量为 $4m_e E/m$，E 和 m 分别为入射重荷电粒子的能量和质量。对于 4 MeV 的 α 粒子或 1 MeV 质子，此值相当于 2180 eV，但是对于大多数非弹性碰撞事件，传递给电子的能量只有几电子伏，实际上可把重荷电粒子损失能量的过程认为是连续的。因此，重荷电粒子的径迹是一连续的圆柱体［图 3.4(b)］。伴随能量传递给物质而产生的活性粒子（激发分子，离子和自由基）密集地分布在重荷电粒子的圆柱体径迹上，它们紧挨在一起有利于活性粒子间相互反应，减少了它们与溶质之间反应的机会，例如 ^{210}Po α 放射源（作为内照射源）照射硫酸亚铁稀水溶液，Fe^{3+} 的辐射化学 G 值（其含义在第 1 章和第 7 章详细描述）为 $G(Fe^{3+})=5.10\pm0.10$，仅为 ^{60}Co γ 射线照射时的 1/3。

表 3.3　一些荷电粒子在液态水中的初始 LET 值

粒子类型	LET/(keV · μm^{-1})
任何带电粒子的最小理论值	0.18
2 MeV 电子	0.26
^{60}Co γ 射线产生的康普顿电子（电子能量取平均值）	0.65
^{3}H β 粒子（电子能量取平均值）	0.65
100 MeV 质子	0.70
230 kV X 射线产生的典型电子（电子能量取平均值）	1.0
100 kV X 射线产生的典型电子（电子能量取平均值）	8.2
10 MeV 氘核	24
30 MeV α 粒子	90
钋的 α 粒子	1800
铀裂变产物	

电子的情况不同，LET 值较小，与束缚电子进行非弹性碰撞时，传递给物质电子的最大能量可达自身能量的一半。由于电子质量很小（约为质子质量的 1/1836），当它通过物质时，易受原子核和核外电子的影响而改变运动方向，因此，电子损失能量不能被看做是连续过程，其径迹如图 3.4(a) 所示，是分散、曲折的。物质吸收能量产生的活性粒子一组组分散地分布在入射电子的径迹上。与重荷电粒子情况不同，条件有利于它们与溶质反应。例如用 1～30 MeV 的电子辐照硫酸亚铁稀水溶液，$G(Fe^{3+}) = 15.7 \pm 0.6$，与 ^{60}Co γ 射线辐照的结果相一致。

能量较低的电子，其 LET 值介于快电子和重荷电粒子之间（表 3.3），因此活性粒子沿入射电子径迹分布的密度和体系的辐射化学效应也介于两者之间，例如用 ^{3}H β 射线照射 $FeSO_4$ 稀水溶液，$G(Fe^{3+}) = 13.9 \pm 0.3$，此值比 ^{60}Co γ 射线照射的值 15.5 小，比 α 粒子[来自 ^{210}Po，$G(Fe^{3+}) = 5.10 \pm 0.10$]测得的值大。

快速电子穿过物质时，电离和激发作用使其不断损失能量而逐渐慢化。在辐射化学研究中对这些慢电子的行为应赋予特别的注意，因为：

（1）慢电子通过共振吸收和离子中和过程可生成三重激发态，三重激发态有相当长的寿命（10^{-5} s 到秒的量级）和双自由基性质。因此，物质可与磷光辐射和内转换过程竞争三重激发态分子而引起化学变化。

（2）慢电子的能量低于介质的最低激发能时，这类电子称为**亚激发电子**（subexcitation electrons），能量约为 0.5～4 eV。在纯体系中，亚激发电子通过与介质原子碰撞进一步损失能量，此过程一般不会导致发生化学反应（对热非常不稳定的物质除外）。最后，这种电子可被电负性分子（如 O_2、卤素、有机卤化物、H_2O 和醇等）俘获，或者电子能量降低到热能区（0.025 eV）时被阳离子俘获，或者在介质中陷落（形成溶剂化电子）。当体系中含有其他成分时，若次要成分的最低电子激发能 E_M 小于主要成分的最低电子激发能 E_P，则能量在 E_M 和 E_P 之间的亚激发电子可使次要成分的分子激发，这过程使次要成分的辐解比按它的浓度所估计的要大。在此情况下，用电子分数计算混合体系中的某一组分吸收的能量就不真实了。目前，对于一个具有一定能量的电子的反应和衰变过程，其最后阶段还不是很清楚，而它们对辐射化学又是十分重要的。因此，目前的辐射化学工作者们仍然致力于亚激发电子或低能电子的研究。该部分内容将在第 5 章中继续讨论。

3.2　中子与物质相互作用

中子不带电荷，它不能直接使物质分子（或原子）电离，但是可与原子核发生弹性散射、非弹性散射、核反应以及中子俘获过程，这些过程与中子的能量有关。热中子（0.025 eV）和高能中子（$E > 10$ MeV）主要发生中子俘获和核反应过程，核反应过程释放的 γ 射线、α 粒子和质子亦可引起辐射化学变化，但是中子俘获和核反应过程还常在照射样品中产生放射性。当中子能量大于原子核的最低激发能时，它与原子核发生非弹性散射，使核激发。中能中子（1 keV～0.5 MeV）与原子核作用主要发生弹性散射，快中子（0.5 MeV～10 MeV）与核作用主要发生弹性散射和非弹性散射。在弹性散射过程中原子核不发生变化，入射中子能量在反冲中子和反冲核之间分配，散射时中子最大的能量损失率为

$$\left(\frac{\Delta E}{E_n}\right)_{最大} = \frac{4A}{(A+1)^2} \tag{3-20}$$

式中，A 为原子量，ΔE 为中子散射前后的能量差，E_n 为中子散射前的能量。

表 3.4 列出了快中子每次弹性散射传递给某些轻原子的平均能量。对于氢、生物组织以及其他含氢丰富的物质，快中子主要与氢原子核发生弹性散射损失能量。由于反冲质子获得的能量很大，它们在介质中将按一般过程使介质分子电离和激发并导致辐射化学效应。

表 3.4　2 MeV 中子每次弹性散射传递给轻原子的平均能量

反冲原子	反冲能量/MeV
氢	1.00
碳	0.280
氮	0.265
氧	0.221

3.3　电磁辐射与物质相互作用

辐射化学里研究的电磁辐射是指波长小于 30 nm 的电磁辐射。与电子相比，电磁辐射具有无静质量、无电荷以及波粒二象性的特点。辐射化学中研究的电磁辐射主要是 X 射线或 γ 射线。

3.3.1　电磁辐射与物质相互作用概述

X 射线或 γ 射线与物质相互作用是一次过程，即通过与物质一次相互作用把它们的全部或部分能量传递给物质中的束缚电子，入射粒子本身消失或被散射。形成的自由电子与入射电子一样，在物质中产生电离和激发，因此，电磁辐射与物质相互作用产生的化学效应几乎完全是由次级电子引起的。在电磁辐射能量不太高（如几十 keV 至几 MeV）时，它们与物质相互作用主要有三个过程：①光电效应；②康普顿效应；③电子对生成过程。

这些过程与电磁辐射的能量和介质的原子序数 Z 有关。对高 Z 物质和低能光子，光电效应起主导作用；低 Z 物质，当光子能量在 0.2～2 MeV 时，康普顿效应占优势。在光子能量 $E > 1.02$ MeV 后，电子对生成开始显著。由上可知，^{60}Co γ 射线与低原子序数物质相互作用时，主要是康普顿效应。

3.3.2　电磁辐射的能量损失过程

1. 光电效应

低能光子与原子发生碰撞时，它可将自己的全部能量传递给原子的某个束缚电子，光子本身被吸收，而电子带着能量 $E_r - b$ 脱离原子而运动，E_r 是入射光子的能量，b 是该电子在原子中的结合能。对于氧的 K 壳层电子，b 约 530 eV。由于原子的质量比电子大很多，所获反冲能很小，可忽略。从原子中逐出的电子统称光电子，此过程称为光电效应。

光电效应必须满足能量守恒和动量守恒，因此主要发生在原子的内壳层，而不与自由电子发生光电相互作用。例如，当 X 或 γ 射线的能量大于 K 壳层电子的结合能时，80% 的光电过程发生在 K 壳层，其次主要发生在 L 壳层。光电效应在原子内壳层形成电子空穴，当外层电子填补空穴时，放出**特征 X 射线**或将此能量传给外层电子产生俄歇电子并导致电子雪崩现象。俄歇效应使原子带较多的正电荷而导致化学键破裂。俄歇电子的能量较低(一般为几百 eV 到几十 keV),LET 值较高,因此在局部小范围内有很强的破坏力,这种性质已用来治疗肿瘤。例如,^{84}Cu 同时具有 β 衰变、$β^+$ 衰变和电子俘获(后者占 54%),由于电子俘获导致俄歇效应,因此,凭借与增光霉素的结合作用,^{84}Cu 也许可用于治疗肿瘤。这种治疗对癌细胞的杀伤力很强,而对正常细胞的杀伤力较弱。

对于光电效应,光电效应线性减弱系数(即光子穿过 1 cm 吸收物质时产生光电子的概率)$τ$ 可用下面的经验公式表示:

$$τ \propto \frac{NZ^{4\sim5}}{E_γ^3} \tag{3-21}$$

式中,N 为每 cm^3 吸收物质所含的原子数,Z 为吸收物质的原子序数,$E_γ$ 表示光子的能量。(3-21)式表明:$τ$ 近似地与 Z^4 成正比,而随入射光子能量增加迅速降低,因此**光电效应只有低能光子作用于高 Z 物质时才有意义。光电效应中,入射光子的能量最终转化为两部分:一部分转换为次级电子(光电子与俄歇电子)的动能,以 E_e 表示它们的平均动能;另一部分为特征 X 射线或荧光辐射,以 $δ$ 表示每个被吸收光子以荧光或 X 射线形式放出的平均能量。**则光电效应的线性减弱系数可分为两个部分:

$$τ = τ\frac{E_e}{E_γ} + τ\frac{δ}{E_γ} = τ_a + τ\frac{δ}{E_γ} \tag{3-22}$$

令

$$τ_a = τ\left(1 - \frac{δ}{E_γ}\right) = τ\frac{E_e}{E_γ} \tag{3-23}$$

$τ_a$ 称为光电效应的线性能量传递系数。

2. 康普顿效应

也称为康普顿-吴有训效应[①]。在康普顿效应中,入射光子的能量在散射光子和反冲电子(也称康普顿电子)之间分配,不需要第三体接受光子的动量来满足动量守恒,因此康普顿效应与光电效应不同,入射光子既可与束缚电子也可与自由电子相互作用。由于康普顿效应的入射光子的能量较高(一般为 0.2~2 MeV),介质的原子序数较低,因此电子的束缚能与入射光子的能量相比是很小的,康普顿效应可被看做是一个光子与原子中一个电子间的碰撞。在作用过程中,入射光子把部分能量传递给电子,被加速的电子从原子空间中与光子初始运动方向成 $φ$ 角的方向射出,与此同时,光子能量被减弱,并偏离原运动方向,从而与光子初始运动方向成 $θ$ 角的方向散射。图 3.7 为康普顿效应的示意图。

根据能量和动量守恒,可以得到下面关系式:

$$E'_γ = \frac{E_γ}{1 + (E_γ/m_e c^2)(1 - \cos θ)} \tag{3-24}$$

和

$$E_e = \frac{E_γ}{1 + m_e c^2/[E_γ(1 - \cos θ)]} \tag{3-25}$$

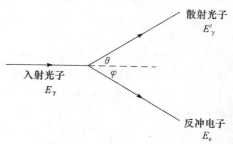

图 3.7　康普顿效应示意图

① 吴有训(1897—1977):物理学家,中国近代物理学先驱。他全面验证了康普顿效应并发展了该理论,用精确的实验解决了康普顿散射光谱中变线与不变线之间的能量或强度的比率问题。

式中，$m_e c^2$ 为电子的静止质量能。从(3-24)和(3-25)式可知，E_γ' 和 E_e 都是 θ 的函数，在 $\theta = 0°$ 时，$E_e = 0$；当 $\theta = 180°$ 时，E_e 达到最大值，即反冲电子获得的动能最大：

$$(E_e)_{最大} = \frac{E_\gamma}{1 + m_e c^2/(2E_\gamma)} = \frac{E_\gamma}{1 + 0.255/E_\gamma} \tag{3-26}$$

因此，康普顿电子具有从零到最大值的连续能谱。

在康普顿效应中，入射光子的能量一部分被散射光子带走，由于散射光子有足够的穿透能力，它能从小体积样品中透射出去，这部分能量未被样品吸收。入射光子的另一部分能量传递给反冲电子。如果次级电子在样品中运动时没有轫致辐射（或者很小），并满足电子平衡条件（详细示意图参见图 4.1），则样品吸收的能量等于传递给反冲电子的能量。因此，康普顿效应的线性减弱系数 σ 实际上由两部分组成：

$$\sigma = \sigma_a + \sigma_s \tag{3-27}$$

式中，σ_a 表示康普顿效应的线性能量吸收系数，σ_s 为康普顿散射系数，两者之比随入射光子的能量而变化。

$_e\sigma$ 为康普顿效应的电子减弱系数，它表示光子通过每平方厘米只含有一个电子的物质层时因康普顿效应而导致辐射强度的减弱。$_e\sigma$ 与物质的原子序数几乎无关，并适用于任何物质。若令 $_e\sigma_a$ 为康普顿效应的电子能量吸收系数，$_e\sigma_s$ 为康普顿效应的电子散射系数，则

$$_e\sigma = {_e\sigma_a} + {_e\sigma_s} \tag{3-28}$$

$_e\sigma$ 的数值可以从 Klein 和 Nishina 的公式求出：

$$_e\sigma = \frac{2\pi e^4}{(m_e c^2)^2}\left\{\frac{1+\alpha}{\alpha^2}\left[\frac{2(1+\alpha)}{1+2\alpha} - \frac{1}{\alpha}\ln(1+2\alpha)\right] + \frac{1}{2\alpha}\ln(1+2\alpha) - \frac{1+3\alpha}{(1+2\alpha)^2}\right\} \quad (cm^2 \cdot 电子^{-1}) \tag{3-29}$$

式中，e 为电子电荷，$\alpha = E_\gamma/m_0 c^2$。由上式可以看出，康普顿效应的电子减弱系数只是入射光子能量的函数，它随入射光子能量的增加而减小。电子减弱系数 $_e\sigma$ 与线性减弱系数 σ 的转换关系式为

$$\sigma = {_e\sigma}\frac{\rho N_A Z}{A} \quad (cm^{-1}) \tag{3-30}$$

式中，ρ 为介质密度，A 为原子量，Z 为原子序数，N_A 为阿伏加德罗常数。$\rho N_A Z/A$ 即为每 cm^3 物质所含的电子数。

3. 电子对生成过程

当光子能量大于两个电子的静止质量能（即 $E > 1.02$ MeV）时，它们与物质相互作用可产生一对正、负电子对，而光子本身消失。此过程一般发生在原子核附近，但也有可能发生在电子附近。负电子和正电子的动能一般是不同的，可以有各种不同的组合，在 $h\nu > 2m_e c^2$ 时，它们的关系为

$$E_{e^-} + E_{e^+} + 2m_e c^2 = E_\gamma \tag{3-31}$$

式中，E_γ、E_{e^-} 和 E_{e^+} 分别代表光子、负电子和正电子的能量。负电子和正电子的运动方向差不多与入射光子的方向相一致，但分别成一角度 θ 和 φ（图 3.8），θ 和 φ 不一定相等，当 E_γ 大时，θ 和 φ 都变得很小。

如果生成的负电子和正电子具有较高的能
量,则它们与一般的入射电子一样,通过使物质
分子电离和激发损失能量。较高能量的正电子
进入物质后,由于与介质原子或分子相互碰撞将
大部分动能损耗、传递给介质分子或原子,正电子
自身迅速慢化,当入射正电子的速度减慢到接近热
运动速度,或被完全热化后,它将与介质分子或原
子中的电子发生湮没,电子与正电子同时消失,而
产生 2~3 个能量相等、方向相反的 γ 光子。

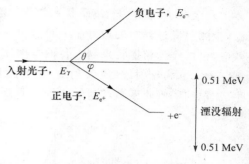

图 3.8　电子对生成示意图

$$e^+ + e^- \longrightarrow nh\nu(光子) \quad n = 2,3 \tag{3-32}$$

此过程称为**湮没辐射**或**光化辐射**。湮没辐射产生的光子会经康普顿效应和光电效应损失能
量,但光子穿透性强,因此它们的能量损失过程一般在被辐照体系外发生。由于正、负电子对
发生湮没时,正电子处于"自由"状态,所以也称为正电子的自由湮没。自由湮没的平均寿命约
为 0.5 ns。

γ 射线通过单位厚度的物质时,因电子对生成而导致辐射强度减弱用电子对生成线性减
弱系数 κ 表示,当 E_γ 值比 $2m_e c^2$ 高得不太多时,

$$\kappa \propto NZ^2(E_\gamma - 1.02) \tag{3-33}$$

当 $E_\gamma > 4$ MeV 时,

$$\kappa \propto NZ^2 \ln E_\gamma \tag{3-34}$$

式中,N 为单位体积物质中所含的原子数,Z 为物质的原子序数,E_γ 为入射光子的能量。
(3-33)式表明,κ 与物质的原子序数 Z^2 成正比,因此对水和一些包含轻元素的物质(如一些简
单的有机物)来说,电子对生成过程并不重要。

正电子湮没技术为辐射研究提供了一种新方法。正电子在其径迹末端的刺迹中作最后一
次非弹性碰撞后,可与电子结合成为正子素(Ps)[①]。

$$e^+ + e^- \longrightarrow Ps \tag{3-35}$$

此过程与发生在电子刺迹中的阳离子和电子的复合过程类似。生成的 Ps 大约有 25% 为单重
态(p-Ps),75% 为三重态(o-Ps),它们的平均寿命分别为 0.125 ns 和 140 ns。当它们发生湮没
时,p-Ps 产生两个共线的光子,而 o-Ps 产生三个共平面的光子。在正电子径迹末端的刺迹中,
除有正电子和电子外,尚有阳离子等粒子,因此在刺迹中存在正子素 Ps 的形成过程和电子-阳
离子复合、正电子(或电子)-介质分子反应、正电子和电子向刺迹外扩散以及溶剂化等过程之
间的竞争反应。如果向体系中加入电子清除剂或阳离子清除剂,它们必将影响正子素的生成,
因此,可以通过测量 Ps 湮没时释放的次级辐射强度的变化来研究刺迹中发生的过程。[60]Co
γ 射线与物质相互作用时,电子对生成过程产生的正电子很少,因此通常用 β[+] 衰变的 [23]Na 作
为正电子源,β[+] 能量为 0.58 MeV。

正电子湮没技术具有快速、灵敏的特点,不仅应用于辐射化学基本反应过程中,如考察液

---

　① 正子素(Ps):接近热运动速度或完全被热化后的正电子,也可以俘获介质中的一个电子并与之结合在一起,形成类
氢原子的正负电子偶素。

体中剩余电子[①]的性能、离子状态和化学键性质等,也可以研究有机物结构和分子内电子云分布,检测反应过程中的短寿命中间体和分子复合物,研究聚合反应、聚合物的微观结构及辐射效应,也可作为核探针来测定各种生物分子的分子缔合常数等等。

图 3.9 为 γ 射线(或 X 射线)与物质相互作用时各过程(光电效应、康普顿效应和电子对生成过程)的吸收系数与射线能量的关系。对于不同的物质,关系曲线也不同。

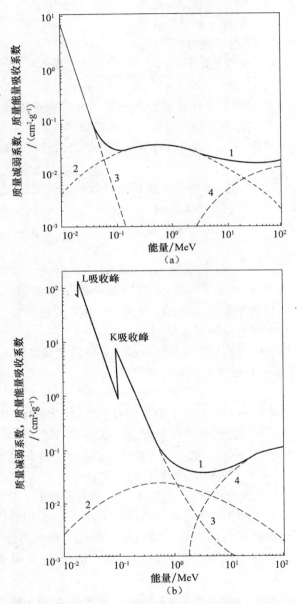

图 3.9　不同物质中质量减弱系数和质量能量吸收系数与入射光子能量的关系

$[1, \mu_a/\rho; 2, \sigma_n/\rho; 3, \tau/\rho; 4, \kappa/\rho。$ (a) 液态水;(b) 铅]

----

① 剩余电子:逃脱了母体离子库仑场作用的次级电子。

3.3.3　电磁辐射在物质中的吸收[①]

综上所述,一束能量不太高的光子通过物质时,主要有光电效应、康普顿效应和电子对生成过程致使其强度减弱。这些过程是一次性相互作用,其发生概率与入射光子的能量和阻止物质的原子序数有关。因此,当一定能量的窄束[②] X(或 γ)射线通过某一物质时,阻止物质使透射的光子数减少,**辐射强度**的减弱可表示为

$$I = I_0 e^{-\mu x} \tag{3-36}$$

式中,I_0 是入射光子的强度,以单位时间内通过单位横截面的辐射能(J·cm^{-2}·s^{-1})来表示,辐射能等于光子数乘粒子能量(或粒子平均能量);I 是穿过厚度为 x(cm)的物质后透射的辐射强度;μ 是物质的总线性减弱系数(cm^{-1})。

$$\mu = \tau + \sigma + \kappa \tag{3-37}$$

式中,τ、σ 和 κ 分别是光电效应、康普顿效应和电子对生成的线性减弱系数。μ 值可由实验测得,但对一定的物质和一定能量的 X(或 γ)射线,μ 是常数。

对于宽束[②]辐射,(3-36)式变为

$$I' = I_0 B e^{-\mu x} \tag{3-38}$$

式中,I' 为宽束条件下穿过厚度为 x(cm)的物质后进入检测器的透射的辐射强度;B 称为累积因子,它是描述散射光子影响的物理量,其值等于宽束条件下测得的强度与窄束条件下测得的强度的比值,显然 B 总是大于 1,它随辐射源的形状、光子能量、吸收物质的种类、厚度以及测量的几何条件而变化。

式(3-36)常表示为

$$I = I_0 e^{-\frac{\mu}{\rho} \cdot \rho \cdot x} \tag{3-39}$$

式中,ρ 为物质的密度。$\dfrac{\mu}{\rho}$ 和 $\rho \cdot x$ 分别称为质量减弱系数(cm^2·g^{-1})和质量厚度(g·cm^{-2})。

与总线性减弱系数 μ 不同,质量减弱系数 $\dfrac{\mu}{\rho}$ 与物质的物理状态和密度无关。

除了线性减弱系数和质量减弱系数以外,也常采用原子减弱系数 $_a\mu$ 和电子减弱系数 $_e\mu$,它们之间存在下列关系:

$$_a\mu = \mu A / (\rho N_A) \quad (\text{cm}^2 \cdot \text{原子数}^{-1}) \tag{3-40a}$$

$$_e\mu = \mu A / (\rho N_A Z) \quad (\text{cm}^2 \cdot \text{电子数}^{-1}) \tag{3-40b}$$

式中,A 为原子量。原子减弱系数和电子减弱系数的值约为 10^{-24} cm^2·原子数$^{-1}$(或电子数$^{-1}$)。

---

① 电磁辐射在物质中的吸收就是光子在物质中的减弱。这里的"吸收"与带电粒子耗尽能量后停留在物质中所称的吸收不同,是指光子把它的能量最终转化为电子的动能后,光子本身不存在的过程。

② 窄束是不包含有散射光子的辐射束,宽束是包含有散射光子的辐射束,而与几何意义上的辐射束大小无关。窄束与宽束光子在物质中的减弱规律是不同的。

3.4　物质的能量吸收

3.4.1　能量传递系数与能量吸收系数

　　当窄束单能电磁辐射通过物质时,其强度减弱程度可用物质的总减弱系数描述。在电磁辐射与物质相互作用时,部分辐射能在光电效应,正、负电子对湮没辐射,次级电子轫致辐射以及康普顿效应中以次级辐射和散射光子的形式放出,在照射小体积样品时,这部分次级辐射可从样品体积中逸出,因此物质的总减弱系数仅表示辐射强度减弱的程度,不能直接用来表示辐照样品吸收能量的多少。假设散射光子和次级辐射不再与被照物质进一步作用(这对小体积样品是成立的),则电磁辐射穿过单位厚度的介质时,辐射强度的减弱主要取决于两个原因:①电离辐射能传递给次级电子;②电离辐射能以散射光子和次级辐射形式放出。

　　若以 μ_{tr} 和 μ_s 分别表示入射辐射在物质中穿行单位距离时传递给次级电子的能量率和散射光子或次级辐射带走的能量率(带走的能量在入射能量中所占的份额),则

$$\mu = \mu_{tr} + \mu_s \tag{3-41}$$

式中,μ_{tr} 和 μ_s 分别称为**总线性能量传递系数**和**总线性散射系数**。

　　μ_a 为**总线性能量吸收系数**,表示辐射在物质中穿行单位距离时储存于物质中的能量率,这部分能量用来引发体系的物理和化学变化。由于次级电子在介质中运动时可发生轫致辐射,所以一般 $\mu_a < \mu_{tr}$。对于低原子序数 Z 物质,当光子能量为 $0.2 \sim 2$ MeV 时,次级电子的轫致辐射可以忽略,在次级电子与周围环境处于电子平衡状态时,$\mu_a = \mu_{tr}$。在此情况下,总线性减弱系数 μ 等于总线性能量吸收系数 μ_a 和总线性散射系数 μ_s 之和,即

$$\mu = \mu_a + \mu_s \tag{3-42}$$

总线性能量吸收系数 μ_a 可表示为

$$\mu_a = \tau_a + \sigma_a + \kappa_a \tag{3-43}$$

式中,τ_a、σ_a、κ_a 分别为光电效应、康普顿效应和电子对生成过程中的线性能量吸收系数。

　　对于光电效应

$$\tau_a = \tau \left(1 - \frac{\delta}{E_\gamma} \right) \tag{3-23}$$

式中,δ 为外层电子填补内壳层电子空穴时发射特征 X 射线的平均能量,E_γ 为入射光子能量。

　　对于康普顿效应

$$\sigma_a = \sigma \left(\frac{E_e}{E_\gamma} \right) = {}_e\sigma_a \frac{\rho N_A Z}{A} \tag{3-44}$$

式中,E_e 为康普顿电子的平均能量。

　　对于电子对生成过程

$$\kappa_a = \kappa \left(\frac{E_\gamma - 2m_e c^2}{E_\gamma} \right) \tag{3-45}$$

其中,$2m_e c^2$ 为湮没辐射损失的能量。

　　γ 射线通过物质时,其强度的减弱服从指数规律:

$$dI = -I\mu dx \tag{3-46}$$

积分得到

$$I = I_0 e^{-\mu x} \tag{3-36}$$

或

$$I = I_0 e^{-\frac{\mu}{\rho} \cdot \rho x} \tag{3-39}$$

即

$$I = I_0 e^{-\mu_m R_m} \tag{3-47}$$

式中,I_0 为初始的辐射强度,μ_m 为质量减弱系数,I 为穿过厚度为 x(或质量厚度 R_m)的介质的辐射强度。

显然,通过厚度 $\mathrm{d}x$ 的光束的总能量吸收也服从指数衰减定律,即

$$E = E_0 e^{-\mu_a x} \tag{3-48}$$

式中,E_0 为入射光子能量,E 为穿过厚度为 x 的介质后的光子能量。

因此,被样品吸收的总能量为

$$E_a = E_0 - E = E_0(1 - e^{-\mu_a x}) \tag{3-49}$$

由于受照样品体积很小,

$$e^{-\mu_a x} \approx 1 - \mu_a x \tag{3-50}$$

因此,单位质量被辐照样品吸收的能量可近似地用下式表达:

$$E_a = E_0 \frac{\mu_a}{\rho} \rho x = E_0 \frac{\mu_a}{\rho} R_m \tag{3-51}$$

从上式可知,在同一辐射场中单位质量不同的物质吸收的能量之比等于它们的质量能量吸收系数之比,即

$$\frac{(E_a)_A}{(E_a)_B} = \frac{(\mu_a/\rho)_A}{(\mu_a/\rho)_B} \tag{3-52}$$

对于多种元素组成的化合物,**质量能量吸收系数**为

$$(\mu_a/\rho)_{化合物} = \sum_i w_i (\mu_a/\rho)_i \tag{3-53}$$

式中,w_i 为第 i 种元素在化合物中所占的质量分数,$(\mu_a/\rho)_i$ 为第 i 种元素的质量能量吸收系数。

用能量为 $250\,\mathrm{keV} \sim 2\,\mathrm{MeV}$ 的 X 或 γ 射线(如 ^{60}Co γ 射线)照射低 Z 材料(例如空气、水、大多数有机化合物和生物体系等)时,主要过程为康普顿效应,因此

$$\mu_a \approx \sigma_a \tag{3-54}$$

由于康普顿效应的电子能量吸收系数 $_e\sigma_a$ 与物质的原子序数几乎无关,按式(3-44)和(3-52)可得

$$\frac{(E_a)_A}{(E_a)_B} = \frac{(\sigma_a/\rho)_A}{(\sigma_a/\rho)_B} = \frac{(Z/A)_A}{(Z/A)_B} \tag{3-55}$$

上式表明,A、B 两个不同样品每克吸收的能量之比也就等于它们每克所含电子数之比。

式(3-46)的吸收规律只适用于单色能量的 γ 射线。如果射线束中含有几组不同能量的 γ 射线,则射线强度的减弱可用下式求得:

$$I = I' + I'' + \cdots = I_0' e^{-\mu' x} + I_0'' e^{-\mu'' x} + \cdots \tag{3-56}$$

3.4.2　介质内部吸收能量与深度的关系

对于低能电磁辐射和低 Z 物质,在次级电子与周围环境处于电子平衡状态时,物质中某

小体积元中吸收能量与该体积元中的电子数有关。在物质内部任一体积元中均包含两种次级电子：①在体积元中产生的；②被散射进入体积元的。

在电子平衡条件下，单位时间内散射进入体积元的电子数和从体积元中逸出的电子数相等。散射进入体积元的电子数与体积元离物质表面的距离有关，紧挨物质表面的体积元可以接受除物质表面方向以外的来自任何方向的次级电子，随着体积元离物质表面距离的逐渐增加，进入体积元的来自物质表面方向的次级电子数也逐渐增多。当体积元离物质表面距离等于次级电子的最大射程时，进入体积元中的散射电子数为最多，随着距离进一步增加，由于入射辐射强度减弱，将导致体积元中次级电子数下降。因此，在物质中不同深度处体积元吸收的能量最初随深度增加而增加，达到一最大值，而后下降。当次级电子的最大射程很小时，这种增加就不明显（图 3.10）。

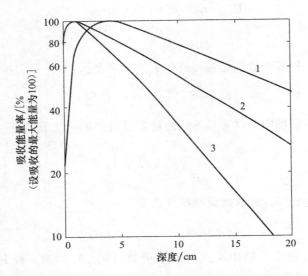

图 3.10　电磁辐射穿透液态水时单位体积水吸收的能量与深度的关系

（辐射源离介质表面 80 cm，照射面积 100 cm²。

1 为电子回旋加速器产生的 22 MeV X 射线；2 为 ^{60}Co 的 γ 射线，1.25 MeV；3 为 70 kV 峰值 X 射线）

3.5　小　　结

辐射化学过程实质是热力学过程，也是电离和激发过程。按时标可分为物理过程、物理化学过程、化学过程、生物化学过程、生物过程。本章重点介绍高能电子和高能电磁辐射与物质作用的过程。其中，高能电子与物质作用的主要过程：非弹性碰撞（电离与激发）及轫致辐射（产生 X 射线）。电子能量 $E > 100$ MeV，以轫致辐射为主；电子能量较低时，以非弹性碰撞为主。电磁辐射与物质作用的主要过程：光电效应（低能，Z 大）、康普顿效应（中能）、产生电子对（高能）。利用传能线密度 LET 反映带电粒子的能量沿粒子径迹传递情况的差别。电磁辐射穿过单位厚度的介质时，辐射强度变化符合指数衰减规律。对于低能电磁辐射和低 Z 物质，在次级电子与周围环境处于电子平衡状态时，物质中某小体积元中的吸收能量与该体积元中的电子数有关。

重要概念：

刺迹，次级电子，δ 射线，阻止本领，韧致辐射，LET，光电效应，康普顿效应，湮没辐射，正子素，射程，路径，电子密度，线厚度，质量厚度，Bragg 峰，辐射强度，质量能量吸收系数，电子平衡。

重要公式：

重带电粒子的能量损失公式

$$-\left(\frac{\mathrm{d}E}{\mathrm{d}x}\right) = \frac{2\pi z^2 e^4 NZ}{E}\frac{m}{m_e}\ln\frac{4E}{I}\frac{m_e}{m} \tag{3-3}$$

电子在水中的能量损失公式

$$-\left(\frac{\mathrm{d}E}{\mathrm{d}x}\right) = \frac{10.19}{E}\lg\frac{E}{55.8} \quad (\mathrm{keV}\cdot\mu\mathrm{m}^{-1}) \tag{3-9}$$

介质对带电粒子的质量阻止本领

$$S/\rho = -\left(\frac{\mathrm{d}E}{\mathrm{d}x}\right)\times\frac{1}{\rho} \quad (\mathrm{keV}\cdot\mathrm{cm}^2\cdot\mathrm{mg}^{-1}) \tag{3-11}$$

X 或 γ 射线穿过阻挡物质后的辐射强度

$$I = I_0 e^{-\mu x} \tag{3-36}$$

物质的总线性减弱系数

$$\mu = \tau + \sigma + \kappa \tag{3-37}$$

$$\mu = \mu_{tr} + \mu_s \tag{3-41}$$

单位质量被辐照样品吸收的能量

$$E_a = E_0 \frac{\mu_a}{\rho}\rho x = E_0 \frac{\mu_a}{\rho}R_m \tag{3-51}$$

多种元素组成的化合物的质量能量吸收系数

$$(\mu_a/\rho)_{化合物} = \sum_i w_i(\mu_a/\rho)_i \tag{3-53}$$

同一辐射场中单位质量不同的物质吸收的能量之比

$$\frac{(E_a)_A}{(E_a)_B} = \frac{(\mu_a/\rho)_A}{(\mu_a/\rho)_B} \tag{3-52}$$

当康普顿效应为主时，$\dfrac{(E_a)_A}{(E_a)_B} = \dfrac{(\sigma_a/\rho)_A}{(\sigma_a/\rho)_B} = \dfrac{(Z/A)_A}{(Z/A)_B}$ $\tag{3-55}$

主要参考文献

1. 吴季兰,戚生初. 辐射化学. 北京:原子能出版社,1993.

2. Imamura T,Sumiyoshi T,Takahashi K,et al. Journal of Physical Chemistry,1993,97:7786.

3. Martinez F,Neculqueo G,Vasquez S O,et al. Journal of Molecular Structure,2010,973:56.

4. Bethe H A,Ashkin J. Experimental Nuclear Physics(E Segre ed). New York:Wiley,1953.

5. Whyte G N. Principles of Radiation Dosimetry. John Wiley & Sons,Inc,1959.

6. Burton M. Chemical and Engineering News,1969,46:86.

7. Samuel A H,Magee J L. Journal of Chemical Physics,1953,21:1080.

8. Spinks J W T, Wood R J. An Introduction to Radiation Chemistry. 2nd Ed. John Wiley & Sons Inc, 1976.

9. 张关铭,韩国广,袁祖伟,等. 核科学技术辞典. 北京:原子能出版社,1993.

10. Kanayat K, Okayama S. Journal of Physics D-Applied Physics,1972,5:43.

11. Turner J E. Atoms, Radiation, and Radiation Protection. 2nd Ed. John Wiley & Sons, Inc,1995.

12. 张曼维. 辐射化学入门. 合肥:中国科学技术大学出版社,1993.

思 考 题

1. 请解释以下概念之间的区别:
   (1) 射程与路径;
   (2) 总阻止本领与 LET;
   (3) 光电效应与康普顿效应。
2. 为什么不同种类和不同能量的电离辐射在物质中产生的激发分子和离子沿入射粒子径迹分布的密度不同?
3. 请说出 Bethe 公式适用的条件。
4. 请计算两个能量分别为 6.87 MeV、30.5 MeV 的 α 粒子和 1 个 40 keV 电子在水中的阻止本领、质量阻止本领和原子阻止本领,并讨论能量以及粒子种类对阻止本领的影响。
5. 请计算 2 MeV β 射线分别与铅和铝作用后的辐射产率,并对结果进行讨论。
6. 请计算水对 1 MeV 的 γ 射线辐射的质量衰减系数。已知,1 MeV γ 射线辐射时不同元素的总衰减系数,H:0.126 cm^2 · g^{-1},O:0.0636 cm^2 · g^{-1}。
7. 为什么物质的总减弱系数仅表示辐射强度减弱的程度,而不能直接用来表示辐照样品吸收能量的多少?
8. 物质与高能电磁辐射相互作用过程与其能量、物质的原子序数之间的关系是什么?

第 4 章　辐射剂量学

　　由第 3 章可知,辐射在物质中引起的物理和化学变化与被辐照物质从辐射场①吸收的能量有关。对于任何辐射效应的定量研究,都必须已知辐射场传递给吸收物质的能量值,在某些情况下还需知道它们在物质内部的分布。例如在辐射治疗中,疗效依赖于患部组织吸收的能量及其在组织内的分布,吸收能量太低达不到治疗的目的,太高则会杀伤正常组织。在某种意义上,控制物质吸收的能量也就控制了辐照过程的效果。因此,本章介绍辐射剂量学的基本知识。

　　首先我们解释什么是辐射剂量学。**辐射剂量学**(radiation dosimetry)广义上是指用理论或实践的方法研究电离辐射与物质相互作用过程中能量传递的规律,并用来预言、估计和控制有关辐射效应的学科。作为一个专门的技术领域,广泛应用于辐射防护、医疗和科研等各个方面。辐射剂量学研究的主要内容包括:电离辐射能量在物质中的转移、吸收规律;受照物质内的剂量分布及其与辐射场的关系;辐射剂量与有关的辐射效应的响应关系以及剂量的测量、屏蔽计算方法等;为研究辐射效应的作用机理、实施辐射防护的剂量监测和评价、进行放射治疗与辐射损伤的医学诊断和治疗提供可靠的科学依据。用来测定被辐照物质吸收能量的体系称为**辐射剂量计**(dosimeter)。

　　在早期的辐射化学研究中,气体是主要的研究对象,因此常用电离室测定被辐照物质吸收的能量。20 世纪 20 年代,美国 Fricke H 在广泛研究 $FeSO_4$ 水溶液的基础上,首先提出将 $FeSO_4$ 水溶液体系作为测量 X 射线的剂量计。目前 $FeSO_4$ 体系是使用最广、最方便的剂量计之一。随着电离辐射用于放射治疗,小型剂量计得到了快速发展。充气空腔电离室等剂量计已被用来测定被辐照物质内部的吸收剂量。随着辐射加工工艺的发展,测量大剂量的固体剂量计(如薄膜系统剂量计等)也得到了广泛发展。

　　目前,测量被辐照物质吸收剂量的剂量计,可分为绝对剂量计和二级剂量计。按测量方法,则可分为物理剂量法和化学剂量法。物理剂量法包括量热法、电荷-能量测定法、气体电离室测定法等。化学法包括 $FeSO_4$、$Ag_2Cr_2O_7$、$Ce(SO_4)_2$ 等剂量法。在所有这些方法中,量热

---

　　①　辐射场:由辐射源产生的、电离辐射在真空或介质中通过和传播的时空分布。

法、气体电离室测定法等属于绝对剂量法;指形电离室、化学剂量法等属于二级剂量法,二级剂量法必须用绝对剂量法校准。

由于辐射化学和辐射加工中需要使用放射源和辐照装置,因此本章还将介绍有关辐射防护的基础知识,目的是使从事这方面研究的人可以更好地保护自身健康和周围环境安全。为了更好地理解本章内容,我们需要首先解释辐射剂量学中一些常用的基本概念。

4.1　基本概念

辐射剂量学中有很多物理量,本节主要介绍几个重要的物理量。

4.1.1　照射量和照射量率

照射量 X,指一束 X 或 γ 射线在单位质量空气中产生的所有次级电子完全被阻留在空气中时,产生同一符号的离子(正离子或电子)的总电荷量。根据定义,X 可表示为

$$X = \frac{dQ}{dm} \tag{4-1}$$

式中,dQ 是指 X 或 γ 射线在质量为 dm 的空气中产生的全部电子(包括正电子和负电子)被完全阻止于空气中时,在空气中形成某一符号的离子的总电荷量。这里必须注意:

(1) dQ 并不包括在所考察的空气体积元中形成的次级电子产生的轫致辐射被吸收后产生的电离,实际上当入射粒子的能量较小(如 $E < 3$ MeV)时,这种次级辐射对 dQ 的贡献很小。

(2) 根据照射量定义,在所考察的空气体积元中形成的次级电子所产生的离子电荷(包括分布在体积元内和在体积元外的)都应计算在 dQ 内,而 X 或 γ 射线在空气体积元外形成的次级电子所产生的离子电荷则不应被计入,即使其中部分离子是分布在空气体积元内。

事实上,空气体积元中产生的次级电子有些必然会逸出该体积,在外面产生离子(这些离子的电荷量应计算在内),而 X 或 γ 射线在此体积外产生的次级电子也可能进入体积元内产生电离(此部分按定义不能计入),测量中要具体分辨它们很困难。但是可控制实验条件,使此体积元空气周围也都是空气,而且厚度等于或大于次级电子在空气中的最大射程,即使此体积元空气与周围达到电子平衡。图 4.1 为带电粒子平衡条件示意图,设中性电离辐射照射体积为 V 的物质,在其中任取一点 p,围绕 p 点取一个小体积元 ΔV。电离辐射传递给小体积元 ΔV 的能量等于它在 ΔV 内产生的次级带电粒子动能总和。次级带电粒子有的产生在 ΔV 内,有的产生在 ΔV 外。在 ΔV 内产生的带电粒子,有些离开该体积元,如 a;有些进入该体积元,如 b。当进入该体积元的带电粒子和离开该体积元的带电粒子的总能量和谱分布达到平衡时,就称 p 点存在带电粒子平衡。此时平衡条件为:围绕 p 点 ΔV 周围的介质厚度 d(从 ΔV 体积的边界到 V 的边界间的距离)等于或大于次级带电粒子在该物质中的最大射程 R_{max}。而且在 ΔV 周围辐射场是均匀的,即在 $d \geq R_{max}$ 区域

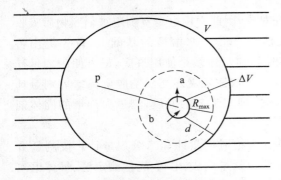

图 4.1　带电粒子平衡条件示意图

(V 为受照物质体积,ΔV 为围绕 p 点的小体积元,d 为介质厚度,R_{max} 为次级带电粒子在该物质中的最大射程)

内辐射的强度和能谱恒定不变。该平衡是针对受照物质内某一点的状态而言,每当一个带电粒子离开围绕着该点的体积元时,就有另一个同种类、同能量的带电粒子进入该体积元来补充,该状态就是带电粒子平衡,如果带电粒子是电子,就称为**电子平衡**。这时体积元内产生的一些次级电子逸出时带走的能量与体积元外产生的一些次级电子带入的能量相等,造成等量的电离。因此,在电子平衡条件下准确测量该体积元空气内的总电荷量,就可得到照射量。照射量是直接量度 X 或 γ 光子对空气电离能力的量,可间接反映 X 射线或 γ 射线辐射场的强弱,是测量辐射场的一种物理量。鉴于目前的测量技术及对精确度的要求,照射量仅适用于能量在 10 keV～3 MeV 范围内的 X 射线或 γ 射线。

照射量的国际单位为 $C \cdot kg^{-1}$(C 为库仑),但是历史上常用单位是**伦琴**[①](R)。1 R 的照射量就是在 1 kg 空气中产生 2.58×10^{-4} C 的电荷量,即

$$1 \ R = 2.58 \times 10^{-4} \ C \cdot kg^{-1}$$

此值与按早期伦琴定义推算的结果一致。在早期的定义中,1 R 的 X 或 γ 射线的照射量是指在 1 R 的 X 或 γ 射线照射下 0.001 293 g 空气(0 ℃,$1.013\ 25 \times 10^5$ Pa 时占有 1 cm^3 体积,此条件下的空气称为自由空气)释放出来的次级电子,在空气中产生电量各为 1 esu[②] 电量的正离子和负离子。根据定义有

$$1 \ R = 1 \ esu/0.001 \ 293 \ g$$

$$= \frac{0.333 \times 10^{-9} \ C}{1.293 \times 10^{-6} \ kg} = 2.58 \times 10^{-4} \ C \cdot kg^{-1}$$

照射量率 $\dot{X}$ 被定义为单位时间内的照射量,可表示如下:

$$\dot{X} = \frac{dX}{dt} \tag{4-2}$$

式中,dX 为 dt 时间内照射量的增量。照射量率的单位是 $C \cdot kg^{-1} \cdot s^{-1}$,$R \cdot s^{-1}$ 等。

除了定义式,假设放射源可视为点源[③],其活度为 A(Ci),离源 R(m)处的照射量率可用下式计算:

$$\dot{X} = \frac{A\Gamma}{R^2} \tag{4-3}$$

式中,Γ 为 γ 照射率常数,其物理意义是距离 1 居里(Ci)的 γ 点源 1 m 处,在 1 h 内产生的照射率。其 SI 单位是 $C \cdot m^2 \cdot kg^{-1} \cdot Bq^{-1} \cdot s^{-1}$,其专用单位为 $R \cdot m^2 \cdot h^{-1} \cdot Ci^{-1}$。该值一般可以从手册中查出,附录 1 列出了常用的 γ 照射率常数 Γ 值。

4.1.2　吸收剂量和吸收剂量率

1. 吸收剂量

如前所述,照射量是以电离电量的形式间接反映射线在空气中辐射强度的量,不反映射线被物质吸收而使能量转移的过程。因此,目前在辐射化学研究中,国际上已经明确使用吸收剂

---

① 伦琴:此单位来源于德国实验物理学家 Wilhelm Conrad Röntgen(1845—1923),其于 1923 年为表征 X 射线辐照而提出照射量物理量。1937 年此单位被推广到放射化学,1980 年伦琴单位被废除,代之以 $C \cdot kg^{-1}$。

② esu:electrostatic unit,1 esu=0.333×10^{-9} C。

③ 点源(point source):对任何形状的辐射源,当考察点与源的距离比辐射源本身的最大尺寸大 5 倍以上时,可将该辐射源视为点源,由此而带入的误差在 5% 以内。

量这一物理量。**吸收剂量** D 定义为

$$D = \frac{\mathrm{d}\bar{E}}{\mathrm{d}m} \tag{4-4}$$

式中,$\mathrm{d}\bar{E}$ 为小体积元中物质吸收的平均能量,$\mathrm{d}m$ 为小体积元中物质的质量。因此,吸收剂量表示电离辐射授予某一体积单元中单位质量物质的平均能量。D 是一个平均值。严格讲,$\mathrm{d}m$ 在辐照过程中应保持不变,但是,在实际过程中 $\mathrm{d}m$ 是变化的。为了控制 $\mathrm{d}m$ 的变化,一般控制物质的分解量不超过 1%。

2. 吸收剂量率 $\dot{D}$

吸收剂量率 $\dot{D}$ 被定义为单位时间内的吸收剂量,它与吸收剂量 D 有下述关系:

$$\dot{D} = \frac{\mathrm{d}D}{\mathrm{d}t} \tag{4-5a}$$

或

$$D = \int_{t_1}^{t_2} \dot{D} \mathrm{d}t \tag{4-5b}$$

常用的吸收剂量率单位有 $\mathrm{Gy \cdot s^{-1}}$,$\mathrm{eV \cdot g^{-1} \cdot s^{-1}}$,$\mathrm{eV \cdot mL^{-1} \cdot s^{-1}}$,相应的吸收剂量单位为 Gy,$\mathrm{eV \cdot g^{-1}}$,$\mathrm{eV \cdot mL^{-1}}$。**1 Gy=1 J · kg^{-1}**。1 Gy 意味着 1 kg 被辐照物质吸收 1 J 的平均能量。

3. 照射量与吸收剂量的关系

由 4.1.1 节可知,照射量是根据 X 或 γ 射线在空气中的电离能力来量度辐射强度的物理量。它仅适用于 X 射线、γ 射线和空气介质,不涉及重离子、电子、质子、中子等的电离辐射,亦不涉及空气之外的任何其他被作用物质。照射量 X 和吸收剂量 D 是根据电离辐射与物质相互作用的结果,从不同角度对电离辐射量的量度。照射量描述的只是电磁辐射对空气介质的电离效果。吸收剂量是介质吸收的电离辐射的能量,适用于任何电离辐射与介质。照射量涉及仅仅是电磁辐射在空气体积内交给次级电子用于电离的那部分能量。吸收剂量涉及的是辐射在介质体积 V 内沉积的能量,而不管这些能量是来自体积内还是体积外。介质中传能线密度 LET 不是恒定值,有一分布。带电粒子授予某一体积元内物质的吸收剂量是以大小不等的 LET 来传递的。

对于空气介质,1 R 照射量在 1 kg 空气中产生 2.58×10^{-4} C 的电量。电子的电量为 1.6×10^{-19} C,产生 1 C 电荷量所需电子数为 $1/(1.6 \times 10^{-19}) = 6.24 \times 10^{18}$ 电子。经实验证明,在空气中产生一个离子对所需的 X 或 γ 射线能量的平均值等于 33.97 eV,因此,当空气受到 1 R 的 X 或 γ 射线的照射量时,可换算求得空气的吸收剂量。

$$1\ \mathrm{R} = 2.58 \times 10^{-4} \left(\frac{\mathrm{C}}{\mathrm{kg}}\right) \times 6.241 \times 10^{18} \left(\frac{电子}{\mathrm{C}}\right)$$

$$\times 33.97 \left(\frac{\mathrm{eV}}{电子或离子对}\right) \times 1.602 \times 10^{-19} \left(\frac{\mathrm{J}}{\mathrm{eV}}\right)$$

$$= 8.76 \times 10^{-3}\ \mathrm{J \cdot kg^{-1}} \quad 或 \quad 8.76 \times 10^{-3}\ \mathrm{Gy}$$

空气中某一点的吸收剂量 $D_{空气}$ 与该点的照射量 X 可按如下关系式换算:

$$D_{空气} = 8.76 \times 10^{-3} X \quad (\mathrm{Gy}) \tag{4-6}$$

使用式(4-6)对吸收剂量和照射量进行换算时要注意,它只适合电磁辐射与空气介质相互作用体系。此时,换算应理解为当照射量为 1 R 时,空气的吸收剂量为 8.76×10^{-3} Gy,即在辐射场中某点位置单位质量空气吸收的剂量 D。

由于照射量容易测量,可先测某位置的照射量,然后利用质量能量吸收系数算出不同介质的吸收剂量。不同介质在相同辐照条件下吸收剂量的大小与其质量能量吸收系数成正比。即在同一点上照射非空气物质时(在相同条件下),该物质的吸收剂量 D 可由下式求得:

$$\frac{D}{D_{空气}}=\frac{(\mu_a/\rho)}{(\mu_a/\rho)_{空气}} \tag{4-7}$$

将式(4-6)代入式(4-7),则

$$D=8.76\times10^{-3}\frac{(\mu_a/\rho)}{(\mu_a/\rho)_{空气}}X=f\cdot X \quad(Gy) \tag{4-8}$$

式中,$f=8.76\times10^{-3}\times(\mu_a/\rho)/(\mu_a/\rho)_{空气}$,是以伦琴为计量单位的照射量换算为以 Gy 表示的吸收剂量的换算系数。表 4.1 和表 4.2 分别列出了一些简单物质的质量能量吸收系数 (μ_a/ρ) 和 f 值。

表 4.1 一些简单物质的 $(\mu_a/\rho)(cm^2\cdot g^{-1})$ 与光子能量之间关系

光子能量/MeV	^1H	^6C	^7N	^8O	^{14}Si	^{16}S	^{26}Fe	^{82}Pb	空气*
0.01	0.009 86	1.97	3.38	5.39	33.3	49.7	142	130.7	4.61
0.05	0.027 1	0.023 3	0.031 9	0.043 7	0.241	0.372	1.64	6.54	0.040 6
0.10	0.040 6	0.021 5	0.022 4	0.023 7	0.045 9	0.060 9	0.219	2.28	0.023 4
0.50	0.059 3	0.029 7	0.029 6	0.029 7	0.029 8	0.030 0	0.029 5	0.095 1	0.029 6
1.0	0.055 5	0.027 9	0.027 9	0.027 8	0.027 7	0.027 7	0.026 2	0.037 7	0.027 8
1.5	0.050 7	0.025 5	0.025 5	0.025 4	0.025 3	0.025 5	0.023 7	0.027 1	0.025 4
5.0	0.031 7	0.017 1	0.017 3	0.017 5	0.018 7	0.019 2	0.019 8	0.025 9	0.017 4
10	0.022 5	0.013 8	0.014 3	0.014 8	0.017 5	0.018 4	0.020 9	0.031 0	0.014 5

* 空气组成为 75.5% N_2,23.2% O_2,1.3% 惰性气体(按质量计)。

对于复杂物质和混合物,质量能量吸收系数和 f 值可用下列公式求得:

$$(\mu_a/\rho)_{混}=\sum w_i(\mu_a/\rho)_i \tag{4-9}$$

$$f_{混}=\sum w_i f_i \tag{4-10}$$

式中,w_i、$(\mu_a/\rho)_i$ 和 f_i 分别是化合物(或混合物)中第 i 个组成元素的质量分数、质量能量吸收系数和 f 值。

【例 4.1】 计算 0.01 MeV 光子辐照水的质量能量吸收系数 $(\mu_a/\rho)_{H_2O}$ 值。

解 查表 4.1,根据式(4-9)得

$$(\mu_a/\rho)_{H_2O}=w_H(\mu_a/\rho)_H+w_O(\mu_a/\rho)_O$$

$$=\left(\frac{2.02}{18.02}\times0.009\ 86+\frac{16.00}{18.02}\times5.39\right)cm^2\cdot g^{-1}$$

$$=4.79\ cm^2\cdot g^{-1}=0.479\ m^2\cdot kg^{-1}$$

表 4.2　一些简单物质的 f 值[*]

光子平均能量/MeV	^{1}H	^{6}C	^{8}O	^{26}Fe	^{82}Pb	H_2O
0.01	$0.001\,87\times10^{-2}$	0.373×10^{-2}	1.021×10^{-2}	26.9×10^{-2}	24.8×10^{-2}	0.907×10^{-2}
0.05	0.583×10^{-2}	0.501×10^{-2}	0.940×10^{-2}	35.3×10^{-2}	141×10^{-2}	0.899×10^{-2}
0.10	1.52×10^{-2}	0.803×10^{-2}	0.884×10^{-2}	8.17×10^{-2}	85.1×10^{-2}	0.955×10^{-2}
0.50	1.75×10^{-2}	0.876×10^{-2}	0.876×10^{-2}	0.870×10^{-2}	2.81×10^{-2}	0.973×10^{-2}
1.0	1.75×10^{-2}	0.876×10^{-2}	0.873×10^{-2}	0.823×10^{-2}	1.18×10^{-2}	0.971×10^{-2}
1.25（^{60}Co γ 射线）	1.75×10^{-2}	0.876×10^{-2}	0.873×10^{-2}	0.819×10^{-2}	1.06×10^{-2}	0.971×10^{-2}
5.0	1.60×10^{-2}	0.858×10^{-2}	0.878×10^{-2}	0.993×10^{-2}	1.30×10^{-2}	0.958×10^{-2}
10	1.35×10^{-2}	0.831×10^{-2}	0.891×10^{-2}	1.25×10^{-2}	1.87×10^{-2}	0.945×10^{-2}

[*] $f=8.76\times10^{-3}\times(\mu_a/\rho)/(\mu_a/\rho)_{空气}$

【例 4.2】　根据表 4.2 所列数据计算光子能量为 1.25 MeV 时的 f_{H_2O} 值。

解　由方程(4-10)得

$$f_{H_2O}=\frac{2.02}{18.02}f_H+\frac{16.00}{18.02}f_O$$

$$=\left(\frac{2.02}{18.02}\times1.75+\frac{16.00}{18.02}\times0.873\right)\times10^{-2}\,Gy\cdot R^{-1}$$

$$=0.971\times10^{-2}\,Gy\cdot R^{-1}$$

所以,当水受到 2.58×10^{-4} C·kg^{-1}(即 1 R)的 X 或 γ 射线照射时,水吸收 9.71×10^{-3} Gy 能量。

由第 3 章电磁辐射与物质作用过程可知,当辐照原子序数低的物质(例如水、空气、烃类等)时,如 X 或 γ 射线能量在 250 keV～2 MeV 之间,能量吸收过程主要为康普顿效应,且康普顿过程的电子能量吸收系数$_e\sigma_a$几乎与物质的性质无关,这时**每克不同样品的能量吸收系数比近似地等于每克物质的电子数比**,式(4-8)中$(\mu_a/\rho)/(\mu_a/\rho)_{空气}$可用$(Z/A)/(Z/A)_{空气}$替代,即

$$D=8.76\times10^{-3}\frac{(Z/A)}{(Z/A)_{空气}}X\quad(Gy)\tag{4-11}$$

Z/A 表示物质的原子序数与原子量之比。对于复杂物质,常用 Z/A 的平均值$\overline{(Z/A)}$表示,可用下式计算得到:

$$\overline{(Z/A)}=\sum w_i\left(\frac{Z}{A}\right)_i\tag{4-12}$$

式中,w_i、$\left(\dfrac{Z}{A}\right)_i$分别表示复杂物质中第 i 种元素所占的质量分数及第 i 种元素的原子序数和原子量之比。

【例 4.3】　计算水的$\overline{(Z/A)}$值。

解　根据式(4-12)得

$$\overline{(Z/A)}=(2\times1+8)/18.02=0.555$$

4.1.3　比释动能和比释动能率

1. 比释动能

比释动能（kerma）K 是指非带电或中性致电离粒子（如 X、γ 光子，中子等），在质量为 dm 的某种物质中释放出来的全部带电粒子的初始动能总和 dE_{tr} 除以 dm，即

$$K = \frac{dE_{tr}}{dm} \tag{4-13}$$

式中，K 单位为 Gy；dE_{tr} 包括释放出来的带电粒子在轫致辐射过程中放出的能量，以及在这一体积元内发生的次级过程中产生的任何带电粒子的能量，也包括俄歇电子的能量在内，单位 J；dm 为所考虑的体积元内物质的质量，单位 kg。

2. 比释动能率

比释动能率（kerma rate）$\dot{K}$ 是指在单位时间内、单位质量的特定物质中，由中性致电离粒子释放出来的所有带电粒子初始动能的总和，即

$$\dot{K} = \frac{dK}{dt} \tag{4-14}$$

比释动能和比释动能率描述中性致电离粒子与物质相互作用时，把多少能量传递给了带电粒子，而吸收剂量和吸收剂量率只描述带电粒子通过电离、激发把多少能量沉积在物质中。

3. 比释动能与吸收剂量的关系

为了讨论比释动能与吸收剂量的关系，需要先了解辐射剂量学中有重要应用的带电粒子平衡的概念。由图 4.1 带电粒子平衡条件示意图可知，在带电粒子平衡条件下，若轫致辐射损失可以忽略，则吸收剂量就与比释动能相等。但是，当高能带电粒子与高原子序数的物质相互作用时，有一部分能量在物质中转变为轫致辐射而离开体积元，在此情况下，吸收剂量 D 与比释动能 K 的关系为

$$D = K(1-g) \tag{4-15}$$

式中，g 为直接电离粒子的能量转化为轫致辐射的份额。对于较低原子序数的物质，一般 g 在 $10^{-3} \sim 10^{-2}$ 之间，故可以忽略不计。

实际上，中性致电离粒子在物质中的能量沉积过程分为两个过程：首先是非带电粒子把能量转移给带电粒子，然后是带电粒子通过电离、激发等把能量沉积在物质中。因此，比释动能是描述第一个过程中多少能量传递给了次级带电粒子的物理量，而吸收剂量则表示了第二步骤的结果。如果一平行的中性致电离粒子垂直入射在某一均匀的物质上，物质的厚度远大于次级带电粒子的最大射程，则在物质表面的任意点 A 与周围物质不存在带电粒子平衡时，点 A 只有一侧被产生带电粒子的物质所包围，只有来自这一侧的带电粒子才产生吸收剂量，所以物质的表层的吸收剂量小于比释动能。随着研究点所处的深度增加，包围此点产生带电粒子的物质增多，到达此点所产生的带电粒子急剧增加，吸收剂量也急剧增加，在深度接近带电粒子最大射程处，达到带电粒子平衡，则吸收剂量达到最大值，比释动能与吸收剂量也近似相等。

在辐射防护中，常用比释动能的概念计算辐射场量，推断生物组织中某点的吸收剂量，描述中

子源的输出额等。由于使用方便,空气比释动能[1]逐步替代照射量,成为我国的量值传递物理量。

4.2　剂量测量

电离辐射与物质相互作用产生的各种物理和化学效应已成为辐射剂量测量的基础。原则上只要被照射物质中引起的某一效应与吸收剂量具有某种确定的定量关系,均可用做剂量的测量,其某一效应既可是物理的,亦可以是化学的或生物的。所以,测量方法分为物理测量方法和化学测量方法。物理测量方法包括量热法、电离室法等,化学测量法即使用化学剂量计。下面分别介绍。

4.2.1　量热法

量热法(calorimetry)是利用量热计直接测量物质从辐射场吸收的能量,属于绝对测量剂量法。它的测量原理是根据被辐照物质吸收辐射能后温度的变化来测量剂量。如果被辐照物质吸收的辐射能全部转变为热能(即不转变成其他形式的能,如化学能)或者转变成其他形式的能量可以计算或定量测定,则在与外界环境没有能量交换的情况(如绝热[2]条件)下,由物质的比热和温度的变化值即可求得被辐照物质的吸收剂量。在上述条件下,被辐照物质的吸收剂量可表示为

$$D = \frac{\mathrm{d}E_\mathrm{H}}{\mathrm{d}m} \tag{4-16}$$

其中,$\mathrm{d}m$ 为被辐照物质的质量,$\mathrm{d}E_\mathrm{H}$ 是由辐射能转换成的热能。若有部分辐射能转变为其他形式的能,则

$$D = \frac{\mathrm{d}E_\mathrm{H}}{\mathrm{d}m} \pm \frac{\mathrm{d}E_\mathrm{s}}{\mathrm{d}m} \tag{4-17}$$

$\mathrm{d}E_\mathrm{s}$ 是转变为非热能形式的能量,式中"$+$"为热盈余,"$-$"为热亏损。在制造量热计时,通常选用 $\mathrm{d}E_\mathrm{s}$ 值尽可能小的物质(如石墨、金属等)作为吸收体,这时 $\mathrm{d}E_\mathrm{s} \approx 0$。在绝热条件下,$\mathrm{d}E_\mathrm{H}$ 可由下式求得:

$$\mathrm{d}E_\mathrm{H} = c_\mathrm{p} \cdot \mathrm{d}m \cdot \Delta T \quad (\mathrm{J}) \tag{4-18}$$

式中,c_p 为量热计吸收体的比热($\mathrm{J \cdot kg^{-1} \cdot ℃^{-1}}$),$\Delta T$ 为吸收体温度的变化(℃)。因此,吸收剂量 D 为

$$D = c_\mathrm{p} \cdot \Delta T \tag{4-19}$$

从(4-19)式可得到吸收单位剂量相应的温度变化值 $\Delta T/D$,即

$$\frac{\Delta T}{D} = \frac{1}{c_\mathrm{p}} \quad (℃ \cdot \mathrm{Gy^{-1}}) \tag{4-20}$$

【例 4.4】　对于水,$c_\mathrm{p} = 4.184 \times 10^3 \ \mathrm{J \cdot kg^{-1} \cdot ℃^{-1}}$,$10^3$ Gy 的剂量使水的温度升高多少?
解　由式(4-20)得

$$\frac{\Delta T}{D} = \frac{1}{4.184 \times 10^3} ℃ \cdot \mathrm{Gy^{-1}} = 2.39 \times 10^{-4} \ ℃ \cdot \mathrm{Gy^{-1}}$$

$$\Delta T = (2.39 \times 10^{-4} \times 10^3) ℃ = 0.24 \ ℃$$

---

[1]　空气比释动能:是指在自由空气中的比释动能。
[2]　绝热(adiabatic):体系与环境间不发生热量的传递,只存在做功。是实际过程的抽象和理想化。

　　因此,量热法的灵敏度很低,仅适用于大剂量的测量。量热法在绝对剂量法中十分重要,具有很高的精密度和准确度,可测量多种辐射。但是,从量热计测得的吸收剂量向其他物质的吸收剂量传递时会引起误差,因此,量热计不能用做日常测量吸收剂量的手段,它的最大用途是作为一级标准校正其他的辐射剂量计。

4.2.2　电离室法

　　电离室(ionization chamber)很早就被用来探测电离辐射和测量照射量及吸收剂量,在辐射化学由定性转向定量研究的发展中起过重要作用。目前,电离室仍是测量照射量和吸收剂量的重要手段。电离室是一种核辐射探测器,一般为圆柱形,电离室中间有一个柱状电极,它与外壳构成一个电容器。在电离室的两极加上电压,可以收集放射线作用产生的电离电流。根据电离电流的大小可以确定放射性活度。按照被测射线种类不同,电离室可分为 α 电离室、β 电离室和 γ 电离室。在剂量的测量中,根据电离室的工作原理分,常用的电离室有**标准或自由空气电离室**(standard or free air ionization chamber)和**空腔电离室**(cavity ionization chamber)。

　　1. 标准或自由空气电离室和空腔电离室

　　标准或自由空气电离室是测定照射量的绝对测量装置。它由两个与 X 射线入射束中心轴平行的金属电极板组成(图 4.2)。收集电极(collecting electrode)的作用是收集电离室内产生的某一种符号的离子。两侧的保护电极(guard electrode)使漏电流由高压电极(high-voltage electrode)经保护电极至地。收集电极的另一作用是使电场均匀地垂直电极,保证电离室有确定的**灵敏体积**(图中阴影部分)和**收集体积**(A,B 和高压电极与收集电极两电极间的体积)。电离室的灵敏体积是指穿过光阑(diaphragm)的 X 射线束通过两平行电极间那部分空气的体积。为确保电子平衡条件和保证次级电子在耗尽其能量前不被电极所收集,光阑到灵敏体积边缘的距离以及电离室电极与 X 射线束边缘距离都应大于次级电子在空气中的最大射程。

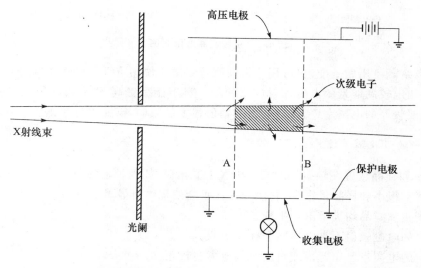

图 4.2　自由空气电离室工作原理示意图

(阴影部分为灵敏体积,虚线与两电极之间部分为收集体积)

从图 4.2 可以看出,在收集体积中产生的一部分离子是由灵敏体积外的次级电子产生,但是由于满足电子平衡条件,这部分贡献将被从灵敏积扩散到收集体积以外的次级电子所抵消。因此,在收集电极上收集到的离子,可认为完全是由灵敏体积中产生的次级电子形成。根据收集到的电量 $Q(\mathrm{C})$ 和灵敏体积 $V(\mathrm{cm^3})$ 可得到以伦琴表示的照射量 X:

$$X = \frac{Q}{V \times 0.001\,293 \times 0.001 \times 2.58 \times 10^{-4}} = 3 \times 10^9 \frac{Q}{V} \qquad (4\text{-}21)$$

在标准或自由空气电离室中,电子平衡是靠灵敏体积外围的空气来实现,因此它只适用于软 X 射线和中等能量的 X 射线($10\sim300$ keV)测量。射线能量较高时(如 $E > 400$ keV),次级电子射程较大,为了满足电子平衡,电离室必须造得很大或充以高压气体,但两者均存在实际困难。因此,自由空气电离室并不是实际测量照射量中的常规检测装置,它主要是被作为最初实验室内的标准测量装置。

在常规照射量测量中,经常用到的是空腔电离室。图 4.3 为典型空腔电离室的示意图。在这类电离室中,使用与空气等效物质代替灵敏体积外围的空气以建立电子平衡条件。**空气等效物质是指除密度外,在化学组成和吸收辐射的性质方面与空气相同的物质**。实际上,除固态空气外,完全与空气等效的物质是没有的,因此在制造空腔电离室时,常选用平均原子序数和阻止本领(对次级电子)与空气接近的物质作为空气等效物质,这类物质包括酚醛树脂、尼龙和有机玻璃等。若将灵敏体积中的空气选用空气等效物质造成的壁(壁厚度大于次级电子的最大射程)封闭起来,则电离室空腔内单位质量空气中的电离量,即为 X 或 γ 射线的照射量。

（a）剖面图　　　　　　　　　　　　　　　　（b）外观图

图 4.3　空腔电离室示意图

空腔电离室既可用做基准,也可用于常规测量。由于使用空气等效物质,电离室可以制造得很小,并能测定较高能量的电磁辐射(3 MeV)。对于能量更高的 X 或 γ 射线,为确保电子平衡条件,需要较厚的电离室壁,这样会引起辐射强度的减弱,需要进行校正。

2. 介质中的吸收剂量计算

将电离室和样品放置在辐射场的同一位置上受辐照,如满足下列条件:

(1) 电离室很小和样品量很少,它们的存在不会使辐射有显著的减弱。

(2) 电离室和样品均满足电子平衡条件。

(3) 散射的电磁辐射不被电离室和样品吸收。

(4) 使用的电离室已用标准或自由空气电离室校正。

那么,在此情况下,样品和空气的吸收剂量与它们的质量能量吸收系数成正比,则

$$D = 8.76 \times 10^{-3} \frac{(\mu_a/\rho)}{(\mu_a/\rho)_{空气}} X \tag{4-8}$$

当 X 或 γ 射线的能量在康普顿作用区域时,样品的吸收剂量 D 为

$$D = 8.76 \times 10^{-3} \frac{(Z/A)}{(Z/A)_{空气}} X \tag{4-11}$$

根据空腔电离理论,如果介质中有一充满气体的空腔,腔内的气体将被穿过空腔的电子电离,且小空腔符合下述条件:

(1) 空腔的线度①远小于光子在介质中产生的次级电子在气体中的射程,它的存在不会改变介质中入射光子和次级电子的能量分布。

(2) 空腔内气体的电离几乎全是由介质中产生的次级电子引起的,入射光子在空腔气体中直接作用释放的次级电子可以忽略。

(3) 空腔周围的介质厚度大于次级电子的最大射程。

(4) 空腔处于均匀的辐射场内,使得腔体线度范围内介质的能量吸收基本上是均匀的。

那么,当空腔不存在时,空腔气体位置上介质吸收的能量根据 Bragg-Gray 空腔电离理论可用下式表示:

$$E_{介} = J_{气体} \cdot W_{气体} (S/\rho)_{气体}^{介} \tag{4-22}$$

式中,$E_{介}$ 是介质吸收的能量($J \cdot kg^{-1}$);$J_{气体}$ 是次级电子在空腔中单位质量气体产生的离子对数;$W_{气体}$ 为次级电子通过电离室空腔,在气体中每形成 1 个离子对所需的平均能量($eV \cdot$ 离子对$^{-1}$);$(S/\rho)_{气体}^{介}$ 是介质与空腔内气体对次级电子的质量阻止本领之比。

因此,介质的吸收剂量 $D_{介}$ 为

$$D_{介} = E_{介} \quad (Gy) \tag{4-23}$$

若空腔电离室是根据空腔电离理论制成的,且空腔充以空气($W_{空气} = 33.97\ eV$),在 $0.001\,293\ g$ 空气中产生某一符号的离子的电量为 Q(计量单位为 esu),则在空腔位置上电离室腔壁材料中的吸收剂量 $D_{腔壁}$ 为

$$D_{腔壁} = \frac{Q \times 10^3}{0.001\,293} \left(\frac{esu}{kg\ 空气}\right) \times 2.082 \times 10^9 \left(\frac{电子}{esu}\right) \times 33.97 \left(\frac{eV}{离子对}\right)$$

$$\times 1.062 \times 10^{-19} \left(\frac{J}{eV}\right) \times (S/\rho)_{空气}^{腔壁} = 8.73 \times 10^{-3} \times Q \times (S/\rho)_{空气}^{腔壁} \quad (Gy)$$

$$\tag{4-24}$$

式中,$(S/\rho)_{空气}^{腔壁}$ 为壁材料与空气对次级电子的质量阻止本领之比。

如果被辐照物质与电离室壁物质为等效物质,则在电离室腔内空气位置上被辐照物质的吸收剂量 D 为

$$D = D_{腔壁} \tag{4-25}$$

若为非等效物质,则

$$D = 8.76 \times 10^{-3} \times Q \times (S/\rho)_{空气}^{腔壁} \times \frac{(\mu_a/\rho)}{(\mu_a/\rho)_{腔壁}} \quad (Gy) \tag{4-26}$$

式中,μ_a/ρ 和 $(\mu_a/\rho)_{腔壁}$ 分别为被辐照物质和电离室壁物质的质量能量吸收系数。

当电离室壁物质为空气等效物质时,$(S/\rho)_{空气}^{腔壁} = 1$,则(4-26)式可写成

---

① 线度:一般指物体从各个方向来测量时的最大的长(宽)度,并且往往只精确到数量级。

$$D = 8.76 \times 10^{-3} \times Q \times \frac{(\mu_a / \rho)}{(\mu_a / \rho)_{腔壁}} \quad (Gy) \tag{4-27}$$

电离室也可用来测定介质受中子、β射线和电子束照射的吸收剂量。这时要求电离室壁材料与腔内气体除密度不同外,应有相同的原子组成,或者要求电离室的壁材料及气体的原子组成与被测量介质等效。

与量热计相比,电离室十分灵敏,因此广泛用于气体辐解实验和放射治疗。

4.2.3 化学剂量计

化学剂量计(chemical dosimeter)制备简单,使用方便,是辐射化学实验室和进行辐射研究常用的测定吸收剂量的装置,是根据剂量计体系吸收辐射能后引起的化学变化的程度和剂量的关系来测定此体系的吸收剂量的一种仪器。一个化学体系,如果反应的 G 值已知,反应物质的量很容易被测量,则该体系基本上就可作为化学剂量计。此体系的吸收剂量可由下式求得:

$$D = \frac{\Delta M \times 10^{-3} \times N_A \times 100}{G} \quad (eV \cdot mL^{-1}) \tag{4-28a}$$

或

$$D = \frac{\Delta M \times 10^{-3} \times N_A \times 100}{G\rho} \quad (eV \cdot g^{-1}) \tag{4-28b}$$

式中,ΔM 为反应消失或形成的某物质的摩尔浓度($mol \cdot L^{-1}$),G 是某物质的产额(G 值),N_A 是阿伏加德罗常数(6.023×10^{23}),ρ 是测量物质 M 时体系的密度($g \cdot cm^{-3}$)。

若以 Gy 表示吸收剂量,则 D 为

$$
\begin{aligned}
D &= \frac{\Delta M \times 10^{-3} \times N_A \times 100 \times 1.602 \times 10^{-19} \times 10^3}{G\rho} \\
&= 9.647 \times 10^6 \frac{\Delta M}{G\rho} \quad (Gy)
\end{aligned} \tag{4-29}
$$

若辐照时间为 $t(s)$,则吸收剂量率为

$$\dot{D} = 9.647 \times 10^6 \frac{\Delta M}{G\rho t} \quad (Gy \cdot s^{-1}) \tag{4-30}$$

由上可知,化学剂量计测得的剂量是**平均吸收剂量**。由于 G 值需用绝对剂量计标定,因此化学剂量计是二级剂量计。

一个广泛使用的化学剂量计除满足剂量计体系辐照后的化学变化与剂量成正比条件外,还应满足(或尽量接近)下列条件:

(1) 在较大范围内,G 值与剂量率(几个 $Gy \cdot min^{-1} \sim 10^{11} \ Gy \cdot s^{-1}$)、剂量及温度的变化无关。

(2) G 值不受剂量计成分较小变化的影响(如 pH、试剂浓度的变化等)。

(3) G 值与辐射类型或 LET 值无关。

(4) 在通常情况下(如受光影响,与空气接触),剂量计稳定,重现性好($\pm 1\% \sim \pm 5\%$),制造和使用容易,产物分析方法简便。

实际上还没有一种剂量计体系能完全满足上述条件[特别是条件(3)],硫酸亚铁体系是目前最接近这些条件的化学剂量计。因此,下面重点介绍该种化学剂量计。

1. 硫酸亚铁剂量计及其标定

硫酸亚铁剂量计(也叫 Fricke 剂量计)是根据 Fe^{2+} 在电离辐射作用下被氧化成 Fe^{3+}(氧化机理详见第 7 章),在一定剂量范围内,生成的 Fe^{3+} 含量与剂量计溶液的吸收剂量成正比。Fe^{3+} 在波长 303 nm 处有特征吸收峰,可用分光光度计测量。如果 $G(Fe^{3+})$ 值为已知,则剂量计体系的吸收剂量可用(4-28a)、(4-28b)或(4-29)式计算。

标准剂量计溶液为含 10^{-3} mol $\cdot$ L^{-1} $FeSO_4$[或$(NH_4)_2Fe(SO_4)_2$]和 10^{-3} mol $\cdot$ L^{-1} NaCl 的空气饱和的 0.4 mol $\cdot$ L^{-1} H_2SO_4 水溶液(pH=0.46)。配制 1 L 剂量计溶液所需的试剂用量为:

$FeSO_4 \cdot 7H_2O$[或$(NH_4)_2Fe(SO_4)_2 \cdot 6H_2O$]　　0.28 g(或 0.39 g)

NaCl　　　　　　　　　　　　　　　　　　　　0.06 g

$H_2SO_4(95\% \sim 98\%)$　　　　　　　　　　　22 mL

化学剂量计必须用绝对剂量计(或用绝对剂量计刻度过的二级剂量计)标定,以求得绝对能量产额 G。量热计和电离室是常用的标准刻度装置。图 4.4 为用量热计标定 γ 辐照硫酸亚铁剂量计体系能量产额 G 的示意图。用量热计测定 $FeSO_4$ 剂量计溶液的吸收剂量时,水为吸收体,首先让玻璃烧瓶中的水受辐照,测量 t 时间内温度变化值,求出水吸收能量的速率。将硫酸亚铁剂量计溶液取代玻璃烧瓶中的水,置于同一辐射场和相同的几何条件下辐照,由于硫酸亚铁稀水溶液与水有相近的 $(\overline{Z/A})$ 值(H_2O,0.5551;0.4 mol $\cdot$ L^{-1} H_2SO_4,0.5533),因此可以认为两者有相同的吸收剂量率。根据测得的 Fe^{3+} 浓度和水吸收能量速率,求得绝对能量产额 $G(Fe^{3+})_{O_2} = 15.6 \pm 0.3$(下标 O_2 表示氧存在时测得的产额)。

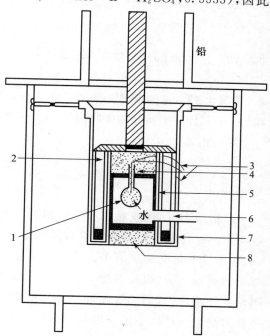

水作为量热计的吸收体时,水辐解导致部分辐射能转变为化学能,因此测定水吸收能量的速率必须在水辐解产物浓度达到稳定态后进行,此时在单位时间内辐射分解的水分子数与产物间相互反应重新生成的水分子数相等,不必对辐射能转变为化学能进行校正。

当用分光光度计测量 Fe^{3+} 时,根据朗伯-比尔定律(Lambert-Beer law),Fe^{3+} 浓度可表示为

$$[M]_{Fe^{3+}} = \frac{\Delta A}{\Delta\varepsilon \cdot l} \qquad (4\text{-}31)$$

因此,硫酸亚铁剂量计溶液的吸收剂量 D_F(以 Gy 为剂量单位)可用下式计算:

$$D_F = \frac{N_A \Delta A \times 100}{\Delta\varepsilon l \times 10^3 \rho G(Fe^{3+})_{O_2} f} \quad (Gy)$$

$$(4\text{-}32a)$$

图 4.4　量热计标定 $FeSO_4$ 剂量计能量产额 G 的示意图

[1—壁厚约 0.09 mm 的 Pyrex 玻璃球,2—钴源(在铜制圆筒中),3—热电偶,4—阿皮松 W 油脂,5—黄铜源定位器,6—接真空系统,7—铜外套,8—聚苯乙烯泡沫塑料]

即

$$D_F = 9.647 \times 10^6 \times \frac{\Delta A}{\Delta \varepsilon l \rho G(Fe^{3+})_{O_2}} \quad (Gy) \tag{4-32b}$$

式中，N_A 为阿伏加德罗常数（6.023×10^{23}），f 为单位换算系数（6.242×10^{15}），ΔA 为剂量计溶液辐照前后吸光度差，$\Delta \varepsilon$ 为反应物和产物的摩尔吸光系数之差，l 为光程长度（或样品池厚度）。在 25 ℃ 和 303 nm 处，剂量计溶液和 Fe^{3+} 的摩尔吸光系数分别为 1 和 2205 $L \cdot mol^{-1} \cdot cm^{-1}$，$\Delta \varepsilon = 2204\ L \cdot mol^{-1} \cdot cm^{-1}$。在 $15 \sim 25$ ℃ 范围内，$\rho = 1.0245 \pm 0.0015$。对于 $^{60}Co\ \gamma$ 射线，$G(Fe^{3+})_{O_2}$ 值取 15.5（不同的实验室用不同的方法测量的平均值）。将已知值代入（4-32b）式，则

$$D_F = 2.76 \times 10^2 \times \frac{\Delta A}{l} \quad (Gy) \tag{4-33a}$$

或

$$D_F = 1.72 \times 10^{18} \times \frac{\Delta A}{l} \quad (eV \cdot g^{-1}) \tag{4-33b}$$

（4-32b）式也可简化为

$$D_F = \frac{\Delta A}{l \rho \Delta \varepsilon G(Fe^{3+})_{O_2}} \quad (Gy) \tag{4-34}$$

式中，$^{60}Co\ \gamma$ 射线的 $G(Fe^{3+})_{O_2} = 1.606\ \mu mol \cdot J^{-1}$。

Fe^{3+} 的摩尔吸光系数有 0.69% $\cdot$ ℃$^{-1}$ 的温度系数，因此吸光度测量应在恒温下进行。如果此条件不能满足，则在 T_2 测得的 D_F 应按下式校正：

$$(D_F)_校 = \frac{D_F}{1 + 0.07(T_2 - T_1)} \tag{4-35}$$

式中，T_1 为测量 Fe^{3+} 摩尔吸光系数的温度，T_2 为测量生成的 Fe^{3+} 吸光度时的温度。

【例 4.5】 已知紫外光谱测试 303 nm 处 Fricke 剂量计辐照后的吸光度变化为 0.373，光程为 1 cm，计算剂量计的吸收剂量。

解 由式（4-33a）得

$$D_F = 2.76 \times 10^2 \times \frac{\Delta A}{l} = (2.76 \times 10^2 \times 0.373/1)Gy = 103\ Gy$$

严格地讲，用硫酸亚铁剂量计测得的 D_F 只代表剂量计溶液的吸收剂量。样品在该辐射场内同一位置上的吸收剂量常需根据 D_F 值计算得到。因为样品的吸收剂量与样品量的多少、密度和原子组成有关。如果样品是均匀体系，且其样品量、密度和原子组成与剂量计体系的相同，则其吸收剂量与 $FeSO_4$ 剂量计的值一样，例如稀水溶液和某些有机体系基本满足上述条件，它们的吸收剂量可用硫酸亚铁剂量计测得的值表示。在辐射化学研究中，还常常遇到一些体系的密度和原子组成与剂量计溶液不同，此时，样品的吸收剂量 D 应由计算求得。

对于电磁辐射，如果受辐照的样品和剂量计有相同的大小，并满足电子平衡条件，则它们在相同条件下被辐照时，样品的吸收剂量 D 可用下式求得：

$$D = D_F \frac{(\mu_a/\rho)}{(\mu_a/\rho)_F} \quad (Gy\ 或\ eV \cdot g^{-1}) \tag{4-36}$$

式中, (μ_a/ρ) 和 $(\mu_a/\rho)_F$ 分别为样品和剂量计溶液的质量能量吸收系数。

若光子能量在康普顿作用区域,则(4-36)式可简化为

$$D = D_F \cdot \overline{\left(\frac{Z}{A}\right)} \Big/ \overline{\left(\frac{Z}{A}\right)}_F \quad (\text{Gy 或 eV} \cdot \text{g}^{-1}) \tag{4-37}$$

$(\overline{Z/A})$ 和 $(\overline{Z/A})_F$ 分别为样品和剂量计溶液组成元素的原子序数和原子量之比的平均值[计算见(4-12)式]。

对于带电粒子辐射,若样品和剂量计的厚度足以完全吸收入射粒子,则两者的吸收剂量相同。严格地讲,两个体系中带电粒子的反散射和轫致辐射不尽相同,所以两者的吸收剂量会有很小的差异。如果两者的原子组成很接近,则这种差异可以忽略。

如果样品厚度小于入射粒子的射程,则样品和剂量计的吸收剂量正比于它们的质量阻止本领 (S/ρ),有

$$D = D_F \frac{(S/\rho)}{(S/\rho)_F} \quad (\text{Gy 或 eV} \cdot \text{g}^{-1}) \tag{4-38}$$

式中, (S/ρ) 和 $(S/\rho)_F$ 分别为样品和剂量计的质量阻止本领。

如果被辐照样品是混合物,则根据吸收剂量 $D_混$ 和下式可以计算混合物各组分的吸收剂量 D_i:

$$\frac{D_i}{D_混} = w_i \times \frac{(Z/A)_i}{(Z/A)_混} = \varepsilon_i \tag{4-39}$$

其中混合物的 $(\overline{Z/A})_混$ 为

$$\overline{\left(\frac{Z}{A}\right)}_混 = w_1\left(\frac{Z}{A}\right)_1 + w_2\left(\frac{Z}{A}\right)_2 + \cdots + w_i\left(\frac{Z}{A}\right)_i \tag{4-40}$$

式中, w_i 为混合物中第 i 成分所占的质量分数,因此 ε_i 表示第 i 成分所占的电子分数。

次级电子能谱研究表明,大部分次级电子具有的能量不足以引起分子或原子内壳层电子的激发和电离,但它们在向介质传递能量方面起着重要作用。这意味着,用较外层电子数或价电子数替代(4-40)式中原子序数 Z 似乎更符合真实情况。实际上对于低 Z 物质,用价电子数和核外电子数计算的结果基本一致。例如磷酸三正丁酯(n-TBP)和二苯基亚砜的等重量混合体系,按核外电子数计算得 $D_{TBP}/D_混 = 0.51$,按价电子数计算得 $D_{TBP}/D_混 = 0.53$。 Z 相差较大时,两者差异增大。无论用核外电子数还是用价电子数,体系中的亚激发电子[①]常会使计算结果与实际情况偏离。

此外,使用硫酸亚铁剂量计时,需要注意下列因素对 $G(Fe^{3+})_{O_2}$ 值的影响:

(1) 辐射 LET 值对 $G(Fe^{3+})_{O_2}$ 值的影响: $G(Fe^{3+})_{O_2}$ 值与辐射类型或 LET 值有关(见表 4.3),因此用 $G(Fe^{3+})_{O_2}$ 值计算吸收剂量时,必须注意辐射的类型和能量。

(2) 氧对 $G(Fe^{3+})_{O_2}$ 值的影响:硫酸亚铁剂量计的使用过程是耗氧过程,当溶解氧耗尽时, $G(Fe^{3+})_{O_2}$ 值会从 15.5 下降为无氧时的产额值 8.19,因此硫酸亚铁剂量计的剂量范围为 40~400 Gy,它的剂量下限是由测量 Fe^{3+} 的方法灵敏度决定的。

---

① 亚激发电子:也叫逊激发电子(subexcitation electron),指在辐射化学体系中,能量低于介质主要组分最低激发电位的次级电子,不能再电离和激发介质主要组分分子。如果介质中还存在激发或者电离电位低于该介质最低激发电位的杂质或溶质,亚激发电子就可能电离和激发这些杂质或者溶质。

表 4.3　辐射类型和 $G(Fe^{3+})_{O_2}$ 值

辐射类型	$G(Fe^{3+})_{O_2}$
160 MeV 质子	16.5 ± 1
10 MeV 电子	15.5
^{32}P β 粒子	15.5
^{60}Co γ 射线($E_{平均}=1.25$ MeV)	15.5 ± 0.2
^{137}Cs γ 射线($E_{平均}=0.66$ MeV)	15.5
4 MV X 射线	15.5
2 MV X 射线($E_{平均}=0.44$ MeV)	15.4 ± 0.3
250 kV X 射线($E_{平均}=48$ keV)	14.3 ± 0.3
50 kV X 射线($E_{平均}=25$ keV)	13.7 ± 0.3
^3H β 粒子($E_{最大}=18$ keV,$E_{平均}=5.7$ keV)	12.9 ± 0.3
12 MeV 氘核	9.81
14.3 MeV 中子	9.6 ± 0.6
1.99 MeV 质子	8.00
3.47 MeV 氘核	6.90
^{210}Po α 粒子($E_{平均}=5.3$ MeV,内源)	5.10 ± 0.10
$^{10}B(n,\alpha)^7Li$ 反冲核	4.22 ± 0.08
^{235}U 裂变碎片	3.0 ± 0.9

(3) 杂质对 $G(Fe^{3+})_{O_2}$ 值的影响:外来自由基受体通过与 Fe^{2+} 竞争自由基,会影响 $G(Fe^{3+})_{O_2}$ 值。有机杂质常使 $G(Fe^{3+})_{O_2}$ 值增加,例如在少量乙醇或甲酸存在时,$G(Fe^{3+})_{O_2}$ 值分别约为 75 和 250。某些无机离子(如 Cu^{2+} 离子)可使 $G(Fe^{3+})_{O_2}$ 值降低。因此,在制备硫酸亚铁剂量计溶液时,水和试剂的纯度必须予以特别的注意,使用的器皿也必须用洗液仔细清洗。少量 NaCl(如 10^{-3} mol·L^{-1})可以抑制有机杂质对 $G(Fe^{3+})_{O_2}$ 值的影响,所以在剂量计溶液中常含有少量 NaCl。该部分内容将在第 7 章中进行详细讨论。

2. 重铬酸银剂量计

由于辐射加工过程中采用的钴源活度较高,而 Fricke 剂量计的适用范围通常在 $40\sim400$ Gy,因此对于高剂量范围的剂量计通常使用重铬酸银剂量计。该剂量计可作为高剂量的传递标准剂量计,适用于 γ 射线和 $0.1\sim5$ MeV 的电子束辐照时剂量的测定。能有效保证辐射加工中 γ 射线高剂量应用领域的装置启用、辐照场剂量分布的测定、工艺参数确定以及日常运行中剂量监控的需要。

测量原理是在含有重铬酸银的高氯酸水溶液中,辐射与水相互作用产生的辐解产物可将 $Cr_2O_7^{2-}$ 中的 Cr^{6+} 定量还原为 Cr^{3+}。剂量计体系吸收辐射能量后将引起特定波长下的吸光度改变。经用 Fricke 剂量计校准后,即可由吸光度的变化值 ΔA 确定剂量计溶液的吸收剂量:

$$D = K\Delta A \quad (Gy) \tag{4-41}$$

$$K = \frac{\dot{D}}{b} \tag{4-42}$$

式中，K 为 Fricke 剂量计校准得到的剂量响应转换因子；b 为以 Fricke 剂量计辐照后吸光度对辐照时间作线性回归分析的斜率，即为单位时间辐照产生的吸光度变化；$\dot{D}$ 为 Fricke 剂量计标定的剂量率。此为相对测量法。或者可以直接利用剂量计的 G 和 ε 值，利用与式（4-34）类似的公式直接计算吸收剂量，是绝对测量法。

根据 1991 年制定的国家标准 JJG 1028—91，该剂量计包括低量程重铬酸银剂量计（0.4～5 kGy）和高量程重铬酸银剂量计（5～40 kGy）。对于低 LET 辐射，20 ℃ 低量程剂量范围 $G(Cr^{3+}) = 0.367$，高量程剂量范围 $G(Cr^{3+}) = 0.352$。低量程重铬酸银剂量计由空气饱和的 0.35 mmol·L^{-1} Ag$_2$Cr$_2$O$_7$ 和 0.1 mol·L^{-1} HClO$_4$ 组成（溶液密度 $\rho = 1004$ kg·cm^{-3}），高量程剂量计组成为空气饱和的 2.5 mmol·L^{-1} Ag$_2$Cr$_2$O$_7$ 和 0.1 mol·L^{-1} HClO$_4$ 溶液（$\rho = 1.005$ g·cm^{-3}）。配制好的溶液密封后辐照。低量程重铬酸银剂量计辐照后的测定 Cr$_2$O$_7^{2-}$ 波长为 350 nm，而高量程重铬酸银剂量计的测定 Cr$_2$O$_7^{2-}$ 波长为 440 nm。25 ℃ 下 350 nm 处 $\varepsilon(Cr_2O_7^{2-})_{350} = 316.5$ L·mol^{-1}·cm^{-1}（或 m^2·mol^{-1}），440 nm 处 $\varepsilon(Cr_2O_7^{2-})_{440} = 46.3$ L·mol^{-1}·cm^{-1}（或 m^2·mol^{-1}），$\varepsilon(Cr^{3+})_{440} = 1.04$ L·mol^{-1}·cm^{-1}（或 m^2·mol^{-1}），所以 $\Delta\varepsilon = 45.2$ L·mol^{-1}·cm^{-1}（或 m^2·mol^{-1}）。

测试时，温度会影响该剂量计的 G 值，随着辐照温度升高，G 值减小。因此需要对温度进行校正，其辐照温度修正系数为 -0.15%·℃$^{-1}$。若剂量计的 G 值或 K 因子校准时的辐照温度是 20 ℃，而测量吸收剂量的辐照温度是 T，则吸收剂量的计算公式为

$$D = K\Delta A[1 + 0.0015(T - 20)] \tag{4-43}$$

重铬酸银剂量计溶液对杂质，特别是对有机杂质比较敏感，在制备、转移与储存溶液过程中应避免引入干扰物质。使用前将配制的高、低量程的剂量计溶液放置一定时间自然老化或者分别预辐照 1 kGy 和 0.3 kGy 左右的剂量，可适当减少痕量杂质的影响。

3. 其他化学剂量计

硫酸铈剂量计也是一种广泛使用的化学剂量计。在电离辐射作用下，Ce^{4+} 被还原成 Ce^{3+}，Ce^{4+} 离子在波长 320 nm 处有最大吸收，摩尔吸光系数 $\varepsilon(Ce^{4+})_{320} = 5610$ L·mol^{-1}·cm^{-1}（此值与温度无关），因此 Ce^{4+} 离子浓度变化可用分光光度计测定。如果 $G(Ce^{3+})$ 值已知，则可用（4-28）或（4-29）式计算吸收剂量。对于低 LET 辐射，$G(Ce^{3+}) = 2.35$。

硫酸铈剂量计溶液由空气饱和含 10^{-5}～0.4 mol·L^{-1} Ce(SO$_4$)$_2$ 的 0.4 mol·L^{-1} H$_2$SO$_4$ 水溶液组成。硫酸铈剂量计可以测量高达 10^6 Gy 的剂量。此体系的辐射化学过程几乎与氧无关，因此，剂量上限是由 Ce^{4+} 离子被完全还原和铈盐的溶解度决定的。

Ce^{4+} 离子的还原产额 $G(Ce^{3+})$ 与辐射类型和 LET 值有关（表 4.4），但 $G(Ce^{3+})$ 值随 LET 变化比 $G(Fe^{3+})_{O_2}$ 值小。硫酸铈剂量计对杂质也很敏感，所以对试剂（包括水）的纯度和容器的清洗也应予以特别的注意。少量三价铈盐可以减少有机杂质的影响，因此常向硫酸铈剂量计溶液加入少量（约 3×10^{-3} mol·L^{-1}）三价铈盐。

表 4.5 列出了一些化学剂量计，它们可以分别用于不同场合的剂量测定，例如用氧或 N$_2$O 饱和的亚铁氰化钾体系和硫氰酸钾体系可用于脉冲辐照时剂量的测定，N$_2$O 体系可用做

气体体系的剂量计,并且可在 $-80 \sim 200$ ℃温度内使用。

表 4.4　$G(Ce^{3+})$ 值与 LET 关系

辐射类型	$G(Ce^{3+})$	标定方法
$8 \sim 14$ MeV 电子	2.50 ± 0.18	量热计
^{60}Co γ 射线	2.50 ± 0.03	FeSO₄ 剂量计,$G(Fe^{3+})_{O_2}$ 取 15.6
	2.33 ± 0.03	FeSO₄ 剂量计,$G(Fe^{3+})_{O_2}$ 取 15.45
	2.45 ± 0.08	FeSO₄ 剂量计,$G(Fe^{3+})_{O_2}$ 取 15.5
200 kV X 射线	3.15 ± 0.10	FeSO₄ 剂量计,$G(Fe^{3+})_{O_2}$ 取 15.5
10 MeV 氘核	2.80 ± 0.04	电荷收集法
11 MeV 氢离子	2.90 ± 0.06	电荷收集法
^{210}Po α 粒子(5.3 MeV,内源)	3.20 ± 0.06	绝对计数法
^{210}Po α 粒子(云母片过滤,3.4 MeV)	2.88 ± 0.02	FeSO₄ 剂量计,$G(Fe^{3+})_{O_2}$ 取 4.7
^{10}B(n,α)^{7}Li 反冲核	2.94 ± 0.12	FeSO₄ 剂量计,$G(Fe^{3+})_{O_2}$ 取 4.22

表 4.5　一些化学剂量计

剂量计	化学变化和 G 值 *	剂量范围/Gy
FeSO₄ 水溶液(空气饱和的 10^{-3} mol·L^{-1} FeSO₄,10^{-3} mol·L^{-1} NaCl,0.4 mol·L^{-1} H₂SO₄ 水溶液)	$Fe^{2+} \longrightarrow Fe^{3+}$ $G(Fe^{3+})_{O_2}=15.5$(^{60}Co γ 射线)	$40 \sim 4 \times 10^2$ ($\pm 1\%$)
Ce(SO₄)₂ 水溶液[空气饱和的 $10^{-5} \sim 0.4$ mol·L^{-1} Ce(SO₄)₂ 水溶液]	$Ce^{4+} \longrightarrow Ce^{3+}$ $G(Ce^{3+})_{O_2}=2.32$(^{60}Co γ 射线)	$10^2 \sim 10^6$ ($\pm 2\%$)
FeSO₄ + CuSO₄ 水溶液(空气饱和的 10^{-3} mol·L^{-1} FeSO₄,10^{-2} mol·L^{-1} CuSO₄,5×10^{-3} mol·L^{-1} H₂SO₄ 水溶液)	$Fe^{2+} \longrightarrow Fe^{3+}$ $G(Fe^{3+})_{O_2}=0.66$(^{60}Co γ 射线) $G(Fe^{3+})_{O_2}=2.0$[^{10}B(n,α)^{7}Li 反冲核]	$10^3 \sim 10^5$ 或 10^6 ($\pm 2\%$)
重铬酸盐水溶液(2×10^{-3} mol·L^{-1} K₂Cr₂O₇,0.5×10^{-3} mol·L^{-1} Ag₂Cr₂O₇,100×10^{-3} mol·L^{-1} HClO₄)	$Cr^{6+} \longrightarrow Cr^{3+}$ $G(-Cr_2O_7^{2-})=0.41$ (电子束或 γ 射线)	$1 \sim 4 \times 10^4$ ($\pm 0.5\%$)
H₂O + 10^{-4} mol·L^{-1} I^{-} (空气饱和,pH=7)	$H_2O \longrightarrow H_2 + \frac{1}{2}O_2$ $G(H_2+O_2)=0.575$(^{60}Co γ 射线)	$5 \times 10^4 \sim 10^8$ ($\pm 2\% \sim \pm 5\%$)
空气饱和的 $0.025 \sim 0.06$ mol·L^{-1} H₂C₂O₄ 水溶液	H₂C₂O₄ 分解 $G(-H_2C_2O_4)=4.9 \pm 0.4$(^{60}Co γ 射线)	$10^4 \sim 2 \times 10^6$ ($\pm 3\%$)
空气饱和的 10% 或 20% 的葡萄糖水溶液	糖降解 $G(-$葡萄糖$)=2.5$(^{60}Co γ 射线)	$10^4 \sim 10^6$($\pm 2\%$)
空气饱和的 0.078% 聚丙烯酰胺水溶液[聚丙烯酰胺分子量为 $(5 \sim 6) \times 10^6$]	降解为较小的分子,测量粘度的变化	$0.5 \sim 75$
空气饱和的 6×10^{-4} mol·L^{-1} 苯甲酸钙水溶液	 $G($水杨酸$)=0.6$(^{60}Co γ 射线)	$0.05 \sim 50$($\pm 5\%$)
空气饱和的氯仿饱和水溶液(氯仿浓度约为 0.07 mol·L^{-1})	生成 HCl $G(HCl)=28.4 \pm 1.0$(^{60}Co γ 射线)	$10 \sim 4 \times 10^2$($\pm 5\%$)
环己烷	生成 H₂,$G(H_2)=5.25$	$10^2 \sim 10^6$
CHCl₃ + H₂O (两相,空气饱和)	生成 HCl $G(HCl) \approx 6000$,当抑制剂醇或苯酚存在时, $G(HCl) \approx 35 \sim 90$	$0.75 \sim 10$(加抑制剂)

续表

剂量计	化学变化和 G 值*	剂量范围/Gy
一氧化二氮(N_2O) [$(0.1333\sim0.333)\times10^5$ Pa,290~300 K]	$N_2O \longrightarrow N_2,O_2,NO,NO_2$ $G(N_2)=10.0\pm0.2$,在高剂量率时,$G(N_2)$ 增加到 12.3 ± 0.3	$5\times10^2\sim2\times10^4$ ($\pm5\%$)
乙烯	生成 H_2,$G(H_2)=5.25\pm0.05$	$5\times10^3\sim2\times10^5$ ($\pm5\%$)
O_2 或 N_2O 饱和,5×10^{-3} mol·L^{-1} $K_4[Fe(CN)_6]$中性水溶液	$K_4[Fe(CN)_6] \longrightarrow K_3[Fe(CN)_6]$ $G(K_3[Fe(CN)_6])=3.2$ (O_2 饱和) $G(K_3[Fe(CN)_6])=5.5$ (N_2O 饱和)	测量脉冲辐射剂量 $10^5\sim10^{10}$ Gy·s^{-1}
O_2 或 N_2O 饱和,$(2\sim5)\times10^{-3}$ mol·L^{-1} KCNS 中性溶液	$CNS^- \longrightarrow (CNS)_2^-$ $G((CNS)_2^-)=2.9$ (O_2 饱和) $G((CNS)_2^-)=5.8$ (N_2O 饱和)	测量脉冲辐射剂量

*1 G 单位$=1.036\times10^{-7}$ mol·J^{-1}。

4.2.4　固体剂量计

前面所述剂量计主要用于辐射化学研究和辐射测量中,在辐射防护中主要使用个人剂量计。个人剂量计是指佩戴在身体适当部位,用来测量个人所受外照射剂量的仪器。目前使用的个人剂量计主要有以下几种:胶片襟章剂量计(根据电离辐射引起胶片感光测量)、袖珍剂量计(即累计电离室个人剂量计)、固体剂量计(根据固体物质吸收辐射能量后发生物理性质变化测量)、直读式真空室剂量计(根据真空室的二次电子发射电荷量测量)和电子个人剂量计。由于固体剂量计不仅在个人剂量中有应用,在其他领域也广泛使用。下面就重点介绍固体剂量计。

固体剂量计是近年来发展比较迅速的一类剂量计。它是借助于某些固体物质(如某些无机或有机晶体、玻璃以及聚合物等)吸收辐射能后引起的变化来测定吸收剂量的。与剂量学有关的固体辐射效应主要包括:颜色变化、加热发光、光致发光和导电性的变化等。表 4.6 是固体剂量计的主要应用领域。在辐射工艺中,固体剂量计更受欢迎,因为固体剂量计可以制成薄片或薄膜状,适用于测定样品中剂量的分布。与化学剂量计一样,所有的固体剂量计都是二级标准,必须用绝对剂量计(或用校正过的二级剂量计)刻度才能使用。下面分别介绍一些常用的固体剂量计。

表 4.6　固体剂量计的主要应用领域

应用领域	剂量范围/Gy	主要辐射类型
个人剂量计		
常规监测	$10^{-4}\sim10$	X,γ,β,n
辐射事故	$10^{-1}\sim30$	γ,n
军用、民防	$10^{-1}\sim30$	γ,β,n
临床剂量测量	$10^{-1}\sim10^2$	X,γ,e^-,n
环境监测	$10^{-6}\sim10^{-2}$	γ
放射生物学	$10^{-1}\sim10^4$	X,γ,n
辐射化学和辐射工艺	$10^2\sim>10^5$	X,γ,n
反应堆剂量测量	$10^1\sim10^7$	γ,β,n

1. 辐射变色剂量计

辐射变色剂量计是根据某些固体材料(无机玻璃,人工合成的聚合物如有机玻璃等)在辐照后颜色或光学特性变化制成的各种剂量计,其变化程度可用分光光度计测定。虽然许多物质被辐照后颜色发生变化,但并非所有物质的颜色变化都与剂量有简单的关系,其中大多数表现出不符合剂量计要求的衰退特性(正的或负的)。剂量学上感兴趣的材料主要有以下三类:

(1) 透明聚合物变色剂量计

利用透明聚合物辐照前后光学特性变化来测量剂量。透明的无色聚合物的变化主要表现在紫外区的吸收有变化。在使用的一些聚合物材料(表 4.7)中,比较突出的是聚甲基丙烯酸甲酯,它在 292 nm 处有吸收峰,其响应在 $10^3 \sim 2 \times 10^4$ Gy 范围内是线性的。在最初 24 h 内,吸光度变化(增长)小于 5%。此后吸光度缓慢地衰退(每周约衰退 2%),这是由于从边缘向样品中扩散的氧使显色中心褪色所致。这种衰退极为缓慢,在实际应用时不会产生影响。

聚甲基丙烯酸甲酯(PMMA)材料测量 γ 射线的剂量范围为 $10^3 \sim 2 \times 10^4$ Gy。在此剂量范围内,它还可用于脉冲电子束剂量的测定。该剂量计具有下列优点:①重现性好(约在 2% 标准偏差内);②经校正后,可作为长期可重复使用的剂量计,其重现性在 5 年以上时间内可保持不变;③与组织等效;④测量结果不随剂量率改变,在 $1 \times 10^3 \sim 10^4$ Gy 范围内用途很广。

主要缺点是不同型号和不同厂家生产的同一类型材料对辐射的响应往往存在差异。因此必须进行校正。表 4.7 中所列的其他种类透明聚合物材料,其剂量学性能均不如 PMMA。

透明聚合物材料可以制成不同厚度的薄片,压成小球、平板或薄膜。某些材料甚至可以制成 1 μm 厚度薄膜。这些材料被辐照后,物理特性的变化很容易测量,因此,辐射加工中几乎都用这类材料测量高水平剂量及其分布。但是响应的线性范围较窄,而且响应随时间而变化。

(2) 玻璃变色剂量计

利用玻璃辐照后颜色变化的高水平剂量测量。该剂量计始用于 20 世纪 50 年代初,一些普通玻璃因其颜色稳定性差,衰退迅速,一般不宜采用。比较突出的是硼硅酸钴玻璃(成分以摩尔分数表示:SiO_2 62.5%,Na_2O 16.6%,BeO_2 0.8%,Al_2O_3 6.0%,Co_3O_4[①] 0.1%)。它的衰退较慢(1%~2%/天),有效原子序数($Z=14$)与生物组织接近,用 1.5 mm 厚的玻璃,响应在 $10 \sim 10^4$ Gy 范围内呈现线性。含 As_2O_3 的硼酸铋铅玻璃辐照变色衰退也很慢,测量剂量范围为 $10^2 \sim 10^7$ Gy,但是对光子能量有明显的依赖性。

与透明聚合物材料相比,向玻璃中掺入杂质比较容易,因此可以研制各种玻璃供特殊目的使用。

---

① 四氧化三钴:为一氧化钴合三氧化二钴的产物。灰色或黑色粉末。密度 5.8~6.3 g·cm⁻³。露置空气中易于吸收水分,但不生成水合物。缓慢溶于无机酸。加热到 1200 ℃以上时会分解为氧化亚钴。在氢气火焰中加热到 900 ℃时,转变为金属钴。

表 4.7　一些透明聚合物和染色聚合物辐照变色后光学特征的变化

材　料	剂量范围 /Gy	测量波长 /nm	有效原子序数 Z	稳定性(吸光度变化)	备　注
聚甲基丙烯酸甲酯	$10^3 \sim 2 \times 10^4$	292	6.5	24 h 内增长<5%	可用于测量高强度的电子脉冲束的剂量
聚乙烯	$10^3 \sim 4 \times 10^5$	紫外光区 红外光区		辐照后增长严重	低密度聚乙烯已在 $(2.5 \sim 5.5) \times 10^3$ Gy 范围内用于食品消毒剂量学
聚氯乙烯	$10^3 \sim 10^5$	396	19.3	3 天后增长一倍	退火可使其稳定,但吸光度与剂量呈非线性关系
醋酸纤维素	$10^4 \sim 10^6$	270	6.9	无衰退	
聚苯乙烯	$10^4 \sim 10^6$	≈420	5.29	4 天 50% 褪色	4 天后稍有褪色,在高剂量下机械性能良好
含红色染料的聚甲基丙烯酸甲酯或 4034 型红色有机玻璃	$10^3 \sim 5 \times 10^4$	615 640		吸光度增加,增加大小与剂量和测量波长有关	剂量计响应值与厚度有关,用于 γ 射线剂量学和辐射消毒
含甲基红的琼脂	$10 \sim 10^2$	540			
含甲基橙的聚乙烯醇	$2 \times 10^3 \sim 10^5$	可见光			

（3）染色聚合物变色剂量计

使用染色聚合物测量剂量有两个优点：①透明聚合物和玻璃的光学特性变化主要表现在紫外光区的吸收,而染色聚合物则呈现为可见光区光吸收变化,因此较前者容易测量,并能肉眼观察到辐照引起的变化；②染色聚合物比通常的透明聚合物更灵敏,用该体系还能指示出大体积、低 Z 材料中剂量的空间变化。

表 4.7 中列举了一些染色材料,它们用于剂量测量主要基于下列三类反应：①辐射诱发聚合物中染料的破坏(漂白)；②辐照含氯聚合物时形成的 HCl 使染料变色,如辐照含刚果红的聚氯乙烯；③辐射诱发原始染料转变,如使聚苯乙烯中的无色三苯基甲烷染料转变为有色染料。

在这种类型的剂量计中,较为广泛应用的是红色有机玻璃剂量计,商品名称为 4034 型红色有机玻璃。它在剂量高于约 10^3 Gy 时,在 $600 \sim 700$ nm 区域开始出现一个新的吸收带。最佳剂量范围为 $10^3 \sim 5 \times 10^4$ Gy。20 世纪 60 年代初期已将它用于常规 γ 射线剂量学和 γ 射线消毒工厂的剂量测定。测量精密度一般为 2%。

红色有机玻璃在辐照后的头 $15 \sim 25$ 天内,可以观察到吸光度增加,增加的大小取决于剂量水平和测量吸光度所用的波长。此外,使用红色有机玻璃剂量计时还必须注意下述因素的影响：①产品对辐射响应的差异。因此剂量计要分别进行刻度。②剂量计厚度的差异。由于剂量计的响应值受厚度影响,所以必须对每个剂量计的厚度予以精确测量,并以单位厚度的吸光度变化为响应值的单位。③剂量计含水量差异。剂量计片内的含水量是影响灵敏度的重要因素。一般含水量在 0.02% ~ 1.20% 之间变化,虽然水会减少辐射引起的吸光度变化,但可使测量精度得到改善。因此,将剂量计在某湿度下进行老化处理,然后密封于袋中使用,是有益的。④温度(照射温度和储存温度)和产品的其他物理缺陷。

带色的玻璃纸箔为另一种通用的高水平剂量计,可以测量 $10^3 \sim 10^5$ Gy 的剂量。它特别适用于短射程辐射深度剂量的研究。对于其他体系,虽然也用于不同场合的剂量测量,但大多数均未得到广泛的应用。

2. 辐射光致发光剂量计

一些物质原来受可见光或紫外光激发时并不发光，但是它们经电离辐射（如 β 或 γ 射线）照射后，再用紫外光激发就能产生光发射。例如掺银的磷酸银玻璃受电离辐射照射后产生两种效应：

（1）在紫外区和可见光区范围内光吸收增加，这种性质在玻璃变色剂量计中已用来测量剂量。

（2）形成稳定的荧光中心，它在紫外光（波长 365 nm）激发下，发射很强的橙色荧光（500～700 nm）。在一定剂量范围内，形成的荧光中心的浓度与玻璃吸收的能量有关，因此发射荧光的强弱可以被用来量度所受的剂量大小。

荧光玻璃剂量计就是根据上述辐射光致发光原理来测量辐射剂量的，属于辐射光致发光剂量计（radiophotoluminescence dosemeter）。使用的玻璃材料按有效原子序数可分为高 Z 玻璃和低 Z 玻璃两类。迄今使用的材料几乎都是掺银的无机材料，因为银优于镉和镧化合物之类的激活剂。当这些无机材料受电离辐射照射时，形成的稳定的荧光中心主要为 Ag^0 和 Ag^{2+}（它们分别由 Ag^+ 俘获次级电子和失去一个电子形成）。与此同时，次级电子也可被某些非发光中心俘获形成对辐射光致发光没有贡献的中心。被非发光中心俘获的电子在热能影响下可从该中心逸出重新被俘获。因此在停止照射后，辐射光致发光的强度有一增长过程。提高周围温度，可以缩短这一过程的时间。例如国产 MJ 型（低 Z）玻璃，在 15 ± 2 ℃保存时，发光强度需 48 h 才达到饱和，而在 25 ℃左右保存时，30 h 即可达到饱和。若照射后急于知道结果，可在 100～120 ℃下加热 5～10 min，冷却后也能测得饱和数值。

荧光玻璃作为剂量计材料有下面几个优点：①线性区长（可达 5～6 个量级）；②衰退小，放置 3 个月几乎看不到衰退；③由于测量荧光强度时不会使形成的发光中心消失，因此玻璃的荧光强度可以重复测量，并可作为多次累计式的剂量计使用。

它的主要缺点是：有"前剂量"，即玻璃未辐照前也有荧光放出，因此限制了剂量下限，并在使用前要测量前剂量（特别是测量低剂量时）。此外，这种剂量计的响应也强烈地取决于辐射的能量，高 Z 玻璃表现更为强烈。使用荧光玻璃时，必须仔细清洗玻璃，否则污染物会影响荧光测读的准确性。

3. 热释光剂量计

当不导电的固体受电离辐射照射时，部分自由电子或空穴被晶格缺陷所俘获，这些晶格缺陷称为陷阱（包括电子陷阱或空穴陷阱）。陷阱吸引、束缚异性电荷的能力，称为陷阱深度。当陷阱很深时，在常温下电子或空穴可被俘获几百年、几千年乃至更长的时间。随着温度升高，被俘获的电子从陷阱中逸出的概率增加。当逸出的电子返回到稳定态（即从导带[①]返回禁带[②]）时，伴随有光发射，此效应称为热释光。如果这个过程涉及几个不同深度的陷阱，则记录

[①] 导带（conduction band）：又名传导带，是指半导体或是绝缘体材料中，一个电子所具有能量的范围。这个能量的范围高于价带（valence band），而所有在导带中的电子均可经由外在的电场加速而形成电流。在固体中，价带是指绝对零度中电子最高能量的区域。

[②] 禁带（forbidden band）：在能带结构中能态密度为零的能量区间。常用来表示价带和导带之间的能态密度为零的能量区间。禁带宽度的大小决定了材料是具有半导体性质还是具有绝缘体性质。

到的光发射就是加热温度的函数,形成由几个"发光峰"组成的一条发光曲线。对于给定的热释光晶体,其热释光峰位是不变的,峰面积(即光的总量)与陷阱中的电子数成正比,即正比于辐射剂量。因此只需选择一个发光峰,并测定该峰位置的发光强度,便能算出吸收剂量。

自然界存在大量热释光材料,可是剂量学中采用的热释光材料多为氟化锂(LiF)、锰激活的硼酸锂[$Li_2B_4O_7(Mn)$]、锰激活的硫酸钙[$CaSO_4(Mn)$]、锰激活的氟化钙[$CaF_2(Mn)$]和天然氟化钙等,其特性列于表 4.8 中。这些材料都具有较强的光输出,且在使用温度下陷阱俘获的电子具有较好的稳定性。

表 4.8　常用热释光元件的特性

特性＼热释光体	LiF	$Li_2B_4O_7(Mn)$	$CaF_2(Mn)$	CaF_2(天然)
有效原子序数 Z	8.14	7.15	16.5	16.5
密度/($g \cdot cm^{-3}$)	2.64	2.3	3.18	3.18
测量剂量范围/Gy	$10^{-5} \sim 10^3$	$10^{-5} \sim 10^4$	$10^{-5} \sim 3 \times 10^3$	$10^{-5} \sim 10^2$
发光峰数目	11~12	多	1	多
发光主峰温度/℃	195	200	260	260
衰退	3 个月<5%	第一个月内约 10%	第一个月内约 10%	测不到
对光敏感性	基本没有	基本没有	基本没有	有

热释光剂量计(thermoluminescent dosemeter)就是利用热释光探测器测量辐射剂量的器件,由热释光探测器、相应的过滤片和佩戴部件组成,可以测量 X、γ 射线及高能电子束的吸收剂量,并且有较宽的剂量线性响应范围(表 4.8)。由于热释光材料具有灵敏度高,用量小,量程宽,且能制成各种大、小不同的形状,携带方便,可重复使用等优点,因此,它的最重要的应用是在个人剂量测量(外观如图 4.5 所示)、医用物理学和生物医学研究等方面。使用热释光剂量计可以监测诸如口腔、食道、胃、直肠、膀胱、子宫和子宫颈等体腔的辐射剂量,尤其是测量射线穿过肺部的剂量。此外,热释光剂量计还可用于国内和国际范围的放射源的相互比对,特别是射线治疗装置的比对。用热释光剂量计测量环境剂量也日益受到关注。

图 4.5　用于个人剂量计的热释光剂量计的实物照片

4. 其他固体剂量计

一些固体物质(如氨基酸、糖类等)受电离辐射照射后,可以形成稳定的自由基产物,这种特性也用于高水平剂量测量。形成的自由基数目可用 ESR 谱仪或借助于晶溶发光①原理测量。基于这种原理制成的剂量计主要有 α 丙氨酸剂量计和晶溶发光剂量计。它们可分别测量 $10 \sim 10^5$ Gy 和 $0.1 \sim 10^5$ Gy 的剂量,近年来,经过国际比对,证明 α 丙氨酸剂量计可以作为中、

———————————

① 晶溶发光:指许多晶状化合物在电离辐射作用后,辐解产生的分子和自由基产物存留于被照射固体之内,当这些固体放入适当的溶剂中时,在溶解的过程中或以后一段时间有光发射出来,可以被灵敏的光探测器探测到的现象。

高水平吸收剂量的标准与常规测量方法。20 世纪 60 年代发现的外逸电子[1]剂量测量法得到了迅速发展。根据受激能量不同分为热激和光激外逸电子发射,其中热激外逸电子发射剂量计将来有可能成为热释光剂量计的重要竞争对手。这种探测器可测量约 10^{-8} Gy 数量级的剂量。

固体核径迹探测技术是在 20 世纪 80 年代发展起来的一项技术。基本原理是一些绝缘材料如石英、玻璃、有机聚合物等由于中子产生的带电粒子(可以是裂变碎片、反冲质子、粒子或 C、H、O 反冲核等)的作用形成损伤径迹,这些径迹经过适当的蚀刻程序(化学蚀刻、电化学蚀刻或两者结合)显现出来。带电粒子在径迹尾端形成"树"或"针尖"状斑点,利用 CCD 数码相机系统和带有影像识别系统、自动径迹计数系统和参数分析处理系统的光学显微镜等设备或由人工计数测定径迹密度,可给出相对应的中子剂量。多数塑料核径迹探测器灵敏度约为 $10^{-4} \sim 10^{-5}$ 径迹/中子。除了测试中子剂量,固体核径迹剂量计还可以探测 α 粒子。目前 CR-39[2]是最灵敏的塑料径迹探测器,它记录 α 粒子的能量范围很宽,约为 $0.1 \sim 50$ MeV。近年来,CR-39 在国内外已广泛用于环境氡剂量的监测研究。此外,在生物医学和地震预报氡的监测,环境水特别是含铀量低、样品又特少的水中铀的测定,植物和蔬菜中含硼量的测定等方面都有应用。

4.2.5　电子束辐照的剂量测定

一般,在从事辐射化学研究和辐射加工中对合适剂量计的选择需要考虑以下因素:

(1) 电离辐射种类、能量、工作环境、被照射物的原子组成和形状等。

(2) 实验工作目的、剂量精度要求、辐照均匀性等。

(3) 剂量计的测量精度,研究工作中误差应小于 5%,辐射加工中剂量不均匀度应小于 1.4。

(4) 对电子束辐照体系,原则上可用剂量测量方法,但电子束穿透力差,剂量率高,吸收剂量分布的均匀性差,因而准确测量较困难。尤其对 300 keV $\sim$ 1 MeV 的低能电子束,方法尚不成熟。这里简要介绍一种测量输入功率法。

通过射程法测定电子的能量。比如观察盖玻片被电子束轰击后变色的厚度,再从射程-能量关系曲线或公式得到相应的电子能量。电子束强度常用法拉第筒[3]测量,装置如图 4.6 所示。平行电子束经过准直板穿过薄窗进入筒内,筒由低原子序数的吸收物(碳)和铅外套组成。吸收底物的厚度必须大于被测电子的射程。为防止入射电子在气体中产生离子(这些离子被筒收集后会造成误差),将筒置于高真空容器内。筒中会产生一些轫致辐射与反散射,使用低原子序数吸收物可以显著减少轫致辐射与反散射。

照射样品吸收的能量等于入射粒子的总数与每个粒子的平均能量损失的乘积。电子通过介质时的平均能量损失取决于电子的初始能量、材料的组成与样品的厚度。电子的总数正比

---

① 外逸电子:或称外电子发射,是固体表面形成过程中的外力作用所造成的电子发射现象。

② CR-39:商业上用来做太阳镜或作为焊接屏蔽材料、通常叫 CR-39(California Resin-No. 39)的一种聚碳酸酯塑料,1978 年被发现可作为固体核径迹探测器使用。化学名称为聚烯丙基乙(撑)二醇碳酸酯,分子式为 $(C_{12}O_7H_{18})_n$,重复单元分子量为 274,其密度为 $1.31 \sim 1.32$ g·cm^{-3}。它是由液体单体二烯丙基二甘醇碳酸酯聚合而成的热固性塑料,对带电粒子非常敏感,是现有固体核径迹探测器中具有最低能量沉积密度探测阈的材料。它具有灵敏、稳定、透明等特点。

③ 法拉第筒:也叫法拉第杯,以英国物理学家麦可·法拉第(1791—1867)的名字命名。

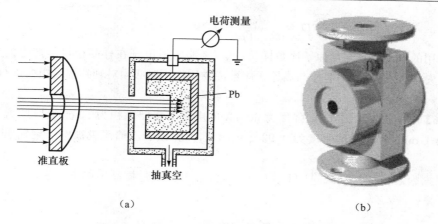

（a）　　　　　　　　　　　　　　　　（b）

图 4.6　法拉第筒的结构示意图(a)与实物图(b)

于电子束流强度与照射时间。

（1）当样品厚度大于电子射程时电子束全部被吸收,样品的平均吸收剂量为

$$\overline{D} = \frac{E_e It}{M} \times 10^3 \quad (\text{Gy}) \tag{4-44}$$

式中,$\overline{D}$ 为平均吸收剂量(Gy),M 为被照射样品的质量(g),E_e 为电子电压(MV),I 为照射在样品上的电流强度(μA),t 为照射时间(s),10^3 为单位换算系数。

（2）当样品具有相当的厚度,但小于电子射程,样品的平均吸收剂量为

$$\overline{D} = \frac{F(R)E_e It}{M} \times 10^3 \quad (\text{Gy}) \tag{4-45}$$

式中,$F(R)$ 是厚度为 R 的样品吸收输入能量 $E_e It$ 的份额,R 是以电子 · cm^{-2} · MeV^{-1} 表示的比厚度:

$$R = \frac{\delta \rho N_A}{E_e} \sum_i w_i \left(\frac{Z}{A}\right)_i \tag{4-46}$$

式中,N_A 为阿伏加德罗常数,$N_A \sum_i w_i \left(\frac{Z}{A}\right)_i$ 为样品的电子密度[1](电子 · g^{-1}),δ 为样品厚度(cm),ρ 为样品密度(g · cm^{-3})。

如果算出样品的比厚度 R 值,就可以从图 4.7 的 $F(R)$-R 曲线中查得能量吸收系数 $F(R)$ 的值。图中还给出 $\mathrm{d}F(R)/\mathrm{d}R$-$R$ 曲线,该曲线表示 $0.5 \sim 5.0$ MeV 的单能电子在介质中的深度剂量分布。

（3）如果电子束扫描宽度为 S(cm),样品通过传送带以 v(cm · s^{-1})速度传送,则样品中的平均吸收剂量为

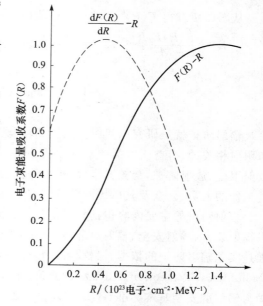

图 4.7　$F(R)$ 与 R 的关系

———————————————

[1]　w_i 为样品中 i 元素在化合物中所占的质量分数。

$$\overline{D} = \frac{F(R)E_eI}{\delta vS\rho} \times 10^3 \quad (\text{Gy}) \tag{4-47}$$

对于常用的电子能量与低原子序数样品,可以忽略入射电子在样品中可能产生的反散射和韧致辐射损失,但是高能量的电子与高原子序数的物质作用时必须对韧致辐射损失进行修正。

【例 4.6】　用能量为 5 MeV、强度为 30 μA 的电子束辐照面积为 10 cm^2、厚度为0.5 cm的聚乙烯薄膜 1 min,若薄膜的密度为 0.92 g·cm^{-3},计算该聚乙烯薄膜被电子束辐照后的吸收剂量。

解　根据聚乙烯的结构式$\text{\textlbrackdbl}CH_2—CH_2\text{\textrbrackdbl}_n$,计算单位质量样品中的电子密度为

$$N_A \sum_i w_i \left(\frac{Z}{A}\right)_i$$

$$= 6.023 \times 10^{23} \times \left(\frac{24}{28} \times \frac{6}{12} + \frac{4}{28} \times \frac{1}{1}\right) \text{电子·g}^{-1} = 3.44 \times 10^{23} \quad \text{电子·g}^{-1}$$

利用式(4-46)计算得

$$R = \frac{\delta\rho N_A}{E_e} \sum_i w_i \left(\frac{Z}{A}\right)_i$$

$$= \frac{0.5 \times 0.92 \times 3.44 \times 10^{23}}{5} \text{电子·cm}^{-2}\cdot\text{MeV}^{-1} = 0.32 \times 10^{23} \quad \text{电子·cm}^{-2}\cdot\text{MeV}^{-1}$$

从图 4.7 查得 $F(R) = 0.23$,代入式(4-45)得

$$\overline{D} = \frac{F(R)E_eIt}{M} \times 10^3 = \left(\frac{0.23 \times 5 \times 30 \times 1 \times 60}{0.92 \times 10 \times 0.5} \times 10^3\right)\text{Gy} = 4.5 \times 10^5 \quad \text{Gy}$$

4.3　辐射防护基本知识

辐射防护就是研究如何保护人类和环境免受电离辐射的有害效应,而又不过多限制可能与照射相关的、有益于人类的事业和活动的一门综合性的学科。也称为保健物理或辐射安全、放射卫生、放射防护,与核安全、反核恐等紧密相关。辐射防护的基本任务就是:保护从事放射性工作的人员、公众及其后代的健康与安全;保护环境;促进原子能事业的发展。

辐射防护的主要内容包括辐射剂量学、辐射防护标准、辐射防护技术、辐射防护评价(包括对辐射设备、辐射安全、辐射对环境的污染等的评价)以及辐射防护管理等。其中辐射防护标准是实施辐射防护的依据。目前各国根据国际辐射防护委员会(International Commission on Radiological Protection,ICRP)[①]的建议,结合本国情况制定相应标准。我国采用《电离辐射防护与辐射源安全基本标准》(GB 18871—2002)。

4.3.1　辐射防护中专用的量

在学习辐射防护中专用的量和单位之前,我们需要了解辐射领域中的常用单位。通常辐射单位包括:能量(energy)单位、活度(activity)单位、暴露(exposure)单位、吸收剂量(absorbed dose)单位。为了更好地理解这些单位所描述的过程,我们将放射性物质与电灯进

---

① 　ICRP:是一个学术组织,它的主要职责是研究、制定适用于全球的辐射防护标准,比如放射性元素剂量限值等。

行对比。由图 4.8 可知,相比于电灯发出来的灯光,放射性物质放出的是放射线。描述电灯强度的单位是瓦特(W),而描述放射线的活度单位是贝克(Bq)。类似地,电灯的照明度对应放射性物质的照射量,单位是 C・kg^{-1}。而电灯产生热效应,对应放射性物质与物质作用,使物质吸收能量得到吸收剂量,单位是 Gy。最后由于电灯热效应可以使灯罩变色,而生物物质吸收放射线能量后发生变化对应的是等效剂量,单位为 Sv。

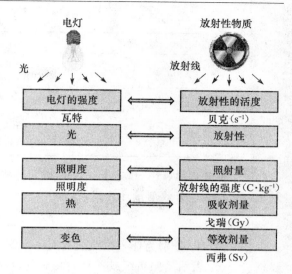

图 4.8　放射性物质与电灯的对比

　　不同的辐射所造成的相对生物效应不同。如:全身均匀照射条件下,分别接受 1 mGy 能量为 250 keV 的 X 射线和 4.5 MeV 的快中子的照射时,快中子照射诱发某种生物效应的概率约比 X 射线诱发概率大 10 倍。为了在共同基础上比较不同辐射所致生物效应的大小,提出了当量剂量概念。

　　(1) **当量剂量**(equivalent dose),$H_{T,R}$:指辐射 R 在某一组织或器官 T 中的平均吸收剂量经辐射权重因子加权处理后的吸收剂量。专用于辐射防护的量,能反映不同电离辐射的生物效应的大小,以及不同照射形式所致的危害程度。它不仅与辐射所产生的吸收剂量有关,而且与辐射本身的性质,即辐射类型有关。当量剂量的计算式为

$$H_{T,R} = D_{T,R} w_R \qquad (4-48)$$

式中,$D_{T,R}$ 为某种辐射 R 在人体组织或器官 T 内产生的平均吸收剂量,Gy;w_R 为辐射权重因子,代表组织 T 接受的照射所导致的随机效应的危险系数与全身受到均匀照射时的总危险系数的比值。

　　2008 年 ICRP 第 103 号出版物,列出常见辐射类型的辐射权重因子如表 4.9 所示。当辐射场是由不同权重因子的不同类型的辐射组成时,当量剂量为各类辐射产生的当量剂量的和。当量剂量的 SI 单位为 J・kg^{-1},专用单位为西弗或希沃特(Sv),旧单位为雷姆(rem)(二者换算关系:1 Sv=100 rem)。

　　对一般人来说,比如在日常工作中不接触辐射性物质的人,每年正常因环境本底辐射(主要是空气中的氡)的摄取量是 1~2 毫西弗(mSv)。凡是每年辐射物质摄取量超过 6 mSv,应被列为放射性物质工作人员。他们的工作环境应受到定期的监测,而人员本身需要接受定期的医疗检查。

表 4.9　不同辐射类型的辐射权重因子 w_R(ICRP 103 号)

辐射类型	辐射权重因子 w_R
光子	1
电子	1
质子	5
α 粒子、裂变碎片、重核	20

续表

辐射类型	辐射权重因子 w_R
中子	中子能量 E_n 的连续函数 $E_n < 1 \text{ MeV}, \ 2.5 + 18.2 e^{\left[-\frac{(\ln E_n)^2}{6}\right]}$ $1 \text{ MeV} \leqslant E_n \leqslant 50 \text{ MeV}, \ 5.0 + 17.0 e^{\left\{-\frac{[\ln(2E_n)]^2}{6}\right\}}$ $E_n > 50 \text{ MeV}, \ 2.5 + 3.25 e^{\left\{-\frac{[\ln(0.04E_n)]^2}{6}\right\}}$

（2）**有效剂量**（effective dose），E：指人体中受照射之各器官或组织加权后的当量剂量的总和，单位 Sv。有效剂量计算式：

$$E = \sum_{\mathrm{T}} w_{\mathrm{T}} \cdot H_{\mathrm{T}} \tag{4-49}$$

式中，w_{T} 及 H_{T} 分别为任一被照射的人体组织或器官的加权因数或权重因子及其所接受的当量剂量。w_{T} 表示受照组织或器官的相对危险度。相同的当量剂量在不同的组织或器官中产生生物效应的概率是不同的，它可评价全身受到非均匀照射时发生随机效应的概率是不同的，是评价全身受到非均匀性照射时发生随机效应概率的物理量。对任何一次辐射曝露事件，所有被照射组织或器官的加权因数总和必等于 1.00。ICRP 第 103 号出版物对若干辐射敏感性较高的器官和组织列出了加权因数（也叫权重因子），如表 4.10 所示。有效剂量是我国现行国家辐射防护基本标准中法定使用的量，该量也为国际公用。辐射防护评价中，有效剂量的意义在于：在低剂量率、小剂量照射范围内，无论哪种照射情况（外照射、内照射、全身照射或局部照射），只要有效剂量值相等，人体所受的随机性健康危害程度即大致相仿。

表 4.10 不同组织或器官的组织权重因子 w_{T}（ICRP 103 号）

组织或器官	组织权重因子 w_{T}
乳腺、红骨髓、结肠、肺、胃	0.12
其余组织	0.12（分男女各取 13 个组织）*
性腺（卵巢和睾丸）	0.08
膀胱、食道、肝、甲状腺	0.04
骨表面、脑、唾液腺、皮肤	0.01
全身	1.00

* 包括肾上腺、胸外区、胆囊、心脏、肾、淋巴结、肌肉、口腔粘膜、胰腺、前列腺（男）、小肠、脾、胸腺、子宫/宫颈（女）。

【**例 4.7**】　某人 A 骨表面接受 0.3 Sv 的当量剂量，而另一个人 B 骨表面接受 0.2 Sv 的当量剂量照射，同时肝脏又受到 0.1 Sv 的当量剂量照射，那么哪个人危险更大些？

解

根据有效剂量计算公式（4-49）以及表 4.10，可以计算出

A 所受的有效剂量 $E = \sum_{\mathrm{T}} w_{\mathrm{T}} \cdot H_{\mathrm{T}} = (0.3 \times 0.01)\text{Sv} = 0.003 \text{ Sv} = 3 \text{ mSv}$

B 所受的有效剂量 $E = \sum_{\mathrm{T}} w_{\mathrm{T}} \cdot H_{\mathrm{T}} = (0.2 \times 0.01 + 0.1 \times 0.04)\text{Sv} = 0.006 \text{ Sv} = 6 \text{ mSv}$

所以，虽然两个人受到的当量剂量相同，但全身均匀照射的有效剂量不同，B 危险性更大。

（3）**待积当量剂量**（committed dose equivalent），H_{T}：为人体单次摄入放射性物质后，某一器官或组织在 τ 年内将要受到的累积的当量剂量，单位为 Sv。定义为

$$H_T(\tau) = \int_{t_0}^{t_0+\tau} \dot{H}_T(t)\,\mathrm{d}t \tag{4-50}$$

式中，t_0 是摄入时刻，$\dot{H}_T(t)$ 是在 t 时刻器官或组织 T 受到的当量剂量率[①]。现在规定，成年人计算 τ 为 50 年，儿童为 70 年。

（4）**待积有效当量剂量**（committed effective dose equivalent），E_T：为受到辐射危险的各个器官或组织的待积当量剂量 $H_T(\tau)$ 经组织权重因子 w_T 加权处理后的总和，单位 Sv。定义为

$$E_T(\tau) = \sum_T w_T H_T(\tau) \tag{4-51}$$

采用该量可以用同一尺度来表示受均匀或不均匀照射后对全身所致的危险度的程度，也可与外照射所致的有效当量剂量进行比较。

以上介绍的辐射防护量都是与受照个体有关的。但辐射防护的任务不仅保护个人，还要减少、优化辐射实践[②]所涉及的职业人员、公众成员受到的照射。力求从社会、经济角度使放射防护的收益与为之付出的代价恰如其分，正好相互抵消，成为最佳组合，即"防护的最优化"。为了评估特定辐射实践对受照群体造成的影响，便于进行防护的最优化分析，辐射防护领域还引用了以下一些集体量。

（5）**集体当量剂量**（collective equivalent dose），S_T：定义为

$$S_T = \int_0^\infty H_T N(H_T)\,\mathrm{d}H \tag{4-52a}$$

$$= \sum_i \overline{H}_{Ti} N(\overline{H}_T)_i \tag{4-52b}$$

式中，$N(H)\mathrm{d}H$ 是接受剂量在 $H_T \sim H_T+\mathrm{d}H$ 之间的人数，或可表示在这一群体中全身或任一特定器官或组织所受的剂量当量在 $H_T \sim H+\mathrm{d}H$ 范围内的人数，单位：人·Sv；$N(\overline{H}_T)_i$ 是接受平均当量剂量 $\overline{H}_{Ti}$ 的群体分组 i 中的人数；$\overline{H}_T$ 是人均当量剂量。

（6）**集体有效剂量**（collective effective dose），S_E：特定时间内，受照群体中的有效剂量介于 $E \sim E+\mathrm{d}E$ 的个体人数是 $\mathrm{d}H$，则相关时间内群体的集体有效剂量定义为

$$S_E = \int_0^\infty H_E N(H_E)\,\mathrm{d}H \tag{4-53a}$$

$$= \sum_i \overline{H}_{Ei} N(\overline{H}_E)_i \tag{4-53b}$$

式中，$\overline{H}_E$ 是人均有效剂量。因此，集体有效剂量是人群平均有效剂量与人群人数的乘积，单位：人·Sv。

（7）此外，国际辐射单位与测量委员会（ICRU）还使用**剂量当量**（dose equivalent）这个词，用以定义实用量：周围剂量当量、定向剂量当量、个人剂量当量。组织中某点处的剂量当量 H 为

$$H = DQN \tag{4-54}$$

式中，D 为该点处的吸收剂量，Q 为辐射的品质因数，N 为其他修正因数的乘积。

（8）**个人剂量当量**（personal dose equivalent）：个体某一指定点下面适当深度 d 处的软组织内的剂量当量。既适用于强贯穿辐射（推荐深度 $d=10$ mm），也适用于弱贯穿辐射（$d=0.07$ mm）。

（9）**定向剂量当量**（directional dose equivalent）：辐射场中某点处的定向剂量当量是相应

[①]　当量剂量率：指单位时间内物质吸收的当量剂量。SI 单位 $\mathrm{J \cdot kg^{-1} \cdot s^{-1}}$，专用单位 $\mathrm{Sv \cdot s^{-1}}$。

[②]　辐射实践（radiation practice）：指使人类受照水平、受照可能性或受照人数额外增加的社会活动，如核武器制造、核能发电、放射性同位素的生产和应用等。

的扩展场①在 ICRU 球②体内、沿指定方向半径上深度 d 处产生的剂量当量。

（10）**周围剂量当量**（ambient dose equivalent）：辐射场中某点处的周围剂量当量是相应的扩展齐向场③在 ICRU 球体内、逆齐向场的半径上深度 d 处产生的剂量当量。

4.3.2　辐射生物效应

辐射对人体的作用是一个极其复杂的过程。人体从吸收辐射能量开始，到产生生物效应，乃至机体的损伤和死亡为止，涉及许多不同性质的变化。虽然辐射可能对人体造成损伤，但如剂量不高，机体可以通过自身的代谢过程对受损伤的细胞或局部组织进行修复。这种修复作用程度的大小，既与原初损伤的程度有关，又可能因个体间的差异而有所不同。

一般认为，在辐射作用下，人体内的生物大分子，如核酸、蛋白质等会被电离或激发。这些生物大分子的性质会因此而改变，细胞的功能及代谢亦遭到破坏。实验证明，辐射可令 DNA 断裂或阻碍分子复制，这个过程一般称为**直接作用**（direct action）。人体内的生物大分子存在于大量水分子中，当辐射作用于水分子时，水分子亦会被电离或激发，产生有害的自由基（如 •OH、•H 等），继而使在水分子环境中的生物大分子受到损伤，这个效应称为**间接作用**（indirect action），整个过程如图 4.9 所示。正是由于直接作用和间接作用导致生物体的生物效应。

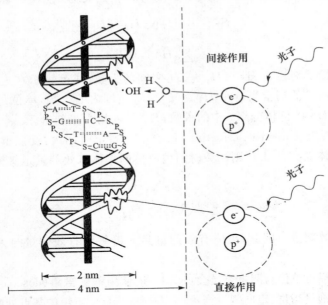

图 4.9　高能光子与 DNA 的直接作用和间接作用

生物效应根据发生的时间可分为**急性效应**（acute effect）或早期效应（early effect）和**晚期效应**（late effect）或延迟效应（delayed effect）。急性效应主要是指数小时或数天内，受到大剂量照射时所导致的急性损伤和急性放射病等。晚期效应指发生急性效应后或长期小剂量照射

---

①　扩展场：假设的辐射场内，注量及其角度和能量分布在关心的体积（参考点）内都相同时，这个辐射场称为扩展场。

②　ICRU 球：为 30cm 直径、密度为 $1\ \mathrm{g \cdot cm^{-3}}$ 的组织等效模体，其组成成分的质量比为：O 76.2%、C 11.1%、H 10.1%、N 2.6%。

③　扩展齐向场：注量为单一方向的扩展场。

的患者在数月或数年后才发生的效应,如辐射导致白血病,辐射致癌及辐射遗传效应等。

从辐射防护的需要考虑,国际辐射防护委员会(ICRP)按剂量-效应关系将辐射生物效应分为随机性效应和确定性效应。

(1) **随机性效应**(stochastic effect):指当机体受到电离辐射的照射后对健康产生的一种随机效应。其发生随机与所受剂量大小成比例增加,而与严重程度无关,此种效应的发生无剂量之低限值(无阈值)。遗传效应和肿瘤发生就是随机效应。电离辐射在任何物质中的能量沉积都是随机的,因此,任何小的剂量照射于机体组织或器官,都有可能在某一个体细胞中沉积足够的能量,使细胞中 DNA 受损而导致细胞的变异。由于引起这种细胞变异的辐射能量沉积事件是随机的,因而由这种辐射引起的生物效应也是随机性效应。其发生的概率,而不是其严重性是所受剂量的线性函数,没有阈值。

(2) **确定性效应**(或非随机效应,deterministic effect):指当机体或局部组织受到电离辐射的较大剂量照射后对健康产生的一种效应,如诱发白内障的效应、抑制骨髓造血功能的效应等。该效应的严重程度随所受剂量而异,有阈值,其严重程度与所受剂量大小成比例增加,此种效应的剂量低限值可能存在。发生确定性效应的剂量与受照组织对辐射的敏感性有关。确定性效应的剂量阈值与受照的剂量率有关。确定性效应一般发生在被照射者在短时间内接受了比较高的剂量。当被电离辐射照射时,组织或器官中有足够多的细胞被杀死或不能繁殖和发挥正常的功能,而这些细胞又不能由活细胞的增殖来补偿,导致某种机体效应必然要发生。发生确定性效应的剂量与受照组织对辐射的敏感性有关。确定性效应的剂量阈值与受照的剂量率有关。图 4.10 为人体在受到不同剂量照射后所产生的确定性反应。这种效应的特性就是在短时间内接受剂量超过一低限值时,会有一些人体效应的发生,并导致有某些症状的出现。这种效应发生的严重程度与剂量大小有关,所引起的多为急性效应,如皮肤红斑、脱发、生殖腺丧失生殖力。

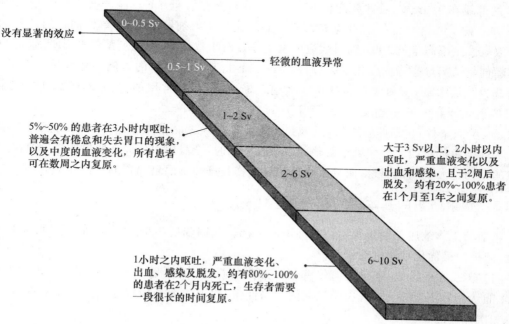

没有显著的效应 — 0~0.5 Sv

0.5~1 Sv — 轻微的血液异常

1~2 Sv

5%~50% 的患者在3小时内呕吐,普遍会有倦怠和失去胃口的现象,以及中度的血液变化,所有患者可在数周之内复原。

2~6 Sv

大于3 Sv 以上,2小时以内呕吐,严重血液变化以及出血和感染,且于2周后脱发,约有20%~100%患者在1个月至1年之间复原。

6~10 Sv

1小时之内呕吐,严重血液变化、出血、感染及脱发,约有80%~100%的患者在2个月内死亡,生存者需要一段很长的时间复原。

图 4.10　不同剂量照射后人体所产生的确定性反应

两种效应的主要差别如表 4.11 所示。可知二者在诱发机制,阈值以及与剂量关系和所产生的效应性质都是有所不同的。例如诱发癌症与基因突变,在自然背景环境中即有一定发生频率,辐射剂量仅会增加发生的概率。另外,如皮肤红斑、脱发等身体症状,辐射剂量需达到一定的程度才会有效应,且伤害的严重性与剂量成正比。由于随机性效应引发的癌症和遗传病的治愈率仍然相当低,又不存在剂量阈值,所以随机性效应出现率与剂量的关系便成为辐射防护研究的主要课题。

表 4.11　随机性效应与确定性效应的差别

	随机性效应	确定性效应
诱发机制	个别细胞受损	大量细胞集体被杀或受损
阈值概念(假设)	线性无阈	有阈值
与剂量关系	发生率取决于剂量	严重程度取决于剂量
效应性质	用统计方法在受照射群体中观察与预言,有潜伏期	在受照射者本人身上显示出来
效应	癌、遗传效应	白内障、生育能力受损、组织纤维化、器官功能损伤

影响辐射生物效应的因素主要有以下几种:

(1) 组织的辐射敏感性:不同物种、不同个体及个体的不同组织对电离辐射的敏感性存在差异,产生的生物效应也不同,它与个体的性别、年龄、生理状态、遗传等因素有关。即使同一个体,在不同生长发育阶段对辐射敏感性也不相同。一般胚胎较幼年敏感,幼年较成年敏感。

总体而言,高等动物比低等动物辐射敏感性高,细胞增殖越活跃、细胞分化程度越低的组织对辐射的敏感性越高。人体组织细胞对辐射的敏感程度可分为高、中、低三类。高度敏感的组织有胃、乳腺及红骨髓;中度敏感的组织有性腺、食道、肝、甲状腺等;低度敏感的组织有骨、皮肤等。敏感性越高,生物效应越显著,损伤越大。

(2) 剂量和剂量率:在大剂量、高剂量率下,剂量-效应曲线可能呈线性二次函数关系形状。

(3) LET 大小:低 LET 辐射(在水中,$E < 3.5\ \text{keV} \cdot \mu\text{m}^{-1}$)在 1 μm 内有 8 对离子,高 LET 的射线在 1 μm 内通常会产生 3700~4500 对离子。低 LET 辐射电离密度较均匀;高 LET 如 α 粒子电离密度大,生物效应显著。在一定的辐射剂量范围内,单位剂量的高 LET 辐射的效应发生率高于低 LET 辐射效应的发生率。对于致癌率,单位剂量的高 LET 辐射,其致癌率随剂量及剂量率降低变化不大;而低 LET 辐射,其单位剂量的致癌率随剂量及剂量率降低而减少。低 LET 辐射主要包括医学放射诊断,放射治疗常用的 X、γ、β 射线和质子等;高 LET 辐射主要有中子、α 射线、重离子等。

(4) 受照条件:包括照射方式:外照射 n>γ、X>β>α,内照射 α、p>β、γ、X;照射部位:腹部>头部>躯部>四肢。如果在其他外在条件相同时,全身照射比局部照射的生物效应显著,造成的损伤也大于局部照射,而且生物效应及损伤程度与受照射面积成正比。

4.3.3　辐射防护的基本原则和方法

辐射的生物效应是制定辐射防护标准的基础。我国辐射防护主要遵循三原则:实践的正当性、防护的最优化和个人剂量限值。

(1) 实践的正当性:进行任何伴有辐射照射的行为,必须是所得的利益大于所付出的代价,才能认为是正当的。在核医学照射的正当性中,除了作为一项辐射实践是正当的,还要考虑每一次操作的正当性。

(2) 防护的最优化:最优化是指必须在涉及放射的实践所付出的代价(包括危害的防护费

用的代价)与所得到纯利益(毛利减去成本所付出的代价)之间进行权衡,以最低的代价获取最大的利益。为达到辐射防护最优化所使用的一种比较简单而有效的方法就是代价-利益分析,保证实现"可合理达到的尽可能低的水平"。

(3) 个人剂量限值:为了保护个人不致受到不合理的损害,所有辐射实践带来的个人受照剂量必须低于确定的个人剂量限值,作为以防护最优化原则确定防护水平的一个约束条件。我国辐射防护规定(GB 8702—88):个人剂量限值是个人在一年期间受到的外照射所产生的有效当量剂量与这一年内摄入的放射性元素所产生的待积有效当量剂量之和。实践使公众关键组人员所受平均剂量不得超过下列限值:①年有效剂量不超过 1 mSv;②特殊情况,如果 5 个连续年的年平均剂量不超过 1 mSv,则某单一年的有效剂量可提高到 5 mSv;③眼晶体当量剂量不超过 1.5 mSv;④皮肤当量剂量不超过 50 mSv。

剂量(个人有效剂量)分级为 4 级:小于 1 mSv·a^{-1},免管;1~6 mSv·a^{-1},进行较低水平的管理;6~20 mSv·a^{-1},进行较高水平的管理;大于 20 mSv·a^{-1},要求停止工作。

1. 外照射及其防护

当辐射源位于人体以外时对人体所产生的照射称为**外照射**,关于外照射剂量的计算是外照射屏蔽设计和外照射防护的基础。由于 α 和 β 射线对物质的穿透能力有限,只有中子、γ 射线、X 射线和较高能量的 β 射线构成外照射。

外照射防护的三要素:**时间、距离、屏蔽**。

(1) 控制受照时间:累积剂量与受照时间成正比。在满足工作需要的条件下,应当尽量缩短受照时间。

(2) 增大辐射源与操作人员之间的距离:外照射剂量与人距辐射源的距离有关。当辐射源被认为是点源时,剂量率与距离的平方成反比。要实现距离防护,可利用各种保证加大距离的操作工具,如带长柄钳子、长把检测仪、机械手和机器人等遥控装置。

(3) 利用屏蔽材料:屏蔽就是在源和人之间插入必要的吸收物质,使屏蔽层后面的辐射场强度能降低到所要求的水平。

因为实际工作中条件所限,单靠缩短接触时间和增大距离不能达到安全的目的,必须采取屏蔽防护。屏蔽防护需要注意屏蔽方式、屏蔽材料和屏蔽设计。下面对光子的屏蔽以及常用的屏蔽计算作简要介绍。

由于光子(γ 或 X 射线)穿透力很强,找不到能完全将其阻挡的材料。因此,衰减光子以密度较高的物质为佳(密度较高,每单位体积内的电子数较多)。例如铅的密度比水大,故光子能够穿透铅的数目远比水少,因此铅的屏蔽效果比水好。屏蔽物质的原子序数愈大、密度愈大,屏蔽效果愈好(铅、铁、混凝土等是良好的屏蔽材料)。需要的屏蔽厚度与源的活度、辐射能谱、几何条件、屏蔽材料的本质(原子序数、密度)和欲降低剂量的倍数有关。不论多厚的材料,γ 射线总不能全被吸收,但可以选取一厚度,使其强度减弱至合理的低水平。

(1) 对于 γ 点源的空气吸收剂量率的估算:根据前面介绍的方法,可以通过电离室测量距活度为 A(Ci)的 γ 点源 R(m)处的照射量率(单位 R·s^{-1}),根据式(4-3)$\dot{X}=\dfrac{A\Gamma}{R^2}$,在带电粒子平衡条件下换算出 R 处 γ 点源的空气吸收剂量率为

$$\dot{D}_{a} = 8.76 \times 10^{-3}\dot{X} = 8.76 \times 10^{-3} \times \frac{A\Gamma}{R^2} \quad (\text{Gy}\cdot\text{h}^{-1}) \tag{4-55}$$

$\varGamma$ 单位为 R·m^2·h^{-1}·Ci^{-1},不同条件下的数据可由附录 1 查表得到。若测试空气中同一点组织或器官所受的吸收剂量率,可以组织或器官与空气的质量减弱系数比值进行换算,公式类似于式(4-8)。

【例 4.8】　1 Ci 的 ^{60}Co 源(按点源计算)在 1 m 处的照射量率为多少? 在空气和皮下组织内的吸收剂量率为多少?

解　已知 $A=1$ Ci, $R=1$ m,查附录 1 得 $\varGamma=1.32$ R·m^2·h^{-1}·Ci^{-1},肌肉组织 $f=9.57\times10^{-3}$,则

$$\dot{X} = \frac{A\varGamma}{R^2} = \frac{1\times1.32}{1}\text{R·h}^{-1} = 1.32\text{ R·h}^{-1} = 9.46\times10^{-8}\text{ C·kg}^{-1}\text{·s}^{-1}$$

$$\dot{D}_{\text{a}} = 8.76\times10^{-3}\dot{X} = (8.76\times10^{-3}\times1.32)\text{Gy·h}^{-1} = 11.6\text{ mGy·h}^{-1}$$

若 γ 射线穿过皮层的减弱可以忽略,皮下肌肉组织的吸收剂量率为

$$\dot{D}_{\text{mus}} = f\dot{X} = (9.57\times10^{-3}\times1.32)\text{Gy·h}^{-1} = 12.6\text{ mGy·h}^{-1}$$

(2) X 射线源的空气比释动能估算:X 射线辐射源照射水平主要依赖 X 射线的激发电压,阴、阳极间通过的电流,X 射线出口的过滤条件以及离开 X 射线源的距离。离开钨靶 r 处,X 射线源产生的空气比释动能率估算如下:

$$\dot{K}_{\text{a}}(r) = I\cdot\Delta/r^2 \tag{4-56}$$

式中,I 为管电流(mA)或加速器的平均电子束流(μA);Δ 为特定管电压(或加速器的加速电压)、射线出口过滤条件下,X 射线源的发射率常数。

【例 4.9】　临床 X 射线透视检查中,X 射线管的电压通常设置为 $50\sim80$ kV,管电流为 $2\sim5$ mA 间。若取管电压为 70 kV,管电流 4 mA,射线出口过滤为 2 mm 铝,估计此种情况下,距离钨靶 50 cm 处的空气比释动能率为多少?(已知 70 kV,2 mm 铝相应的 X 射线源的发射率常数约为 5.3 mGy·m^2·mA^{-1}·min^{-1})

解　根据式(4-56)得

$$\dot{K}_{\text{a}}(r) = I\cdot\frac{\Delta}{r^2} = \left(4\times\frac{5.3}{0.5^2}\right)\text{mGy·min}^{-1} = 84.8\text{ mGy·min}^{-1}$$

此外,光子屏蔽设计中常用的查图、查表方法如下:

(1) 减弱倍数 K 方法:减弱倍数 K 定义为辐射场在厚度为 d 的屏蔽层之前和之后产生的剂量率之比值,即表示该屏蔽层使辐射剂量减弱的倍数。K 无量纲。附录 2 给出水和铅对各向同性 γ 点源的剂量减弱倍数 K 与屏蔽层厚度 d 的关系。要注意的是,附录 2 是根据宽束[①]单能光子在无限均匀介质中的计算结果编制的,适用于一切放射性核素的单能 γ 射线的屏蔽

---

① 窄束与宽束:穿过物质的光子由两部分组成,一部分是没有发生相互作用的光子,其能量和方向均无变化,该射线束仍然保持原来的方向前进,射束没有变宽叫做"窄束";另一部分是发生过一次或多次康普顿效应的散射光子,其能量和方向均发生了变化,因此这部分包含散射光子的射束叫做"宽束"。

计算。这里无限均匀介质指介质中所考虑的点到介质边界的距离足够大,以使边界外有无介质存在对该点散射光子能谱的影响均可不计。

(2) 半减弱厚度法:**半减弱厚度(HVL)**,又称**半阶层厚度**,定义为入射 γ 或 X 射线辐射强度(或光子数)减至原来一半所需的屏蔽层厚度。表 4.12 列出一些材料对不同 γ 射线能量的 HVL 值。由表可知,随着射线能量增加,半减弱厚度增加;随着原子序数增加,半减弱厚度减小。

表 4.12 不同吸收物质对 γ 射线的半减弱厚度 HVL 值(cm)

γ 射线能量/MeV	水	水 泥	铅
0.5	7.4	3.7	0.4
1.0	10.3	5.0	0.9
1.2	11.0	5.5	1.03
1.3	11.5	5.7	1.1
1.5	12.3	6.3	1.2
2.0	14.2	7.6	1.5
^{60}Co		6.2	1.2
^{137}Cs		4.8	0.65
^{192}Ir		4.1	0.6
^{226}Ra		7.0	1.66

【例 4.10】 将 ^{60}Co 源所产生的剂量率减弱 10^4 倍所需铅和水泥的屏蔽层厚度分别为多少?

解 已知 $K = 10^4$,由表 4.12 查得 ^{60}Co 源对应铅和水泥的 HVL 分别为 1.20 cm 和 6.20 cm。所需半阶层数 n 为

$$n = \frac{\lg K}{\lg 2} = \frac{4}{0.301} = 13.3$$

所以　　　　　铅屏蔽层厚度　　$d = n \times \mathrm{HVL} = (13.3 \times 1.20)\mathrm{cm} \approx 16 \ \mathrm{cm}$

　　　　　　　水泥屏蔽层厚度　　$d = n \times \mathrm{HVL} = (13.3 \times 6.20)\mathrm{cm} \approx 83 \ \mathrm{cm}$

由结果可以看出,铅是比水泥更有效的屏蔽材料。

2. 内照射及其防护

当放射性物质进入人体内部而造成的照射称为**内照射**。将没有包壳、有可能向周围环境扩散的放射性物质,称为非密封放射性物质。非密封放射性物质进入人体内的途径主要有吸入、食入、通过皮肤渗入、通过伤口浸入等。

因此,对于从事非密封放射性物质操作的工作人员来说,除了考虑缩短操作时间,增大与源的距离和设置防护屏障,防止放射线对人体过量的外照射外,还应考虑防止放射性物质进入人体所造成的内照射危害。

一般采取的措施有:

(1) 包容:在操作过程中,将放射性物质密闭起来,如采用通风橱、手套箱[1]等。在操作强放射性物质时,应在密闭的热室[2]内用机械手操作。对于从事非密封放射性物质操作的工作

---

① 手套箱:由有机玻璃或镶有玻璃以供观察的不锈钢做成,箱子上至少固定有一双长臂手套,通过手套进行操作,手套箱内保持略低于大气压 10~20 mmHg,从而使内部的放射性物质不大可能向外泄漏。

② 热室:是一种进行强放射性物质操作并与周围环境隔绝的密闭小室。小室的壁由混凝土构成;在某些情况下要用钢或铅构成,用以对 γ 射线提供良好的屏蔽;为防护中子,在屏蔽材料中要加一定数量的含氢物质。

人员,可用工作服、鞋、帽、口罩、手套、围裙、气衣等,将操作人员围封起来,以防止放射性物质进入体内。

(2) 隔离:根据放射性核素的毒性大小、操作量多少和操作方式等,将工作场所进行分级、分区管理。

(3) 净化:采用吸附、过滤、除尘、凝聚沉淀、离子交换、蒸发、储存衰变、去污等方法,尽量降低空气、水中放射性物质浓度,降低表面放射性污染水平。

(4) 稀释:在合理控制下利用干净空气或水使空气或水中的放射性浓度降低到控制水平以下。

以上措施中,包容、隔离、净化是主要的,稀释是次要的。对于非密封放射工作场所,应有良好的通风,保证每小时房间有足够的换气次数。

4.3.4　常规的辐射防护监测仪器

辐射防护监测,是为估算和控制放射性辐射或放射性物质所产生的照射而进行的测量,是为辐射防护评价提供依据,测量本身不是目的,因此是辐射防护的重要组成部分。

由于天然与人为放射性核素可能经不同途径散布在人类生活环境中,通过空气、饮水、食物等与人体接触或进入人体,因此环境样品的分析成为环境检测的重要工作。

由于辐射看不见、摸不着,必须借助特殊的仪器来侦测。常用的辐射侦测仪器包括前面介绍的热释光剂量计(胶片佩章)、剂量笔、碘化钠侦检器或盖革计数器(手提型)、手足侦检器(固定型)等。不同型式的仪器各有其适用范围与场所,其目的是评估工作环境中的辐射,确保人员的健康与安全。要求仪器灵敏度高,照射量率范围在 $1 \sim 1000 \ \mathrm{mR \cdot h^{-1}}$。

图 4.11 是盖革计数器[1](Geiger counter)的测试示意图与实物照片。它主要由一中空金属圆柱体 c 及一金属导线 w 所组成。w 与 c 电绝缘且与其轴平行。c 内装有低压约 50 torr (约为 1/15 大气压)的氩气。加适量的电位差到 c 与 w 之间,使得 w 处于较 c 高的电位,但仍不足以使氩气放电。此时若有粒子或其他射线由很薄的视窗进入,将会使圆柱筒内的氩气离子化。游离出的电子将被带正电的导线 w 所吸引。当电子向着 w 加速时,它会与其他氩原子碰撞,击出更多的电子。如此依序产生更多的电子流向 w 移动,并产生一极短的脉冲电流。

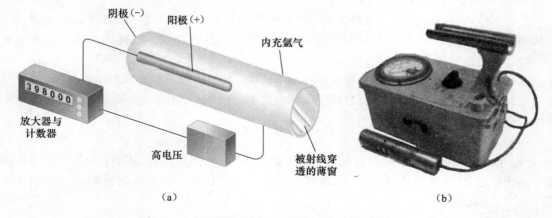

(a)　　　　　　　　　　　　　　　　　　　　(b)

图 4.11　盖革管的测试示意图(a)与实物照片(b)

---

①　该仪器以德国物理学家汉斯·盖革(1882—1945)命名。

再经由适当的放大装置,这些脉冲电流可产生熟悉的嗒嗒声,或推动计数器而精算出进入 c 内辐射粒子的数目。盖革计数器因为其造价低廉、使用方便、探测范围广泛,至今仍被普遍地用于核物理学、医学、粒子物理学及工业领域。但该仪器对于高剂量辐射和辐射事故应急测量的灵敏度不高。

对于个人剂量的测量,除了能满足剂量测量的要求外,还要求有足够的准确度、合适的量程,能区分不同种类的辐射,以及具有轻便、小型、结实、佩戴舒适、性能指标的个体差异小、读数方便、容易掌握和价格低廉等特点。此外,个人剂量计测的量属于非各向同性实用辐射量,所以必须按规定位置佩戴。对于比较均匀的辐射场,当辐射主要来自前方时,剂量计应佩戴在人体躯干前方中部位置,一般在左胸前。当辐射主要来自人体背面时,剂量计应佩戴在背部中间。通常受照剂量很小且个人检测时需要佩戴在胸前,如果是成年育龄女性,一般佩戴在腰部中间。

4.4　小　　结

本章涉及辐射剂量学的基本知识,有很多物理量和单位,需要根据定义式来理解其物理意义,以防混淆。一般,照射量、吸收剂量和比释动能等属于辐射剂量学中常用的描述辐射场的物理量,它们之间的区别可以用表 4.13 表示,而当量剂量、有效剂量等是辐射防护中常用的防护量,个人剂量当量和周围剂量当量等是辐射防护中常用的运行实用量。当量剂量和有效剂量等防护量只适用于描述随机效应,不适合用来定量描述较高的辐射剂量,以及用于需要对有关组织反应(即确定性效应)进行任何治疗方面的决策。用于描述确定性效应时,应使用吸收剂量来评估剂量;而涉及高 LET 辐射时,则应当采用适当的相对生物效应(RBE)[①]加权的吸收剂量。本章中各个剂量学量的相互关系归纳如图 4.12 所示。其中,剂量当量是可以测量的指标,可在辐射防护监测中使用。当量剂量无法直接测量,仅用于评价、比较辐射的健康危害程度。

表 4.13　照射量 X、吸收剂量 D 和比释动能 K 的区别

辐射量	照射量 X	比释动能 K	吸收剂量 D
剂量学含义	表征 X、γ 射线在考察的体积内用于电离空气的能量	表征非带电粒子在考察的体积内交给带电粒子的能量	表征任何辐射在考察的体积内被物质吸收的能量
适用介质 适用辐射类型	空气 X、γ 射线	任何介质 非带电粒子辐射	任何介质 任何辐射

目前剂量计的类型可分为:标准剂量计,包括量热计、电离室剂量计、化学剂量计;传递剂量计,包括丙氨酸剂量计、含氟塑料等薄膜剂量计,此类剂量计有较高的精确度,体积小,便于邮寄,属于常规剂量计,方便实用。

此外,本章还简单介绍了辐射防护的基本知识,包括防护三原则以及针对外照射和内照射的防护方法。对于不同射线类型的屏蔽材料,需要根据其射线与物质的作用形式来选择,其一般原则见表 4.14。

---

① 相对生物效应(relative biological effectiveness,RBE):是针对受到相同剂量辐照时,某一已知的辐射对生物的效应和另一辐射的生物效应的比值,或者为引起同等程度某种生物效应所需的参比射线的吸收剂量与该种辐射吸收剂量的比值,是经验值。主要目的是为了给后续研究提供一个标准,因为不同种类与能量的辐射对生物的效应也不相同,未来我们在评估剂量时也必须把 RBE 的影响考虑进来。

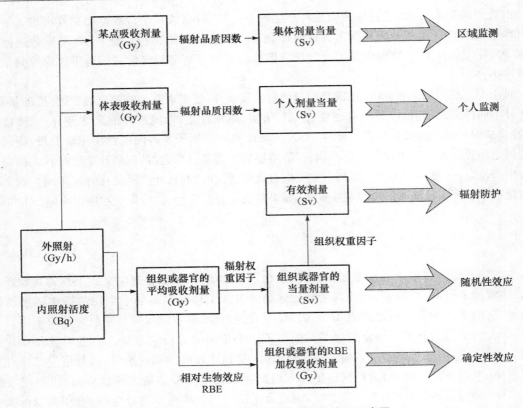

图 4.12　剂量学量之间的关系及其应用示意图

表 4.14　屏蔽材料选择的一般原则

射线类型	作用形式	材料选择原则	常用屏蔽材料
α	电离、激发	一般低 Z 材料	
β	电离、激发、韧致辐射	低 Z 材料＋高 Z 材料	铝、有机玻璃、混凝土、铅
γ、X	光电、康普顿、电子对	高 Z 材料	铅、铁、钨、混凝土、砖
中子 n	弹性、非弹性、吸收	含氢低 Z 材料、含硼材料	水、石蜡、含硼聚乙烯

重要概念：

辐射剂量学，辐射场，照射量，照射量率，剂量，剂量率，辐射剂量计，G 值，比释动能，比释动能率，热释光，外逸电子，当量剂量，有效剂量，外照射，内照射，减弱倍数，半减弱厚度，随机性效应，确定性效应，相对生物效应，热室。

重要公式：

照射量　　　　　　　　　　　　$X = \dfrac{\mathrm{d}Q}{\mathrm{d}m}$ 　　　　　　　　　　　(4-1)

照射量率　　　　　　　　　　　$\dot{X} = \dfrac{A\Gamma}{R^2}$ 　　　　　　　　　　　(4-3)

剂量　　　　　　　　　　　　　$D = \dfrac{\mathrm{d}\overline{E}}{\mathrm{d}m}$ 　　　　　　　　　　　(4-4)

质量能量吸收系数　　　$$(\mu_a/\rho)_{混} = \sum w_i (\mu_a/\rho)_i \tag{4-9}$$

$$\overline{(Z/A)} = \sum w_i \left(\frac{Z}{A}\right)_i \tag{4-12}$$

比释动能　　　　　　　$$K = \frac{dE_{tr}}{dm} \tag{4-13}$$

剂量与 G 值关系式　　$$D = 9.647 \times 10^6 \frac{\Delta M}{G\rho} \quad (Gy) \tag{4-29}$$

Fricke 剂量计的剂量计算式

$$D_F = \frac{\Delta A}{l\rho \Delta\varepsilon G(Fe^{3+})_{O_2}} \quad (Gy) \tag{4-34}$$

$$D = D_F \cdot \overline{\left(\frac{Z}{A}\right)} \Big/ \overline{\left(\frac{Z}{A}\right)}_F \quad (Gy \ 或 \ eV \cdot g^{-1}) \tag{4-37}$$

电子束辐照的剂量

$$\overline{D} = \frac{E_e It}{M} \times 10^3 \quad (Gy) \tag{4-44}$$

$$\overline{D} = \frac{F(R)E_e It}{M} \times 10^3 \quad (Gy) \tag{4-45}$$

$$\overline{D} = \frac{F(R)E_e I}{\delta v S \rho} \times 10^3 \quad (Gy) \tag{4-47}$$

有效剂量　　　　　　　$$H_{T,R} = D_{T,R} w_R \tag{4-48}$$

当量剂量　　　　　　　$$E = \sum_T w_T \cdot H_T \tag{4-49}$$

剂量当量　　　　　　　$$H = DQN \tag{4-54}$$

主要参考文献

1. 阿蒂克斯 F H,著. 辐射剂量学. 第二卷,仪器. 陈常茂,施学勋,于耀明,等译. 北京:原子能出版社,1981.

2. 李士骏. 电离辐射剂量学. 北京:原子能出版社,1981.

3. 贝克尔 K,著. 固体剂量学. 曾庆祥,刘孟彝,译. 北京:原子能出版社,1985.

4. Kase K R, Nelson W R. Concepts of Radiation Dosimetry. Pergamon Press Inc,1978.

5. 郎淑玉,张仲纶. 辐射研究与辐射工艺学报,1986,4(1):35.

6. 核科学技术辞典. 北京:原子能出版社,1993.

7. 吴季兰,戚生初. 辐射化学. 北京:原子能出版社,1993.

8. 翟鹏济,唐孝威,王龙,等. 物理,2000,29(7):397,392.

9. 王芳,马新兴,史廷明,等. 中国辐射卫生,2013,22(2).213.

10. 王祥云,刘元方,主编. 核化学与放射化学. 北京:北京大学出版社,2007.

11. 郭洪涛,彭明辰,主编. 电离辐射剂量学基础. 北京:中国质检出版社,2011.

12. 杨朝文,主编. 电离辐射防护与安全基础. 北京:原子能出版社,2009.

13. 赵文彦,潘秀苗,主编. 辐射加工技术及其应用. 北京:兵器工业出版社,2003.

14. 潘自强,主编. 辐射安全手册. 北京:科学出版社,2011.

15. 钱建复,沈庭云,主编.核辐射剂量学.北京:国防工业出版社,2009.

16. 李士骏,主编.电离辐射剂量学基础.苏州:苏州大学出版社,2008.

17. 夏益华,陈凌.高等电离辐射防护教程.哈尔滨工程大学出版社,北京航空航天大学出版社,北京理工大学出版社,哈尔滨工业大学出版社,西北工业大学出版社,2010.

18. 周公度,主编.化学辞典.第二版.北京:化学工业出版社,2011.

思　考　题

1. 质量为 0.2 g 的物质,10 s 内吸收电离辐射的平均能量为 100 erg,求该物质的吸收剂量和吸收剂量率。

2. 计算 50% 和 80% 乙醇水溶液体系的 (Z/A) 值。

3. Bragg-Gray 原理的适用条件有哪些?

4. 简述电子平衡条件的内容。

5. 理想化学剂量计需要满足哪些条件?

6. Fricke 剂量计的组成是什么? 哪些因素会影响其测定? 如何减小误差?

7. 用能量为 3 MeV、强度为 50 μA 的电子束辐照面积为 10 cm²、厚为 0.5 cm 的聚乙烯薄膜 1 min,若薄膜的密度为 0.92 g·cm⁻³,计算该聚乙烯薄膜被电子束辐照后的吸收剂量是多少 Gy。

8. 已知铅对钴源的半阶层厚度 HVL=1.20 cm,将 ^{60}Co 源产生的剂量率减弱 10^3 倍所需的铅屏蔽层厚度为多少?

9. 辐射防护的基本原则有哪些?

10. 如何进行外照射防护?

11. 内照射防护所采取的措施有哪些?

12. 辐射对生物体引起的随机性效应与确定性效应的区别在哪里?

第5章　电离辐射中的瞬态产物

如前所述,电离辐射与物质作用后,能够将能量沉积到物质中,导致物质吸收能量而发生化学变化。那么化学变化的原因是什么呢? 当电离辐射穿透物质,将能量传递给物质的分子或原子的同时,在物质中会产生能量较高、空间分布很不均匀的激发分子和离子、电子。这些由原初过程产生的粒子统称为**原初活性粒子**(primary intermediates),其形成的数量与物质吸收的能量成正比。由第 4 章辐射剂量学可知,对于大多数低原子序数物质,高能电磁辐射与其作用后,吸收能量多少取决于物质的电子密度。在气相体系,激发分子和离子生成数目大致相当;而在凝聚相体系,会随体系不同而不同。原初过程产生的离子和激发分子很不稳定,将在很短时间(约 $10^{-14} \sim 10^{-12}$ s)内迅速通过化学键的断裂、离子-分子反应、发光以及内转换等过程失去自己的能量,产生自由基和中性分子。通常,自由基对观测到的化学变化起重要作用。而电离作用产生的自由电子通过与物质作用产生次级电子,次级电子可能带有一定的动能,继而引发新的电离和激发。次级电子通过电离和碰撞过程成为热能化电子,它们可被具有正电子亲和势的分子和正离子俘获,或者在介质中陷落成溶剂化电子。产生的活性粒子之间会发生相互反应或与反应物之间发生后续反应。正是由于这些瞬态物种的产生才导致物质受到电离辐射后发生物理和化学变化。因此,对于辐射化学体系中的瞬态产物的研究有助于我们深入理解物质的辐解机理。

本章主要讨论电离辐射与物质作用后形成的瞬态产物:激发分子、离子、电子和自由基的生成、性质和反应以及自由基的测定。其目的是了解辐射化学中发生的基本过程,这些过程是辐射化学基础研究的重要部分。

5.1　激发分子

5.1.1　激发分子的形成

在光化学中,激发分子主要由分子(或原子)吸收一定波长的光产生;而在辐射化学中,除电离辐射与物质 M 直接作用产生激发分子 M^*(S 表示单重态,T 表示三重态)外,离子中和也是形成激发分子的重要过程。上述过程表示为

$$M \xrightarrow{\hspace{1cm}} M^* + (h\nu_1) \quad (S \ 或 \ T) \tag{5-1}$$

$$M \xrightarrow{\hspace{1cm}} M^+_{\cdot} + e^- \longrightarrow M^{\neq} \longrightarrow M^*(S \ 或 \ T) \tag{5-2}$$

$$M^+_{\cdot} + M^-_{\cdot} \longrightarrow M^* + M(或 \ M^*) \tag{5-3}$$

直接作用产生的激发分子,大都处于低激发态;而反应(5-2)通过电子对复合生成的激发分子则处于高激发态 $M^{\neq}$。

　　基态分子的总能量 E 主要由电子能量 E_e、分子振动能 E_v 和转动能 E_r 构成,即

$$E = E_e + E_v + E_r \tag{5-4}$$

当分子吸收能量(如吸收光)时,这三部分能量都将发生变化并且是量子化的(图 5.1)。对于正常状态的分子,电子处于基态 S_0 最低振动能级($V=0$)和最低转动能级($R=0$)。基态分子从电离粒子或光子吸收一定能量后,电子可以从基态跃迁到较高能态(如第一激发态、第二激发态等,视吸收能量而定)。电离粒子诱发电子跃迁到某一能态的概率与分子向该激发态转变的摩尔吸光系数成正比(表 5.1)。分子的电子激发态的多重度[①]由 $2S+1$ 决定,S 是电子自旋量子数代数和。自旋磁量子数 m_s 可以有 $+\frac{1}{2}$(↑)和 $-\frac{1}{2}$(↓)值,多数分子在基态时电子是成对的,并且有方向相反的自旋,所以 $S=0$,分子处于单重基态。当一个电子从基态轨道上升到高能轨道,且 $S=0$ 时,此时分子所处的激发状态称为**单重激发态**(singlet excited state),用 S 表示。若一个电子跃迁到高能轨道,但 $S=1$,即自旋磁量子数是 $+\frac{1}{2}$,$+\frac{1}{2}$(↑,↑),或 $-\frac{1}{2}$,$-\frac{1}{2}$(↓,↓),处于这种状态的分子称为**三重激发态**(triplet excited state),用 T 表示。三重激发态的能量比相应的单重激发态能量要低,这是因为激发态不同轨道的两个电子间的距离在自旋平行时比自旋反向时大,即斥力减小所致。

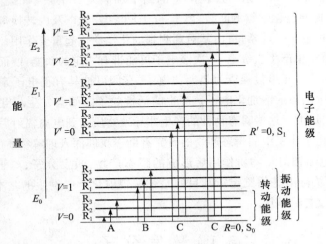

图 5.1　介质吸收电磁波后的电子能级、分子振动能级和转动能级变化

(A:转动能级跃迁;B:转动/振动能级跃迁;C:转动/振动/电子能级跃迁)

---

　　① 多重度(multiplicity):亦称自旋多重度。当总自旋量子数(S)给定后,对于相同的空间电子波函数来说,其自旋角动量的可能取向数等于 $2S+1$,即多重度。

表 5.1　快电子激发概率与摩尔吸光系数的关系

化合物	跃迁*	摩尔吸光系数 /(L·mol^{-1}·cm^{-1})	快电子引起的激发概率
	S_0-S_1	280	0.001
苯	S_0-S_2	8 800	0.126
	S_0-S_3	68 000	0.873
	S_0-S_1	260	0.001
甲苯	S_0-S_2	7 900	0.126
	S_0-S_3	55 000	0.873
	S_0-S_1	700	0.001
二甲苯	S_0-S_2	8 600	0.126
	S_0-S_3	59 000	0.873

* S_0,S_1,S_2,S_3 分别代表基态、第一激发态、第二激发态和第三激发态。

通常单重基态分子吸收光直接生成的是单重激发态,从单重基态 S_0 向三重激发态是禁戒跃迁[①]。在光化学中,三重激发态通常由系间窜跃[②](intersystem crossing, ISC)产生(S_1 ⟿ T_1 或 S_1 ⟿ T_n),快速运动的带电粒子也只能诱发光学上允许的电子跃迁,即从单重基态只能产生单重激发态。但是在辐射化学中除了系间窜跃外,慢速带电粒子,特别是电子,可以诱发光学上的禁戒跃迁,也就是说,可以从单重基态直接产生三重激发态。例如一些慢电子,它们缺乏足够的能量使分子激发到最低单重激发态,但可使分子激发到最低三重激发态,在刺迹中,正离子与电子的中和作用也能导致三重激发态。因此,在辐射化学中激发分子过程要比光化学中重要。一些顺磁性原子和重元素可以影响系间窜跃。当三重激发态和单重激发态的能量相差不大时,加热可引起反向系间窜跃(T_1 ⟿ S_1)。

5.1.2　激发分子的性质和反应

1. 荧光和磷光辐射

分子从电离粒子(或光子)吸收不同能量后,电子可由基态 S_0 跃迁到不同能量的单重激发态 S_1,S_2,S_3…。激发分子常常具有比较高的振动能,它们与周围分子碰撞时,以热能形式将振动能传递给其他分子。激发分子由较高的振动能级降到激发态的最低振动能级(无振动态)大约需要 $10^{-12}\sim10^{-13}$ s。较高能量的单重激发态(如 S_2,S_3…),主要由 S_2(S_3…)向 S_1 内转换[③](IC)损失能量,速率常数约为 $10^{12}\sim10^{14}$ s^{-1}。它们的**寿命($10^{-7}\sim10^{-10}$ s)**很短,直接向基态跃迁发射荧光的概率很小,如

$$S_2 \longrightarrow S_0^v + h\nu \tag{5-5}$$

式中,上标 v 表示过剩振动能。发射荧光的量子产率只有 10^{-4}。由 T_2(相应的三重激发态)向

---

① 禁戒跃迁(forbidden transition):指跃迁概率很小的跃迁,或不满足原子能态跃迁选择定则的跃迁。通常的谱线是由偶极辐射产生,这是服从选择定则的。但四极辐射和磁偶极辐射不是绝对服从选择定则的,在适当条件下虽然违背选择定则,但也可以观察到这种跃迁,即为禁戒跃迁。相应的谱线即为禁线。

② 系间窜跃:指处于激发态的原子或分子其自旋多重态非辐射失活地发生变化的现象。

③ 内转换(internal conversion, IC):指相同多重度的能态之间的一种无辐射跃迁。跃迁过程中电子的自旋不改变,如 $S_m\longrightarrow S_n$,$T_m\longrightarrow T_n$,时间 10^{-12} s。

S_0 跃迁辐射磷光的概率更小,量子产率仅 10^{-9}。由于内转换过程十分迅速,所以高能激发态分子发生反应的概率也很小。

S_1 态几乎是所有激发分子辐射荧光回到基态 S_0 的最重要一个能态,当激发分子内转换到 S_1 后,它可在 S_1 保留较长的时间(半衰期约为 10^{-8} s),主要通过辐射荧光(fluorescence)消失,即

$$S_1^0 \longrightarrow S_0^v + h\nu \tag{5-6}$$

式中,上标"0"表示处于 S_1 的最低振动态,即 $v=0$。荧光光子的波长大于入射光子的波长。当电子从 S_1^0 向基态 S_0 跃迁时,它可跃向 S_0 的任何允许的振动能级,因此荧光光谱呈带状。从 $S_1^0 \longrightarrow S_0^0$ 跃迁辐射的荧光光子可被基态分子再吸收,因此我们只能观测到很弱的 $S_1^0 \longrightarrow S_0^0$ 谱带。荧光强度衰减遵循一级动力学,也就是说,荧光强度的衰减与时间 t 成指数关系:

$$\frac{(I_f)_t}{(I_f)_0} = e^{-t/\tau} \tag{5-7}$$

式中,$(I_f)_0$ 是光源去除后最初测得的荧光强度,$(I_f)_t$ 为测量 $(I_f)_0$ 后某一时间 t 时测得的荧光强度,τ 为平均寿命。不同时刻的 $\ln(I_f)_t$ 对 t 作图得一直线,斜率 b 为 $-\dfrac{1}{\tau}$,因此荧光辐射寿命可由实验求得$\left(\text{即 } \tau = -\dfrac{1}{b}\right)$。

下列竞争过程可以使荧光强度减弱:

(1) S_1^0 内转换到 S_0^v。当激发态的能量和基态的能量在某振动能级(低于激发分子最初振动能级)处十分接近或者相等时,内转换过程就能发生,电子激发能转变为热能。

(2) 系间窜跃到三重激发态 T_1。这种过程在单重激发态和三重激发态能量相差不大时发生。

(3) 发生单分子或双分子过程。这种过程导致化学变化。

上述过程可以用图 5.2 表示。图 5.2 中,T_1 态是最低的三重激发态,当电子从 T_1 态向 S_0^v 跃迁时释放磷光,即 $T_1^0 \longrightarrow S_0^v + h\nu$ 发射磷光(phosphorescence),磷光波长大于荧光波长。由于 $T_1 \longrightarrow S_0^v$ 跃迁是禁戒跃迁,因此 **T_1 态的寿命较长(约 $10^{-2} \sim 10^{-4}$ s)**,有利于其他竞争过程发生。这些竞争过程包括:

(1) 与周围其他分子发生化学反应。T_1 态比 S_1 态与其他分子发生化学反应的概率高得多。

(2) T_1-T_1 碰撞生成基态和单重激发态。

$$T_1 + T_1 \longrightarrow S_0 + S_1 \tag{5-8}$$

(3) 反向系间窜跃到 S_1。当加热三重态介质时,这种效应可以被加强。

上述过程(2)和(3)是产生延迟荧光[①]的原因。当分子受到激发后,处于激发单重态,通过内转换、振动弛豫[②]和系间窜跃,跃迁到第一激发三重态的最低振动能级;如果分子再次受激

---

① 延迟荧光(delayed fluorescence):也称为缓发荧光,它来源于从第一激发三重态(T_1)重新生成的 S_1 态的辐射跃迁。S_1 寿命一般为 10^{-8} s,最长可达 10^{-6} s,但有时却可以观察到其寿命长达 10^{-3} s,这种长寿命的荧光就称为延迟荧光。其寿命与该物质的分子磷光相当。延迟荧光在激发光源熄灭后,可拖后一段时间,但和磷光又有本质区别,同一物质的磷光总比发射荧光长。

② 振动弛豫(vibrational relaxation):基态分子接受光子后,电子被激发,振动也同时被激发,即被激发的单重态电子都能向振动能级发生电子跃迁,成为振动激发的电子激发态。从振动激发的电子激发态衰变为振动基态的电子激发态的过程称为振动弛豫。约在 $10^{-13} \sim 10^{-15}$ s 内完成。

发,又回到第一激发单重态,然后以辐射形式回到基态的各个振动能级发射的光就称为**延迟荧光**(delayed fluorescence)。荧光波长与延迟荧光波长相等,磷光波长比荧光波长、延迟荧光波长长。由图 5.2 可知,荧光的寿命约为 $10^{-9}\sim10^{-7}$ s,磷光的寿命约为 $10^{-3}\sim10^{2}$ s。

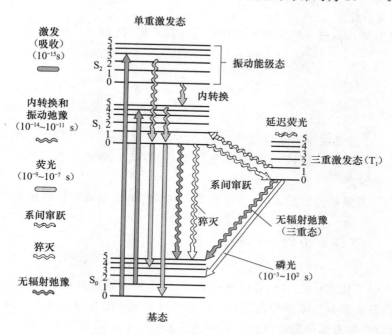

图 5.2　电子激发状态的 Jablonski 图[1]

三重态的能量低于单重态的能量,因为电子自旋平行体系具有的能量比配对电子(自旋相反的)体系能量要低。最低三重态激发分子是该分子的最低激发态。三重态激发分子在辐射化学中很重要,因为寿命较长,一般为 $10^{-4}\sim10^{-3}$ s,甚至秒数量级,具有双自由基性质,可在慢荷电粒子径迹中生成。而且,介质阳离子与电子作用得到单重态和三重态激发分子。由于三重态激发分子的寿命较长,它们对外加杂质的猝灭碰撞特别敏感,因此,一般在气相或流动溶液中很难观察到磷光。由于在刚性玻璃体中猝灭剂的扩散受到阻碍,大部分对磷光的观察是在刚性玻璃体中进行的。一般用有机溶剂的混合物,在 77 K 使之成为玻璃体;在室温下可以应用有机塑料或硼酸和其他无机玻璃的熔融体。

2. 单分子反应

上面提到的内转换、系间窜跃及荧光或磷光辐射都属于单分子过程,这些过程并不导致分子的化学变化。本节将讨论导致化学变化的一些单分子过程。

(1) 激发分子的自电离

当激发分子的能量大于它们的电离能时,它们可在大约 10^{-14} s 内由自电离过程损失电子激发能。这可能是辐照物质时生成离子的一个主要过程。例如

---

① 该图以波兰物理学家 Aleksander Jabloński(1898—1980)命名。

$$CH_4^{**} \longrightarrow CH_4^+ + e^- \tag{5-9}$$

该反应中 CH_4 的电离能为 $13.0\ eV$，但其激发态可在约 $18.0\ eV$ 的状态下存在，属于超激发态 (super excited state)。

(2) 重排或异构化

多原子激发分子可由分子的重排或异构化失去激发能，例如

$$\tag{5-10}$$

该过程中，反式-2-丁烯吸收光子能量，通过三重激发态转化成顺式-2-丁烯。因此，通过气相色谱测试其异构化程度，就可以利用 2-丁烯的重排反应来测定三重激发态的产额。

(3) 激发分子解离

如果激发分子有足够的能量，则分子可在某一共价键处分裂成两个自由基，是产生自由基的主要来源：

$$(R : S)^* \longrightarrow [R\cdot + \cdot S] \tag{5-11a}$$

或

$$(R : S)^{\neq} \longrightarrow [(R\cdot)^* + \cdot S] \text{ 或 } [R\cdot + (\cdot S)^*] \tag{5-11b}$$

式中 $(R\cdot)^*$ 或 $(\cdot S)^*$ 比 $R\cdot$ 或 $\cdot S$ 具有更高的能量，前者称为**热自由基**(hot free radical)，后者称为**热能化自由基**。热自由基是指含有一个或更多具备成键能力未成对电子的原子、原子团、离子或分子等粒种，具有比周围介质分子平均热能更高的动能或激发能。由于反应 (5-11a) 生成的自由基能量较低，在液体中很难穿透周围的溶剂分子层，最终重新复合成原来的分子。而热自由基可以穿透溶剂分子层，扩散到整个体系与溶质反应。溶剂分子的**笼蔽效应**[①]导致自由基产额下降。

激发分子解离过程中，化学键的断裂并不一定发生在吸收能量的部位，例如醛和酮由羰基吸收能量，但键断裂发生在 C—C 键上，如

$$CH_3COCH_3 \rightsquigarrow CH_3\dot{C}O + \cdot CH_3 \tag{5-12}$$

对于链较长的醛和酮，在 α 碳和 β 碳之间发生键断裂：

$$CH_3(CH_2)_3COCH_3 \rightsquigarrow CH_3CH{=}CH_2 + CH_3COCH_3 \tag{5-13}$$

说明激发能在分子内重排后最终使弱键解离。

有时激发分子解离可由多种途径发生，其权重取决于辐射能量，例如

$$CH_3COC_2H_5 \rightsquigarrow CH_3\dot{C}O + \cdot C_2H_5 \tag{5-14a}$$

或

$$CH_3COC_2H_5 \rightsquigarrow \cdot CH_3 + \dot{C}OC_2H_5 \tag{5-14b}$$

两种反应的量子产额 (φ) 的差异随辐射能量的增加而减小 (表 5.2)。

---

① 笼蔽效应 (cage effect)：虽然 A、B 相遇概率变低，但如果相遇，即具有很高的碰撞频率，总体看来，其碰撞频率并不低于气相反应中的碰撞频率，因而发生反应的机会较多，这种现象称为笼蔽效应，又称笼效应。

表 5.2　辐射能量对 $\varphi_{(5\text{-}14a)}/\varphi_{(5\text{-}14b)}$ 的影响

辐射波长/nm	$\varphi_{(5\text{-}14a)}/\varphi_{(5\text{-}14b)}$
313.0	≈ 40
265.4	≈ 5.5
253.7	≈ 2.0

3. 双分子反应

双分子过程与单分子过程为一组竞争过程,较高的激发态由于迅速地发生内转换,寿命很短,因此双分子过程无法与之竞争。在径迹区或溶质浓度较高时,较高激发态的分子可相互反应或者与溶质反应。处于最低单重激发态和三重激发态的分子寿命较长,因此有足够的时间发生双分子反应。在辐射化学中,主要的双分子反应有**电子转移反应**、**抽氢反应**、**加成反应**以及 **Stern Volmer** **反应**和**激发能传递**等,下面分别介绍。

（1）电子转移反应

激发分子和另一个分子或离子之间可以发生电子转移过程：

$$A^* + B \longrightarrow A^+ + B^- \quad (\text{或 } A^- + B^+) \tag{5-15}$$

此过程使荧光猝灭。例如,辐照次甲基蓝水溶液时,可以观测到荧光,但当 Fe^{2+} 存在时,激发的染料分子和 Fe^{2+} 离子间发生电子转移：

$$D^* \longrightarrow D + h\nu（辐射荧光） \tag{5-16}$$

$$D^* + Fe^{2+} \longrightarrow D\dot{\ }^- + Fe^{3+} \tag{5-17}$$

电子转移过程使原来的荧光猝灭。一些氧化剂（如 Fe^{3+}、Ce^{4+}、O_2）也能通过电子转移反应而使荧光猝灭,而自身吸收一个电子被还原。

电子转移反应也可在组成络（配）合物的分子或离子间发生,例如

$$Fe^{3+}X^- \xrightarrow{h\nu} Fe^{2+} + X\cdot \tag{5-18}$$

$$M^{n+}(H_2O) \xrightarrow{h\nu} M^{(n+1)+}OH^- + \cdot H \tag{5-19}$$

反应生成自由基。式中,X＝F,Cl,Br,OH,N_3 和 C_2O_4（草酸根离子）等；M＝Fe,Cr,V 或 Ce 等。

（2）抽氢反应（夺氢反应）

激发分子从其他分子抽取一个 H 原子形成两个自由基：

$$A^* + RH \longrightarrow AH\cdot + R\cdot \tag{5-20}$$

自由基进一步反应生成最终产物。例如在酸性或中性溶液中,醌的单重激发态可以从乙醇分子中抽取一个 H 原子：

$$Q^* + CH_3CH_2OH \longrightarrow QH\cdot + CH_3\dot{C}HOH \tag{5-21}$$

无氧时,

$$Q + CH_3\dot{C}HOH \longrightarrow QH\cdot + CH_3CHO \tag{5-22}$$

$$2QH\cdot \longrightarrow Q + QH_2 \tag{5-23}$$

有氧时,

$$CH_3\dot{C}HOH + O_2 \longrightarrow CH_3\overset{\overset{\displaystyle O_2\cdot}{\displaystyle |}}{C}HOH \tag{5-24}$$

然后,过氧自由基歧化成乙醛和 H_2O_2。

(3) 加成反应

三重态(激发态或基态)分子具有寿命长和双自由基性质,因而易于发生加成反应。基态氧即三重态,所以很容易发生加成反应。三重激发态或三重基态和氧分子间的反应是典型的加成反应。如直线形的多核芳烃(除萘外)与 O_2 加成生成跨环过氧化物:

$$\left[\text{(anthracene)} \right]^*_T + O_2 \longrightarrow \text{(peroxide product)} \tag{5-25}$$

(4) Stern-Volmer 反应[①]

2 个激发分子或 1 个激发分子与 1 个基态分子碰撞时,可以发生相互交换原子的反应:

$$2A^* \longrightarrow P + Q \tag{5-26}$$

$$A^* + A \longrightarrow P + Q \tag{5-27}$$

这个过程通常在密集的刺迹或径迹中发生。例如,用重带电粒子辐照液体水时,在径迹区域发生激发水分子的 Stern-Volmer 反应:

$$2H_2O^* \longrightarrow H_2O_2 + H_2 \tag{5-28}$$

导致 H_2O_2 和 H_2 的产额增加。

(5) 激发能传递

激发能传递包括近程转移和远程转移。其中,近程转移又包括分子内转移和分子间转移。下面分别讨论。

分子内转移:包括三重态-三重态能量传递。例如二苯酮-萘玻璃体(77 K)体系,用波长 366 nm 的光辐照此混合物时,二苯酮选择性地吸收光子跃迁到 S_1 态。由于萘 S_1 态的能量大于二苯酮 S_1 态的能量,因此不能发生单重态-单重态能量传递。S_1 态的二苯酮由系间窜跃到 T_1,因萘 T_1 态能量比二苯酮 T_1 态的能量低,所以可发生三重态-三重态能量传递:

$$(C_6H_5)_2CO \xrightarrow{h\nu} \left[(C_6H_5)_2CO\right]^*_{S_1} \tag{5-29}$$

$$\left[(C_6H_5)_2CO\right]^*_{S_1} \xrightarrow{\text{ISC}} \left[(C_6H_5)_2CO\right]^*_{T_1} \tag{5-30}$$

$$\left[(C_6H_5)_2CO\right]^*_{T_1} + C_{10}H_8 \longrightarrow \left[(C_6H_5)_2CO\right] + \left[C_{10}H_8\right]^*_{T_1} \tag{5-31}$$

分子间转移:如果激发分子 D^* 与另一个普通分子 A 碰撞,且 D 的激发电位等于或大于 A 的激发电位,则激发能就能从 D 传递给 A:

$$D^* + A \longrightarrow D + A^* \tag{5-32}$$

生成的激发分子 A^* 可按前面所述途径返回基态,或者参与单分子或双分子化学过程。分子间能量传递遵循自旋守恒,即 D、A 如为单重基态,则单重激发态 D^* 产生单重激发态 A^*,三重激发态 D^* 生成三重激发态 A^*。激发能量传递的许多证据来自对气体光化学的研究,例如

---

① 该反应以德国物理学家 Otto Stern(1888—1969)和德国物理化学家 Max Volmer(1885—1965)的名字命名。

用 253.7 nm 的光照射汞和氢的混合物时,汞原子吸收光子,但观测到的是 H_2 解离成 H 原子。类似的能量传递过程也发生在液体中,液体闪烁体中发生的过程是液体介质中典型的激发能能量传递过程。在液体闪烁体中,溶剂分子吸收辐射能,然后把激发能传递给溶质(发光体),由发光体释放荧光。在液相体系中,转移过程是通过给体和受体分子间形成碰撞络合物后达到能量转移,这种转移是扩散控制的。

在固体中,激发能传递可以另一种方式进行。在规则排列的同种分子构成的分子晶体内,电子激发能迅速地从一个分子转移到另一个分子。如果晶体内含有次要成分(或杂质),且它们的激发电位小于主要分子的激发电位,当激发能传递给杂质分子时,杂质分子可以被激发并迅速地失去多余的电子激发能和振动能,这样,激发能就不再向主要分子传递。被激发的杂质分子可通过辐射荧光回到基态。固体中的这种能量传递也已用于闪烁测量。

双分子碰撞能量传递可以在 2 个分子碰撞时发生,也可先形成碰撞络合物或激基缔合物(excimer[①])或激基复合物(exciplex[②]),然后在碰撞络合物、激基缔合物和激基复合物内发生能量传递:

$$M_s^* + Q \longrightarrow (M_s^* \cdots Q) \longrightarrow M + Q_s^* \quad (碰撞络合物) \qquad (5\text{-}33)$$

$$M_s^* + M \longrightarrow M_s^* M \longrightarrow M + M_s^* \quad (激基缔合物) \qquad (5\text{-}34)$$

$$M_s^* + Q \longrightarrow M_s^* Q \longrightarrow M + Q_s^* \quad (激基复合物) \qquad (5\text{-}35)$$

它们之间的区别是,碰撞络合物中组分间的距离比激基缔合物或激基复合物更大一些。

激发能能量传递并不一定限于双分子碰撞过程,它也可在相距很远的分子之间发生,例如太阳辐射在地球上引起的光化学反应就属于这种传递过程。这种**远程能量传递**的机理可表示为

$$D^* \longrightarrow D + h\nu \qquad (5\text{-}36)$$

$$A + h\nu \longrightarrow A^* \qquad (5\text{-}37)$$

这一过程可以在任何分子距离下进行,属于**辐射能量转移**。A 分子俘获能量概率随 D、A 分子之间距离增加而下降。实现这种过程的必要条件是 A 分子所吸收的波长区正好是 D 分子所发射的,给体 D 的发射光谱和受体的 A 吸收光谱重叠,且两个分子间距离小于 10 nm。

远程能量传递并不一定伴有光发射和再吸收[即反应(5-36)和(5-37)],由库仑相互作用引起的**偶极-偶极能量传递**(或称为 **dd 传递、共振能量转移**)就是一个例证,由于给体 D 和受体 A 的电偶极子电场重叠,使得这种传递十分有效,并且可在比分子尺寸大得多的范围(5~10 nm)内发生:

$$D^* + A \xrightarrow{k} D + A^* \qquad (5\text{-}38)$$

在此情况下,扩散速度已不再对速率常数 k 起限制作用。k 与粘度也无关系,在大多数水溶液中,$k \approx 1 \times 10^{11}$ L·mol^{-1}·s^{-1},比通常的扩散控制速率常数 0.6×10^{10} L·mol^{-1}·s^{-1} 大很多倍。Förster 理论认为,处于激发态的给体分子和受体分子可分别看做两个具有相互作用的振动偶极子。当两个偶极子之间的距离在作用范围内,在库仑微扰的作用下,如果发生共振,给体分子处于激发态的电子与受体分子的激发态电子发生偶极-偶极相互作用,受体电子的轨道运动受到微扰,其电子跃迁到更高的能级。激发能因此由一个激子转移到邻近的激子,邻近激

---

①　Excimer:excited dimer 的简称。由两个物种碰撞结合形成的短寿命二聚体包括同种或异种二聚体。反应物种至少有一个是含有闭壳层的分子(即电子完全充满价电层),比如惰性气体。

②　其中异种二聚体或者含有两个以上种类的分子也称为非均激基体。

子则通过非辐射方式迅速衰变回到基态。按 Förster 方程,速率常数 k 表示为

$$k_{D^* \to A} = \frac{9000 \ln 10 \kappa^2 \varphi_f}{128 \pi^6 n^4 N_A \tau_D R_{DA}^6} \int_0^\infty f_D(\widetilde{\nu}) \varepsilon_A(\widetilde{\nu}) \frac{d\widetilde{\nu}}{\widetilde{\nu}^4}$$

$$= 1.25 \times 10^{-25} \frac{\varphi_f}{n^4 \tau_D R_{DA}^6} \int_0^\infty f_D(\widetilde{\nu}) \varepsilon_A(\widetilde{\nu}) \frac{d\widetilde{\nu}}{\widetilde{\nu}^4} \tag{5-39}$$

式中,R_{DA} 为给体和受体分子间的距离,τ_D 是给体分子辐射平均寿命,N_A 是阿伏加德罗常数,n 是溶剂的折射率,κ 是取向系数$\left(约\frac{2}{3}\right)$,$\varphi_f$ 为给体分子的荧光量子产率,$f_D(\widetilde{\nu})$ 是给体分子归一化后的荧光发射光谱分布,$\varepsilon_A(\widetilde{\nu})$ 是受体分子的摩尔吸光系数,$\widetilde{\nu}$ 是光的波数。式(5-39)表明,**在 R_{DA} 很大或 $\varepsilon_A(\widetilde{\nu})$ 很小时,k 值很小,即 dd 传递可以排除**。如正己烷-磷酸正三丁酯(n-TBP)体系,由于n-TBP的 S_1 态的 $\varepsilon(\widetilde{\nu})$ 很小,所以不发生 dd 传递,二者间的能量传递为典型的双分子碰撞过程。

5.1.3 激发分子的敏化和猝灭作用

在光化学和辐射化学反应中,加入某种物质可使反应物的量子产率或辐解产额增加,加入的物质称为**敏化剂**。敏化机理有两种:一种是由能量传递产生的敏化作用,例如二苯酮和联苯酰对芪(即 1,2-二苯基乙烯)光异构反应的敏化作用。用光照射芪和二苯酮的混合物时,发生以下反应:

$$(C_6H_5)_2CO \xrightarrow[h\nu]{366\ nm} (C_6H_5)_2CO^* \tag{5-40}$$

$$(C_6H_5)_2CO^* + \underset{H}{\overset{C_6H_5}{\diagdown}}C=C\underset{C_6H_5}{\overset{H}{\diagup}} \longrightarrow (C_6H_5)_2CO + \underset{H}{\overset{C_6H_5}{\diagdown}}C=C\underset{H}{\overset{C_6H_5}{\diagup}} \tag{5-41}$$

结果使芪由反式转化为顺式结构。

另一种敏化作用是由敏化剂吸收能量后产生的自由基引起的,例如用 2 MeV 电子束辐照 C_2H_4-H_2 混合物时,氩(Ar)对乙烯氢化作用的敏化就属于这种机理。其敏化过程如下:

$$Ar \rightsquigarrow Ar^{\cdot+} + e^- \tag{5-42}$$

$$Ar^{\cdot+} + H_2 \longrightarrow ArH^+ + \cdot H \tag{5-43}$$

$$\cdot H + C_2H_4 \longrightarrow \cdot C_2H_5 \tag{5-44}$$

$$2\cdot C_2H_5 \longrightarrow C_2H_4 + C_2H_6 \tag{5-45}$$

$$2\cdot C_2H_5 \longrightarrow C_4H_{10} \tag{5-46}$$

$$\cdot H + \cdot C_2H_5 \longrightarrow C_2H_6^* \longrightarrow 2\cdot CH_3 \tag{5-47a}$$

$$\xrightarrow{M} C_2H_6 \tag{5-47b}$$

$$\cdot CH_3 + \cdot C_2H_5 \longrightarrow C_3H_8 \tag{5-48}$$

$$ArH^+ + e^- \longrightarrow Ar + \cdot H \tag{5-49}$$

如果敏化剂的敏化作用由能量传递产生,那么单重激发态的敏化剂也可能是三重激发态的敏化剂,但反之则不然。

猝灭是敏化作用的逆过程。某物质加入到反应体系中后,能使体系的辐解产额或量子产率降低,这些可加速激发态衰减到基态的物质就称为**猝灭剂**。常用的猝灭剂如下:

（1）O_2 是有效猝灭剂。脱氧方法有两种：充惰性气体以及经过冷冻-融化循环脱氧。

（2）胺类化合物可有效猝灭多数无取代芳烃的激发态，例如：

$$脂肪胺 + 芳烃^* \longrightarrow 脂肪胺^+ + 芳烃^-$$ （电子转移机理猝灭）

$$芳胺 + 芳烃^* \longrightarrow 电荷转移络合物^①$$ （CTC 机理猝灭）

（3）含 Cl、Br、I 的化合物。

（4）其他猝灭剂，如 CH_3NO_2、萘、亚硝基化合物、硝基化合物、I^-、Cu^+ 等。

在体系中，敏化作用和猝灭作用常常是同时存在的。敏化和猝灭技术可以用来研究反应物激发态的特性。例如在三重激发态敏化剂作用下得到的产物，如果与直接辐照时（无敏化剂时）得到的产物不同，那么在直接辐照下反应物的激发态与敏化作用产生的三重激发态不同，如果两者产物相同，则表明直接辐照产生的反应物可能经由这种三重激发态发生反应。对于能被三重态敏化剂敏化的过程，可以用一组具有不同三重激发态能量的敏化剂来确定反应物的三重激发态的大致能量，比反应物激发态能量高的敏化剂可使反应有效发生。当敏化剂的三重态能量小于反应物三重态的能量时，不发生敏化作用。

在实际体系中，激发分子的猝灭过程十分复杂，如图 5.3 所示。$[M]_T^*$ 可以发生与 $[M]_S^*$ 同样的过程。下面列举一些简单的例子来说明猝灭动力学和猝灭机理。

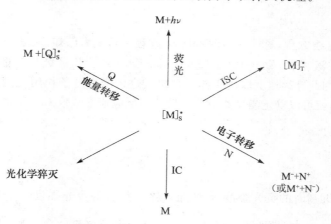

图 5.3 激发态分子的猝灭过程

若已知激发分子的生成速率为 fI，其中 I 为照射光的强度，f 为介质的光吸收效率，假设激发分子以下列过程消失：

$$M \xrightarrow{h\nu} [M]_S^* \tag{5-50}$$

$$[M]_S^* \xrightarrow{k_f} M + h\nu_f \qquad （辐射荧光） \tag{5-51}$$

$$[M]_S^* \xrightarrow{k_d} M \qquad （无辐射退激） \tag{5-52}$$

$$[M]_S^* + Q \xrightarrow{k_q} M + [Q]_S^* \qquad （荧光猝灭） \tag{5-53}$$

应用稳态原理，在稳定态时，激发分子的生成速率等于激发分子的消失速率，即

---

① 电荷转移络合物：charge transfer complex，简称 CTC。

$$fI = [\text{M}]_{\text{S}}^{*} (k_{\text{f}} + k_{\text{d}} + k_{\text{q}}[\text{Q}]) \tag{5-54}$$

根据量子产率 φ 的定义,有

$$\varphi = \frac{\text{生成产物的摩尔数(或分子数)}}{\text{吸收辐射的爱因斯坦数(或光子数)}} \tag{5-55}$$

荧光量子产率 φ_{f} 可表示为

$$\varphi_{\text{f}} = \frac{k_{\text{f}} [\text{M}]_{\text{S}}^{*}}{fI} = \frac{k_{\text{f}}}{k_{\text{f}} + k_{\text{d}} + k_{\text{q}}[\text{Q}]} \tag{5-56}$$

设无猝灭剂 Q 时,荧光量子产额 φ_{f}^{0} 为

$$\varphi_{\text{f}}^{0} = \frac{k_{\text{f}}}{k_{\text{f}} + k_{\text{d}}} \tag{5-57}$$

$$\frac{\varphi_{\text{f}}^{0}}{\varphi_{\text{f}}} = \frac{k_{\text{f}} + k_{\text{d}} + k_{\text{q}}[\text{Q}]}{k_{\text{f}} + k_{\text{d}}} = 1 + \frac{k_{\text{q}}[\text{Q}]}{k_{\text{f}} + k_{\text{d}}} \tag{5-58a}$$

或

$$\frac{\varphi_{\text{f}}^{0}}{\varphi_{\text{f}}} = 1 + k_{\text{q}}\tau[\text{Q}] \tag{5-58b}$$

式中,τ 为无猝灭剂时激发分子的寿命,且有

$$\tau = \frac{1}{k_{\text{f}} + k_{\text{d}}} \tag{5-59}$$

方程(5-58b)为一直线方程,称为 **Stern-Volmer 方程**。若 τ 为已知,从 $\varphi_{\text{f}}^{0}/\varphi_{\text{f}}$-[Q]图的直线斜率可以求得 k_{q} 值。在液相中,$k_{\text{q}} \approx 10^{9} \sim 10^{10}$ L · mol^{-1} · s^{-1},此量级与扩散速率常数(10^{10} L · mol^{-1} · s^{-1})相近,因此猝灭速度取决于猝灭剂扩散进入激发分子作用范围的速度。因此,利用 Stern-Volmer 方程,就可以确定激发态双分子反应的反应速率常数 k_{q}。

如果

$$\frac{\varphi_{\text{f}}^{0}}{\varphi_{\text{f}}} = \frac{\phi^{0}}{\phi} \tag{5-60}$$

式中,ϕ^{0} 是未加猝灭剂时的荧光强度,ϕ 是加入猝灭剂后的荧光强度,$\frac{\phi^{0}}{\phi}$ 与猝灭剂的浓度成正比。令 $k_{\text{q}}\tau = K_{\text{SV}}$,该参数称为 Stern-Volmer 常数,表示猝灭效率。K_{SV} 越大,猝灭荧光所需猝灭剂浓度就越小,灵敏度就越高。例如,以带正电荷的联二-N-甲基吡啶(甲基紫)(MV^{2+})为猝灭剂,苯撑乙烯的 Stern-Volmer 常数 $K_{\text{SV}} = 15$ mol · L^{-1},将苯撑乙烯(PV)或其两亲性衍生物置于阴离子集合体如胶束或双层囊泡中,K_{SV} 变为 2×10^{3} mol · L^{-1};当采用该结构单元组成的高分子 PPV 时,如将磺酸基团引入到 PPV 侧链获得水溶性导电高分子,则 K_{SV} 可增大至 10^{7} mol · L^{-1}。这说明,K_{SV} 不仅与被猝灭激发态分子的化学结构、分子量有关,也与其和猝灭剂的相容性有关。分子量越大,相容性越好,K_{SV} 越大,所需的猝灭剂用量越少。

这样,方程(5-58b)又可表示为

$$\frac{\phi^{0}}{\phi} = 1 + K_{\text{SV}}[\text{Q}] \tag{5-61}$$

此方程也称为 **Stern-Volmer 方程**。因此,以 $\frac{\phi^{0}}{\phi}$ 对[Q]作图,直线斜率即为 K_{SV}。此外,利用激发态分子的猝灭机理可以制备生物传感器。例如如图 5.4 所示,将 MV^{2+} 共价结合于某些生物分子上形成一种弱的复合物,这种经过 MV^{2+} 修饰的生物分子与聚合物之间同样会发生电

荷转移而使聚合物荧光猝灭。当这些生物分子与另外一些生物分子结合时,由于抗体-抗原、DNA-DNA 等生物分子之间的亲和力比聚合物-MV^{2+} 之间亲和力强,待 MV^{2+} 修饰的生物分子被移走,聚合物荧光即得以恢复。这样就实现了对生物分子的探测。

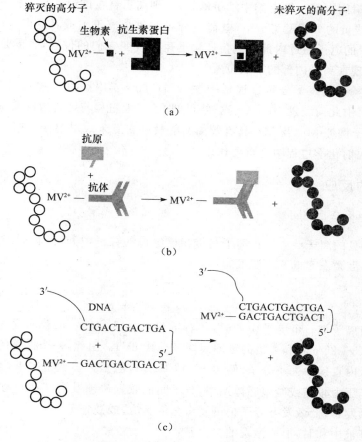

图 5.4　导电高聚物生物传感器荧光猝灭和恢复过程

[(a) 探测抗生素蛋白;(b) 探测抗原;(c) 探测 DNA]

5.2　离　　子

5.2.1　离子的生成

正离子主要是由辐射从分子中逐出电子产生:

$$M \xrightarrow{\quad\quad} M^{+} + e^{-} \qquad\qquad （直接电离） \tag{5-62}$$

此外,一些正离子也可由原初过程形成的活性粒子进一步反应生成,这类过程主要包括电子转移、解离、重排和解离、离子-分子反应等。体系中的负离子可由激发分子分解或由中性分子俘获电子产生,在化学上感兴趣的负离子大都是由这一过程产生的。

$$(AB)^{*} \longrightarrow A^{+} + B^{-} \qquad\qquad （激发态解离） \tag{5-63}$$

$$A^{+} + B \longrightarrow A + B^{+} \qquad\qquad （离子-分子反应） \tag{5-64}$$

$$A + e^- \longrightarrow A^- \qquad \text{（电子捕获反应）} \qquad (5\text{-}65)$$

电离辐射与物质相互作用形成的离子在最初阶段具有如下特征：

（1）离子具有较高的能量，通常处于振动激发态和电子激发态，激发能可在分子内重新分配。如果在某一瞬间在某一键上集中了足够能量，则离子将在该键处解离。

（2）在正的或负的分子型离子中，电荷可分布在整个离子上或者局限于一个基团或原子上。前者，离子中的电子通过内部的电荷迁移迅速地改变它们的位置，也就是说，正电荷可能以不同的概率出现在离子内部的不同位置。

离子的这些特征使离子分裂过程延缓发生和产物多样化。在一些体系（如凝聚相体系）中，离子的分裂可由此而缓发 10^{-5} s。这样就增加了其他过程与之竞争的概率。

（3）许多离子例如 $M^{\dot{+}}$ 及 $M^{\dot{-}}$ 具有较高的能量并含有未成对电子，它们可以看做是自由基，因此离子在辐射化学过程中起重要作用。

5.2.2　离子的反应

1. 离子中和反应

中和是最常见的离子反应。正离子与带相反电荷的粒子中和时，释放的中和能使形成的中性分子处于单重激发态或三重激发态：

$$M^{\dot{+}} + e^- \longrightarrow M^{\neq} \qquad (5\text{-}2)$$

$$M^{\dot{+}} + M^{\dot{-}} \longrightarrow M^* + M \qquad (5\text{-}3)$$

一个气体分子型离子被一个电子中和时，约释放出 $8\sim15$ eV 的能量，此值相当于原子（或分子）的电离电位（$5\sim25$ eV）和 2 倍的键解离能（$2\sim10$ eV）。因此，一个孤立的激发分子可以重新电离或从分子内直接除去小分子（例如 H_2 或 CH_4），但是大多数情况下倾向于产生激发的自由基。在气体压力较高或凝聚态体系中，分子间的频繁碰撞及内转换过程迅速地将激发分子转变到最低激发态，低激发态分子仍可发生分解反应，或被猝灭。

离子自由基被中和时，形成激发的自由基：

$$R^{\dot{+}} + e^- \longrightarrow R^{\dot{\neq}} \qquad (5\text{-}66)$$

激发自由基比一般自由基具有更高的活性。

另一类离子中和反应是离子首先与邻近的中性分子形成紧密结合的离子-分子复合物，中和时复合物内两分子间发生化学变化：

$$A \cdot B^+ + e^- \longrightarrow C + D \qquad (5\text{-}67)$$

在中和时，原初离子也可发生其他离子过程，例如离子-分子反应（5-70），这时中和反应可用下式表示：

$$CH_3I^{\dot{+}} + e^- \longrightarrow CH_3I^* \qquad (5\text{-}68)$$

$$CH_3I + e^- \longrightarrow CH_3 \cdot + I^- \qquad (5\text{-}69)$$

$$CH_3I^{\dot{+}} + RH \longrightarrow CH_3IH^+ + R \cdot \qquad (5\text{-}70)$$

$$CH_3IH^+ + I^- \longrightarrow CH_3 \cdot + HI + I \cdot \qquad (5\text{-}71)$$

自然界中的极光现象就是太阳发出的高能粒子进入地球磁场后，被磁力作用带到南北两极，并与那里的大气分子碰撞产生 O_2^+ 和电子，而发生中和反应发出的光。

2. 离子解离和重排

离子解离已由质谱研究证实,在质谱仪中,由电子轰击产生的离子在很大程度上可以分解为各种产物,如苯的质谱有三种丰度较大的离子:$C_6H_6^{\cdot+}$(66%),$C_4H_4^+$(13%)和 $C_6H_5^+$(9%),它们分别由电子轰击苯分子及离子解离过程产生:

$$C_6H_6 \xrightarrow{e^-} (C_6H_6^{\cdot+})^* + 2e^- \tag{5-72}$$

$$(C_6H_6^{\cdot+})^* \longrightarrow C_6H_5^+ + \cdot H \tag{5-73}$$

$$(C_6H_6^{\cdot+})^* \longrightarrow C_4H_4^{\cdot+} + C_2H_2 \tag{5-74}$$

由于能量和电荷在离子内部迁移,使得离子解离过程具有下列特点:

(1) 离子解离不一定发生在最初的作用位置上,通常在弱键处的键断裂容易发生。

(2) 离子解离产物多样化,例如

$$(\cdot C_4H_{10}^+)^* \begin{cases} \longrightarrow C_3H_7^+ + \cdot CH_3 & \text{(5-75a)} \\ \longrightarrow C_2H_5^+ + \cdot C_2H_5 & \text{(5-75b)} \\ \longrightarrow \cdot C_3H_6^+ + CH_4 & \text{(5-75c)} \end{cases}$$

不难看出,离子解离可以形成自由基产物[如反应(5-75a)和(5-75b)]和分子产物[如反应(5-75c)]。但无论生成何种产物,正电荷总是隶属在电离电位较小的碎片上。从表 5.3 可知,上述过程中,正电荷应落在较大的解离碎片上。

(3) 在气体条件下,离子解离过程可以缓发 10^{-5} s;液体情况则与之不同,在液体中,一个分子每秒钟碰撞约为 10^{13} 次,离子可迅速失去活化能,只有最快的解离过程才能发生,因此在液体中大部分原初离子被保留下来。

(4) 增加了其他离子过程与解离反应的竞争。

已有证据证明,在离子解离的同时常常伴有重排过程,例如

$$[C_6H_5—CH_2CH_3]^+ \xrightarrow{-H, -C_2H_2} [C_6H_7]^+ \xrightarrow{-H_2} [C_6H_5]^+ \tag{5-76}$$

在 $C_6H_5^+$ 中已包含了原属支链的碳原子。又如在质谱仪中,电子轰击氘标记的甲苯分子时,可同时观测到含氘的 CH_3^+ 和 $C_6H_5^+$ 离子存在(见表 5.4)。说明离子在解离过程中发生重排,否则无法解释上述结果。

3. 离子-分子间的电荷转移反应

分子间的电荷转移首先是在气相中发现的。例如,用慢电子轰击 1∶1 的 He-Ne 混合气体,在压力较低时,$He^{\cdot+}/Ne^{\cdot+}=2$,随着压力增加,$He^{\cdot+}/Ne^{\cdot+}$ 值下降(图 5.5)。随着体系压力增加,$He^{\cdot+}$ 和 Ne 碰撞发生电荷转移:

$$He^{\cdot+} + Ne \longrightarrow He + Ne^{\cdot+} \tag{5-77}$$

导致 $He^{\cdot+}/Ne^{\cdot+}$ 值下降。

对于下述反应:

$$A^{\cdot+} + B \longrightarrow A + B^{\cdot+} \tag{5-78}$$

表 5.3　一些化学粒种的电离电位

化学粒种	电离电位		化学粒种	电离电位	
	/eV*	/(kJ·mol^{-1})		/eV*	/(kJ·mol^{-1})
H	13.60	1312.2	HBr	11.6	1119.3
D	13.60	1312.2	C_3H_6	9.7	936.0
F	17.4	1678.9	$CH_2=CHCH_2CH_3$	9.6	926.3
Cl	13.0	1254.4	C_2H_2	11.4	1100.0
Br	11.8	1138.6	C_6H_6	9.2	887.7
I	10.4	1003.5	$CH_3C_6H_5$	8.8	849.1
He	24.59	2372.6	$C_2H_5C_6H_5$	8.8	849.1
Ne	21.56	2080.3	萘	8.1	781.6
Ar	15.76	1520.7	环己烷	9.9	955.3
Kr	14.00	1350.7	$CH_2=CH-CH=CH_2$	9.1	878.1
Xe	12.13	1170.4	CD_4	12.7	1225.4
H_2	15.4	1485.9	$CHCl_3$	11.4	1100.0
D_2	15.5	1495.6	CH_3Cl	11.3	1090.3
N_2	15.6	1505.2	CH_3Br	10.5	1013.1
O_2	12.1	1167.5	CH_3I	9.5	916.6
HI	10.4	1003.5	n-C_4H_{10}	10.6	1022.8
O_3	12.3	1186.8	i-C_4H_{10}	10.6	1022.8
CO_2	13.8	1331.6	C_2H_4	10.5	1013.1
N_2O	12.9	1244.7	CH_3COCH_3	9.7	936.0
H_2O	12.6	1215.8	CH_3CH_2OH	10.5	1013.1
H_2S	10.4	1003.5	·OH	13.7	1321.9
NH_3	10.2	984.2	HO_2·	11.5	1109.6
SO_2	12.3	1186.8	·CH_3	10.0	964.9
Cl_2	11.5	1109.6	·C_2H_5	8.7	839.5
Br_2	10.6	1022.8	t-C_4H_9·	6.9	665.8
I_2	9.3	897.4	·C_6H_5	9.9	955.3
NO	9.2	887.7	·CH_2	10.4	1003.5
CH_4	13.0	1254.4	·C_2H_3	8.8	849.1
C_2H_6	11.7	1128.9	n-C_3H_7·	8.1	781.6
C_3H_8	11.1	1071.0	CH_3OH	10.9	1051.7
CO	14.0	1350.9	HCHO	10.9	1051.7
HCl	12.7	1225.4	HCO_2H	11.1	1071.0

* 若将 eV 换算成 kJ·mol^{-1},则将表中各值乘以 96.49。

表 5.4　氕在 CH_3^+ 和 $C_6H_5^+$ 离子中的分布

在甲苯中氕标记的位置	含氕的 $C_6H_5^+$ 所占的份额/(%)	含氕的 CH_3^+ 所占的份额/(%)
邻位	78	21
间位	77	21
对位	76	20
α位	35	65

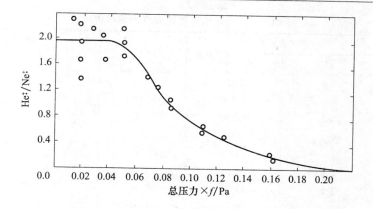

图 5.5 He^+/Ne^+ 值随总压力的变化

（f 是 mmHg 换算为 Pa 的换算因子，$f=1.333\times10^2$）

电荷转移条件为 $I_A \geqslant I_B$（I 为电离电位）。$I_{He}=24.59$ eV，$I_{Ne}=21.56$ eV，所以 He^+ 和 Ne 间的电荷转移可以发生。当 $\Delta I>0$ 时，分子间的电荷转移是释放能量的，当释放的能量足够多时，可使新形成的离子分解。例如 $I_{Ar}=15.76$ eV，$I_{CH_4}=13.0$ eV，$\Delta I=2.76$ eV，当 Ar^+ 和 CH_4 间发生电荷转移时，将释放足够的能量使新形成的 CH_4^+ 离子 $[D(CH_3-H^+)=1.3$ eV$]$ 分解为 CH_3^+ 和 $\cdot H$：

$$Ar^+ + CH_4 \longrightarrow Ar + CH_3^+ + \cdot H \tag{5-79}$$

电荷转移的另一种形式是**质子转移**。这种过程已在辐照氘标记的乙醇（C_2H_5OD）-环己烷溶液时观测到，该体系辐照后形成的氢中含有相当量的 HD，其产额明显取决于 C_2H_5OD 浓度（图 5.6）。质子转移机制可以满意地解释 HD 生成反应（5-81）是释放能量的（表 5.5）。

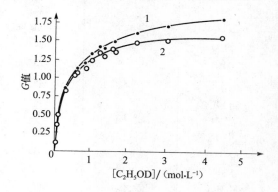

图 5.6 C_2H_5OD 浓度对 G (HD)值的影响

（1—实验值；2—对 C_2H_5OD 浓度较高时辐解直接作用产生的 HD 进行校正后的产额值）

$$C_6H_{12} \rightsquigarrow C_6H_{12}^+ + e^- \tag{5-80}$$

$$C_2H_5OD + C_6H_{12}^+ \xrightarrow{\text{质子转移}} C_2H_5ODH^+ + C_6H_{11}\cdot \tag{5-81}$$

$$C_2H_5ODH^+ + e^- \longrightarrow C_2H_5OH + \cdot D \tag{5-82a}$$

$$\longrightarrow C_2H_5OD + \cdot H \tag{5-82b}$$

$$\cdot D + C_6H_{12} \longrightarrow HD + C_6H_{11}\cdot \tag{5-83}$$

对于缺氢离子，如正碳离子或烯烃母体离子，可以发生**负氢离子（H^-）转移**而达到稳定：

$$CH_3^+ + C_2H_6 \longrightarrow CH_4 + C_2H_5^+ \tag{5-84}$$

利用正电子湮没技术可以观测到正离子与它的清除剂之间的电荷转移。在正电子径迹末端的刺迹中，正离子和正电子分别与负电子反应，并发生竞争：

表 5.5　一些化学粒种的质子亲和势

化学粒种	质子亲和势		化学粒种	质子亲和势	
	/eV	/(kJ·mol^{-1})		/eV	/(kJ·mol^{-1})
H	2.6	250.9	C_3H_6	7.4	714.0
O	4.5	434.2	n-C_3H_7·	6.7	646.5
Br	5.7	550.0	i-C_3H_7·	6.5	627.2
I	6.3	607.9	C_3H_8	>5.1	>492.1
Kr	4.6	443.9	i-C_4H_8	8.2	791.2
Xe	4.9	472.8	i-C_4H_9·	6.8	656.1
H_2	3.0	289.5	c-C_5H_8	7.5	723.7
O_2	4.1	395.6	·C_6H_5	8.8	849.1
·OH	6.1	588.6	C_6H_6	6.5	627.2
NO	4.7	453.5	·NH_2	7.7	743.0
HCl	≥5.2	≥501.7	HO_2·	5.4	521.1
HBr	≥5.6	≥540.3	CH_3O·	7.1	685.1
HI	≥5.1	≥492.1	CH_3OH	7.8	752.6
SH	7.0	675.4	C_2H_5O·	7.5	723.7
CO_2	≥5.0	≥482.5	C_2H_5OH	8.4	810.5
H_2O	7.2	694.7	CH_3OCH_3	8.3	800.7
H_2S	≥7.6	≥733.3	HCHO	7.0	675.4
F	3.4	328.1	c-C_6H_{10}	7.7	743.0
Cl	5.3	511.4	c-C_6H_{11}·	7.5	723.7
NH_3	9.1	878.1	CH_3CHO	7.8	752.6
CH_3·	5.1	492.1	C_2H_5CHO	7.5	723.7
CH_4	5.2	501.7	HCO_2H	7.0	675.4
C_2H_4	6.7	646.5	CH_3CO_2H	8.0	771.9
C_2H_5·	6.2	598.2	$C_2H_5CO_2H$	8.2	791.2
C_2H_6	>5.1	>492.1	CH_3NH_2	>8.8	>849.1

$$e^+ + e^- \longrightarrow Ps \quad (正子素) \tag{5-85}$$

$$M^+ + e^- \longrightarrow M^{\neq} \tag{5-2}$$

当清除剂 S 存在时

$$M^+ + S \longrightarrow M + S^+ \tag{5-86}$$

如果 S^+ 具有下列特性（或下列特性之一）：①S^+ 可在同种分子间迅速发生电荷转移，②S^+ 和 M^+ 扩散速度不同，③S^+ 和 M^+ 对 e^- 的俘获半径不同，则正离子清除剂存在必将影响正子素谱。一些极性的正离子清除剂，在较高浓度时在刺迹中形成分子簇团，而使正电子陷落或溶剂化，从而也将影响正子素的生成。

电荷转移可在离子、分子碰撞的瞬间发生，也可能是粘着效应或形成碰撞络合物。后者的电荷转移过程如同分子内的电荷转移一样，形成的碰撞络合物在分子振动周期内可不发生解离，其寿命可用下式估算：

$$\tau = 10^{-13} \left(\frac{E_B + RT}{kT} \right)^{\alpha-1} \quad (s) \tag{5-87}$$

式中，E_B 是形成碰撞络合物的两实体之间的结合能，α 是碰撞络合物的振动自由度，R、k、T 分别为摩尔气体常数、玻尔兹曼常数和热力学温度。

惰性气体的 $\alpha = 1$，用(5-87)式可估算出其离子的寿命为 10^{-13} s。对于其他的碰撞络合物，其寿命取决于 E_B 和 α（表 5.6）。

表 5.6 碰撞络合物的寿命与 E_B 和 α 的关系

E_B/eV \ τ/s \ $\alpha-1$	3	6	9	12
0.25	1.33×10^{-10}	1.77×10^{-7}	2.35×10^{-4}	3.13×10^{-1}
0.5	9.25×10^{-10}	8.55×10^{-6}	7.9×10^{-2}	
0.75	2.98×10^{-9}	8.83×10^{-5}	2.63×10^{-1}	
1	6.88×10^{-9}	4.73×10^{-4}		
2	5.32×10^{-8}	2.83×10^{-2}		
3	1.77×10^{-7}	3.13×10^{-1}		

由上可知，对于多原子分子，它们的电荷转移在时间为秒的数量级内完成。这样，就可能有其他化学过程与之竞争，例如碰撞络合物可按反应(5-67)被中和。

在固体内，电荷转移可在有序排列的同类分子（或原子）间连续进行：

$$M^+ \xrightarrow{M} M^+ \xrightarrow{M} M^+ \xrightarrow{M} \cdots\cdots \tag{5-88}$$

如果晶体内含有一个杂质分子 S，且 $I_M > I_s$，则电荷转移过程就被终止：

$$M^+ \xrightarrow{M} M^+ \xrightarrow{M} M^+ \xrightarrow{S} S^+ + M \tag{5-89}$$

4. 离子-分子反应

离子-分子反应是离子与中性分子间发生的化学过程：

$$AB^+ + CD \longrightarrow [AB^+ \cdot CD] \longrightarrow ABC^+ + D\cdot \tag{5-90}$$

在高压气相和液相辐射化学过程中，离子-分子反应是非常重要的反应。例如，在水溶液中：

$$H_2O^+ + H_2O \longrightarrow H_3O^+ + \cdot OH \tag{5-91}$$

产生的 ·OH 自由基将与溶质反应导致化学变化。离子-分子反应在质谱测定中早已被发现，它的主要证据是由测定离子强度对压力的依赖性得到的。当离子-分子反应发生时，产物离子（次级离子）的强度和压力的平方成正比。初级离子的强度和压力的一次方成比例。

根据定义，电荷转移实际上也是一种离子-分子反应。此外，离子-分子反应还常发生下列过程：

（1）抽 H（或 H 转移）过程

这种过程必须满足热化学[①]条件，例如

---

① 热化学(thermochemistry)：是以热力学的观点研究化学。用各种量热方法准确测量物理、化学以及生物过程的热效应，从而根据热效应来研究有关现象及其规律性。热化学里所讨论的化学反应，都是在一定条件下只做膨胀功，而不做非膨胀功（如电功）的反应。

$$HBr^+\!\cdot + HBr \longrightarrow H_2Br^+ + Br\cdot \tag{5-92}$$

$$CH_4^+\!\cdot + CH_4 \longrightarrow CH_5^+ + CH_3\cdot \tag{5-93}$$

$$H_2O^+\!\cdot + CH_4 \longrightarrow H_3O^+ + CH_3\cdot \tag{5-94}$$

$$CH_4^+\!\cdot + C_2H_6 \longrightarrow CH_5^+ + C_2H_5\cdot \tag{5-95}$$

$$H_2O^+\!\cdot + H_2O \longrightarrow H_3O^+ + \cdot OH \tag{5-96}$$

(2) H_2 转移过程

H_2 转移过程已在气相和凝聚相的烷烃体系中观察到,可用下列通式表示:

$$\cdot C_nH_{2n+2}^+ + R \longrightarrow \cdot C_nH_{2n}^+ + RH_2 \tag{5-97}$$

R 可以是环丙烷或较低级的烯烃。

研究 H_2 转移反应的困难在于,必须从其他过程(如自由基过程等)产生的同种产物中把 H_2 转移产物区分出来。例如,当 $i\text{-}C_5H_{12}\text{-}(CD_2)_3$(或 $i\text{-}C_5H_{12}\text{-}C_3D_6$)体系辐照时,$H_2$ 转移过程生成 $CD_2HCD_2CD_2H$(或 CD_3CDHCD_2H):

$$i\text{-}C_5H_{12}^+\!\cdot + (CD_2)_3 \longrightarrow i\text{-}C_5H_{10}^+\!\cdot + CD_2HCD_2CD_2H \tag{5-98}$$

$$i\text{-}C_5H_{12}^+\!\cdot + CD_3CDCD_2 \longrightarrow i\text{-}C_5H_{10}^+\!\cdot + CD_3CDHCD_2H \tag{5-99}$$

但是,$CD_2HCD_2CD_2H$ 或 CD_3CDHCD_2H 也可能由 H 转移和自由基过程产生:

$$i\text{-}C_5H_{12}^+\!\cdot + CD_3CDCD_2 \longrightarrow i\text{-}C_5H_{11}^+ + \cdot C_3D_6H \tag{5-100}$$

$$\cdot C_3D_6H + i\text{-}C_5H_{12} \longrightarrow C_3D_6H_2 + i\text{-}C_5H_{11}\cdot \tag{5-101}$$

加入自由基清除剂,例如氧,可以抑制自由基过程。H_2 转移与离子中和是一组竞争反应:

$$i\text{-}C_5H_{12}^+\!\cdot + e^- \longrightarrow i\text{-}C_5H_{12}^* \tag{5-102}$$

$$i\text{-}C_5H_{12}^+\!\cdot + (CD_2)_3 \longrightarrow i\text{-}C_5H_{10}^+\!\cdot + CD_2HCD_2CD_2H \tag{5-98}$$

电子清除剂(如 CCl_4)存在时,将能提高 H_2 转移产物的产额。

对不同的 H_2 接受体,H_2 转移反应的效率不同,例如,对含 3% C_2D_2、C_2D_4、C_3D_6 或 C_4D_8 和 $1.013\,25\times10^5\,Pa$ 氧的 $i\text{-}C_5H_{12}\text{-}i\text{-}C_5D_{12}\text{-}CCl_4$(1∶1∶0.06)混合物进行辐照时,$H_2$ 转移反应的相对效率变化如表 5.7 所示。

表 5.7　不同 H_2 接受体对应的 H_2 转移反应效率

H_2 接受体	$(CD_2)_3$	C_2D_4	$CD_2{=}CDCD_3$	$CD_2{=}CDCD_2CD_3$	C_2D_2	$CD_3CD{=}CDCD_3$
相对效率/(%) (液相,195 K)	2.4	1.4	1.0	0.9	0.77	<0.1

(3) 碳碳键的形成和断裂

正碳离子和烯烃的母体离子与中性分子反应时,离子和中性分子之间可以先形成碳碳键,然后通过键断裂生成新的产物,例如

$$CH_3^+ + CH_4 \longrightarrow C_2H_5^+ + H_2 \tag{5-103}$$

$$\cdot C_2H_4^+ + C_2H_4 \longrightarrow C_3H_5^+ + CH_3\cdot \tag{5-104}$$

借助于离子-分子反应可以解释 CH_3I 质谱(表 5.8),谱中次级离子的出现,可借以下离子-分子反应说明:

$$CH_3I^+\!\cdot + CH_3I \longrightarrow [CH_3ICH_3]^+ + I\cdot \tag{5-105}$$

$$HI^{\cdot+} + CH_3I \longrightarrow CH_3I_2^+ + {\cdot}H \tag{5-106}$$

$$I^+ + CH_3I \longrightarrow {\cdot}I_2^+ + CH_3{\cdot} \tag{5-107}$$

$$CH_2I^+ + CH_3I \longrightarrow {\cdot}I_2^+ + C_2H_5{\cdot} \tag{5-108}$$

$$CHI^+ + CH_3I \longrightarrow CHI_2^+ + CH_3{\cdot} \tag{5-109}$$

$$CI^+ + CH_3I \longrightarrow CI_2^+ + CH_3{\cdot} \tag{5-110}$$

当 $[CH_3ICH_3]^+$ 被相反电荷的粒种中和时,如 I^-（来源于 CH_3I 俘获电子）:

$$CH_3ICH_3^+ + I^- \longrightarrow 2CH_3{\cdot} + 2I{\cdot} \tag{5-111}$$

$$2CH_3{\cdot} \longrightarrow C_2H_6 \tag{5-112}$$

这说明了为什么液体 CH_3I 被 γ 辐照时乙烷是主要的辐解产物。

表 5.8　CH_3I 的质谱

初级离子	显现电位/eV	次级离子	显现电位/eV
$CH_3I^{\cdot+}$	9.55	$C_2H_6I^+$	9.5 ± 0.2
HI^+	11.1 ± 0.4	$CH_3I_2^+$	11.2 ± 0.1
I^+	13.1 ± 0.2	${\cdot}I_2^+$	13.0 ± 0.2
CH_2I^+	13.2 ± 0.2	CHI_2^+	14.3 ± 0.2
CHI^+	14.1 ± 0.2	CI_2^+	18.4
CI^+	17.5 ± 0.2		

总之,离子-分子反应,特别是放热的离子-分子反应,一般不需要活化能或只需很小的活化能。离子-分子反应的产率接近于碰撞产率。

5.3　电　　子

5.3.1　基本概念

（1）**陷阱**:溶剂分子的永久偶极子或诱导偶极子的瞬间排列。

（2）**深阱**:体系中具有最佳溶剂分子排列或排列规则和较低势能的陷阱。

（3）**浅阱**:体系中溶剂分子排列较差和势能较高的陷阱。

（4）**低能电子**(low energy electron):指能量低于介质分子电离电位,但可以诱发三重态分子等生成的电子。

（5）**热能化电子**(thermal electron):指动能与环境温度下的热能达到平衡的电子,也称干电子或准自由电子。

（6）**亚激发电子**(subexcitation electron):也叫逊激发电子,在辐射化学体系中,指能量低于介质主要组分最低激发电位的次级电子,不能再电离和激发介质主要组分分子。如果介质中还存在激发或者电离电位低于该介质最低激发电位的杂质或溶质时(浓度约 10%),亚激发电子就可能电离和激发这些杂质或者溶质。可以参与某些化学反应,如慢电子俘获、中和反应,以及同溶质反应。通过振动的方式继续慢化,变成热能化电子。热能化电子被溶剂化,生成溶剂化电子。

（7）**溶剂化电子**(solvated electron):指与周围溶剂分子之间达到平衡态构型的定域化电

子,或者在介质的深阱中陷落的低能电子,也叫深阱电子。常用 e_s^- 或 e_{sol}^- 表示。由于溶剂化电子通常在可见光区有光吸收,也称为可见光吸收电子。

(8) **陷落电子**(trapped electron):指在介质的浅阱中陷落的低能电子,也叫浅阱电子。陷落电子通常在红外区有光吸收,也称为红外光吸收电子。

陷落电子与溶剂化电子都是定域化电子,前者是一种亚稳态,有光谱移动的特征,后者是一种热力学平衡态。

5.3.2　次级电子的生成及其能量分布

受辐照的体系中,次级电子的产生主要来源于:①入射电离辐射在物质中慢化时发生的多次初级电离作用;②初级电离产生的具有能量较高的次级电子又使物质产生次级电离作用。因此,体系中电子生成可用下式表示:

$$M \rightsquigarrow M^{+\cdot} + e^- \tag{5-62}$$
$$e^- + M \longrightarrow M^{+\cdot} + 2e^- \tag{5-113}$$

对于 α 粒子和电子,初级电离事件约占 20%～30%,其余均为次级电离作用。形成的电子最初被分布在入射粒子径迹周围的刺迹、云团和 δ 电子的径迹中。

由入射电离辐射直接产生的次级电子的能谱已从理论上计算得到(表 5.9)。表 5.9 中第 2～5 行给出了大于第 1 行所示能量值的次级电子占总次级电子数的百分数。从表 5.9 亦可以看出,次级电子的能谱大致有下列特征:①不同能量的入射粒子形成的次级电子的能谱相似;②能量≤5 eV 的次级电子约占 50% 以上;③次级电子的平均能量约为 70 eV,因此能谱具有一较长的高能尾端。

表 5.9　次级电子的能谱与入射电子能量的关系

百分数/(%)　入射电子能量/eV 次级电子能量/eV	10^3	10^4	10^5	10^6
>0	100	100	100	100
>3.39	66.9	64.6	62.9	61.1
>6.77	49.0	45.1	43.9	41.6
>13.54	31.1	27.4	26.2	23.9
>27.1	17.4	14.7	14.0	12.2
>40.6	12.1	10.0	9.7	8.2
>67.7	6.6	5.4	5.7	4.7
>135.4	2.5	3.1	2.6	2.2

在次级电子中,一些电子有足够的能量产生电离作用,它们形成的电子能谱与原来的高能粒子产生的低能电子的能谱相似。

这里,**低能电子**在辐射化学中有重要意义,例如它们可以诱发三重激发态分子生成,可被具有正电子亲和势的分子(如 O_2、有机卤化物等)俘获形成负离子,可被正离子中和或者在介质中陷落成为溶剂化电子。如果把次级电子首次进入低能区时的能量分布定义为低能电子的能谱,并假设低能电子的能谱与入射粒子形成的能谱的低能部分相似,则低能电子的能谱可用下式描述：

$$f(E) = \frac{8}{3} \times \left(1 + \frac{E}{I}\right)^3 \times \frac{1}{I} \tag{5-114}$$

式中，$f(E)$ 为单位能量间隔的自由电子分布函数，E 为电子能量，I 是介质的电离电位。根据 $f(E)$ 的定义，对(5-114)式积分可得

$$\int_0^I f(E)\mathrm{d}E = 1 \tag{5-115}$$

5.3.3　低能电子的反应

1. 被母体离子再俘获

在气相中，低能电子可以行进到离母体离子较远的距离，此时，电子可能发生两种过程：

（1）被体系中的分子俘获形成负离子：若分子俘获电子的亲和能大于相关的键离解能，则负离子将迅速解离，如

$$\mathrm{I_2 + e^- \longrightarrow I\bullet + I^-} \tag{5-116}$$

（2）被体系中正离子中和：当电场存在时，离子中和过程受到抑制，产生的全部离子可以被测定。根据吸收剂量值可以算出离子的能量产率 G（离子）或平均电离功 W（即形成一个离子对所需的平均能量）。用此法测定气体的 W 值时，气体必须很纯，因为杂质可能通过能量传递产生离子。表 5.10 为一些气体的平均电离功。例如，少量 Ar（氩）存在时：

$$\mathrm{He^* + Ar \longrightarrow He + Ar\overset{\bullet}{^+} + e^-} \tag{5-117}$$

在凝聚相中，低能电子与介质分子间的频繁碰撞使它不能远离母体离子。与气相相比，它们有更多的机会被母体离子再俘获。一个低能电子与它原来的母体离子发生中和的过程称为**再俘获**。低能电子和母体离子互称为**偕离子对**(geminate ion pair)，因此再俘获过程也称为**偕离子对复合**(geminate recombination)。

由于低能电子被母体离子再俘获的概率与离子对之间的势能 $\left(\dfrac{e^2}{\varepsilon r_\mathrm{c}}\right)$ 和电子热能(kT)平衡时偕离子对之间的距离 r_c 有关，即

$$\frac{e^2}{\varepsilon r_\mathrm{c}} = kT \tag{5-118a}$$

或

$$r_\mathrm{c} = \frac{e^2}{\varepsilon kT} \tag{5-118b}$$

式(5-118)就称为 **Onsager 方程**[①]。式中，r_c 为偕离子对之间的距离，也叫 **Onsager 半径**；e 为电子电荷(esu)；ε 为介质的介电常数；k 是玻尔兹曼常数；T 为热力学温度(K)。

该方程表明：①电子离母体离子的距离 r 大于 r_c 时，电场对电子的影响可以忽略，电子可看做自由电子。②r_c 越小，电子成为自由电子的概率 P_f 越大，反之概率越小。P_f 与 r_c、r 呈下列指数关系：

---

① 该方程以挪威籍美国物理化学家 Lars Onsager(1903—1976)的名字命名。

$$P_f = e^{-\frac{r_c}{r}}\qquad\qquad(5\text{-}119)$$

③r_c 与介质的介电常数 ε 有关,因此在不同介质中常常观测到不同的自由离子对产率。ε 越大,r_c 越小,越不容易发生偕离子对复合。

表 5.11 给出的是静态介电常数值。在实际体系中,电子由慢化到再俘获所需的时间一般很短($\approx 10^{-13}$ s),极性分子的定向运动跟不上电场的变化,这时 ε 值将发生变化,例如在液体水中,较合理的 ε 值为 3。为了与静态介电常数区分,用 $\dot\varepsilon$ 表示。

表 5.10　一些气体的平均电离功 W

气　体	X、γ 射线或电子	α 粒子	气　体	X、γ 射线或电子	α 粒子
	W/eV	W/eV		W/eV	W/eV
He	41.5	46.0	NH_3	35	—
Ne	36.2	35.7	CCl_4	25.3	26.3
Ar	26.2	26.3	$CHCl_3$	26.1	—
Kr	24.3	24.0	SF_6	34.9	35.7
Xe	21.9	22.8	CH_4	27.3	29.1
H_2	36.6	36.2	C_2H_2	25.7	27.3
N_2	34.6	36.39	C_2H_4	26.3	28.03
O_2	31.8	32.3	C_2H_6	24.6	26.6
空气	33.97	34.98	C_3H_6	27.8	—
Cl_2	23.6	25.0	C_4H_{10}	—	24.8
Br_2	27.9	—	C_6H_{14}	22.4	—
HCl	24.8	27.0	C_2H_5OH	—	32.6
HBr	24.4	27.0	CH_3Br	28.7	34.6
CO_2	32.9	34.1	CH_3I	27.3	—
N_2O	—	35.7	C_2H_5Cl	25.6	—
H_2O	30.1	37.6	C_2H_5Br	25.6	—

表 5.11　溶剂的介电常数 ε 对 r_c 的影响

溶　剂	介电常数 ε	r_c/nm
水	80.4	0.7
甲醇	32.6	1.7
乙醇	24.3	2.3
乙醚	4.27	13
己烷	1.89	29

一个电子在母体离子的库仑场中究竟能移动多远距离呢?根据对气体的研究结果,能量为 $1\sim 10$ eV 电子的散射截面约为 10^{-16} cm^2,因此可把电子在正离子库仑场中的运动看做具有很短平均自由程的无规则运动,并且电子与正离子的距离在不断地变化,电子与母体离子的距离可用平均 r^2 表示。假设在 Δt 时间内电子通过 Δn 个平均自由程,则平均 r^2 变化为

$$\Delta(r^2) = L^2 \Delta n\qquad\qquad(5\text{-}120)$$

当 $\Delta t \rightarrow 0$ 时

$$dn = dr^2/L^2 \tag{5-121}$$

式中,L 为电子的平均自由程。

　　低能电子在介质中作无规则运动时,它们与运动路径上的分子碰撞而失去动能。假设电子与介质分子每碰撞一次的能量损失率为 λ,并考虑到电子是在母体离子库仑场中向外运动,电子离开正离子必须克服正离子的库仑场,并要损失能量,则每次碰撞的能量损失可表示为

$$dE/dn = -\lambda E - \frac{e^2}{\dot{\varepsilon} r^2} \cdot \frac{dr}{dn} = -\lambda E - \frac{e^2}{2\dot{\varepsilon} r^3} \cdot \frac{dr^2}{dn} \tag{5-122}$$

将(5-121)式代入(5-122)式,得

$$\frac{dE}{dr^2} = -\frac{\lambda E}{L^2} - \frac{e^2}{2\dot{\varepsilon} r^3} \tag{5-123}$$

式(5-123)表示电子在母体离子库仑场中向外移动单位 r^2 距离的能量损失。在一般情况下,L 和 λ 为能量 E 的函数。若 λ、L 值为已知,则可求得(5-123)式的数值解。例如液体水,可近似估计出 $L \approx 10^{-8}$ cm,$\lambda \approx 0.025 \sim 0.05$,$\dot{\varepsilon} = 3$。假设电子距离母体离子 0.1 nm 时的能量 $E = 15$ eV,当 λ 取 0.025 时,求得电子动能小于库仑位能时 $r \approx 1.76$ nm。如 λ 取 0.05,则 $r \approx 1.25$ nm。可见,电子被母体离子再俘获的可能性是很大的。

　　在此过程中,电子慢化所需的时间可由下式积分求得:

$$t = \int ds/v \tag{5-124}$$

$$ds = Ldn = dr^2/L \tag{5-125}$$

可得

$$t = \int dr^2/Lv = \left(\frac{m}{2}\right)^{\frac{1}{2}} \int \frac{dr^2}{LE^{\frac{1}{2}}} \tag{5-126}$$

式中,ds 为电子移动的距离,v、m 分别为电子的速度和质量。假设电子的初始能量 $E = 15$ eV,$L = 10^{-8}$ cm,$\lambda = 0.025$,$\dot{\varepsilon} = 3$,则利用(5-123)式得到的 E-r^2 图和(5-126)式求得 $t = 2.83 \times 10^{-14}$ s。

　　电子在中心电场返回母体离子时,径向速度为

$$-\frac{dr}{dt} = \frac{1}{2} at = \frac{1}{2} \frac{ze}{m} \frac{L}{v} = \frac{e^2 L}{2mv\dot{\varepsilon} r^2} \tag{5-127}$$

式中,a 为加速度;z 为电场强度;L 为电子的平均自由程;r 是电子与母体离子之间的距离;e 和 m 分别是电子的电荷和质量;v 是电子速度,其值与电子的能量有关。

　　当电子的能量为热能时

$$v = (3kT/m)^{\frac{1}{2}} \cdot (8/3\pi)^{\frac{1}{2}} \tag{5-128}$$

电子返回母体离子的速度最大,因此所需的时间最小。

$$t_{min} = -\int_R^0 \frac{(3mkT)^{1/2}\dot{\varepsilon} r^2 dr}{0.46 e^2 L} = \frac{(mkT/3)^{1/2}\dot{\varepsilon} R^3}{0.46 e^2 L} \tag{5-129}$$

R 为电子与母体离子的距离。

　　当电子能量不大于库仑势能($e^2/\dot{\varepsilon} r$)时,其速度为

$$v = (2e^2/m\dot{\varepsilon}r)^{1/2} \tag{5-130}$$

电子返回母体离子所需最大时间

$$\frac{dr}{dt} = -\frac{e^2 L}{2mv\dot{\varepsilon}r^2} = -\frac{eL}{2(2m\dot{\varepsilon}r^3)^{1/2}} \tag{5-131}$$

若 L 取值 10^{-8} cm,将(5-131)式积分,得

$$t_{max} = \frac{(8m\dot{\varepsilon}R^5)^{1/2}}{2.5 \times 10^{-8}e} \tag{5-132}$$

利用(5-129)和(5-132)式可以求得电子离母体离子 R 处返回母体离子所需的时间(表 5.12)。

综上所述,在水中电子可以远离母体离子的距离约 1.76 nm,它们从慢化到重新返回母体离子约需 10^{-13} s(表 5.12),因此它们被再俘获的概率很大,这与液体水中有较高的溶剂化电子产率相矛盾。实际上,电子再俘获是一个很复杂的问题,因为体系中还可能存在一些快速的竞争过程,例如电子陷落和溶剂化过程,此过程约需 $10^{-13} \sim 10^{-11}$ s。有文献报道,电子在水中的溶剂化时间为 $\leqslant 3 \times 10^{-13}$ s。

表 5.12　电子离母体离子距离 R 处返回母体离子所需时间($L=10^{-8}$ cm,$\dot{\varepsilon}=3$,$T=300$ K)

R/nm	t_{min}/s	t_{max}/s
0.5	1.25×10^{-15}	6.89×10^{-15}
1.0	1.00×10^{-14}	3.90×10^{-14}
2.0	8.02×10^{-14}	2.20×10^{-13}
3.0	2.71×10^{-13}	6.08×10^{-13}
4.0	6.42×10^{-13}	1.24×10^{-12}
5.0	1.25×10^{-12}	2.18×10^{-12}
10.0	1.00×10^{-11}	1.23×10^{-11}
1.25	1.96×10^{-14}	6.81×10^{-14}
1.76	5.47×10^{-14}	1.60×10^{-13}

根据普拉兹曼(Platzman)理论,电子慢化时,它的能量用于引起偶极子的振动和水分子的转动。当引起偶极子振动使电子能量下降到 0.2 eV 时,电子离母体离子距离大于 5 nm,所需时间为 10^{-12} s。当电子能量因引起水分子转动而进一步下降到 0.025 eV 时,约需 10^{-11} s,相当于水分子的弛豫时间,这样,电子可被溶剂化而不被母体离子俘获。但电子的慢化机理究竟如何? 还需作进一步研究。

2. 电子溶剂化

当室温脉冲辐照液体脂肪醇时,在 $500 \sim 800$ nm 的波长范围内出现溶剂化电子(e_{sol}^-)的最大吸收峰。它们通过下列过程逐渐消失:

$$e_{sol}^- + ROH \longrightarrow RO^- + \cdot H \tag{5-133}$$

寿命约几毫秒(ms)。但是在低温辐照的液体和玻璃体中,电子的吸收光谱在可见光区没有出现最大吸收,而是一直向红外光区方向延伸(图 5.7)。如图 5.7 所示,随时间推移,电子的红外吸收谱发生蜕变,同时可见光区电子吸收谱强度增加,最后在 550 nm 波长处形成最大吸收峰。电子的可见光吸收谱以 $5\%/\mu$s 速率缓慢消失,消失时谱形不变,约几十毫秒后吸收降至零。

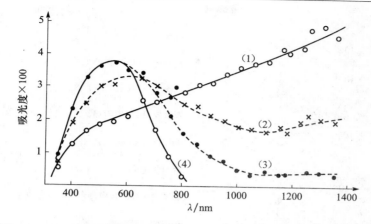

图 5.7　脉冲辐照正丙醇的电子瞬态吸收光谱(脉冲宽度 5 ns,−120 ℃)
〔(1)脉冲结束后立即测试;(2)脉冲后 65 ns 时测试;(3)脉冲后 200 ns 时测试;(4)脉冲后 1 μs 时测试〕

在低温下电子光谱的特征可以用预陷阱理论解释。此理论认为,低温的液体和玻璃体中,溶剂分子的永久偶极子或诱导偶极子的瞬间定向(或排列)可以形成许多电子的陷阱,陷阱的势能与溶剂分子的规则排列程度有关。一般说来,体系中具有最佳溶剂分子排列和较低势能的陷阱(深阱,T_d)的数目比排列较差和势能较高的陷阱(浅阱,T_s)要少,所以电子慢化后大多数将陷落在浅阱中。由于红外光吸收电子(e_{IR}^-)陷落在浅阱中,所以也称为**浅阱电子**(e_{st}^-);而可见光吸收电子(e_{vis}^-)陷落在较深的陷阱中,故称为**深阱电子**(e_{dt}^-)或**溶剂化电子**。浅阱电子和深阱电子都是定域化电子。前者与周围溶剂分子之间没有达到平衡态构型,是一种亚稳态,有光谱移动的特征;后者是一种热力学平衡态,电子与周围溶剂分子之间已达到平衡态构型。例如,在 154～118 K 的低温辐照正丙醇时,发现红外光吸收电子的蜕变速率与可见光吸收电子的增长速率相同,并且都遵循一级动力学,因此可以认为这些变化起源于同一过程,即

$$e_{st}^- \longrightarrow e_{dt}^- \tag{5-134}$$

所以,浅阱电子也称前溶剂化电子。

根据对电子慢化和溶剂化机理的讨论,随时间变化水中一个从母体离子逐出的电子到溶剂化以及最后产物的过程可用图 5.8 表示。由图可知,高能电子与水分子作用过程中能量从 $10^4～10^6$ eV 慢化成能量为 $10～10^3$ eV 的次级电子,然后在 10^{-16} s 内转化为亚激发电子(能量<10 eV),很快慢化为热能化电子(能量约 1 kT),并被水分子捕获并溶剂化,成为水化电子。从刺迹中扩散出来的水化电子发生后续反应,生成可能的辐解产物。

3. 电子加成反应

电离作用产生的高能电子与分子碰撞时几乎不被分子俘获,该过程实际上对辐照产生的化学变化没有贡献。低能电子(在气相中电子能量小于 $\frac{1}{3}$ eV,液相中约为 $\frac{1}{4}$ eV)很容易被一些分子俘获形成负离子。这些分子通常具有正的电子亲和势或低能电子空轨道,主要是卤素、有机卤化物、氧、液体水和醇类。在径迹中,这些分子与低能电子起反应,正离子也与低能电子起反应,这两种反应发生竞争:

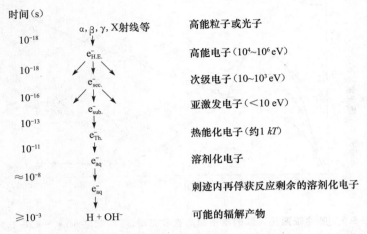

图 5.8　辐照后电子在不同时标下的变化过程

$$M + e^- \longrightarrow M\cdot \qquad\qquad\qquad (5\text{-}135)$$

$$M\overset{+}{\cdot} + e^- \longrightarrow M^{\neq} \qquad\qquad\qquad (5\text{-}2)$$

在径迹膨胀扩散前,以反应(5-2)式为主;随着径迹扩散,反应(5-135)式将变得重要起来。形成的负离子可与正离子中和:

$$M\overset{+}{\cdot} + M\overset{-}{\cdot} \longrightarrow M^* + M(\text{或 } M^*) \qquad\qquad (5\text{-}3)$$

M^* 的激发能小于 $M^{\neq}$,但是随 M 的电子亲和势降低而增大。

电子加成反应大致可分成以下三种类型:

(1) $M + e^- \longrightarrow M\overset{-}{\cdot}$

这类反应的必要条件是形成负离子释放的电子亲和势小于母体分子有关键的离解能。氧是发生这类反应的典型物质。O_2 俘获电子的阈能接近于零(表 5.13),电子亲和势为 0.6 eV(表 5.14),小于 O==O 键的离解能 5.1 eV(见表 5.15),因此俘获电子后形成 $\cdot O_2^-$ 离子。

$$O_2 + e^- \longrightarrow \cdot O_2^- \qquad\qquad\qquad (5\text{-}136)$$

在反应(5-135)或(5-136)中,没有排除电子过剩能量的过程,因此这类电子俘获实质上是共振俘获[①]过程。

(2) $M + e^- \longrightarrow R\cdot + X^-$

一些分子的电子亲和势大于分子中相关的化学键的离解能,这些分子俘获电子形成负离子时发生键断裂,例如

$$I_2 + e^- \longrightarrow I\cdot + I^- \qquad\qquad\qquad (5\text{-}137)$$

$$C_2H_5I + e^- \longrightarrow \cdot C_2H_5 + I^- \qquad\qquad (5\text{-}138)$$

上述反应可用有关的电子亲和势和键离解能(表 5.14 和表 5.15)来解释。

---

　　① 共振俘获:也称共振吸收。定义为某些核素(如 ^{238}U)的核与具有某些特定能量的中子相互作用时,发生辐射俘获反应的截面特别大(出现共振吸收峰),致使很多中子被吸收的现象。从经典电动力学的观点来看,吸收光和发射光的基本单元是谐振子。每种谐振子都有它的固有频率,当外来电磁波的频率和谐振子的固有频率相同时,谐振子会对外来的辐射产生很强的吸收,这种吸收称为共振吸收。

表 5.13 一些气体分子俘获电子的阈能

分子	阈能/eV	分子	阈能/eV
H_2	5	NO	0
H_2O	0	HCl	0
O_2	0	Cl_2	0.25
SO_2	0	Br_2	0.2
CO	2	I_2	0.2
NH_3	0.25		

表 5.14 一些化学粒种的电子亲和势

化学粒种	电子亲和势 /eV	/(kJ·mol^{-1})	化学粒种	电子亲和势 /eV	/(kJ·mol^{-1})
H	0.8	77.2	C_2Cl_6	1.5	144.7
O	1.5	144.7	·SF_5	3.6	347.4
F	3.5	337.7	SF_6	1.5	144.7
Cl	3.7	357.0	n-C_4H_9	0.7	67.5
Br	3.5	337.7	·C_6H_5	2.2	212.3
I	3.1	299.1	C_6H_6	−1.5	−144.7
·OH	1.8	173.7	$C_6H_5CH_2$·	1.1	106.1
·NO	0.9	86.8	$(C_6H_5)_2$	−0.5	−48.3
S	2.1	202.6	$(C_6H_5)_3C$·	2.1	202.6
O_2	0.6	57.9	萘	−0.3	−28.9
F_2	2.3	221.9	蒽	0.5	48.3
Cl_2	1.4	135.1	菲	0.1	9.6
Br_2	2.1	202.6	芘	0.5	48.3
I_2	1.8	173.7	CH_3O·	0.4	38.6
·C_2H_5	1.0	96.5	C_2H_5O·	0.6	57.9
n-C_3H_7·	0.7	67.5	CH_3COO·	3.3	318.4
·CN	2.8	270.2	CH_3·	1.1	106.1
O_3	3.0	289.5	C_2H_4	−1.7	−164.0
N_2O	<1.5	<144.7	苯甲醛	0.4	38.6
·NO_2	3.9	376.3	四氯代苯醌	2.6	250.9
·NH_2	1.1	106.1	四溴代苯醌	2.6	250.9
HO_2·	3.0	289.5	苯乙酮	0.3	28.9
SO_2	1.0	96.5	苯醌	1.7	164.0
CS_2	1.0	96.5	四碘代苯醌	2.6	250.9
·CCl_3	1.4	135.1	CH_3S·	1.3	125.5
CCl_4	2.1	202.6	C_2H_5S·	1.6	154.4

表 5.15　一些键的离解能

化学键	键的离解能 D		化学键	键的离解能 D	
	/(kJ·mol^{-1})	/(eV·分子$^{-1}$)		/(kJ·mol^{-1})	/(eV·分子$^{-1}$)
H—H	431.9	4.5	$CH_3CO—CH_3$	299.1	3.1
D—D	443.9	4.6	H—F	559.6	5.8
H—H$^+$	250.9	2.6	H—Cl	424.6	4.4
HO—H	492.1	5.1	(H—Cl)$^+$	453.5	4.7
(HO—H)$^+$	598.2	6.2	H—Br	366.7	3.8
·O—H	424.6	4.4	(H—Br)$^+$	386.0	4.0
HO—OH	212.3	2.2	H—I	299.1	3.1
HO$_2$—H	376.3	3.9	(H—I)$^+$	308.8	3.2
·O$_2$—H	193.0	2.0	CH≡CH	964.9	10.0
O=O	492.1	5.1	CH≡C—H	<501.7	<5.2
CH_3—F	443.9	4.6	$CH_2=CH_2$	588.6	6.1
CH_3—Cl	337.7	3.5	$CH_2=CH—H$	434.2~511.4	4.5~5.3
HS—H	≈376.3	≈3.9	苯 C=C	801.5	8.4
$H_2N—H$	424.6	4.4	C_6H_5—H	424.6	4.4
CH_3—H	424.6	4.4	F—F	154.4	1.6
(CH_3—H)$^+$	125.4	1.3	Cl—Cl	241.2	2.5
·CH_2—H	366.7	3.8	$Cl_3C—H$	376.3	3.9
CH_3—CH_3	347.4	3.6	$Cl_3C—Cl$	279.8	2.9
C_2H_5—H	405.3	4.2	$Cl_2CH—Cl$	299.1	3.1
(C_2H_5—H)$^+$	106.1	1.1	$Br_3C—Br$	202.6	2.1
n-C_4H_9—H	424.6	4.4	CH_3—CN	434.2	4.5
t-C_4H_9—H	376.3	3.9	CH_3—NH_2	337.7	3.5
Br—Br	193.0	2.0	CH_3—SH	308.8	3.2
I—I	144.7	1.5	CH_3S—H	376.3	3.9
CH_3—Br	279.8	2.9	CH_3S—SCH_3	308.8	3.2
CH_3—I	221.9	2.3	CH_3CO_2—H	472.8	4.9
n-C_4H_9—I	202.6	2.1	(C_6H_5—H)$^+$	463.2	4.8
t-C_4H_9—I	193.0	2.0	$C_6H_5CH_2$—H	347.4	3.6
C_6H_5—I	241.2	2.5	$CH_3CO—OH$	376.3	3.9
$C_6H_5CH_2$—I	164.0	1.7	H—CH_2CO_2·	−67.5	—0.7
OHC—H	318.4	3.3	$CH_3O—OCH_3$	154.4	1.6
HCO—OH	≈376.3	≈3.9	$CH_3CO—OCCH_3$	241.2	2.5
CH_3—OH	376.3	3.9	CH_3CO_2—O_2CCH_3	125.4	1.3
$CH_3O—H$	414.9	4.3	($CH_2=CH—CH_2$)—H	318.4	3.3
$CH_3CO—H$	≈357.0	≈3.7	n-C_3H_7—H	395.6	4.1
H—CH_2CO·	≈67.5	≈0.7	i-C_3H_7—H	395.6	4.1

　　水分子的电子加成反应是十分有趣的。由于 H_2O 的电子亲和势小于 H—OH 键的离解能，因此孤立水分子（如低压水蒸气条件）不能直接俘获电子形成 OH^- 离子，即

$$H_2O + e^- \longrightarrow \cdot H + OH^- \tag{5-139}$$

但在较高水蒸气压力或液体水情况下，OH^- 离子溶剂化是放热过程，为 H—OH 键的离解提供了所需的能量，可发生以下反应：

$$H_2O_{aq} + e^- \longrightarrow e^-_{aq} \longrightarrow \cdot H + OH^-_{aq} \tag{5-140}$$

　　（3）$M + e^- \longrightarrow R^+ + X^- + e^-$

　　这类反应已在一些有机卤化物的质谱中被发现。由于形成离子对的同时释放出一个电子，所以电子的能量可在较大的范围内变化。例如，氯乙烷发生反应时电子能量接近 9 eV：

$$C_2H_5Cl + e^- \longrightarrow C_2H_5^+ + Cl^- + e^- \tag{5-141}$$

下述反应电子的最低能量为 11.2 eV：

$$C_2H_5Cl + e^- \longrightarrow \cdot C_2H_5Cl^+ + 2e^- \tag{5-142}$$

5.4　自　由　基

5.4.1　自由基的生成

　　自由基的特性都与它具有成键能力的未成对电子有关，例如自由基的顺磁性和反应性。当热解或其他方式激活的分子在共价键处发生均裂时，两个成键电子分别属于两个均裂产物，如

$$R : S \Longleftrightarrow R\cdot + \cdot S \tag{5-11a}$$

式中，实心圆点表示产物的未成对电子；$R\cdot$ 和 $\cdot S$ 为自由基，自由基包括含有成键能力未成对电子的原子、原子团、分子和离子。H 原子、Cl 原子是简单的自由基，三苯甲基自由基 $[(C_6H_5)_3C\cdot]$ 是较复杂的自由基，$\cdot O_2^-$ 是负离子自由基，$\cdot CH_4^+$ 为正离子自由基。三重激发态分子在反应时常常呈现双自由基特性。

　　1. 电离辐射法

　　电离辐射是产生自由基的重要手段。在辐射化学体系中，电离辐射作用下形成的原初产物——激发分子、离子和电子可进一步反应产生自由基，反应过程如下：

　　（1）激发分子分解

$$A^* \longrightarrow R\cdot + \cdot S \tag{5-143}$$

或

$$A^{\neq} \longrightarrow \cdot R^* + \cdot S \quad (\text{或 } R\cdot + \cdot S^*) \tag{5-144}$$

　　（2）激发分子抽氢反应

$$A^* + RH \longrightarrow AH\cdot + R\cdot \tag{5-145}$$

　　（3）激发分子电子转移反应

$$A^* + M^{n+} \longrightarrow A\dot{-} + M^{(n+1)+} \tag{5-146}$$

例如

$$D^* + Fe^{2+} \longrightarrow D\dot{-} + Fe^{3+} \tag{5-17}$$

　　（4）离子解离

$$(A\dot{+})^* \longrightarrow R^+ + \cdot S \tag{5-147}$$

例如

$$(C_4H_{10}\dot{+})^* \longrightarrow C_3H_7^+ + \cdot CH_3 \tag{5-75a}$$

$$\longrightarrow C_2H_5^+ + \cdot C_2H_5 \qquad (5\text{-}75b)$$

（5）离子-分子反应

例如

$$H_2O^{\cdot\,+} + H_2O \longrightarrow H_3O^+ + \cdot OH \qquad (5\text{-}91)$$

（6）中性分子俘获电子

例如

$$C_2H_5I + e^- \longrightarrow \cdot C_2H_5 + I^- \qquad (5\text{-}138)$$

（7）电子与离子中和，生成的激发分子可按反应（5-143）、（5-144）、（5-145）、（5-146）和（5-147）生成自由基。

2. 非辐射方法

除了辐射方法产生自由基外，下列非辐射方法也可以产生自由基。

（1）热解法或热均裂法

在很高的温度下，一些分子的共价键发生断裂，例如 I_2：

$$I_2 \rightleftharpoons 2I\cdot \qquad (5\text{-}148)$$

在温度大于 1700 ℃时，平衡向右形成 I 原子。一些有机过氧化物、偶氮化合物的分子内含有较弱的 O—O 键和 C—N ═N—C 键，它们可在较低的温度下均裂，生成自由基：

$$(H_3C)_3C\text{—}O\text{—}O\text{—}C(CH_3)_3 \xrightarrow{100\sim110\ ℃} 2(H_3C)_3C\text{—}O\cdot$$

$$\Big\downarrow \text{碎裂}$$

$$2H_3C\overset{O}{\overset{\|}{C}}\text{—}CH_3 + 2\cdot CH_3 \qquad (5\text{-}149)$$

$$H_3C\text{—}\underset{\underset{CH_3}{|}}{\overset{\overset{CN}{|}}{C}}\text{—}N\text{═}N\text{—}\underset{\underset{CH_3}{|}}{\overset{\overset{CN}{|}}{C}}\text{—}CH_3 \xrightarrow{60\sim100\ ℃} 2H_3C\underset{\underset{CH_3}{|}}{\overset{\overset{CN}{|}}{C}}\cdot \quad + N_2 \qquad (5\text{-}150)$$

偶氮二异丁腈 　　　　　　　　　　　　异丁腈基自由基

在自由基反应中，这些化合物常作为引发剂。

（2）光解离方法

一些化合物在适当波长的光辐照下发生均裂，生成自由基，例如

$$CH_3COCH_3 \xrightarrow{h\nu} CH_3\cdot + CH_3CO\cdot$$

$$\Big\downarrow$$

$$CH_3\cdot + CO \qquad (5\text{-}151)$$

$$Cl_2 \xrightarrow{h\nu} 2Cl\cdot \qquad (5\text{-}152)$$

（3）氧化还原法

过渡金属离子是有用的氧化还原剂，它们在较低温度下可使过氧化物分解，产生自由基。亚铁离子和过氧化氢混合物（又称 Fenton 试剂[①]）是著名的 $\cdot OH$ 自由基来源，反应物之间通过单电子转移把氧化性较弱的 H_2O_2 转变为氧化性较强的 $\cdot OH$ 自由基：

---

① 该试剂是英国化学家 Henry John Horstman Fenton(1854—1929)发明的，并以其名字命名。

$$H_2O_2 + Fe^{2+} \longrightarrow \cdot OH + OH^- + Fe^{3+} \tag{5-153}$$

类似的反应还有很多,例如

$$RO_2H + Fe^{2+} \longrightarrow RO\cdot + OH^- + Fe^{3+} \tag{5-154}$$

光引发的电子转移反应也能产生自由基[参看反应(5-20)和(5-21)]。

(4) 羧酸盐电解

电解羧酸盐溶液时,在阳极产生自由基:

$$RCO_2^- \xrightarrow{-e^-} RCO_2\cdot \longrightarrow R\cdot + CO_2 \tag{5-155}$$

生成的 R・自由基很活泼,容易发生偶联,生成烷烃。例如

$$2CH_3(CH_2)_2CO_2^- \xrightarrow{-2e^-} 2CH_3(CH_2)_2CO_2\cdot \xrightarrow{-2CO_2} 2CH_3(CH_2)_2\cdot$$

$$\downarrow 偶联$$

$$CH_3(CH_2)_4CH_3$$

$$\tag{5-156}$$

(5) 有机方法

如果两反应物之间发生原子转移,也可能产生自由基。例如,金属钠和卤化物在气相的反应:

$$RCl + Na \longrightarrow NaCl + R\cdot \tag{5-157}$$

在液相或固相中,键均裂生成的自由基对,最初处于周围溶剂分子的包围中(或溶剂分子产生的"笼"中),不会立刻分离。低能自由基对(可以来自低能激发态分子的均裂)往往缺少足够能量穿透溶剂分子的包围,最终自由基对将重新结合或发生歧化反应。在"笼"内发生的这些反应,使生成的自由基的利用效率(引发其他反应的效率)降低,这种现象称为**笼蔽效应**。一些能量较高的自由基对,可从溶剂分子笼中扩散出来,穿越笼壁的自由基可在整体溶液中引发其他反应。

笼蔽效应和溶剂的粘度有关。溶剂的粘度越大,自由基通过笼壁和扩散越难,停留的时间越长,因此自由基对重新结合的机会越多。温度也对笼蔽效应有影响,在较高温度下,自由基对的扩散速度增加,有利于它们穿越溶剂分子笼。偶氮化合物和过氧化二酰基,在生成两个烷基自由基或烃基自由基时失去 N_2 或 CO_2,形成的稳定分子的大小对笼蔽效应也有影响。通常,前者(脱 N_2)的笼蔽效应比后者(脱去 CO_2)大。

在气相中,因为扩散十分迅速,均裂产生的自由基对重新结合的机会很少,除非在高的压力下,一般不存在笼蔽效应。正因为如此,气相反应的产率通常比相应的液相反应的产率高,例如用 γ 射线,电子辐照水蒸气时,水分解产额 $G(-H_2O) = 8.2$,在液态水中,$G(-H_2O) = 4.45$。有关气体的辐射化学将在第 10 章详细讨论,有关液态水的辐射化学在第 7 章详细探讨。

5.4.2　自由基的性质与结构的关系

1. 自由基的结构与稳定性的关系

自由基的稳定性是指自由基或多或少离解成较小碎片,或通过键断裂进行重排的倾向。

键离解能 D 可以用来推断自由基的相对稳定性。D 值越高,自由基越不稳定。下面列出了一些自由基的相对稳定性和相应的键离解能。例如,自由基稳定性:$C_6H_5CH_2\cdot > CH_2=CH-$

$CH_2 \cdot > (CH_3)_3C \cdot > (CH_3)_2CH \cdot > \cdot CCl_3$，它们对应的 D 值分别为：$355, 369, 380, 395, 400$ kJ·mol^{-1}。

自由基的稳定性与连接在具有未成对电子碳原子上的取代基的性质和取代基的数目有关。例如对卤原子取代基而言，自由基的相对稳定性为：$I > Br > Cl > F$，$CCl_3 \cdot > CHCl_2 \cdot > CH_2Cl \cdot$。对烷基取代基来说，自由基的相对稳定性为：叔＞仲＞伯，如 $(CH_3)_3C \cdot > (CH_3)_2CH \cdot > CH_3CH_2 \cdot > CH_3 \cdot$。

有共振结构的自由基，稳定性增强。例如三苯甲基自由基，它的单电子离域分散到苯环上，能量降低，因此与甲基自由基相比，三苯甲基自由基是很稳定的。随着自由基结构中苯基或乙烯基数目增加，自由基的稳定性也增强，例如 $(C_6H_5)_3C \cdot > (C_6H_5)_2CH \cdot > C_6H_5CH_2 \cdot > CH_3 \cdot$。

一些自由基十分稳定，例如 2,4,6-三叔丁基苯氧基自由基和 2,2-二苯基-1-苦基偕腙肼自由基（简称 DPPH），其结构式见图 5.9。这些自由基的稳定性与它们的结构有密切关系。由于分子中单电子离域分散到许多碳原子上，以及空间位阻等因素，使得它们非常稳定。虽然这些自由基不会自行再复合（主要是位阻效应），但它们能与活泼的小自由基迅速反应，因此常常用做自由基清除剂。

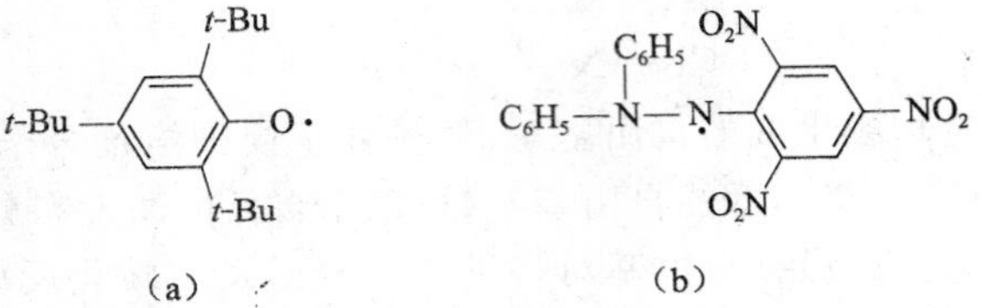

图 5.9　2,4,6-三叔丁基苯氧基自由基(a)和 DPPH(b)的结构式

2. 自由基的结构与活性的关系

自由基的活性是指自由基和其他作用物反应的容易程度，它由两个因素决定：

(1) 自由基的未成对电子定域程度。对于简单自由基，如 $\cdot H$ 和 $CH_3 \cdot$，未成对电子分布在一个很小的体积上，其定域程度高达 100%，因此它们对许多化合物都是活泼的。一些有机自由基，如三苯甲基自由基 $(C_6H_5)_3C \cdot$，未成对电子分布在一个较大的体积上，定域程度比 $\cdot H$ 和 $CH_3 \cdot$ 自由基小得多，因此其自由基性质不如 $\cdot H$ 和 $CH_3 \cdot$ 明显。

(2) 反应过程中所断裂的共价键和生成的共价键强度。例如自由基从烷烃分子的叔、仲、伯碳上抽取 H 原子时，反应活化能按叔、仲、伯的次序增加，这个顺序与键离解能的增加一致，$(CH_3)_3C—H(D=380$ kJ·$mol^{-1})$，$(CH_3)_2CH—H(D=397$ kJ·$mol^{-1})$，$CH_3CH_2—H(D=410$ kJ·$mol^{-1})$。这表明，自由基从叔、仲、伯碳上抽取 H 原子的容易程度与所断裂的键强度有关。因此，自由基抽取 H 原子的相对活性为：叔＞仲＞伯。再如卤素原子抽取 H 原子的相对活性为 $F \cdot > Cl \cdot > Br \cdot$，与形成的氢卤键的强度变化一致。

由此可知，若分子内存在可以使 C—H 键强度减弱的官能团，将会提高其与自由基反应的活性。表 5.16 列出分子中会使 α 位 C—H 键的强度减弱的官能团及其 D 值。

表 5.16　含不同官能团化合物中 C—H 键的离解能

化合物	键离解能 $D/(\text{kJ} \cdot \text{mol}^{-1})$
H—CH$_2$CN	359
H—CH$_2$OH	384
H—CH$_2$COCH$_3$	384
H—CH$_2$CH$_3$	410
H—CH$_3$	435

可见，表 5.16 中所列出的官能团可使自由基对官能团所连接的 C—H 键反应活性得到提高，活性顺序为—CN＞—OH，—COCH$_3$＞—CH$_3$。亲电性的自由基，如卤素自由基，可以与分子中电子密度较高的部位进行反应。CH$_3$· 自由基是亲核的，更倾向作用于电子密度较低的部位。例如 Cl·、CH$_3$· 对含有—CH$_2$—CH$_2$A（含吸电子基团 A，如羧基）结构分子的抽氢反应，易按下述部位进行：

$$\text{Cl·} + \text{—CH}_2(\text{CH}_2)_n\text{CH}_2\text{A} \longrightarrow \text{HCl} + \text{—}\dot{\text{C}}\text{H}(\text{CH}_2)_n\text{CH}_2\text{A} \qquad (5\text{-}158)$$

$$\text{CH}_3\text{·} + \text{—CH}_2(\text{CH}_2)_n\text{CH}_2\text{A} \longrightarrow \text{CH}_4 + \text{—CH}_2(\text{CH}_2)_n\dot{\text{C}}\text{HA} \qquad (5\text{-}159)$$

非常活泼的自由基，如 F 和 Cl 原子，对不同类型键的作用几乎没有选择性。另一方面，比较不活泼的自由基，诸如 Br 原子或 CCl$_3$· 自由基，在反应中却表现出较好的选择性。自由基的活泼性和选择性之间存在着一定的关系，往往是活泼性较好而选择性较差；反之亦然。

自由基的选择性取决于形成的新键的能量。这个键的离解能越大，自由基反应的选择性越差。温度对自由基的选择性也有影响，温度升高，选择性变差，在低温下，一些很活泼的自由基也可能具有很好的选择性。

5.4.3　自由基的反应

1. 自由基反应的特性

自由基反应可以广义地分为自由基复合过程和自由基转移过程。前者涉及两个自由基，并且生成非自由基产物；后者的过程产生一个新自由基，它们常常导致反应链产生。自由基复合过程形成一个新键（如偶联反应）或生成两个键，断裂一个键（如歧化反应），因此在能量上都是有利的。它们仅需少量活化能或不需活化能。比较稳定的自由基，如苄基自由基，复合反应往往占优势，因为它们对体系中其他分子的作用不够活泼。自由基复合过程导致反应体系中自由基消失或反应链终止。

少量自由基清除剂常常使自由基反应（包括复合和转移反应）受到抑制。在某些反应体系中，诱导期的出现常与存在少量自由基清除剂有关。例如氧是一种普遍和有效的自由基清除剂，它常常存在于反应体系中，在辐照乙醇水溶液时，它清除 CH$_3$$\dot{\text{C}}$HOH 自由基，抑制 2,3-丁二醇的生成（有关乙醇水溶液的辐射化学将在第 7 章详细介绍），因此观察到 2,3-丁二醇生成有一个诱导期。目前，自由基清除剂已被广泛用来研究自由基的性质和反应。

自由基的活性较高，它能以多种途径发生反应，生成复杂的产物，例如辐照甲醇水溶液时，·CH$_2$OH 可以发生偶联和歧化，也可能与存在的其他分子发生自由基转移。但是，也有许多体系在一定条件下，只有一种反应是主要的。这对有机合成非常有意义，虽然极性也影响自由

基反应,但自由基一般不带电,因此它们对溶剂或反应位置上的极性效应不如离子那么敏感,这就使得它们的反应具有较差的选择性。

　　2. 影响自由基反应的因素

　　(1) 位阻效应

　　从 5.4.2 节可知,自由基的稳定性和自由基的活性与自由基的结构密切相关。自由基的空间立体结构(或立体阻碍作用)是影响自由基稳定性和反应活性的原因之一。除了自由基自身结构引起位阻效应对自由基反应产生影响外,被作用物的立体位阻效应也影响自由基的反应。因此,位阻效应在自由基反应中是一个普遍的现象,它可以阻止或促进反应。例如在 Br 原子对烯烃末端的双键发生加成反应时,位阻效应对以下反应有利:

$$CH_3CH_2CH{=}CH_2 + Br\bullet \longrightarrow CH_3CH_2\overset{\bullet}{C}H{-}CH_2Br \tag{5-160}$$

对以下反应不利:

$$CH_3CH_2CH{=}CH_2 + Br\bullet \longrightarrow CH_3CH_2CHBr{-}CH_2\bullet \tag{5-161}$$

　　(2) 溶剂效应

　　溶剂对自由基反应的影响并不明显,但在某些条件下,溶剂效应的影响也会变得很显著,溶剂通常借助于下列途径影响自由基反应:①与反应自由基形成络合物,并改变其性质。②溶剂可以通过它的极化度和粘度影响自由基反应,或通过稀释效应改变反应速率。例如在脂肪族溶剂中,2,3-二甲基丁烷的光氯化反应,大约生成 60%(Ⅰ)和 40%(Ⅱ);而在苯溶剂中,(Ⅱ)和(Ⅰ)之比大于 10(在 25 ℃下),具体结果列于表 5.17。这种效应归因于溶剂和 Cl• 之间生成络合物。络合使 Cl• 的活性减弱,选择性变好。

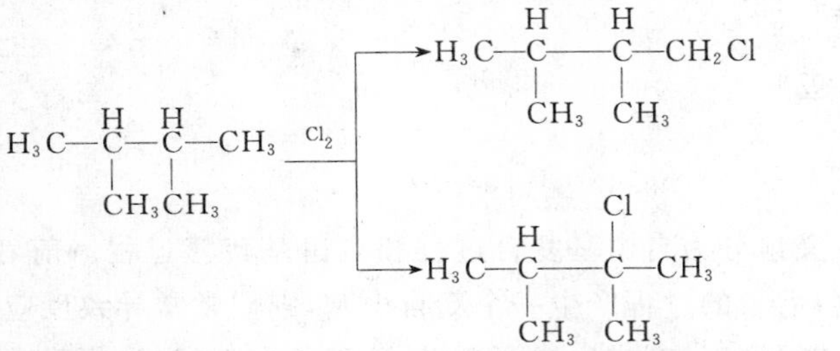

$$(5\text{-}162)$$

　　由表 5.17 可知,选择性与溶剂的浓度有关,随着溶剂浓度增加,选择性增强,选择性随温度升高而减弱。能与自由基形成氢键的溶剂,会阻止自由基与其他分子发生反应,通常会降低自由基的活性。

表 5.17　在 2,3-二甲基丁烷光氯化反应中,溶剂对 Cl 选择性夺取叔氢和伯氢的影响

溶　　剂	溶剂浓度/(mol·L^{-1})	叔/伯(25 ℃)	叔/伯(55 ℃)
2,3-二甲基丁烷	7.6	4.2	3.7
四氯化碳	4.0		3.5
二硫化碳	2.0	15	
二硫化碳	8.0	106	
二硫化碳	12.0	225	
硝基苯	4.0		4.9
苯	2.0	11	8.0

续表

溶　剂	溶剂浓度/(mol · L^{-1})	叔/伯(25 ℃)	叔/伯(55 ℃)
苯	4.0	20	14.6
苯	8.0	49	32
氯苯	4.0		10
苯甲醚	4.0		18.4
对-二甲苯	4.0		19
1,3,5-三甲苯	4.0		25

3. 自由基反应的种类

(1) 自由基重排反应

在自由基重排反应中,一个基团(或原子)从一个原子转移到同一分子中的另一个原子上,同时达到更稳定的结构。大多数自由基重排反应是在相邻的两个原子间发生(即自由基 1,2-转移),常遇到的自由基重排反应有 1,2-卤素转移和 1,2-苯基转移,例如

$$Cl_3C—\dot{C}{=\!=\!=} \xrightarrow{\text{1,2- 转移}} Cl_2\dot{C}—CCl{=\!=\!=} \qquad (5\text{-}163)$$

$$(C_6H_5)_3C—CH_2 \cdot \xrightarrow{\text{1,2- 转移}} (C_6H_5)_2\dot{C}—CH_2C_6H_5 \qquad (5\text{-}164)$$

自由基内部的其他原子和基团(如 H 和 $CH_3 \cdot$)也可以发生转移,如

$$(5\text{-}165)$$

在其他情况下,也可进行较远距离的转移,例如芳香基 1,4-转移:

$$(5\text{-}166)$$

(2) 自由基碎裂(离解)反应

自由基中心的 β 键发生断裂,生成一个较小的自由基和一个不饱和分子的过程,称为自由基碎裂反应或自由基 β-消除反应,例如

$$(5\text{-}167)$$

上例中,烷氧基自由基消除一个烷基自由基而生成一个羰基化合物,这类碎裂过程称为 β-断裂。

常见的自由基碎裂反应为脱羧基和脱羰基反应:

$$C_6H_5-\overset{\overset{O}{\|}}{C}-O-O-\overset{\overset{O}{\|}}{C}-C_6H_5 \longrightarrow 2C_6H_5\overset{\overset{O}{\|}}{C}-O\cdot$$

$$\downarrow \text{脱羧基}$$

$$2C_6H_5\cdot + 2CO_2 \tag{5-168}$$

自由基碎裂反应常常与可能发生的其他自由基过程竞争,例如烷氧基自由基的碎裂和抽氢过程存在竞争:

$$H_3C-\overset{\overset{CH_3}{|}}{\underset{\underset{CH_3}{|}}{C}}-O\cdot \xrightarrow{\text{环己烷溶剂}} \begin{cases} \overset{H_3C}{\underset{H_3C}{>}}C=O + \cdot CH_3 \text{(碎裂)} \\ \\ H_3C-\overset{\overset{CH_3}{|}}{\underset{\underset{CH_3}{|}}{C}}-OH + \bigcirc\!\!\cdot \text{(抽氢)} \end{cases} \tag{5-169}$$

在较高温度下,对碎裂反应有利,β-断裂的途径取决于所生成的自由基的相对稳定性,如

$$H_3C-\overset{\overset{CH_3\ CH_3}{|\ \ \ |}}{\underset{\underset{C_2H_5}{|}}{\underset{H}{C}}-C}-O\cdot \begin{cases} \longrightarrow H_3C-\overset{\overset{CH_3}{|}}{\underset{\underset{H}{|}}{C}}-\overset{\overset{O}{\|}}{C}-C_2H_5 + \cdot CH_3,\ \ 0.5\% & (5\text{-}170a) \\ \\ \longrightarrow H_3C-\overset{\overset{CH_3}{|}}{\underset{\underset{H}{|}}{C}}-\overset{\overset{O}{\|}}{C}-CH_3 + \cdot C_2H_5,\ \ 3\% & (5\text{-}170b) \\ \\ \longrightarrow H_3C-\overset{\overset{}{}}{\underset{\underset{O}{\|}}{C}}-C_2H_5 + \cdot\overset{\overset{CH_3}{|}}{\underset{\underset{CH_3}{|}}{CH}},\ \ 95\% & (5\text{-}170c) \end{cases}$$

(3) 自由基加成反应

自由基与不饱和烃的加成反应是自由基的一个特征反应:

$$Y\cdot + H-\overset{\overset{H}{|}}{C}=\overset{\overset{H}{|}}{C}-H \longrightarrow Y-\overset{\overset{H}{|}}{\underset{\underset{H}{|}}{C}}-\overset{\overset{H}{|}}{\underset{\underset{H}{|}}{C}}\cdot \tag{5-171}$$

在辐射化学或光化学中,Y· 自由基可由辐射或光引发产生:

$$XY \xrightarrow{h\nu} X\cdot + Y\cdot \tag{5-172}$$

加成反应所生成的自由基将进一步反应:

$$Y-\overset{\overset{H}{|}}{\underset{\underset{H}{|}}{C}}-\overset{\overset{H}{|}}{\underset{\underset{H}{|}}{C}}\cdot + H-\overset{\overset{H}{|}}{C}=\overset{\overset{H}{|}}{C}-H \longrightarrow Y-\overset{\overset{H}{|}}{\underset{\underset{H}{|}}{C}}-\overset{\overset{H}{|}}{\underset{\underset{H}{|}}{C}}-\overset{\overset{H}{|}}{\underset{\underset{H}{|}}{C}}-\overset{\overset{H}{|}}{\underset{\underset{H}{|}}{C}}\cdot \text{(链增长)} \tag{5-173}$$

$$Y-\overset{\overset{H}{|}}{\underset{\underset{H}{|}}{C}}-\overset{\overset{H}{|}}{\underset{\underset{H}{|}}{C}}\cdot + X-Y \longrightarrow Y-\overset{\overset{H}{|}}{\underset{\underset{H}{|}}{C}}-\overset{\overset{H}{|}}{\underset{\underset{H}{|}}{C}}-X + Y\cdot \text{(链转移)} \tag{5-174}$$

$$
\begin{array}{c}
\text{H H} \\
\text{Y—C—C·} + \text{Y·} \longrightarrow \text{Y—C—C—Y} \\
\text{H H}
\end{array}
\qquad （链终止）\qquad (5\text{-}175)
$$

$$
\begin{array}{c}
\text{H H} \quad \text{H H} \\
\text{Y—C—C·} + \text{·C—C—Y} \longrightarrow \text{Y—C—C—C—C—Y} \\
\text{H H} \quad \text{H H}
\end{array}
\qquad （链终止）\qquad (5\text{-}176)
$$

$$
\text{Y· + Y·} \longrightarrow \text{Y—Y} \qquad （链终止）\qquad (5\text{-}177)
$$

上述反应发生程度与 X—Y 键离解能、X—Y 的浓度以及中间自由基 $\left[\begin{array}{c}\text{H H}\\ \text{Y—C—C·}\\ \text{H H}\end{array}\right]$ 的活性有关。

自由基加成反应对极性效应不敏感,例如 Br· 和 CCl₃· 对烯烃 $XCH\!=\!CH_2$ 的加成反应中,对不同电负性的 X 基(X 取 CH_3,Cl,F,$COOCH_3$,CF_3 和 CN),加成反应均发生在末端的碳原子上,一些亲核取代基对 CCl₃· 加成到反-1,2-二苯乙烯双键的定位也无影响。自由基 R· 与不对称烯烃 $XCH\!=\!CHY$ 的加成反应,加成产物为 XĊHCHRY 或 XRCHĊHY,这主要取决于 X 和 Y 对中间体烷基自由基的相对稳定性影响。

（4）自由基抽氢反应

自由基从有机化合物中抽取 1 个一价原子的反应是经常发生的,通常从有机分子中抽取氢和卤素原子,例如

$$
\text{·OH} + CH_3OH \longrightarrow H_2O + \text{·}CH_2OH \qquad (5\text{-}178)
$$
$$
\text{·H} + CH_3I \longrightarrow HI + CH_3\text{·} \qquad (5\text{-}179)
$$

通常生成的自由基比反应的自由基稳定。所以,自由基从烷烃分子中抽取氢原子的相对活性是:叔>仲>伯。

在气相中,CH₃· 对不同氢给予体 RH 抽氢反应的相对活性,可用 Arrhenius 公式求得:

$$
\ln k = \ln A - \frac{E_a}{RT} \qquad (5\text{-}180)
$$

式中,k 代表甲基自由基抽氢反应的速率常数,A 为指前因子,E_a 为活化能。表 5.18 列出了在气相中 CH₃· 自由基与不同 RH 反应的 A 和 E_a 值。

由表 5.18 可以看出:①在烷烃中,活化能 E_a 随烷烃的支链增加而递减,因子 A 基本上保持不变,这与叔氢较易被夺取的事实相一致;②甲醇和甲醚具有相近的 A 和 E_a,这意味着夺取的氢是在这两种化合物的甲基上;③大多数醛的 E_a 值比甲醇的 E_a 低得多,A 差别很小,这表明醛类比较活泼,连接在羰基上的不稳定氢原子很容易被甲基夺取;④用氘替代氢会增加活化能。

表 5.18　甲基自由基和含氘甲基自由基对不同氢给予体(RH)的夺氢活性

氢给予体 RH	$\lg \dfrac{A}{(cm^3 \cdot mol^{-1} \cdot s^{-1})}$	$E_a/(kJ \cdot mol^{-1})$	氢给予体 RH	$\lg \dfrac{A}{(cm^3 \cdot mol^{-1} \cdot s^{-1})}$	$E_a/(kJ \cdot mol^{-1})$
CH_4^*	11.83	14.7	$n\text{-}C_3H_7\text{—}CHO$	11.8	7.3
$C_2H_6^*$	12.21	10.2	$i\text{-}C_3H_7\text{—}CHO$	12.6	8.7
$C_3H_8^*$	11.87	11.2	$n\text{-}C_4H_9\text{—}CHO$	12.1	8.0
$n\text{-}C_4H_{10}^*$	11.92	9.6	$i\text{-}C_4H_9\text{—}CHO$	12.3	8.4
$CH_3\underline{C}H^*$	11.43	8.1	$s\text{-}C_4H_9\text{—}CHO$	13.13	10.4
$CH_3\underline{C}H$	12.22	11.1	$t\text{-}C_4H_9\text{—}CHO$	13.0	10.2
$CH_3\underline{C}D^*$	11.52	9.7	$CH_3\text{—}N\underline{H}_2^*$	10.99	8.7
$c\text{-}C_5H_{10}$	12.25	9.1	$CH_3\text{—}N\underline{H}_2$	9.55	5.7
$c\text{-}C_6H_{12}$	12.47	9.5	$C_2H_5\text{—}NH_2$	11.2	7.1
CD_3COCD_3	12.07	11.1	$(CH_3)_2NH$	11.7	7.2
$C_6H_5COCH_3$	10.7	7.4	$(CH_3)_3N$	12.6	8.0
H_2CO	10.25	6.6	$CH_3O\underline{H}$	11.38	10.4
D_2CO	10.15	7.9	CH_3OOCH_3	12.56	12.0
$CH_3\text{—}CHO$	11.9	7.6	$HCOOCH_3$	10.7	8.6
$C_2H_5\text{—}CHO$	12.0	9.0			

* 表示与 $CD_3 \cdot$ 反应，$\underline{H}$ 表示被抽取的氢。

【例 5.1】　如何测定不同氢给体 RH 与甲基自由基的反应速率常数?

　　解　在溶液中,不同氢给体 RH 对甲基自由基的相对活性可以通过从 RH 抽氢的速率和从参考物四氯化碳 CCl_4 抽氯的速率比较而测得。

　　所以,当 RH 和 CCl_4 的混合物与甲基自由基作用时,发生下列竞争反应:

$$CH_3 \cdot + RH \xrightarrow{k_{(5\text{-}181)}} CH_4 + R \cdot \qquad (5\text{-}181)$$

$$CH_3 \cdot + CCl_4 \xrightarrow{k_{(5\text{-}182)}} CH_3Cl + CCl_3 \cdot \qquad (5\text{-}182)$$

甲烷生成速率:　　　　　　　　　$d[CH_4]/dt = k_{(5\text{-}181)}[CH_3 \cdot][RH] \qquad (5\text{-}183)$

一氯甲烷生成速率:　　　　　　　$d[CH_3Cl]/dt = k_{(5\text{-}182)}[CH_3 \cdot][CCl_4] \qquad (5\text{-}184)$

将方程(5-183)与(5-184)联立得

$$\frac{d[CH_4]}{d[CH_3Cl]} = \frac{k_{(5\text{-}181)}[RH]}{k_{(5\text{-}182)}[CCl_4]} \qquad (5\text{-}185)$$

当甲基自由基浓度很低时,RH 和 CCl_4 浓度可看做不变。由于 CH_4 和 CH_3Cl 最初浓度很低,因此它们与 $CH_3 \cdot$ 的反应可以忽略,则

$$\frac{k_{(5\text{-}181)}}{k_{(5\text{-}182)}} = \frac{[CCl_4]}{[RH]} \times \frac{甲烷产率}{一氯甲烷产率} \qquad (5\text{-}186)$$

根据测得的甲烷产率和一氯甲烷产率,可求得 $\dfrac{k_{(5\text{-}181)}}{k_{(5\text{-}182)}}$ 值(表 5.19)。若已知 $k_{(5\text{-}182)}$,就可得到 $k_{(5\text{-}181)}$。

表 5.19　甲基自由基在溶液中抽氢的相对活性(100 ℃)

氢给予体 RH	$\dfrac{k_{(5\text{-}181)}}{k_{(5\text{-}182)}}$	氢给予体 RH	$\dfrac{k_{(5\text{-}181)}}{k_{(5\text{-}182)}}$
苯	0.039	1-辛烷	3.2
苯甲酸甲酯	0.062	环己烷	4.8
丙酮	0.40	氯仿	11.1
甲苯	0.75	醋酸甲酯	21
四氯化碳	(1.00)		

（5）自由基偶联反应

在自由基偶联反应中，一般不需要或仅需要很少的活化能，因此形成键释放的能量等于该键的离解能。如果这部分能量不被很快消散或离域，则形成的小分子（如双原子分子）将迅速重新离解成原来的自由基，在复杂分子中，能量将按内自由度数目分配，这样能量就不会集中在某一键上而导致重新分解。在液相中，新形成的双原子分子可以通过与周围分子的频繁碰撞迅速失去能量；但在气相中，特别在很低的压力下，需要第三体 M 存在才能形成稳定的双原子分子，如

$$O\cdot + O\cdot \xrightarrow{M} O_2 + M \tag{5-187}$$

对于甲基自由基、乙基自由基以及碘原子而言，也都存在着第三体效应。乙基自由基偶联，在低压下是三级反应，但压力在 1.333 Pa 以上时就变成二级反应。有关气体的辐射化学将在第 10 章详细探讨。

在气相中，自由基偶联形成的激发分子，在重新解离时，键断裂并不一定是在新形成的键上，而是在分子内较弱的键上发生，如

$$\cdot H + \cdot C_2H_5 \longrightarrow C_2H_6^* \longrightarrow 2CH_3\cdot \tag{5-188}$$

$$\cdot C_2H_5 + I\cdot \longrightarrow C_2H_4 + HI \tag{5-189}$$

具有三个不同取代基的自由基 XYZ—C· 偶联时，偶联过程可用图 5.10(a)或(b)表示，分别生成内消旋体和外消旋体两类产物，从统计上来说，可以预期会生成等量的非对映立体异构体。当取代基在本质上是极性的或体积较庞大时，极性效应和空间效应都起作用，结果其中一种异构体的生成占优势。当溶剂笼中产生的偶联自由基比较靠近并结合（至少暂时结合）在一起时，可以预料偶联的立体过程与上述任意情况下产生的自由基偶联的立体过程不同。因为处于溶剂笼中的自由基对在发生扩散或偶联或歧化之前，都可相对于另一自由基作非平面的 180°旋转成为它的镜像。例如偶氮化合物 XYZ—C—N＝N—CXYZ 均裂生成 XYZ—C· 自由基对，并作非平面旋转形成镜像 R'·。

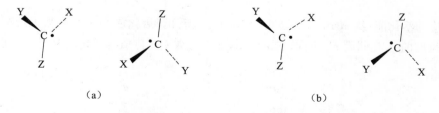

图 5.10　3 种自由基的不同偶联过程

〔(a) 内消旋体产物；(b) 外消旋体产物〕

　　因此,偶联产物为 R—R、R′—R′(光学活性的)和 R—R′(内消旋的)。表 5.20 列出了在 105 ℃苯中偶氮双-α-苯乙烷[$C_6H_5CH(CH_3)$—N $=$ N—$CH(CH_3)C_6H_5$]分解形成的非对映立体异构体的分布。

表 5.20　在 105 ℃苯中偶氮双-α-苯乙烷生成非对映立体异构体的分布

再复合反应	2,3-二苯基丁烷(产率%±1%)		
	内消旋体 R′—R	R—R	R′—R′
笼反应	48	21	31
扩散后反应	50	25	25

(6) 歧化反应

　　β-氢原子从一个自由基转移到另一个自由基,并生成非自由基产物,例如

$$\underset{\substack{|\\H}}{\overset{\substack{H\\|}}{H-C}}-\underset{\substack{|\\H}}{\overset{\substack{H\\|}}{C}}\cdot \; + \; \underset{\substack{|\\H}}{\overset{\substack{H\\|}}{H-C}}-\underset{\substack{|\\H}}{\overset{\substack{H\\|}}{C}}\cdot \; \longrightarrow \; \underset{\substack{|\\H}}{\overset{\substack{H\\|}}{H-C}}-\underset{\substack{|\\H}}{\overset{\substack{H\\|}}{C}}-H \; + \; \overset{\substack{H\quad H\\|\quad\;\;|}}{\underset{\substack{|\quad\;\;|\\H\quad H}}{C=C}} \tag{5-190}$$

这种反应称为歧化反应。由于该过程断裂 1 个键,形成 2 个键,因此在能量上对反应有利。活性分子均裂产生的自由基对,最初处于溶剂分子笼中,因此自由基对间存在偶联、歧化和扩散的竞争过程,偶联和歧化间的竞争也同样存在于溶剂笼外。这种竞争与下列因素有关:

　　① 自由基结构:例如,不同烷基自由基的歧化速率 k_d 与偶联速率 k_c 之比(k_d/k_c)可在较大范围内变化(表 5.21)。对于无支链的自由基,偶联比歧化作用有利,但是自由基结构中支链增加时,歧化反应就变得更为重要。

表 5.21　烷基自由基的 k_d/k_c

自由基对	温度/℃	k_d/k_c
$CH_3\cdot$ + $C_2H_5\cdot$	25~240	0.04
$CH_3\cdot$ + n-Pr·	118~144	0.03
2 C_2H_5·	25~350	0.1
2 n-Pr·	25~150	0.1
2 i-Pr·	20~200	0.5
2 i-Bu·	100	0.4
2 s-Bu·	100	2.3
2 t-Bu·	100	4.6

　　② 反应的活化能:从 Arrhenius 公式(5-180)可以看出,活化能对速率常数 k 影响很大。例如,若两个反应的 A 相同而 E_a 不同,在室温下,速率常数 k 之比值随活化能差值 ΔE_a 而变化:

$$\Delta E_a = (\Delta E_a)_1 - (\Delta E_a)_2 \qquad\qquad k_d/k_c$$

2.09 kJ·mol^{-1}	1/2
4.18 kJ·mol^{-1}	1/5
6.28 kJ·mol^{-1}	1/12
8.36 kJ·mol^{-1}	1/28

歧化反应涉及 1 个化学键的断裂,因此,即使同时形成 2 个键,其活化能也可能比偶联反应的大。例如,甲基丙烯酸甲酯的聚合是由偶联和歧化两种过程终止的。其中歧化反应的活化能比偶联反应的活化能大约高 21 kJ・mol^{-1}。正因为如此,观察到的许多自由基聚合过程是靠偶联反应终止的,也就是说 k_d/k_c 很小。

(7) 电子转移反应

自由基不仅可以通过单电子转移生成,也可通过单电子转移而消失。例如

$$\cdot OH + Fe^{2+} \longrightarrow OH^- + Fe^{3+} \tag{5-191}$$

(8) 自由基与氧的反应

自由基的自氧化反应比较普遍地存在于日常生活中。例如,自氧化过程引起的橡胶和塑料的老化,使它们的使用寿命大大缩短,油脂自氧化导致酸败,产生有害的有机过氧化物。自氧化过程最初可由光或热引发,引发剂可能是杂质或次要成分,也可能是主要成分。

$$引发剂 \xrightarrow{h\nu \text{ 或加热}} X\cdot \tag{5-192}$$

$$X\cdot + RH \longrightarrow HX + R\cdot \tag{5-193}$$

单重态氧$^1O_2$ 不是自由基,但可与有机化合物或有机自由基反应生成有机过氧化物(hydroperoxide),然后分解成过氧自由基。三重态氧 $^3O_2^\cdot$ 是双自由基,也可与自由基发生重合反应,所以自由基与氧的反应可以表示为

$$R\cdot + {}^1O_2 \text{ 或} {}^3O_2^\cdot \longrightarrow ROO\cdot \tag{5-194}$$

$$ROO\cdot + R_1H \longrightarrow ROOH + R_1\cdot \tag{5-195}$$

$$R_1\cdot + {}^1O_2 \longrightarrow R_1OO\cdot \tag{5-196}$$

反应(5-194)、(5-195)和(5-196)可导致链反应:

$$R\cdot + R\cdot \longrightarrow R-R \tag{5-197}$$

$$2RO_2\cdot \longrightarrow ROOR + O_2 \tag{5-198}$$

反应(5-197)和(5-198)导致链终止。以上反应在高分子辐射化学中有重要作用,有关高分子辐射化学将在第 9 章详细讨论。

过氧自由基也可发生下列反应:

$$2RO_2\cdot \longrightarrow 2RO\cdot + O_2 \tag{5-199}$$

$$RO_2\cdot + R\cdot \longrightarrow 2RO\cdot \tag{5-200}$$

$$RO_2\cdot + O_2 \longrightarrow RO\cdot + O_3\cdot \tag{5-201}$$

在较高温度下,存在下列反应:

$$RO_2\cdot \xrightarrow{RH} RO_2H \longrightarrow RO\cdot + \cdot OH \tag{5-202}$$

$$RO_2\cdot + RH \longrightarrow RO_2H + R\cdot \tag{5-203}$$

在辐照食品时,按上述历程可产生有机过氧化物,从而影响食品质量。食品都不同程度含有水,因此食品辐照生成的有机过氧化物主要有两种来源:①食品主要成分直接吸收辐射能所产生的自由基与 O_2 发生反应;②水吸收辐射能形成的活性粒子($\cdot OH$,$\cdot H$,e_{aq}^-)与食品主要成分作用所产生的自由基与 O_2 发生反应。

由于食品成分复杂,一些成分可能与形成的有机过氧化物发生反应而使产率降低,如辐照含蛋白质的脂肪食品时,蛋白质分子可与脂过氧化物反应而使过氧化物产率降低。

5.4.4　自由基的检定

测定自由基的方法通常可分为化学法和仪器法两类。由于自由基的活性很高,寿命很短,因此在检定时常常采用多种技术。例如,在化学法中,在反应被引发前,向体系中加入某些能与自由基反应的物质,然后通过鉴定最终产物来推断生成的自由基,属于间接测试法。用顺磁共振仪测定自由基时,常常使用低温技术使自由基的活性降低,是最直接和有效的测试法。下面分别介绍。

1. 化学法

自由基活性很高,能与许多物质发生反应,因此自由基清除剂常被用来检定自由基和研究自由基过程。易与自由基反应或能清除自由基的试剂就称为**自由基清除剂**。自由基清除技术在有机物辐解机理、高分子材料辐射稳定性研究、生物物质氧化过程研究中经常使用。其意义有两方面:①通过对有或无清除剂条件下生成物的分析,可以确定生成物的前体结构;②建立和简化辐照体系,从而有利于进行辐解机理的研究。

常用的自由基清除剂有 O_2、异丙醇、I_2、RI、DPPH、苯醌类化合物、含氮氧基团化合物、不饱和碳氢化合物等。其中 O_2 是最常见和最普遍存在的一种自由基清除剂,它几乎能与所有自由基反应。

使用自由基清除剂的注意事项:①使用浓度不可太高,一般约 10^{-3} mol·L^{-1},以免影响刺迹中的反应,其浓度可根据竞争反应速率常数作初步估算;②清除剂的引入不引起复杂的后续反应。

例如,辐照乙醇稀水溶液时,少量 O_2 对 2,3-丁二醇的生成有抑制作用,只有在 O_2 的浓度很低时才能生成 2,3-丁二醇。这表明 2,3-丁二醇生成是一个自由基过程,此过程由 ·OH 自由基从乙醇分子抽取 α-H 引起。根据终产物可推断有羟乙基自由基($CH_3\dot{C}HOH$)存在。

常用的自由基清除剂还有二苯苦基肼基 DPPH[其结构式见图 5.10(b)],它是一种稳定的自由基,在固态可保留很久,不与氧反应,不发生二聚合,水溶液呈紫色。它很容易与较活泼的自由基反应而使颜色发生变化,根据颜色变化可以检定自由基。甲苯也常用来检定自由基,一些自由基可以夺取甲苯分子中的 α-H,形成较稳定的苄基自由基,这些自由基最终生成二苄基。二苄基很容易被鉴定。

也有一些化合物可与自由基反应生成稳定的自由基产物(如亚硝基化合物和甲亚胺-N-氧化物),因此可用顺磁共振进行测定。发生的反应如下:

$$R· + t\text{-}C_4H_9—N=O \longrightarrow \begin{array}{c} R \\ | \\ N—\dot{O} \\ | \\ t\text{-}C_4H_9 \end{array} \tag{5-204}$$

2. 仪器法

（1）基本原理与谱图解析

电子自旋共振（electron spin resonance，ESR）,又称为**电子顺磁共振**（electron paramagnetic resonance，EPR）经常被用来直接研究自由基的生成和动力学,是一种重要的近代物理实验技术,在物理、化学、材料、生物、医学等领域有广泛的应用。它们的基本原理是由于自由基含有未成对电子,属于顺磁性物质[①],电子的自旋运动产生自旋磁矩,因此有分子磁矩。顺磁性物质可看成是无数小磁体之集合,当无外磁场作用时,小磁体取向是无序的;若有一外磁场作用时,则小磁体发生与外场平行或与外场反平行两种取向,相应的是两个不同的能级。当处于均匀外磁场中时,电子能级分裂成为高能级和低能级,这个能级分裂的过程就称为塞曼分裂(Siman splitting),两能级间的能量差为

$$\Delta E = g\beta H \tag{5-205}$$

式中,g 称为光谱分裂因子,是无量纲的因子,所以也称 g 因子,在大多数自由基中,由于分子的对称性较低或其他破坏轨道简并度的原因,自由基奇数电子的 g 值与自由电子的 g 值 $g_e =$ 2.002 32 相接近;β 称为玻尔(Bohr)磁子(9.2471×10^{-28} J·G^{-1});H 为磁场强度。当自由基样品吸收某一频率的电磁辐射时(满足 $h\nu = \Delta E = g\beta H$),处于低能级的电子将从辐射场中吸收能量跃迁到高能级上,同时产生吸收谱,具体过程如图 5.11 所示。

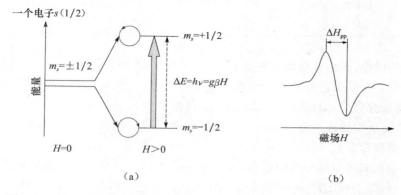

图 5.11　电子自旋共振条件示意图(a)和电子自旋共振产生的 ESR 波谱(b)

由图 5.11(a)可以看出,当 $H=0$ 时,$E=0$,所有电子能级相同,称为能级简并。当 $H>0$ 时,电子自旋能级分裂为两个,分裂的大小与磁场的大小成正比。电子从低能级跃迁到高能级,吸收能量,用仪器可以观察到该能量吸收,记录下来就是图 5.11(b)所示,信号的高低或积分面积代表信号的强度,峰到峰之间的磁场强度变化为 ESR 信号的线宽 ΔH_{pp}。

因为电子由低能态向高能态跃迁必须满足 $h\nu = \Delta E = g\beta H$,所以 g 可表示为

$$g = \frac{h}{\beta} \times \frac{\nu}{H} \tag{5-206}$$

这样 g 成为 ν 和 H 的比例因子,h 为普朗克常数(6.6262×10^{-34} J·s)。在实验条件下 ν 是选定的,例如在磁场强度为 0.3~1.3 T(Tesla)[②]的磁场内,电子自旋跃迁所要求的频率约对应于 9000~36 000 兆周·秒$^{-1}$。因此,可把任何共振磁场看做是 g 因子变化造成的。g 因子表征未成对电子最大共振吸收的磁场位置,是未成对电子所在的那个分子的特征量,其本质反映

---

① 顺磁性物质:若分子轨道电子至少有一个未偶电子,则总自旋磁矩不为零,这类物质即称为顺磁性物质。包括自由基,有未充满的 3d、4d、5d 或 4f 电子壳层的过渡金属或稀土金属离子,基态为三重态的分子(有两个相距很近的未成对电子)和固体中某些局部晶格缺陷(如悬挂电子、陷落电子)。

② 特斯拉(Tesla):符号表示为 T,是磁通量密度或磁感应强度的 SI 单位制导出单位。1960 年此单位被命名,以纪念在电磁学领域作出重要贡献的美籍塞尔维亚发明家、电子工程师尼古拉·特斯拉(1856—1943)。

了未成对电子自旋角动量和轨道角动量之间的耦合。对自由基而言,g 值不仅与其结构有关,而且与样品状态有关。样品为溶液时,g 值是各向同性的;样品为固体粉末或单晶时,g 值为各向异性的,即与外磁场和单晶间的相对取向有关。对多晶样品(粉末样品),常常采用 g_1、g_2、g_3 一组值定义其各向异性。表 5.22 给出了一些自由基的 g 因子。

表 5.22　部分自由基的 g 因子

自由基	g 因子
苯负离子自由基	2.002 854
萘负离子自由基	2.002 757
蒽负离子自由基	2.002 604
半醌自由基	2.0030～2.0050
氮氧自由基	2.0050～2.0060
过氧自由基	2.0010～2.0800
含硫自由基	2.02～2.06

　　根据上面的讨论,自由基顺磁共振谱仅给出一条谱线,而自由基之间的区别也就是 g 值的微小不同。但是实际上测得的谱线往往有数条,这归因于未成对电子与其邻近磁性核的相互作用,即**超精细分裂**(hyperfine coupling)。由自由基中电子自旋和顺磁性核相互作用产生的 ESR 谱的精细结构就称为超精细结构。描述电子自旋 s 和核自旋 I 的磁相互作用强度的常数称为**超精细耦合常数**(hyperfine coupling constant,简写为 hfc),具体表现在 ESR 谱中就是超精细结构中相邻两个信号峰的距离,本章中用 a 表示。这种电子能级间的电子跃迁必须满足一定的规则(即选择定则 selection rule)才能跃迁。有关的选择定则是 $\Delta m_s = \pm 1$(电子),$\Delta m_I = 0$(核)。图 5.12 是根据一个电子和一个质子相互作用的量子力学计算得出的结果画出的能级分裂和产生的 ESR 共振波谱。即通过超精细分裂,原来的一个信号被分裂成 2 个信号。由图可知,在质子磁场作用下,在磁场中分裂的电子能级被进一步分裂为 4 个能级,但是电子不能在 4 个能级间任意跃迁,因为量子力学中有一个选择定则,即电子跃迁必须满足电子自旋变化为 1,而核自旋变化为 0。这样电子只能在如图 5.12(a)的两个能级间跃迁。此时可以观察到图 5.12(b)中的 2 个 ESR 信号。两个信号峰之间的分裂磁场距离就是超精细耦合常数,用 a 表示。

　　具有这种性质的核包括 H、D、^{14}N、^{35}Cl,而 ^{12}C、^{16}O 和 ^{32}S 的核磁矩为零,对于核自旋为 I 的核(见表 5.23),可能有 $(2I+1)$ 个核自旋态。因此,未成对电子处于外磁场 H 和邻近磁性核产生的磁场中,合成磁场支配着能量吸收。一个未成对电子和核自旋 I 相互作用后,可以得到 $2I+1$ 条间距和强度都相等的谱线。如 H 原子的核磁场 H' 在外磁场中有 $\left(2 \times \dfrac{1}{2} + 1\right) = 2$ 个取值,即 $+H'$ 和 $-H'$,因此电子处于 $H+H'$ 或 $H-H'$ 的磁场中,相应有两个吸收峰。当电子自旋和 n 个自旋 I_i 相同的等价核相互作用时分裂出的谱线为 $2nI_i + 1$,当同时和 n_1 个核自旋为 I_1 的等价核、n_2 个核自旋为 I_2 的等价核、……、n_r 个核自旋为 I_r 的等价核相互作用时分裂出的谱线数目为

$$N = (2n_1 I_1 + 1)(2n_2 I_2 + 1) \cdots (2n_r I_r + 1) \tag{5-207}$$

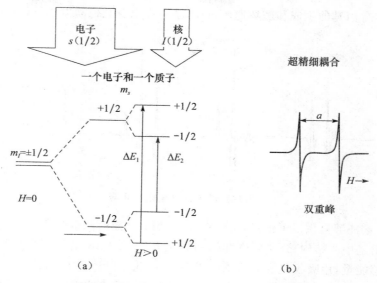

图 5.12 一个电子和一个质子相互作用后的能级分裂示意图(a)及产生的 ESR 共振波谱(b)

$$(\Delta E_1 = g\beta H + a/2\,;\Delta E_2 = g\beta H - a/2\,;\Delta E_1 - \Delta E_2 = a)$$

表 5.23 不同核自旋 I

I	0	1/2	1	3/2	5/2
核	^{4}He,^{12}C,^{16}O,^{32}S	^{1}H,^{13}C,^{19}F	D,^{14}N	^{35}Cl,^{37}Cl	^{17}O

由于超精细相互作用的出现,大大提高了顺磁共振技术的价值,使得根据电子顺磁共振谱来鉴定自由基成为可能。

【例 5.2】 推测甲基自由基的 ESR 谱线有几条?

解 已知 $CH_3\cdot$ 有三个等价核(H),$I_H = \dfrac{1}{2}$,因此它们与未成对电子相互作用将产生 $N = \left(2 \times 3 \times \dfrac{1}{2} + 1\right) = 4$ 条精细结构的谱线(见图 5.13)。$a = 2 \times 10^{-3}$ T。

【例 5.3】 自由基 $\cdot CH_2CH_3$,次甲基上有两个等价 H 核,甲基上有三个等价 H 核,其 ESR 谱线有几条?

解 由式(5-207)得

$$N = \left(2 \times 2 \times \frac{1}{2} + 1\right)\left(2 \times 3 \times \frac{1}{2} + 1\right) = 12$$

实际测试的 ESR 谱如图 5.14 所示。

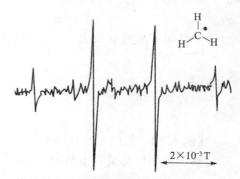

图 5.13 水溶液中甲基自由基的 ESR 谱

顺磁共振法不仅能检定自由基,而且还能定量测定自由基浓度和研究自由基的电子结构、化学结构、性质和分子轨道的相互关系。例如 DPPH 按其结构式[图 5.9(b)]应呈现$(2I+1)$$(2I+1) = 3 \times 3 = 9$ 条共振谱线$(I_N = 1)$,实际上测得 5 条谱线,其相对强度为 1:2:3:2:1。这表明未成对电子是离域的,分布在两个氮原子上,因此两个氮是等价核。此外,用顺磁共振

法还能研究测定自由基的生成和破坏速率、自由基寿命以及其他动力学过程。

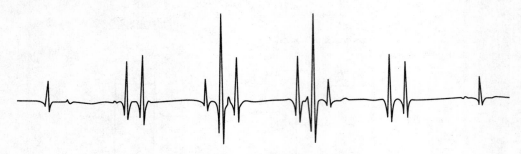

图 5.14　乙基自由基的 ESR 谱

　　总之,ESR 谱能够提供以下信息:①确定 g 值、hfc、弛豫时间等。ESR 谱的线数、谱形、相对强度等与自由基中心结构、介质条件和样品方位有关;②ESR 信号的积分强度代表样品在共振时吸收的总能量,用吸收曲线下的总面积表示,由此可以计算出样品中每单位质量或每单位体积中的自由基浓度;③显示样品中是否存在自由电子或未成对电子、分子的结构及靠近的电子的环境,以及含未成对电子的样品中分子运动程度。

　　【例 5.4】　如何计算 g 值?

　　解　有两种方法:

　　方法一　利用共振条件导出的方程(5-206),只要得到测谱时的共振频率和磁场,就可以直接计算出 g 值。

　　方法二　广泛采用的简单方法是,在测定未知样品的同时,测定一个已知 g 值的样品。比如 MgO 中的 Mn^{2+} 和 DPPH 等。由于 Mn^{2+} 有 6 条 hfc 谱线,其中,一般采用从低场开始的第 3 和第 4 条线,它们对应的 g 值分别为 2.034 和 1.981。另外 4 条谱线由于其 g 值随测定频率而改变,因此一般不使用。此外,Mn^{2+} 的第 3 和第 4 条线之间的间隔为 86.9 ± 0.1 高斯(G)[①]。由于两个样品是在同一条件(同一频率)下测定的,因此有两个共振条件成立。

　　令已知样品的 g 值为 g_s,未知样品的 g 值为 g_x,则有

$$h\nu = g_s \beta H_0 \tag{5-208}$$

$$h\nu = g_x \beta (H_0 - \Delta H) \tag{5-209}$$

以上方程联立得

$$g_x = g_s H_0 / (H_0 - \Delta H) \tag{5-210}$$

　　【例 5.5】　如何定量自由基浓度?

　　解　未知样品的自由基浓度 N_x 与 ESR 谱线参数及其测谱条件有如下关系:

$$N_x = H_{ms} P_s^{1/2} G_s N_s \sum_x \Big/ \left(H_{mx} P_x^{1/2} G_x \sum_s \right) \tag{5-211}$$

其中,N_s 是已知样品的自由基浓度,H_{ms}、H_{mx} 分别是已知样品和未知样品测定时的调制幅度,

---

　　①　高斯:简称高,是 CGS 制中磁感应强度或磁通量的单位,为纪念德国数学家卡尔·弗里德里希·高斯(1777—1855)而得名,常用符号 G 或 Gs 表示。1 T＝10 000 G。

P_s、P_x 分别是已知或者标准样品和未知样品测定时的微波输出功率，G_s、G_x 是标准样品和未知样品测定时放大器的放大倍数，$\sum_s$、$\sum_x$ 分别是标准样品和未知样品所测得 ESR 吸收线下的面积。如果在测定标准样品和未知样品时，保持仪器的测试条件一致，则式(5-211)可以简化成

$$N_x = N_s \sum\nolimits_x \Big/ \sum\nolimits_s \tag{5-212}$$

（2）仪器与实验方法

ESR 波谱仪主要由微波源(microwave source)、循环器(circulator)、探测器(detector)、传输管(波导管)、共振腔和磁铁等组成，其结构示意图和实物照片如图 5.15 所示。

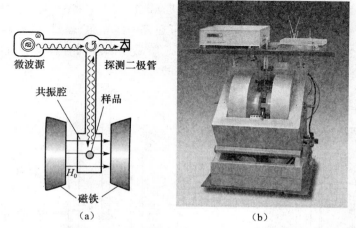

图 5.15　ESR 谱仪的结构示意图(a)与实物照片(b)

商品化的 ESR 谱仪一般固定射频频率，扫场。根据测试目的，选择不同大小和形状的共振腔。TE$_{102}$ 矩形腔适用于大量样品，如液体样品。TE$_{101}$ 矩形腔适用于气体样品及装在毛细管中的液体样品。为了测量线宽和超精细分裂，要对磁场进行校正。将谱线经过仔细校正的标准样品与测试样品一起放入腔内，同时记谱校正。常用标准样品：如掺 Mn^{2+} 的 SrO 有分布在 420 G 范围内的 6 条谱线，每条谱线线宽为 1.6 G，超精细分裂常数 a 为(84 ± 0.2)G。谱线强度受实验条件，如谱仪的灵敏度、微波频率、调制幅度、样品中自由基浓度多少、样品 g 因子、跃迁概率和样品温度等因素影响。常用的第二标准样品有红宝石、炭化葡萄糖、氧化镁、氧化钙和碳酸钙中的 Mn^{2+} 等等。它们都是用不太稳定的第一标准样品，如新结晶的 DPPH、五水硫酸铜晶体和一水硫酸锰预先校正过的。

ESR 样品的取样对其准确测定非常重要，特别是当样品的形状以及在溶液样品中溶剂不同时，选择样品管更重要。对于样品管的要求是没有顺磁性杂质，至少杂质信号不干扰样品信号，微波损耗要小，不会明显降低腔的 Q 值[①]。理想样品管为高纯度石英样品管或者优质玻璃管（观察不到 ESR 信号）。样品管的尺寸选择决定于样品的性质和自由基的浓度。对于含水

---

①　Q 值：是在一个周期内腔所储存的电磁能的最大值乘以 $2\pi\nu$（ν 为频率），再与在单位时间内腔所消耗的能量之比，它与腔的尺寸、形状及所用的材料等因素有关。

样品,水分子介电常数大会严重吸收微波,导致无法测量,必须尽量减少样品量,但又要保证信号足够强。一般将含水样品吸入内径为 0.3～0.8 mm 的薄壁毛细管中,一端或两端封死,置于另一薄壁套管(内径 1～3 mm)中进行测量。若氮氧自由基水溶液浓度很低,导致低于仪器灵敏度,则要考虑采用矩形样品腔,用特制的扁平样品管,增大样品体积,减少微波损耗。对于冰冻干燥的生物组织、介电常数小的有机溶液以及其他不含水的样品,可采用较粗样品管,增加样品量,便于对样品进行必要处理(如排气、封接、测试过程中的化学处理等)。

样品制备的方法:对于气体,主要测试条件为 0.1～1 mmHg(10^{15}～10^{16} 分子 · cm^{-3})。对于液体样品,辐照产生自由基的测试方法可以将辐照产生的自由基用泵输送流过共振腔(图 5.16),或者将高能电子束直接作用于腔中(图 5.17)。在装溶液样品时,有效体积分别是:圆筒腔为 0.55 mL,矩形腔为 0.15 mL。由于超精细分裂对溶液样品的自由基结构研究很重要,为了观测超精细结构,最合适的自由基浓度是 10^{-4}～10^{-5} mol · L^{-1}。另外,为了获得超精细结构,溶液除氧也很必要。对于固体样品,可在腔中经光照、辐照、热裂解或放电产生自由基,也可在腔外产生自由基后再转移至腔中测定。单晶样品应配有转动装置附件来调节晶体相对于外磁场的各种不同取向,以测定各向异性的 ESR 谱。

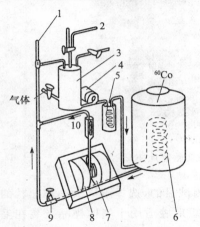

图 5.16　测量钴源辐照液体样品所产生的自由基的连续流动装置

[1—量热计;2—真空;3—储罐;4—泵;5—冷凝管;
6—辐照回路(流速大于 125 mL · s^{-1});7—腔;
8—磁铁;9—校正节流阀;10—流量计]

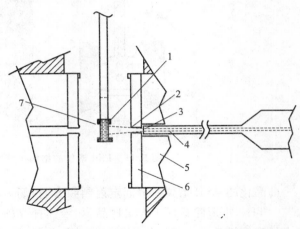

图 5.17　测量 2.8 MeV 电子束辐照样品产生的自由基的装置

[1—调制线圈;2—闸(轴向有洞,可使电子束穿过);3—黄铜窗口;
4—电子束;5—磁极;6—磁极帽;7—TE$_{108}$ 腔]

对于自旋(或自由基)浓度的测量包括每单位质量(或单位体积、单位长度)样品中的自旋(或自由基)数正比于吸收曲线下面积。由于 ESR 谱仪记录能量吸收曲线的一次微商,所以对其积分两次得面积。一般不直接测定样品中自由基浓度,而是将其与已知自由基浓度的标准试样相对比来测定。标准试样要求:①与未知样品有相似线宽、线形、物理形态和介电损耗;②自由基浓度与未知试样相当,且不随时间和温度而变化;③有较短的自旋-晶格弛豫时间,避免信号饱和[1]。

---

　　① 饱和:如微波功率过大,使低能级粒子跃迁到高能级的速率大大增加,导致弛豫速率来不及将激发态的多余的能量传出,产生所谓 ESR 谱饱和现象,使谱线增宽,以致消失。

　　由于自由基比如 ·OH、HOO· 、·O_2^- 等寿命很短，难以直接用 ESR 检测，通常采用低温测试。其好处是可以增加电子自旋在低能级与高能级的分布数值差，从而可提高检测灵敏度，增长**自旋-晶格弛豫**时间，可得到自旋体系与晶格间相互耦合的信息。这里**自旋-晶格弛豫**（spin-lattice relaxation）也称为纵向弛豫。当一些电子由高能态回到低能态时，其能量转移到周围的粒子中去，对固体样品，则传给晶格，如果是液体样品，则传给周围的分子或溶剂。自旋-晶格弛豫的结果是使高能态的电子数减少，低能态的电子数增加，全体电子的总能量下降。一个体系通过自旋-晶格弛豫过程达到热平衡状态所需的时间，就是**自旋-晶格弛豫时间**，通常用半衰期 T_1 表示，T_1 是处于高能态电子寿命的一个量度。T_1 越小，表明弛豫过程的效率越高；T_1 越大，则效率越低，容易达到饱和。

　　测试温度为 1.2～4.2 K 时，一般将样品及腔浸入液氦中。低温测试时也可排除样品中水分的干扰，适合研究含水样品的自由基。此外，还可以通过加入自旋捕捉剂的方法来稳定自由基，通过自旋捕捉剂与自由基结合成更稳定的自由基，该方法叫做自旋俘获法（spin trapping method）。常用的自旋捕捉剂有氮氧化合物（如 5,5-二甲基-1-吡咯-1-氧化物，即 DMPO）、氮酮类和亚硝基化合物。它们与自由基反应都可以生成氮氧自由基，所得 ESR 波谱一级分裂都是氮氧自由基的氮原子引起的三重分裂。但是，自旋俘获加合物的 ESR 谱常常被进一步分裂为二级和三级更复杂的谱图。由分裂的数目和强度比可以推导出捕集自由基的结构和性质。

　　（3）ESR 测定中的注意事项

　　① 制作样品过程中不要混入黑墨水、橡皮塞和软木塞等具有顺磁性的物质。

　　② 空气中氧分子是顺磁性的，在 8000～9000 G 附近有强 ESR 信号，且在 $g=2.000$ 附近也有弱 ESR 信号。即使在液氮温度下测定，也必须注意冰冻样品缝隙中的空气，有时也会产生信号。测定时，为了除去空气中氧的影响，需要向谐振腔内缓缓通入氮气。

　　③ 液氮温度下测定所使用的液氮要求具有高纯度，要使用在高纯度状态下运行的液氮机制备的液氮，并且在保存液氮时必须防止混入空气中的氧。例如，可以在盛液氮用的金属杜瓦瓶的瓶口上加一个气球，以便保持瓶内液氮的纯度。

　　④ 由于室内浮游的灰尘也会显示出非常强的 ESR 信号，因此仪器使用后，一定要在谐振腔的样品插入口处加盖。并养成先用纱布或纸擦拭样品管再将其插入谐振腔测试的习惯。

　　（4）ESR 与 NMR 的关系

　　ESR 或 EPR 和核磁共振 NMR 具有相似的基本原理等很多相似之处，比如 NMR 中的"化学位移"与 ESR 中的"g 因子"相似。对于碳中心的有机自由基来说，g 因子通常接近于自由电子数值 2.0036。对金属化合物来说，g 因子变化较大，可以用来给出金属离子的结构信息。核磁共振耦合常数（J，单位 Hz）相当于 ESR 中的超精细耦合（或超精细分裂）常数 a，单位 G 或者 MHz。但是它们也有如下区别：

　　① ESR 是研究顺磁物质中电子磁矩与外磁场的相互作用，即通常认为的电子塞曼效应引起的；而 NMR 是研究抗磁化合物（所有的电子都是成对的）中核在外磁场中核塞曼能级间的跃迁。换言之，ESR 和 NMR 是分别研究电子磁矩和核磁矩在外磁场中重新取向所需的能量。

　　② ESR 的共振频率在微波波段，GHz；NMR 的共振频率在射频波段，MHz。

　　③ ESR 的灵敏度比 NMR 的灵敏度高，EPR 检出所需自由基的绝对浓度约在 10^{-8} mol·L^{-1} 数量级。

　　④ ESR 和 NMR 仪器结构上的差别：前者是恒定频率，采取扫场法；而后者还可以恒定磁

场,采取扫频法。

虽然 ESR 不仅能够从各种复合体系中提供顺磁中心的电子状态和周围的结构,而且还能提供有关分子运动等方面的动态行为信息,但是 ESR 所用样品含有的顺磁性核多种多样,到目前为止,还不能像 NMR 那样有标准谱图,导致 ESR 谱图解析困难。因此,ESR 目前应用的领域不如 NMR 广泛。

5.5 小　结

本章主要讨论辐射化学体系中由于电离和激发过程所产生的原初物种:激发分子、离子、电子的产生途径和反应过程。激发分子的反应性包括:单分子反应,如自电离、重排、解离;双分子反应,如电荷转移、抽氢、加成、Stern-Volmer。激发能量传递包括短程和长程转移。离子的反应性:中和、重排和解离、离子-分子反应。电子的反应性:偕离子对复合、溶剂化、中和、分子捕获、氧化还原反应等。并介绍了比原初物种寿命稍长些的瞬态产物——自由基的产生、性质和反应性。自由基反应主要分为自由基复合和自由基转移过程。辐射化学中的自由基反应在辐射生物学中有重要的作用。

利用 ESR 可直接观测自由基,并进行自由基结构分析。测试过程中 ESR 谱中谱形、谱线数、强度和 g 因子是分析自由基结构的基础。可定量测量,(测自旋数)灵敏度可高达 10^{-14} mol·L^{-1}。活泼自由基可通过低温冷冻、自由基捕获、自旋标记等技术进行测量分析。可采用自旋标记和自旋探针方法:将顺磁性基团加到研究体系中,该基团能以某种方式(如化合、络合)加到被研究物质的某一位置上,从而测定其结构。含水样品的测量很困难,因为水的介电常数很高,吸收微波严重,造成干扰,可以用低温测试方法来实现。ESR 图谱复杂,影响因素众多,无标准图谱或谱库可查,因此要注意介质条件、密度、取向性等,对测定结果要慎下结论。

重要概念:

原初活性粒子,笼蔽效应,荧光,磷光,延迟荧光,猝灭剂,量子产率,长程能量传递,猝灭效率,敏化剂,溶剂化电子,热能化电子,陷落电子,亚激发态电子,偕离子对,顺磁性,塞曼分裂,超精细分裂,超精细耦合常数,g 因子,自旋-晶格弛豫,自由基捕获。

重要公式:

$$\frac{(I_f)_t}{(I_f)_0} = e^{-t/\tau} \tag{5-7}$$

$$\varphi_f = \frac{k_f [M]_S^*}{fI} = \frac{k_f}{k_f + k_d + k_q[Q]} \tag{5-56}$$

Stern-Volmer 方程
$$\frac{\varphi_f^0}{\varphi_f} = 1 + k_q \tau [Q] \tag{5-58b}$$

$$\frac{\phi^0}{\phi} = 1 + K_{SV}[Q] \tag{5-61}$$

Onsager 方程
$$\frac{e^2}{\varepsilon r_c} = kT \tag{5-118a}$$

或
$$r_c = \frac{e^2}{\varepsilon k T} \tag{5-118b}$$

$$\Delta E = g\beta H \tag{5-205}$$

$$g = \frac{h}{\beta} \times \frac{\nu}{H} \tag{5-206}$$

$$N = (2n_1 I_1 + 1)(2n_2 I_2 + 1)\cdots(2n_r I_r + 1) \tag{5-207}$$

$$g_x = g_s H_0/(H_0 - \Delta H) \tag{5-210}$$

$$N_x = N_s \sum\nolimits_x \Big/ \sum\nolimits_s \tag{5-212}$$

主要参考文献

1. Spinks J W T, Woods R J. Introduction to Radiation Chemistry. 2nd Ed. John Wiley & Sons Inc, 1976.

2. Swallow A J. Radiation Chemistry, An Introduction. London: Longman Group Limited, 1973.

3. Lind S C, Hochanadel C J, Ghormley J A. Radiation Chemistry of Gases. Reinhold Publishing Corporation, 1961.

4. Farhataziz, Rodgers A J M. Radiation Chemistry Principles and Application. 1st Ed. VCH Publishers Inc, 1987.

5. Platzman R L. Radiation Research, 1962, 17:419.

6. Miller J R. Journal of Chemical Physics, 1972, 56:5173.

7. Baxendale J H, Wardman P. Journal of the Chemical Society, Faraday Transactions, 1973, 69:584.

8. Ito Y, Hase H, Higashimura T. Radiation Physics and Chemistry, 1979, 13:195.

9. Scala A A, Lias S G, Ausloos P. Journal of the American Chemical Society, 1966, 88:5701.

10. Samuel A H, Magee J L. Journal of Chemical Physics, 1953, 21:1080.

11. Stradowshi C Z, Wolszczak M, Kroh J. Radiation Physics and Chemistry, 1980, 16:465.

12. Baxendale J H, Sharpe P H G. Chemical Physics Letters, 1976, 39:401.

13. Ausloos P, Scala A A, Lias S G. Journal of the American Chemical Society, 1966, 88:1583.

14. Richards J T, Thomas J K. Journal of Chemical Physics, 1970, 53:218.

15. Calvert J G, Pitts J N. Photochemistry. John Wiley & Sons Inc, 1966.

16. 吴季兰, 戚生初. 辐射化学. 北京: 原子能出版社, 1993.

17. 曹瑾. 光化学概论. 北京: 高等教育出版社, 1985.

18. Huang R L, Goh S H, Ong S H, 著. 自由基化学. 穆光照, 甘礼雅, 陈敏为, 译. 上海: 上海科学技术出版社, 1983.

19. 穆光照. 自由基反应. 北京: 高等教育出版社, 1985.

20. 常文保, 主编. 化学词典. 北京: 科学出版社, 2010.

21. 石津和彦, 编. 实用电子自旋共振简明教程. 王者福, 穆运转, 译. 天津: 南开大学出版社, 1992.

22. 赵保路. 电子自旋共振技术在生物和医学中的应用. 合肥: 中国科学技术大学出版社, 2009.

思　考　题

1. 辐照过程中产生的原初物种有哪些?

2. 如何测试荧光辐射寿命? 如何确定激发态双分子反应的反应速率常数?

3. 辐射化学中产生的激发态分子发生双分子反应的种类有哪些？

4. 常见的猝灭剂有哪些？

5. 辐射化学过程中产生的离子发生解离反应时,是否一定在吸收能量最多的基团位置断裂？如果不是,在哪个位置容易断裂？

6. 影响自由基反应的因素有哪些？

7. 哪些因素影响自由基的笼蔽效应？

8. 顺磁共振的基本原理是什么？

9. 电子自旋量子数 $s=1/2$, $g=2.0003$ 的自由基,利用 ESR 检测,在 $H_0=3400$ G 时,发生共振条件时对应的电磁波频率为多少？

10. ESR 与 NMR 的关系和区别是什么？

11. ESR 测定的注意事项有哪些？

12. 如何利用 ESR 定量测试辐照后样品的自由基浓度？

第6章 脉冲辐解

根据第 5 章的内容可知,由于电离辐射与物质作用后产生的激发态、离子、电子和自由基的寿命一般很短,要研究它们的物理性质和化学反应动力学,就必须在反应开始时有足够高的物种浓度,即这些中间物种的产生必须在与它们的寿命相当或更短的时间内完成,这样才便于在动力学上将生成过程和衰变过程分开,有利于中间物种的积累。因此要求电离辐射能的注入必须瞬间完成,即脉冲注入。而脉冲辐解技术就是研究快速反应最合适的方法,也是辐射化学基础研究的重要手段。本章将介绍脉冲辐解技术的基本原理、历史和现状,主要的装置和检测技术,以及主要的实验设计和数据处理方法。

6.1 概 述

所谓**脉冲辐解**(pulse radiolysis),就是利用微秒(μs)~皮秒(ps)高能脉冲粒子束(电离辐射),如电子、光子和重荷电粒子等在体系内产生高浓度的中间粒子(如激发分子、溶剂化电子、离子和自由基),并通过各种快速响应检测技术直接观察这些中间物种的发生和发展过程,进而研究这些中间物种的物理性质、反应动力学和反应机理。

脉冲辐解是在闪光光解和激光光解技术的基础之上发展起来的,它们之间有很多相似之处,尤其是探测系统。但脉冲辐解和闪光或激光光解相比也有很多不同:①高能电子束的能级高,它可以对所有被辐照的样品进行作用,生成激发态、自由基等瞬态产物。而激光的能级比较低,即使 248 nm 紫外激光的光子能级也达不到 5 eV。②电子束同时作用于溶剂和溶质,对于广义的溶液样品,则电子束的能量几乎被溶剂吸收,首先产生溶剂的瞬态产物,然后才发生溶剂瞬态产物与溶质的次级反应。而在激光光解中,光子的能量只有和研究物质共振吸收波长相同,或该物质在此波长下的光吸收(或 OD 值)达到一定量时(既和该波长下的摩尔吸光系数有关,也和该物质的浓度有关),激光才可选择性地激发研究样品,因而对研究的溶质具有选择性激发或光电离,且通常选择的溶剂相对于某波长的激光是透明的(即无吸收或吸收非常弱）。所以激光光解和脉冲辐解具有互补的功能，不能完全替代。一般激光光解多用于激发态研究，而脉冲辐解多用于电子和自由基研究，通常二者一起使用，可以相互印证，确定活性物种反应的过程。

通过脉冲辐解研究，我们可以获得以下有用的信息：

（1）通过检测瞬态物种的时间分辨光吸收谱可确定活性物种的种类，研究其可能发生的反应，并排除一些不可能发生的反应。

（2）可以计算瞬态物种的反应动力学参数，如：衰变速率常数、反应速率常数、瞬态物种浓度、反应时标等。

（3）可以研究竞争和可逆反应，确定反应速率控制步骤和活性物种的稳态浓度。

（4）可以确定活性物种的半衰期或者寿命，以及随着时间扩散的距离。

（5）有助于了解分子之间的相互作用（能量传递）、作用的距离和位点等。

那么，如何选择合适时间分辨率的脉冲辐解装置呢？根据第3章我们知道，辐射化学过程随着时标不同会发生物理、物理化学、化学甚至生物化学等过程。因此不同的时间将对应不同的作用过程。图6.1为电离辐射与物质作用后产生的刺迹（spurs）随时间变化沿着径迹扩散的过程示意图。在$10^{-16}\sim10^{-13}$ s时间内物质吸收电离辐射能发生电离和激发后产生刺迹，该刺迹沿着入射粒子的径迹非均相分布，由于该刺迹随着时间逐渐扩散并反应，刺迹膨胀，彼此之间发生融合，在10^{-7} s以后，刺迹实现了均相分布。所以根据时间可以判断，在$10^{-16}\sim10^{-10}$ s范围内发生的反应主要符合非均相动力学，而10^{-7} s以后体系的反应就符合均相动力学。一般反应动力学的研究主要是考察均相动力学，所以，我们通常选用$10^{-9}\sim10^{-6}$ s，即纳秒或者微秒分辨率的脉冲辐解装置就能够满足研究需要了，而更高分辨脉冲辐解装置（如皮秒以上）是为了满足研究碳氢化合物辐射化学过程或者研究原初物种演化过程的需要。因为非极性溶液体系中其原初过程发展非常快，即中间产物的寿命更短。有关有机物的辐射化学将在第8章进行详细讨论。不过，不同时间分辨率的脉冲辐解装置也经常一起使用，这样有助于对所研究体系在不同时间标度下瞬态物种的反应历程有一个更加清晰、完整和准确的认识。

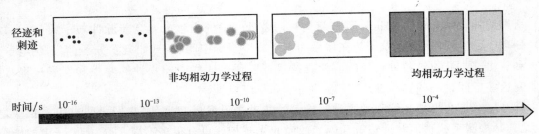

图 6.1　刺迹随时间变化从非均相到均相分布的过程示意图

国际上第一台脉冲辐解装置是1959年由美国Varian Associates公司建造的，测试原理根据已有的闪光光解技术（由Norrish和Porter于1949年建立）发展而来。1960年美国阿贡（Argonne）实验室和日本东京大学在脉冲辐解装置上几乎同时开展了脉冲辐解研究，并发表了第一批学术文章。此后陆续有大量脉冲辐解的研究报道。探测手段也从时间分辨吸收光谱测试逐渐扩展至时间分辨顺磁、时间分辨电导和时间分辨发射光谱等，但目前使用最多的、最通用的还是时间分辨吸收光谱。随着电子加速器技术的发展，理想的电离辐射源更能满足脉冲辐解的短脉冲、高流强的要求。早年的加速器更多地使用范德格拉夫(van de Graff)加速器,这是一种高压倍加静电加速器,输出连续电子束,电子束的能量一般不超过 3 MeV,通过扫描方式实现电子束的脉冲化,所以脉冲电子束的束流不可能很高,脉宽也不可能很窄。在脉冲辐解技术的初期,主要用于水化电子的检测及有关水化电子反应的研究,因为水化电子的摩尔吸光系数比较大,容易检测,其检测极限达到了 2×10^{-9} mol·L^{-1}。20 世纪 60 年代末,加拿大多伦多大学的 Hunt 与同事一道开发的频闪观测脉冲辐解技术利用直线加速器的皮秒精细结构作为脉冲注入,并利用切伦科夫辐射[①](Cherenkov radiation)作为分析光源,可在 350 ps(精细结构内各脉冲间的时间间隔)内按预先设定的时间对中间物种进行监测。

现在国外从事皮秒脉冲辐解的实验室主要有美国阿贡国家实验室、日本东京大学、日本大阪大学、日本早稻田大学和法国巴黎第十一大学等。图 6.2 为大阪大学所建立的超快脉冲装置示意图,时间分辨率为 210 fs。虽然皮秒级脉冲辐解技术日趋成熟,并不断为辐射化学的原初过程提供更完整的信息,但由于加速器的造价随加速器的功率增大而直线增长,因此主要研究微秒级反应动力学的实验室常选择脉冲宽度为微秒或亚微秒的低功率加速器,这样可大大降低实验室的筹建费用,且足以满足一般均相反应动力学的研究要求。

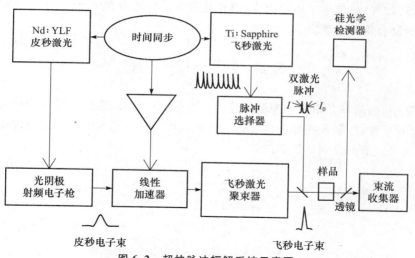

图 6.2　超快脉冲辐解系统示意图

国内北京师范大学在 20 世纪 80 年代末使用直线加速器率先建立了我国第一台微秒级脉冲辐解装置,是国内最早实际应用的脉冲辐解实验装置之一。1990 年中国科学院上海应用物理研究所(原名为上海原子核研究所)建立了国内第一台纳秒级脉冲辐解装置,在不断完善的过程中我国脉冲辐解研究进入了鼎盛时期。21 世纪,中科院上海应用物理研究所建立了新的兼有纳秒和皮秒电子束的电子直线加速器。

脉冲辐解技术的问世,直接证实了水化电子,为阐明水的辐解机理作出了重要贡献,并被广泛而深入地用于凝聚态辐射化学的研究,也用于气态研究,在了解辐射化学原初过程方面起

---

①　切伦科夫辐射:高速带电粒子在非真空的透明介质中穿行,当粒子速度大于光在这种介质中的相速度(即单一频率的光波在介质中的波形扰动的速度)时,就会激发出电磁波,这种现象即切伦科夫辐射。切伦科夫辐射同带电粒子加速时的辐射不同,不是单个粒子的辐射效应,而是运动带电粒子与介质内束缚电荷和诱导电流所产生的集体效应。可视为一种在介质中的电磁冲击波。

了重要作用,同时也提供了凝聚态和气态反应动力学的新信息,极大地推动了辐射化学以及一般化学的发展。现在脉冲辐解技术已经广泛用于活性粒子(如水化电子 e_{aq}^-、·OH、·H、HO_2·/·O_2^- 以及其他无机自由基)与各种物质的反应速率常数的测定,用于测定短寿命物种的物理化学常数,如摩尔吸光系数、氧化还原电位、酸碱平衡常数、偶极矩等。近年来,脉冲辐解技术也已成为一般自然科学研究中的重要工具,如对气态和雾滴中自由基反应历程的研究可揭示大气化学中光化学烟雾和酸雨的形成机理。可以揭示许多药物有效成分的药理,并进行药物定向修饰和筛选。可为各种自由基生物学过程的研究提供相对单一、重现性良好的自由基源并跟踪反应历程。同时也为阐述乏燃料后处理过程中分离试剂的辐射化学行为和辐解机理研究提供了研究手段。此外,金属离子体系的脉冲辐解研究也为纳米金属粒子的生长过程和生长动力学研究提供了直观的检测方法,为纳米金属催化剂的合成机理研究提供了直接的研究手段。

总之,脉冲辐解方法可以用来研究金属离子、金属离子的络合物和非金属阴离子的氧化还原反应,测定离子的氧化还原电位;研究溶液中的电子如水化电子与溶质的反应;研究溶剂阳离子与各种溶质分子(特别是芳香烃)之间的电荷传递反应,以及各种生物学感兴趣的化合物(如辐射增敏药物等)的单电子还原电位;研究高激发能级的激发单重态、激发单重态分子与基态分子形成的复合体以及激发三重态等。

6.2　脉冲辐解装置

在第 2 章中,已简单介绍了脉冲辐解装置。这里如果细分,常用的脉冲辐解装置主要由脉冲辐射源、检测系统、控制系统和数据存储与处理系统四部分组成。典型的脉冲辐解装置示意图如图 6.3 所示。下面分别具体介绍。

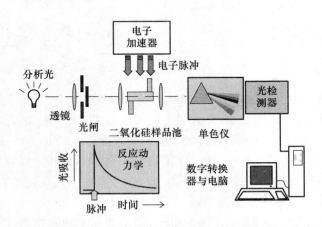

图 6.3　微秒-纳秒级脉冲辐解装置示意图

6.2.1　脉冲辐射源

脉冲辐射源主要有静电加速器(van de Graff)、直线加速器(Linacs)、冷阴极 β 射线(Febetrons)和 X 射线等,其中电子加速器应用最广。常用加速器的运行参数如表 6.1 所示。

表 6.1 电子加速器的运行参数

	Linacs			Febetrons		van de Graff	
脉冲宽度/ns	0.03	5	10	4	50	1	100
能量/MeV	20	12	10	0.5	1.8	3	3
剂量/Gy	20	500	100	8000	20 000	10	1000

电子加速器脉冲宽度(pulse length)会影响辐照过程中活性中间体的动力学研究。图 6.4 描述了脉冲宽度对不同半衰期[①]中间物种动力学曲线的影响,为了描述方便,假定脉冲为矩形(实际脉冲为高斯型或泊松分布型,其半峰宽 t_{hw} 约等于矩形宽),脉冲宽度为 t_{hw}。中间物种按一级反应衰减,半衰期为 $t_{1/2}$。

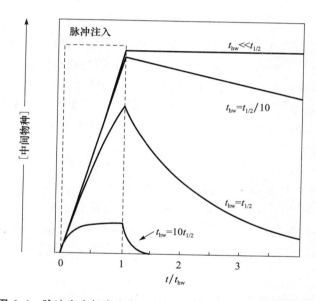

图 6.4 脉冲宽度与半衰期比例对中间物种动力学曲线的影响

显然,当 $t_{hw} \gg t_{1/2}$ 时,脉冲辐解生成的中间物种绝大部分在脉冲期间消耗(γ 辐解即是一个特例),中间物种只能达到很低的稳态浓度,脉冲过后中间物种绝大部分已转变为产物,无法对中间物种的物理性质及其反应动力学进行定量研究。当 $t_{hw} \ll t_{1/2}$ 时,脉冲辐解生成的中间物种的衰变几乎可以忽略($t_{hw} = t_{1/2}$ 时,中间物种在脉冲过程中的损耗小于 4%),中间物种的生成过程和衰变过程完全分开,因而能方便地对中间粒子的物理性质及其反应动力学进行定量研究。因此,研究者在采用脉冲辐解技术进行研究时,需要根据文献初步判断所要研究物种的半衰期,然后选择合适的脉冲宽度。即脉冲宽度要远小于所要研究物种的半衰期。一般有机溶剂体系中瞬态物种的半衰期很短,所以采用的脉冲宽度要比水体系的窄,比如采用皮秒甚至是飞秒的脉冲辐解装置。

直线加速器的最短脉冲宽度可达到 20 ps 范围。皮秒级的时间分辨可通过两种方法获

---

① 半衰期:通常对一级反应规定为反应物浓度降至原始浓度的一半所需的时间,用 $t_{1/2}$ 表示。是衡量一级反应衰减快慢的物理量。

得：一是采用高速光检测器，二是利用频闪检测器。同步辐射（synchrotron）是近年来发展起来的一种脉冲辐射源，在同步环中作圆周运动的高能电子每次经过磁场时被偏转和加速，产生脉冲电磁辐射。这样产生的电磁辐射的波长范围可以由 X 射线至远红外，脉冲宽度为 1 ns 或更短，脉冲间隔可在 10 ns 到几微秒之间调节。同步辐射的主要优越性之一是它产生的脉冲几乎没有波动。尽管每个脉冲产生的光子数很少，以致常规的吸收光谱仪无法监测，但另外一些检测技术却已成功地用于生物分子的研究，包括荧光、光声、圆二色性和扩展 X 射线吸收精细结构（EXAFS）等光谱法。2008 年，为了研究重离子的辐射化学，日本原子能机构研究人员也开始利用重离子束作为脉冲辐射源，尝试建立重离子束脉冲辐解装置，并进行了相关脉冲辐解研究。

6.2.2　检测系统

由于短时间大剂量的电离辐射能注入，使得体系内中间物种在极短的时间内产生，并积累到足够高的浓度，能够被一些快速响应技术所监测。目前已被成功应用的快速监测技术包括：①光谱（吸收、发射、拉曼光谱）；②磁谱（ESR、NMR）；③电导（直流、交流、微波电导）；④极谱；⑤质谱；⑥其他（小角散射等）。其中光谱监测技术应用最为普遍。了解检测系统的原理对于解释观测现象和进行数据处理都非常重要，将在 6.3 节详细叙述。

6.2.3　控制系统

脉冲剂量（通过脉冲宽度和脉冲电流调节）、脉冲延时触发和检测系统的触发等多方面的控制一般通过微机控制软件实现。脉冲延时触发的精确控制非常重要，只有当脉冲触发时间在每次记录中的位置相同时，才能对多次取得的信号累计平均以提高信噪比，才能利用单通道检测器绘制出脉冲过后每一特定时间辐解液的瞬态吸收谱，如紫外-可见吸收光谱、红外光谱等。

6.2.4　数据存储与处理系统

目前脉冲辐解数据的存储与处理可通过微机实现。在线数据存储与处理主要包括多次重复采集信号的平均、脉冲过后给定时间内辐解液瞬态吸收谱（如紫外-可见吸收光谱）的描绘以及所得数据的储存。这些储存的数据可根据不同检测器所依据的原理和反应的可能机理进行详细的动力学分析与处理。有关脉冲辐解测试数据处理的方法将在 6.5 节讨论。通常数据分析软件多为自行开发的软件，也可利用商用软件比如 Origin 等。通过将测试数据导入，利用相关软件绘制瞬态吸收谱、反应动力学曲线，并对曲线进行拟合等。

6.3　脉冲辐解检测技术

6.3.1　溶液中常规光谱检测

目前常规吸收光谱检测技术仍然是最常用的脉冲辐解检测技术。分析光通过样品液后由单色仪分出设定波长的光送到检测器（光电倍增管或二极管），检测器将分析光的光强变化转化为电信号，经模/数（AD）转换后由微机储存和处理。由此可以得到脉冲辐解时样品溶液吸光度随时间的变化。吸光度随波长的变化(即瞬态吸收光谱)可通过测定不同波长处在选定时间的吸光度来绘制,也可用先进的多通道光谱分析仪(PMA)一次性得到。

有时中间物种可由其发射光来检测,这时不需要分析光源,而直接用光检测器收集发射光子。这一技术 1989 年曾被 Gorman 等人成功用于脉冲辐解产生的单线态氧的检测。

微秒-纳秒脉冲辐解系统使用全光谱的氙灯为分析光源,检测器为高灵敏的光电二极管加前置放大或光电倍增管,用示波器观察时间分辨谱。纳秒-皮秒脉冲辐解可以使用氙灯,也可使用波长连续可调的染料激光器为分析光源,前者相对于后者光强低且光源的稳定性低,所以检测灵敏度可能比较低。前者可以通过 PMA 系统一次性获取全光谱瞬态吸收谱,后者可以得到每个波长的时间分辨吸收谱。必须指出的是,检测器必须使用条纹相机,原因是严格地讲只有条纹相机才能记录纳秒-皮秒的光电信号,而光电倍增管和示波器却不能。飞秒脉冲辐解通常使用飞秒激光器作为其光阴极电子枪的激发源,且该激光一分为二,一路去激发加速器的电子枪,产生飞秒电子束,另一路通过四氯化碳将单一波长的飞秒激光转换成 $450\sim1000$ nm 的连续分析光。由于两路光都来自同一个飞秒激光,因而是同步的。通过两路光的延迟,使用类似条纹技术检测皮秒和飞秒时间分辨谱。这时的探测器使用光电二极管,经快速 AD 转换成数字电压信号,可直接在数字示波器或计算机上显示时间分辨谱,也可使用 PMA 记录瞬态吸收全谱,所以飞秒脉冲辐解的检测反而比皮秒的简单。缺点是光路系统复杂,价格昂贵,且要检测具有 450 nm 以下的瞬态物种,还需要更强的飞秒激光(以氘水作为全光谱分析光的转换介质)。

6.3.2　其他检测技术

1. 发光

如果体系辐照后的中间物种可以发光,可以利用其发光的性质,用于中间物种的检测。测量激发态寿命的最普通的方法就是监测脉冲过后样品发光随时间的变化。通常用光电倍增管作为检测器。

2. 瑞利散射和拉曼散射

当一个分子被波长大于其尺寸的单色光照射时,会引起光的散射,若大部分散射光的波长与入射光一致时,称为弹性散射,也叫**瑞利散射**。而小部分光因非弹性散射改变了波长,这一部分散射称为**拉曼散射**。

(1) 瑞利散射(Rayleigh scattering)[①]:将瑞利散射原理应用于大分子溶液,则可将分子散射光强度 I_{θ} 与单位体积内的散射体数目和它们的平均分子量定量地联系起来,因此可以检测引发高分子和 DNA 链断裂的自由基反应的速率常数,也曾被成功地用于测定溶菌酶辐射失活过程中二聚体的形成。

(2) 共振拉曼光谱(resonance Raman spectroscopy):拉曼效应源于光子非弹性散射,这一过程中入射光子与分子的振动和转动能级发生作用而改变能量,因此拉曼散射光的频率的变化与分子振动能或转动能的变化量相关联。拉曼光谱中有两组谱线,分别称为斯托克斯

---

① 根据英国物理学家 Lord Rayleigh(1842—1919)命名。

(Stokes)线和反斯托克斯(anti-Stokes)线。斯托克斯线由振动基态跃迁产生,而反斯托克斯线则由第一振动激发态的激发而产生,因此斯托克斯线比反斯托克斯线强得多。与红外光谱一样,拉曼散射也反映散射体分子的核运动情况,但拉曼谱线的强度很低。将激光光源的频率调整到散射体分子生色团的电子能态附近,可使拉曼散射共振加强达 10^6 倍,但分子中不参与共振的部分和其他非共振分子产生的拉曼散射都很微弱,因而灵敏度大大增加,这对于难以大量得到的贵重样品的研究具有重要意义。时间分辨共振拉曼光谱能提供激发态和自由基的振动光谱,同时也反映出它们的结构特征。

3. 红外光谱(infrared spectroscopy)

时间分辨红外光谱[包括近红外光谱($800\sim2000$ cm^{-1})]可用于溶液中剩余电子和有机自由基的检测,研究它们的光谱性质及反应动力学。此外,时间分辨傅里叶红外光谱可用于气相中激发态反应动力学的研究。

4. 电导(conductance)

荷电粒子的生成和衰变可通过溶液电导的变化来监测。在浸入溶液中的一对电极上加一定的电压,通过测量脉冲辐射引起的经过样品池的电流的变化,可定量反映溶液电导的变化。质子的当量电导最大,其检测极限也最低,一般可达 10^{-7} mol·L^{-1}。电导检测的时间分辨率与溶剂极性有关,水溶液中为几纳秒,而极性较低的溶剂中可达 100 ps。电导检测常用于研究电子反应、中间物种的解离或质子化以及有机溶剂中配体交换等,也被成功地用于研究 DNA 链断裂(DNA 断链时,断口处匹配离子——通常为 K$^+$ 或 Na$^+$ 会大量释放,导致电导增加)。不过,电导测定的是所有离子贡献的总和,必须结合其他检测方法(如光吸收法、极谱法和 ESR 法)所得的研究结果来解释观测结果。

5. 极谱法(polarography)

许多自由基的氧化还原性质是通过脉冲辐解并利用极谱检测而测定的。这一技术最先在德国柏林 Hahn-Meitner 研究所成功应用,时间分辨率约 20 μs。通常以悬滴汞电极为工作电极,以汞池为参比电极。在每个给定的电极电位下测定脉冲过后极谱电流随时间的变化,由此构建脉冲过后任意给定时间的极谱图,这样便可测定适当氧化还原离子对的氧化还原电位。通常采用直角石英检测池,以便同时检测光吸收的变化,为解释中间过程提供更多的信息。

6. 磁共振

时间分辨磁共振波谱技术基于样品在磁场作用下的能级变化,包括未成对电子的自旋(ESR)或核自旋(NMR)。磁共振检测技术的时间分辨率无法与光吸收检测法相比,但能确定较稳定自由基的结构和来历。脉冲过后静电场中的化学反应产生自旋极化产物,反应过程中和反应后自由基中电子自旋极化和分子中核自旋极化可通过磁共振技术检测,称为化学诱导动态磁极化(CIDMP)技术。如果检测的是自由基中电子自旋极化,则称为化学诱导动态电子极化(CIDEP)技术;如果检测的是分子中核自旋极化,则称为化学诱导动态核极化(CIDNP)技术。

7. 其他检测技术

时间分辨微波电导法检测脉冲辐射过后物质的微波电导的变化(绝缘性的降低)。介质高频电导率的变化与许多因素有关,包括:电荷分布、激发态和自由基的偶极矩及其旋转弛豫时间、中间粒子的生成和衰减动力学(包括电荷分离与重合)等。光声光谱是电子激发体系热耗散动态光谱,可用于激发态的研究。此外,近年来还发展了一些新的检测技术,如快速电化学法、时间分辨圆二色谱法、时间分辨 X 射线吸收法、时间分辨光热束折射光谱法等。由于它们的应用并不普遍,这里不作介绍。

6.4 脉冲辐解研究方法

为了有效、迅速地利用脉冲辐解技术获得大量的辐射化学反应和反应动力学信息,需要在实验前进行实验设计。

6.4.1 样品准备和剂量测定

(1) 必须基本了解所研究化合物的基本物理化学性质,比如能溶解在什么溶剂中,假如是二元体系,也必须了解是否有混合溶剂能兼溶两种研究化合物。化合物在该溶剂中最大的溶解度是多少,获取该化合物溶液的静态紫外-可见分光光度谱,以便在以后实验设计时可以在较大范围内改变溶液体系。假如水是良溶剂,则要考虑不同 pH 条件下分子结构可能的变化对实验结果的影响。

(2) 样品和溶剂尽可能采用**分析纯**。无机样品最好为**光谱纯**,有机样品最好为**色谱纯**,光谱纯有机样品一般不适用于脉冲辐解研究。如果纯度不够,需要进一步纯化后使用。

(3) 所有溶液必须当天配制当天使用(可预先称量好,临实验前配制),如溶液样品比较贵重或储存不稳定,则必须避光放置于冰箱中。由于脉冲辐解所使用的溶液样品量一般为 2～3 mL,所以配制溶液量通常为 5～10 mL(静态)或 500 mL(流动池),在做浓度梯度时最好配制母液后逐步稀释。配制不同 pH 溶液或混合溶液时,一般先配制不同 pH 的水溶液或混合溶液,再用母液稀释。使用的溶剂水必须是高纯度 millipole 水或三重蒸馏水。

(4) 样品池、比色皿、容量瓶必须清洗干净。有机体系所用器皿必须洗干净后烘干待用。

(5) 脉冲辐解实验中采用的剂量计(通常是辐解机理已被定量揭示的体系)也非常重要。利用剂量计不仅能测定每个脉冲的准确剂量,而且可以校验脉冲辐解装置的运行是否正常。根据不同检测器的特点,常选用不同的剂量计。对于光吸收检测器,最常用的有 KSCN 剂量计(通常为 N_2O 饱和的 10^{-2} mol·L^{-1} KSCN 水溶液)。对于电导检测器,则常用 DMSO 剂量计(N_2O 饱和的 10^{-2} mol·L^{-1} DMSO 水溶液,作酸性溶液脉冲辐解剂量计时用 HCl 调 pH 至 4.0,作碱性溶液脉冲辐解剂量计时用 NaOH 调 pH 至 10.0)。

6.4.2 实验环境的建立

鉴于在稀溶液中的脉冲辐解,电子束能量首先为溶剂吸收,所以首先产生溶剂的初级辐解产物。由于脉冲辐解研究中使用最多的溶剂是水,本节以水溶液的脉冲辐解研究为例,介绍几种常见实验环境的建立方法或者实验设计方法。脉冲辐解实验前首先要了解水溶液的辐解机理,该部分将在第 7 章详细叙述。这里先给出其初级辐解产物主要为 ·OH、·H、e_{aq}^-、H_3O^+。

1. 水化电子 e_{aq}^- 的反应

在通氮脱氧或者真空除气情况下,加入特丁醇或异丙醇清除羟基自由基 ·OH,只保留水化电子 e_{aq}^- 这一还原剂(加异丙醇生成的异丙醇抽氢自由基也是还原性自由基),在中性 pH 下,氢原子产额可以忽略不计,这样就可以研究化合物与水化电子反应所获得的阴离子自由基。该阴离子自由基可以质子化(在偏酸环境下)生成加氢的中性自由基(寿命通常比阴离子自由基长),可以改变 pH 了解该化合物加氢自由基的瞬态吸收谱。

通过改变化合物浓度可以测定化合物与水化电子的反应速率常数。通过选择单电子还原电位的参比化合物,测定该化合物的单电子还原电位,可以设计二元体系,如加入生物分子或其他亲电试剂,固定研究化合物浓度,通过改变两者浓度配比(需要保证 85% 以上水化电子首先与研究化合物反应)研究化合物与第二种化合物分子间的电子转移反应。假如研究分子内电子转移反应,则可以通过观察电子首先与分子内某一基团反应产生的阴离子自由基瞬态吸收谱,然后观察到随着该阴离子自由基的衰减,新的阴离子自由基(向分子内另一个亲电基团转移生成的阴离子自由基)生成,其分子内电子转移速度会随溶剂极性增强而加快,反之则减缓,同时还可研究连接两个亲电基团间的分子桥对电子转移过程的影响规律等。此外,还可以研究阴离子自由基引起的分子内结构重排,以及生成两种以上自由基的可能性等。关于水化电子的瞬态吸收谱见附录 5。

2. 羟基自由基 ·OH 的反应

可以采用笑气(N_2O)饱和水溶液体系,将水化电子转换成羟基自由基,在中性条件下忽略氢原子生成,使水辐解产物全部转换成羟基自由基,此时 ·OH 的产额增加 1 倍。

根据第 5 章介绍的反应,羟基自由基一般情况下会与双键加成,生成加成自由基;也可以抽氢使化合物生成抽氢自由基(与没有双键化合物的反应);还可以得到电子,使化合物氧化生成阳离子自由基(或中性自由基),尤其容易氧化那些解离成阴离子型的化合物。通过改变溶液 pH,考察是否是电子转移氧化反应。改变研究化合物的浓度,根据生成自由基的生成曲线,求出化合物与羟基自由基反应的速率常数。或者利用 ·OH 与 SCN^- 的竞争反应来研究化合物与 ·OH 的反应速率常数。具体方法详见 6.5 节中的竞争反应举例。

3. 氢原子 ·H 的反应

改变溶液 pH 至酸性(如 pH＝1~2),将水化电子转化为氢原子,这样水的辐解产物只有氢原子和羟基自由基,再使用羟基自由基清除剂清除羟基,使水溶液中只剩下氢原子,然后研究氢原子与化合物的各种反应。

4. 常用氧化剂的反应

可以将水辐解体系转换成氧化性体系,研究化合物的氧化反应。例如,用异丙醇清除羟基自由基,在加入过硫酸盐的情况下,将水化电子和异丙醇抽氢自由基转换成 ·SO_4^-,其瞬态吸收谱见附录 5。用 N_2O 饱和,将水化电子转换成羟基自由基,再加入叠氮酸盐、溴化物,将羟基自由基转换成叠氮自由基 ·N_3 或溴二负离子自由基 ·Br_2^-,进而研究氧化性自由基对化合物的氧化反应;加入阳离子自由基转移剂如四甲基对苯二胺(TMPD),观察是否发生经氧化后生成的阳离子自由基向 TMPD 的空穴转移反应,以确认是否存在阳离子自由基。改变 pH 测定阳离子自由基的 pK_a 值,可以确定活性物种以阳离子自由基形式存在的 pH 范围,及脱质子后生成的中性自由基对应的 pH 范围。还可以研究阳离子自由基对生物分子的空穴转移氧化损伤。

5. 超氧阴离子 $\cdot O_2^-$ 的反应

氧分子受单一电子还原的产物称为超氧阴离子 $\cdot O_2^-$。$\cdot O_2^-$ 既是阴离子,又是自由基,性质活泼,具有很强的氧化性和还原性,因此既是氧化剂,又是还原剂,过量生成可致组织损伤。在体内主要通过超氧歧化酶清除。

为了研究 $\cdot O_2^-$ 的反应,可以在 $N_2O : O_2 = 4 : 1 (V/V)$ 的混合气饱和水溶液中加入甲酸钠,使 $\cdot OH$ 转化为 $\cdot CO_2^-$,然后 O_2 会与 $\cdot CO_2^-$ 反应生成 CO_2 和 $\cdot O_2^-$,同时 O_2 可将 e_{aq}^- 转化为 $\cdot O_2^-$。需要注意的是,在酸性环境中 $\cdot O_2^-$ 会转化成 $HO_2 \cdot$,所以,一般 pH>5。

6. 有机溶剂体系的脉冲辐解

如果使用有机溶剂,就必须了解所用有机溶剂的初级辐解产物(一般包括溶剂的激发态、阳离子自由基和溶剂化电子等),再列出可能的反应机理。但这样的溶剂体系脱氧比较困难,必须使用低温冷冻、抽真空、常温解冻、反复三次操作才能真正脱氧。假如使用混合溶剂,比如水能与乙腈和乙醇(包括甲醇等)以任何比例构成均匀的溶剂体系,但在乙腈-水溶液中,不可能生成溶剂化电子,因为乙腈和水化电子反应生成了乙腈阴离子自由基(很稳定,且在可见光区无该阴离子自由基的瞬态吸收),因此在乙腈-水溶液中不可能设计还原反应。相似地,在乙醇-水溶液体系中,不可能生成羟基自由基,因为乙醇极易与羟基自由基反应,生成水和乙醇抽氢自由基,后者几乎无反应性,所以在乙醇-水溶液中不可能设计氧化反应。而有些溶剂如氯仿等,其本身的初级反应产物种类很多,研究化合物采用这样的溶剂会无法判别生成了何种瞬态产物。

总之,设计的体系越简单越纯净越好,在了解生成化合物的瞬态产物的性质基础上,才能探索其进一步的化学反应过程。当有几种反应机理都可能存在的情况时,一般不采用直接证明法,而更多采用排除法,把其他可能性都排除后,剩下的就是可能性最大的反应过程,最后再用其他文献或研究方法进一步证明该机理。

6.4.3　脉冲辐解研究中的注意事项

(1) 分别设计单一体系,测定生成的单一瞬态产物的特征吸收谱,并证明该瞬态产物的归属,确定瞬态产物的大致动力学行为和寿命,然后在不同气氛或微化学环境下对反应机理进行研究。在搞清机理基础上,设计改变浓度、微化学环境、二元或三元体系的各种相互反应,测定每一步反应的动力学常数。

(2) 在研究系列衍生物脉冲辐解时,一般先把一个化合物研究清楚,确定合适的条件后,再扩展到类似体系。在比较相互差别时,需要集中一起进行比较研究(如动力学),这样可比性好。

(3) 用硫氰酸钾剂量计确认加速器正常稳定,检测终端运行正常,脉冲辐解信号合适后,方可大量准备样品。一般水溶液样品充气除氧时间为 20 min,并随时关注充气是否正常。

（4）每做完一个样品后,实验者最好分析一下实验数据。如果发现现象不正确,可马上补做平行样品或改变实验条件,目的是使实验数据有用。

（5）在信号比较小时,很难断定是否属于哪一级反应动力学（根据可能机理判断）。动力学测定与选择的时段相关。有时会有两种（一级和二级）过程叠加,需要进行数值模拟或减谱技术。原则上一级动力学过程和单脉冲剂量无关,二级动力学与剂量有关。但实际上一级反应过程中,如果基态浓度过低,单脉冲剂量过高,导致基态浓度降低过快,使得反应过程有可能变为二级衰减（解决的办法是采用流动样品池,或在满足灵敏度的条件下降低单脉冲剂量）。二级反应过程要求剂量变化小（包括降低单脉冲剂量）,否则会引进实验误差。因此如果条件许可,尽量使用流动样品池。

（6）不同方法测得的动力学常数有相当大的误差是正常的（方法误差）,时间分辨率不同,测得动力学常数不同,一般时间分辨率越高,测得的速率常数越高。

（7）脉冲辐解不可能解决所有机理问题,有些要靠推测,有些必须结合稳态辐解产物的定性定量分析结果,再结合量子化学计算结果,才能真正说明问题。为了进一步扩大和验证反应机理,有时还需要进行激光光解研究,两者结果互为补充,相互印证。

6.4.4　脉冲辐解研究中的溶剂影响

（1）溶剂化电子通常只在水、醇、环己烷、直链烷烃中形成,丙酮、乙腈等会清除溶剂化电子。在水和醇的混合溶剂中只会产生溶剂化电子,在水和乙腈的混合溶剂中能产生羟基自由基。

（2）含卤烷烃（如四氯化碳）和氧是常用的电子清除剂。醇（如甲醇、乙醇、异丙醇、特丁醇等）是有效的羟基清除剂。

（3）苯、环己烷、高碳烷烃等是较好的中性溶剂,但在脉冲辐解过程中有较高量子产额的激发态生成。

（4）除含氟有机物外,几乎所有有机物都能与羟基发生抽氢反应。几乎水中的所有有机杂质都有可能与溶剂化电子反应。

（5）假如溶质浓度超过摩尔级,则溶质的直接辐解效应必须考虑,即浓溶液的辐解机理和稀溶液（理想溶液）的辐解机理不同。

6.4.5　脉冲辐解研究中的气氛影响

（1）笑气（N_2O）在有水情况下可将溶剂化电子转换成羟基自由基。通常情况下通氩比通氮的脱氧效果好。

（2）通常有机溶剂通气脱氧的效果比水溶液差得多,应该使用液氮冷却抽真空的办法脱氧。含氧体系的辐射化学行为比较复杂（氧会起到电子亲核剂的作用,与溶剂化电子及自由基发生反应）。要注意有机溶剂体系通气除氧过程中溶剂的挥发对溶质浓度可能造成的影响,尤其是对动力学测定影响很大,必须给予充分注意。可以使用两级通气脱氧,保证第二级溶质浓度不变。

（3）由于氧气在有机溶剂中的溶解度比较高,通氧时间可适当减短。

6.4.6　信噪比低时采取的措施

对于实际测试过程中测试信号弱、信噪比低的情况,可以采取以下措施:

（1）适当提高单脉冲剂量,虽然动力学曲线会受影响,但会得到较完整的瞬态吸收谱。

（2）调整溶液浓度,假如检测波长范围内无基态强吸收,且基态不参与次级反应,可适当增加浓度;假如相反,则可以适当减小浓度。

（3）如果测定反应动力学,可以用初级瞬态产物的衰减速率随研究化合物浓度变化的关系获得,而不是直接观察瞬态产物的生成过程。或采用竞争反应动力学测定,间接测定弱信号瞬态物种的反应动力学。

6.5　脉冲辐解实验数据分析

脉冲辐解被公认为跟踪自由基快速反应中间过程的首选方法,不仅可以测定许多自由基的反应速率常数,而且可以通过自由基的反应速率常数推算它们的单电子氧化还原电位和一些自由基 pK_a 值,因此已在许多国家得到广泛应用并不断向更快的反应过程的研究发展。本节针对脉冲辐解本身的特点并参照文献报道中的经验,对常见动力学处理方法进行数学推导和总结。由于目前国内基本采用紫外-可见光吸收检测技术,而且这一检测技术在国际上也最常使用,因此讨论中主要采用吸光度表征浓度。

6.5.1　瞬态吸收光谱解析

对于已深入研究的体系（如水体系）,由于原初粒子的种类与性质都很清楚,所得瞬态光谱一般较容易解析,但对于一个新体系或者辐解机理不清楚的体系（如绝大多数有机体系）,瞬态光谱的解析就比较复杂。下面以时间分辨吸收光谱为例,讨论确定活性中间物种种类的方法。

1. 动力学

脉冲辐解中产生的中间物种通常是激发态或自由基,且自由基的寿命一般较长。如果吸光度主要按一级反应动力学（这里不包括准一级反应）衰减,则通常为激发态。如按二级动力学（包括准一级反应）衰减,则一般为自由基。不过也有例外,如有些三重态按三重态-三重态猝灭,表现为二级反应动力学。而有的自由基也会发生分子内消去反应,表现为一级反应动力学,如酚与 $\cdot OH$ 形成的加合物自由基失去 H_2O 而形成酚氧自由基。另外,激发态和自由基在脉冲辐解时经常同时产生。区分吸光度主要随一级或二级反应动力学衰减的简单方法是改变脉冲剂量,看反应的半衰期是否变化。一级反应的半衰期不受脉冲剂量改变的影响,而二级反应的半衰期则随脉冲剂量的变化而变化（参见 6.5.3 节“动力学处理”）。

在不加入猝灭剂的情况下,脉冲辐解测得的三重态寿命主要取决于溶剂的性质和微量杂质,一般为 μs 到 ms 量级,比低温固相时短得多。当分子中含有顺磁金属离子时,三重态的寿命通常在亚微秒级。当脉冲剂量很高,由于三重态-三重态猝灭反应,三重态的寿命会进一步缩短。三重态的寿命也可能由于辐解过程中同时产生的长寿命自由基的猝灭而缩短,有时则由于三重态与溶质基态反应,其寿命随溶质浓度的升高而缩短。

如果某物种的吸收在室温时衰减,但在液氮温度（77 K）时却稳定,则该物种的吸收一般对应为自由基的吸收峰。这是因为降低温度几乎不影响单重激发态的寿命,而三重激发态的寿命在绝大多数情况下最多能被延长到几十秒。除降低温度外,还有多种稳定自由基的方法。提高位阻常延缓自由基衰减,如苯基氨氮自由基 $[C_6H_5(H)N^-]$ 很不稳定,室温下寿命只有几毫秒,但如果该自由基苯环上 2 个邻位和 1 个对位全部被特丁基取代,所得自由基的寿命在室温下可达数小时。如此长的寿命足以测定自由基的 ESR 谱,并通过对 ESR 谱超精细结构的分析确定自由基的可能结构。另外,自旋捕捉剂如 5,5′-二甲基吡咯氮氧化物(DMPO)经常与 ESR 技术一起用来证实自由基的存在。有关自由基的 ESR 检测详见第 5 章。

某些非极性稀溶液辐解时,溶质阴离子自由基和阳离子自由基同时产生,但生成动力学却不同。如正己烷和环己烷中,由于电子在这些介质中具有非同寻常的淌度[①],溶质阴离子生成极快($k \approx 10^{12}$ L·mol^{-1}·s^{-1}),而正电荷俘获则慢得多,在正己烷中为扩散控制($k \approx 10^{10}$ L·mol^{-1}·s^{-1}),在环己烷中则更慢。利用电导检测器有助于荷电自由基的鉴定。

2. 溶剂极性

溶剂的极性通常有助于确定脉冲辐解产生的活性中间物种。极性溶剂(如水和甲醇)脉冲辐解时,溶质激发态的产额非常低或为零,而自由基的产额则较高。相反,非极性溶剂如苯和环己烷脉冲辐解时,溶质激发态的产额较高,而自由基的产额则较低。对于极性中等的溶剂而言,脉冲辐解产生的激发态和自由基的产额相近(表 6.2)。

表 6.2　不同溶剂中室温脉冲辐解产生的主要溶质中间物种

溶剂	介电常数 ε	溶质中间物种
己烷	1.9	主要是激发态,自由基产额很小
环己烷	2.0	
二氧六环	2.2	
苯	2.3	
丙酮	20.7	激发态和自由基产额相近
甲醇	32.6	仅产生还原性自由基
乙腈	36.5	仅产生自由基
二甲基亚砜	46.6	仅产生自由基
水	80.4	仅产生氧化性和还原性自由基

水辐解时,主要产生羟自由基(·OH,强氧化性)、水化电子(e_{aq}^-,强还原性)和少量的氢原子(·H,还原性)。添加高浓度的甲酸盐,由于 ·OH 转化为还原性的 ·CO$_2^-$(还原性比 e_{aq}^- 弱),因此水辐解产生的物种全部是还原性粒子。甲醇和异丙醇能分别将 ·OH 转化为还原性的 ·CH$_2$OH 和 ·C(CH$_3$)$_2$OH。而特丁醇则可用于清除 ·OH,因为它与 ·OH 反应生成的 ·CH$_2$C(CH$_3$)OH 通常反应性很低。

对于不溶于水的溶质来说,甲醇和乙醇是很有用的极性溶剂,可粗略地认为甲醇辐解时原初自由基主要有 e_{sol}^- 和 ·CH$_2$OH、·H,都是还原性自由基。

在非极性溶剂中进行脉冲辐解时,主要产生溶质的三重和单重激发态,特别是当溶质为芳香化合物时。环己烷溶液中这些激发态主要直接通过溶质参与的离子对快速重合而形成,苯溶液中由于苯自身容易产生寿命较长的单重和三重激发态,溶质激发态主要通过溶剂激发态传递能量而生成。通常三重态生成 G 值比单重态生成 G 值高,而且绝大部分三重态的形成与单重激发态无关,即不是由单重激发态通过系间窜跃而形成的。除三重和单重激发态外,也可

---

① 离子淌度:指在单位电场强度下,某种离子 i 在一定温度和一定介质中移动的速率。

能产生溶质自由基,但它们的 G 值很低,只有当其摩尔吸光系数很高时才可检测到。

3. 能量转移

利用三重态-三重态间能量转移可判别该过渡吸收是否源于某三重态。如果中间物种能将其他分子激发到三重态,则通常可断定该中间物种为三重态。例如,β-胡萝卜素通常被用来判别三重态,这是因为全反式 β-胡萝卜素三重态能级很低(<95 kJ·mol^{-1}),能被绝大多数三重态激活,而且其三重态具有很强的可见光吸收($\varepsilon_{520\ nm} = 2.4 \times 10^5$ L·mol^{-1}·cm^{-1})。另外,β-胡萝卜素系间窜跃的量子产额极低,不能由光激发直接产生激发态,只能通过其他三重态激发得到。

4. 发光

单重态和三重态都能发光,前者为荧光,后者为磷光。室温下很多物质在溶液中能发荧光,但由于存在多种竞争过程,磷光通常很难检测到。当中间物种的光吸收半衰期在 1 ns~1 μs 之间,且与检测到的荧光衰减相一致时,中间物种很可能是单重激发态。如果中间物种的光吸收半衰期与检测到的磷光衰减相一致时,中间物种很可能是三重激发态。不过室温下能检测到磷光的例子很少,利用较多的只有双乙酰三重态($\lambda_{发射} = 520$ nm)和 $^1O_2$ ($^1\Delta_g \longrightarrow {}^3\Sigma_g^-$ [①],苯溶液中 $\lambda_{发射} = 1279$ nm)。另外,e_{aq}^- 还原半氧化染料阳离子自由基时生成的染料分子具有微弱的化学发光,可用于半氧化阳离子自由基的判别。

脉冲辐解产生的发光会叠加到分析光源的透射光上,而且脉冲辐解本身产生切伦科夫光,因此一般要通过分别测定有分析光和无分析光时的光吸收随时间的变化,以扣除它们的影响。有时脉冲刚过时吸光度的表观增长实际上是由于发光的减弱。增加分析光源的强度可以减小上述因素的影响。

5. 氧气和 N_2O 效应

氧气能与绝大多数激发态以及自由基反应,氧气猝灭中间物种光吸收的反应速率有时有助于中间物种的判别。氧气可通过能量转移猝灭绝大多数的三重态,反应很快($k \approx 10^9$ L·mol^{-1}·cm^{-1}),尽管氧气与最低单重激发态反应也很快($k \approx 10^{10}$ L·mol^{-1}·cm^{-1}),但由于最低单重激发态的寿命太短,并不能被氧气清除。此外,氧气也能很快清除溶质阴离子的前体——溶剂化电子。如果辐解同时产生三重态、自由基阴离子和自由基阳离子,氧气存在时三重态和自由基阴离子被清除和抑制,只剩下自由基阳离子。而 N_2O 则只通过清除溶剂化电子而抑制阴离子自由基,因此结合氧气效应和 N_2O 效应,能分别判定是否存在三重态、自由基阴离子和自由基阳离子。

6.5.2　激发分子和自由基的物理化学性质

在准确指认激发态和自由基等中间物种后,如果能知道它们的摩尔吸光系数,则可定量计算它们的辐射化学产额。因此,中间物种摩尔吸光系数的测定非常重要。测定三重激发态的摩尔吸光系数时,通常将其定量转化为摩尔吸光系数已知的其他分子的三重态,求得已知三重态的产额,进而计算出原三重态的产额。同样,单重激发态的摩尔吸光系数也常通过转化为三重态而测定。而自由基摩尔吸光系数的测定比较容易,特别是水溶液中由于原初粒子产额已

---

① 激发态氧在第一激发单重态 $^1O_2$ 时可以用符号 $^1\Delta_g$ 表示,$^3\Sigma_g^-$ 表示三重态氧分子,即 $^3O_2$。

知,且在反应机理方面积累了大量知识,因此可以通过机理分析较准确地推算自由基的产额,并由测得的吸光度计算其摩尔吸光系数。

自由基可通过二级反应(歧化或重合)或一级消去反应衰减,有些自由基还可通过电子转移(氧化还原反应)而衰减,因此测定这些自由基的氧化还原电位也很重要。另外,有些自由基有酸碱性,其酸碱形式不仅有不同的摩尔吸光系数,而且有不同的反应性以及不同的氧化还原电位,因此对这类自由基而言,测定其 pK_a 值十分必要。自由基的氧化还原电位和 pK_a 的测定方法参见 6.5.3 节中的有关内容。

6.5.3　脉冲辐解反应动力学分析

1. 一级反应

单分子反应是只有一个反应物分子进行化学变化的基元反应[①]。在光化学和辐射化学中的瞬态物种也会发生类似反应:

$$R\cdot \longrightarrow P_1 \tag{6-1}$$

这是脉冲辐解中能遇到的最简单反应,包括自由基的重排和消去反应等,也包括激发态的蜕变。这时

$$-\frac{d[R\cdot]}{dt} = k_1[R\cdot] \tag{6-2}$$

将式(6-2)定积分,得

$$\ln\frac{[R\cdot]}{[R\cdot]_0} = -k_1 t \tag{6-3}$$

式中 $[R\cdot]_0$ 为衰减开始时 $R\cdot$ 的浓度,t 为衰减时间。

假定 $R\cdot$ 和 P_1 在监测波长的摩尔吸光系数分别为 ε_r 和 ε_p,监测池光程为 l,则所测吸光度 A_T 为

$$A_T = \varepsilon_r[R\cdot]l + \varepsilon_p[P_1]l \tag{6-4}$$

由于 $[P_1] = [R\cdot]_0 - [R\cdot]$,因此

$$\begin{aligned} A_T &= \varepsilon_r[R\cdot]l + \varepsilon_p([R\cdot]_0 - [R\cdot])l \\ &= \varepsilon_p[R\cdot]_0 l + (\varepsilon_r - \varepsilon_p)[R\cdot]l \end{aligned} \tag{6-5}$$

而 $A_T^0 = \varepsilon_r[R\cdot]_0 l$,$A_T^\infty = \varepsilon_p[R\cdot]_0 l$,因此

$$\frac{A_T - A_T^\infty}{A_T^0 - A_T^\infty} = \frac{(\varepsilon_r - \varepsilon_p)[R\cdot]}{(\varepsilon_r - \varepsilon_p)[R\cdot]_0} = \frac{[R\cdot]}{[R\cdot]_0} \tag{6-6}$$

当 $\varepsilon_r > \varepsilon_p$ 时,A_T 不断衰减,A_T^∞ 为 $R\cdot$ 完全衰减后辐解液的紫外吸收,俗称**残余吸光度**。为简化处理,以下 A 均为扣除残余吸收后的吸光度,即 $A = A_T - A_T^\infty$。这样,式(6-6)变为

$$\frac{A}{A_0} = \frac{[R\cdot]}{[R\cdot]_0} \tag{6-7}$$

即 A 正比于 $[R\cdot]$。所以

$$\ln\frac{A}{A_0} = \ln\frac{[R\cdot]}{[R\cdot]_0} = -k_1 t \tag{6-8}$$

[①] 基元反应:能够在一次化学行为中完成的反应。一次化学行为指分子之间的一次碰撞而发生的化学变化或者分子的解离。

以 $\ln(A/A_0)$ 对反应时间作图所得直线的斜率即为 $-k_1$。

由上述推导过程可知，只有对所测吸光度 A_T 进行校正（扣除残余吸光度 A_T^{∞}）以后，其对数值才随反应时间呈线性关系，斜率为 $-k_1$。如果直接对 A_T 取对数并对反应时间作图，则当 $t > t_{1/2}$ 时，所得数据会明显偏离直线，且误差随反应时间的增大而增大，只有当残余吸收为 0 时拟合出来的直线斜率才等于 $-k_1$。

由式(6-7)可知，吸光度 A 的半衰期［当 $\varepsilon_p > \varepsilon_r$ 为半增长期，即未校正前的吸光度由 A_T^0 增长到 $(A_T^0 + A_T^{\infty})/2$ 所需的时间］与自由基 R· 的半衰期相同。当 $A = A_0/2$ 时，$t = t_{1/2} = \ln2/k_1$，即半衰期与 $[R\cdot]_0$ 无关。因此，改变脉冲剂量时，$t_{1/2}$ 应保持不变，这也是脉冲辐解中确认一级反应的基本方法。

由于 $A_0 = (\varepsilon_r - \varepsilon_p)[R\cdot]_0 l$，因此当脉冲剂量相同时，$|\varepsilon_r - \varepsilon_p|$ 越大，$|A|$ 就越大，这样数据处理就越精确，得到的动力学常数也越准确，所以**监测波长应选择在 $|\varepsilon_r - \varepsilon_p|$ 最大处**。另一方面，自由基常发生二级衰变，因此要适当减小脉冲剂量，降低二级衰变反应的重要性。如果一级衰变很慢，则很难通过降低脉冲剂量使二级衰变的影响降到可忽略的程度，因为 A_0 正比于 $[R\cdot]_0$，降低脉冲剂量必然导致 $[R\cdot]_0$ 降低和 A_0 减小，使得数据处理误差增大。这时，需通过测定不同脉冲剂量时的 $t_{1/2}^1$（第 1 个半衰期），以 $1/t_{1/2}^1$ 对脉冲剂量作图并外推到脉冲剂量等于 0，才能得到准确的 k_1。

2. 准一级反应

与双分子反应类似，脉冲辐解反应中存在：

$$R\cdot + S \longrightarrow P_2 \tag{6-9}$$

当 $t = 0$，$[S]_0 \gg [R\cdot]_0$ 时，$[S]$ 在整个反应历程中基本不变，则有

$$-\frac{d[R\cdot]}{dt} = k_9[R\cdot][S] \tag{6-10}$$

式中，k_9 为二级反应(6-9)的速率常数，则表观反应速率常数 $k_{obs} = k_9[S]$。此时，二级反应(6-9)称为准一级反应，k_{obs} 为表观一级反应速率常数。准一级反应在脉冲辐解中十分常见，一般溶质分子的浓度都远大于原初自由基浓度，因此原初自由基的反应一般为准一级反应，三重激发态的能量转移反应也常是一级反应。由一级反应数据处理方法可知，以 $\ln(A/A_0)$ 对反应时间 t 作图所得直线的斜率即为 $-k_{obs}$。A 的半衰期（或半增长期）为 $t_{1/2} = \ln2/k_{obs}(k_9[S])$，因此 $t_{1/2}$ 与脉冲剂量无关，但与 $[S]$ 成反比。当 $[S]$ 已知时，可求得 $k_9 = k_{obs}/[S]$，但为了避免可能存在的其他竞争反应的影响，通常测定一系列 $[S]$ 对应的 k_{obs}，并以 k_{obs} 对 $[S]$ 作图，由直线斜率求出 k_9。在理论上，可以通过提高 $[S]$ 而避免自由基二级重合或歧化反应的影响，但 $[S]$ 太高时，$t_{1/2}$ 太短，测量误差增大。另外，如果 S 在监测波长有一定吸收，则 $[S]$ 提高会使 I_0（入射分析光的强度）减小，A 的误差增大，因此应根据 k_9 的大小选择适当的 $[S]$ 范围，同时不要采用太高的脉冲剂量。

3. 二级反应

$$R\cdot + R\cdot \longrightarrow P_3 \tag{6-11}$$

自由基的重合或歧化反应以及三重态-三重态猝灭反应都属于此类。脉冲辐解产生的自由基浓度较高，自由基与自由基反应通常不需要活化能，反应速率由扩散速率控制。根据反

应(6-11)得到

$$-\frac{d[\mathrm{R\cdot}]}{dt} = 2k_{11}[\mathrm{R\cdot}]^2 \tag{6-12}$$

对式(6-12)定积分,得

$$\frac{1}{[\mathrm{R\cdot}]} = 2k_{11}t + \frac{1}{[\mathrm{R\cdot}]_0} \tag{6-13}$$

由于这时 $A = \dfrac{\varepsilon_r - \varepsilon_p}{2}[\mathrm{R\cdot}]l$,因此

$$\frac{1}{A} = 2k'_{11}t + \frac{1}{A_0} \tag{6-14}$$

$$k'_{11} = k_{11}/[l(\varepsilon_r - \varepsilon_p)/2] \tag{6-15}$$

经历第 1 个半衰期($t_{1/2}^1$)后,$[\mathrm{R\cdot}] = [\mathrm{R\cdot}]_0/2$,$A = A_0/2$,由式(6-13)和(6-14)可推出

$$(t_{1/2}^1)^{-1} = 2k_{11}[\mathrm{R\cdot}]_0 = 2k'_{11}A_0 \tag{6-16}$$

同样可推出 R· 和 A 的第 n 个半衰期为

$$(t_{1/2}^n)^{-1} = 2k_{11}[\mathrm{R\cdot}]_0/2^{n-1} = 2k'_{11}A_0/2^{n-1} \tag{6-17}$$

即二级衰变时,半衰期逐一倍增,且半衰期与脉冲剂量有关,脉冲剂量越大,半衰期越短。这与(准)一级衰变($t_{1/2}$不变)完全不同,也是脉冲辐解中判别二级衰减的一般方法。

从原理上说,可以按式(6-14)以 $1/A$ 对反应时间作图求 $2k'_{11}$,然后根据(6-15)计算出 $2k_{11}$,但一般很少直接这样处理,$2k_{11}$ 一般通过以 $(t_{1/2}^1)^{-1}$ 对 $[\mathrm{R\cdot}]_0$ 作图所得直线的斜率求出。主要是因为不论一级衰变还是二级衰变,对一次实验数据按一级衰变方式和二级衰变方式处理时,在第 1 个半衰期内均能得到线性较好的直线,因此可能对衰变方式作出错误的判断,得到错误的反应动力学常数。这可从数学推理得到。在第 1 个半衰期内,$[\mathrm{R\cdot}]$ 相对 $[\mathrm{R\cdot}]_0$ 变化不大,因此

$$-\ln\frac{[\mathrm{R\cdot}]}{[\mathrm{R\cdot}]_0} = \ln\frac{[\mathrm{R\cdot}]_0}{[\mathrm{R\cdot}]} = \ln\left(1 + \frac{[\mathrm{R\cdot}]_0 - [\mathrm{R\cdot}]}{[\mathrm{R\cdot}]}\right) = \frac{[\mathrm{R\cdot}]_0 - [\mathrm{R\cdot}]}{[\mathrm{R\cdot}]} \tag{6-18}$$

这样式(6-3)可变为

$$\frac{1}{[\mathrm{R\cdot}]} = \frac{k_1}{[\mathrm{R\cdot}]_0}t + \frac{1}{[\mathrm{R\cdot}]_0} \tag{6-19}$$

即当一级衰变被作为二级衰变处理时,也能得到近似直线。同样,将式(6-18)代入式(6-13),可得到

$$\ln\frac{[\mathrm{R\cdot}]}{[\mathrm{R\cdot}]_0} = -2k_{11}[\mathrm{R\cdot}]_0 t \tag{6-20}$$

即当二级衰变被作为一级衰变($k_{obs} = 2k_{11}[\mathrm{R\cdot}]_0$)处理时,也能得到近似直线。图 6.5 对一个假想例子的数据处理进行了更直观的描述,图中给出当 $[\mathrm{R\cdot}]_0 = 10^{-6}$ mol·L^{-1},分别按一级($k_1 = 2000$ s^{-1})和二级反应衰减($2k_{11} = 2\times10^9$ L·mol^{-1}·s^{-1})时的衰变曲线,插图(a)和(b)显示对 R· 的衰减分别按一级和二级反应动力学处理的结果。由插图(a)和(b)可见,无论 R· 实际上按一级还是二级反应动力学衰减,将衰减初期(第 1 个半衰期内)的数据按一级和二级反应动力学拟合,都能得到较好的线性相关系数。图 6.5 的拟合基于理想的一级和二级动力学数据,实际实验中由于存在实验误差,因此拟合时很难得到完美直线,由一次实验数据拟合所得线性的优劣确定反应动力学的级数是不可靠的。

　　二级衰变的第 1 个半衰期与自由基的初始浓度成反比,实验时一般控制脉冲剂量不太大,这样脉冲注入过程中自由基的衰减可忽略,其初始浓度可以通过 G 值和吸收剂量直接求出。如果由于自由基的信号较弱,必须采用很高的脉冲剂量,则应通过多次测量低剂量时自由基的吸光度来求出摩尔吸光系数,并据此计算高剂量脉冲过后的自由基初始浓度(第 1 个半衰期起点处的自由基浓度)。

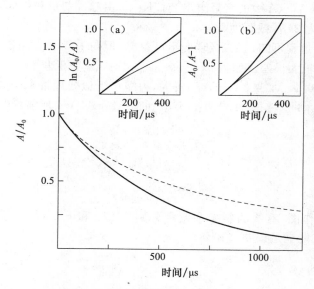

图 6.5　一级反应(实线,$k_1 = 2000\ \mathrm{s^{-1}}$)和二级反应(虚线,$2k_{11} = 2 \times 10^9\ \mathrm{L \cdot mol^{-1} \cdot s^{-1}}$)衰减曲线

〔插图(a):衰减曲线按一级反应拟合;插图(b):衰减曲线按二级反应拟合〕

4. 一、二级混合反应

$$R\cdot \longrightarrow P \tag{6-1}$$

$$R\cdot + R\cdot \longrightarrow P_3 \tag{6-11}$$

自由基 $R\cdot$ 既可按式(6-1)一级衰减,又可按式(6-11)二级衰减时,一般可通过降低脉冲剂量以便二级衰变的份额尽量减少而求得一级衰减常数(如前文所述)。当一级反应很慢,但相对于二级衰变又不可忽略时,则必须按一、二级混合反应处理。

$$-\frac{\mathrm{d}[R\cdot]}{\mathrm{d}t} = k_1[R\cdot] + 2k_{11}[R\cdot]^2 = (k_1 + 2k_{11}[R\cdot])[R\cdot] \tag{6-21}$$

对式(6-21)定积分,得

$$\ln\frac{k_1 + 2k_{11}[R\cdot]}{[R\cdot]} = k_1 t + \ln\frac{k_1 + 2k_{11}[R\cdot]_0}{[R\cdot]_0} \tag{6-22}$$

当 $[R\cdot] = [R\cdot]_0/2$ 时,$(A_T - A_T^\infty) = (A_T^0 - A_T^\infty)/2$,$t = t_{1/2}^1$,由式(6-22)可以求得

$$t_{1/2}^1 = \frac{1}{k_1}\ln\left(1 + \frac{k_1}{k_1 + 2k_{11}[R\cdot]_0}\right) \tag{6-23}$$

　　当 $k_1 \gg 2k_{11}$ 时,二级衰变可忽略,式(6-23)变为 $t_{1/2}^1 = \ln2/k_1$,这与仅考虑一级衰变时得到的 $t_{1/2}^1$ 是完全一致的。

　　当二级衰变与一级衰变的份额相当或更大时

$$\ln\left(1 + \frac{k_1}{k_1 + 2k_{11}[R\cdot]_0}\right) \approx \frac{k_1}{k_1 + 2k_{11}[R\cdot]_0} \qquad (6\text{-}24)$$

式(6-23)可近似简化为

$$t_{1/2}^1 = \frac{1}{k_1 + 2k_{11}[R\cdot]_0} \qquad (6\text{-}25)$$

因此,以 $1/t_{1/2}^1$[$t_{1/2}^1$ 由$(A_T - A_T^\infty)$的衰减求出]对$[R\cdot]_0$(由脉冲剂量和生成 G 值求得,或由 A 和 ε 求出)作图,其斜率为 $2k_{11}$,截距为 k_1。

从上述数学推导过程可知,当二级衰变不可忽略,但与一级衰变相比又不占绝对优势时,式(6-24)的近似就有较大误差。如当 $2k_{11}[R\cdot]_0 = k_1$ 时,误差可达 20%;只有当 $2k_{11}[R\cdot]_0 \geqslant 5k_1$ 时,误差才小于 10%。如果$(A_T - A_T^\infty)$较大,为缩小近似处理带来的误差,则改为测定 $t_{3/4}^1$ [即$[R\cdot]$减到 $3[R\cdot]_0/4$ 也就是$(A_T - A_T^\infty)$衰减到 $3(A_T^0 - A_T^\infty)/4$ 所需的时间]。由式(6-22)可求出

$$t_{3/4}^1 = \frac{1}{k_1}\ln\left\{1 + \frac{k_1}{3(k_1 + 2k_{11}[R\cdot]_0)}\right\}$$

$$\approx \frac{1}{3(k_1 + 2k_{11}[R\cdot]_0)} \qquad (6\text{-}26)$$

以$(3t_{3/4}^1)^{-1}$对$[R\cdot]_0$作图,直线的斜率和截距分别为 $2k_{11}$ 和 k_1。采用这种近似处理方法,当 $2k_{11}[R\cdot]_0 \geqslant k_1$ 时,就能满足误差<10%。

5. 可逆反应

$$R\cdot + X \rightleftharpoons RX\cdot \qquad (6\text{-}27)$$

这类反应也比较常见,如共轭多烯自由基与 O_2 的加成反应和许多单电子氧化还原反应等。

$$-\frac{d[R\cdot]}{dt} = k_{27}[X][R\cdot] - k_{-27}[RX\cdot] \qquad (6\text{-}28)$$

为了简化处理并得到更可靠的数据,实验设计时一般使$[X] \gg [R\cdot]_0$,并控制脉冲剂量,使反应(6-27)达平衡过程中 R· 和 RX· 自由基间的二级衰变可忽略,即总自由基浓度基本不变:

$$[R\cdot]_0 = [R\cdot] + [RX\cdot] = [R\cdot]_{eq} + [RX\cdot]_{eq} \qquad (6\text{-}29)$$

反应达平衡时

$$k_{27}[R\cdot]_{eq}[X] = k_{-27}[RX\cdot]_{eq} \qquad (6\text{-}30)$$

因此式(6-28)可转化为

$$-\frac{d[R\cdot]}{dt} = k_{27}[X][R\cdot] - k_{-27}\{([R\cdot]_{eq} + [RX\cdot]_{eq}) - [R\cdot]\}$$

$$= (k_{27}[X] + k_{-27})[R\cdot] - k_{-27}[R\cdot]_{eq} - k_{-27}[RX\cdot]_{eq}$$

$$= (k_{27}[X] + k_{-27})[R\cdot] - k_{-27}[R\cdot]_{eq} - k_{27}[R\cdot]_{eq}[X]$$

$$= (k_{27}[X] + k_{-27})([R\cdot] - [R\cdot]_{eq}) \qquad (6\text{-}31)$$

将式(6-31)定积分,得

$$\ln\frac{[R\cdot] - [R\cdot]_{eq}}{[R\cdot]_0 - [R\cdot]_{eq}} = (k_{27}[X] + k_{-27})t \qquad (6\text{-}32)$$

即 R· 按表观一级反应衰减直至反应达平衡,表观一级衰减常数为

$$k_{obs} = k_{27}[X] + k_{-27} \tag{6-33}$$

假定 R·、X 和 RX· 在监测波长处的摩尔吸光系数分别为 ε_r、ε_x 和 ε_{rx}，则所对应的吸光度为[①]

$$A_T = \varepsilon_r[R\cdot]l + \varepsilon_x[X]_0 l - \varepsilon_x[RX\cdot]l + \varepsilon_{rx}[RX\cdot]l \tag{6-34}$$

此时"残余"吸收实际上为平衡时的吸光度 A_{eq}，即

$$A_{eq} = \varepsilon_r[R\cdot]_{eq}l + \varepsilon_x[X]_0 l - \varepsilon_x[RX\cdot]_{eq}l + \varepsilon_{rx}[RX\cdot]_{eq}l \tag{6-35}$$

因此，"校正"后的吸光度 A 为

$$
\begin{aligned}
A &= A_T - A_{eq} = \varepsilon_r([R\cdot] - [R\cdot]_{eq})l + (\varepsilon_{rx} - \varepsilon_x)([RX\cdot] - [RX\cdot]_{eq})l \\
&= (\varepsilon_r - \varepsilon_x + \varepsilon_{rx})([R\cdot] - [R\cdot]_{eq})l
\end{aligned} \tag{6-36}
$$

所以，式(6-32)可变为

$$\ln\frac{A}{A_0} = (k_{27}[X] + k_{-27})t \tag{6-37}$$

因此，可通过 A 的一级衰变求出 k_{obs}，并测定不同[X]下的 k_{obs}。以 k_{obs} 对[X]作图，其斜率和截距分别为 k_{27} 和 k_{-27}，而二者之比即为可逆反应(6-27)的平衡常数 $K_{27} = k_{27}/k_{-27}$。也就是说，这类可逆反应可以用与一级反应完全相同的方法处理，只是校正吸光度时应以反应达平衡时的吸光度作为"残余"吸光度。实验时也应选择较小的脉冲剂量和合适的[X]，使反应达平衡的时间长度适当，既保证反应达平衡过程中自由基的二级衰变可忽略，又便于测定 $t_{1/2}$。若检测波长处只有 R· 或 RX· 有吸收，则平衡常数也可通过初始吸光度和平衡吸光度求得，具体方法参见后面"单电子氧化还原电位"数据处理。

6. 竞争反应

如果作为反应物的某一组元可同时参加 2 个或 2 个以上的基元反应时，则这些反应称为竞争反应或者平行反应。在辐射化学中，竞争反应很普遍：

$$R\cdot + S \xrightarrow{k_9} P_2 \tag{6-9}$$

$$R\cdot + Y \xrightarrow{k_{38}} P_y \tag{6-38}$$

当反应(6-9)中自由基 R· 和衰变产物 P_2 在可选择的波长范围内摩尔吸光系数都很小，不便于直接观测时，k_9 一般要借助竞争反应测定。所选竞争反应(6-38)的反应速率常数 k_{38} 已知，且产物 P_y 便于测定。此时

$$
\begin{aligned}
-\frac{d[R\cdot]}{dt} &= k_9[S][R\cdot] + k_{38}[Y][R\cdot] \\
&= (k_9[S] + k_{38}[Y])[R\cdot] \\
&= k_T[R\cdot]
\end{aligned} \tag{6-39}
$$

式中

$$k_T = k_9[S] + k_{38}[Y] \tag{6-40}$$

由于脉冲剂量一般不大，S 和 Y 的消耗很少，因此，可以认为 R· 按表观速率常数 k_T 一级衰减：

$$[R\cdot] = [R\cdot]_0 \exp(-k_T t) \tag{6-41}$$

---

① 注：每生成 1mol RX 便消耗 1mol X，使吸光度降低 $\varepsilon_x l$。

所以

$$\frac{d[P_y]}{dt} = k_{38}[Y][R\cdot] = k_{38}[Y][R\cdot]_0 \exp(-k_T t) \tag{6-42}$$

对式(6-42)定积分,得

$$[P_y] = \frac{k_{38}[Y][R\cdot]_0}{k_T}[1 - \exp(-k_T t)] \tag{6-43}$$

当 R· 全部衰变完后,$[P_y]$ 积累到最大值 $[P_y]_{max}$:

$$[P_y]_{max} = \frac{k_{38}[Y]}{k_T}[R\cdot]_0 \tag{6-44}$$

当 R· 自由基全部被 Y 清除时,$[P_y]_{max}^0 = [R\cdot]_0$。由式(6-44)和(6-40)可得

$$\frac{[P_y]_{max}^0}{[P_y]_{max}} = 1 + \frac{k_9}{k_{38}} \times \frac{[S]}{[Y]} \tag{6-45}$$

由于此时只有 P_y 对所测吸光度有贡献,因此 $\dfrac{A_{max}^0}{A_{max}} = \dfrac{[P_y]_{max}^0}{[P_y]_{max}}$,式(6-45)变为

$$\frac{A_{max}^0}{A_{max}} = 1 + \frac{k_9}{k_{38}} \times \frac{[S]}{[Y]} \tag{6-46}$$

以 $\dfrac{A_{max}^0}{A_{max}}$ 对 $\dfrac{[S]}{[Y]}$ 作图,由所得直线的斜率乘以 k_{38} 即得 k_9。

　　由上述推导可知,用竞争反应测定速率常数时也应注意控制脉冲剂量,避免自由基的二级衰变。另外,所测常数的准确度直接取决于参比反应(6-38)的反应速率常数 k_{38} 的准确度,因此要选择适当的参比反应。在测定水辐解后活性物种(e_{aq}^-,·OH/O$^-$ 和 ·H)的反应速率常数时,Buxton 等人推荐的可作参比的反应以及它们的反应速率常数如表 6.3 所示。有关 e_{aq}^- 和 ·H 与一些物质的反应速率常数列于附录 3。

　　【例 6.1】　如何利用脉冲辐解法研究藻胆蛋白与 ·OH 自由基反应的动力学,测定该反应的反应速率 k_1?

　　解　为了研究藻胆蛋白与 ·OH 自由基的反应,首先需要在水体系中建立一个主要含有 ·OH 自由基的化学环境。通过加入笑气,将水辐解产生的水化电子转化为 ·OH 自由基。

$$e_{aq}^- + N_2O + H_2O \longrightarrow \cdot OH + N_2 + OH^-$$

由于 ·OH 自由基的吸收峰在紫外区,信号较弱,无法直接测定。需要通过竞争反应来间接测定,即采用加入 KSCN 的方法,发生如下反应,将 ·OH 自由基转化为容易检测的瞬态物种。

$$\cdot OH + (SCN)^- \xrightarrow{k_2} OH^- + SCN\cdot$$
$$SCN\cdot + (SCN)^- \longrightarrow \cdot(SCN)_2^-$$

·$(SCN)_2^-$ 在 $475 \sim 480$ nm 处有明显对应的吸收峰。所以,实验体系设计是在笑气饱和的 KSCN 水溶液中研究藻胆蛋白 S 与 ·OH 自由基的反应动力学。固定[S],改变[$(SCN)^-$],测试 $475 \sim 480$ nm 特征峰的吸光度,由增长曲线求得 k_{obs}。以 k_{obs} 对 [$(SCN)^-$] 作图得直线,截距为 $k_1[S]$,已知 $k_2 = 1.1 \times 10^{10}$ L·mol^{-1}·s^{-1},由此可求得 $k_1 = (2.8 \sim 5.6) \times 10^9$ L·mol^{-1}·s^{-1}。

表 6.3　水溶液中常用参比反应及其反应速率常数

反应物		反应速率常数 /(10^9 L·mol^{-1}·s^{-1})	反应物		反应速率常数 /(10^9 L·mol^{-1}·s^{-1})
e_{aq}^-	H^+	23	·OH	HCO_3^-	0.0085
	O_2	19		CO_3^{2-}	0.39
	N_2O	9.1		$(SCN)^-$	11
	NO_3^-	9.7		$Fe(CN)_6^{4-}$	10.5
	$ClCH_2COO^-$	1.0		I^-	11
·H	·H	5.0		$C_6H_5COO^-$	5.9
	$Fe(CN)_6^{3-}$	6.3		CH_3CH_2OH	1.9
	OH^-	0.002		$(CH_3)_2CHOH$	1.9
	O_2	21		CH_3OH	0.97
	C_6H_5COOH	0.92		$(CH_3)_3COH$	0.6
	CH_3OH	0.0026		HCO_2^-	3.2
	CH_3CH_2OH	0.017		$C_6H_5NO_2$	3.9
	$(CH_3)_2CHOH$	0.074		$4\text{-}O_2NC_6H_4COO^-$	2.6
	$(CH_3)_2CDOH$	0.0096		Thymine	6.4
	$HCOO^-$	0.21	$O^{\cdot-}$	O_2	3.6
	$DCOO^-$	0.029		3-hexene-1,6-dioate	0.63
	$HCOOH$	0.00044		CH_3OH	0.75
				CH_3CH_2OH	1.2
				$(CH_3)_2CHOH$	1.2

7. 单电子氧化还原电位

$$P\cdot + Q^- \underset{k_2}{\overset{k_1}{\rightleftharpoons}} P^- + Q\cdot \tag{6-47}$$

$$\Delta E^\ominus = E^\ominus(Q\cdot/Q^-) - E^\ominus(P\cdot/P^-) \tag{6-48}$$

对于单电子还原反应，$\Delta E^\ominus = 0.059\lg K$，$K = k_1/k_2$ 为平衡常数，达平衡时

$$K = [P^-]_{eq}[Q\cdot]_{eq}/([P\cdot]_{eq}[Q^-]_{eq}) \tag{6-49}$$

通常由于$[P^-]$和$[Q^-]$变化不大，式(6-49)可简化为

$$K = [P^-][Q\cdot]_{eq}/([P\cdot]_{eq}[Q^-]) \tag{6-50}$$

当脉冲辐解所用剂量较低时，反应(6-47)达平衡时总自由基数基本不变（即达平衡过程中可忽略自由基间的二级衰变），即

$$[P\cdot]_0 = [P\cdot] + [Q\cdot] = [P\cdot]_{eq} + [Q\cdot]_{eq} \tag{6-51}$$

假定 P·、Q·、P$^-$ 和 Q$^-$ 在检测波长处的摩尔吸光系数分别为 ε_1、ε_2、ε_3 和 ε_4，则脉冲辐解前溶液吸光度为

$$A_0 = \varepsilon_3[P^-]_0 l + \varepsilon_4[Q^-]_0 l \tag{6-52}$$

脉冲能量注入完毕时[假定脉冲宽度足够短，脉冲过程中反应(6-47)可忽略]，溶液吸光度为

$$A_i = \varepsilon_1[P\cdot]_0 l + \varepsilon_3([P^-]_0 - [P\cdot]_0)l + \varepsilon_4[Q^-]_0 l \tag{6-53}$$

平衡建立过程中溶液吸光度为

$$A = A_0 + \varepsilon_1[P\cdot]l + \varepsilon_2[Q\cdot]l + \varepsilon_3[P^-]l + \varepsilon_4[Q^-]l$$

$$= A_0 + \varepsilon_1[P\cdot]l + \varepsilon_2([P\cdot]_0 - [P\cdot])l + \varepsilon_3([P^-]_0 - [P\cdot])l + \varepsilon_4\{[Q^-]_0 - ([P\cdot]_0 - [P\cdot])\}l$$

$$= A_0 + (\varepsilon_1 - \varepsilon_3)[P\cdot]_0 l - (\varepsilon_1 - \varepsilon_2 - \varepsilon_3 + \varepsilon_4)([P\cdot]_0 - [P\cdot])l \qquad (6\text{-}54)$$

达平衡时溶液吸光度为

$$A_{eq} = A_0 + (\varepsilon_1 - \varepsilon_3)[P\cdot]_0 l - (\varepsilon_1 - \varepsilon_2 - \varepsilon_3 + \varepsilon_4)([P\cdot]_0 - [P\cdot]_{eq})l \qquad (6\text{-}55)$$

脉冲辐解实验中通常以辐解前溶液的吸光度为本底值,因此实验中实际记录的光吸收为

$$A_i = (\varepsilon_1 - \varepsilon_3)[P\cdot]_0 l \qquad (6\text{-}56a)$$

$$A = (\varepsilon_1 - \varepsilon_3)[P\cdot]_0 l - (\varepsilon_1 - \varepsilon_2 - \varepsilon_3 + \varepsilon_4)([P\cdot]_0 - [P\cdot])l \qquad (6\text{-}57a)$$

$$A_{eq}/l = (\varepsilon_1 - \varepsilon_3)[P\cdot]_0 - (\varepsilon_1 - \varepsilon_2 - \varepsilon_3 + \varepsilon_4)([P\cdot]_0 - [P\cdot]_{eq}) \qquad (6\text{-}58a)$$

选择适当的检测波长,使 ε_3 和 ε_4 相对于 ε_1 和 ε_2 可忽略,则上述各式可简化为

$$A_i = \varepsilon_1[P\cdot]_0 l \qquad (6\text{-}56b)$$

$$A = \varepsilon_1[P\cdot]_0 l - (\varepsilon_1 - \varepsilon_2)([P\cdot]_0 - [P\cdot])l \qquad (6\text{-}57b)$$

$$A_{eq}/l = \varepsilon_1[P\cdot]_0 - (\varepsilon_1 - \varepsilon_2)([P\cdot]_0 - [P\cdot]_{eq}) \qquad (6\text{-}58b)$$

于是

$$[P\cdot]_0 = A_i/(\varepsilon_1 l) \qquad (6\text{-}59)$$

$$[P\cdot]_{eq} = A_i/(\varepsilon_1 l) - (A_i - A_{eq})/[(\varepsilon_1 - \varepsilon_2)l] \qquad (6\text{-}60)$$

$$[Q\cdot]_{eq} = (A_i - A_{eq})/[(\varepsilon_1 - \varepsilon_2)l] \qquad (6\text{-}61)$$

代入式(6-50),得

$$K = \frac{(A_i - A_{eq})/(\varepsilon_1 - \varepsilon_2)}{A_i/\varepsilon_1 - (A_i - A_{eq})/(\varepsilon_1 - \varepsilon_2)} \times \frac{[P^-]}{[Q^-]} \qquad (6\text{-}62)$$

ε_1 和 ε_2 可分别由独立的脉冲辐解实验测得。如果 $\varepsilon_1 \gg \varepsilon_2$,式(6-62)简化为

$$K = \frac{A_i - A_{eq}}{A_{eq}} \times \frac{[P^-]}{[Q^-]} \qquad (6\text{-}63a)$$

或

$$\frac{A_i - A_{eq}}{A_{eq}} = \frac{K[Q^-]}{[P^-]} \qquad (6\text{-}63b)$$

测定不同 $[Q^-]/[P^-]$ 时的 A_i 和 A_{eq},以 $(A_i - A_{eq})/A_{eq}$ 对 $[Q^-]/[P^-]$ 作图,所得直线的斜率即为 K。

　　如果 $\varepsilon_1 \ll \varepsilon_2$,由式(6-62)可得

$$\frac{A_{eq}}{\varepsilon_2[P\cdot]_0 l - A_{eq}} = K \times \frac{[Q^-]}{[P^-]} \qquad (6\text{-}64)$$

$[P\cdot]_0$ 由脉冲剂量与 G 值计算得到,测定不同 $[Q^-]/[P^-]$ 时的 A_{eq},以 $A_{eq}/(\varepsilon_2[P\cdot]_0 l - A_{eq})$ 对 $[Q^-]/[P^-]$ 作图,所得直线的斜率即为 K。

　　如果 ε_1 和 ε_2 相当,则达平衡过程中吸光度变化很小,处理结果误差很大,应寻找更适合的检测波长,或变换参比氧化还原对 $Q\cdot/Q^-$。

　　K 也可由达平衡的动力学过程求得,假定 $[P^-]$ 和 $[Q^-]$ 反应过程中的变化很小,可近似作为常数,则

$$d[P^-]/dt = k_{47}[P\cdot][Q^-] - k_{-47}[P^-][Q\cdot]$$

$$= k_{47}[P\cdot][Q^-] - k_{-47}[P^-]([P\cdot]_0 - [P\cdot])$$

$$= (k_{47}[Q^-] + k_{-47}[P^-])[P\cdot] - k_{-47}[P^-][P\cdot]_0 \qquad (6\text{-}65)$$

反应达平衡时

$$k_{47}[P\cdot]_{eq}[Q^-] = k_{-47}[P^-][Q\cdot]_{eq} = k_{-47}[P^-]([P\cdot]_0 - [P\cdot]_{eq}) \tag{6-66}$$

即
$$k_{-47}[P^-][P\cdot]_0 = (k_{47}[Q^-] + k_{-47}[P^-])[P\cdot]_{eq} \tag{6-67}$$

将式(6-67)代入式(6-65),得

$$d[P\cdot]/dt = (k_{47}[Q^-] + k_{-47}[P^-])[P\cdot] - (k_{47}[Q^-] + k_{-47}[P^-])[P\cdot]_{eq}$$
$$= (k_{47}[Q^-] + k_{-47}[P^-])([P\cdot] - [P\cdot]_{eq}) \tag{6-68}$$

因此
$$d([P\cdot] - [P\cdot]_{eq})/dt = d[P\cdot]/dt = (k_{47}[Q^-] + k_{-47}[P^-])([P\cdot] - [P\cdot]_{eq}) \tag{6-69}$$

即,P・按准一级反应衰减至平衡。由于

$$A - A_{eq} = (\varepsilon_1 - \varepsilon_2 - \varepsilon_3 + \varepsilon_4)([P\cdot] - [P\cdot]_{eq})l \tag{6-70}$$

$$d(A - A_{eq})/dt = (\varepsilon_1 - \varepsilon_2 - \varepsilon_3 + \varepsilon_4)l \times d([P\cdot] - [P\cdot]_{eq})/dt \tag{6-71}$$

即 A 也按与 P・相同的准一级反应衰减至平衡,其表观速率常数为

$$k_{obs} = k_{47}[Q^-] + k_{-47}[P^-] \tag{6-72}$$

分别改变[Q$^-$]或[P$^-$],以 k_{obs} 对[Q$^-$]或[P$^-$]作图,所得直线的斜率分别为 k_{47} 和 k_{-47},二者之比即为平衡常数 K。如果实验设计合理且数据可靠,两种方法求得的 K 值应基本相符。

辐射保护剂的研究是辐射生物学、放射医学的一项长期的重要任务。20 世纪 80 年代初,在 DNA 的辐射物理与化学研究中曾经提出"DNA 的电荷转移保护及敏化机理",指出保护 DNA 的条件是保护剂亲电性能高于最亲电子的 DNA 组分,而其失电子性能高于最易被电离的 DNA 组分。于是在电离辐射作用下,DNA 的阴离子自由基可将其电子转移给保护剂,而其阳离子则可将其空穴转移给保护剂,使 DNA 恢复其电中性。而评价保护效果的最直接指标就是单电子还原电位。因此可以利用脉冲辐解方法,基于以上原理来确定辐射保护剂的单电子还原电位。

【例 6.2】 如何测定辐射保护剂的单电子还原电位?

解 首先建立合适的实验环境,在辐射保护剂的水溶液中通氮除氧,pH=7,加入异丙醇除去水辐解产生的自由基,加入参比物 Q。利用公式

$$\lg K = \frac{(\phi_1 - \phi_2)}{0.0592} \tag{6-73}$$

ϕ_1、ϕ_2 分别为氧化剂电对和还原剂电对的电位,单位 V;K 为氧化还原平衡常数。通过方程(6-73)得到 K 值,在已知 ϕ_1,即 $E^{\ominus}(Q\cdot/Q^-)$情况下,就可以计算出待测辐射保护剂的单电子还原电位 ϕ_2。

8. pK_a 值测定

脉冲辐解实验中,pK_a 值可通过物理性质或化学性质(反应性)求得。前者主要用于自由基或其他活性中间体的 pK_a 值测定,如利用 HO$_2$・与 ・O$_2^-$ 的摩尔吸光系数不同,测定吸光度随 pH 的变化,可求得 pK_a(HO$_2$・)。也可通过辐解液电导(pH<7 时,酸解离使电导增加;pH>7 时,酸解离使电导减小)随 pH 的变化求得。利用物理性质测定 pK_a 值,数据处理简单,只需将测得的物理量对 pH 作图,其拐点处的 pH 即为 pK_a 值。但由于干扰因素较多,很难找到合适的物理参变量,因此其应用并不多见。

根据反应动力学求得的 pK_a 值常称为反应性 pK_a 值(reactive pK_a),很多情况下它与实际

pK_a 值(热力学 pK_a)一致,但有时差距可能很大,要视具体情况而定。下面分两种情况讨论。

(1) 起始反应物的酸碱形式与自由基具有不同的反应性,求起始反应物的 pK_a。

$$R\cdot + HA \xrightarrow{k_{74}} 产物 \tag{6-74}$$

$$R\cdot + A^- \xrightarrow{k_{75}} 产物 \tag{6-75}$$

此时由于 HA/A^- 大量存在,反应前后浓度变化可忽略,且处于解离平衡中,即

$$\frac{[H^+][A^-]}{[HA]} = K_a \tag{6-76}$$

由式(6-76)得

$$[A^-] = K_a[HA]/[H^+] \tag{6-77}$$

$$[HA] = \frac{[H^+]}{K_a + [H^+]}[HA]_0 \tag{6-78}$$

$$-d[R\cdot]/dt = (k_{74}[HA] + k_{75}[A^-])[R\cdot] = (k_{74} + k_{75}K_a/[H^+])[HA][R\cdot]$$

$$= (k_{74} + k_{75}K_a/[H^+])\frac{[H^+]}{K_a+[H^+]}[HA]_0[R\cdot]$$

$$= \left(\frac{k_{74}[H^+] + k_{75}K_a}{K_a + [H^+]}\right)[HA]_0[R\cdot] \tag{6-79}$$

因此,$[R\cdot]$ 按准一级动力学衰减,表观一级衰减常数可通过检测 $R\cdot$ 自由基的衰减或活性中间体的生成得到。以所得表观一级衰减常数对 $[HA]_0$ 作图(如果只求 pK_a,则不必求二级反应速率常数,直接以表观一级反应速率常数对 pH 作图即可),其斜率为表观二级反应速率常数。

$$k_{obs} = \frac{k_{74}[H^+] + K_a k_{75}}{K_a + [H^+]} \tag{6-80}$$

如果 $k_{74} < k_{75}$(如酚类物质与 $N_3\cdot$ 反应时,解离形式常比非解离形式快得多),当 $pH \gg pK_a$ 时,$[H^+] \ll K_a$,由式(6-80)得

$$k_{obs}^{max} = k_{75} \tag{6-81}$$

当 $pH \ll pK_a$ 时,$[H^+] \gg K_a$,由式(6-80)得

$$k_{obs}^{min} = k_{74} \tag{6-82}$$

以 k_{obs} 对 pH 作图,将得到典型的 pH 曲线,其拐点即为 pK_a,此时

$$k_{obs} = (k_{obs}^{min} + k_{obs}^{max})/2 = (k_{74} + k_{75})/2 \tag{6-83}$$

取中间点是作图求拐点的常用方法。

(2) 自由基酸碱形式具有不同的反应活性,求自由基的 K_a。

$$HA\cdot \underset{k_{-84}}{\overset{k_{84}}{\rightleftharpoons}} H^+ + A\cdot^- \tag{6-84}$$

$$HA\cdot + S \xrightarrow{k_{85}} S\cdot^- + A + H^+ \tag{6-85}$$

$$A\cdot^- + S \xrightarrow{k_{86}} S\cdot^- + A \tag{6-86}$$

$$d[S\cdot^-]/dt = (k_{85}[HA\cdot] + k_{86}[A\cdot^-])[S] \tag{6-87}$$

如果 $HA\cdot$ 解离很快(pK_a 低),反应过程中 $HA\cdot$ 与 $A\cdot^-$ 始终处于平衡中,则

$$K_a = [H^+][A\cdot^-]/[HA\cdot] \tag{6-88}$$

式(6-87)可转化为

$$d([HA\cdot]+[A\overline{\cdot}])/dt = d[S\overline{\cdot}]/dt$$

$$= (k_{85}[H^+]/K_a + k_{86})[A\overline{\cdot}][S]$$

$$= \left(\frac{k_{85}[H^+] + K_a k_{86}}{K_a + [H^+]}\right)[S]([HA\cdot]+[A\overline{\cdot}]) \tag{6-89}$$

因此，$([HA\cdot]+[A\overline{\cdot}])$ 按准一级动力学衰减（$[S\overline{\cdot}]$ 按准一级反应生成），表观一级衰减常数可通过检测（$[HA\cdot]+[A\overline{\cdot}]$）的衰减或 $[S\overline{\cdot}]$ 的生成得到。以所得表观一级衰减常数对 $[S]$ 作图，其斜率为表观二级反应速率常数（如果只求 pK_a，则不必求二级反应速率常数，直接以表观一级反应速率常数对 pH 作图即可）。

$$k_{obs} = \frac{k_{85}[H^+] + K_a k_{86}}{K_a + [H^+]} \tag{6-90}$$

由上面的讨论可知，以 k_{obs} 对 pH 作图，将得到典型的 pK_a 曲线，其拐点即为 pK_a，拐点处：

$$k_{obs} = (k_{85} + k_{86})/2 \tag{6-91}$$

如果 $HA\cdot$ 解离相对于 $A\overline{\cdot}$ 的消耗[即反应(6-86)]而言很慢[$pK_a(HA\cdot)$ 较高]，则反应过程中 $HA\cdot$ 与 $A\overline{\cdot}$ 不能达成平衡。由于 $A\overline{\cdot}$ 的消耗[反应(6-86)和(6-84)反向]很快，$A\overline{\cdot}$ 近似处于稳态平衡中，即

$$k_{84}[HA\cdot] = k_{-84}[A\overline{\cdot}][H^+] + k_{86}[A\overline{\cdot}][S] \tag{6-92}$$

因此　　　　　　　$$[A\overline{\cdot}] = \frac{k_{84}[HA\cdot]}{k_{-84}[H^+] + k_{86}[S]} \tag{6-93}$$

$$d([HA\cdot]+[A\overline{\cdot}])/dt = d[S\overline{\cdot}]/dt$$

$$= (k_{85}[HA\cdot] + k_{86}[A\overline{\cdot}])[S]$$

$$= \left(k_{85} + \frac{k_{84}k_{86}}{k_{-84}[H^+] + k_{86}[S]}\right)[HA\cdot][S]$$

$$= \left(k_{85} + \frac{k_{84}k_{86} - k_{84}k_{85}}{k_{-84}[H^+] + k_{86}[S] + k_{84}}\right)[S]([HA\cdot]+[A\overline{\cdot}]) \tag{6-94}$$

因此，在此情况下（$[HA\cdot]+[A\overline{\cdot}]$）仍按准一级动力学衰减（$[S\overline{\cdot}]$ 仍按准一级反应生成），表观一级衰减常数可通过检测（$[HA\cdot]+[A\overline{\cdot}]$）的衰减或 $[S\overline{\cdot}]$ 的生成得到。

$$k_{obs} = \left(k_{85} + \frac{k_{84}k_{86} - k_{84}k_{85}}{k_{-84}[H^+] + k_{86}[S] + k_{84}}\right)[S] \tag{6-95}$$

此时以 k_{obs} 对 pH 作图得到的曲线形状将偏离 pK_a 曲线。与 $HA\cdot$ 解离能达平衡时的情况相比，拐点附近 k_{obs} 随 pH 变化比较平缓。假定 $k_{obs} < k_{86}$（如 α-羟乙基自由基与对二氰基苯反应很慢，但它解离后则反应很快），由式(6-95)可得

$$k_{obs}^{min} = k_{85}[S] \tag{6-96}$$

$$k_{obs}^{max} = \left(k_{85} + \frac{k_{84}k_{86} - k_{84}k_{85}}{k_{86}[S] + k_{84}}\right)[S] \tag{6-97}$$

拐点处：

$$k_{obs} = (k_{obs}^{min} + k_{obs}^{max})/2$$

$$= \left\{k_{85} + \frac{k_{84}k_{86} - k_{84}k_{85}}{2(k_{86}[S] + k_{84})}\right\}[S] \tag{6-98}$$

代入式(6-95)可知

$$k_{-84}[H^+] + k_{86}[S] + k_{84} = 2(k_{86}[S] + k_{84}) \tag{6-99}$$

因此拐点处：

$$[H^+] = \frac{k_{86}[S] + k_{84}}{k_{-84}} \tag{6-100}$$

式(6-100)表明,当 $k_{86}[S] \ll k_{84}$ 时, $[H^+] = k_{84}/k_{-84} = K_a$,即拐点处 pH 就是 pK_a ,与上述按特例进行近似处理时得到的结果相同。若 $k_{86}[S] = n \times k_{84}$,则

$$[H^+] = (n+1)k_{84}/k_{-84} = (n+1)K_a \tag{6-101}$$

$$pH = pK_a - \lg(n+1) \tag{6-102}$$

即拐点处 pH 比 pK_a 小 $\lg(n+1)$ 个 pH 单位,如 $k_{86}[S] = 9k_{84}$ 时,拐点处 pH 比 pK_a 小 1 个 pH 单位,可以理解为,快反应(6-86)的存在促使反应(6-84)/(6-86)的平衡向右移动,表观 pK_a 减小。

【例 6.3】 异喹啉是药物、染料、橡胶促进剂和杀虫剂中常用的组分,对人体健康和环境有危害,因此需要对其降解。如何利用脉冲辐解或者闪光光解法测定异喹啉(IQH)的 pK_a 值?

解 在 N_2O 饱和的叔丁醇 t-BuOH 水体系中,由于水化电子被清除,瞬态物种只剩下阳离子自由基和激发态,而激发态的浓度与 pH 无关。因此,可通过 N_2O 饱和添加 t-BuOH 体系来研究异喹啉的阳离子自由基的吸收和 pH 的关系。

已知异喹啉阳离子自由基的最大吸收峰位于 330 nm 处,配制浓度为 2×10^{-4} mol·L^{-1} 的异喹啉水溶液,添加 t-BuOH 使其浓度为 0.1 mol·L^{-1} ,用 $HClO_4$ 和 NaOH 溶液调节其 pH,通 N_2O 20 min 后进行激光或闪光光解,记录其在 330 nm 处近似零时刻的瞬态吸收值,对 pH 作图,突跃点即为异喹啉阳离子自由基的 pK_a ,测得其 pK_a 值为 5.50。

确定 pK_a 有助于理解异喹啉阳离子自由基的脱质子过程,而该过程对于其光降解具有重要意义。因为脱质子后形成的中性自由基容易和水中的 O_2 发生反应形成过氧自由基,进而开环降解。

9. 按一级衰变的平衡反应

$$R\cdot + O_2 \underset{k_{-103}}{\overset{k_{103}}{\rightleftharpoons}} RO_2\cdot \tag{6-103}$$

$$RO_2\cdot \overset{k_{104}}{\longrightarrow} P_4 \tag{6-104}$$

有 O_2 时多烯自由基的衰变动力学常属此类。通常情况下,反应(6-104)较慢,$RO_2\cdot$ 衰变过程中反应(6-103)一直处于平衡中,忽略自由基间的二级衰变,则

$$d([R\cdot] + [RO_2\cdot])/dt = k_{104}[RO_2\cdot] \tag{6-105}$$

$$\frac{[RO_2\cdot]}{[R\cdot][O_2]} = K_{103} = \frac{k_{103}}{k_{-103}} \tag{6-106}$$

联立式(6-105)和(6-106),得

$$\frac{d[RO_2\cdot]}{dt} = \frac{K_{103}[O_2]}{K_{103}[O_2]+1}k_{104}[RO_2\cdot] \tag{6-107}$$

即 $RO_2\cdot$ 按一级动力学衰减,其表观反应速率常数为

$$k_{obs} = \frac{K_{103}[O_2]}{K_{103}[O_2]+1}k_{104} \tag{6-108}$$

K_{103}可通过前述可逆反应数据处理方法求得,因此由测得的k_{obs}可算出k_{104}。式(6-108)变形,得

$$\frac{1}{k_{obs}} = \frac{1}{k_{104}} + \frac{1}{k_{104}K_{103}}\frac{1}{[O_2]} \tag{6-109}$$

以 $1/k_{obs}$ 对 $1/[O_2]$ 作图,所得直线的截距的倒数就是 k_{104},而截距与斜率的比值等于 K_{103}。

当$(k_{-103}+k_{104}) \gg k_{103}$时,可以认为$[RO_2\cdot]$随时间 t 的变化很小,可对其作稳态近似,即$\frac{d[RO_2\cdot]}{dt}=0$,这样就可以用稳态近似法求出$[RO_2\cdot]$。

6.6 小　结

本章主要介绍了脉冲辐解技术的基本工作原理、装置的主要组成,并针对目前常用的光谱检测分析方法的脉冲辐解研究进行了讨论。重点是如何建立合适的化学反应环境,如何根据研究目的选择合适时间分辨率的脉冲辐解装置。如何对脉冲辐解技术测得的瞬态吸收谱和反应动力学曲线进行分析,并介绍了一些实际实验操作过程中的实验技巧。体系的辐解反应动力学主要包括一级反应、准一级反应和竞争反应。对于较复杂的反应如连续反应和直链反应等,反应动力学处理过程中经常采用稳态近似的方法。由于研究体系通常比较复杂,需要结合多种手段确定研究体系的辐解反应动力学和反应机理。

重要概念:

脉冲辐解,切伦科夫辐射,残余吸光度,半衰期,脉冲宽度,离子淌度,竞争反应。

重要公式:

一级反应

$$\ln\frac{A}{A_0} = \ln\frac{[R\cdot]}{[R\cdot]_0} = -k_1 t \tag{6-8}$$

准一级反应

$$-\frac{d[R\cdot]}{dt} = k_9[R\cdot][S] = k_{obs}[R\cdot], \quad 其中 k_9 = k_{obs}/[S] \tag{6-10}$$

二级反应

$$\ln\frac{[R\cdot]}{[R\cdot]_0} = -2k_{11}[R\cdot]_0 t \tag{6-20}$$

可逆反应

$$\ln\frac{A}{A_0} = (k_{27}[X] + k_{-27})t \tag{6-37}$$

竞争反应

$$\frac{A_{max}^0}{A_{max}} = 1 + \frac{k_9}{k_{38}} \times \frac{[S]}{[Y]} \tag{6-46}$$

氧化还原平衡常数

$$\lg K = \frac{\phi_1 - \phi_2}{0.0592} \tag{6-73}$$

主要参考文献

1. Spotheim-Maurizot M, Mostafavi M, Douki T, et al. Radiation Chemistry: From Basics to Applications in Material and Life Sciences. 1st Ed. EDP Sciences France, 2008.

2. McCarthy R L, MacLachlan A. Transactions of the Faraday Society, 1960, 56: 1187.

3. Matheson M S, Dorfman L M. Journal of Chemical Physics, 1960, 32: 1870.

4. Keene J P. Nature, 1960, 188: 843.

5. 张素萍, 姚思德, 王文峰, 等. 科学通报, 2000, 45(1): 32.

6. 汪朝存, 哈成勇, 姚思德. 化学物理学报, 1999, 12(2): 148.

7. 朱大章, 汪世龙, 孙晓宇, 等. 辐射研究与辐射工艺学报, 2007, 25(2): 102.

8. 姜岳, 林维真, 姚思德, 等. 辐射研究与辐射工艺学报, 1998, 16(2): 70.

9. Hart E J, Gordon S, Fielden E M. The Journal of Physical Chemistry, 1966, 70(1): 150.

10. Muroya Y, Sanguanmith S, Meesungnoen J, et al. Physical Chemistry Chemical Physics, 2012, 14: 14325.

11. Wan L K, Peng J, Lin M Z, et al. Radiation Physics and Chemistry, 2012, 81: 524.

12. Hata K, Lin M Z, Katsumura Y, et al. Journal of Radiation Research, 2011, 52: 15.

13. El-Omar A K, Schmidhammer U, Jeunesse P, et al. Journal of Physical Chemistry A, 2011, 115: 12212.

14. Yan Y, Lin M Z, Katsumura Y, et al. Radiation Physics and Chemistry, 2010, 79: 1234.

15. Muroya Y, Lin M Z, De-Waele V, et al. Journal of Physical Chemistry Letters, 2010, 1: 331.

16. Fu H Y, Lin M Z, Muroya Y, et al. Free Radical Research, 2009, 43(9): 887.

17. Lin M Z, Katsumura Y, Muroya Y, et al. Journal of Physical Chemistry A, 2004, 108: 8287.

18. Muroya Y, Lin M, Watanabe T, et al. Nuclear Instruments & Methods in Physics Research A, 2002, 489: 554.

19. Wu G Z, Katsumura Y, Chitose N, et al. Radiation Physics and Chemistry, 2001, 60: 643.

20. Belloni J, Marignier J L, Katsumura Y, et al. Journal of Physical Chemistry, 1986, 90: 4014.

21. Belloni J, Cordier P, Delaire J. Chemical Physics Letters, 1974, 27: 241.

22. Jin H F, Wu J L, Pan X M, et al. Radiation Physics and Chemistry, 1996, 47: 555.

23. Chen C, Fang X W, Wu J L, et al. Radiation Physics and Chemistry, 1998, 51: 49.

24. 张福根, 吴季兰, 李凤梅, 等. 高等学校化学学报, 2002, (3): 461.

25. 张福根, 周瀚洋, 彭静, 等. 物理化学学报, 2013, 29(1): 199.

26. Yang J, Kondoh T, Kan K, et al. Nuclear Instruments and Methods in Physics Research A, 2011, 629: 6.

思　考　题

1. 脉冲辐解与激光光解的关系和区别在哪里？
2. 简述脉冲辐解装置的组成。
3. 脉冲辐解装置中常用的分析检测系统有哪些？

4. 脉冲辐解研究如何选择合适时间分辨率的装置？是否分辨率越高越好？

5. 脉冲辐解实验中使用的水为什么要求是超纯水或者三重水？

6. 如何设计反应环境，研究葡萄糖水溶液中葡萄糖分子与羟基自由基的反应？

7. 如何在水体系中获得还原性的环境？

8. 脉冲辐解研究中常用的剂量计有哪些？

9. 脉冲辐解研究中需要注意的事项有哪些？

10. 如何利用脉冲辐解方法确定某水溶液体系的 pK_a 值？

11. 如何判定脉冲辐解后形成中间物种的反应动力学是一级反应还是二级反应？

12. 脉冲辐解研究的应用有哪些？举例说明。

第7章　液态水和稀水溶液的辐射化学

　　水和水溶液辐射化学是研究电离辐射作用下水或水溶液所引起的化学效应。很多化学、辐射化学反应是在水溶液中或有水存在的情况下进行的,在动物组织中也含有 $40\% \sim 70\%$ 的水,因此研究水和水溶液辐射化学,不仅发展了辐射化学的理论和电离辐射对液相作用的原理,而且也充实了基础化学规律的研究,如水化电子存在的确证及其反应特性。此外,它对放射生物学和食品主要成分的辐射化学研究以及乏燃料后处理工艺、反应堆水化学的建立也起着重要和不可缺少的作用。

　　20 世纪初,由于镭的发现,人们开始了对水和水溶液辐射化学的研究。镭和氡放出的射线能使水分解成为 H_2、O_2 和 H_2O_2。随着 X 射线用于对疾病的诊断和医疗,对 X 射线引起的生物效应的研究也促进了对水和水溶液辐射化学的研究。在这方面,美国科学家 Fricke Hugo 的工作起了重要作用,1927 年他报道了 X 射线照射 Fe^{2+} 或其他无机物和简单有机物水溶液的过程中存在氧化还原反应,建立了用亚铁体系测定 X 射线剂量的方法。20 世纪 40～60 年代,核工业迅速发展,推动了水溶液辐射化学的研究。例如,建造反应堆需要了解作为载热剂和中子慢化剂——水的辐解规律;乏燃料后处理工艺亦要求详细研究无机及有机物水溶液的辐射化学。与此同时,辐射化学的理论也开始建立并得到发展,测定了水辐解产生的 $\cdot$OH、$\cdot$H 等自由基产额及其系列反应的相对反应速率常数,建立了自由基扩散理论。20 世纪 60 年代中期,用闪光光解、脉冲辐解技术证明了水化电子的存在,系统地研究了水化电子的各种反应,充实了还原反应的理论。

　　目前,由于放射生物学的研究跃进到生物分子水平,加上食品辐照保鲜技术的发展,要求我们更深入、系统地研究有机物水溶液、生物物质水溶液和胶束水溶液的辐射化学。

　　在水溶液辐射化学过程中,溶质和溶剂均吸收辐射能,但在稀水溶液中(**溶质浓度小于 10^{-2} mol·L^{-1}**),辐射能几乎全被溶剂吸收,辐射和溶质的直接作用很小,辐射化学效应主要是溶剂的辐解产物与溶质间的反应,即间接作用所引起。所以在学习水溶液辐射化学之前,我们要先了解液态水的辐射化学。

7.1　液态水的辐射化学

7.1.1　液态水的辐解机理

根据第 3 章和第 5 章我们知道,射线与物质 M 相互作用的原初过程是沿入射粒子径迹,由非选择性的电离和激发产生许多具有单一未成对电子的阳离子、电子和激发分子,这类过程可统一表示为

$$M \rightsquigarrow [M^{+\bullet}, \ e^-, \ M^*] \qquad (7\text{-}1)$$

生成的阳离子、激发分子和电子分布在入射粒子径迹周围的刺迹和径迹中。因此对于液态水,其原初过程可用下式表示:

$$H_2O \rightsquigarrow [H_2O^{+\bullet}, \ H_2O^*, \ e^-] \qquad (7\text{-}2)$$

在(7-1)和(7-2)式中,括号[　]表示这些粒子暂时紧挨在一起,并存在于刺迹中。

刺迹和径迹中的 $H_2O^{+\bullet}$、H_2O^* 和 e^- 在刺迹和径迹扩散消失前,将发生一系列的快速反应。根据水蒸气的光化学、质谱和辐解研究推出液态水的主要辐解反应为:

(1) 离子-分子反应:

$$H_2O^{+\bullet} + H_2O \longrightarrow H_3O^+ + \bullet OH \quad k_{(7\text{-}3)} = 9 \times 10^{11} \ L \cdot mol^{-1} \cdot s^{-1} \qquad (7\text{-}3)$$

(2) 激发分子解离:

$$H_2O^* \longrightarrow \bullet H + \bullet OH \qquad (7\text{-}4)$$

(3) 激发能传递:被激发的分子和离子通过能量传递将激发能传递给邻近的水分子,而不引起任何化学变化。

$$H_2O^* \longrightarrow H_2O \qquad (7\text{-}5)$$

(4) 慢化电子溶剂化:部分慢化电子(或溶剂化电子)被正离子中和。

$$e^- \xrightarrow{nH_2O} e_{aq}^- \qquad (7\text{-}6)$$

$$H_3O^+ + OH^- \longrightarrow 2H_2O \quad k_{(7\text{-}7)} = 1.43 \times 10^{11} \ L \cdot mol^{-1} \cdot s^{-1} \qquad (7\text{-}7)$$

$$e^- (\text{或} \ e_{aq}^-) + H_3O^+ \longrightarrow \bullet H + H_2O \quad k_{(7\text{-}8)} = 2.3 \times 10^{10} \ L \cdot mol^{-1} \cdot s^{-1} \qquad (7\text{-}8)$$

这些反应在刺迹和径迹中形成很高的自由基浓度(约 1 mol·L^{-1} 数量级)。随着刺迹和径迹扩散,自由基浓度开始下降,但在扩散的最初阶段,仍有利于自由基相互反应,发生下列反应:

$$\bullet H + \bullet OH \longrightarrow H_2O \quad k_{(7\text{-}9)} = 3.2 \times 10^{10} \ L \cdot mol^{-1} \cdot s^{-1} \qquad (7\text{-}9)$$

$$2 \bullet H \longrightarrow H_2 \quad k_{(7\text{-}10)} = 1.3 \times 10^{10} \ L \cdot mol^{-1} \cdot s^{-1} \qquad (7\text{-}10)$$

$$2 \bullet OH \longrightarrow H_2O_2 \quad k_{(7\text{-}11)} = 5.3 \times 10^{9} \ L \cdot mol^{-1} \cdot s^{-1} \qquad (7\text{-}11)$$

$$e_{aq}^- + \bullet OH \longrightarrow OH^- \quad k_{(7\text{-}12)} = 3.0 \times 10^{10} \ L \cdot mol^{-1} \cdot s^{-1} \qquad (7\text{-}12)$$

$$e_{aq}^- + e_{aq}^- \longrightarrow H_2 + 2OH^- \quad k_{(7\text{-}13)} = 5.4 \times 10^{9} \ L \cdot mol^{-1} \cdot s^{-1} \qquad (7\text{-}13)$$

$$e_{aq}^- + \bullet H \longrightarrow H_2 + OH^- \quad k_{(7\text{-}14)} = 2.5 \times 10^{10} \ L \cdot mol^{-1} \cdot s^{-1} \qquad (7\text{-}14)$$

对于较高 LET 值的辐射,尚有下列反应:

$$\bullet OH + H_2O_2 \longrightarrow H_2O + HO_2\bullet \quad k_{(7\text{-}15)} = 2.7 \times 10^{7} \ L \cdot mol^{-1} \cdot s^{-1} \qquad (7\text{-}15)$$

这些反应重新形成水分子,并产生分子产物 H_2 和 H_2O_2。未反应的自由基随径迹扩散而扩

散,直至均匀分布于溶液中。上述过程可用以下总反应式表示:

$$H_2O \rightsquigarrow H_2, H_2O_2, e_{aq}^-, \cdot H, \cdot OH, H_3O^+, HO_2\cdot \quad (7\text{-}16)$$

在水辐解产物中,e_{aq}^-、$\cdot H$ 常可将溶质还原,因此被称为还原性产物或还原性自由基。$\cdot OH$、$HO_2\cdot$、H_2O_2 称为氧化性产物,因为它们常可将溶质氧化。H_2、H_2O_2 又称分子产物,而 e_{aq}^-、$\cdot H$、$\cdot OH$ 和 $HO_2\cdot$ 统称自由基产物,分子产物和自由基又称"原初产物"或"原初粒种",它们的产额称为"原初产额",并分别以 G_{H_2},$G_{H_2O_2}$,$G_{e_{aq}^-}$,$G_{\cdot H}$,$G_{\cdot OH}$ 和 G_{HO_2} 表示[①]。严格来讲,**原初产额**系指物质吸收能量后,在未发生后续反应前所产生的最初活性粒子(如激发分子、离子、未热能化的电子)的产额。但实际上该产额不容易测定,原初产额的意义常与研究者的目的和所用实验方法直接相关,如在低 LET 值(如快电子)下脉冲辐解水,100 ps(即 10^{-10} s)后直接观察求得 $g(e_{aq}^-)$[②]$=4.7\pm0.2$ 及 $g(\cdot OH)=5.9\pm0.2$。而本章中"原初产额"指从径迹扩散出来,在溶液中达均匀分布的粒种所测产额。一般原初产物的产额可使用合适的自由基清除剂由实验测定。而 H_3O^+ 由反应(7-3)产生,因此刺迹呈酸性,且 $G_{H_3O^+} = G_{e_{aq}^-}$。表 7.1 列出了水辐解过程中一些主要事件的时间标度。由表可知,水被辐照后,在 $10^{-18}\sim10^{-15}$ s 内,在刺迹中发生电离和激发过程。然后刺迹沿径迹扩散发生后续的离子-分子反应、激发分子解离和次级电子的热能化与水化过程等。在 10^{-7} s 后,刺迹在水中均匀分布,分子产物生成。如果水中含有溶质,则在 $10^{-6}\sim10^{-4}$ s 内,水辐解产生的自由基与溶质反应完成。因此,如果要用脉冲辐解技术研究溶质与水辐解产生的活性物种之间反应的产物的生成和衰减动力学,就要在微秒甚至毫秒左右测试。

表 7.1　水辐解中的一些主要事件与其时间标度

时间/s	事　件
$10^{-18}\sim10^{-15}$	电离和激发作用　$H_2O \rightsquigarrow H_2O^{+\cdot} + e^-$,$H_2O \rightsquigarrow H_2O^*$
10^{-14}	离子-分子反应　$H_2O^+ + H_2O \longrightarrow H_3O^+ + \cdot OH$
10^{-13}	激发分子解离　$H_2O^* \longrightarrow \cdot H + \cdot OH$
$\leqslant 3\times10^{-13}$	次级电子在水中的热能化及电子水化
10^{-12}	刺迹温度达最高值,此时在半径为 3.0 nm 的刺迹中,温度比周围环境约高 50 K
$10^{-12}\sim10^{-11}$	水分子在液态水中的偶极取向时间
$10^{-11}\sim10^{-7}$	在刺迹中分子产物的形成及自由基扩散出刺迹,如:2 $\cdot H \longrightarrow H_2$,2 $\cdot OH \longrightarrow H_2O_2$
10^{-10}	在液相中,扩散控制反应所需最小时间
10^{-9}	刺迹温度均化过程(已膨胀刺迹的温度比周围环境约高 1 ℃)
10^{-6}	如 $k_{(R\cdot + S)}=10^8$ L·mol^{-1}·s^{-1},自由基与 10^{-2} mol·L^{-1}溶质 S 反应基本完成
10^{-4}	如 $k_{(R\cdot + S)}=10^6$ L·mol^{-1}·s^{-1},自由基与 10^{-2} mol·L^{-1}溶质 S 反应基本完成

上述机理预示,辐射 LET 值、剂量率、温度以及杂质等因素将对水辐解形成的原初产物产额有影响。对于低 LET 辐射(如 γ 辐射和快电子),形成的刺迹是不连续的(刺迹间距离约几百 nm)。这样,在径迹附近自由基浓度较低,相对地不利于自由基之间的反应,因此观测到介质的自由基产额较高。而高 LET 辐射(如重荷电粒子、α 辐射、中子等)与介质作用过程中单

---

① 注:本书在表示原初产额 G 值时,原初粒种的分子式或自由基式列于 G 的右下方,且无括号。而表示辐解终产物的实验测定 G 值必须有括号,如 $G(H_2)$。

② 为了与均相体系中的 G 值区分开,更短时间内的原初辐射化学产额用 g 表示,此处单位采用 G 值单位,并省略。

位距离由于非弹性碰撞损失的能量大,导致介质内形成的刺迹互相重叠,径迹附近自由基浓度很高,有利于自由基间反应,所以高 LET 辐射有较高的分子产额和较低的自由基产额。高剂量率具有与高 LET 辐射相同的效应。在剂量率很高时,入射粒子的径迹密集在一起,刺迹重叠概率增加,在高剂量率如 10^7 Gy·s^{-1} 时观测到分子产额增加。此外,温度也会影响自由基的扩散速度。温度升高时,自由基从刺迹或径迹向外扩散的速度增加,因此有较高的自由基产额。

杂质对液态水辐解也有影响。水中杂质主要有以下两个来源:

(1) 溶解在水中的有机物和无机物。这些杂质与自由基清除剂一样,不仅能与扩散自由基反应,而且在浓度较大时影响水的辐解基本过程。例如,在光化学和辐射化学过程中,低激发态分子形成的热能(或低能)自由基被溶剂分子所包围,它们很难从溶剂分子笼中扩散出来,因此重新复合成水分子。当有机溶质(如 5×10^{-3} mol·L^{-1} CH_3OH)存在时,它们按以下反应影响上述过程:

$$H_2O + h\nu \longrightarrow H_2O^* \longrightarrow [\cdot H + \cdot OH] \longrightarrow H_2O$$
$$\downarrow CH_3OH$$
$$H_2(\text{或 } H_2O) + \cdot CH_2OH \tag{7-17}$$

溶解氧也是最常见的杂质,它可有效地与 H 原子和水化电子反应使 H_2O_2 产额增加。这类杂质一般可用特殊的方法(包括化学法和物理法)除去,如通过反复抽真空-冷冻-熔融方法,以及通入惰性气体。

(2) 水的辐解产物。由于辐解产物的起始浓度很低,一般可近似认为其不参与竞争自由基的反应,但是随着辐照进行,产物(如 H_2O_2)浓度逐渐增大,当达到某一浓度后,也会随即参与竞争自由基的反应,并导致稳定态。例如,用 γ 射线或快电子辐照密闭容器中的液态水,产物 H_2、H_2O_2 和少量 O_2 的浓度与剂量不呈线性关系,而是在最后达到很低的稳定态浓度,其原因是分子产物被下列自由基反应所消耗:

$$\cdot OH + H_2 \longrightarrow H_2O + \cdot H \qquad k_{(7-18)} = 4.9\times10^7 \text{ L·mol}^{-1}\cdot s^{-1} \tag{7-18}$$
$$\cdot H + H_2O_2 \longrightarrow H_2O + \cdot OH \qquad k_{(7-19)} = 9\times10^7 \text{ L·mol}^{-1}\cdot s^{-1} \tag{7-19}$$
$$\cdot OH + H_2O_2 \longrightarrow H_2O + HO_2\cdot \qquad k_{(7-15)} = 2.7\times10^7 \text{ L·mol}^{-1}\cdot s^{-1} \tag{7-15}$$
$$e_{aq}^- + H_2O_2 \longrightarrow \cdot OH + OH^- \qquad k_{(7-20)} = 1.2\times10^{10} \text{ L·mol}^{-1}\cdot s^{-1} \tag{7-20}$$
$$e_{aq}^- + O_2 \longrightarrow \cdot O_2^- \qquad k_{(7-21)} = 1.9\times10^{10} \text{ L·mol}^{-1}\cdot s^{-1} \tag{7-21}$$
$$\cdot H + O_2 \longrightarrow HO_2\cdot \qquad k_{(7-22)} = 1.9\times10^{10} \text{ L·mol}^{-1}\cdot s^{-1} \tag{7-22}$$
$$2HO_2\cdot (\text{或 } 2\cdot O_2^-) \longrightarrow H_2O_2(O_2^{2-}) + O_2 \qquad k_{(7-23)} = 0.25\times10^7 \text{ L·mol}^{-1}\cdot s^{-1} \tag{7-23}$$

根据液态水的辐解机制,H_2O^+ 由下列反应很快消失:

$$H_2O^+ + H_2O \longrightarrow H_3O^+ + \cdot OH \tag{7-3}$$

但　　　　　$e_{aq}^- + H_2O \longrightarrow OH^- + \cdot H \quad k_{(7-24)} = 16 \text{ L·mol}^{-1}\cdot s^{-1}$ 　　　(7-24)

$k_{(7-24)} \ll k_{(7-3)}$,**按电荷守恒有**

$$G_{H_3O^+} = G_{e_{aq}^-} \tag{7-25}$$

同样,氧化性中间产物产额必然与还原性中间产物的产额相当,因此可得如下**物料平衡**:

$$G_{-H_2O} = G_{e_{aq}^-} + G_{\cdot H} + 2G_{H_2} = G_{\cdot OH} + 2G_{H_2O_2} \tag{7-26}$$

若考虑 $HO_2\cdot$ 自由基,根据反应(7-15),每形成一个 $HO_2\cdot$ 消耗 3 个 $\cdot OH$,则有下列平衡式:

$$G_{e_{aq}^-} + G_{\cdot H} + 2G_{H_2} = G_{\cdot OH} + 2G_{H_2O_2} + 3G_{HO_2\cdot} \tag{7-27}$$

但必须注意,按式(7-15)形成一个 $HO_2\cdot$ 时亦生成一个 H_2O 分子,因此水分子辐解的 G 值 (G_{-H_2O})[①]只能按下式计算:

$$G_{-H_2O} = G_{e_{aq}^-} + G_{\cdot H} + 2G_{H_2} - G_{HO_2\cdot} = G_{\cdot OH} + 2G_{H_2O_2} + 2G_{HO_2\cdot} \tag{7-28}$$

7.1.2　研究自由基产物的方法和水化电子的发现

　　水辐解形成的自由基产物活性很高(因为反应活化能很小),它们通过与溶质反应或自身(或相互)复合转变为稳定产物,因此它们也被称为中间产物或短寿命中间产物。在脉冲辐解技术用于辐射化学研究之前,研究瞬态自由基产物化学行为主要有以下两种方法:

　　(1)往水中加入某种溶质,研究自由基产物与溶质之间的反应。如辐照 $FeSO_4$ 稀水溶液,由于稀水溶液中 $G(Fe^{3+})$ 值在一定剂量和浓度范围内与吸收剂量和亚铁离子浓度无关,因此证明 Fe^{3+} 是由间接作用(即由水的辐解中间产物与溶质作用)生成,通过观测溶质的化学变化就可以研究中间产物的化学行为。

　　(2)加入自由基清除剂。自由基清除剂和一般溶质的差别在于,前者只与体系中的自由基作用,例如,低浓度 Br^- 存在时,它按下述反应清除 $\cdot H$ 和 $\cdot OH$ 自由基:

$$Br^- + \cdot OH \longrightarrow \cdot Br + OH^- \tag{7-29}$$
$$\cdot Br + \cdot H \longrightarrow HBr \quad (或\ H^+ + Br^-) \tag{7-30}$$

Br^- 似乎起催化剂作用。此法优点是,通过清除体系中某些自由基可使复杂的过程简单化,甚至可以研究单一自由基反应。例如,在充氧体系中,由于发生下列反应,将 e_{aq}^-、$\cdot H$ 转变为活性较小的 $HO_2\cdot$。

$$e_{aq}^- + O_2 \longrightarrow \cdot O_2^- \overset{H^+}{\rightleftharpoons} HO_2\cdot \tag{7-21}$$
$$\cdot H + O_2 \longrightarrow HO_2\cdot \tag{7-22}$$

此方法可用来研究 $\cdot OH$ 的化学行为。此外,使用自由基清除剂还可以测定分子产物的产额。

　　但是使用清除剂时要注意两个问题:

　　(1)清除剂对分子产额的影响。如图 7.1 所示,即使在通常使用的低浓度范围,溶质也可能影响刺迹反应。

　　(2)次级自由基参与反应,这类反应常使过程复杂化。例如,甲醇存在时辐照 Fe^{3+} 水溶液,反应(7-31)和(7-32)生成的次级自由基 $\cdot CH_2OH$ 可将 Fe^{3+} 离子还原。

$$\cdot H + CH_3OH \longrightarrow H_2 + \cdot CH_2OH \tag{7-31}$$
$$\cdot OH + CH_3OH \longrightarrow H_2O + \cdot CH_2OH \tag{7-32}$$
$$Fe^{3+} + \cdot CH_2OH \longrightarrow CH_2O + H^+ + Fe^{2+} \tag{7-33}$$

　　20 世纪 60 年代以后,脉冲辐解技术发展为研究辐射化学原初过程的重要实验技术。由于快速响应技术的时间标度已达 10^{-12} s,因此能够直接观测在皮秒时间标度内所发生的过程及研究短寿命产物的形成和衰变动力学。另外,脉冲辐解技术的一个重要贡献是直接证实了水化电子的存在,测定了水化电子参与的上千种化学反应的动力学常数(附录 3)。

　　[①] G_{-H_2O}:水辐解转变成初级产物的净产额,不是水分子开始解离时的总产额。因为有些自由基已复合,又生成水分子。

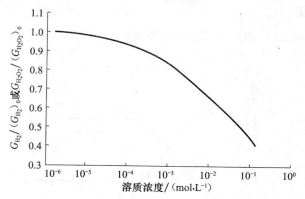

图 7.1　溶质浓度对分子产额的影响

$[(G_{H_2O_2})_0$ 和 $(G_{H_2})_0$ 表示无溶质时的 $G_{H_2O_2}$ 和 G_{H_2} 值$]$

　　清除剂实验和动力学研究提供了一些关于水辐解可能生成两种形式的还原性粒种的证据。较早的证据是用 X 射线照射含低浓度甲醇的 Fe^{3+} 酸性溶液（$0.05\ mol \cdot L^{-1}\ H_2SO_4$）得到的,在此体系中,小部分 H_2 来自原初过程,而大部分 H_2 来自反应（7-31）。反应（7-31）和（7-32）所生成的 $\cdot CH_2OH$ 自由基与 H 原子一样,可将 Fe^{3+} 还原为 Fe^{2+} 离子。

$$\cdot H + Fe^{3+} \xrightarrow{k_{(7-34)}} H^+ + Fe^{2+} \tag{7-34}$$

$$\cdot CH_2OH + Fe^{3+} \longrightarrow CH_2O + H^+ + Fe^{2+} \tag{7-33}$$

因此,反应（7-31）和（7-34）为一组竞争 H 原子的反应,应用竞争反应动力学原理可得下列公式:

$$G(H_2) = G_{H_2} + G_{\cdot H}\frac{k_{(7-31)}[CH_3OH]}{k_{(7-34)}[Fe^{3+}] + k_{(7-31)}[CH_3OH]} \tag{7-35}$$

将（7-35）式移项并取倒数,则得

$$\frac{1}{G(H_2) - G_{H_2}} = \frac{1}{G_{\cdot H}}\left(1 + \frac{k_{(7-34)}[Fe^{3+}]}{k_{(7-31)}[CH_3OH]}\right) \tag{7-36}$$

式中,$G(H_2)$ 表示最终测得的 H_2 产额,G_{H_2} 为氢气的原初产额。从（7-35）式可知,当 $[Fe^{3+}] \gg [CH_3OH]$ 时,$G(H_2) \approx G_{H_2}$,即可测得 G_{H_2}。根据（7-36）式,将 $1/[G(H_2) - G_{H_2}]$ 对 $[Fe^{3+}]/[CH_3OH]$ 作图可得一条直线,$\frac{1}{G_{\cdot H}}$ 为直线截距,$\frac{1}{G_{\cdot H}} \times \frac{k_{(7-34)}}{k_{(7-31)}}$ 为斜率。若保持 Fe^{3+} 浓度（$5 \times 10^{-3}\ mol \cdot L^{-1}$）不变,而改变甲醇浓度,则从此直线得 $k_{(7-34)}/k_{(7-31)} = 0.45$,$G_{\cdot H} = 3.2$（相当于水辐解形成的 $\cdot H$ 和 e^-_{aq} 的原初产额之和）。若使 $[Fe^{3+}]$ 增大至 $5 \times 10^{-2}\ mol \cdot L^{-1}$,则求得的 $k_{(7-34)}/k_{(7-31)}$ 不变,而 $G_{\cdot H}$ 减小至 1.7。测定 Fe^{2+} 浓度,发现 $5 \times 10^{-2}\ mol \cdot L^{-1}$ 的 Fe^{3+} 溶液比 $5 \times 10^{-3}\ mol \cdot L^{-1}$ 的 Fe^{3+} 溶液产生的 Fe^{2+} 产额稍大,即 $G(Fe^{2+})$ 近似相等。这表明除 H 原子外,在辐照体系中还存在另外一种还原性粒种,在 Fe^{3+} 浓度较高时,可不必借助于 H 原子而将 Fe^{3+} 直接还原。

　　另一个实验证据是用 X 射线辐照氯乙酸（$ClCH_2COOH$）稀水溶液（pH＝1）得到的。H_2、Cl^- 和 H_2O_2 为该体系主要辐解产物。图 7.2 给出了不同氯乙酸浓度下体系的主要辐解产物产额。假定 H_2 和 Cl^- 仅来源于下列反应:

$$\cdot H + ClCH_2COOH \longrightarrow H_2 + Cl\dot{C}HCOOH \tag{7-37}$$

$$\cdot H + ClCH_2COOH \longrightarrow HCl + \cdot CH_2COOH \tag{7-38}$$

则不能解释当氯乙酸浓度增高时(>0.2 mol·L^{-1}),$G(H_2)$值下降而 $G(Cl^-)$值上升的结果。因为如果仅有上述反应,氯乙酸浓度变化不会影响反应(7-37)和(7-38)的权重。

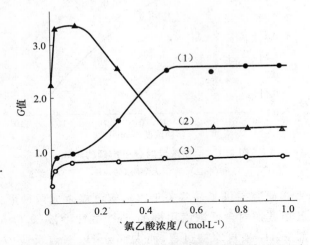

图 7.2　氯乙酸浓度对主要辐解产物产额的影响(pH＝1)

$[(1)\ G(Cl^-)$;$(2)\ G(H_2)$;$(3)\ G(H_2O_2)]$

此外,仅用 H 原子参加反应来解释氯乙酸的实验结果也遇到了困难:

(1) 在 pH＝3~8 范围内,$G(Cl^-)$和 $G(H_2)$值与 pH 无关。在 pH<3 时,$G(Cl^-)$值下降,而 $G(H_2)$值相应增高(图 7.3)。

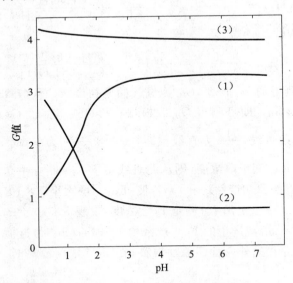

图 7.3　γ 射线辐照 ClCH₂COOH 无氧水溶液(0.1 mol·L^{-1})时,pH 对产物产额的影响

$[(1)\ G(Cl^-)$;$(2)\ G(H_2)$;$(3)\ G(Cl^-)+G(H_2)]$

(2) 在中性氯乙酸溶液中产生的 Cl^- 比辐解时化学当量的还原性粒种产生的 Cl^- 少。

这些结果表明,纯水辐解产生的 H 原子不是唯一的还原性粒种。如果假设水化电子是另一种形式的还原性粒种,则上述结果就能用下述过程来解释:

$$e_{aq}^- + H_3O^+ \longrightarrow \cdot H + H_2O \tag{7-8}$$

$$e_{aq}^- + ClCH_2COOH \longrightarrow Cl^- + \cdot CH_2COOH \tag{7-39}$$

式(7-8)与(7-39)是一对竞争反应。当固定 pH=1 时,随氯乙酸浓度增加,反应(7-39)的概率增加,而反应(7-8)的概率减少,这样将导致 H 原子减少,按反应(7-37),亦即 $G(H_2)$ 随之下降。

虽然许多实验已经证明,水辐解生成的原初还原性粒种至少有两种形式,但是其中一种还原性粒种是带负电荷的实体,还是在研究离子强度对反应速率常数的影响后确认的。体系的反应速率常数与离子强度的关系可用 Brønsted-Debye 方程表示:

$$\lg \frac{k_{(\mu=\mu)}}{k_{(\mu=0)}} = 1.02 Z_A Z_B \frac{\sqrt{\mu}}{1+\alpha\sqrt{\mu}} \tag{7-40}$$

式中,μ 为离子强度;Z_A、Z_B 分别为反应物 A、B 的离子价;$k_{(\mu=\mu)}$、$k_{(\mu=0)}$ 分别代表离子强度为 μ 和 $\mu=0$ 时的速率常数;α 是考虑离子具有一定大小而引入的参数,它与 A、B 间的最近距离有关,α 值一般为 1~3,在 μ 值较低时可取 1~3 之间的任何值。由于(7-40)式为直线方程,直线斜率由 Z_A、Z_B 决定。若 Z_A、Z_B 同号,斜率为正,$k_{(\mu=\mu)}/k_{(\mu=0)}$ 随离子强度 μ 增加而增加;若 Z_A、Z_B 异号,斜率为负,$k_{(\mu=\mu)}/k_{(\mu=0)}$ 随 μ 增加而下降;若 Z_A、Z_B 其中一个为零,则斜率为零,$k_{(\mu=\mu)}/k_{(\mu=0)}$ 不受 μ 影响。

图 7.4 给出了离子强度对下列各竞争反应组相对速率常数的影响。

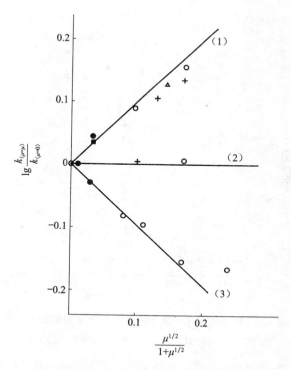

图 7.4　离子强度对 $k_{(\mu=\mu)}/k_{(\mu=0)}$ 的影响

[(1) $k_{(\mu=\mu)}=k_{(7\text{-}44)}/k_{(7\text{-}41)}$,$k_{(\mu=0)}=0.34$;(2) $k_{(\mu=\mu)}=k_{(7\text{-}42)}/k_{(7\text{-}41)}$,$k_{(\mu=0)}=2.0$;(3) $k_{(\mu=\mu)}=k_{(7\text{-}43)}/k_{(7\text{-}41)}$,$k_{(\mu=0)}=$ 1.95。用下列盐调节离子强度:○-LiClO$_4$;■-KClO$_4$;▲-NaClO$_4$;+-MgSO$_4$;●-不加盐]

$$（Ⅰ）\begin{cases} R\cdot + H_2O_2 \xrightarrow{k_{(7-41)}} P_1 & (7-41) \\ R\cdot + O_2 \xrightarrow{k_{(7-42)}} P_2 & (7-42) \end{cases}$$

$$（Ⅱ）\begin{cases} R\cdot + H_2O_2 \xrightarrow{k_{(7-41)}} P_1 & (7-41) \\ R\cdot + H^+ \xrightarrow{k_{(7-43)}} P_3 & (7-43) \end{cases}$$

$$（Ⅲ）\begin{cases} R\cdot + H_2O_2 \xrightarrow{k_{(7-41)}} P_1 & (7-41) \\ R\cdot + NO_2^- \xrightarrow{k_{(7-44)}} P_4 & (7-44) \end{cases}$$

由图 7.4 可知，R· 为带负电荷的粒种，从直线斜率求得其电荷数为 1，因此，R· 很可能是一个电子。

　　关于水化电子存在的最终证据是通过脉冲辐解测得的瞬态吸收光谱来证实的。研究者用强电子脉冲照射无氧的中性水时，在 715 nm 处观测到了特征瞬态吸收峰（图 7.5），此吸收与液氨中溶剂化电子的吸收峰类似。当低浓度的电子清除剂（如 O_2、CO_2、N_2O 和 H^+ 等）存在时，吸收峰减弱。在研究离子强度对还原性粒种与 Ag^+ 丙烯酸铵反应的影响时，发现在 pH=4 时还原性粒种带 1 个单位负电荷，在 pH=2 时还原性粒种不带电荷。这表明，在中性或碱性水溶液中，还原性粒种主要以水化电子形式存在；而在酸性水溶液中，水化电子迅速地被转变为 H 原子。

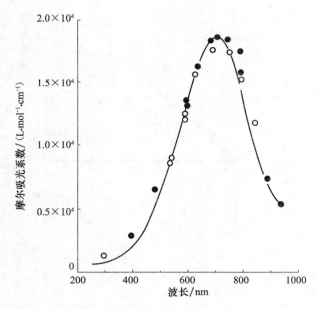

图 7.5　脉冲辐照不同水溶液时水化电子的瞬态吸收谱
[○为 0.5 mmol · L^{-1} $K_4Fe(CN)_6$；●为 H_2O]

　　上述原理也可用来判别其他粒种，例如判别氧化性粒种是 H_2O^+ 还是 ·OH。辐照含乙醇和 Br^- 离子的中性水溶液，则乙醇和 Br^- 按下列反应竞争氧化性粒种：

$$RO\cdot（氧化性粒种）+ Br^- \xrightarrow{k_{(7-45)}} P_1 \qquad (7-45)$$

$$RO\bullet + C_2H_5OH \xrightarrow{k_{(7-46)}} P_2 \tag{7-46}$$

实验发现，$k_{(7-46)}/k_{(7-45)}$ 不随离子强度而变化，表明氧化性粒种以 $\bullet OH$ 形式存在。

7.1.3 原初产物产额的确定

1. 估算自由基产物的浓度

如果假设水辐解形成的自由基产物的最初分布是均匀的，则可应用稳态原理估算产物的浓度。实际上水辐解形成的自由基产物的最初分布是不均匀的，在刺迹中存在着多种自由基结合过程，因此估算值为上限值。稳态时，体系中自由基生成速率等于自由基消失速率，则有

$$k[R\bullet]^2 = G_R \frac{1}{N_A} \dot{D}\rho f \tag{7-47}$$

式中，$[R\bullet]$ 为稳态时 $R\bullet$ 自由基的浓度（$mol \cdot L^{-1}$）；k 为反应速率常数；G_R 是 $R\bullet$ 自由基产额；N_A 为阿伏加德罗常数；$\dot{D}$ 是剂量率（$Gy \cdot s^{-1}$）；f 为 Gy 与 $eV \cdot g^{-1}$ 之间的换算因子，$f = 6.241 \times 10^{15}$；ρ 为水的密度（$1000\ g \cdot L^{-1}$）。

【例 7.1】 假设 $G_R = 10$，$\dot{D} = 1\ Gy \cdot s^{-1}$，$k \approx 10^{10}\ L \cdot mol^{-1} \cdot s^{-1}$，计算体系达稳态时的 $[R\bullet]$。

解 代入(7-47)式，得 $k[R\bullet]^2 = G_R \frac{1}{N_A} \dot{D}\rho f$，则 $[R\bullet] = \sqrt{G_R \frac{1}{N_A}\dot{D}\rho f/k}$

$$[R\bullet] = \sqrt{\frac{10 \times 1 \times 1000 \times 6.241 \times 10^{15}/(6.023 \times 10^{23})}{10^{10}}}\ mol \cdot L^{-1} \approx 1 \times 10^{-8}\ mol \cdot L^{-1}$$

估算值表明，即使在体系中自由基-自由基反应具有很高的反应速率常数，它们仍难与自由基-溶质反应相竞争（溶质浓度很低则除外）。例如，被空气饱和（$[O_2] \approx 2.5 \times 10^{-4}\ mol \cdot L^{-1}$）的水溶液中存在下列竞争 H 原子的反应：

$$\bullet H + O_2 \longrightarrow HO_2\bullet \quad k_{(7-22)} = 1.9 \times 10^{10}\ L \cdot mol^{-1} \cdot s^{-1} \tag{7-22}$$

$$2\ \bullet H \longrightarrow H_2 \quad k_{(7-10)} = 1.3 \times 10^{10}\ L \cdot mol^{-1} \cdot s^{-1} \tag{7-10}$$

O_2 俘获的 H 原子数与形成 H_2 的 H 原子数之比为

$$\frac{\bullet H + O_2}{\bullet H + \bullet H} = \frac{k_{(7-22)}[O_2]}{k_{(7-10)}[\bullet H]} > \frac{1.9 \times 10^{10} \times 2.5 \times 10^{-4}}{1.3 \times 10^{10} \times 10^{-8}} > \frac{37\ 000}{1}$$

因此，H 原子几乎完全与溶解氧反应。

2. 原初产物产额的测定

水辐解形成的原初产物在无溶质存在时，可以自身复合或相互反应，其中一些反应可使某产物的产额增加，另一些反应则可使产额降低，例如 H 原子及水化电子的反应使 G_{H_2} 值增加，而 $\bullet OH$ 通过反应(7-18)使 G_{H_2} 值下降。因此，测定原初产物产额时常常加入少量溶质或自由基清除剂，以消除上述反应过程，并保护被测物质不受其他产物的影响。

（1）G_{H_2} 值的测定

G_{H_2} 值可以直接测定，但是 H 原子、水化电子和 $\bullet OH$ 自由基通过下列反应影响分子氢产额：

$$2 \cdot H \longrightarrow H_2 \tag{7-10}$$

$$e_{aq}^- + e_{aq}^- \longrightarrow H_2 + 2OH^- \tag{7-13}$$

$$e_{aq}^- + \cdot H \longrightarrow H_2 + OH^- \tag{7-14}$$

$$\cdot OH + H_2 \longrightarrow H_2O + \cdot H \tag{7-18}$$

因此,在测定分子氢产额时,常有少量溶质(如 Br^-、NO_2^-、Cu^{2+})存在,这些溶质通过与 $\cdot H$、e_{aq}^- 和 $\cdot OH$ 反应,可消除上述过程对分子氢产额的影响。例如少量 Br^- 存在时,Br^- 与 $\cdot H$、e_{aq}^- 和 $\cdot OH$ 反应:

$$Br^- + \cdot OH \longrightarrow \cdot Br + OH^- \tag{7-29}$$

$$\cdot Br + \cdot H \longrightarrow HBr \tag{7-30}$$

$$H_2O_2 + e_{aq}^- \longrightarrow \cdot OH + OH^- \qquad k_{(7-20)} = 1.2 \times 10^{10} \ L \cdot mol^{-1} \cdot s^{-1} \tag{7-20}$$

$$\cdot Br + Br^- \longrightarrow \cdot Br_2^- \tag{7-48}$$

$$e_{aq}^- + \cdot Br_2^- \longrightarrow 2Br^- \qquad k_{(7-49)} = 1.3 \times 10^{10} \ L \cdot mol^{-1} \cdot s^{-1} \tag{7-49}$$

因此,Br^- 存在时测得的氢气产额 $G(H_2)_{Br^-} = G_{H_2}$。对于 γ 辐射或低 LET 辐射,$G_{H_2} = 0.45$。

如图 7.1 所示,溶质可与刺迹中分子产物的前体反应而影响分子产物的产额,因此测得的 G_{H_2} 值随溶质浓度而变化(图 7.6)。这里要注意,采用的原初产物产额值($G_{H_2} = 0.45$)是指溶质浓度外推到零时的 $G(H_2)$ 值。

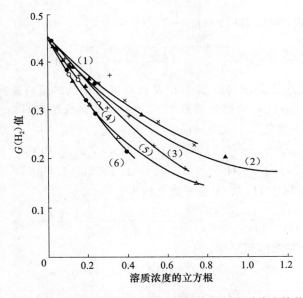

图 7.6　低 LET 值下辐照纯水时分子氢产额与溶质浓度的关系
[溶质:(1) NO_2^-;(2) H_2O_2;(3) NO_3^-;(4) $FeCl_3$;(5) $CH_2 = CHCONH_2$;(6) Cu^{2+}]

(2) $G_{H_2O_2}$ 值的测定

由于存在反应(7-11)、(7-15)、(7-19)和(7-20),因此欲求出 $G_{H_2O_2}$,应设法消除 $\cdot H$、e_{aq}^- 和 $\cdot OH$ 的影响。含氧和少量 Br^- 的水体系可以用来测定过氧化氢的产额。在此体系中,所有水化电子和 $\cdot H$ 与 O_2 反应,最终形成 H_2O_2。

$$e_{aq}^- + O_2 \xrightarrow{H^+} HO_2 \cdot \tag{7-21}$$

$$\cdot H + O_2 \longrightarrow HO_2 \cdot \tag{7-22}$$

$$2HO_2 \cdot \longrightarrow H_2O_2 + O_2 \tag{7-23}$$

当 Br^- 存在时，$\cdot OH$ 按反应(7-29)被 Br^- 除去。但清除一个 $\cdot OH$ 形成一个 Br 原子，Br 原子可将 H_2O_2 和 $HO_2 \cdot$ 自由基分解：

$$H_2O_2 + \cdot Br \longrightarrow HBr + HO_2 \cdot \tag{7-50}$$

$$HO_2 \cdot + \cdot Br \longrightarrow HBr + O_2 \tag{7-51}$$

即 2 个 Br 原子可消耗 1 个 H_2O_2 分子。因此，在辐照含氧和少量 Br^- 的水溶液中，过氧化氢产额 $G(H_2O_2)$ 按下式计算：

$$G(H_2O_2) = G_{H_2O_2} + \frac{1}{2}(G_{e_{aq}^-} + G_{\cdot H} - G_{\cdot OH}) \tag{7-52}$$

从物料平衡式(7-26)可得，$2G_{H_2O_2} + G_{\cdot OH} = 2G_{H_2} + G_{\cdot H} + G_{e_{aq}^-}$，亦即 $G_{e_{aq}^-} + G_{\cdot H} - G_{\cdot OH} = 2G_{H_2O_2} - 2G_{H_2}$，将此式代入(7-52)式可得

$$G_{H_2O_2} = \frac{1}{2}[G(H_2O_2) + G_{H_2}] \tag{7-53}$$

式中，G_{H_2} 值已知（为 0.45），$G(H_2O_2)$ 可由实验测得。对于 γ 射线（或低 LET 辐射）辐照纯水，$G_{H_2O_2} = 0.71$。与原初分子氢产额一样，原初过氧化氢产额也随溶质浓度而变化。对 γ 射线来说，$G_{H_2O_2}$ 值与溶质浓度[S]之间的关系可用以下经验式表示：

$$G_{H_2O_2} = (G_{H_2O_2})_0 - b[S]^{1/3} \tag{7-54}$$

式中，$(G_{H_2O_2})_0$ 为无限稀释或无溶质时的 $G_{H_2O_2}$ 值；b 是参数，随不同溶质而稍有变化；[S]为溶质摩尔浓度。

体系 pH 也影响 $G_{H_2O_2}$ 值，这可能是溶质影响刺迹反应所致，例如在中性水中，刺迹内可能存在 e_{aq}^- 和 H_2O_2 间的反应[反应(7-20)]，在较高酸度时，H^+ 可进入刺迹发生以下反应：

$$H^+ + e_{aq}^- \longrightarrow \cdot H + H_2O \tag{7-8}$$

与 H_2O_2 竞争水化电子。

（3）$G_{\cdot H}$ 值的测定

在纯水体系，反应(7-9)、(7-10)、(7-14)、(7-18)、(7-19)和(7-24)影响原初氢原子的产额，因此测定 $G_{\cdot H}$ 值必须有电子清除剂和自由基清除剂存在，例如辐照含丙酮和异丙醇的水溶液，在此溶液中，丙酮清除 e_{aq}^-。

$$CH_3COCH_3 + e_{aq}^- \longrightarrow \begin{array}{c} H_3C \\ \\ H_3C \end{array}\!\!\overset{\cdot}{C}\!-\!O^- \qquad k_{(7-55)} = 5.9 \times 10^9 \text{ L} \cdot \text{mol}^{-1} \cdot \text{s}^{-1} \tag{7-55}$$

异丙醇按下列反应清除 H 原子和 $\cdot OH$ 自由基：

$$(CH_3)_2CHOH + \cdot H \longrightarrow (CH_3)_2\overset{\cdot}{C}OH + H_2 \tag{7-56}$$

$$(CH_3)_2CHOH + \cdot OH \longrightarrow (CH_3)_2\overset{\cdot}{C}OH + H_2O \tag{7-57}$$

但必须注意，异丙醇清除 1 个 H 原子释放出 1 个 H_2 分子。这样，$G(H_2) = G_{\cdot H} + G_{H_2}$，即

$$G_{\cdot H} = G(H_2) - G_{H_2} \tag{7-58}$$

已知 $G_{H_2}=0.45$，通过测定反应完成后体系中氢气的产额即能求得 $G_{\cdot H}$ 值。对于中性水和低 LET 辐射，$G_{\cdot H}=0.55$。

（4）$G_{e_{aq}^-}$ 值的测定

水化电子的原初产额可由辐照空气饱和含温和的还原剂（如甲酸钠）的水溶液求得。例如，当甲酸钠存在时，由于存在下列反应，可使 e_{aq}^-、$\cdot H$、$\cdot OH$ 都转变成 H_2O_2：

$$e_{aq}^- + O_2 \xrightarrow{H^+} HO_2\cdot \tag{7-21}$$

$$\cdot H + O_2 \longrightarrow HO_2\cdot \tag{7-22}$$

$$\cdot OH + HCO_2^- \longrightarrow H_2O + \cdot CO_2^- \tag{7-59}$$

$$\cdot CO_2^- + O_2 \xrightarrow{H^+} CO_2 + HO_2\cdot \tag{7-60}$$

$$2HO_2\cdot \longrightarrow H_2O_2 + O_2 \tag{7-23}$$

$$G(H_2O_2) = G_{H_2O_2} + \frac{1}{2}(G_{\cdot OH} + G_{\cdot H} + G_{e_{aq}^-}) \tag{7-61}$$

应用物料平衡式(7-26)可得

$$G_{e_{aq}^-} = G(H_2O_2) - G_{\cdot H} - G_{H_2} \tag{7-62}$$

将 $G_{\cdot H}$、G_{H_2} 值和反应终止后测得的过氧化氢产额代入(7-62)式，则得 $G_{e_{aq}^-}=2.7$。

（5）$G_{\cdot OH}$ 值的测定

$G_{\cdot OH}$ 值一般用物料平衡式(7-26)求得：

$$G_{\cdot OH} = G_{e_{aq}^-} + G_{\cdot H} + 2G_{H_2} - 2G_{H_2O_2} = 2.7$$

因此，总结低 LET 辐射辐照液态水辐解的原初产物及其辐射化学产额，列于表 7.2。可知，不同 pH 条件下，其液态水辐解产物及其产额不同。在 pH=3～11 范围内，水化电子、水合质子和 $\cdot OH$ 自由基的辐射化学产额最高。pH=0.46（一般对应为 Fricke 剂量计体系的 pH）时，水化电子都转化为 H 原子，此时主要辐解产物是 H 原子、水合质子和 $\cdot OH$ 自由基。该产额的确定将在 7.2.3 节中详细讨论。

表 7.2　水辐解的原初产物及其产额

体系 pH	原初产物产额*						
	$G_{e_{aq}^-}$	$G_{\cdot H}$	$G_{\cdot OH}$	G_{H_2}	$G_{H_2O_2}$	$G_{H_3O^+}$	$G_{HO_2\cdot}$
3～11	2.7	0.55	2.7	0.45	0.71	2.7	0.026
0.46	0	3.7	2.9	0.4	0.78	3.2	0.008

* 表中所列产额均指低 LET 辐射条件下求得的 G 值。1 G 单位 $=1.0364\times10^{-7}$ mol·J^{-1}。

（6）影响产物产额的因素

表 7.3 列出了不同照射条件下水分解生成的自由基和分子产额。由表可知，水蒸气的辐解产额高于液态水的辐解产额，而且分子产物产额较低，而自由基产额较高。有关水蒸气的辐射化学将在第 10 章进行详细讨论。此外，液态水辐解瞬态产物产额与 LET 值有关，LET 越高，分子产物产额增加，自由基产物产额减小。体系 pH 也影响产物的产额，较低 pH 有较高的自由基产额，这是因为当氢离子浓度较大时，干扰刺迹反应所致。图 7.7 也给出了 pH 对水辐解生成的原初产物产额的影响。图中曲线是在下列条件下得到的：①假设 $\cdot OH$ 和 H_2O_2 与溶质发生反应之前已达到酸碱平衡；②e_{aq}^- 和 H 原子产额系指它们与 10^{-3} mol·L^{-1} 溶质反应的量，假设它们与溶质反应的速率常数分别为 $k_{(e_{aq}^-+S)}=2\times10^{10}$ L·mol^{-1}·s^{-1} 和 $k_{(H+S)}=10^7$ L·mol^{-1}·s^{-1}。

表 7.3　不同照射条件下水辐解生成的自由基和分子产额

水的状态	照射条件	LET/ $(keV \cdot \mu m^{-1})$	pH	G_{-H_2O}	G_{H_2}	$G_{H_2O_2}$	$G_{e_{aq}^-}$	$G_{\cdot H}$	$G_{\cdot OH}$	$G_{HO_2 \cdot}$
水蒸气	X 或 γ 射线,快电子		8.2	0.5	0	$G_{e^-}=3.0$		7.2	8.2	
液态水	γ 射线和快电子（能量 0.1~20 MeV）	0.27	0.46	4.45	0.40	0.8	0	3.7	2.9	0.008
			3~11	4.12	0.45	0.71	2.7	0.55	2.7	0.026
	氚的 β 射线（平均能量 5.7 keV）	0.65	1	3.97	0.53	0.97	0	2.91	2.0	
	He²⁺(32 MeV)	61	≈7	3.01	0.96	1.00	0.72	0.42	0.91	0.05
	He²⁺(12 MeV)	108	≈7	2.84	1.11	1.08	0.42	0.27	0.54	0.07
	²¹⁰Po α 粒子(5.3 MeV)	130	0.46	3.62	1.57	1.45	0	0.60	0.50	0.11
	⁴⁰B(n,α)⁷Li 反冲核	≈160	0.46	3.55	1.65	1.55	0	0.25	0.45	
	加速的¹²C 和¹⁴N 离子	无限大	0.46	≈2.9	≈1.45	≈1.45	0	0	0	

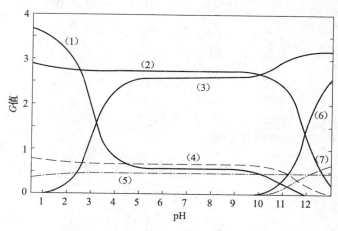

图 7.7　pH 对水辐解形成的原初产物产额的影响(0.1~20 MeV γ 射线和快电子)
[(1) ·H；(2) ·OH；(3) e_{aq}^-；(4) H_2O_2；(5) H_2；(6) ·O_2^-；(7) HO_2 ·]

7.1.4　原初产物的性质和反应

　　水辐解形成的原初产物中,分子氢、过氧化氢和氢离子比较不活泼,特别是分子氢,因其溶解度和反应速率常数很低,所以在水和水溶液的辐射化学中并不起重要作用。而水化电子、·OH 和 H 原子相当活泼,在较低剂量率和稀水溶液中,它们主要与溶质反应,在较高剂量率时(如电子束照射),除与溶质反应外,原初产物之间的相互作用也变得重要起来。因此,水和水溶液的辐射化学主要研究水化电子、·OH 和 H 原子的化学。下面对它们的性质和反应分别介绍。

　　1. 水化电子(e_{aq}^-)

　　水化电子可以看做是在电子电场作用下,被一定取向的水分子群围绕着的电子,其结构可简单地用图 7.8 表示。水分子在液态水中取向的时间为 $10^{-12} \sim 10^{-11}$ s,因此一些文献报道认为电子水化过程的时间约为 10^{-11} s。但由于估计水中次级电子的热能化时间为 3×10^{-13} s,

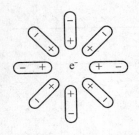

图 7.8　水化电子的
　　　结构示意图

因此目前采用水中电子溶剂化的时间亦为 $\leqslant 3 \times 10^{-13}$ s。

除辐射方法可以产生水化电子外，下列非辐射方法也可产生水化电子。

(1) 在极性溶剂（如水）中，某些无机和有机化合物（如碘化物、亚铁氰化物、酚类等）的光辐解，例如

$$I_{aq}^- + h\nu \Longrightarrow I\cdot + e_{aq}^- \tag{7-63}$$

$$[Fe(CN^-)_6]^{4-} + h\nu \Longrightarrow [Fe(CN^-)_6]^{3-} + e_{aq}^- \tag{7-64}$$

光解产物常处于溶剂分子笼中，因此常常重新复合成原来的物质。

(2) 在 pH>10 的强碱性溶液中，H 原子与 OH^- 反应生成水化电子：

$$\cdot H + OH^- \longrightarrow e_{aq}^- + H_2O \quad k_{(7-65)} = 2.3 \times 10^7 \text{ L} \cdot \text{mol}^{-1} \cdot \text{s}^{-1} \tag{7-65}$$

因此，研究碱性水溶液的辐解时，要注意 OH^- 与溶质竞争 H 原子。此外，碱金属溶于水以及电解某些盐的稀水溶液，也均产生水化电子。

表 7.4 列出了水化电子的某些性质。表中水化电子的标准氧化还原电位（$E^\ominus$）可由以下反应的 $\Delta G^\ominus$ 值：

$$e_{aq}^- + H_3O^+ \Longrightarrow \frac{1}{2}H_2(g) + H_2O \tag{7-66}$$

和方程(7-67)求得

$$\Delta G^\ominus = -nFE^\ominus \tag{7-67}$$

式中，n 为转移的电子摩尔数，这里 $n=1$；F 为法拉第常数，其值为 $9.648\,67 \times 10^4$ C $\cdot$ mol^{-1}。反应(7-66)的 $\Delta G^\ominus$ 值可由以下循环反应求得：

$$e_{aq}^- + H_2O \underset{k_b}{\overset{k_f}{\rightleftharpoons}} \cdot H(aq) + OH^- \qquad \Delta G_1^\ominus \tag{7-68}$$

$$\cdot H(aq) \Longrightarrow \cdot H(g) \qquad \Delta G_2^\ominus \tag{7-69}$$

$$\cdot H(g) \Longrightarrow \frac{1}{2}H_2 \qquad \Delta G_3^\ominus \tag{7-70}$$

$$+) \ H_3O^+ + OH^- \Longrightarrow 2H_2O \qquad \Delta G_4^\ominus \tag{7-71}$$

$$\overline{\qquad e_{aq}^- + H_3O^+ \Longrightarrow \frac{1}{2}H_2(g) + H_2O \qquad \Delta G^\ominus \qquad} \tag{7-66}$$

按以下方程可求得反应(7-68)的 $\Delta G_1^\ominus$ 值：

$$\Delta G_1^\ominus = -RT\ln K \tag{7-72}$$

式中，K 为平衡常数，K 值可由下式求得[$k_f = k_{(7-24)}$，$k_b = k_{(7-65)}$]：

$$K = k_f/k_b = \frac{16 \text{ L} \cdot \text{mol}^{-1} \cdot \text{s}^{-1}}{2.3 \times 10^7 \text{ L} \cdot \text{mol}^{-1} \cdot \text{s}^{-1}} = 7.0 \times 10^{-7} \tag{7-73}$$

由此求得 $\Delta G_1^\ominus = +35.2$ kJ $\cdot$ mol^{-1}，$\Delta G_2^\ominus$ 为未知值，假设与氢原子的水合自由能一样，为 -18.8 kJ $\cdot$ mol^{-1}。在气相中，$\Delta G_3^\ominus = -203.4$ kJ $\cdot$ mol^{-1}。对于反应(7-71)，$K_w = 55/10^{-14} = 5.5 \times 10^{15}$，可求得 $\Delta G_4^\ominus = -89.8$ kJ $\cdot$ mol^{-1}。根据以上 $\Delta G^\ominus$，可求得反应(7-66)的 $\Delta G^\ominus = \Delta G_1^\ominus + \Delta G_2^\ominus + \Delta G_3^\ominus + \Delta G_4^\ominus = -276.8$ kJ $\cdot$ mol^{-1}，$E^\ominus = -2.9$ V。反应(7-66)实际由两个半电位组成：

$$H_3O^+ + e^- \Longrightarrow \frac{1}{2}H_2 + H_2O \tag{7-74}$$

$$e_{aq}^- \rightleftharpoons nH_2O + e^-\tag{7-75}$$

(7-74)式的标准半电位值规定为零,因此(7-75)式水化电子的标准还原电位为-2.9 V。由$E^{\ominus}$值可知,水化电子是强还原剂,例如,水化电子可将Ag^+和Cu^{2+}还原:

$$Ag^+ + e_{aq}^- \longrightarrow Ag^0 + H_2O\tag{7-76}$$
$$Cu^{2+} + e_{aq}^- \longrightarrow Cu^+ + H_2O\tag{7-77}$$

表 7.4　水化电子的性质

辐射化学 G 值	$2.7(\sim\mu s), 4.6(\sim 10ps)$
水化时间	<1 ps
水化电子电荷分布半径	$0.25\sim 0.3$ nm
水化(合)能	-159 kJ·mol^{-1}
扩散系数	4.9×10^{-5} cm^2·s^{-1}
最大吸收波长	720 nm
摩尔吸光系数 ε_{720}	1.85×10^4 L·mol^{-1}·cm^{-1}
$E^{\ominus}\left[e_{aq}^- + H_3O^+ \rightleftharpoons \frac{1}{2}H_2(g) + H_2O\right]$	-2.9 V
$\tau_{1/2}$(半衰期),pH 7 中性水中	2.1×10^{-4} s
$\tau_{1/2}$,pH 8.3$\sim$9 碱性水中	7.8×10^{-4} s
g 因子(ESR)*	2.0002 ± 0.0002
ESR 谱线宽度	≈ 0.5 G

* 利用甲醇作自由基清除剂,5 ℃测试。

　　水化电子反应在反应物之间没有原子转移和共享电子,只是简单的电子转移过程,通常可表示如下:

$$e_{aq}^- + S^n \longrightarrow S^{n-1}\tag{7-78}$$

n 为溶质 S 所带的电荷数(n 可为正、负或零),反应形成的负离子常发生解离,例如

$$e_{aq}^- + H_2O_2 \longrightarrow \cdot OH + OH^-\tag{7-20}$$
$$e_{aq}^- + H_2S \longrightarrow HS^- + \cdot H\tag{7-79}$$
$$e_{aq}^- + H_2S \longrightarrow S^{\cdot -} + H_2\tag{7-80}$$

或负离子与 H_2O 反应,进一步分解:

$$e_{aq}^- + N_2O \longrightarrow N_2O^-\tag{7-81}$$
$$N_2O^- + H_2O \longrightarrow N_2 + OH^- + \cdot OH\tag{7-82}$$
$$e_{aq}^- + CO \longrightarrow CO^-\tag{7-83}$$
$$CO^- + H_2O \longrightarrow H\dot{C}O + OH^-\tag{7-84}$$

水化电子与四硝基甲烷反应生成硝仿阴离子 $C(NO_2)_3^-$:

$$e_{aq}^- + C(NO_2)_4 \longrightarrow C(NO_2)_3^- + NO_2\tag{7-85}$$

$C(NO_2)_3^-$ 是稳定的阴离子,在 366 nm 波长处有最大吸收,摩尔吸光系数 $\varepsilon=10\,200$ L·mol^{-1}·cm^{-1}。此反应曾被用来测定水化电子的摩尔吸光系数。

　　水化电子反应具有下列特点:

　　(1) 反应活化能很小,在反应速率常数从扩散控制反应速率常数至 16 L·mol^{-1}·s^{-1} [(7-24)式]的范围内,这些水化电子反应的活化能约为 6$\sim$30 kJ·mol^{-1}。很多水化电子反应的

活化能小于电子在水中扩散需要的活化能($14.6\ \mathrm{kJ \cdot mol^{-1}}$)。表 7.5 给出了水化电子与一些溶质反应的活化能。由表 7.5 可知，一些反应即使反应速率很慢，其活化能也是很小的。如 $e_{aq}^- + H_2O$ 反应的活化能只有约 $16.7\ \mathrm{kJ \cdot mol^{-1}}$。

表 7.5　水化电子与一些溶质反应的活化能

溶　质	反应速率常数 k(20 ℃)/ ($10^{10}\ \mathrm{L \cdot mol^{-1} \cdot s^{-1}}$)	活化能	
		$\mathrm{kJ \cdot mol^{-1}}$	$\mathrm{kcal \cdot mol^{-1}}$
吡啶	0.37	18.8	4.5
BrO_3^-	0.78	18.8	4.5
溴脲嘧啶	1.0	16.3	3.9
丙烯酰胺	3.3	16.3	3.9
$S_2O_3^{2-}$	0.060	15.9	3.8
H_2O_2	1.1	15.1	3.6
ClO_3^-	0.022	13.4	3.2
MnO_4^-	4.4	13.0	3.1
对溴苯酚	1.2	12.8	3.06
H^+	2.2	10.7	2.66
Tl^+	2.8	10.9	2.6
对硝基苯酚	3.6	10.9	2.54
NO_3^-	0.93	9.6	2.3
碘脲嘧啶	1.7	9.6	2.3
硝基苯	2.8	9.1	2.18
NO_2^-	0.34	6.9	1.65

（2）水化电子反应一般十分迅速，如水化电子与不饱和化合物、含卤素（氟除外）化合物、二硫化合物（—S—S—）以及含—SH 基的化合物反应，其反应速率接近于扩散控制反应（附录 3），即反应速率取决于反应物的扩散速率，速率常数 k 在 $10^{10}\ \mathrm{L \cdot mol^{-1} \cdot s^{-1}}$ 量级。扩散控制反应速率常数(k_{diff})可由下式求得：

$$k_{diff} = \frac{4\pi r_{AB} D_{AB} N_A}{1000} \left\{ \frac{Z_A Z_B e^2}{r_{AB} \varepsilon k T} \middle/ \left[\exp\left(\frac{Z_A Z_B e^2}{r_{AB} \varepsilon k T} \right) - 1 \right] \right\} \tag{7-86}$$

式中，r_{AB} 为反应物 A、B 的半径之和(cm)，D_{AB} 是 A、B 扩散常数之和($\mathrm{cm^2 \cdot s^{-1}}$)，$N_A$ 为阿伏加德罗常数，Z_A、Z_B 分别为 A、B 的电荷，e(esu)是电子电荷，k 是玻尔兹曼常数，ε 是溶液的介电常数。若 A、B 中有一个不带电，则(7-86)式可表示为

$$k_{diff} = \frac{4\pi r_{AB} D_{AB} N_A}{1000} \quad (\mathrm{L \cdot mol^{-1} \cdot s^{-1}}) \tag{7-87}$$

说明，扩散控制反应速率常数与反应物 A、B 的半径之和，及 A、B 扩散常数之和成正比。有些水化电子反应的速率常数比(7-87)式的计算值大，如多氯甲烷和多硝基甲烷与水化电子反应的速率常数大于按扩散控制反应计算得到的理论值。在这些情况下，电子从陷阱向溶质迁移可能是隧道机理(tunneling mechanism)。

（3）水化电子与溶质分子反应时，电子需要加入到溶质分子中的一个分子轨道，因此它们之间的反应能力由可利用的低能分子空轨道决定。对于 C、H、O、N 和 F 组成的单键化合物，由于它们缺少低能空轨道，因此与水化电子反应的速率较慢，例如，醇 $k < 0.01 \times 10^7\ \mathrm{L \cdot mol^{-1} \cdot s^{-1}}$，

胺 $k < 0.1 \times 10^7$ L·mol^{-1}·s^{-1};醚 $k < 1 \times 10^7$ L·mol^{-1}·s^{-1}。

（4）水化电子是一个活泼的亲核试剂。例如,相邻的吸电子基团可以提高水化电子对脂肪族化合物中双键的反应能力。与芳香族化合物反应时,水化电子的反应能力取决于与苯环相连取代基的性质(表 7.6):对于一取代物,间位定位基团可以提高芳香族化合物与水化电子之间的反应活性,换言之,它们之间的反应活性由苯环的总 π 电子密度决定;对于二取代物,它们与水化电子之间的反应活性在很大程度上取决于是否形成缺电子中心,例如间-氟代苯酚,由于在碳的 5 位(—OH 在 1 位)形成缺电子中心,因此与水化电子反应的速率大于其对位异构体。由此可知,如果水化电子与取代基之间的直接作用可以忽略,则水化电子与芳香族化合物反应的速率常数可作为苯环上电子密度的量度。

表 7.6　一些芳香族化合物与水化电子反应的速率常数(pH 10.5~11.5)

化合物	$k/(\text{L·mol}^{-1}\cdot\text{s}^{-1})$	化合物	$k/(\text{L·mol}^{-1}\cdot\text{s}^{-1})$
苯	1.4×10^7	腈基苯	1600×10^7
甲苯	1.2×10^7	硝基苯	3000×10^7
苯酚	0.4×10^7	间-氟代苯酚	20×10^7
氯苯	50×10^7	对-氟代苯酚	12×10^7
溴苯	430×10^7	间-氟代苯甲酸	670×10^7
碘苯	1200×10^7	对-氟代苯甲酸	380×10^7

（5）脂肪族卤化物(除氟化物外)可被水化电子定量地脱卤:

$$e_{aq}^- + RX \longrightarrow RX^- \longrightarrow R\cdot + X^- \tag{7-88}$$

反应速率 RI>RBr>RCl。

2. 氢原子

氢原子除用辐射法产生外,也可由非辐射方法生成,例如将 H$_2$ 通过放电区可以产生 H 原子。由于 H 原子在一般的光谱区没有吸收(如气相基态 H 原子在波长大于 122 nm 的区域没有吸收),因此对 H 原子的性质和反应的研究不如对水化电子那么广泛。一些典型反应的速率常数常用顺磁共振和竞争反应实验测得(附录 3)。

（1）还原反应。与水化电子相比,H 原子是一个较弱的还原剂($E^\ominus = -2.1$ V),它能将还原电位较低的阳离子还原,如

$$\cdot H + Cu^{2+} \longrightarrow H^+ + Cu^+ \tag{7-89}$$

（2）加成反应。氢原子能与含未成对电子的粒种、不饱和化合物及芳香族化合物发生加成反应,如

$$\cdot H + \cdot OH \longrightarrow H_2O \tag{7-9}$$

$$\cdot H + O_2 \longrightarrow HO_2\cdot \tag{7-22}$$

$$\cdot H + HCN \longrightarrow \cdot(H_2CN) \tag{7-90}$$

$$\cdot H + \bigcirc \longrightarrow \text{（环己二烯基自由基）} \tag{7-91}$$

在与芳香环发生加成作用时,H 原子像一亲电试剂,但比 ·OH 自由基有更大的选择性。

（3）抽氢反应。氢原子与饱和有机化合物发生的反应主要是抽氢反应:

$$\cdot H + CH_3CH_2OH \longrightarrow CH_3\dot{C}HOH + H_2 \qquad (7\text{-}92)$$

在强碱性溶液（pH＞10）中，H 原子与 OH^- 反应生成水化电子：

$$\cdot H + OH^- \longrightarrow e_{aq}^- + H_2O \qquad (7\text{-}65)$$

在强酸性溶液中，H 原子与 H^+ 反应生成 $\cdot H_2^+$：

$$\cdot H + H^+ \longrightarrow \cdot H_2^+ \qquad k_{(7\text{-}93)} = 2.6 \times 10^3 \ L \cdot mol^{-1} \cdot s^{-1} \qquad (7\text{-}93)$$

由于此反应的速率常数较低，所以一般没有意义。

分子氢虽然是水的辐解产物，但它在水中的溶解度很小，反应速率常数很低，因此在水溶液的辐射化学中仅居次要地位。如

$$\cdot OH + H_2 \longrightarrow H_2O + \cdot H \qquad k_{(7\text{-}18)} = 4.9 \times 10^7 \ L \cdot mol^{-1} \cdot s^{-1} \qquad (7\text{-}18)$$

在通常情况下没有重要意义，因为与 $\cdot OH$ 自由基反应，H_2 通常不能与其他溶质相竞争。但是，在密闭体系中照射纯水或者在较高氢气压力下照射纯水和水溶液时，对此反应就不能忽视。

3. ·OH 自由基

$\cdot OH$ 自由基既可由辐解水或水溶液产生，也可由光化学方法和一般化学方法产生，如

$$H_2O_2 + h\nu (253.7 \ nm) \longrightarrow 2\cdot OH \qquad (7\text{-}94)$$

$$H_2O_2 + Fe^{2+} \longrightarrow Fe^{3+} + \cdot OH + OH^- \qquad (7\text{-}95)$$

$$H_2O_2 + Ti^{3+} \longrightarrow Ti^{4+} + \cdot OH + OH^- \qquad (7\text{-}96)$$

此外，N_2O 可按反应(7-81)、(7-82)将水化电子转化为 $\cdot OH$ 自由基。

表 7.7 列出了 $\cdot OH$ 自由基的某些性质。$\cdot OH$ 自由基的光吸收很弱，在其吸收光谱区域，许多其他自由基和稳定物质也呈现吸收，因此在许多情况下，不能用脉冲辐解直接研究 $\cdot OH$ 自由基的衰变动力学。$\cdot OH$ 自由基的反应速率常数（附录 4）通常用间接方法测定，例如，测量反应产物的光吸收或者用竞争反应方法测定（详见第 6 章）。

表 7.7　·OH 自由基的性质

	最大吸收波长与摩尔吸光系数
·OH 自由基	260 nm，$\varepsilon_{260 \ nm} = 370 \ L \cdot mol^{-1} \cdot cm^{-1}$
	230 nm，$\varepsilon_{230 \ nm} = 530 \ L \cdot mol^{-1} \cdot cm^{-1}$
O^- 阴离子	240 nm，$\varepsilon_{240 \ nm} = 240 \ L \cdot mol^{-1} \cdot cm^{-1}$
$E^\ominus (\cdot OH + e^- \rightleftharpoons OH^-)$	1.4 V
$pK (\cdot OH + OH^- \rightleftharpoons O^- + H_2O)$	11.9±0.2

从 pK 值可知，$\cdot OH$ 呈弱酸性，在碱性溶液中存在下列平衡：

$$\cdot OH + OH^- \rightleftharpoons O^- + H_2O \qquad k_{(7\text{-}97)} = 1.2 \times 10^{10} \ L \cdot mol^{-1} \cdot s^{-1} \qquad (7\text{-}97)$$

$\cdot OH$ 的 pK 值为 11.9，它在酸性条件下是强氧化剂，在碱性条件下是较弱的氧化剂，例如

$$\cdot OH + CN^- \rightleftharpoons \dot{C}(OH)=N^- \qquad k_{(7\text{-}98)} = 7.6 \times 10^9 \ L \cdot mol^{-1} \cdot s^{-1} \qquad (7\text{-}98)$$

而

$$O^- + CN^- \longrightarrow \cdot C(O^-)=N^- \qquad k_{(7\text{-}99)} = 2.6 \times 10^8 \ L \cdot mol^{-1} \cdot s^{-1} \qquad (7\text{-}99)$$

它们氧化能力的差别，主要因为 $\cdot OH$ 是亲电试剂，而 O^- 具有亲核性，与 $\cdot OH$ 相比，它的电子亲和势甚低。O^- 能与 O_2 迅速反应，生成臭氧阴离子 $\cdot O_3^-$，$\cdot O_3^-$ 具有特征吸收谱 $\lambda_{max} = 430 \ nm$，$\varepsilon_{max} = 2000 \ L \cdot mol^{-1} \cdot cm^{-1}$，从而可测定在碱性溶液中 O^- 的浓度。

$$O\cdot^- + O_2 \overset{K}{\rightleftharpoons} \cdot O_3^- \tag{7-100}$$

$k_{(7\text{-}100)} = 3.6 \times 10^9 \text{ L} \cdot \text{mol}^{-1} \cdot \text{s}^{-1}$，而 $K_{(7\text{-}100)} = 6 \times 10^5 \text{ L} \cdot \text{mol}^{-1}$。

与无机溶质反应，·OH 自由基通常起氧化剂作用，通过简单电子转移变成 OH^- 离子：

$$\cdot OH + S^n \longrightarrow OH^- + S^{n+1} \tag{7-101}$$

n 为溶质 S 所带的电荷数，n 可为正、负或零，例如

$$\cdot OH + Fe^{2+} \longrightarrow Fe^{3+} + OH^- \text{ 或 } \cdot OH + Fe^{2+} + H^+ \longrightarrow Fe^{3+} + H_2O \tag{7-102}$$

$$\cdot OH + CO_3^{2-} \longrightarrow OH^- + \cdot CO_3^- \tag{7-103}$$

·OH 自由基除了与溶质发生氧化还原反应外，还可发生下列反应：

（1）加成反应

·OH 可与自由基、芳香族有机化合物或不饱和的有机化合物发生加成反应，例如

$$\cdot OH + \cdot H \longrightarrow H_2O \tag{7-9}$$

$$\cdot OH + HO_2 \cdot \longrightarrow H_2O + O_2 \tag{7-104}$$

$$\cdot OH + CH_2 {=\!=} CH_2 \longrightarrow HOCH_2 {-} \dot{C}H_2 \tag{7-105}$$

在与芳香族化合物发生加成反应时，·OH 自由基的加成产物与 H 原子的加成产物常有相似的光吸收特征，因此，通过测量产物的光吸收来测定 ·OH 自由基的反应速率常数时，H 原子常有干扰。$O\cdot^-$ 自由基不容易与不饱和键进行加成反应：

$$\cdot OH + \bigcirc \!\!\!\! \longrightarrow \text{（环己二烯基自由基）} \tag{7-106}$$

$$\cdot OH + C_6H_5COOH \longrightarrow HO\dot{C}_6H_5CO_2H \tag{7-107}$$

（2）抽氢反应

与 H 原子一样，·OH 自由基与饱和有机化合物（包括含羰基的）反应主要是抽氢反应，如

$$\cdot OH + CH_3COCH_3 \longrightarrow H_2O + \cdot CH_2COCH_3 \tag{7-108}$$

抽氢反应一般发生在较弱的 C—H 键上，例如与异丙醇反应：

$$\cdot OH + CH_3CH(OH)CH_3 \longrightarrow H_2O + CH_3\dot{C}(OH)CH_3 \qquad 85.5\% \tag{7-57}$$

$$\cdot OH + CH_3CH(OH)CH_3 \longrightarrow H_2O + \dot{C}H_2CH(OH)CH_3 \qquad 13.3\% \tag{7-109}$$

$$\cdot OH + CH_3CH(OH)CH_3 \longrightarrow H_2O + (CH_3)_2CHO\cdot \qquad 1.2\% \tag{7-110}$$

85.5% 的抽氢反应发生在仲碳原子上。

由于 ·OH 自由基是一个强亲电试剂，反应主要发生在电子密度较高的位置上，这一点可由 ·OH 自由基与下列物质的反应速率常数来说明：

$$\cdot OH + HCO_2^- \rightleftharpoons H_2O + \cdot CO_2^- \quad k_{(7\text{-}111)} = 2.8 \times 10^9 \text{ L} \cdot \text{mol}^{-1} \cdot \text{s}^{-1} \tag{7-111}$$

$$\cdot OH + HCO_2H \rightleftharpoons H_2O + \cdot CO_2H \quad k_{(7\text{-}112)} = 1.3 \times 10^8 \text{ L} \cdot \text{mol}^{-1} \cdot \text{s}^{-1} \tag{7-112}$$

由表 7.8 所列醇可知，·OH 自由基的抽氢反应速率常数随取代烷基碳链增长而增大。

表 7.8　不同醇与 ·OH 的抽氢反应速率常数

醇	CH_3OH	CH_3CH_2OH	$CH_3CH_2CH_2OH$	$CH_3CH_2CH_2CH_2OH$
$k/(\text{L} \cdot \text{mol}^{-1} \cdot \text{s}^{-1})$	7.35×10^8	1.14×10^9	2.4×10^9	3.9×10^9

$O\cdot^-$ 也容易发生抽氢反应。它的活性仅略低于 ·OH，例如

$$O^- \cdot + C_6H_5C_2H_5 \longrightarrow OH^- + C_6H_5\dot{C}HCH_3 \quad k_{(7\text{-}113)} = 2\times 10^9 \ \mathrm{L\cdot mol^{-1}\cdot s^{-1}}$$

$$(7\text{-}113)$$

根据以上叙述可以看到,虽然 ·OH、·H 与有机化合物可以发生同一类型的反应,但 ·OH 选择性较差。在抽氢反应中,·OH 的反应性较高,而 ·H 的选择性较好(表 7.9)。

表 7.9　·OH 及 ·H 选择反应速率常数的比较

溶　质	反应类型	$k\times 10^7/(\mathrm{L\cdot mol^{-1}\cdot s^{-1}})$	
		·OH	·H
$CH_2 = CHCONH_2$	加成	450	1800
C_6H_6	加成	530	53
$C_6H_5NO_2$	加成	340	170
C_2H_5OH	抽氢	180	1.7
CH_3OH	抽氢	84	0.16

4. $HO_2\cdot$ 自由基和 H_2O_2

如用 LET 值较高的辐射辐照水时,径迹中的 ·OH 自由基与 H_2O_2 反应生成少量 $HO_2\cdot$ 自由基:

$$\cdot OH + H_2O_2 \longrightarrow H_2O + HO_2\cdot \qquad\qquad (7\text{-}15)$$

较多量的 $HO_2\cdot$ 可由含氧体系中的 e_{aq}^-、·H 与 O_2 反应产生:

$$e_{aq}^- + O_2 \longrightarrow \cdot O_2^- \qquad k_{(7\text{-}21)} = 1.9\times 10^{10}\ \mathrm{L\cdot mol^{-1}\cdot s^{-1}} \qquad (7\text{-}21)$$

$$\cdot H + O_2 \longrightarrow HO_2\cdot \qquad k_{(7\text{-}22)} = 1.9\times 10^{10}\ \mathrm{L\cdot mol^{-1}\cdot s^{-1}} \qquad (7\text{-}22)$$

$$HO_2\cdot \rightleftharpoons \cdot O_2^- + H^+ \qquad\qquad (7\text{-}114)$$

$HO_2\cdot$ 呈弱酸性,$pK_a = 4.88\pm 0.01$,此时 $\cdot O_2^-$ 为阴离子,pH < 4.5 时以 $HO_2\cdot$ 形式存在,pH > 5 时主要以 $\cdot O_2^-$ 阴离子形式存在。$HO_2\cdot$ 和 $\cdot O_2^-$ 两者都能起温和的氧化剂或温和的还原剂作用,例如与较强的还原剂 Fe^{2+} 反应呈现氧化性:

$$HO_2\cdot\ (\text{或}\ \cdot O_2^-) + Fe^{2+} \longrightarrow Fe^{3+} + HO_2^-\ (\text{或}\ \cdot O_2^{2-}) \qquad (7\text{-}115)$$

与强氧化剂 Ce^{4+} 反应呈现还原性:

$$HO_2\cdot\ (\text{或}\ \cdot O_2^-) + Ce^{4+} \longrightarrow Ce^{3+} + O_2 + H^+\ (\text{或}\ Ce^{3+} + O_2) \qquad (7\text{-}116)$$

参照大气中的氧气,$HO_2\cdot$(在酸性溶液中)还原电位为 -0.05 V,$\cdot O_2^-$ 为 -0.33 V,因此 $\cdot O_2^-$ 的还原能力较 $HO_2\cdot$ 强。反之,$HO_2\cdot$ 为较强的氧化剂。$E^{\ominus}(HO_2\cdot,\ H^+/H_2O_2) = 1.45$ V,$E^{\ominus}(\cdot O_2^-, H^+/H_2O_2) = 1.03$ V。$HO_2\cdot$、$\cdot O_2^-$ 在 $\lambda_{\max} = 225$ nm 及 245 nm 各有特征吸收峰,$\varepsilon_{225\mathrm{nm}} = 1400\ \mathrm{L\cdot mol^{-1}\cdot cm^{-1}}$,$\varepsilon_{245\mathrm{nm}} = 2300\ \mathrm{L\cdot mol^{-1}\cdot cm^{-1}}$,可直接用于观察它们的反应。$HO_2\cdot$ 与 $\cdot O_2^-$ 对有机分子反应活性较差,仅能抽取结合较弱的氢原子(例如氢醌、半胱氨酸中的 H),但容易与金属离子反应:

$$\cdot O_2^- + Mn^{2+} \longrightarrow MnO_2^+ \qquad\qquad (7\text{-}117)$$

当无其他反应时,$HO_2\cdot$(或 $\cdot O_2^-$)发生歧化反应生成 H_2O_2。

$$2HO_2\cdot\ (\text{或}\ 2\ \cdot O_2^-) \longrightarrow H_2O_2\ (\text{或}\ O_2^{2-})\ +\ O_2 \qquad (7\text{-}23)$$
$$\underset{}{\qquad\qquad\qquad\qquad \xrightarrow{2H^+} H_2O_2}$$

H_2O_2 也是弱酸,$pK(H_2O_2 \rightleftharpoons HO_2^- + H^+) = 11.6$。$H_2O_2$ 也能起温和的氧化剂或还原剂

作用,例如

$$H_2O_2 + Fe^{2+} \longrightarrow Fe^{3+} + \cdot OH + OH^- \qquad (7\text{-}95)$$

$$H_2O_2 + Ce^{4+} \longrightarrow Ce^{3+} + HO_2\cdot + H^+ \qquad (7\text{-}118)$$

与 e_{aq}^-、$\cdot OH$ 和 H 原子不同,H_2O_2 对大多数有机化合物呈现惰性,但能与一些有机自由基反应,例如

$$H_2O_2 + \cdot CO_2H \longrightarrow CO_2 + H_2O + \cdot OH \qquad (7\text{-}119)$$

7.2　无机物稀水溶液的辐射化学

辐照稀水溶液时,由于溶质浓度较低(通常在 $10^{-5} \sim 10^{-2}$ mol·L^{-1} 之间),溶质直接吸收的辐射能一般可以忽略,体系主要由水吸收辐射能,水辐解产物(如 e_{aq}^-、$\cdot H$、$\cdot OH$ 等)与溶质相互作用导致溶质变化,这种作用称为间接作用。**溶质与水辐解产物之间的作用常常表现为氧化还原反应,在无机物稀水溶液中,氧化还原过程主要通过电子转移实现。在众多溶质的稀水溶液中,水辐解产物与溶质之间的主要反应可由热力学和动力学来判别。**本节只介绍几种重要的无机物稀水溶液体系的辐射化学。

7.2.1　硫酸亚铁溶液的辐解

硫酸亚铁($FeSO_4$)体系作为化学剂量计,由空气饱和的 0.4 mol·L^{-1} H_2SO_4 和 10^{-3} mol·L^{-1} $FeSO_4$ 组成。在此体系中,水辐解生成的原初产物浓度很低,可以假定它们主要通过与浓度较高的稳定溶质(Fe^{2+},H^+,HSO_4^-,SO_4^{2-},O_2)发生反应而消失,即此体系中可能存在下列反应:

$$e_{aq}^- + Fe^{2+} \longrightarrow Fe^+ \qquad E^\ominus \approx -0.3\text{ V} \qquad (7\text{-}120)$$

$$e_{aq}^- + H^+ \longrightarrow \cdot H \qquad E^\ominus = 0.46\text{ V} \qquad (7\text{-}8)$$

$$e_{aq}^- + O_2 \longrightarrow \cdot O_2^- \qquad E^\ominus = 2.21\text{ V} \qquad (7\text{-}21)$$

$$\cdot OH + Fe^{2+} + H^+ \longrightarrow Fe^{3+} + H_2O \qquad E^\ominus = 2.03\text{ V} \qquad (7\text{-}102)$$

$$\cdot H + Fe^{2+} \longrightarrow H^+ + Fe^+ \qquad E^\ominus \approx -0.8\text{ V} \qquad (7\text{-}121)$$

$$\cdot H + O_2 \longrightarrow HO_2\cdot \qquad E^\ominus = 2.01\text{ V} \qquad (7\text{-}22)$$

$$HO_2\cdot + Fe^{2+} \longrightarrow HO_2^- + Fe^{3+} \qquad E^\ominus = 0.73\text{ V} \qquad (7\text{-}115)$$

$$H_2O_2 + Fe^{2+} \longrightarrow Fe^{3+} + \cdot OH + OH^- \quad E^\ominus = -0.05\text{ V} \qquad (7\text{-}95)$$

上述反应的特点:存在竞争反应和氧化还原反应。此外,反应(7-120)、(7-21)、(7-121)可忽略。

按热力学观点,在标准条件(25 ℃,反应物和产物的活度为1)下,具有正 $E^\ominus$ 值的反应是自发的。但是反应通常并不在活度都等于 1 的条件下发生,在这种情况下,必须将真实的活度值代入 Nernst 方程,求出反应的真实电极电势值 E。对于反应

$$aA + bB \Longrightarrow cC + dD \qquad (7\text{-}122)$$

Nernst 方程可表示为

$$E = E^\ominus - \frac{RT}{nF}\ln\frac{a_C^c \cdot a_D^d}{a_A^a \cdot a_B^b} \qquad (7\text{-}123)$$

式中,a 表示反应物和产物的活度,R 为摩尔气体常数,T 为热力学温度,n 为反应中转移的电

子数,F 是法拉第常数。对于稀水溶液,活度系数趋近于 1,此时活度可用浓度代替。Nernst 方程表明,即使 $E^{\ominus}$ 为负值,反应也可能有正 E 值(即反应能自发进行),E 值的正、负取决于反应物和生成物的浓度。

虽然在热力学上,上述反应是可能发生的,但是并不意味着所有这些反应在动力学上都有实际意义。例如 Fe^{2+}、H^+ 和 O_2 竞争水化电子的反应,在硫酸亚铁剂量计中,三种溶质的浓度为:$[Fe^{2+}]=10^{-3}$ mol · L^{-1},$[H^+]=0.35$ mol · L^{-1},$[O_2]\approx2.5\times10^{-4}$ mol · L^{-1},它们与 e_{aq}^- 反应的速率常数分别为 $k_{(7-120)}=2\times10^8$ L · mol^{-1} · s^{-1},$k_{(7-8)}=2.3\times10^{10}$ L · mol^{-1} · s^{-1},$k_{(7-21)}=1.9\times10^{10}$ L · mol^{-1} · s^{-1},因此三种溶质与 e_{aq}^- 反应的相对能力为 $(e_{aq}^- + Fe^{2+})$: $(e_{aq}^- + H^+)$: $(e_{aq}^- + O_2)=k_{(7-120)}[Fe^{2+}]$: $k_{(7-8)}[H^+]$: $k_{(7-21)}[O_2]=1$: 4×10^4 : 24。换言之,大约 99.94% 的 e_{aq}^- 与 H^+ 反应,这是硫酸亚铁剂量计中水化电子的主要反应。因此(7-120)、(7-21)反应相对(7-8)可以忽略。同理可知,反应(7-22)是 H 原子的主要反应。

根据热力学和动力学分析,硫酸亚铁剂量计溶液中,Fe^{2+} 氧化机理可用下列反应描述:

$$e_{aq}^- + H^+ \longrightarrow \cdot H \qquad\qquad k_{(7-8)} = 2.35\times10^{10} \text{ L} \cdot \text{mol}^{-1} \cdot \text{s}^{-1} \qquad (7\text{-}8)$$

$$\cdot H + O_2 \longrightarrow HO_2\cdot \qquad\qquad k_{(7-22)} = 1.9\times10^{10} \text{ L} \cdot \text{mol}^{-1} \cdot \text{s}^{-1} \qquad (7\text{-}22)$$

$$\cdot OH + Fe^{2+} + H^+ \longrightarrow Fe^{3+} + H_2O \qquad k_{(7-102)} = 3.5\times10^8 \text{ L} \cdot \text{mol}^{-1} \cdot \text{s}^{-1} \qquad (7\text{-}102)$$

$$HO_2\cdot + Fe^{2+} \longrightarrow HO_2^- + Fe^{3+} \qquad k_{(7-115)} = 7.3\times10^5 \text{ L} \cdot \text{mol}^{-1} \cdot \text{s}^{-1} \qquad (7\text{-}115)$$

$$H_2O_2 + Fe^{2+} \longrightarrow Fe^{3+} + \cdot OH + OH^- \qquad k_{(7-95)} = 50 \text{ L} \cdot \text{mol}^{-1} \cdot \text{s}^{-1} \qquad (7\text{-}95)$$

根据上述机理可知,引起 Fe^{2+} 氧化的粒子有 $\cdot H$、$\cdot OH$、H_2O_2 和 e_{aq}^-,由于氧的存在,还原性粒子 e_{aq}^- 和 $\cdot H$ 最终亦起到了氧化作用。

由上列反应可知,①每 1 个 $\cdot OH$ 自由基氧化 1 个 Fe^{2+} 生成 1 个 Fe^{3+}。②每 1 个 e_{aq}^- 或 $\cdot H$ 转化成 1 个 $HO_2\cdot$,并氧化生成 1 个 Fe^{3+},同时生成一个 HO_2^-,HO_2^- 与 H^+ 发生中和反应,生成可氧化 2 个 Fe^{2+} 的 H_2O_2。即每个 e_{aq}^-、$\cdot H$、$HO_2\cdot$ 可氧化 3 个 Fe^{2+},生成 3 个 Fe^{3+}。因此,最后可得下列物料平衡式:

$$G(Fe^{3+})_{O_2} = G_{\cdot OH} + 2G_{H_2O_2} + 3(G_{e_{aq}^-} + G_{\cdot H} + G_{HO_2\cdot}) \qquad (7\text{-}124)$$

将表 7.2 中的产额值代入(7-124)式,求得低 LET 辐射作用时 $G(Fe^{3+})_{O_2}=15.6$,与实验值 15.4~15.6 几乎一致。

但是需要注意的是,不同时标段对应的 $G(Fe^{3+})_{O_2}$ 不同。利用脉冲辐解技术,测量脉冲结束后 $G(Fe^{3+})_{O_2}$ 值随时间的变化,发现反应大致可分三个阶段:

在 20 μs 时

$$G(Fe^{3+})_{O_2} = G_{\cdot OH} \qquad\qquad\qquad (G=2.90) \qquad (7\text{-}125)$$

在 10 ms 时

$$G(Fe^{3+})_{O_2} = G_{e_{aq}^-} + G_{\cdot H} + G_{\cdot OH} + G_{HO_2\cdot} \qquad (G=6.58) \qquad (7\text{-}126)$$

当大于 100 s 时

$$G(Fe^{3+})_{O_2} = 2G_{H_2O_2} + 3(G_{e_{aq}^-} + G_{\cdot H} + G_{HO_2\cdot}) + G_{\cdot OH} \qquad (G=15.5) \qquad (7\text{-}124)$$

$$G(-O_2) = G_{e_{aq}^-} + G_{\cdot H} \qquad\qquad\qquad (G=3.65) \qquad (7\text{-}127)$$

由于 20 μs 前的 Fe^{3+} 是在径迹中生成的,100 ms 时径迹中的活性粒子仅部分扩散,尚未达到均相状态。100 s 后活性粒种扩散到体相并达到均匀分布,由此可看出原初产额的时间相关性。一般,我们主要采用活性粒种在体相均匀分布后的 **$G(Fe^{3+})_{O_2}=15.5\sim15.6$**。

硫酸亚铁辐射氧化机理表明:

(1) 不同 LET 值辐射会影响水中原初自由基和分子产物的产额。因此,$G(Fe^{3+})_{O_2}$ 值随 LET 值增加而减少。具体不同射线类型对 $G(Fe^{3+})_{O_2}$ 值的影响参见表 4.3。

(2) 外来自由基受体通过与 Fe^{2+} 竞争自由基可以影响 $G(Fe^{3+})_{O_2}$ 值。例如少量有机杂质存在时,它与 Fe^{2+} 竞争 ·OH 自由基,生成有机过氧化物,使 $G(Fe^{3+})_{O_2}$ 值增高。

$$RH + \cdot OH \longrightarrow R\cdot + H_2O \tag{7-128}$$

$$R\cdot + O_2 \longrightarrow RO_2\cdot \tag{7-129}$$

$$RO_2\cdot + H^+ + Fe^{2+} \longrightarrow Fe^{3+} + RO_2H \tag{7-130}$$

$$RO_2H + H^+ + Fe^{2+} \longrightarrow Fe^{3+} + RO\cdot + OH^- \tag{7-131}$$

$$RO\cdot + H^+ + Fe^{2+} \longrightarrow Fe^{3+} + ROH \tag{7-132}$$

原来 1 个 ·OH 自由基氧化 1 个 Fe^{2+},现在氧化 3 个 Fe^{2+},因此有机杂质可使 Fe^{3+} 产额增加。在乙醇或含甲酸的溶液中,$G(Fe^{3+})_{O_2}$ 值分别约为 75 和 250,这可能是以下反应替代了反应 (7-132),导致了链反应:

$$RO\cdot + RH \longrightarrow R\cdot + ROH \tag{7-133}$$

少量 $NaCl(\approx 10^{-3}\ mol \cdot L^{-1})$ 可抑制有机杂质的敏化作用:

$$\cdot OH + Cl^- \longrightarrow \cdot Cl + OH^- \tag{7-134}$$

原因是 ·Cl 与 Fe^{2+} 的反应较 ·Cl 与有机物的反应快,因此抑制了有机物引起的敏化反应:

$$\cdot Cl + Fe^{2+} \longrightarrow Fe^{3+} + Cl^- \tag{7-135}$$

Cl^- 阻断了链反应,结果是 1 个 ·OH 仅氧化 1 个 Fe^{2+},Cl^- 的加入并未引起 $G(Fe^{3+})_{O_2}$ 的变化。所以,在硫酸亚铁剂量计中常加入少量的 $NaCl$。

当无机自由基受体(如 Cu^{2+})存在时,e_{aq}^- 和 H 原子将 Cu^{2+} 还原为 Cu^+,Cu^+ 是强还原剂,可将 Fe^{3+} 离子还原为 Fe^{2+} 离子,并导致 $G(Fe^{3+})_{O_2}$ 下降。当 $CuSO_4$ 浓度为 $10^{-2}\ mol \cdot L^{-1}$,$H_2SO_4$ 浓度为 $5 \times 10^{-3}\ mol \cdot L^{-1}$ 时,$G(Fe^{3+})_{O_2}$ 将从 15.5 下降到 0.78,这可能是由于 Cu^{2+} 参加下列反应所致:

$$Cu^{2+} + e_{aq}^- \longrightarrow Cu^+ + H_2O \qquad k_{(7-77)} = 3.5 \times 10^{10}\ L \cdot mol^{-1} \cdot s^{-1} \tag{7-77}$$

$$\cdot H + Cu^{2+} \longrightarrow H^+ + Cu^+ \qquad k_{(7-89)} = 6 \times 10^8\ L \cdot mol^{-1} \cdot s^{-1} \tag{7-89}$$

$$\cdot OH + Fe^{2+} \longrightarrow Fe^{3+} + OH^- \tag{7-102}$$

$$H_2O_2 + Fe^{2+} \longrightarrow Fe^{3+} + \cdot OH + OH^- \tag{7-95}$$

$$\cdot H + O_2 \longrightarrow HO_2\cdot \tag{7-22}$$

$$Cu^{2+} + HO_2\cdot \longrightarrow Cu^+ + H^+ + O_2 \qquad k_{(7-136)} = 1.5 \times 10^7\ L \cdot mol^{-1} \cdot s^{-1} \tag{7-136}$$

$$Fe^{3+} + Cu^+ \longrightarrow Fe^{2+} + Cu^{2+} \tag{7-137}$$

根据上述反应,Cu^{2+} 的加入清除了本来可以生成 3 个 Fe^{3+} 的还原性自由基 e_{aq}^- 和 ·H,而生成的 Cu^+ 又消耗 1 个 Fe^{3+},总体使 $G(Fe^{3+})_{O_2}$ 值降低。

在有 O_2 和 Cu^{2+} 条件下,有下列物料平衡式:

$$G(Fe^{3+})_{O_2,Cu^{2+}} = 2G_{H_2O_2} + G_{\cdot OH} - G_{\cdot H} - G_{e_{aq}^-} - G_{HO_2\cdot} \tag{7-138}$$

【例 7.2】　计算 γ 辐照空气饱和的 $10^{-3}\ mol \cdot L^{-1}\ FeSO_4$,$10^{-2}\ mol \cdot L^{-1}\ CuSO_4$,$5 \times 10^{-3}\ mol \cdot L^{-1}\ H_2SO_4$ 溶液体系,在 pH=0.46 和 pH=3~11 时,$G(Fe^{3+})_{O_2,Cu^{2+}}$ 是多少?

解　根据表 7.2 和式(7-138)，得

pH = 0.46　　$G(Fe^{3+})_{O_2, Cu^{2+}} = 2 \times 0.78 + 2.9 - 3.7 - 0 - 0.026 = 0.73$

pH = 3 ～ 11　　$G(Fe^{3+})_{O_2, Cu^{2+}} = 2 \times 0.71 + 2.7 - 0.55 - 2.7 - 0.008 = 0.86$

当 Cu^{2+} 存在时，体系不消耗氧，$G(Fe^{3+})_{O_2, Cu^{2+}}$ 与氧无关，因此，$FeSO_4$-$CuSO_4$ 体系(被空气饱和的 10^{-3} mol·L^{-1} $FeSO_4$，10^{-2} mol·L^{-1} $CuSO_4$，5×10^{-3} mol·L^{-1} H_2SO_4 溶液)已用做化学剂量计，可增加 Fricke 剂量计的量程，可以用来测量 $10^3 \sim 10^5$ Gy 的剂量。

(3) 过程耗氧。由图 7.9 可知，$[Fe^{3+}]$ 在剂量超过一定值以后，与剂量的线性关系发生变化。这是由于体系中溶解氧耗尽时，$G(Fe^{3+})$ 迅速下降至无氧时的产额值，因此硫酸亚铁剂量计有一剂量上限(400 Gy)。硫酸亚铁剂量计的剂量下限(≈40 Gy)是由测量 Fe^{3+} 的灵敏度决定的。

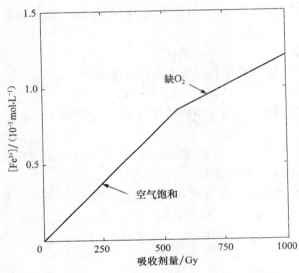

图 7.9　γ 辐照空气饱和 $FeSO_4$ 溶液的 $[Fe^{3+}]$ 随剂量的变化

在无氧或用 N_2 饱和的条件下辐照 $FeSO_4$ 溶液时，测得 $G(Fe^{3+})_{-O_2} = 8.19$，$G(H_2) = 4.05$。这时，氧化性粒种($\cdot OH$，$HO_2\cdot$，H_2O_2)按反应(7-102)、(7-115)和(7-95)氧化 Fe^{2+}，可得

$$G(Fe^{3+})_{-O_2} = 2G_{H_2O_2} + G_{\cdot OH} + 3G_{HO_2\cdot} \approx 4.5 \qquad (7\text{-}139)$$

这表明，体系中还存在其他氧化 Fe^{2+} 的过程。在酸性水溶液中，H 原子可表现出氧化性，例如将无电极放电(electrodeless discharge)产生的 H 原子导入 $FeSO_4$ 水溶液，观测到 Fe^{3+} 形成，Fe^{2+} 氧化与体系的酸度有关(表 7.10)。此外，用 X 射线照射 10^{-2} mol·L^{-1} $FeSO_4$ 水溶液时，Fe^{2+} 被氧化也与 pH 有关，可用下列反应式表示：

$$\cdot H + H^+ + Fe^{2+} \longrightarrow Fe^{3+} + H_2 \qquad (7\text{-}140)$$

根据上述假设，可得

$$G(Fe^{3+})_{-O_2} = 2G_{H_2O_2} + G_{\cdot OH} + G_{\cdot H} + G_{e_{aq}^-} + 3G_{HO_2\cdot} = 8.18 \qquad (7\text{-}141)$$

$$G(H_2)_{-O_2} = G_{H_2} + G_{\cdot H} + G_{e_{aq}^-} = 4.1 \qquad (7\text{-}142)$$

以上值与实验值完全一致。

表 7.10　酸度对 H 原子氧化 Fe^{2+} 离子的影响

酸度/$(mol \cdot L^{-1})$	0.35	0.005	0.0001
$\Delta[Fe^{3+}]/(10^{-3} mol \cdot L^{-1})$	0.54 ± 0.09	0.50	0.31 ± 0.07

H 原子在酸性水溶液中具有氧化性虽然已被实验证明,但是氧化 Fe^{2+} 的历程仍需进一步研究。应用脉冲辐解技术研究 $FeSO_4$ 水溶液,检测到了不稳定的 $Fe^{3+} H^-$ 存在,因此认为 H 原子也可经由下列过程氧化 Fe^{2+}:

$$\cdot H + Fe^{2+} \rightleftharpoons Fe^{3+} H^- \tag{7-143}$$

$$Fe^{3+} H^- + H^+ \longrightarrow Fe^{3+} + H_2 \tag{7-144}$$

必须注意,当 Fe^{3+} 积累时,存在下列竞争反应:

$$\cdot H + Fe^{3+} \longrightarrow H^+ + Fe^{2+} \tag{7-145}$$

根据动力学研究

$$k_{(7-140)} : k_{(7-145)} = 12.5 : 1 \tag{7-146}$$

因此,$G(H_2)$ 在 Fricke 剂量计中为 0.4,在无氧 Fricke 剂量计中为 4.05,在含氧中性水中为 0.45。

Fricke 剂量计体系中,含氧、无氧、缺氧,以及是否存在有机或无机杂质均极大地影响 Fe^{3+} 的生成机理和 $G(Fe^{3+})$ 值。

7.2.2　硫酸铈溶液的辐解

硫酸铈体系也是一种广泛使用的化学剂量计,可以用来测量 $10^3 \sim 10^6$ Gy 的剂量。在硫酸铈剂量计中,溶液由空气饱和的 0.4 $mol \cdot L^{-1}$ H_2SO_4 和 $10^{-5} \sim 0.4$ $mol \cdot L^{-1}$ Ce^{4+} 组成。Ce^{4+} 离子是强氧化剂,在电离辐射作用下,它被还原为 Ce^{3+} 离子,对于低 LET 辐射,$G(-Ce^{4+})[$或 $G(Ce^{3+})] = 2.35$。$G(Ce^{3+})$ 值与氧无关,因此,体系中可能存在下列反应:

$$Ce^{4+} + \cdot H \longrightarrow Ce^{3+} + H^+ \tag{7-147}$$

$$Ce^{4+} + H_2O_2 \longrightarrow Ce^{3+} + H^+ + HO_2 \cdot \tag{7-148}$$

$$Ce^{4+} + HO_2 \cdot \longrightarrow Ce^{3+} + H^+ + O_2 \tag{7-149}$$

由于在强酸性溶液中,水化电子与 H_3O^+ 反应生成 $\cdot H$,这样可得

$$G(Ce^{3+}) = 2G_{H_2O_2} + G_{\cdot H} + G_{HO_2 \cdot} = 5.28 \tag{7-150}$$

理论值与实验值不一致,表明体系中还发生其他反应过程。用 X 射线照射 Ce^{4+}-$^*Ce^{3+}$($^*Ce^{3+}$ 表示放射性标记铈离子)溶液,用丁基磷酸酯萃取 Ce^{4+} 并测量 Ce^{4+} 离子的放射性活度,测得 $G(^*Ce^{4+}) \approx 3$,这表明体系中 $\cdot OH$ 自由基可按以下反应氧化 Ce^{3+}:

$$Ce^{3+} + \cdot OH \longrightarrow Ce^{4+} + OH^- \tag{7-151}$$

这样 $G(Ce^{3+})$ 值应表示为

$$G(Ce^{3+}) = 2G_{H_2O_2} + G_{\cdot H} + G_{HO_2 \cdot} - G_{\cdot OH} = 2.37 \tag{7-152}$$

此结果与实验值一致。(7-152)式预示 $G(Ce^{3+})$ 与辐射的 LET 值有关,并随 LET 值增加而增加。

$G(Ce^{3+})$ 值对杂质(包括有机和无机物质)十分敏感,它们往往与 $\cdot OH$ 自由基竞争反应,与 Ce^{3+} 竞争,使 $G(Ce^{3+})$ 增高。例如甲酸存在时,存在下列反应:

$$HCO_2H + \cdot OH \longrightarrow \cdot CO_2H + H_2O \tag{7-112}$$

$$\cdot CO_2H + Ce^{4+} \longrightarrow Ce^{3+} + H^+ + CO_2 \tag{7-153}$$

导致 $G(Ce^{3+})$ 值增高。在 20 ppm 甲酸存在时,$G(Ce^{3+})$ 值由 2.50 增至 3.55。

一些无机离子在其浓度足够高时,也可与 ·OH 自由基反应,与 Ce^{3+} 竞争,例如 Tl^+ 离子存在时,亦会使 $G(Ce^{3+})$ 增高:

$$\cdot OH + Tl^+ \longrightarrow OH^- + Tl^{2+} \tag{7-154}$$

$$Tl^{2+} + Ce^{4+} \longrightarrow Ce^{3+} + Tl^{3+} \tag{7-155}$$

由此可知,引入的其他杂质会影响 $G(Ce^{3+})$ 值,因此,适当提高体系中 Ce^{3+} 的浓度,可以抑制杂质的影响。在制备硫酸铈剂量计溶液时,常加入少量($\approx 10^{-3}$ mol·L^{-1})Ce^{3+} 离子使 $G(Ce^{3+})$ 值保持稳定。但 Ce^{3+} 浓度较高时,又可能发生逆反应:

$$HO_2\cdot + Ce^{3+} \longrightarrow HO_2^- + Ce^{4+} \tag{7-156}$$

7.2.3　无机物稀水溶液中自由基产额和分子产额的测定

如果水溶液体系的辐解机制已被确立,则根据测得的辐解产物的产额和物料平衡关系,可导出无机物稀水溶液中水辐解形成的分子产额和自由基产额。硫酸亚铁和硫酸铈体系可满足上述条件,可以用来测定水辐解所生成的分子产额和自由基产额。对低 LET 辐射,硫酸亚铁体系有下列关系式:

$$G(Fe^{3+})_{O_2} = 2G_{H_2O_2} + 3(G_{e_{aq}^-} + G_{\cdot H} + G_{HO_2\cdot}) + G_{\cdot OH} \quad (G = 15.5) \tag{7-124}$$

将(7-27)式 $G_{e_{aq}^-} + G_{\cdot H} + 2G_{H_2} = G_{\cdot OH} + 2G_{H_2O_2} + 3G_{HO_2\cdot}$ 代入(7-124)式得

$$G(Fe^{3+})_{O_2} = 4(G_{e_{aq}^-} + G_{\cdot H}) + 2G_{H_2} \tag{7-157}$$

或

$$(G_{e_{aq}^-} + G_{\cdot H}) = \frac{G(Fe^{3+})_{O_2} - 2G_{H_2}}{4} \tag{7-158}$$

在 KBr 存在时,测得 γ 辐解 0.4 mol·L^{-1} H_2SO_4 溶液的 G_{H_2} 为 0.4,将 G_{H_2} 值代入(7-158)式可求得总还原性自由基产额:

$$(G_{e_{aq}^-} + G_{\cdot H}) = \frac{15.6 - 2 \times 0.4}{4} = 3.7 \tag{7-159}$$

根据建立在硫酸亚铁和硫酸铈体系基础上的若干种水溶液体系的研究结果,也可导出稀水溶液中水辐解生成的分子产额和自由基产额。这些结果是:

（Ⅰ）$G(Fe^{3+})_{O_2} = 2G_{H_2O_2} + G_{\cdot OH} + 3(G_{e_{aq}^-} + G_{\cdot H} + G_{HO_2\cdot}) = 15.5$

（Ⅱ）$G(Fe^{3+})_{-O_2} = 2G_{H_2O_2} + G_{e_{aq}^-} + G_{\cdot H} + G_{\cdot OH} + 3G_{HO_2\cdot} = 8.18$

（Ⅲ）$G(H_2)_{-O_2,Fe^{2+}} = G_{H_2} + G_{e_{aq}^-} + G_{\cdot H} = 4.1$

（Ⅳ）$G(Fe^{3+})_{Cu^{2+}} = 2G_{H_2O_2} - G_{e_{aq}^-} - G_{\cdot H} - G_{HO_2\cdot} + G_{\cdot OH} = 0.78$

（Ⅴ）$G(Ce^{3+}) = 2G_{H_2O_2} + G_{\cdot H} - G_{\cdot OH} + G_{HO_2\cdot} = 2.37$

（Ⅵ）$G(Ce^{3+})_{Tl^+} = 2G_{H_2O_2} + G_{\cdot H} + G_{\cdot OH} + G_{HO_2\cdot} = 8.17$

解上述方程组可得

$$G_{e_{aq}^-} + G_{\cdot H} = \frac{1}{2}[G(Fe^{3+})_{O_2} - G(Fe^{3+})_{-O_2}] = 3.7$$

$$G_{H_2} = [G(H_2)_{-O_2,Fe^{2+}} - (G_{e_{aq}^-} + G_{\cdot H})] = 0.4$$

$$G_{\cdot OH} = \frac{1}{2}[G(Ce^{3+})_{Tl} - G(Ce^{3+})] = 2.9$$

在中性或碱性溶液中,利用自由基清除剂可分别测定水化电子和 H 原子产额;在酸性溶液中,由于反应(7-8),e_{aq}^- 迅速被转化为 H 原子,因此测得的是总还原性自由基产额($G_{e_{aq}^-} + G_{\cdot H}$)。

$$e_{aq}^- + H_3O^+ \longrightarrow \cdot H + H_2O \tag{7-8}$$

以上结果与表 7.2 中 pH=0.46 时水辐解的瞬态产物产额一致。

7.3　有机物稀水溶液的辐射化学

稀水溶液辐射化学的一个特点是溶剂水吸收辐射能,体系中溶质的变化主要是水的辐解产物与溶质反应引起的。在无机物稀水溶液中,这种变化主要是以电子转移为基础的氧化还原过程实现的;在有机物稀水溶液中,这种氧化还原过程除表现为电子转移外,还常常呈现为抽氢反应和加成反应,例如

$$CH_3CH_2OH + \cdot H \longrightarrow H_2 + CH_3\dot{C}HOH \qquad (抽氢反应) \tag{7-92}$$

$$CH_3CH_2OH + \cdot OH \longrightarrow H_2O + CH_3\dot{C}HOH \qquad (抽氢反应) \tag{7-160}$$

$$CH_2 = CH_2 + \cdot H \longrightarrow CH_3\dot{C}H_2 \qquad (加成反应) \tag{7-161}$$

$$HCN + e_{aq}^- \longrightarrow (HCN \cdot)^- \qquad (电子加成反应) \tag{7-162}$$

反应生成的次级自由基将通过**歧化、复合以及自由基内部重排**等过程转变为终产物。

在有机物稀水溶液中,氧也参与化学过程形成过氧有机自由基,例如,有机物 RH 与水原初自由基产物反应形成的有机自由基 R· 可迅速与 O_2 结合,生成过氧有机自由基 $RO_2 \cdot$。

$$RH + \cdot OH \longrightarrow R \cdot + H_2O \tag{7-128}$$

$$R \cdot + O_2 \longrightarrow RO_2 \cdot \tag{7-129}$$

$RO_2 \cdot$ 可进一步反应:

$$2RO_2 \cdot \longrightarrow 2RO \cdot + O_2 \tag{7-163}$$

$$2RO_2 \cdot \longrightarrow ROOR + O_2 \tag{7-164}$$

或

$$RO_2 \cdot + RH \longrightarrow RO_2H + R \cdot \tag{7-165}$$

(7-165)式导致链反应。

7.3.1　甲酸稀水溶液的辐解

甲酸是脂肪族羧酸系列中最简单的成员,在辐射化学研究中常用做自由基清除剂,因此甲酸水溶液是研究得比较详细的体系之一。早期研究表明,无氧时,H_2 是主要产物;含氧时,H_2O_2 和 CO_2 是主要辐解产物,且 $G(H_2O_2)$ 随 O_2 浓度增加而增加,而 $G(H_2)$ 则下降,当 O_2 浓度足够高时,$G(H_2) = G_{H_2}$。因此在含氧酸性溶液中可能存在下列反应:

$$e_{aq}^- + H^+ \longrightarrow \cdot H \tag{7-8}$$

$$e_{aq}^- + O_2 \longrightarrow \cdot O_2^- \overset{H^+}{\rightleftharpoons} HO_2 \cdot \tag{7-21}$$

$$e_{aq}^- + HCO_2H \longrightarrow HCOO^- + \cdot H \qquad k_{(7-166)} = 1.5 \times 10^8 \text{ L} \cdot \text{mol}^{-1} \cdot \text{s}^{-1} \tag{7-166}$$

$$e_{aq}^- + HCO_2H \longrightarrow H\dot{C}O + OH^- \qquad k_{(7-167)} = 1.9 \times 10^8 \text{ L} \cdot \text{mol}^{-1} \cdot \text{s}^{-1} \tag{7-167}$$

$$\cdot H + O_2 \longrightarrow HO_2 \cdot \qquad k_{(7-22)} = 1.9 \times 10^{10} \text{ L} \cdot \text{mol}^{-1} \cdot \text{s}^{-1} \tag{7-22}$$

$$\cdot H + HCO_2H \longrightarrow H_2 + \cdot CO_2H \qquad k_{(7-168)} = 1.1 \times 10^6 \text{ L} \cdot \text{mol}^{-1} \cdot \text{s}^{-1} \tag{7-168}$$

$$\cdot OH + HCO_2 H \longrightarrow H_2O + \cdot CO_2 H \qquad k_{(7-112)} = 1.3 \times 10^8 \ L \cdot mol^{-1} \cdot s^{-1} \qquad (7\text{-}112)$$

$$2 \ \cdot O_2^- (HO_2 \cdot) \xrightarrow{2H^+} H_2O_2 + O_2 \qquad k_{(7-23)} = 0.25 \times 10^7 \ L \cdot mol^{-1} \cdot s^{-1} \qquad (7\text{-}23)$$

$$\cdot CO_2 H + O_2 \longrightarrow CO_2 + HO_2 \cdot \qquad k_{(7-169)} = 2.4 \times 10^9 \ L \cdot mol^{-1} \cdot s^{-1} \qquad (7\text{-}169)$$

$$H\dot{C}O + O_2 \longrightarrow CO_2 + \cdot OH \qquad\qquad\qquad\qquad\qquad\qquad (7\text{-}170)$$

上述反应中存在两组竞争反应,一组是 H^+、O_2 和 $HCO_2 H$ 竞争 e_{aq}^-,另一组是 O_2 和 $HCO_2 H$ 竞争 H 原子。两组竞争反应都与甲酸浓度有关,且影响 H_2O_2 和 CO_2 的产额。当甲酸浓度较高时,有利于反应(7-8)、(7-166)或(7-167)和(7-168)进行,因此有较高的 $G(H_2)$ 值。当甲酸浓度较低时,有利于 O_2 竞争 e_{aq}^- 和 H 原子,并导致 H_2O_2 产额增加和 $G(CO_2)$ 下降。当甲酸浓度为 10^{-3} mol·L^{-1},O_2 清除所有的 e_{aq}^- 和 H 原子,并有以下关系式:

$$G(H_2) = G_{H_2} \qquad\qquad\qquad\qquad\qquad\qquad (7\text{-}171)$$

$$G(H_2O_2) = G_{H_2O_2} + \frac{1}{2}(G_{e_{aq}^-} + G_{\cdot H} + G_{\cdot OH} + G_{HO_2 \cdot}) \qquad (7\text{-}172)$$

$$G(CO_2) = G_{\cdot OH} \qquad\qquad\qquad\qquad\qquad\qquad (7\text{-}173)$$

$$G(-O_2) = \frac{1}{2}(G_{e_{aq}^-} + G_{\cdot H} + G_{\cdot OH} - G_{HO_2 \cdot}) \qquad (7\text{-}174)$$

在中性和碱性溶液中,溶质主要以甲酸根离子(HCO_2^-)形式存在,下列反应分别取代反应(7-166)、(7-167)、(7-168)和(7-112)。

$$e_{aq}^- + HCO_2^- \xrightarrow{H_2O} H\dot{C}O + 2\dot{O}H^- \qquad k_{(7-175)} \approx 10^4 \ L \cdot mol^{-1} \cdot s^{-1} \qquad (7\text{-}175)$$

$$\cdot H + HCO_2^- \longrightarrow H_2 + \cdot CO_2^- \qquad k_{(7-176)} = 2.2 \times 10^8 \ L \cdot mol^{-1} \cdot s^{-1} \qquad (7\text{-}176)$$

$$\cdot OH + HCO_2^- \longrightarrow H_2O + \cdot CO_2^- \qquad k_{(7-111)} = 2.8 \times 10^9 \ L \cdot mol^{-1} \cdot s^{-1} \qquad (7\text{-}111)$$

在氧气饱和的中性或碱性水溶液中(O_2 的浓度为 1.3×10^{-3} mol·L^{-1}),当溶质浓度较低(如 $[HCO_2^-] \leqslant 10^{-3}$ mol·L^{-1})时,方程(7-171)~(7-174)仍成立。

自由基在甲酸分子上抽氢反应的产物是 $\cdot CO_2 H$ 而不是 $HCO_2 \cdot$,因为用 X 射线照射无氧的 $HCO_2 D$-D_2O 体系时,氢的主要成分是 HD。测得 $G(D_2) = 0.41 \pm 0.02$,$G(HD) = 2.05$,这表明自由基抽氢发生在甲酸分子的碳原子上。

在无 O_2 条件下辐照甲酸(10^{-3} mol·L^{-1})稀水溶液时,e_{aq}^- 主要与 H^+ 反应,体系中的 H 原子和 $\cdot OH$ 自由基从甲酸分子抽取氢原子,生成的 $\cdot CO_2 H$ 自由基可进一步反应产生 CO_2。

$$2 \ \cdot CO_2 H \longrightarrow HCO_2 H + CO_2 \qquad\qquad (7\text{-}177)$$

$$\cdot CO_2 H + H_2O_2 \longrightarrow CO_2 + \cdot OH + H_2O \qquad (7\text{-}178)$$

因此有

$$G(H_2) = G_{H_2} + G_{e_{aq}^-} + G_{\cdot H} \qquad\qquad (7\text{-}179)$$

$$G(H_2) \approx G(CO_2) \approx 4$$

当 pH>3 时,观测到 CO_2 产额下降和草酸生成,这时 $\cdot CO_2^-$ 自由基主要按下式反应:

$$2 \ \cdot CO_2^- \longrightarrow {}^-O_2C\!-\!CO_2^- \qquad\qquad (7\text{-}180)$$

当甲酸浓度较高或使用较高的 LET 值辐射(如 α 粒子)时,有甲醛、乙二醛和乙醛酸等产物生成,这可能归因于甲酰自由基反应:

$$H\dot{C}O + HCO_2 H \longrightarrow HCHO + \cdot CO_2 H \qquad (7\text{-}181)$$

$$H\dot{C}O + \cdot CO_2H \longrightarrow OHC—CO_2H \tag{7-182}$$

$$2H\dot{C}O \longrightarrow OHC—CHO \tag{7-183}$$

$$2H\dot{C}O \xrightarrow{H_2O} HCHO + HCO_2H \tag{7-184}$$

乙酸稀水溶液的辐解在许多方面与甲酸水溶液类似。·H 和 ·OH 从乙酸或乙酸根阴离子中抽取氢原子：

$$\cdot H + CH_3CO_2H \longrightarrow H_2 + \cdot CH_2CO_2H \tag{7-185}$$

$$\cdot OH + CH_3CO_2H \longrightarrow H_2O + \cdot CH_2CO_2H \tag{7-186}$$

e_{aq}^- 按以下反应与乙酸反应：

$$e_{aq}^- + CH_3CO_2H \longrightarrow CH_3CO_2^- + \cdot H \tag{7-187}$$

$$e_{aq}^- + CH_3CO_2H \longrightarrow CH_3\dot{C}O + OH^- \tag{7-188}$$

但 e_{aq}^- 与乙酸根阴离子反应较慢。与甲酸水溶液不同，$\cdot CH_2CO_2H$ 自由基不与 H_2O_2 反应，而通过二聚合生成琥珀酸。

$$2 \cdot CH_2CO_2H \longrightarrow (CH_2CO_2H)_2 \tag{7-189}$$

因此，辐照无氧的乙酸稀水溶液时，有 H_2、过氧化氢和琥珀酸生成。

7.3.2 醇稀水溶液的辐解

醇是一种自由基清除剂，它常被用来清除水或水溶液中的 ·H 和 ·OH 自由基，例如

$$CH_3OH + \cdot H \longrightarrow H_2 + \cdot CH_2OH \tag{7-31}$$

$$CH_3OH + \cdot OH \longrightarrow H_2O + \cdot CH_2OH \tag{7-32}$$

一般说来，抽氢反应主要发生在 α 碳原子上，但也有部分 ·H 和 ·OH 自由基的抽氢发生在醇分子的其他位置上（如氧原子、β 碳原子、γ 和 δ 碳原子等）。表 7.11 列出了 ·OH 从醇的不同位置抽氢的概率。从表 7.11 可以看出，约 7% 抽氢作用发生在甲醇的羟基氧原子上：

$$CH_3OH + \cdot OH \longrightarrow H_2O + CH_3O\cdot \tag{7-190}$$

生成的甲氧自由基可以从甲醇或其他醇分子中抽出氢原子：

$$CH_3O \cdot + CH_3OH \longrightarrow CH_3OH + \cdot CH_2OH \tag{7-191}$$

$$CH_3O \cdot + (CH_3)_2CHOH \longrightarrow CH_3OH + (CH_3)_2\dot{C}OH \tag{7-192}$$

α-碳上抽氢形成的自由基 $R_2\dot{C}OH$ 具有还原性，它很容易将一个电子传递给 $C_6H_5NO_2$、$[Fe(CN)_6]^{3-}$、$C(NO_2)_4$ 等受体。

$$(CH_3)_2\dot{C}OH + C_6H_5NO_2 \longrightarrow C_6H_5NO_2^- + H^+ + (CH_3)_2CO \tag{7-193}$$

$$(CH_3)_2\dot{C}OH + [Fe(CN)_6]^{3-} \longrightarrow [Fe(CN)_6]^{4-} + H^+ + (CH_3)_2CO \tag{7-194}$$

$$(CH_3)_2\dot{C}OH + C(NO_2)_4 \longrightarrow C(NO_2)_3^- + NO_2 + H^+ + (CH_3)_2CO \tag{7-195}$$

β-、γ-或 δ-醇自由基和烷氧自由基 $R_2CHO\cdot$ 不发生这样的反应。醇羟基氧原子上抽氢形成的烷氧自由基 $R_2CHO\cdot$ 有氧化性，它可将碘离子氧化，例如

$$CH_3O \cdot + 2I^- \longrightarrow CH_3O^- + I_2 \tag{7-196}$$

由于醇分子中缺乏可利用的低能空轨道,因此醇与 e_{aq}^- 反应很慢,如

$$e_{aq}^- + CH_3OH \longrightarrow \cdot H + CH_3O^- \quad k_{(7-197)} < 10^4 \text{ L} \cdot \text{mol}^{-1} \cdot \text{s}^{-1} \tag{7-197}$$

当甲醇浓度小于 $10^{-2} \text{ mol} \cdot \text{L}^{-1}$ 时,水化电子主要与水反应:

$$e_{aq}^- + H_2O \longrightarrow OH^- + \cdot H \quad k_{(7-24)} = 16 \text{ L} \cdot \text{mol}^{-1} \cdot \text{s}^{-1} \tag{7-24}$$

无氧时,H_2、HCHO 和 $(CH_2OH)_2$ 是主要产物,甲醛和乙二醇由下列反应产生:

$$2 \cdot CH_2OH \longrightarrow CH_3OH + HCHO \tag{7-198}$$

$$2 \cdot CH_2OH \longrightarrow (CH_2OH)_2 \tag{7-199}$$

$$\cdot CH_2OH + H_2O_2 \longrightarrow HCHO + H_2O + \cdot OH \tag{7-200}$$

根据上述辐解机理,在无氧的酸性溶液中

$$G(H_2) = G_{H_2} + G_{e_{aq}^-} + G_{\cdot H} \tag{7-201}$$

有氧存在时

$$\cdot CH_2OH + O_2 \longrightarrow \cdot O_2CH_2OH \quad k_{(7-202)} = 4.2 \times 10^9 \text{ L} \cdot \text{mol}^{-1} \cdot \text{s}^{-1} \tag{7-202}$$

$$2 \cdot O_2CH_2OH \longrightarrow 2HCHO + H_2O_2 + O_2 \tag{7-203}$$

$$\cdot O_2CH_2OH + HO_2 \cdot \longrightarrow HCHO + H_2O_2 + O_2 \tag{7-204}$$

因此,过氧化氢和甲醛是主要的辐解产物。

表 7.11　·OH 从醇的不同位置抽出氢原子的概率

醇或甲酸	发生抽氢反应的概率/(%)		
	α 碳上抽氢	羟基上抽氢	β、γ 或 δ 碳上抽氢
HCO_2^-	100		
CH_3OH	93.3	7.0	
CH_3CH_2OH	84.3	2.5	13.2
$CH_3CH_2CH_2OH$	53.4	<0.5	46.0
$(CH_3)_2CHOH$	85.5	1.2	13.3
$CH_3CH_2CH_2CH_2OH$	41.0	<0.5	58.5
$t\text{-}C_4H_9OH$		4.3	95.7
$(CH_2OH)_2$	100	<0.1	
$CH_2(OH)-CH(OH)CH_3$	79.2	<0.1	20.7
$CH_3CH(OH)CH(OH)CH_3$	71.0	<0.1	29

乙醇等简单醇类的水溶液的辐解与甲醇类似,·OH 自由基和 H 原子主要从 α 碳原子上抽出氢原子。无氧时,抽氢反应生成的醇自由基可歧化和二聚成羰基化合物与二醇类化合物,例如辐照乙醇水溶液:

$$\cdot H + CH_3CH_2OH \longrightarrow CH_3\dot{C}HOH + H_2 \tag{7-92}$$

$$CH_3CH_2OH + \cdot OH \longrightarrow H_2O + CH_3\dot{C}HOH \tag{7-160}$$

$$2CH_3\dot{C}HOH \longrightarrow CH_3CH_2OH + CH_3CHO \tag{7-205}$$

$$2CH_3\dot{C}HOH \longrightarrow (CH_3CHOH)_2 \tag{7-206}$$

有氧存在时,e_{aq}^-、·H 和 $CH_3\dot{C}HOH$ 自由基与 O_2 反应:

$$e_{aq}^- + O_2 \longrightarrow \cdot O_2^- \tag{7-21}$$

$$\cdot H + O_2 \longrightarrow HO_2 \cdot \tag{7-22}$$

$$CH_3\dot{C}HOH + O_2 \longrightarrow HO_2 \cdot + CH_3CHO \tag{7-207}$$

$$2HO_2 \cdot \longrightarrow H_2O_2 + O_2 \tag{7-23}$$

或

$$CH_3\dot{C}HOH + O_2 \longrightarrow CH_3\overset{O_2\cdot}{\underset{|}{CHOH}} \tag{7-208}$$

$$HO_2 \cdot + CH_3\overset{O_2\cdot}{\underset{|}{CHOH}} \longrightarrow O_2 + H_2O_2 + CH_3CHO \tag{7-209}$$

$$2CH_3\overset{O_2\cdot}{\underset{|}{CHOH}} \longrightarrow H_2O_2 + O_2 + 2CH_3CHO \tag{7-210}$$

因此有

$$G(H_2O_2) = G_{H_2O_2} + \frac{1}{2}(G_{\cdot H} + G_{e_{aq}^-} + G_{HO_2\cdot} + G_{\cdot OH}) \tag{7-211}$$

$$G(CH_3CHO) = G_{\cdot OH} \tag{7-212}$$

醇过氧自由基可将 Fe^{2+} 氧化,同时生成醛和过氧化氢:

$$Fe^{2+} + CH_3\overset{O_2\cdot}{\underset{|}{CHOH}} + H^+ \longrightarrow Fe^{3+} + CH_3CHO + H_2O_2 \tag{7-213}$$

因此,在 $FeSO_4$ 剂量计溶液中,少量醇可导致 $G(Fe^{3+})$ 值增加。

7.3.3　碳水化合物稀水溶液的辐解

自 1912 年起,人们就开始对碳水化合物的辐射化学进行了研究,但是进展较慢。直到 20 世纪 60 年代,由于近代分析技术的进展,这方面研究才迅速开展起来。目前对碳水化合物或糖类的研究已与食品的辐照加工、研究糖类剂量计(如 D-葡萄糖、D-甘露糖醇等)和研究原始地球上聚糖生成的古生物化学过程联系起来。由于糖类的辐射化学比较复杂,目前较多的研究集中在简单(低分子量)的糖类,例如己醛糖。

葡萄糖是一种己醛糖,主要以半缩醛的形式存在,因此辐照 D-葡萄糖稀水溶液时,它与水化电子反应很慢 $[k_{(\text{D-葡萄糖} + e_{aq}^-)} \approx 3.5 \times 10^5 \text{ L} \cdot \text{mol}^{-1} \cdot \text{s}^{-1}]$。H 原子和 ·OH 自由基主要从碳原子上抽取氢原子,抽氢作用几乎发生在所有的碳原子上,因此 D-葡萄糖或其他醛糖水溶液的辐解产物谱比较复杂。表 7.12 给出了一些己醛糖水溶液的主要辐解产物及其产额。

由表 7.12 可知,D-葡萄糖及其异构体 D-甘露糖的初始降解速率与氧无关($G = 3.5$)。这表明,在有氧和缺氧条件下,H 原子和 ·OH 自由基的抽氢过程是相同的,观察到辐解产物的差别是因为同一自由基产物在不同条件下发生不同的次级过程所致。

氧化降解作用是 D-葡萄糖或其他己醛糖水溶液辐解的主要过程。在低浓度(低于 $5 \times 10^{-3} \text{ mol} \cdot \text{L}^{-1}$)时,此过程主要由 ·OH 抽取 H 原子引发;在浓度较高时,该过程还涉及激发水分子的能量转移。在无氧条件下,葡萄糖辐射氧化降解作用示意图如图 7.10 所示。

表 7.12　γ 辐解己醛糖水溶液(5×10^{-2} mol·L^{-1})的主要产物及其产额(G 值)

产　物	D-葡萄糖		D-甘露糖	
	真空	有氧	真空	有氧
己糖($-G$)	3.5	3.5	3.5	3.5
己糖酸	0.35	0.4~0.5	0.45	0.6~0.7
己糖醛酸	—	0.9	—	0.8~1.0
阿拉伯糖	S*	—	S*	0.5~0.6
甲醛	S*			0.3
葡糖酮醛	0.4	—	0.5	—
二碳产物	0.85	0.8	0.95	0.7
D-赤藓糖	—	0.25	0.25	0.18
三碳产物	0.8		0.5	—
聚合物	S*	—	S*	

* S 为二级产物,剂量较大时出现。

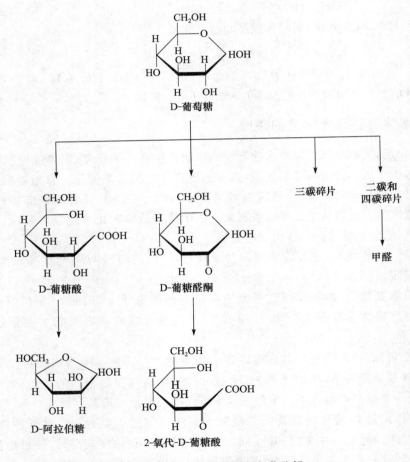

图 7.10　D-葡萄糖的辐射氧化降解

在上述降解产物中,D-葡糖酸、D-葡糖醛酮、二碳和三碳产物是初始辐解产物。其中葡糖酸是葡萄糖中 C_1 氧化的产物,葡糖醛酮是自由基进攻葡萄糖中 C_2 的产物,在缺氧时形成的有机自由基歧化产生葡糖酸和葡糖醛酮或者二聚形成聚合物。氧可以影响 C_2 抽氢形成的产物,有氧时环发生断裂,可能生成甲酸和阿拉伯糖,或者 C_2 和 C_3 键氧化裂解产生赤藓糖和乙二醛。

已检出的二碳和三碳产物有乙二醛($OHC—CHO$)、羟基乙醛($OHC—CH_2OH$)、二羟基丙酮[$HOCH_2—C(O)—CH_2OH$]和甘油醛[$OHC—CH(OH)—CH_2OH$],它们是水辐解生成的 H 原子和 ·OH 自由基作用于 C_3 或 C_4 的产物。

辐射对碳水化合物的作用大多发生在它们的伯醇基上。自由基在葡萄糖 C_6 上抽氢,有氧时生成葡糖醛酸,无氧时形成聚合物:

$$RCH_2OH + ·OH(或 ·H) \longrightarrow R\dot{C}HOH + H_2O(或 H_2) \tag{7-214}$$

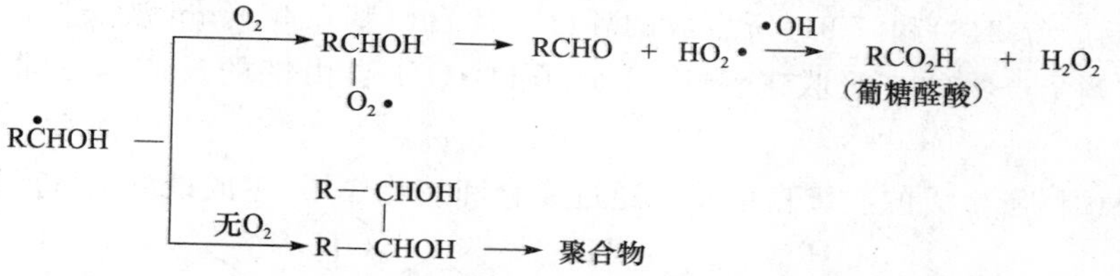

$$R\dot{C}HOH \tag{7-215}$$

（葡糖醛酸）

$$\tag{7-216}$$

（R代表葡萄糖分子中的六元环）

在相同条件下,D-甘露糖稀水溶液的降解作用与 D-葡萄糖的相似,因此有类似的辐解产物(见表 7.12)。D-山梨糖醇或 D-甘露糖醇稀水溶液被辐照时,·OH 自由基也从它们的伯醇基上抽取氢原子。当氧存在时,D-山梨糖(或 D-甘露糖)和 H_2O_2 是初始产物;在无氧时发生二聚作用。

辐照对多糖作用均是降解作用,很少得到二聚化的产物,这就导致水果及蔬菜辐照时变软。在多糖水溶液中,这种降解作用是由水辐解产生的自由基引起的,并主要呈现为糖键的断裂。辐解产物中少量葡萄糖酸和葡糖醛酸存在,说明一部分降解反应是自由基作用于醚键所致。

7.3.4　苯稀水溶液的辐解

苯稀水溶液的辐射化学可用水辐解生成的原初自由基与溶质之间的反应来说明。加成反应是这些自由基与苯之间的特征反应,可用如下反应式表示:

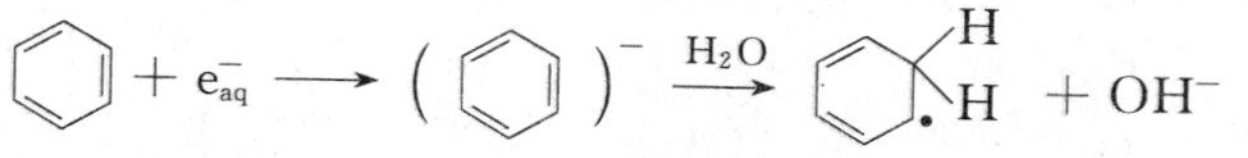

$$k_{(7-217)} = 1.3 \times 10^7 \; L·mol^{-1}·s^{-1} \tag{7-217}$$

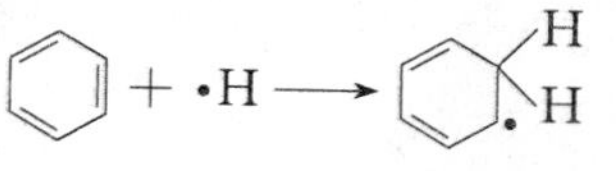

$$k_{(7-91)} = 5.3 \times 10^8 \; L·mol^{-1}·s^{-1} \tag{7-91}$$

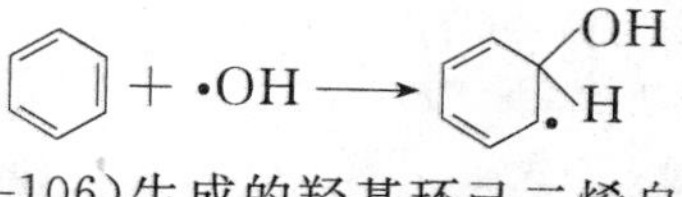

$$k_{(7-106)} = 5.3 \times 10^9 \; L·mol^{-1}·s^{-1} \tag{7-106}$$

反应(7-106)生成的羟基环己二烯自由基在 313 nm 波长处有最大吸收。对大量芳香族化合物研究表明,·OH 自由基与其他芳香环发生加成反应所生成的自由基(或自由基异构体的混合物)的最大吸收波长 λ_R(nm),与母体物质的最大吸收波长 λ_P(nm)之间存在着下述经验式:

$$\lambda_R - 1.4\lambda_P = 28 \tag{7-218}$$

经验式(7-218)可用来预测 ·OH 与芳香环发生加成反应所生成的这类自由基的最大吸收波长。

【例 7.3】 已知甲苯的最大吸收波长 $\lambda_P = 206.5$ nm,预测其 ·OH 加成产物羟基甲基环己二烯自由基异构体的最大吸收波长是多少?

解 利用(7-218)式可得

$$\lambda_R = 28 + 1.4 \times \lambda_P = (28 + 1.4 \times 206.5)\text{nm} = 317.1 \text{ nm}$$

这与实验测得值 317 nm 相一致。

但是反应(7-218)和(7-91)所生成的环己二烯自由基在 311 nm 波长处也呈现最大吸收,因此,通过测量产物的光吸收来测定 H 原子和 ·OH 自由基的反应速率常数时,它们互相干扰。

在无氧时,所生成的次级自由基可通过复合和歧化作用,生成最终辐解产物,例如

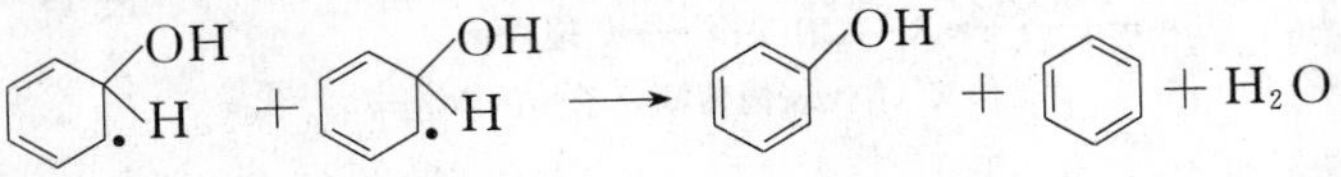

（反应式 7-219）$\tag{7-219}$

（反应式 7-220）$\tag{7-220}$

（反应式 7-221，环己二烯）$\tag{7-221}$

（反应式 7-222）$\tag{7-222}$

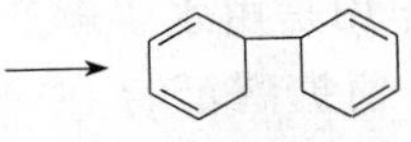

此外,不同种类的次级自由基之间也能相互反应,生成羟基环己二烯和羟基化联苯等产物。

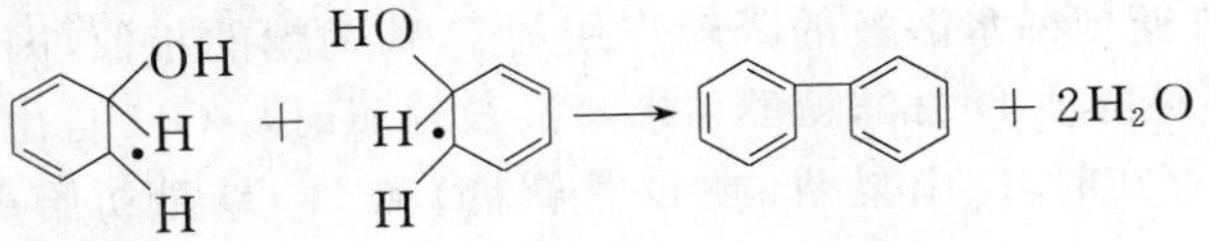

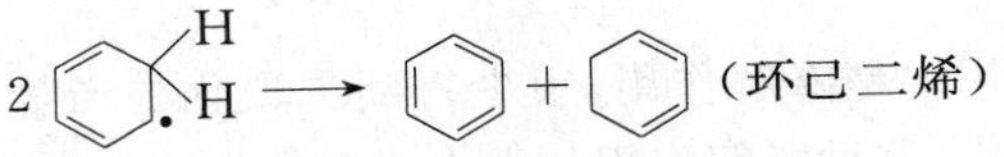

有氧存在时,氧与苯竞争 H 原子和水化电子的同时,还参与次级自由基反应:

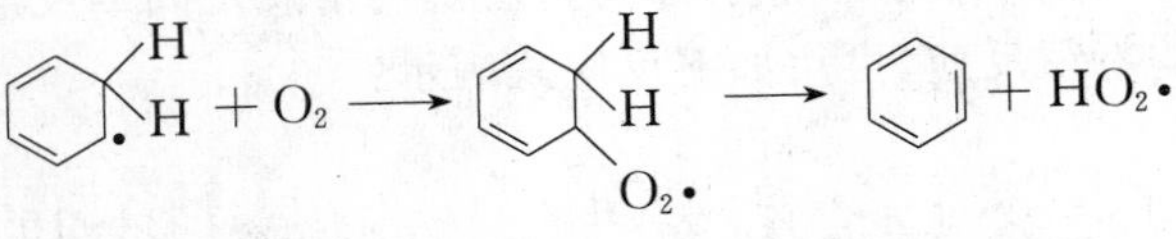

（反应式 7-223，生成 $HO_2\cdot$）$\tag{7-223}$

（反应式 7-224，生成 $HO_2\cdot$）$\tag{7-224}$

$$\text{（反应式 7-225）} \longrightarrow \text{OHC—CH=C(OH)—CH=CH—CHO} \tag{7-225}$$
（β-羟基己二烯二醛）

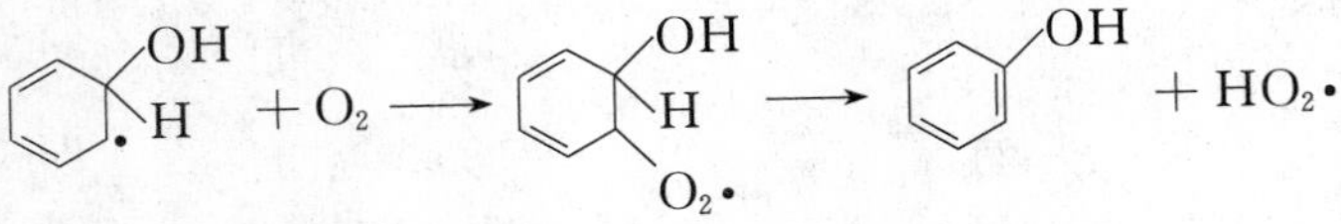

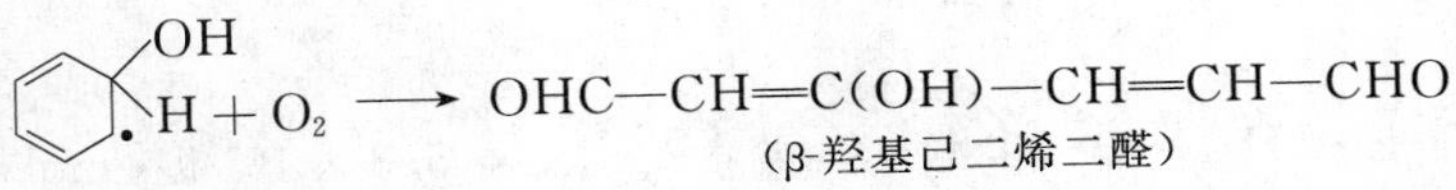

因此,联苯生成受到抑制,H_2O_2、C_6H_5OH 和 β-羟基己二烯二醛是主要产物。有氧存在时,苯酚产率与剂量呈线性关系,直至氧全部用尽,此后产率下降到与无氧时的值一样。通过

测量苯酚的产率,被空气饱和的苯-水溶液体系可作为一种化学剂量计。

对于其他芳香族化合物水溶液的辐解,水辐解形成的原初自由基除了与苯环发生加成反应外,侧基也会受到攻击。例如苯甲酸水溶液被辐照时,不仅生成邻-、间-、对-三个羟基化苯甲酸异构体,而且还有二氧化碳、甲酸和草酸生成。

7.4　小　　结

本章重点介绍了液态水的辐射化学及典型无机物和有机物稀水溶液的辐射化学。其中液态水的辐解机理比较清楚,是辐射化学中唯一的一个机理清楚的体系。我们需要掌握液态水辐解后产生的主要原初辐解产物种类和均相时的辐射化学产额。同时需要了解水辐解过程中存在物料平衡,具体包括电荷平衡和氧化还原平衡。此外,敏化剂、清除剂 S 浓度高时会影响其辐解机理,一般选定 $k[S]<10^7\ s^{-1}$。温度对水辐解机理影响不大,一般温度越高,自由基产物产额越高,而分子产物产额越低。LET 越高,刺迹(spur)和径迹(track)中自由基浓度越高,分子产物越多。剂量率对水辐解的影响不大,当剂量率 $\dot{D}>10^7\ Gy\cdot s^{-1}$ 时,分子产额会增加,自由基产额略有下降。pH 也会影响原初产物的种类和产额。无机物稀水溶液主要是针对辐射化学中常用的化学剂量计体系,如 Fricke 剂量计体系的辐射化学,不同条件和时标下其目标产物的辐射化学产额不同。有机物稀水溶液的辐射化学一般在食品辐照过程中会涉及,与无机物稀水溶液体系相比,除了存在氧化还原过程,也会存在溶质与水辐解产物之间的抽氢和加成反应。

重要概念:
原初产额,瞬态中间产物,水化电子。
重要公式或反应:
水辐解方程
$$H_2O \rightsquigarrow H_2,\ H_2O_2,\ e_{aq}^-,\ \cdot H,\ \cdot OH,\ H_3O^+,\ HO_2\cdot \tag{7-16}$$
电荷平衡
$$G_{H_3O^+} = G_{e_{aq}^-} \tag{7-25}$$
氧化还原平衡
$$G_{e_{aq}^-} + G_{\cdot H} + 2G_{H_2} = G_{\cdot OH} + 2G_{H_2O_2} + 3G_{HO_2\cdot} \tag{7-27}$$
$$G_{-H_2O} = G_{e_{aq}^-} + G_{\cdot H} + 2G_{H_2} = G_{\cdot OH} + 2G_{H_2O_2} \tag{7-26}$$
$$G_{-H_2O} = G_{e_{aq}^-} + G_{\cdot H} + 2G_{H_2} - G_{HO_2\cdot} = G_{\cdot OH} + 2G_{H_2O_2} + 2G_{HO_2\cdot} \tag{7-28}$$
Brønsted-Debye 方程
$$\lg \frac{k_{(\mu=\mu)}}{k_{(\mu=0)}} = 1.02 Z_A Z_B \frac{\sqrt{\mu}}{1+\alpha\sqrt{\mu}} \tag{7-40}$$
稳态近似
$$k[R\cdot]^2 = G_R \frac{1}{N_A} \dot{D}\rho f \tag{7-47}$$
$$\Delta G^\ominus = -nFE^\ominus \tag{7-67}$$
$$e_{aq}^- + S^n \longrightarrow S^{n-1} \tag{7-78}$$

扩散反应速率常数

$$k_{\text{diff}} = \frac{4\pi r_{AB} D_{AB} N_A}{1000} \left\{ \frac{Z_A Z_B e^2}{r_{AB} \varepsilon k T} \Big/ \left[\exp\left(\frac{Z_A Z_B e^2}{r_{AB} \varepsilon k T} \right) - 1 \right] \right\} \tag{7-86}$$

$$k_{\text{diff}} = \frac{4\pi r_{AB} D_{AB} N_A}{1000} \quad (\text{L} \cdot \text{mol}^{-1} \cdot \text{s}^{-1}) \tag{7-87}$$

$$G(\text{Fe}^{3+})_{O_2} = G_{\cdot OH} + 2G_{H_2O_2} + 3(G_{e_{aq}^-} + G_{\cdot H} + G_{HO_2\cdot}) \tag{7-124}$$

主要参考文献

1. 吴季兰,戚生初. 辐射化学. 北京:原子能出版社,1993.
2. Farhataziz,Rodgers A J M. Radiation Chemistry Principles and Applications. VCH Publishers, Inc,1987.
3. Spinks J W T,Woods R J. An Introduction to Radiation Chemistry. 3rd Ed. John Wiley & Sons Inc,1990.
4. Swallow A J. Radiation Chemistry:An Introduction. London:Longman Group Limited,1973.
5. Allen A O. The Radiation Chemistry of Water and Aqueous Solution. D van Nostrand Company, Inc,1961.
6. Draganic I G,Draaganic Z D. The Radiation Chemistry of Water. New York:Academic Press, 1971.
7. Hart E J,Anbar M. The Hydrated Electron. New York:Wiley Interscience,1970.
8. Buxton G V. The Study of Fast Processes and Transient Species by Electron Pulse Radiolysis. Reidel Dordrecht,1982.
9. Czapski G,Schwarz H A. Journal of Physical Chemistry,1962,66:471.
10. Li X P,Tu T C,Lin N Y. Radiation Physics and Chemistry,1981,17:273.
11. Asmus K D,Mochel H,Henglein A. Journal of Physical Chemistry,1973,77:1218.
12. Philips G O. Radiation Research,1963,18:446.
13. Elias P S,Cohen A J,主编. 主要食品成分的辐射化学:关于辐射食品卫生安全性评价. 陈祖荫, 译. 北京:原子能出版社,1982.
14. Ogura H,Hamill W H. Journal of Physical Chemistry,1973,77:2952.
15. Mozumder A. Fundamentals of Radiation Chemistry. Academic Press,1999.
16. Wu G Z,Katsumura Y,Muroya Y,et al. Chemical Physics Letters,2000,325:531.
17. Jonah C D,Rao B S M. Radiation Chemistry:Present Status and Future Trends,Studies in Physics and Theoretical Chemistry 87. Amsterdam:Elsevier Science,2001.
18. Muroya Y,Lin M,Wu G,et al. Radiation Physics and Chemistry,2005,72:169.
19. Muroya Y,PlanteI,Azzam E I,et al. Radiation Research,2006,165:485.
20. Das T N. Journal of Physical Chemistry A,2009,113:6489.

思　考　题

1. 水辐解后产生的原初产物有哪些？哪些是还原性物种,哪些是氧化性物种？

2. 水辐解达均相时辐解产物存在两物料平衡,请写出该两物料平衡式。

3. 水辐解产生的瞬态产物的辐射化学产额是固定值吗? 哪些因素会影响其产额?

4. 使用清除剂研究水辐解机理时需要注意的问题有哪些?

5. 如何确定水辐解产生的 G_{H_2} 值?

6. 如何确定水辐解产生的水化电子的原初产额?

7. 如何确定水体系中产生的某种瞬态产物是否带正电或者负电,或者不带电?

8. 影响硫酸亚铁稀水溶液的 $G(Fe^{3+})$ 的因素有哪些?

9. 如何抑制硫酸亚铁稀水溶液中有机杂质的影响? 反应过程如何?

10. 影响醇稀水溶液的辐解产物的因素有哪些?

第8章　有机物的辐射化学

8.1　有机物辐解的一般过程

　　研究有机物的辐射化学具有重要的理论与实际意义。生命科学的一些重要课题,如简单无机与有机分子在宇宙射线作用下形成原初生命物质的过程,射线对生物的刺激生长和辐射损伤等都与有机物辐射化学的研究直接相关。此外,简单的有机化合物还可作为聚合物研究的模型化合物。虽然对有机化合物的辐射化学进行了大量的研究,但是目前对典型有机溶剂的辐解机理仍不如对水的辐解机理研究得那样清楚。水溶液中的水化电子、·H、·OH 自由基等与溶质反应的动力学常数已被系统收集(附录 3),而有机溶剂中相关的速率常数仍比较缺乏。因此,预测溶质在有机溶剂中的辐解反应,要比在水体系中困难。

　　有机分子在电离辐射作用下,键的断裂也是无选择性的。以烷烃为例,其 C—C、C—H 键都能断裂,故辐解产物多种多样,既有 H_2 和二聚体,也有各种自由基重合的产物和不饱和烃等,但这些辐解产物的分布仍然有一定规律性,与它们的结构有密切关系。其主要原因是:

　　(1) 有机分子经辐照后,生成正离子,正电荷密度在分子内部有一分布。

　　表 8.1 列出了正辛烷辐解产物种类及其随温度变化的辐射化学产额。由表可知,50 ℃时在 C—C 骨架断裂过程中,G(甲烷＋庚烷)＝0.08 为最小,即尾端断裂概率最小,G(丙烷＋戊烷)＝0.82 为最大,这些结果与理论计算基本相符。此外,随着温度升高,大部分辐解产物的 G 值有增加趋势。

　　(2) 在烃类化合物中引入官能团或杂原子,会引起有机物辐射稳定性的很大变化,如有机卤化物 RX 容易俘获 e_{sol}^-,生成 RX^- 阴离子,后者进一步分解为 $R\cdot$ 与 X^-。

　　根据第 5 章介绍的电子在凝聚相中的 Onsager 方程可得:液态烷烃的介电常数 ε 约为 2,$r_c \approx 30$ nm。大多数电子一般可在 10^{-10} s 内回到与它们成对的正离子处,发生偕离子对复合,生成激发分子。而乙醇的 $\varepsilon = 24.3$,$r_c = 2.3$ nm,即接近于水中的 $r_c = 0.7$ nm($\varepsilon_{\text{水}} = 80.4$),大多数电子有足够的能量离开正离子,成为剩余电子或次级电子。因此,烃类必须考虑激发分子的反应,而水和醇的激发分子 G 值很小或不能检出,应考虑正离子和溶剂化电子的反应。

表 8.2 列出了一些化合物的 Onsager 半径。表 8.3 给出了不同极性的溶剂辐解时,激发态和离子的产额。可见,随着液体的极性增加(如从苯到醇、酚等),激发分子 G 值减少而离子产额增加;极性很强的液体,如水和甲醇,仅观察到离子存在。

表 8.1　不同温度下正辛烷辐解产物分析

产　物	G 值		
	$-50\ ℃$	$0\ ℃$	$50\ ℃$
氢	4.25	4.65	5.45
甲烷	0.02	0.02	0.02
乙烷及乙烯	0.27	0.30	0.39
丙烷	0.35	0.40	0.47
丙烯	0.08	0.07	0.08
丁烷	0.37	0.38	0.41
1-丁烯	0.06	0.04	0.02
2-丁烯	0.01	0.01	0.01
戊烷	0.27	0.31	0.35
1-戊烯	0.06	0.04	0.02
2-戊烯	0.01	—	—
己烷	0.25	0.29	0.34
己烯	0.04	0.04	0.04
庚烷	0.05	0.03	0.06

表 8.2　不同溶剂的 Onsager 半径

液　体	r_c/nm	液　体	r_c/nm
新戊烷	32	四氢呋喃	7.7
四甲基硅烷	31	苄醇	4.4
正己烷	30	正丙醇	2.8
环己烷	28	丙酮	2.8
二噁烷	26	乙醇	2.3
苯	25	苄腈	2.2
四氯化碳	25	甲醇	1.7
甲苯	24	乙腈	1.5
三氯甲烷	12	水	0.7
乙胺	8.1		

表 8.3　有机溶剂辐解生成激发态和离子的产额

溶　剂	介电常数 ε	$G(\text{T})$ [*]	$G(\text{S})$ [*]	$G($离子$)$
苯	2.3	4.2	1.6	0.053~0.081
甲苯	2.4	2.8	1.35	0.093
环己烷	2.0	—	1.5	0.15~0.19
二噁烷	2.2	0	1.4	0.12
苄醇	13.1	1.1	0.7	2.1
丙酮	21.0	1.0	0.34	0.75
乙醇	23.0	<0.1	<0.1	1.7
苄腈	26.0	1.4	0.7	1.4
甲醇	32.6	0	0	2.0
酚	—	0	0	3.0
水	80.4	0	0	3.5

[*] $G(\text{T})$ 和 $G(\text{S})$ 分别表示三重激发态和单重激发态的产额。

（3）辐射分解并非都直接由原初过程引起，次级反应常在有机物的辐解中占有重要地位，如氢原子的抽氢反应显然与有机分子中氢原子的活泼程度有直接关系。例如正己烷具有 8 个二级氢，其 $G(H_2)=5.0$，而 2,2-二甲基丁烷只有 2 个二级氢，其 $G(H_2)=2.0$。

有机化合物的辐解机理可用以下简单方式表达：

$$RH_2 \rightsquigarrow [RH_2^{\neq}, RH_2^*, RH_2^+\cdot, e^-] + e^- \tag{8-1}$$

式中，RH_2 表示有机化合物含有与碳原子相连接的两个氢原子，方括号表示在刺迹中的反应。

$$[\cdot RH_2^+] \longrightarrow [RH^+ + \cdot H] \qquad\qquad 离子解离 \tag{8-2a}$$
$$\longrightarrow [R\cdot^+ + H_2] \qquad\qquad 离子解离 \tag{8-2b}$$
$$[\cdot RH_2^+ + RH_2] \longrightarrow [RH_3^+ + RH\cdot] \qquad\qquad 离子-分子反应 \tag{8-3}$$
$$[\cdot RH_2^+ + e^-] \longrightarrow [RH_2^*] \qquad\qquad 偕离子对重合 \tag{8-4}$$
$$e^- + nRH \longrightarrow e_{sol}^- \qquad\qquad 电子溶剂化 \tag{8-5}$$
$$[RH_2^*] \longrightarrow [RH_2] \qquad\qquad 猝灭 \tag{8-6a}$$
$$\longrightarrow [RH\cdot + \cdot H] \qquad\qquad 解离成自由基 \tag{8-6b}$$
$$\longrightarrow [R + H_2] \qquad\qquad 解离成分子产物 \tag{8-6c}$$
$$[RH\cdot + \cdot H] \longrightarrow [RH_2] \qquad\qquad 笼内自由基重合 \tag{8-7a}$$
$$\longrightarrow RH\cdot + \cdot H \qquad\qquad 从刺迹扩散 \tag{8-7b}$$
$$RH_3^+ + e_{sol}^- \longrightarrow RH_2 + \cdot H \qquad\qquad 中和 \tag{8-8a}$$
$$\longrightarrow RH\cdot + H_2 \qquad\qquad 中和 \tag{8-8b}$$
$$\cdot H + RH_2 \longrightarrow H_2 + RH\cdot \qquad\qquad 抽氢 \tag{8-9}$$
$$2RH\cdot \longrightarrow RH-RH \qquad\qquad 自由基重合 \tag{8-10a}$$
$$\longrightarrow RH_2 + R \qquad\qquad 自由基歧化 \tag{8-10b}$$

研究有机物的辐解机理必须注意区别刺迹中的反应及活性粒种扩散后的均相反应，以及"分子产物"和"自由基产物"，对此常采用清除剂方法进行研究。

辐解产生的杂质如果是不饱和碳氢化合物，则是高效的自由基清除剂。不饱和碳氢化合物积累时，势必影响辐解产物谱，因此常需用外推剂量趋于零的方法求得真实的辐解产物谱。

辐照产生的杂质有时候也起到了电子清除剂的作用，如辐照乙醇时，产生的乙醛能有效地清除溶剂化电子：

$$CH_3CHO + e_{sol}^- \longrightarrow CH_3CHO\cdot \tag{8-11}$$
$$CH_3CHO^- + CH_3CH_2OH_2^+ \longrightarrow CH_3\dot{C}HOH + CH_3CH_2\dot{O}H \tag{8-12}$$

能使 $G(H_2)$ 下降，但 CH_3CHO 的积累不会影响 2,3-丁二醇的 G 值。

如果杂质的电离电位低于溶剂的电离电位，则杂质能作为正离子的清除剂。

$$RH_2^+ + S \longrightarrow RH_2 + S\dot{} \tag{8-13}$$

如果杂质具有比溶剂低的激发态，则杂质可能作为能量接受体。

$$RH_2^* + S \longrightarrow RH_2 + S^* \tag{8-14}$$

由于溶剂的正离子和激发态的分解、猝灭，正负离子对重合等过程的速率较快，因此，作为正离子清除剂或激发能接受体常需积累至较高浓度，才能有清除作用。

从上述讨论可以看出，对有机物辐射化学的研究，必须十分注意溶剂种类、试剂的纯度及自身辐解产物的性质和作用。辐照气氛对有机物辐解过程也有很大影响,即使有微量氧,也会很快与有机自由基反应,生成过氧化合物。

$$R\cdot + O_2 \longrightarrow RO_2\cdot \tag{8-15}$$

有机物的辐解机理是通过分析和对比固、液、气不同相态时的辐解产物谱来进行研究的。如 γ 射线辐照液体磷酸正三丁酯(n-TBP)时,生成二聚体和三聚体。n-TBP 的质谱图表明,二聚物的 m/z 主峰为 533,而非 531,说明形成二聚体时可能发生了 $\diagup$P=O 键的加成反应。

在 77 K 用 γ 射线辐照纯的 3-甲基戊烷玻璃体,根据陷落电子 e_{trap}^- 的特征光吸收求得其产额 $G=0.8$,但在室温下,3-甲基戊烷的自由离子对产额仅为 0.146。根据 Onsager 公式求得低温时的 r_c 大于室温时的 r_c,即电子在低温下从阳离子的电场中逸出较室温下为少,而求得低温时 e_{trap}^- 的产额为 0.8>0.146,表明在 3-甲基戊烷玻璃体中存在陷阱,在阳离子库仑场中,热能化电子陷入基体深阱中,不会立即发生重合反应。

以上例子表明,对比不同相的辐解产物谱,有助于判别辐解机理,使理论分析更趋合理。下面针对重要的有机体系烷烃和芳香烃分别进行讨论。

8.2　烷烃的辐解

8.2.1　烷烃激发分子和偕离子对的研究

有关烷烃的辐解研究早期主要集中在对其稳定产物的研究。表 8.4 列出了典型饱和烃的辐解产物及其产额。由表 8.4 可知,氢气是饱和烃辐解的主要气体产物。叔碳原子的 C—C 键比伯碳原子与仲碳原子的 C—C 键容易断裂,这与键离解能降低的顺序相符(键的离解能大小为:叔碳<仲碳<伯碳)。因此,按照该顺序,饱和烃的氢气产额逐渐减小。对于液体直链饱和烃,碳链长度对其氢气产额影响不大,基本在 4~5 范围内。而甲烷的产额随着碳链长度增加而下降,并趋于稳定。支链烷烃的甲烷产额高于对应的直链烷烃。具有分支结构的烷烃和直链烷烃的辐照稳定性比较列于表 8.5,可见,碳链分支愈多,则烷基自由基数目增加,而 H 原子产额下降。

表 8.4　饱和烃辐解时氢和甲烷的 G 值

饱和烃	结构式	$G(H_2)$	$G(CH_4)$
气相(α 辐照)			
丙烷	$CH_3CH_2CH_3$	8.2	0.37
丁烷	$CH_3(CH_2)_2CH_3$	9.0	1.2
戊烷	$CH_3(CH_2)_3CH_3$	7.3	0.81
己烷	$CH_3(CH_2)_4CH_3$	5.6	0.78
异丁烷	$(CH_3)_2CHCH_3$	7.4	2.7
新戊烷	$(CH_3)_4C$	2.0	2.0
液相(300 kV 质子辐照)			
环己烷	$(CH_2)_6$	5.6	≈0.05
戊烷	$CH_3(CH_2)_3CH_3$	4.2	0.4

续表

饱和烃	结构式	$G(H_2)$	$G(CH_4)$
己烷	$CH_3(CH_2)_4CH_3$	5.0	0.15
庚烷	$CH_3(CH_2)_5CH_3$	4.7	0.09
辛烷	$CH_3(CH_2)_6CH_3$	4.8	0.08
壬烷	$CH_3(CH_2)_7CH_3$	5.0	0.07
癸烷	$CH_3(CH_2)_8CH_3$	5.2	0.06
正十二碳烷	$CH_3(CH_2)_{10}CH_3$	4.9	0.05
正十六碳烷	$CH_3(CH_2)_{14}CH_3$	4.8	0.04
2-甲基戊烷	$(CH_3)_2CHCH_2CH_2CH_3$	4.0	0.5
2,2-二甲基丁烷	$(CH_3)_3CCH_2CH_3$	2.0	1.2

表 8.5　烷烃的 $G(H_2)$ 和 C—H、C—C 键断裂比的关系

烷　烃	$R = \dfrac{G(C-H)}{G(C-C)}$	$G(H_2)$
2,2-二甲基丁烷	0.40	2.0
2,3-二甲基丁烷	0.70	2.9
3-甲基戊烷	1.40	3.4
正己烷	3.30	5.0
环己烷	6.25	5.6
甲基环己烷	3.45	4.8
1,1-二甲基-环己烷	1.33	3.3

　　由于稳定的辐解产物是通过体系产生的瞬态中间产物与活性粒子之间发生反应后形成的,所以为了更好地理解烷烃的辐解过程,后期主要集中在烷烃的激发分子和偕离子对反应的研究方面。目前,烷烃激发分子的产额测定方法有两种:①烷烃受电离辐射照射后,测定其光发射的绝对值,应用紫外光激发的方法求得荧光发射的量子产率,可计算出烷烃激发态的 G 值。表 8.6 列出了几种受辐照烷烃的激发态(荧光发射)产额。②将 RH^* 能量传递给能量接受体,如苯、甲苯、二甲苯等,测量接受体的荧光发射,计算出能量接受体的激发分子数,进而求得 RH^* 激发分子的 G 值。但这一方法常受到一些因素的干扰,如能量接受体 A 也可转移 RH^+ 的正电荷成为 $A^{\cdot +}$,再与 e_{sol}^- 中和发射附加的荧光,体系中的亚激发电子和切伦科夫辐射[①](Cerenkov radiation)也能激发溶质 A 等,因此使用能量接受体 A 时,必须考虑它受激过程的多种可能性,并加以区别。用对二甲苯为能量接受体,测得的环己烷激发分子的 G 值仅为 0.51,而用直接测定的方法求得环己烷激发分子的 G 值为 1.5。应进一步研究这两种方法存在差别的原因。

――――――――――

　　① 切伦科夫辐射:高速带电粒子在非真空的透明介质中穿行,当粒子速度大于光在这种介质中的相速度(即单一频率的光波在介质中的波形扰动的速度)时,就会激发出电磁波,这种现象即切伦科夫辐射。1934 年由切伦科夫 P A 发现,1937 年弗兰克 I M 和塔姆 I E 作了理论说明。切伦科夫辐射同带电粒子加速时的辐射不同,不是单个粒子的辐射效应,而是运动带电粒子与介质内束缚电荷和诱导电流所产生的集体效应。

　　烷烃激发分子的生成途径,目前仍是一个有待解决的问题。Walter 和 Saue 等认为,烷烃受辐照时,直接生成激发分子的产额很少,但对甲基环己烷-N_2O 体系的实验表明,烷烃正离子与 e_{sol}^- 重合对荧光发射的贡献似乎很小。甲基环己烷受辐照时,可发生下列反应:

$$RH^* \longrightarrow RH + h\nu \tag{8-16}$$

$$RH^{\dot{+}} + e_{sol}^- \longrightarrow RH^* \tag{8-17}$$

$$RH^* + N_2O \longrightarrow RH + N_2 + O\cdot \tag{8-18}$$

$$N_2O + e_{sol}^- \longrightarrow N_2 + O^- \tag{8-19}$$

反应(8-16)和(8-18)是一对均匀体系的竞争反应,其猝灭应服从 Stern-Volmer 动力学;而反应(8-17)和(8-19)为非均匀反应动力学,不能简单地服从 Stern-Volmer 动力学。但实际作图表明,随 N_2O 浓度的增加,220 nm 相对荧光强度 I_0/I 亦线性增加,即简单地服从 Stern-Volmer 动力学。因此,烷烃正离子与 e_{sol}^- 重合对荧光发射的贡献很小。

表 8.6　受辐照的液态烷烃激发分子(荧光发射)的 G 值

烷　烃	G 值	烷　烃	G 值
丙烷	1.8 ± 0.5	环辛烷	$2.20 \pm 0.50, 1.46 \pm 0.30$
正丁烷	1.9 ± 0.7	正十二碳烷	$3.3 \sim 3.9$
正戊烷	1.7 ± 0.6	正十六碳烷	$3.3 \sim 3.9$
正己烷	$1.6 \pm 0.5, 1.4 \pm 0.3$	环戊烷	1.8 ± 0.5
正庚烷	$1.5 \pm 0.5, 1.1 \pm 0.3$	环庚烷	1.6 ± 0.6
正辛烷	1.5 ± 0.6	环癸烷	2.3 ± 0.5
环己烷	$1.5 \pm 0.4, 0.51 \pm 0.15$	顺-十氢化萘	3.4
甲基环己烷	$1.9 \sim 2.2, 0.95 \pm 0.20$	二环己烷	3.5

　　WAS 方程:是描述烷烃偕离子 G_{gi} 值、自由离子 G_{fi} 值与电荷清除剂产物 $G(P)_s$ 之间关系的方程。

　　可用电子清除剂或正离子清除剂 S 捕捉烷烃偕离子对的电子或离子 $\cdot RH_2^+$。捕捉后,导致:① 正负离子对重合引起分解的产物减少;② 产生 S^- 或 S^+ 的分解产物,其产额以 $G(P)_s$ 表示。为了寻求 G_{gi}、G_{fi} 和 $G(P)_s$ 之间的关系式,应注意此反应在刺迹内产生,属于非均相动力学。

　　大量的实验表明,在低浓度条件下,偕离子对中的电子或正电荷被清除时,清除剂所生成的产物 $G(P)_s$ 与清除剂浓度的平方根成正比。对于电荷转移反应,Hummel 曾给出理论处理表达式,即 **Hummel 方程**:

$$G(P)_s = G_{fi} + K(k_s[S])^{1/2} \tag{8-20}$$

式中,K 是与离子的几何参数及扩散系数有关的常数,k_s 是离子与清除剂反应的速率常数,$[S]$ 为清除剂的浓度。Hummel 方程在清除剂浓度较高的条件下不适用,且表达式中有参数 K,不便于使用。Warman J M、Asmus K D 和 Schuler R H 根据他们对环己烷中以 CH_3Br、C_2H_5Br 和 CH_3Cl 作电子清除剂的研究结果,在 Hummel 方程基础上提出了适用于电荷转移反应的经验方程,即 **WAS 方程**:

$$G(P)_s = \left[G_{fi} + G_{gi} \frac{\sqrt{\alpha_s [S]}}{1 + \sqrt{\alpha_s [S]}} \right] \beta \qquad (8\text{-}21)$$

式中，β 为清除剂捕捉电子或正电荷后，生成产物 P 的效率，很多清除剂其 β 等于 1 或接近于 1；α_s 是与清除剂和偕离子对反应能力有关的参数，不同清除剂的 α_s 不同。

显然，如果加入清除剂后，由于正负离子对重合减少而导致某辐解产物减少为 $\Delta G(P_1)$，则

$$\Delta G(P_1) = \left[G_{fi} + G_{gi} \frac{\sqrt{\alpha_s [S]}}{1 + \sqrt{\alpha_s [S]}} \right] \beta \qquad (8\text{-}22)$$

如正负离子重合通过若干途径分解成各种产物，亦即

$$PH^{\cdot +} + e^-_{sol} \begin{cases} \xrightarrow{k_1} P_1 \\ \xrightarrow{k_2} P_2 \\ \xrightarrow{k_3} P_3 \end{cases} \qquad (8\text{-}23)$$

则(8-22)式中的 $\beta = k_1/(k_1 + k_2 + k_3)$，表示重合产物分解成 P_1 的百分数。

当 $\beta = 1$ 时，WAS 方程亦可写成如下形式：

$$\frac{1}{G(P) - G_{fi}} = \frac{1}{G_{gi}} + \frac{1}{G_{gi} \alpha_s^{1/2}} \cdot \frac{1}{[S]^{1/2}} \qquad (8\text{-}24)$$

将 $\dfrac{1}{G(P) - G_{fi}}$ 对 $\dfrac{1}{[S]^{1/2}}$ 作图得一直线，其截距为 $1/G_{gi}$，斜率为 $1/(G_{gi} \alpha_s^{1/2})$，由此可求出 α_s 和 G_{gi}。对高效电子清除剂，$\alpha_s \geqslant 10$ L·mol^{-1}；正电荷清除剂，α_s 常小于 10 L·mol^{-1}（表 8.7）。

G_{fi} 可由实验测定，如用测电导的方法或其他方法；也可在低浓度清除剂条件下测 $G(P)_s$，然后求出 G_{fi}。一些液体烷烃的 G_{fi} 列于表 8.8。可见甲烷的 G_{fi} 最高，饱和烷烃链长在正己烷至正癸烷范围内，G_{fi} 变化不大。烷烃支化后，G_{fi} 增加。

当 [S] 很低且 $\beta = 1$ 时，方程(8-21)可近似简化为

$$G(P)_s = G_{fi} + G_{gi} \sqrt{\alpha_s [S]} \qquad (8\text{-}25)$$

将 $G(P)_s$ 对 $[S]^{1/2}$ 作图，其截距为 G_{fi}，斜率为 $G_{gi} \sqrt{\alpha_s}$。上式和 Hummel 方程具有相同的形式，且 $G_{gi} \sqrt{\alpha_s} = K \sqrt{k_s}$，所以 WAS 方程包含 Hummel 方程。必须指出，将(8-25)式外推时，[S] 只能接近于零而不能等于零。如等于零，(8-25)式变得毫无物理意义。[S] 接近于零，即浓度十分低时，清除剂 S 只清除自由离子。

G_{fi} 和 G_{gi} 之和在大多数情况下等于总离子产额，从气相的平均电离功 W 计算出 $G \approx 4.4$。

WAS 方程为经验方程，并不是经过动力学上的严格推导得出的关系式，但实验表明，WAS 方程确实能很好地与电荷转移反应的实验结果相吻合，并且能把电荷转移反应过程中扩散到刺迹外的自由离子和刺迹内的偕离子反应区分开。其次，WAS 方程有比较宽的浓度适用范围，如对 CH_3Br/环己烷体系能在 $10^{-4} \sim 0.5$ mol·L^{-1} 范围内很好地吻合。

需要指出的是，在实验中选择清除剂时，必须考虑能排除清除剂的副效应，或考虑清除剂多种效应中的几种效应相区分，才能得到合理的结果。例如，在环己烷体系使用 CH_3Br 俘获 e^- 时，发生了下列反应：

$$CH_3Br + e^- \longrightarrow CH_3 \cdot + Br^- \qquad (8\text{-}26)$$

表 8.7　若干电子及正离子清除剂在环己烷体系中的 α_s 值

电子清除剂	$\alpha_s/(L \cdot mol^{-1})$	正离子清除剂	$\alpha_s/(L \cdot mol^{-1})$
CH_3Cl	5.0~5.4	$c\text{-}C_3H_6$	0.4
CH_3Br	16	C_6H_6	1.2
CH_3I	22	ND_3	0.85
C_2H_5Br	7.8,10,16		
N_2O	8,10,16		
SF_6	16~18		
CCl_4	12		
$(C_6H_5)_2$	15		
$c\text{-}C_4F_8$	14		
$c\text{-}C_6F_{12}$	21,30		
CO_2	8,13		
C_6H_5Cl	9		
$C_6H_5CH_2Cl$	8		
C_6H_5Br	10		
邻碳硼烷	33		
1-乙基碳硼烷	11		

表 8.8　液体烷烃的自由基离子产额 G_{fi}

烷　烃	G_{fi}	烷　烃	G_{fi}
甲烷	1.130	癸烷	0.117
乙烷	0.158	环丙烷	0.049
丙烷	0.166	环戊烷	0.155
丁烷	0.193	环己烷	0.148
正戊烷	0.170	2-甲基戊烷	0.148
正己烷	0.120	2,3-二甲基丁烷	0.192
正庚烷	0.131	2,3,4-三甲基戊烷	0.174
正辛烷	0.124	甲基环己烷	0.122
正壬烷	0.117	新戊烷	0.860

加入 $^{131}I_2$ 可以测定 $CH_3\cdot$ 值：

$$CH_3\cdot + {}^{131}I_2 \longrightarrow CH_3{}^{131}I + I\cdot \tag{8-27}$$

$CH_3{}^{131}I$ 可用气相色谱法分离。曾有人怀疑部分 $CH_3\cdot$ 是否亦能从以下反应中得到：

$$\cdot H + CH_3Br \longrightarrow CH_3\cdot + HBr \tag{8-28}$$

为了排除这种看法,往体系中加入能俘获 $\cdot H$ 的 C_2H_4。实验表明,C_2H_4 的加入并不影响 $CH_3\cdot$ 的 G 值。在本体系中,辐照产生的 H 原子可能全部与 $c\text{-}C_6H_{12}$ 反应：

$$\cdot H + c\text{-}C_6H_{12} \longrightarrow H_2 + c\text{-}C_6H_{11}\cdot \tag{8-29}$$

因此 $CH_3\cdot$ 是 CH_3Br 俘获电子的产物是可信的。

又如 γ 射线辐解环己烷时,$c\text{-}C_6H_{12}{}^+$ 与 e^- 的重合和 $c\text{-}C_6H_{12}^*\cdot$ 的分解都能产生 H_2。将 n-TBP 加入 $c\text{-}C_6H_{12}$ 中,抑制了 $c\text{-}C_6H_{12}$ 的辐解,使 $G(H_2)$ 下降。现已证明,$G(H_2)$ 的下降由以下两种过程所致：

$$c\text{-}C_6H_{12}^+ + TBP^- \longrightarrow c\text{-}C_6H_{11}\cdot + TBPH\cdot \tag{8-30}$$

$$C_6H_{12}^* + TBP \longrightarrow c\text{-}C_6H_{12} + TBP^* \tag{8-31}$$

因此,在下降的 $G(H_2)$ 值中,必须扣除因激发能转移而产生 H_2 所下降的 G 值,所得到的 $\Delta G(H_2)$ 才能用于 WAS 方程的计算。

在 WAS 方程中,高效电子清除剂在非极性溶剂中的 α_s 值较大。这是因为在非极性溶剂中,e^- 与清除剂的反应速率常数很大,比在水中要大得多,高达 $10^{12} \sim 10^{14}$ L·mol^{-1}·s^{-1}。电子在非极性烷烃中的淌度[①]很大(表 8.9),也是它们在非极性烷烃中具有高反应速率常数的部分原因。

表 8.9　电子在饱和烃中的淌度

液　体	淌度/(cm^2·V^{-1}·s^{-1})	液　体	淌度/(cm^2·V^{-1}·s^{-1})
新戊烷	55	环己烷	0.35
四甲基硅烷	90	正己烷	0.09
2,2,4-三甲基戊烷	7	环戊烷	1.1
2,2-二甲基丁烷	10	正戊烷	0.16
正丁烷	0.4		

当反应为扩散控制时,可得

$$k_D = 4\pi RD \tag{8-32}$$

式中,k_D 为扩散控制常数(L·mol^{-1}·s^{-1}),R 为分子的反应半径(nm),D 为扩散系数(m^2·s^{-1})。

按爱因斯坦关系式:

$$D = \frac{\mu k T}{e} \tag{8-33}$$

式中,μ 为淌度(cm^2·V^{-1}·s^{-1});k 为玻尔兹曼常数(1.38×10^{-23} J·K^{-1});T 为热力学温度(K),如取室温 20 ℃,$T = 293$ K;$e = 1.6 \times 10^{-19}$ C(库仑)。将(8-32)与(8-33)式合并,可得

$$k_D = 4\pi R\mu kT/e \tag{8-34}$$

将上述值代入,可得

$$k_D = 1.9 \times 10^{13} \mu R \quad (\text{L·mol}^{-1}\cdot\text{s}^{-1}) \tag{8-35}$$

得出上式时,量纲运算已包括在内,因此在(8-35)式中,μ 仅为以 cm^2·V^{-1}·s^{-1} 为单位的淌度数值,R 是以 nm 为单位的反应半径数值。

【例 8.1】　已知 $\mu_1 = 0.1$ cm^2·V^{-1}·s^{-1},$\mu_2 = 50$ cm^2·V^{-1}·s^{-1},$R = 0.5$ nm,计算分别对应的 k_D 值。

解　按(8-35)式,则

$k_{D1} = 1.9 \times 10^{13} \mu R = (1.9 \times 10^{13} \times 0.1 \times 0.5)$ L·mol^{-1}·s$^{-1} \approx 10^{12}$ L·mol^{-1}·s^{-1}

则同理可以得到 $k_{D2} = 4.8 \times 10^{14}$ L·mol^{-1}·s^{-1}。

由结果可知,相同的分子反应半径下,淌度越大,扩散控制反应速率常数越大。

---

① 淌度:单位场强下的迁移速率。

由上面的讨论可知,虽然人们对烷烃的激发分子和偕离子对有了一定的认识,但仍然还有很多问题没有解决。例如,烷烃辐解化学原初过程中产生的电子、正离子、激发态分子之间的相互关系如何,氢原子、自由基、阳离子、电子的辐射化学产额分别为多少等等。由于烷烃的原初辐解过程的时标很短,如果直接测定这些原初产物的产额就需要皮秒级,或者耗时更短的脉冲辐解装置。相关脉冲辐解研究在第 6 章也有介绍。或者可以结合清除剂的方法,通过对终产物的分析来对原初产物产额进行测定,但是难点在于,适合有机体系的清除剂种类没有水体系的多,通常不容易找到合适的清除剂。

由于烷烃体系的辐解比较复杂,下面主要介绍几种典型的烷烃化合物:正己烷和环己烷。

8.2.2　正己烷的辐解

表 8.10 表明,正己烷辐解不同剂量时,测得的终产物不同,低剂量时主要为小分子产物,氢气产额最高,$G(H_2)=5.01$,而高剂量时,长链烷烃产物增多。此外,正己烷尾端的 C—C 断裂概率较小,$\sum G(烯烃)\approx 3.7$,由自由基重合反应生成的 $G(总十二碳烷)=1.29$。

表 8.10　液体正己烷的辐解产物及其产额(^{60}Co γ 射线辐照)

剂量 9.37×10^3 Gy		剂量 1.28×10^5 Gy	
产　物	G 值	产　物	G 值
氢	5.01	正庚烷	0.02
甲烷	0.18	3-乙基己烷＋3-甲基庚烷	0.13
乙烷	0.42	正辛烷	0.03
乙烯	0.25	4-乙基庚烷＋4-甲基辛烷	0.10
丙烷	0.41	正壬烷	0.02
丙烯	0.19	4,5-二乙基辛烷	0.22
正丁烷	0.35	4-乙基辛烷＋5-甲基壬烷	0.09
1-丁烯	0.14	正癸烷	0.02
反式-2-丁烯	0.01	4-乙基-5-甲基壬烷	0.51
正戊烷	0.10	5,6-二甲基癸烷	0.31
1-戊烯	0.04	4-乙基癸烷	0.10
反式-2-戊烯	0.02	5-甲基十一碳烷	0.13
1-己烯	0.86	正十二烷	0.02
反式-3-己烯	0.42	总十二碳烷	1.29
反式-2-己烯	1.23		
顺式-3-己烯	1.23		
顺式-2-己烯	1.55		

根据对正己烷辐解产物谱及其活性中间体的研究,Shinsaka 提出了如下可能的辐解机理:

$$n\text{-}C_6H_{14}\begin{cases}\rightsquigarrow n\text{-}C_6H_{14}^+\cdot + e^- & (8\text{-}36a)\\ \rightsquigarrow n\text{-}C_6H_{14}^* & (8\text{-}36b)\end{cases}$$

$$n\text{-}C_6H_{14}^+\cdot + e^-\begin{cases}\longrightarrow C_6H_{13}\cdot + \cdot H & (8\text{-}37a)\\ \longrightarrow C_6H_{12} + H_2 & (8\text{-}37b)\\ \longrightarrow R_1H\cdot + R_2H\cdot & (8\text{-}37c)\end{cases}$$

$$n\text{-}C_6H_{14}^* \begin{cases} \longrightarrow C_6H_{13}\cdot + \cdot H & (8\text{-}38a) \\ \longrightarrow C_6H_{12} + H_2 & (8\text{-}38b) \\ \longrightarrow R_1H\cdot + R_2H\cdot & (8\text{-}38c) \end{cases}$$

$$\cdot H + n\text{-}C_6H_{14} \longrightarrow H_2 + C_6H_{13}\cdot \qquad (8\text{-}39)$$

$$R_1H\cdot + R_2H\cdot \begin{cases} \longrightarrow R_1H_2 + R_2 & (8\text{-}40a) \\ \longrightarrow R_1 + R_2H_2 & (8\text{-}40b) \\ \longrightarrow R_1H\text{—}R_2H & (8\text{-}40c) \end{cases}$$

$$R_1H\cdot + C_6H_{13}\cdot \begin{cases} \longrightarrow R_1H_2 + C_6H_{12} & (8\text{-}41a) \\ \longrightarrow R_1 + n\text{-}C_6H_{14} & (8\text{-}41b) \\ \longrightarrow R_1H\text{—}C_6H_{13} & (8\text{-}41c) \end{cases}$$

$$C_6H_{13}\cdot + C_6H_{13}\cdot \begin{cases} \longrightarrow C_6H_{12} + n\text{-}C_6H_{14} & (8\text{-}42a) \\ \longrightarrow C_{12}H_{26} & (8\text{-}42b) \end{cases}$$

$$n\text{-}C_6H_{14} \rightsquigarrow C_6H_{13}^+ + \cdot H + e^- \qquad (8\text{-}43)$$

上述 $R_1H\cdot$ 及 $R_2H\cdot$ 代表烷基自由基。正己烷辐照过程中通过加入不同的清除剂测得的各种自由基 G 值列于表 8.11，进一步验证了产物分布谱和上述机理的合理性。

表 8.11　液体正己烷辐照产生的自由基产物及其产额($^{60}Co\ \gamma$ 射线辐照)

G值　　添加物　　产物	8 mmol·L⁻¹ I₂	0.1 μmol·L⁻¹ ¹⁴C₂H₄	10 mmol·L⁻¹ I₂
甲基	0.08	0.06	0.08
乙基	0.27	0.33	0.32
1-丙基	0.25	0.32	0.34
2-丙基	0.04		0.03
1-丁基	0.23	0.28	0.28
2-丁基	0.05		0.04
1-戊基	0.03	0.06	0.03
1-己基	0.5	0.99	0.64
2-和 3-己基	2.3	3.58	2.44
总和	3.8	5.6	4.20

8.2.3　环己烷的辐解

环己烷的辐射分解研究甚多,在环己烷中每一碳原子的成键情况是一样的,因此它被选为模型化合物。环己烷辐解的主要途径如图 8.1 所示。

环己烷的 γ 射线辐解产物谱列于表 8.12。由于辐解过程积累不饱和烃,影响产物分布,因此采用外推剂量 $D\to 0$ 求 G 值的方法,所获数据较为正确。为求其辐解机理,可分析在不同条件下环己烷的 γ 射线辐解产物谱。对比表 8.12 中数据可以看出:

(1) 气相中无笼效应,C—C 键断裂比液态辐照时多。液相中发生碰撞去活化和笼效应,导致产物种类简化。

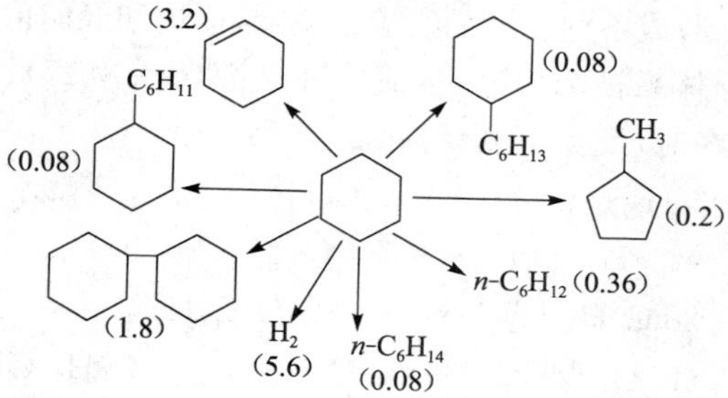

图 8.1 中环己烷辐解的主要途径示意图：

环己烯 (3.2)
C$_6$H$_{11}$ (0.08)
(0.08)
C$_6$H$_{13}$
CH$_3$ (0.2)
n-C$_6$H$_{12}$ (0.36)
(1.8)
H$_2$ (5.6)
n-C$_6$H$_{14}$ (0.08)

图 8.1　环己烷辐解的主要途径

（括号中的数字是液体环己烷 γ 射线辐解产物的 G 值）

表 8.12　环己烷的 γ 射线辐解产物谱

产　物	初始 G 值		
	气　态	液　态	液态＋O$_2$(10 mmol·L^{-1})
氢	4.7	5.6	
环己烯	1.0	3.2	1.49
二环己烷	0.8	1.8	0.29
1-己烯		0.36	0.256
2-己烯和 3-己烯		0.02	
甲基环戊烷	0.1	0.2	0.03
正己烷		0.08	0.029
乙基环己烷	0.3		0.01
正己基环己烷		0.08	
6-环己基-1-己烯		0.03	0.03
CH$_4$	0.36	0.01	0.009
C$_2$H$_2$	0.35	0.025	0.0155
C$_2$H$_4$	1.7	0.1	0.13
C$_2$H$_6$	1.4	0.015	0.0022
C$_3$H$_6$	0.55	0.025	0.038
C$_3$H$_8$	0.44	0.011	0.0018
环丙烷		0.006	0.0042
正丁烷		0.008	0.005
1-丁烯	0.6	0.025	0.0035
2-丁烯		0.025	0.031
1,3-丁二烯		0.004	0.031
环己醇			3.17
环己酮			2.63
过氧化物			0.61

（2）在液相中，主要产物的原初产额应有以下物料平衡：

$$G(H_2) = G(c\text{-}C_6H_{10}) + G((c\text{-}C_6H_{11})_2) \tag{8-44}$$

由于正己烯和甲基环戊烷的分子式与环己烷一样，所以不需列入上述反应。$G(H_2)=5.6\pm0.1$，$G(c\text{-}C_6H_{10})+G((c\text{-}C_6H_{11})_2)=(3.2\pm0.2)+(1.8\pm0.05)=5.0\pm0.3$，$\Delta G(H_2)=0.6\pm0.3$，差额是明显的。求出所有碳氢化合物 C 和 H 各个原子数之和进行计算，仍存在明显差额。其原因可

能是还有不饱和烃尚未找到；或不饱和烃的实验值偏低，而饱和烃的值偏高。

（3）液态环己烷＋O_2 体系被辐照时，生成了环己醇（$G=3.17$）、环己酮（$G=2.63$）和过氧化物（$G=0.61$）。有氧存在时，发生下列反应：

$$c\text{-}C_6H_{11}\cdot \; + \; O_2 \longrightarrow c\text{-}C_6H_{11}O_2\cdot \tag{8-45}$$

$$\cdot H + O_2 \longrightarrow HO_2\cdot \tag{8-46}$$

$$2c\text{-}C_6H_{11}O_2\cdot \longrightarrow C_6H_{11}O_4C_6H_{11} \tag{8-47}$$

$$C_6H_{11}O_4C_6H_{11} \longrightarrow c\text{-}C_6H_{10}O + c\text{-}C_6H_{11}OH + O_2 \tag{8-48}$$

$$c\text{-}C_6H_{11}O_2\cdot + HO_2\cdot \longrightarrow c\text{-}C_6H_{11}OOH + O_2 \tag{8-49a}$$

$$\longrightarrow c\text{-}C_6H_{11}O_4H \tag{8-49b}$$

$$c\text{-}C_6H_{11}O_4H \longrightarrow c\text{-}C_6H_{10}O + O_2 + H_2O \tag{8-50a}$$

$$\longrightarrow c\text{-}C_6H_{11}O\cdot + \cdot OH + O_2 \tag{8-50b}$$

有氧时，环己烯的 $G\approx1.5$，$(c\text{-}C_6H_{11})_2$ 的 $G\approx0.29$，这些产物可能在刺迹中生成，或由激发分子分解生成：

$$c\text{-}C_6H_{12}^* \longrightarrow c\text{-}C_6H_{10} + H_2 \tag{8-51}$$

考虑到无氧时，$G(c\text{-}C_6H_{10})=3.2$，$G((c\text{-}C_6H_{11})_2)=1.9$，因此可能有 $G=3.2-1.5=1.7$ 的 $c\text{-}C_6H_{10}$ 和 $G=1.9-0.3=1.6$ 的 $(c\text{-}C_6H_{11})_2$ 通过自由基途径生成，即

歧化反应：
$$2c\text{-}C_6H_{11}\cdot \xrightarrow{k_d} c\text{-}C_6H_{10} + C_6H_{12} \tag{8-52}$$

重合反应：
$$2c\text{-}C_6H_{11}\cdot \xrightarrow{k_c} (c\text{-}C_6H_{11})_2 \tag{8-53}$$

$k_d/k_c=1.7/1.6=1.06$，与其他方法估计的结果相一致。Fieeman 在室温下求出环己基歧化反应和二聚反应的速率常数比值为 1.1。

用正丙基二硫化物、苯醌等自由基清除剂与氧作自由基清除剂所得结果相同。加入上述自由基清除剂时，$G(c\text{-}C_6H_{10})=1.3\sim1.8$，$G((c\text{-}C_6H_{11})_2)=0.2\sim0.4$。

为了进一步探索环己烷辐解机理，尚须得到活性中间体的若干重要信息，即①G_{fi} 和 G_{gi}；②H 原子和 $C_6H_{11}\cdot$ 的 G 值；③激发分子的 G 值和分解规律。

环己烷的 $G_{fi}=0.148$（表 8.8），G_{gi} 取文献的平均值 4.0 较为合理，约占总离子产额的 97％。

根据上述有氧及无氧体系中环己烯及二环己烷 G 值变化可估算出 $c\text{-}C_6H_{11}\cdot$ 的自由基产额$=2\times(1.6+1.7)=6.6$。Bansal 用 0.1 mmol·L^{-1} I_2 作自由基清除剂，求出的 $G(c\text{-}C_6H_{11}\cdot)=5.7$。Ebert 等用脉冲辐解来研究 $c\text{-}C_6H_{11}\cdot$ 自由基的反应，估计 $G>6$。这些结果都较为接近。

北京大学吴季兰等人选择了具有多种效应的化学探针 4-甲基-4-苯基-2-戊酮（MPP），求得了环己烷 γ 射线辐照时激发分子和氢原子的 G 值分别为 1.5 ± 0.2 和 1.5。MPP 激发态按 Norrish Ⅱ 型[①]分解出 α-甲基苯乙烯（α-MS）的量子产率为 0.02。由于低量子产率，选择合适的吸收剂量，α-甲基苯乙烯的积累浓度将很低，不会引起次级反应，而且 MPP 又是高效的 H 原子清除剂。推测环己烷在 MPP 存在下可能发生的辐射化学反应过程如下：

---

① Norrish 反应：又称罗氏反应，以化学家 Ronald George Wreyford Norrish 的名字命名，是醛、酮发生的一类光化学反应。分为 Norrish Ⅰ 型裂解与 Norrish Ⅱ 型裂解两种类型。Norrish Ⅰ 型裂解：羰基化合物光解，进行 α-裂解，形成酰基自由基和烃基自由基。Norrish Ⅱ 型裂解：有 γ-氢的羰基化合物光解，γ-氢分子内转移到氧上形成 1,4-双自由基，并接着裂解为链烯和链醇或者环闭合生成环丁醇。此反应可产生于激发单重态和三重态。

$$c\text{-}C_6H_{12} \rightsquigarrow c\text{-}C_6H_{12}^{*1}, c\text{-}C_6H_{12}^{+}, e \qquad (8\text{-}54)$$

$$G_1 \begin{cases} c\text{-}C_6H_{12}^{*1} \xrightarrow{k_{55a}} H_2 + c\text{-}C_6H_{10} & (8\text{-}55a) \\ c\text{-}C_6H_{12}^{+}\cdot + e^{-} \xrightarrow{k_{55b}} H_2 + c\text{-}C_6H_{10} & (8\text{-}55b) \end{cases}$$

$$G_2 \begin{cases} c\text{-}C_6H_{12}^{*1} \xrightarrow{k_{56a}} \cdot H + c\text{-}C_6H_{11}\cdot & (8\text{-}56a) \\ c\text{-}C_6H_{12}^{+} + e^{-} \xrightarrow{k_{56b}} \cdot H + c\text{-}C_6H_{11}\cdot & (8\text{-}56b) \end{cases}$$

$$\cdot H + c\text{-}C_6H_{12} \xrightarrow{k_{57}} H_2 + c\text{-}C_6H_{11}\cdot \qquad (8\text{-}57)$$

$$2c\text{-}C_6H_{11}\cdot \xrightarrow{k_{58}} c\text{-}C_6H_{10} + c\text{-}C_6H_{12} \text{ 或} (c\text{-}C_6H_{11})_2 \qquad (8\text{-}58)$$

$$c\text{-}C_6H_{12}^{*1} + MPP \xrightarrow{k_{59}} c\text{-}C_6H_{12} + MPP^{*1} \qquad (8\text{-}59)$$

$$MPP^{*1} \xrightarrow{k_{60}} \alpha\text{-}MS + CH_3COCH_3 \qquad (8\text{-}60)$$

$$\cdot H + MPP \xrightarrow{k_{61}} MPPH\cdot \qquad (8\text{-}61)$$

$$c\text{-}C_6H_{11}\cdot + MPPH\cdot \xrightarrow{k_{62}} c\text{-}C_6H_{12} + MPP \qquad (8\text{-}62)$$

当$[MPP]=0$，$G_1(H_2)+G_2(H_2)=5.5$，$G_2(H_2)$为热能化 H 原子产生的 H_2 分子 G 值，$G_1(H_2)$为原初过程产生的 H_2 分子 G 值。

(8-59)过程为激发能传递过程，该体系中产生 MPP^* 的 G 值（G_{MPP^*}）与环己烷单重激发态产额 G_{S1} 的关系为

$$\frac{1}{G_{MPP^*}} = \frac{1}{G_{S1}}\left(1 + \frac{k_{55a} + k_{56a}}{k_{59}}\frac{1}{[MPP]}\right) \qquad (8\text{-}63)$$

将 $1/G_{MPP^*}$ 对 $1/[MPP]$ 作图，根据线性关系中的截距和斜率可求出环己烷单重态 G 值，即 $G_{S1}=1.5$ 及 $k_{59}=4.1\times10^{10}$ L·mol^{-1}·s^{-1}。

(8-61)过程为 MPP 清除 H 原子的反应，与(8-57)是竞争反应，因此存在

$$\frac{1}{\Delta G_{H_2}} = \frac{1}{G_H}\left(1 + \frac{k_{57}[c\text{-}C_6H_{12}]}{k_{61}[MPP]}\right) \qquad (8\text{-}64)$$

求出反应(8-56)的 $G_H=1.5$，$k_{61}=2.5\times10^9$ L·mol^{-1}·s^{-1}。用 MPP 浓度求出环己烷激发分子的 G 值和 H 原子的 G 值与其他文献值一致。

用光化学方法研究了环己烷激发分子分解规律，Wojnarovits 的研究结果表明：

$$c\text{-}C_6H_{12}^{*} \longrightarrow H_2 + c\text{-}C_6H_{10} \qquad (8\text{-}65)$$

反应(8-65)的量子产率为 0.85。

$$c\text{-}C_6H_{12}^{*} \longrightarrow \cdot H + c\text{-}C_6H_{11}\cdot \qquad (8\text{-}66)$$

反应(8-66)的量子产率为 0.14。

根据以上结果，可计算出环己烷辐射分解时产生 H_2 分子各途径的权重（表 8.13）。$G(H_2)=5.5$，$G_{S1}=1.5$，$G_H=1.5$。Wojnarovits 测出的环己烷激发分子分解成 H_2 的量子效率为 0.85，而分解成 H 原子的效率为 0.14。按照这个比率可计算出环己烷激发分子按 H_2 分子分解的 G 值为 1.3，按 H 原子分解的 G 值为 0.2。既然环己烷激发分子对 H 原子的贡献只有 $G=0.2$，而测得 $G_{\cdot H}=1.5$，则 H 原子的其他部分 $G_{\cdot H}=1.3$ 应来自于环己烷偕离子对的重合反应。因此，通过偕离子对重合得到的氢气产额为 4.0，而通过环己烷激发分子得到的氢气

产额为 1.5。

表 8.13 环己烷辐解时产生 H₂ 的机理

来　源	H₂ 分子过程的 G 值	H 原子过程的 G 值	H₂ 的 G 值总和
离子态	2.7	1.3	4.0
激发态	1.3	0.2	1.5
总计	4.0	1.5	5.5

得到产生 H₂ 分子各途径的权重后,进一步可求得环己烷主要辐解过程,结果如下:

		H_2	$c\text{-}C_6H_{10}$	$(c\text{-}C_6H_{11})_2$
$G=1.5$, $c\text{-}C_6H_{12}^{1} \longrightarrow$	$\begin{cases} H_2 + c\text{-}C_6H_{10} \\ \cdot H + c\text{-}C_6H_{11}\cdot \end{cases}$	1.3 / 0.2	1.3 / 0.105	0 / 0.095
$G=1.3$, $c\text{-}C_6H_{12}^{+} + e^- \longrightarrow \cdot H + c\text{-}C_6H_{11}\cdot$		1.3	0.68	0.62
$G=2.7$, $c\text{-}C_6H_{12}^{+} + e^- \longrightarrow H_2 + c\text{-}C_6H_{10}$		2.7	1.4	1.28
$\longrightarrow \frac{1}{2}H_2 + \frac{1}{2}(c\text{-}C_6H_{11})_2$				
计算值		5.5	3.49	2.0
实验值		5.5	3.2	1.9
			+0.29	+0.1

$\sum G(c\text{-}C_6H_{10}) + \sum G((c\text{-}C_6H_{11})_2)$ 计算值较实验值偏高 $0.4G$ 单位,这是因为正负离子重合时约有 $0.4G$ 单位生成己烯等其他产物。如 1-己烯的 G 值($G=0.26$)不受 MPP 浓度的影响,说明它可能来自于环己烷超激发态的直接分解。

8.3 芳香烃的辐解

凝聚态芳香族化合物对辐射相当稳定,其原因是:苯具有共轭 π 键结构,它的电子是非定域的,辐射时苯分子吸收的能量虽然足以使键断裂,但是由于能量很快在整个分子重新分布,把能量集中于某一键的概率相对是很低的。此外,6 个 π 电子共轭,使发射光的效率增高,或使碰撞诱导衰减过程的效率增高。如在液相,芳香族分子 π 电子的高激发三重态会内转换至最低激发三重态,或者是高激发单重态通过内转换及系间窜跃至低激发三重态。这样,芳香族分子接受能量后所形成的激发态大部分将回到低三重激发态,后者的分解率很低。表 8.14 列出几种典型芳香烃的辐解产物及其产额。由表 8.14 可知,芳香烃的辐射稳定性与其存在状态和射线类型密切相关。气相辐照时,其稳定性相当低,苯蒸气辐解 $G(-C_6H_6)=4\sim6$,与环己烷气相辐解 $G\approx5.7$ 大致相当。表明,芳香烃被辐照时,分子稳定过程只在活性分子周围有其他分子时才有效。联苯的终产物产额最小,耐辐照性最高。因此,联苯和多核芳烃常用做反应堆的慢化剂和导热剂。

表 8.15 为苯的辐解产物谱。可见苯的主要 γ 射线辐解产物是聚合物,其次是联苯和苯基-2,5-环己二烯、氢气等。

表 8.14　芳香烃的辐解产物及其产额

化合物 M	相 态	辐射类型	产物 G 值					
			H_2	CH_4	C_2H_2	C_2H_4	C_2H_6	$-M$
苯	气	α	0.30	0.01	0.42	0.02	0.006	4.8
		γ	0.011	0.011	0.11	0.05	0	
	液	$^{10}B(n,\alpha)^7Li$	0.57		0.26			2.1
		γ	0.039	0.019				0.94
甲苯	液	α	0.58					1.8
		γ	0.11	0.008	0.002	0.002	0.002	1.1
对二甲苯	液	γ	0.21	0.014	0.003	0.0002	0.0001	1.1
乙基苯	液	γ	0.16	0.026	0.002	0.007	0.006	1.57
异丙基苯	液	γ	0.18	0.09	0.004	0.002	0.004	1.8
联苯	液	γ	0.0067	0	0.0003		0	≈0.007

表 8.15　苯的 γ 射线辐解产物及其产额

产　物	初始 G 值	产　物	初始 G 值
氢	0.039	苯基-1,4-环己二烯	0.021
乙炔	0.020	苯基-2,5-环己二烯	0.045
乙烯	0.022	联苯	0.065
1,3-环己二烯	0.008	含 6 个碳原子基团的聚合物	0.8
1,4-环己二烯	0.021		

液体苯在 γ 射线辐照过程中产生的自由离子产额 $G_{fi}=0.053$，小于烷烃的 G_{fi}。芳香烃偕离子对中的 e^- 也不容易被 N_2O 俘获，按反应 $N_2O + e^- \longrightarrow N_2 + O^-$ 释放出 N_2。如辐照 N_2O-环己烷体系，$[N_2O]=1×10^{-1}$ mol·L^{-1}，$G(N_2)=3.75$；$[N_2O]=2.1×10^{-1}$ mol·L^{-1} 时，$G(N_2)=4.26$。但对 N_2O-苯体系，$[N_2O]=0.1$ mol·L^{-1}，$G(N_2)=1.0$；$[N_2O]=0.4$ mol·L^{-1}，$G(N_2)$ 仍仅约 2.5。这些结果都表明，在苯中，偕离子对重合比其在烷烃时速度快。但另一方面，芳香烃易于捕捉 e^-，生成阴离子，如二联苯、蒽等都是很好的电子清除剂。因此，在液体苯中偕离子对以 $C_6H_6^+$ 和 $C_6H_6^-$ 形式重合：

$$C_6H_6\cdot^+ + C_6H_6\cdot^- \longrightarrow C_6H_6^* + C_6H_6 \qquad (8-67)$$

苯的阴、阳离子重合时所释放的能量较阳离子和电子重合时为少，同时，由于笼效应，苯激发分子向周围邻近分子作能量转移。当苯的激发分子能量降低至最低激发能时，分子就不能有效分解，因此，苯的激发分子 G 值较高，$G_T+G_S=3.8+1.6=5.4$，但分解产物很少。LET 值较高时，苯辐解 G 值增高的原因，可能是在刺迹中发生了如下反应：

$$2B^* \longrightarrow 产物 \qquad (8-68)$$

如

$$C_6H_6^* + C_6H_6^* \longrightarrow H_2 + C_{12}H_{10} \qquad (8-69)$$

还可能按下式描述苯的辐解过程：

$$(C_6H_6\cdot^+)^* \longrightarrow C_6H_5\cdot^+ + \cdot H \qquad (8-70a)$$

$$\longrightarrow C_4H_4^+ + C_2H_2 \qquad (8-70b)$$

$$\cdot H + C_6 H_6 \longrightarrow C_6 H_7 \cdot \tag{8-71a}$$

$$\longrightarrow H_2 + C_6 H_5 \cdot \tag{8-71b}$$

Hardwick 根据动力学分析,认为 95% H 原子发生加成反应(8-71a),只有 5% 为抽氢反应(8-71b),因此部分 H_2 也可能是通过 $C_6 H_7 \cdot$ 进一步反应生成:

$$C_6 H_7 \cdot + C_6 H_7 \cdot \longrightarrow C_6 H_5 - C_6 H_7 + H_2 \tag{8-72}$$

$$C_6 H_7 \cdot + C_6 H_7 \cdot \longrightarrow (C_6 H_7)_2 \tag{8-73}$$

$$C_6 H_7 \cdot + C_6 H_7 \cdot \longrightarrow C_6 H_6 + C_6 H_8 \tag{8-74}$$

除自由基反应外,苯的聚合物还可通过离子-分子反应生成:

$$C_6 H_6 \rightsquigarrow C_6 H_6 \cdot^+ + e^- \longrightarrow C_6 H_5^+ + \cdot H + e^- \tag{8-75}$$

$$C_6 H_6 \cdot^+ + C_6 H_6 \longrightarrow C_{12} H_{12}^+ \tag{8-76}$$

$$C_{12} H_{12}^+ + e^- \longrightarrow C_{12} H_{10} + H_2 \tag{8-77}$$

$$C_{12} H_{12}^+ + e^- \longrightarrow C_{12} H_{12} \tag{8-78}$$

$$C_{12} H_{12}^+ + e^- \longrightarrow [C_{12} H_{12}]^* \xrightarrow{C_6 H_6} C_{12} H_{11} C_6 H_7 \tag{8-79}$$

$$C_6 H_5^+ + C_6 H_6 \longrightarrow C_{12} H_{11}^+ \tag{8-80}$$

$$C_{12} H_{11}^+ + e^- \longrightarrow [C_{12} H_{11} \cdot]^* \xrightarrow{C_6 H_6} \begin{cases} C_{12} H_{10} + C_6 H_7 \cdot & \tag{8-81a} \\ C_{12} H_{12} + C_6 H_5 \cdot & \tag{8-81b} \end{cases}$$

8.4　有机物体系的辐射保护和敏化作用

在有机物体系中辐射保护和敏化作用很重要。辐射保护作用可分为物理保护和化学保护作用。其中,物理保护作用一般分为四类:电荷转移、激发能转移、猝灭和生成负离子。当保护剂的电离态或激发态略低于被保护物质时,电荷转移和激发能转移最有效。例如,加入少量苯可以保护环己烷少受辐射分解。在液相中,苯对辐射相当稳定。当苯($I = 9.24$ eV)被加入到 c-$C_6 H_{12}$($I = 10.3$ eV)时,$G(H_2)$ 显著降低(图 8.2),远低于按混合定律的计算值:

$$G(H_2) \ll G(H_2)_A \cdot \varepsilon_A + G(H_2)_B \cdot \varepsilon_B \tag{8-82}$$

式中,$G(H_2)$ 为混合物的 $G(H_2)$ 值,ε_A 和 ε_B 分别为 A、B 组分的电子分数,$G(H_2)_A$ 和 $G(H_2)_B$ 为纯 A、B 的 $G(H_2)$ 值。苯抑制了 c-$C_6 H_{12}$ 的辐解,即苯对 c-$C_6 H_{12}$ 有保护作用。

在一个多元体系中,电离辐射与每一个组分都起作用时,如果该体系中不存在能量转移过程,则体系的辐射分解产额应为各纯体系辐射分解产额的叠加,即符合混合定律:

$$G_t = \sum_{m=1}^{n} G_m \varepsilon_m \tag{8-83}$$

式中,G_t 为混合物体系的辐射分解产额,ε_m 为单位体积

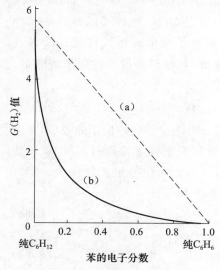

图 8.2　$G(H_2)$ 随环己烷-苯混合物组成的变化(快电子辐照)

[(a)按混合定律计算值;(b)实验值]

内第 m 个组分的电子分数，G_m 为纯的第 m 个组分时的辐射分解产额。若 $G_t < \sum_{m=1}^{n} G_m \varepsilon_m$，则称负偏离，表示存在辐射保护作用；若 $G_t > \sum_{m=1}^{n} G_m \varepsilon_m$，称正偏离，表示体系存在辐射敏化作用。若体系既存在负偏离，也存在正偏离时，称为 S 偏离。以二元体系为例，说明当某个组分 A 大于组分 B 时，B 抑制 A 辐解，但是当组分 B 大于组分 A 时，B 促进 A 的辐解。体系出现偏离混合定律的原因是存在分子间的能量转移。

发生能量转移时，可能伴随化学反应发生，也可能没有。既可在分子间进行，也可在一个分子内部进行，其实质主要是电荷转移和电子激发能的转移，即

$$A^+ + B \longrightarrow A + B^+ + 能量 \qquad (I_A > I_B) \qquad (8\text{-}84)$$

$$A^* + B \longrightarrow A + B^* + 能量 \qquad (E_A > E_B) \qquad (8\text{-}85)$$

E 为最低激发能量。

环己烷-苯体系受照射时产生环己烷离子和激发分子，符合上述能量传递条件。当环己烷含有少量 $c\text{-}C_6D_{12}$ 辐照时，发生下列反应：

$$c\text{-}C_6D_{12} \rightsquigarrow c\text{-}C_6D_{12}^*,\ c\text{-}C_6D_{12}^+,\ e^- \qquad (8\text{-}86)$$

$$c\text{-}C_6D_{12}^* \longrightarrow c\text{-}C_6D_{11}\cdot + \cdot D \qquad (8\text{-}87a)$$

$$\longrightarrow c\text{-}C_6D_{10} + D_2 \qquad (8\text{-}87b)$$

$$\cdot D + c\text{-}C_6D_{12} \longrightarrow c\text{-}C_6D_{11}\cdot + D_2 \qquad (8\text{-}88)$$

$$\cdot H + c\text{-}C_6D_{12} \longrightarrow c\text{-}C_6D_{11}\cdot + HD \qquad (8\text{-}89)$$

辐解产物中 D_2 与 HD 的量有一定比值，如清除剂清除 $\cdot D$，则这一比值将改变。如果苯加入前后，体系辐照产生的 D_2 和 HD 的量的比值不变，则可认为苯与 D_2 和 HD 的同一前驱化合物发生了反应，即苯转移 $c\text{-}C_6H_{12}^+$ 的正电荷或 $c\text{-}C_6H_{12}^*$ 激发分子的能量，或两者的能量都被转移。实验可证明存在激发能的转移，将少量苯加入环己烷中时，环己烷的最低激发态发射的荧光强度减弱而呈现了苯激发态的发射。通过纳秒脉冲辐解研究测定了其能量转移速率常数 $\approx 2 \times 10^{11}$ $\mathrm{L \cdot mol^{-1} \cdot s^{-1}}$。

但是在研究了这一混合体系的辐解产物后，发现了新的矛盾：发现了新的辐解产物苯基环己烷和二环己基二烯[(8-73)式]等。这表明存在清除剂的化学反应，如

$$\cdot H + C_6H_6 \longrightarrow C_6H_7\cdot \qquad (8\text{-}90)$$

$$c\text{-}C_6H_{11}\cdot + C_6H_6 \longrightarrow c\text{-}C_6H_{11}\text{---}\dot{C}_6H_6 \qquad (8\text{-}91)$$

平行的竞争反应为

$$\cdot H + c\text{-}C_6H_{12} \longrightarrow c\text{-}C_6H_{11}\cdot + H_2 \qquad (8\text{-}92)$$

文献报道，氢原子反应速率常数比 $k_{90}/k_{92} = 50 \sim 100$ 之间。这样，苯的保护作用就不能仅用能量传递来解释，尚存在氢原子的清除过程，即化学保护作用。

此外，物理保护作用中的猝灭是由于激发分子将能量全部或部分损耗传给了保护剂分子，而自身回到基态或转换为较稳定的三重激发态。保护剂俘获电子生成负离子，会干扰正常的离子中和反应而产生保护作用。两分子的共振频率相同或相近时，则可能发生能量的长程共振转移，也会起保护作用。化学保护作用中，保护剂能像自由基俘获剂一样，阻止或降低体系中原有的自由基反应，表现为被保护物质的辐射稳定性增高，而保护剂自身则逐渐消耗。

如果体系加入的添加剂促进体系的辐射化学效应,则该添加剂具有辐射敏化作用。

辐射保护与敏化作用的重要应用领域是如何设计耐辐照的材料,采用何种辐射防护剂与增敏剂以及如何提高探测放射性射线的灵敏度等。例如,一些核反应堆的某些部位在数小时内的吸收剂量可以达到 10^6 Gy,所以必须寻求耐辐照的润滑剂、载热剂等。芳香族流体如多联苯、聚苯醚和带苯基的烷烃等都具有良好的辐射稳定性。为了提高液体闪烁计数器的闪烁效率,必须往芳香族溶剂中加入溶质(能量接受体),如对联三苯、聚对苯撑氧化物(PPO)和丁基苯基联苯基噁二唑等。

辐射增敏剂为亲电性化合物,增敏剂的存在使有机分子 RH 受辐照后生成的 R· 和 ·H 重合的概率减少,如氧为很强的增敏剂。硝基咪唑类化合物可能成为癌症放射治疗中有希望的增敏药物。而辐射防护剂是照射前或照射时,存在于细胞内使细胞存活增加的物质。例如,我国学者认为,半胱氨酸对胸腺嘧啶的保护作用是双重的,它既能有效地转移激发能,又提供了氢原子与氧竞争靶分子自由基,在氧与靶分子反应之前,使靶分子修复。

8.5　小　　结

和水体系相比,有机物的辐射化学行为更复杂,必须十分注意溶剂、试剂的纯度,自身辐解产物的性质和作用以及辐照气氛的影响。此外,有机物体系辐射化学过程中偕离子对重合产生激发态分子的反应变得更重要。本章主要介绍了有机物辐解的一般过程,重点介绍了烷烃和芳香烃的辐射化学行为。另外,有机物体系中的辐射保护和敏化作用也非常重要。辐射保护作用可通过能量转移和清除活性粒子来实现。能量转移实质是电荷转移和激发能的转移。辐射敏化剂一般为亲电性化合物,会促进体系的辐射化学效应。我们需要根据不同的目的,针对不同体系选择合适的辐射防护剂和辐射敏化剂。

重要概念:

切伦科夫辐射,偕离子对,自由离子,淌度,辐射保护,辐射敏化,能量转移。

重要公式:

WAS方程
$$G(P)_s = \left(G_{fi} + G_{gi} \frac{\sqrt{\alpha_s [S]}}{1 + \sqrt{\alpha_s [S]}} \right) \beta \tag{8-21}$$

$$G(P)_s = G_{fi} + G_{gi} \sqrt{\alpha_s [S]} \quad ([S] 很低时,\beta = 1) \tag{8-25}$$

爱因斯坦关系式
$$D = \frac{\mu k T}{e} \tag{8-33}$$

扩散控制常数
$$k_D = 4\pi R D \tag{8-32}$$
$$k_D = 4\pi R \mu k T / e \tag{8-34}$$
$$k_D = 1.9 \times 10^{13} \mu R \quad (L \cdot mol^{-1} \cdot s^{-1}) \tag{8-35}$$

混合定律
$$G_t = \sum_{m=1}^{n} G_m \varepsilon_m \tag{8-83}$$

主要参考文献

1. 吴季兰,戚生初. 辐射化学. 北京:原子能出版社,1993.

2. Spinks J W T. An Introduction to Radiation Chemistry. A Wiley-Interscience Publication, John Wiley and Sons, 1976.

3. Swallow A J. Radiation Chemistry: An Introduction. London: Longman Group Ltd, 1973.

4. Swallow A J. Radiation Chemistry of Organic Compounds. Pergamon Press Ltd, 1960.

5. Foldiak G. Radiation Chemistry of Hydrocarbons. Budapest: Akademiai Kiado, 1981.

6. Baxendale J H, Busi F. The Study of Fast Processes and Transient Species by Electron Pulse Radiolysis. Dordrecht: D Reidel Publishing Company, 1982.

7. Farhataziz, Rodger A J M. Radiation Chemistry Principles and Applications. VCH Publishers, Inc, 1987.

8. 张曼维. 辐射化学入门. 合肥: 中国科学技术大学出版社, 1993.

9. Wu G Z, Katsumura Y. Radiation Physics and Chemistry, 2000, 58: 267.

10. Guadir A, Azuma T, Domazou A S, et al. Journal of Physical Chemistry A, 2003, 107: 11354.

11. He H, Lin M, Muroya Y, et al. Physical Chemistry Chemical Physics, 2004, 6: 1264.

思　考　题

1. 为什么有机物结构中含有苯环可以提高其辐射稳定性？

2. 具有哪些结构的有机物可以作为辐射增敏剂？

3. 如何研究有机物的辐解机理？

4. 能量转移的形式有哪些？

5. 如何提高液体闪烁计数器的闪烁效率？

6. 有机物辐射化学反应过程与水体系辐射化学过程的主要区别在哪里？

7. 如何判定体系中存在辐射保护或者辐射敏化作用？

8. 如何对有机物体系进行辐射保护？

9. WAS 方程的作用和适用范围如何？

10. 影响有机物辐解机理的因素有哪些？

第 9 章　高分子辐射化学

　　高分子辐射化学(radiation chemistry of polymers)是辐射化学的分支,尽管其历史很短,但其研究领域十分活跃,是介于高分子化学、高分子物理学与辐射化学及辐射剂量学之间的边缘学科。1938 年,英国的 Hopwood 和 Philips 发现乙烯基单体的辐射聚合,从此开始了高分子的辐射化学研究。1950 年美国 Dole 和英国 Charlesby 发现了高分子材料的辐射交联效应。1956 年美国学者发现了高分子材料的辐射接枝,同时进行了一些中试实验。20 世纪 60 年代初期,有 4 个产品几乎同时投入工业化生产:聚乙烯辐射交联、辐射接枝丙烯酸、辐射合成溴乙烷和辐射聚合甲基丙烯酸甲酯,从而开始了辐射化学在工业生产中应用的新时期。

　　概括来说,高分子辐射化学主要研究电离辐射对单体和高分子化合物相互作用产生的物理、化学变化的规律。具体包括:

　　(1) 辐射聚合:研究电离辐射作用下单体的聚合反应及其应用。辐射聚合可由自由基和离子引发,聚合反应在较低的温度下进行。由于电离辐射能量高,穿透力强,可使一般方法很难引发的体系聚合。甲基丙烯酸甲酯本体辐射聚合、丙烯酰胺辐射聚合等已用于工业生产,辐射固化、复合材料亦走向工业化生产。

　　(2) 辐射接枝共聚合:采用辐射引发某个主链聚合物与不饱和单体或者均聚物进行接枝反应,可用以改善高分子的某些性能,例如聚四氟乙烯接枝苯乙烯可以改善表面的粘结性能;聚氯乙烯接枝丁二烯可改善其耐低温性能等。辐射接枝共聚合分共辐照法和预辐照法两类,前者把基体聚合物和单体混合后辐照接枝共聚合,后者在无氧条件下先辐照基体聚合物,再将单体与辐照过的聚合物接触,在无氧条件下进行接枝共聚,也可以在有氧存在下预辐照聚合物,生成的聚合物过氧化物受热时会引发单体接枝共聚合。

　　(3) 辐射交联:电离辐射作用下大分子链间形成化学键,形成三维网络结构使聚合物的性能发生变化。如以聚乙烯、聚氯乙烯为基材的电线电缆辐照交联后其绝缘性、耐热性、耐油性、抗化学腐蚀性等均有很大提高。辐射交联的电线电缆和聚乙烯热收缩材料已是电力、电器、电信等部门所需的重要材料。

　　(4) 辐射降解:高分子在电离辐射作用下主链发生断裂的过程。可作为制取不同低分子量高分子材料的方法。聚四氟乙烯降解产生的细粉及氟蜡是高级润滑剂材料。

由高分子辐射化学研究的内容可知,电离辐射与单体的作用主要是辐射引发聚合反应,当有聚合物存在时,也可以发生单体与聚合物之间的辐射引发接枝共聚合反应,而该反应是高分子材料改性的主要方法。此外,辐射交联和辐射降解也是电离辐射与高分子化合物之间的主要作用,即聚合物的辐照效应。目前辐射加工中多利用辐射交联、辐射降解和辐射接枝来实现对聚合物的辐射改性,应用十分广泛。此外,聚合物辐照效应的另一个概念就是聚合物的辐射稳定性,它是以聚合物吸收多大的剂量才能产生严重损坏性的变化来度量的。所以,高分子辐射化学也包括聚合物的辐射稳定性和聚合物的辐射保护。本章主要学习高分子辐射化学的基本原理、基本概念和基础知识,有关原理在辐射加工中的应用实例将在第 11 章中详细介绍。

9.1　辐 射 聚 合

辐射聚合(radiation-induced polymerization)是应用电离辐射能来引发单体(主要是乙烯基单体)的聚合,从而获取高分子化合物。它与常规引发单体聚合方法的主要差异在于链引发方式不同。辐射聚合是利用电离辐射引发活性粒子(如自由基或离子),无需加入引发剂或催化剂;反应链一经开始,随后的链增长、链终止与普通聚合法的区别很小。因此,辐射聚合与热引发、催化剂引发聚合相比,有如下优点,这也是辐射聚合近年来得到长足发展的原因:

(1) 在辐射聚合中引发的活化能(E_i)接近于零,可以实现常规化学法无法引发单体的辐射聚合。比如含氟基团的单体、含对称取代基的烯烃单体和烯丙基单体,通常辐射法是唯一可能使这些单体发生聚合的方法,扩大了聚合单体的范围。与光化学引发相比,辐射引发与单体的光学化学性质无关。

(2) 聚合反应易于控制,反应高效。辐射聚合还可在固态或亚稳固态中进行,在晶体的晶道中或某些无机物的夹层中进行,从而获得某些定向聚合的高分子,如反式-1,4-聚丁二烯。如果用穿透性大的 γ 射线,聚合反应可均匀连续进行,防止局部过热和不均一的反应。

(3) 生成的聚合物更加纯净,没有引发剂或催化剂的残留,而这些添加剂在化学引发聚合反应中无法避免。这对合成生物、医用、导电等高分子化合物尤为重要。

(4) 辐射聚合生成的产物的分子量和分子量分布可用剂量率等聚合条件加以控制。可在常温或低温下进行,这样就可以避免化学和热引发聚合高温条件下所导致的聚合物支化,改善聚合物的性能。聚合进程比较平稳,不易出现聚合热不易散失的爆聚现象。

(5) 单体不受相态影响,可以是气、液、固态。甚至可以对一些难于触及的工件部分进行聚合物制备,实现原位辐射引发固相聚合(比如被深埋的垫圈、无法移动的部件)。而化学引发固相聚合比较困难,光和热只能起到弱引发剂的作用。

当然,辐射聚合也有以下缺点:

(1) 需要有辐照设备。对辐照设备的要求是需要保证辐照反应运行过程中的安全性、聚合反应所需的合适的剂量率范围以及辐照装置的最优利用。

(2) 辐射聚合过程中还可能发生电离辐射与合成聚合物,单体的次级作用所导致的合成聚合物的辐射交联、辐射降解以及单体的辐解。

以上缺点决定辐射聚合的聚合物需要有高附加值的性能,同时,需要选择合适的聚合条件来避免辐照副反应。但有时候,也可以利用这一点,将辐射聚合与辐射交联相结合制备新型的聚合物材料。

　　有关辐射合成高分子材料的研究很早就开始了,在基础研究和应用研究等方面积累了大量数据资料。1938 年英国的 Hopwood 和 Philips 发现,苯乙烯和醋酸乙烯酯在 α、β、γ 射线和中子作用下可以进行聚合反应。到 20 世纪 60 年代末,辐射聚合有了很大发展,几乎对所有烯烃都有过辐射聚合的报道,已研究过的有机单体超过 350 种。此后,不仅单体的数目,而且辐射聚合方法都不断在扩大,随着脉冲辐解技术和产物分析技术的发展,对辐射聚合反应机理也有了比较清楚的认识。但是目前辐射聚合工业规模应用的实例尚不多,有若干项目正在或已经进行中试,其中不少项目有希望进行工业化生产,如甲基丙烯酸甲酯的本体辐射聚合、丙烯酰胺的固态及浓水溶液辐射聚合都已有工业产品。国内中国科学技术大学研究开发的辐射乳液聚合已经用钴源实现了产业化,主要产品用于纤维制品印花时的染料粘结剂。

　　辐射聚合的方法很多,有气相聚合、液相聚合(本体聚合或溶液聚合)、固相(结晶态或玻璃态)聚合。聚合可在均相或非均相中进行,可以是单组分体系,亦可是二组分体系、多组分体系等等。不同聚合方式各有特色,机理也不尽相同。辐射聚合中多以乙烯基单体为研究对象,这种聚合为链式反应,绝大多数是自由基机理。离子型聚合有更高的选择性和更为严格的实验条件限制,在工业生产上应用比较少。

　　由于多数单体在常温下是液态,原料易于纯化处理,产物易于精确分析,因此,液相聚合是最普通的聚合方式。液相聚合的机理也研究得比较深入、透彻,而且具有一定的代表性。本章主要介绍辐射引发液相聚合的反应机理。

9.1.1　辐射聚合的反应机理

　　用射线辐照单体可以引发单体分子 M 的电离或激发,生成正离子、电子和激发分子。该初级过程可用下式表示:

$$M \xrightarrow{h\nu} M^+ + e^-,\ M^*　　　　　　　　(9\text{-}1)$$

这些初级粒子通过图 9.1 所示的一些反应生成若干短寿命的活性中间物种,在刺迹或团簇中发生正离子和电子的再复合,生成高能激发态分子或激发态分子,该激发态分子再分解为自由基。同时,没有在刺迹或团簇中反应的活性物种逐渐扩散到介质中,分别与单体分子或者溶剂分子反应,生成溶剂化电子、阴离子、二聚离子等次级活性物种。聚合反应即由这些活性物种引发,引发的方式主要是通过自由基过程,在某些情况下也可能是离子过程。

$$M^+ + e^- \longrightarrow M^\# \quad (\text{高能激发态})$$

$$M^\#(\text{或} M^*) \longrightarrow R_1\cdot + R_2\cdot$$

$$M + e^- \longrightarrow M^-$$

$$nM + e^- \longrightarrow e^-_{sol} \quad (\text{溶剂化电子})$$

**图 9.1　辐射聚合过程中可能
发生的反应过程**

　　链式聚合反应主要有三种机理:自由基聚合机理、离子聚合机理和配位定向聚合机理。自由基聚合主要是加入自由基引发剂,使单体分子转化为单体自由基,进而引发链增长;离子聚合是利用催化剂活化单体,形成带有正、负电荷的活性离子对,进而引发链增长。下面主要介绍这两种辐射聚合反应机理。

　　1. 自由基聚合反应机理

　　(1) 简化的自由基聚合反应动力学

　　自由基聚合是典型的链式反应,单体 M 吸收电离辐射能而产生自由基(此处只考虑液相单体,不存在溶剂和其他混合物),聚合反应可分为链引发、链增长和链终止三个阶段进行。

链引发:
$$M \xrightarrow{k_i} 2R\cdot \qquad (9\text{-}2)$$

式中,R• 为初始自由基。

链引发速率
$$R_i = k_i \dot{D} \qquad (9\text{-}3)$$

式中,k_i 为链引发基元反应的速率常数,$\dot{D}$ 为剂量率。

根据定义,单体自由基的辐射化学产额
$$G_R^M = \frac{[M]N_A \times 100}{\dot{D} t} \qquad (9\text{-}4)$$

式中,[M]为单体浓度;N_A 为阿伏加德罗常数;t 为辐照时间;$\dot{D}$ 为剂量率,$eV \cdot L^{-1} \cdot s^{-1}$。

将式(9-3)代入(9-4),则 $k_i = \dfrac{G_R^M}{100N_A}$,而
$$R_i = k_i \dot{D} = \frac{G_R^M \dot{D}}{100 N_A} = G_R^M \dot{D}[M] \qquad (9\text{-}5)$$

链增长:设各大小链自由基的反应活性相等,增长速率常数均为 k_p,RM_n• 为增长的聚合物分子链,则
$$R\cdot + M \xrightarrow{k_p} RM_1\cdot \qquad (9\text{-}6a)$$
$$RM_1\cdot + M \xrightarrow{k_p} RM_2\cdot \qquad (9\text{-}6b)$$
$$RM_n\cdot + M \xrightarrow{k_p} RM_{n+1}\cdot \qquad (9\text{-}6c)$$

链增长速率
$$R_p = k_p[RM\cdot][M] \qquad (9\text{-}7)$$

链终止:设 P_n、P_m、P_{n+m} 为链终止后的聚合物分子,不再聚合。

链终止方式有以下两种:

自由基复合
$$RM_n\cdot + RM_m\cdot \xrightarrow{k_t'} P_{n+m} \qquad (9\text{-}8a)$$

歧化反应
$$RM_n\cdot + RM_m\cdot \xrightarrow{k_t''} P_n + P_m \qquad (9\text{-}8b)$$

链终止反应速率
$$R_t = k_t[RM\cdot]^2 \qquad (9\text{-}9)$$

式中,k_t 为链终止速率常数,$k_t = k_t' + k_t''$。

假设聚合体系达到稳态条件(stationary conditions),即假定自由基生成速率与自由基消失速率相等,此时体系中自由基浓度随时间的变化可忽略不计。

d[RM•]/dt=0,式中,RM• 代表链自由基,则
$$R_i = R_t = k_t[RM\cdot]^2 \qquad (9\text{-}10)$$

达稳态时自由基平衡浓度
$$[RM\cdot] = (R_i/k_t)^{1/2} \qquad (9\text{-}11)$$

如果单体只消耗在链增长阶段,且动力学链长足够长,则整个辐射聚合反应速率可用链增长速率表示,即
$$R = R_p = k_p[RM\cdot][M] \qquad (9\text{-}12)$$

将(9-11)式代入上式得
$$R = k_p R_i^{1/2} k_t^{-1/2}[M] \qquad (9\text{-}13)$$

式(9-13)是经典的自由基聚合反应动力学方程,它表示,**辐射聚合反应速度与引发速率的平方根成正比,与单体浓度成正比**。如果将式(9-5)代入式(9-13),得

$$R = k_p k_t^{-1/2} (G_R^M \dot{D})^{1/2} [M]^{3/2} \tag{9-14}$$

由式(9-14)可知,**辐射聚合的反应速度与剂量率和 G_R^M 的平方根成正比,与单体浓度的 3/2 次方成正比**。这是典型的辐射自由基聚合动力学方程。适用的剂量率范围为 $1 \sim 100$ Gy·s^{-1}。

此外,剂量率 $\dot{D}$ 也会影响生成聚合物的分子量大小。首先将**动力学链长**(v_n)定义为每个引发自由基所引起的聚合单体分子的平均数,它等于聚合速度与引发速度之比,可以反映生成聚合物分子量的大小:

$$v_n = \frac{\text{单体消耗速率}}{\text{引发自由基形成速率}} = \frac{R_p}{R_i} \tag{9-15}$$

数均聚合度 μ_1 定义为体系中已反应的单体总数与体系中聚合物分子总数之比:

$$\mu_1 = \frac{\text{体系中反应的单体总数}}{\text{体系中聚合物分子总数}} \tag{9-16}$$

v_n 与 μ_1 是两个重要概念。如果链终止是歧化反应,则 v_n 与 μ_1 相同;若仅仅是自由基复合反应,则 $\mu_1 = 2v_n$。由于 $v_n = \dfrac{R_p}{R_i}$,因此,辐射聚合的动力学方程为

$$v_n = k_p (k_i k_t)^{-1/2} \dot{D}^{-1/2} [M] \tag{9-17}$$

它表示,**动力学链长与剂量率的平方根成反比**,即剂量率越低,生成聚合物的聚合度和分子量就越高,与单体浓度的一次方成正比。

如果体系中不只含有单体,还有溶剂或其他添加剂,则不仅单体可以被引发提供自由基,溶剂也可以被辐照后提供引发自由基。同时,聚合反应过程中存在另一个重要反应——链转移过程:

$$RM_n \cdot + SX \xrightarrow{k_{tr}} RM_n X + S \cdot \tag{9-18}$$

$$R_{tr} = k_{tr} [RM \cdot][SX] \tag{9-19}$$

式中,R_{tr} 为链转移速率;k_{tr} 为链转移反应速率常数;SX 代表单体或添加物,其中 X 表示氢、氯等原子。

如果链转移过程生成的自由基进行如下反应:

$$S \cdot + M \longrightarrow SM \cdot \tag{9-20}$$

则链增长可继续进行,对整个反应及动力学链长无影响。但是,链转移过程毕竟是阻止了链增长过程,势必会降低聚合物的平均分子量。若 S· 是很不活泼的自由基,则整个聚合反应速度减缓,产物的平均分子量也因为增长的链被终止而降低。

(2)粘稠体系和沉淀介质中的聚合

前面所推导的自由基聚合的动力学方程只适用于反应的前期,即转化率 x 较低(百分之几)、生成的聚合物很少的情况。当转化率较高时,对多数单体,其聚合动力学方程就会出现很大偏差(或称反常效应 abnormal effect)。因此,**如果研究辐射聚合机理,需要控制较低($<8\%$)的转化率**。下面我们简单讨论一下出现反常效应的两种情况。

凝胶效应(gel effect):有一些单体如甲基丙烯酸甲酯、丙烯酸甲酯、苯乙烯、醋酸乙烯酯、氯丁二烯等本体聚合时,其聚合物溶于相应的单体中,随着聚合物的含量不断增加,体系逐渐呈现类凝胶的粘稠液,类似凝胶相,这一过程称为凝胶效应。表现为随聚合时间的增加,聚合物转化率

曲线呈现自催化反应型,分子量也随转化率增高而快速增长。在此过程中聚合热不易消散,如果在体积较大的容器中就有发生爆炸的危险。因此,在研究本体聚合动力学时,聚合转化率一定要适当低(<8%)。在溶剂中聚合时,选择溶剂也要格外小心,如果选择合适的聚合物良溶剂,就可以降低体系的粘度,推迟甚至抑制凝胶效应。类似的,辐射引发本体聚合,也会发生类似的凝胶效应(图 9.2)。

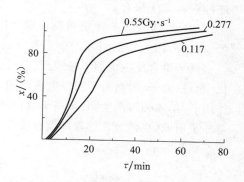

图 9.2　甲基丙烯酸甲酯在不同剂量率时的辐射聚合动力学曲线(温度 21.5 ℃)

后效应(post-effect):在辐射聚合过程中,经常会发生后效应或者后聚合,即单体被辐照引发聚合,即使停止辐照后,由于存在长寿命的大分子自由基,仍可以继续引发聚合发生的现象。比如,三氟氯乙烯辐射聚合,离开辐照场后 2 天内仍有聚合反应发生,可以继续生成 15%~20% 聚合物。

这种辐射聚合后效应通常发生在有聚合物沉淀情况下的聚合反应。如果聚合物不溶于其单体,这种本体聚合过程形成的聚合物链增长到一定程度,聚合物链就会从单体中分离出来,出现第二相。如丙烯腈、氯乙烯、四氟乙烯、三氟氯乙烯等单体,在本体聚合时就出现以上情况。另外,有些单体溶液,其溶剂正好是其聚合产物的沉淀剂,如苯乙烯或甲基丙烯酸甲酯的甲醇溶液、醋酸乙烯酯的己烷溶液等。这类非均相体系聚合反应的动力学行为与在凝胶体系中所观察到的动力学行为十分相似,主要有以下几个特点:①在反应的初始阶段就加速;②有明显的后效应,且能维持很长时间;③相当于链引发速率,有反常的反应级数。

(3) 温度对聚合反应的影响

对比热引发、光或辐射引发的活化能可以看出,热引发时聚合反应的活化能约为 83.68 kJ·mol^{-1},大于光或电离辐射引发时整个聚合反应的活化能(25.10 kJ·mol^{-1})。因此,光或辐射引发的聚合反应中,反应温度的影响也更小一些。对于那些不适用于简化辐射聚合动力学方程的体系,如上述有凝胶效应或沉淀出现的聚合体系,整个聚合反应的温度效应就复杂一些。比如聚合物分子量:热聚合时,聚合物分子量随温度升高而下降;而光聚合或电离辐射聚合,如果可以忽略链转移反应,则聚合物分子量随聚合反应温度升高仍以同样比例增加。

2. 离子聚合反应机理

大多数单体辐射聚合时是通过自由基机理,而离子聚合则更有选择性。有些单体,如苯乙烯辐射聚合时,通常是自由基机理;但在绝对干燥或低温条件下,也可以是离子机理。羰基化合物、含氧杂环化合物的开环聚合,非共轭烯烃单体的环化聚合多属于离子聚合反应机理。

离子聚合反应有如下特征:

(1) 反应体系纯度要求很高,如果真空、脱水、纯化等步骤不彻底,离子聚合反应就难以进行或导致实验重复性很差。微量杂质如水、氨、氧、CO_2 及多数碳氢化合物都能有效地转移质子、电子等,使碳阳离子链和碳阴离子链终止。其中微量水是最有代表性的杂质,它很难绝对清除,具有长效的抑制作用。

(2) 聚合速率快,需在低温条件(-78 ℃)下或在溶剂中进行。双基终止概率小,更容易进行链转移反应,经常出现不符合稳态条件假设的情况。在低温条件下,体系中的微量水可以被有效地排出,造成局部绝对干燥的环境,在绝对干燥的条件下液态单体也可以在室温条件下进行辐射离子聚合。

(3) 反应介质的性质对离子聚合反应影响很大,比如溶剂的极性和溶剂化能力等。

此外,用引发剂引发的离子聚合反应通常在非均相体系中进行。

离子聚合反应也属于链式反应,可分为链引发、链增长和链终止等步骤。离子聚合反应的活化中心是离子,根据离子所带电荷不同,分为阳离子聚合反应和阴离子聚合反应。在电离辐射的作用下,单体辐解产生阴、阳离子自由基引发反应。辐射引发离子聚合的最大特点是,纯粹自由基离子引发,在链增长过程中没有反离子干扰,反应速率大。具体离子聚合反应过程如下:

链引发:

$$2M \xrightarrow{\quad\quad} M^+_\bullet + M^-_\bullet \tag{9-21}$$

$$M^+_\bullet + M \xrightarrow{k_{ic}} MM^+_\bullet \tag{9-22}$$

$$M^-_\bullet + M \xrightarrow{k_{ia}} MM^-_\bullet \tag{9-23}$$

$$R_i = \dot{D} G_i / 100 N_A \tag{9-24}$$

式中,R_i 为引发速率,G_i 为能均相引发的自由基离子 G 值,N_A 为阿伏加德罗常数,k_{ic} 为阳离子聚合反应速率常数,k_{ia} 为阴离子聚合反应速率常数。由(9-24)式可知,离子聚合的辐射引发速率与剂量率和 G_i 成正比。

链增长:

$$\sim M^+ + M \xrightarrow{k_{pc}} \sim MM^+ \tag{9-25}$$

$$\sim M^- + M \xrightarrow{k_{pa}} \sim MM^- \tag{9-26}$$

由于辐解生成的阴离子浓度与阳离子浓度为等当量,所以

$$R_p = (k_{pc} + k_{pa})[\sim M^+][M] \tag{9-27}$$

链终止:

$$\sim M^- + \sim M^+ \xrightarrow{k_t} P \tag{9-28}$$

$$R_t = k_t[\sim M^+][\sim M^-] = k_t[\sim M^+]^2 \tag{9-29}$$

以稳定态方法处理,得

$$R_i = R_t = k_t[\sim M^+]^2 \tag{9-30}$$

单体主要消耗于链增长反应,因此,整个反应速率

$$R_p = (k_{pc} + k_{pa})[\sim M^+][M] = (k_{pc} + k_{pa})k_t^{-1/2} R_i^{1/2}[M] \tag{9-31}$$

这里,$R_p \propto R_i^{1/2}$,与辐射引发自由基聚合反应类似,离子聚合反应速率与剂量率的平方根成正比。

如果链终止反应为电荷转移:

$$\sim M^+ + M \xrightarrow{k_t'} \sim M + M^+ \tag{9-32}$$

则离子聚合动力学为

$$R_t' = k_t'[\sim M^+][M] \tag{9-33}$$

达到稳定态时

$$R_i = R_t' = k_t'[\sim M^+][M] \tag{9-34}$$

$$R_p = k_p[\sim M^+][M] = k_p R_i / k_t' = \left(\frac{k_{pc} + k_{pa}}{k_t'}\right)\frac{\dot{D} G_i}{100 N_A} \tag{9-35}$$

此时,$R_p \propto \dot{D}$,即离子聚合反应速率与剂量率的一次方成正比。因此,由以上讨论可知,离子聚合的链终止方式不同,会导致其聚合反应速率与剂量率的关系不同。

3. 辐射聚合机理的判定

由第 5 章可知,单体在电离辐射作用下,会同时产生多种活性中间物种。原则上它们都可能引发聚合,所以聚合机理究竟是哪一种,受很多因素制约,但可以通过以下方法确定其主要的聚合机理。

（1）清除剂效应

向辐射聚合体系中加入自由基清除剂,聚合过程如果被有效地抑制,此时可以推测该辐射聚合是自由基引发机理。自由基清除剂如 DPPH、O_2、$FeCl_3$、对苯二醌等,可以在大约 10^{-3} mol·L^{-1}的低浓度下清除大部分自由基。

能引起质子从初级离子转移的清除剂有 H_2O、NH_3、C_2H_5OH 和胺类,能引起正电荷从初级离子中交换出来的试剂有 H_2S 等电子给体,而电子清除剂有 N_2O、CO、SF_6、芳香烃及其衍生物和 RX。

水和氨等离子清除剂,既可以接受质子,也可以给予质子。因此,它们能使正负碳离子聚合反应终止,而对自由基聚合没有什么影响。通常,在 10^{-3} mol·L^{-1} 或更低浓度的水存在下,就能阻止的辐射聚合反应就是离子反应机理,但无法用来鉴别是哪种离子聚合。加入胺等阳离子清除剂可以鉴别具体是哪类离子聚合。

使用清除剂效应判断辐射聚合机理时需要注意的是,加入一种清除剂可能同时影响自由基聚合和离子聚合反应。如 I_2 是自由基清除剂,但它能在一定程度上与电子反应,对异丁烯等单体还是聚合反应的温和催化剂。而 DPPH、对苯二醌、O_2 等自由基清除剂也常常会干扰离子反应,此时清除剂对聚合机理的判断就不能给出明确的结论。另外,氧能有效地抑制自由基聚合,只是在较低剂量率下才是正确的。在高剂量率(电子束辐照)时,氧会在短时间(约几秒钟)内消耗掉,体系中大部分反应仍然是无氧或只存在一个反应诱导期。因此,在进行自由基聚合实验时,辐照前除氧一定要彻底,否则,得出的动力学数据重复性较差,尤其是剂量率较低的情况。

（2）剂量率效应

从以上聚合反应动力学推导中可以清楚地看出不同反应机理的剂量率依赖关系,如自由基机理的聚合速率与剂量率的平方根成正比。因此,可以从实验中测定 R_p 与 $\dot{D}^\alpha$ 的关系式,如果 $\alpha = 0.5$,则可判定为自由基聚合;$\alpha = 1$,一般为阳离子聚合。但事实并不都是如此,如果自由基聚合中,链终止主要以**退化性链转移**[①]的方式进行(而不是或不完全是自由基的双分子复合),则 α 可以是 $0.5 \sim 1.0$ 的任何一个数。这个数值是由终止反应的动力学所决定的,与反应机理无关。所以,单纯从剂量率的依赖性来判断反应机理不一定是可靠的,即使测出聚合速率与 $\dot{D}$ 的关系,$\alpha > 0.5$,也不能说该聚合反应一定不是自由基机理。

（3）温度效应

对于辐射聚合,链引发活化能 E_i 接近于 0。在一般辐射自由基聚合反应中,链增长活化

---

① 当增长链的终止方式是单分子终止时,在自由基机理中,这种现象称为"退化性链转移"(degradative chain transfer),会导致稳定自由基的生成,不再发生链增长反应。

能 E_p 为 $20.92 \sim 33.47\ kJ \cdot mol^{-1}$,链终止活化能 E_t 为 $0 \sim 12.55\ kJ \cdot mol^{-1}$。所以在电离辐射作用下,整个自由基聚合反应的活化能较低($\approx 25.10\ kJ \cdot mol^{-1}$),反应在室温下即可进行,升高温度,可增加反应速度。离子聚合时,链增长反应所需活化能更低,约为 $0 \sim 20.92\ kJ \cdot mol^{-1}$,所以,反应在低温下就能迅速进行。一般说来,在 $-80 \sim 0\ ℃$ 之间,活化能低于 $8.37\ kJ \cdot mol^{-1}$ 的辐射聚合,多数为离子聚合机理。

（4）单体结构效应

聚合反应类型也可以通过单体的结构来推测。由表 9.1 和表 9.2 中已知的引发类型可以看出,除了在双键边上含有强给电子基团的单体外,都可能发生自由基聚合;具有吸电子基团和共轭效应的单体,容易发生阴离子聚合;具有共轭效应和给电子基团的单体,则容易发生阳离子聚合;有些带共轭体系的烯类单体,π 电子流动性大,易于诱导极化,既能自由基引发也能实现离子引发机理,如苯乙烯、丁二烯,则三种引发方式都可能进行。

表 9.1　常见单体辐射均聚反应的引发类型

阳离子型	自由基型	阴离子型
异丁烯	氯乙烯	硝基乙烯
环戊二烯	乙酸乙烯酯	偏腈乙烯
烷基乙烯基醚	丙烯腈	丙烯腈
β-蒎烯	甲基丙烯酸甲酯	甲基丙烯酸甲酯
α-甲基苯乙烯	乙烯	α-甲基苯乙烯
苯乙烯	苯乙烯	苯乙烯
丁二烯	丁二烯	丁二烯

表 9.2　单体结构与辐射聚合机理的关系

单体	取代基作用		反应机理类型	
			离子聚合	自由基聚合
$CH_2=C-(CN)_2$				
$CH_2=CH-CN$				
$CH_2=CH-COOR$	吸电子	诱导效应	阴离子聚合	
$CH_2=CH-F$				
$CH_2=CH-Cl$				
$CH_2=CH-O-CH_3$				
$CH_2=CH-OC(CH_3)_3$				自由基聚合
$CH_2=CH-CR=CH_2$				
$CH_2=CH-C_6H_4-F$	共轭效应		阳离子聚合	
$CH_2=CH-C_6H_5$				
$CH_2=CH-C_6H_4CH_3$				
$CH_2=CH-C_6H_4OH$				
$CH_2=CH-H$				
$CH_2=CH-CH_3$	给电子	诱导效应		
$CH_2=CH-CH_2-CH_3$				
$CH_2=C-(CH_3)_2$				

（5）溶剂效应

溶剂的类型对离子聚合反应十分敏感。如阳离子聚合反应中，单体多半属于给电子取代基的烯类单体，而一些亲电子溶剂，如一氟二氯甲烷、三氯甲烷、三氟甲烷、氯乙烷、乙腈等就对阳离子聚合有利。反之，二甲基甲酰胺、三乙胺、四氢呋喃等给电子试剂对阴离子聚合有利。

总之，判别聚合机理的方法还很多，例如利用数均聚合度和数均分子量的测定（用 GPC 法），也可以提供某些信息，以补充动力学测量所得不到的信息。除了以上这些间接研究的方法，也可以通过现代物理手段（如 ESR）研究自由基，质谱研究离子行为配合脉冲辐解，为辐射引发聚合进程提供更多直接的证据和信息。但每一种方法都不是绝对的，因此要判别一种辐射聚合反应机理，必须采用多种方法验证才行。

【例 9.1】　如何计算辐射聚合链引发的辐射化学产额 G_i？

解　为了描述辐射引发聚合的效率，将 G_i 定义为体系每吸收 100 eV 电离辐射能量后生成的活性链的分子数。如果忽略链转移过程，则

$$G_i = \frac{G_p}{\mu_1} \tag{9-36}$$

式中，μ_1 为聚合物的数均聚合度。

【例 9.2】　如何计算辐射聚合链增长的辐射化学产额 G_p？

解　G_p 为体系每吸收 100 eV 电离辐射能量后从单体转化成聚合物的分子数，可以描述辐射聚合链增长过程的效率。

$$G_p = \frac{Q \times N_A \times 100}{qDm \times 6.24 \times 10^{15} \times 1000} = 9.65 \times 10^6 \frac{Q}{qDm} \tag{9-37}$$

式中，Q 为聚合物的产量（g），q 为被辐照单体的质量（g），D 为吸收剂量（kGy），m 为单体摩尔质量（g·mol^{-1}），1 Gy = 6.24×10^5 eV·g^{-1}，N_A = 6.023×10^{23}。

【例 9.3】　如何测定 α-甲基苯乙烯的 k_p？

解　一般严格干燥的 α-甲基苯乙烯，其辐射聚合主要是离子机理。通过加入胺类物质发现，聚合反应被强烈抑制，表明是阳离子机理起主导作用。

对于聚合动力学研究，可以采用清除剂法确定链增长反应的速率常数。由于稳态条件下，反应速度与时间无关，动力学链长

$$v_n = \frac{R_p}{R_i} = \frac{k_p[M]}{k_1 + k_s[S] + k_t[Z]} \tag{9-38}$$

式中，[M] 为单体浓度，[S]、[Z] 分别是清除剂浓度和稳态下的离子浓度，k_1、k_s、k_t 分别是单分子终止速率常数、转移到清除剂 S 的速率常数、正负离子复合的链终止速率常数。

将式（9-38）变化为

$$\frac{1}{R_p} = \frac{1}{R_i} \times \frac{k_s[S]}{k_p[M]} + f(R_i) \tag{9-39}$$

其中，$f(R_i) = \frac{1}{R_i} \times \frac{k_1 + k_t[Z]}{k_p[M]}$，则当剂量率恒定时，$R_p$ 随 [M] 的变化表示为

$$\frac{1}{R_p} = \frac{1}{(R_p)_0} + \frac{1}{R_i} \frac{k_s[S]}{k_p[M]} \tag{9-40}$$

其中$(R_p)_0$是$[S]=0$时的聚合速率。由于$v_n=\dfrac{R_p}{R_i}=\dfrac{G(-m)}{G_i}$，$G(-m)$是实验测得的单体辐射损失的$G$值，$G_i$是单体辐射聚合引发的$G$值，因此式(9-40)可表示为$G$值的关系式：

$$\frac{1}{G(-m)}=\frac{1}{(G(-m))_0}+\frac{1}{G_i}\frac{k_s[S]}{k_p[M]} \tag{9-41}$$

所以，利用三乙胺作清除剂，以$\dfrac{1}{G(-m)}$对$[S]$作图，如果为直线关系，则直线斜率为$\dfrac{1}{G_i}\dfrac{k_s}{k_p[M]}$。若已知$k_s=3.4\times10^9$ L·mol^{-1}·s^{-1}，$G_i=0.1$，就可以计算出k_p。但是，当活性粒子向单体链转移严重时，聚合度较低，聚合度对$[M]$的变化不敏感，则求出的$\dfrac{k_s}{k_p}$就不够准确。

9.1.2　辐射聚合的主要方法

辐射聚合与化学引发聚合的最大区别在于，辐射聚合由射线引发聚合，无需添加引发剂或催化剂，所以辐射聚合的主要特征表现在链引发阶段。基于这一特定的引发方式，辐射聚合可分为以下几种基本类型：

(1) 辐射场内聚合：整个聚合过程都在辐射场内进行，离开辐射场聚合反应就停止。这种聚合方式适用的聚合反应体系特征是辐解生成的自由基寿命很短、产额较大、聚合速率很快、生成的聚合物耐辐射稳定性好。辐射场内聚合方法简单易行，可充分利用辐射能，一般真空封管或通氮除氧后封管即可。如果是利用这种聚合方法进行单体辐射聚合机理研究，单体的转化率不能太高，控制在$5\%\sim8\%$以下。

(2) 辐射场外聚合：对于耐辐射稳定性比较差的聚合物体系，可采用辐照时通氧的办法，使单体辐解生成的自由基转化为烷基过氧化物或者烷基氢过氧化物，这样可避免单体在辐照时发生聚合。然后将辐照样品移出辐射场外，利用通氮加热、紫外光照等方法再生成自由基，引发聚合。此方法相当于在辐照场内将体系接受的辐射能储存起来，在辐射场外再加以利用。

(3) 辐射后效应聚合：这种聚合方式兼有以上两种聚合方式的特点。对于辐照生成的自由基寿命较长、具有较高活性的单体，将其移出辐射场后，自由基仍可引发聚合，如四氟乙烯和某些乳液、固相辐射聚合。预辐射聚合是辐射后效应聚合中的一个特例，在辐射场内聚合反应几乎不进行，生成的短寿命活性自由基被保护起来，移出到辐射场外时，给予自由基适合的环境，使其恢复反应活性，引发聚合，从而避免生成聚合物的辐射交联或降解。甲基丙烯酸甲酯、丙烯腈和醋酸乙烯酯等就可进行预辐射聚合。预辐射聚合的反应历程如图9.3所示。

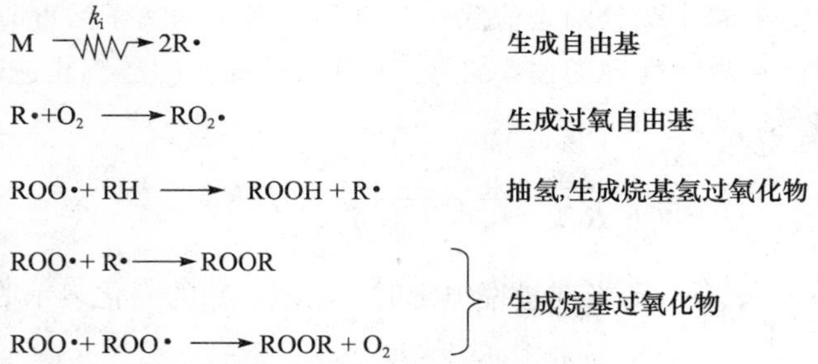

图9.3　预辐射聚合时可能发生的反应历程

在辐射场内：此时体系中生成的自由基以相对稳定的过氧化物或烷基过氧化氢的形式被保护起来。

在辐射场外：

$$\text{ROOR（或 ROOH）} \xrightarrow{\text{加热或去氧}} 2\text{RO·（或 RO· + ·OH）} \tag{9-42}$$

通过加热或通氮等方法将过氧化物（或烷基过氧化氢）分解重新给出活化的自由基，然后由它们引发聚合。预辐射聚合有以下特征：

（1）预辐射单体形成的过氧化物来源于单体，又引发单体聚合，可以保证聚合物的纯净性。

（2）整个聚合过程都在辐射场外进行，避免了聚合物的辐射效应（交联或降解），同样简化了工艺流程，提高了辐射源的利用率。

（3）过氧化物分解及引发聚合有较低的活化能，一般在 54.39 kJ·mol^{-1}左右。

（4）辐射诱发过氧化物选择性低，所以预辐射聚合方法应用面广。

高分子聚合又分为均聚和共聚。由一种单体聚合而成的聚合物称为均聚物（homopolymer）。由两种或两种以上单体聚合而成的聚合物被称为共聚物（copolymer）。**辐射共聚合**（radiation copolymerization，radiation-induced copolymerization）就是利用高能辐射引发两种或两种以上单体聚合产生一种共聚物的方法。传统法引发共聚合得到的聚合物结构可分为无规共聚物、嵌段共聚物、交替共聚物、接枝共聚物等。而辐射共聚合得到的共聚物通常是无规共聚物，可以使辐射无法引发均聚的两种单体实现辐射引发共聚合，比如 α-甲基苯乙烯和马来酸酐，醋酸丙烯酯与 SO$_2$，烯烃和 CO$_2$（产物为聚酮）。将辐射共聚合得到的共聚物组成、单体的竞聚率[①]与传统化学法引发的共聚物组成、单体竞聚率进行比较，有助于确定辐射共聚合的反应机理。对于相同的聚合反应机理，共聚合温度通常对共聚物的组成和单体竞聚率影响不大。一般低温主要发生离子聚合机理，0℃以上主要是自由基聚合机理。

按照辐照时单体形态，辐射聚合可分为本体聚合、气相聚合、固相聚合、溶液聚合、乳液聚合等。由于前面反应机理部分主要介绍了本体聚合和溶液聚合，下面再简单介绍其他几种聚合方法。

1. 气相辐射聚合（radiation-induced gas-state polymerization）

气相辐射聚合的实例较少，主要原因如下：

（1）室温下大多数单体是以液态存在，少数是固态，气相单体则很少。

（2）气相中单体浓度一般很低，反应速率、产物聚合度也很低，因此，辐射能利用率很低。

（3）生成的聚合物一般不以气相存在，因此，气相聚合反应实际上是在气-固两相体系中进行，这在研究反应机理、实验操作和工程上都带来很多困难。气相聚合的少数实例之一就是乙烯辐射聚合。

2. 固相辐射聚合（radiation-induced solid-state polymerization）

固相辐射聚合就是利用穿透力强的高能射线与固态单体作用后形成的均匀分布的活性自

---

① 竞聚率（reactivity ratio）：定义为链式共聚合时，以某一单体的结构单元为末端的活性链分别与该单体及参与共聚的另一种单体的加成反应的速率常数之比，用 r 表示。它不仅是计算共聚物组成的必要参数，还可根据它的数值直观地估计两种单体的共聚倾向。所以竞聚率的涵义是"竞争聚合时两种反应活性之比值"。例如，$r>1$ 表示自聚倾向比共聚大；$r<1$ 表示共聚倾向大于自聚；$r=0$ 表示不能自聚。

由基,使固态单体打开双键或开环进行聚合的方法。常见的单体有:丙烯酰胺、乙炔、甲基丙烯酸甲酯以及环状单体,如三聚甲醛、六甲基环三硅氧烷、β-丙内酯等。用普通方法引发固相单体聚合反应非常困难,原因是引发剂不易进入单体结晶内部,即使采用某种方法引入了引发剂,也会扰乱单体晶格次序。比如,热引发聚合时会导致单体熔融,难以使单体在固相下聚合;采用紫外光引发聚合时,紫外光易被单体结晶散射,在定量研究时不可行。与之相比,采用电离辐射的方法可以克服上述困难,引发固相辐射聚合,在聚合过程中还避免了化学引发剂对聚合物的污染。按单体的固态特征,固相辐射聚合分为结晶态辐射聚合和玻璃态辐射聚合。

结晶态辐射聚合具有以下特点:

(1) 可以是自由基聚合,也可以是离子聚合,而且有明显的后效应。高能射线在固相中形成的活性粒子均匀地分布在被辐照体系中,在低温下被有效地保存下来;当体系移至辐射场外,加热到熔点以下的某一温度时,活性粒子又可以有效地引发聚合反应,这也是一种预辐射聚合。

(2) 结晶单体中单体分子在晶格中排列整齐,位阻因素减弱,链增长速率比在液相中快;同时固相中自由基的复合作用受阻,导致链终止反应速度减缓。上述两种作用都会使总的聚合速度增加。

(3) 有使聚合物晶型维持单体晶型结构的可能性,因为聚合过程并不破坏单体晶型结构。如三聚甲醛单晶的聚合物仍为单晶,其强度可达 36 MPa。

(4) 氧的阻聚作用可能减少,因为晶体中氧的溶解度降低。

(5) 某些在液态下不可能进行的共聚反应可在固相下进行。这是由于结晶分子的某些空间结构有利于聚合反应的进行。

玻璃态辐射聚合指在单体冷却到熔点以下、玻璃化温度以上的某一过冷[①]态温度范围内借助电离辐射能量进行的聚合反应。进行这种聚合反应的玻璃态单体必须具备下列某一特征:

(1) 具有适当的氢键,如有—OH 存在。

(2) 具有柔顺性回转度大的链节,如醚键。

(3) 具有非对称性的、体积大的取代基及侧基,如丙烯酸酯类、乙烯基醚类等。

此外,某些玻璃态不稳定或不能成为玻璃态的单体,需加入另一些单体时,使其混合体系形成玻璃态单体,如丙烯酰胺-亚甲基丁二酸、丙烯酸-乙酰胺体系等。玻璃态辐射聚合的特征大体上与结晶态辐射聚合相似,如高能射线的穿透性强、活性粒子分布均匀、聚合速率高、产物分子量大、存在后效应等。

需要注意的是,固相辐射聚合时,固相中的慢扩散一方面会阻碍单体向增长链自由基接近,另一方面会更强烈地抑制双自由基复合的进行。共聚中的竞聚率可能不同于液相所观察到的。如果两种单体混合物形成分别的固相,则倾向于形成均聚物。如果能形成固溶体,则竞聚率往往由其含量决定。

3. 乳液辐射聚合(radiation-induced emulsion polymerization)

乳液聚合是指憎水性单体在水中乳化剂的作用及机械搅拌下形成的乳状液中所进行的非

---

① 过冷(supercooling):液态物质在温度降低至凝固点,仍不发生凝固或结晶等相变的现象。这样的物质叫做过冷液体。过冷液体是不稳定的,只要投入少许该物质的晶体,即能诱发结晶,并使过冷液体的温度回升到凝固点。这种在微小扰动下就会很快转变的不稳定状态称为亚稳态。

均相聚合反应,产物为聚合物乳胶。乳液聚合是按自由基反应机理进行的。过氧化物、紫外线和电离辐射均可引发乳液聚合。乳液辐射聚合就是用高能电离辐射引发的乳液聚合,具有以下优点:

(1) 在经典乳液聚合中,过氧化物引发剂产生的自由基要进入胶束与乳胶粒子作用,才能引发单体聚合。因此,这些进入胶束的自由基随温度而变化,且在整个反应过程也随时间而变化。而电离辐射提供了一个基本不受温度与时间影响的自由基源。

(2) 当乳化剂浓度远低于临界胶束浓度时,过氧化物和紫外线都难以引发乳液聚合,但辐射乳液聚合却可以按很快的聚合速度进行。如氯乙烯、丙烯腈、甲基丙烯酸甲酯等,在乳化剂浓度为 0.002%～0.04% 内就可进行乳液聚合。

(3) 辐射乳液聚合常具有后效应,得到分子量高且分布窄的高聚物。如用此法合成的聚苯乙烯膜,强度比一般聚苯乙烯膜大 5～10 倍。

(4) 辐射引发乳液聚合所需的剂量虽然很小,但转化率可达 99% 以上。

9.2　辐射接枝共聚

由 A 单体构成的长链作为主链,由 B 单体构成的链段作为支链的共聚物,称为接枝共聚物(graft copolymer),其结构可表示为如图 9.4,在文献中常用 $A_p\text{-}g\text{-}B_q$ 表示。作为接枝共聚物,通常主链和支链的组成单元不同,主链、支链本身也可能是共聚物。

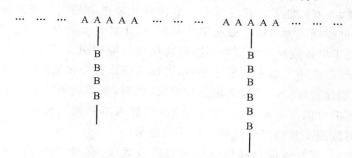

图 9.4　接枝共聚物的结构示意图

接枝共聚在改善聚合物性能方面具有许多优越性,例如在聚苯乙烯分子链上接枝丙烯酸,可以提高基材的粘接性;在憎水性聚合物聚乙烯上接枝亲水性聚合物丙烯酸,可以改善基材的亲水性;在聚氯乙烯纤维上接枝丙烯腈,可以防止热收缩等。因此,接枝共聚物性能及接枝共聚反应的研究日益受到重视,发展十分迅速。本节重点介绍辐射接枝共聚。

辐射接枝共聚(radiation-induced graft co-polymerization)就是用辐照法使基体聚合物产生活性点(自由基或离子),再由该活性点引发单体发生共聚反应,在聚合物上形成接枝共聚物的过程。它是辐射化学应用研究的一个重要方面,是研制各种性能优异的新材料或对原有材料进行辐射改性的有效手段之一。它与传统接枝方法相比有以下优点:

(1) 辐射接枝法比一般化学接枝法更易掌握,可以完成化学法难以进行的接枝反应。

(2) 电离辐射与物质作用无选择性,原则上辐射接枝技术可应用于任何一对聚合物基材-单体体系。

(3) 辐射接枝操作简单、易行,室温甚至低温下也可完成,同时,可以通过调节剂量、剂量率、单体浓度和向基材溶胀的深度来控制反应,以达到需要的接枝速度、接枝率和接枝深度。

(4) 辐射接枝反应不需要引发剂,可以得到纯净的接枝共聚物,适合制备某些特殊用途的高纯材料。同时还起到消毒作用(有关辐射灭菌将在第 11 章详细讨论),这对医用高分子材料的合成和改性是十分重要的。

9.2.1　辐射接枝共聚的反应机理和方法

尽管接枝共聚合反应既可以通过自由基聚合机理,也可以通过离子聚合机理进行,但通常辐射接枝共聚反应还是主要选择按照自由基聚合机理进行。只有少数接枝体系在低温、无水条件下可能是离子聚合机理。本节主要讨论自由基引发机理。

聚合物真空辐照后在无定形区产生的自由基极不稳定,接枝反应利用率较低,但在较高规整区或结晶区的自由基比较稳定,这部分自由基称为陷落自由基(trapped radicals)。由于单体、溶剂和氧等很难进入结晶区,这部分陷落自由基的寿命虽长,但对引发接枝反应的效率也较低。

聚合物有氧辐照时无定形区自由基易与氧形成烷基氢过氧化物或烷基过氧化物。这些过氧化物比较稳定,经分解后仍能给出自由基,从而引发接枝反应。

接枝共聚反应机理在动力学原则上与 9.1.1 节中的辐射自由基聚合类似。值得注意的是,辐射接枝共聚反应通常是一个非均相的反应,单体分子只有不同深度地进入聚合物基材内部并与活性点碰撞,才有可能发生接枝反应。当接枝共聚速率相当于或者超过单体向聚合物扩散的速率,接枝过程就成为单体扩散速率控制反应,此时整个动力学过程会受到很大影响。

若将聚合物浸于单体或单体溶液中不断提高接枝反应的引发速率,则接枝反应的表观速率开始是逐渐增加,但在一个极限引发速率后,接枝反应速率会突然下降。如果引发速度明显超过这个极限值,则接枝反应只局限于聚合物表层,此时,单体在进入聚合物深层以前就被消耗掉了。实验过程中可以改变剂量率、扩散系数(如加入溶胀剂)、膜厚度以及有关的外部条件,如温度等,就可按照实验的需要得到不同接枝效果。

与辐射聚合类似,某些辐射接枝体系也存在凝胶效应,有时也叫 Trommsdorff 效应。表现为随体系中单体浓度增加,共聚接枝速率先增加至最高值,然后逐渐下降。该现象经常发生在非极性接枝单体和使用极性溶剂(如甲醇等)时。如果接枝体系使用非极性溶剂(如 CCl_4),则不仅抑制凝胶效应,也可以使接枝速率降低。

根据辐照与接枝程序的差异,可将辐射接枝共聚的方法分为共辐射接枝法(direct、simultaneous 或 mutual radiation grafting)和预辐射接枝法(pre-irradiation grafting)两类。

1. 共辐射接枝法

将聚合物基材 A 与乙烯基单体 B 及溶剂置于同一体系中,除氧后密封,在基材和单体保持直接接触的条件下进行辐照,引发接枝共聚反应。共辐射接枝法的优点是辐射与接枝反应一步完成,操作简便,聚合物基材在电离辐射作用下引发的短寿命活性自由基一经生成即可引发接枝反应,活性点或辐射能利用效率高。此方法最大的缺点是基材与单体同时受辐照,单体均聚严重,降低了接枝效率,增加了去除均聚物的步骤。

此辐照过程中有可能发生如图 9.5 所示的反应。

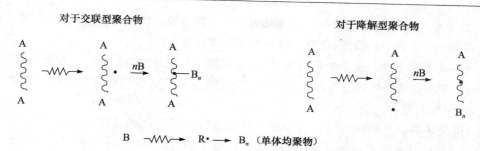

B ～～～→ R· ～→ B_n （单体均聚物）

图 9.5　不同类型聚合物与单体共辐照时可能发生的反应
（R· 是乙烯基单体吸收辐射能所产生的自由基，或由能量转移、链转移等方式生成的小分子自由基）

由于辐射导致聚合物降解所需的剂量要比辐照后从聚合物主链上抽氢的剂量大很多，所以辐射接枝通常采用较低的剂量时，基本可避免聚合物的降解，不容易生成嵌段接枝共聚的产物。但是辐射接枝共聚反应中，单体 B 也同时受到辐照，会引发聚合生成均聚物 B_n。因此，辐射接枝共聚反应中有两个参数非常重要，即单体的辐射引发自由基产额 G_R^M 和聚合物的辐射引发自由基产额 G_R^P。若 $G_R^M \ll G_R^P$，则均聚物的产率很低，主要发生辐射接枝共聚。常见单体的辐射自由基产额和聚合物的辐射自由基产额分别列于表 9.3 和表 9.4。

表 9.3　某些常用单体的辐射引发自由基产额

单　体	测定方法	G_R^M
苯乙烯	动力学和 DPPH	0.69
丙烯腈	DPPH/动力学	5/5.6
甲基丙烯酸甲酯	DPPH/动力学	5.5～6/11.5
丙烯酸甲酯	DPPH	6.3
醋酸乙烯酯	DPPH/动力学	9.6/12.0

表 9.4　某些常见聚合物的辐射引发自由基产额

聚合物	G_R^P	聚合物	G_R^P
聚丁二烯	2～4	聚醋酸乙烯酯	6, 12
聚异戊二烯	2～4	聚丙烯酸甲酯	6, 12
聚苯乙烯	1.5～3.0	纤维素	10
聚乙烯	6～8	聚乙烯醇	10
聚异丁烯	6～8	聚氯乙烯	10～15
聚甲基丙烯酸甲酯	6, 12	各种硅酮	3.6, 7.2

为了提高接枝率，抑制均聚物，文献中常采用以下几种方法：

（1）尽可能降低单体浓度。如使用气相单体、单体稀溶液，也可以将聚合物只用单体适度溶胀，然后再进行辐射接枝共聚，目的是使电离辐射尽可能被聚合物吸收，减少接枝体系中单体自由基浓度。

（2）向接枝体系中添加适量阻聚剂。如添加适量的 Cu^{2+} 或 Fe^{2+}，可以提高接枝率和接枝效率，但有时用量过多也会抑制接枝反应。

（3）加入微量无机酸。在某些辐射接枝体系中加入少量无机酸，也可以起到提高接枝率的效果。对聚烯烃来说，$HNO_3 > H_2SO_4 > HClO_4 > HCl > HCOOH$。对于纤维素，$H_2SO_4$ 效果最好,HNO₃ 最差。改善的原因可能是因为酸可以提高反应中氢原子的产额,增加了非极性单体在非极性聚合物中的分配,使接枝区域的单体浓度增加。

也有一些含电负性杂原子的聚合物,如聚醚氨酯与某些亲水性单体进行辐照接枝时,碱性或较高 pH 溶液对接枝反应有促进作用。有关酸、碱性对接枝率敏化作用的研究工作日益受到重视,其机理问题尚待深入研究。

(4) 能量转移。上述讨论中没有考虑到辐射接枝体系间的能量转移,其实在很多体系的组分间能量转移是相当普遍的现象。如果能量是由单体向聚合物转移,那么,接枝率将比预期的高;反之,则得到更多的均聚物。表 9.5 给出了某些共辐射体系各组分之间能量转移的可能方向。

表 9.5　某些聚合物、单体间的能量转移趋向

模　式	接枝体系预期行为
烷烃 ⟶ 芳香烃	聚乙烯 ⟶ 苯乙烯 聚异丁二烯 ⟶ 苯乙烯
芳香烃 ⟶ 酯类	聚苯乙烯 ⟶ MMA,MA,VA PMMA ⟶ PMA,PVA ⟵ 苯乙烯
酯类 ⟶ 氯烷	PMMA 或 PMA 或 PVA ⟶ VC PVC ⟵ MMA 或 MA 或 VA
芳香烃 ⟺ 氯烷	PVC ⟺ 苯乙烯 聚苯乙烯 ⟺ VC

表 9.5 只能给出一个初步判断依据,具体接枝体系组分间能量转移尚需从实验数据对比中得出正确结论。

(5) 在接枝链上的辐射接枝。在共辐射接枝情况下,如果接枝率较高(≈100%),则在接枝链上产生的自由基同样也可以引发进一步的接枝,形成如下接枝共聚物:

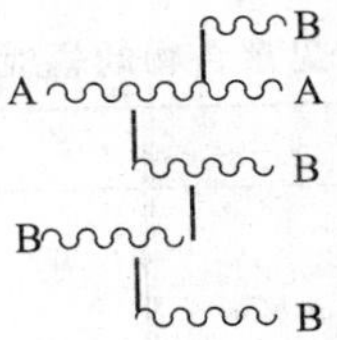

随着接枝链的增多,这种接枝链上的接枝也随之增加,接枝反应速率增加。当单体自由基产额大大高于聚合物自由基产额时,在较低接枝率情况下也会出现这种叠加接枝。

2. 预辐射接枝法

这种接枝共聚方法是将聚合物 A 在有氧或真空条件下进行辐照,然后将辐照过的聚合物 A 浸入单体 B,在无氧条件下进行接枝反应。该接枝方法的优点是辐照与接枝反应分步进行,单体不直接接受辐射能,可以最大限度地减少均聚反应,控制均聚物的生成;缺点是辐射能利用率低,基材的辐射损伤也比共辐射接枝严重。

根据聚合物结构特点等因素,预辐照接枝共聚可分为以下两种方法:

(1) 陷落自由基引发:这种方法是在高真空或通氮气除氧的条件下,聚合物基材经预辐照后产生陷落自由基,在辐射场外,再由生成的陷落自由基引发单体的接枝共聚反应。此法适用于室温下处于玻璃态或结晶态的聚合物。采用此法时,由于自由基容易"失活",预辐照后的样品通常需要在低温下保存。为了减少陷落自由基衰变损失,提高辐射能的利用率,通常样品在辐照后需尽快进行接枝共聚反应。

(2) 过氧化物法:这种方法是聚合物在有氧条件下进行辐照,生成烷基过氧化物或烷基氢过氧化物,生成的过氧化物在室温下是稳定的,可以较长时间保存。然后在辐射场外,采用升温、紫外光照射的方法使过氧化物分解出含氧自由基,进而有效地引发单体接枝反应。这种接枝方法可以有效地减少单体均聚物的生成。但氢过氧化物分解时会生成小分子自由基 ·OH,它们可以进一步引发单体的均聚反应,生成相当量的均聚物。为消除或减轻这一副反应,通常往体系中加入少量选择性阻聚剂,如 Fe^{2+}:

$$A_p-OOH + Fe^{2+} \longrightarrow A_p-O\cdot + Fe^{3+} + OH^- \tag{9-43}$$

这样,·OH 自由基转化为 OH^- 负离子,引发单体聚合的因素就被消除了。

需要指出的是,在有氧预辐照的过程中除了生成过氧化物,同时也会产生陷落自由基,当接枝共聚反应温度不太高时,通常是由陷落自由基引发接枝反应而不是含氧自由基。这部分陷落自由基处于结晶区内,而氧是不能进入结晶区的。陷落自由基可逐渐迁移到结晶区表面,靠近无定形区,当它们与单体接触时就有部分引发接枝反应。

生成过氧化物的引发过程如图 9.6(a)所示,而生成氢过氧化物的引发过程如图 9.6(b)所示。

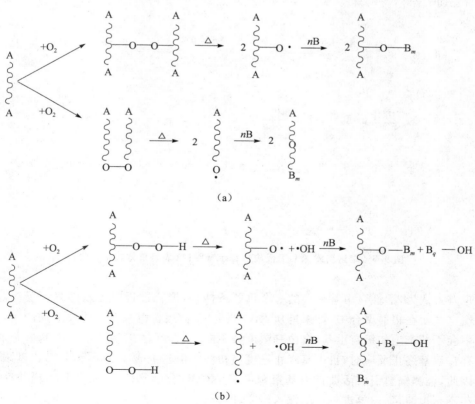

(a)

(b)

图 9.6　聚合物在有氧下预辐照引发单体发生接枝的反应

[(a) 生成过氧化物引发反应;(b) 生成氢过氧化物引发反应]

3. 辐射引发可控接枝聚合

常规的辐射接枝共聚反应很难控制接枝链长度,反应得到的共聚物分子量分布较宽。随着化学法引发可控活性自由基聚合反应的发展,利用辐射法在合适的链转移试剂存在下,也可以实现对接枝链长的可控。2001 年白如科等率先实现了 γ 射线引发活性自由基聚合反应,此后,Davis 等也报道了 γ 射线辐射下的苯乙烯和甲基丙烯酸甲酯的活性自由基聚合,以及聚丙烯表面的接枝聚合等。

在三硫代碳酸苄酯(DBTTC)和二硫代苯甲酸等硫化物存在下,用^{60}Co γ 射线辐射引发丙烯酸酯和苯乙烯等单体进行自由基聚合。实验结果表明,聚合反应具有活性自由基聚合的特征。聚合物分子量随单体转化率线性增长,分子量分布比较窄,聚合反应是准一级反应,聚合过程中自由基浓度保持不变。与热引发可逆加成断裂链转移(RAFT)聚合相比,对于丙烯酸酯单体,聚合速率高,在剂量率为 80 Gy·min^{-1}时,辐照 2~3 h 的单体转化率可达 60%~70%,聚合物数均分子量高达 $3.4×10^4$ g·mol^{-1},分子量分布可达 1.08。

关于辐射引发可控接枝聚合的可能机理,有人认为反应过程基本遵循可逆加成断裂链转移机理,即 RAFT 机理(图 9.7)。

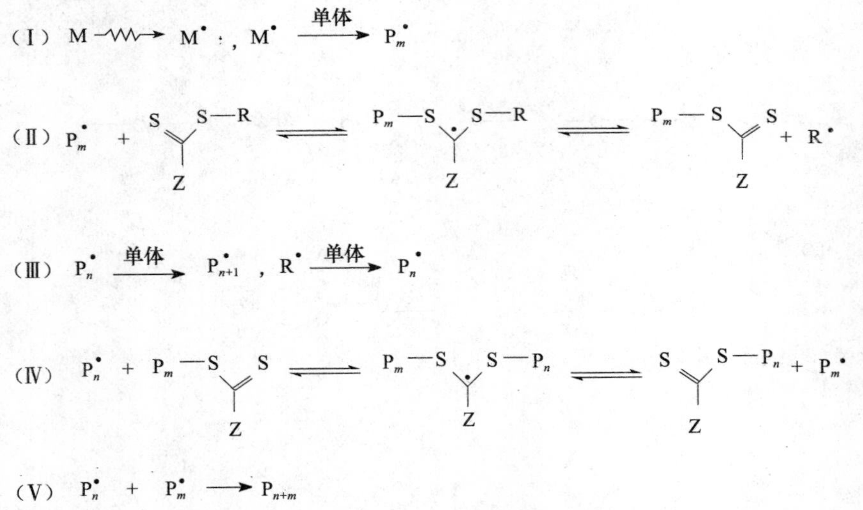

图 9.7 辐射引发 RAFT 反应过程示意图(M 表示单体或聚合物)

但也有人认为,活性自由基聚合的一个重要条件是,聚合过程中无双基终止反应,且自由基浓度恒定。而在辐射聚合中,如果遵从 RAFT 机理,初级自由基由单体或溶剂产生,聚合反应过程中会不断产生初级自由基,自由基浓度会不断增大,无法满足活性自由基聚合的条件,只有还存在双基终止反应时,自由基终止速度与初级自由基生成速度相等时,自由基浓度才会恒定。因此,推测辐射引发活性自由基聚合可能是双基终止(RT)与 RAFT 机理并存。目前该机理还不是很清楚,需要进一步的深入研究。

9.2.2　辐射接枝共聚的表征方法

辐射接枝最常用的表征方法是接枝率 GY,定义为在基材上接枝链质量与基材原始质量的百分比:

$$GY = \frac{m - m_0}{m_0} \times 100\%$$ (9-44)

式中,m_0 为基材接枝前的质量(g);m 为接枝反应后,利用索氏提取器,采用适当溶剂除去单体和均聚物后的接枝共聚物质量(g)。

利用索氏提取器长时间回流是去除均聚物的一个比较有效的方法,但若除不尽均聚物,使其包埋在基材中,会得到虚假的接枝率结果。在使用索氏提取器去除均聚物时需注意两个问题:

(1) 冲洗与回流溶剂的选择:所选试剂必须是不溶解基材却能有效溶解未反应单体和生成的均聚物。

(2) 提取时间的确定:确定回流溶剂后可对接枝基材回流不同时间,每隔一段时间取出样品干燥、恒重,待接枝基材质量不再随回流时间改变时,就可以确定总的提取时间。

接枝速率是接枝共聚反应的另一个重要参数,它反映了某一特定接枝条件下接枝反应过程的特征,用单位时间接枝率($\% \cdot h^{-1}$)表征。

接枝效率 GE 定义为接枝体系中已转化单体总量中接枝在基材上的百分比。它表示在接枝体系中已转化的单体有多少份额用于有效的接枝反应,份额越大,则单体自身聚合的副反应越低,接枝共聚合反应越有效。

$$GE = \frac{m_1}{m_1 + m_2} \times 100\%$$ (9-45)

式中,m_1、m_2 分别为单体接枝在基材与转化为均聚物的质量(g)。

辐射接枝产额 G_{gr} 定义为体系每吸收 100 eV 能量生成接枝共聚物的分子数。

$$G_{gr} = \frac{GY \times N_A}{6.242 \times 10^{15} \times D \times \overline{M}_n^{gr}}$$ (9-46)

式中,D 为体系的吸收剂量(Gy),$\overline{M}_n^{gr}$ 为接枝聚合物的数均分子量,GY 为接枝率或接枝度(%)。

以上主要是通过称重的方法来表征接枝产物的产率。接枝共聚物的分子量通过凝胶渗透色谱法(GPC)或者动态激光光散射等方法测定。可以通过红外、核磁等对辐射接枝产物的化学结构进行表征,并对辐射接枝产物的物理性质、热行为、结晶行为以及力学性能等进行表征。

【例 9.4】　如何估算辐射接枝链的平均分子量?

已知一种含氟聚合物膜经过预辐照后,吸收剂量为 1.7 kGy,然后与苯乙烯进行预辐照引发接枝共聚,测得接枝产物的接枝率为 32.5%。

解　首先需要了解该聚合物辐照后引发单体接枝聚合的自由基产额为多少,可以通过 ESR 测试或者从文献检索获取。ESR 测试结果表明 $G_R = 2.7$,则每克样品中的自由基数 N_R 为

$$N_R = \frac{G_R D}{1.602 \times 10^{-16} \times 100} = \frac{2.7 \times 1.7 \times 1000}{1.602 \times 10^{-14}} = 2.87 \times 10^{17} \quad (\text{自由基·g}^{-1})$$

这里有 $1eV/g = 1.602 \times 10^{-16} Gy$，根据接枝率计算出每克样品中接枝共聚物的质量为 $0.325g$，求出苯乙烯的重复单元数 n（苯乙烯的分子量为 104）：

$$n = \frac{0.325}{104} \times 6.023 \times 10^{23} = 1.9 \times 10^{21}$$

若平均每个自由基可引发一个接枝链（实际要少得多），则最小平均接枝链长或者聚合度 L 为

$$L = \frac{n}{N_R} = \frac{1.9 \times 10^{21}}{2.87 \times 10^{17}} = 6.6 \times 10^3$$

接枝共聚物的最小平均分子量为

$$\bar{M} = LM = 6.6 \times 10^3 \times 104 = 6.9 \times 10^5$$

由于辐照后的自由基不能被完全利用，所以实际的接枝共聚物的平均分子量要大于估算值。

【例 9.5】 如果共辐照接枝时，已知聚合物的 $G_R = 6$，平均分子量 $\bar{M}$ 为 5×10^5，若使每个聚合物分子平均产生一个自由基，在单体利用率 100% 和忽略其他次级反应情况下，该聚合物需要的吸收剂量为多少？

解 首先计算每克样品中产生的自由基数：

$$N_R = \frac{G_R D}{1.602 \times 10^{-16} \times 100} = 6.24 \times 10^{13} G_R D \qquad (9\text{-}47)$$

每克样品中含聚合物的分子数 m 为

$$m = \frac{1}{\bar{M}} \times N_A = \frac{1 \times 6.023 \times 10^{23}}{5 \times 10^5} = 1.2 \times 10^{18}$$

要求 $\dfrac{N_R}{m} = 1$，所以

$$D = \frac{m}{6.24 \times 10^{13} G_R} = \frac{9.65 \times 10^9}{\bar{M} G_R} \qquad (9\text{-}48)$$

$$D = \frac{9.65 \times 10^9}{\bar{M} G_R} = \frac{9.65 \times 10^9}{5 \times 10^5 \times 6} Gy = 3.2 \ kGy$$

9.2.3　影响辐射接枝共聚物接枝率的因素

1. 共辐射接枝的影响因素

（1）氧的影响。氧是自由基俘获体，它可以与基材上辐照后生成的自由基作用，降低接枝率或完全抑制接枝反应。在共辐射接枝中如果有氧存在，则氧可与辐照诱发自由基形成过氧化物而使接枝反应终止，从而降低了辐射接枝率。因此，通常在共辐照接枝中一般用真空除氧后封管或在氮气气氛下进行接枝共聚反应。在非常高的剂量率情况下（比如电子束辐照），接枝体系中的氧在很短时间内被消耗掉了，而基材外部的氧尚来不及扩散进去时接枝反应已经完成，这时体系中是否含氧影响不大。

（2）剂量与剂量率的影响。通常共辐射接枝的接枝率随着吸收剂量的增加而提高，但超

过某一剂量范围后接枝率的增加趋于缓慢,甚至出现最大值。这是由于单体均聚反应使体系粘度增大,降低了单体扩散速度。另外,单体浓度降低也可能是一个影响因素。

剂量率决定着基材上活性点的生成速率,进而也决定接枝共聚反应的引发速率。剂量率越高,接枝侧链越短,在扩散控制的接枝反应中接枝率会随剂量率的增加而降低。

（3）温度的影响。反应温度对接枝共聚来说比较复杂,它涉及多种因素,如体系凝胶效应、能量转移、接枝链长度、单体扩散速度以及相分离等。通常来说,提高反应温度对提高共辐射接枝的接枝率有利。

2. 预辐射接枝的影响因素

在预辐射接枝共聚中,陷落自由基和过氧化物在被辐照过的聚合物中的初始浓度是影响接枝率、接枝链的数量与长度的主要因素。

通常陷落自由基在聚合物中的浓度随吸收剂量增加而线性增加。而在预辐照条件下,剂量率只影响聚合物中陷落自由基与过氧化物的生成速率,对接枝率无明显影响。

由于氧一般只能进入基材的无定形区,若扩散速率较慢,在高吸收剂量或高剂量率下会导致基材内氧的消耗加快。这时,为防止过氧化物生成速率降低,需要在较高分压下进行辐照,或选用多孔聚合物。

此外,聚合物的吸水性与玻璃化温度对预辐射接枝的影响也比较大。

预辐射接枝中接枝温度对接枝率的影响也比较复杂。如果是以陷落自由基引发接枝反应为主的体系,提高接枝温度,接枝速率增加,但平衡接枝率降低;如果是以过氧化物引发接枝反应为主的体系,提高接枝温度,接枝率增加。

9.3　聚合物的辐照效应

高分子辐射化学中另一个重要的研究内容就是聚合物的辐照效应。一般聚合物受中等剂量辐照所产生的化学变化是很微小的。然而,聚合物通常由几千甚至上万个单体单元组成,所以即使很小的变化也可以引起聚合物物理性质和机械性能的显著变化。这个聚合物辐照后产生的明显变化具有很大的理论价值和工业应用意义,因此,聚合物的辐射改性是高分子辐射化学和辐射工艺中最受重视的领域。具体应用实例将在第 11 章详细讨论。

由于分子量大小及其分布是聚合物最重要的特征之一,辐射作用对聚合物分子量的影响主要有两方面:①辐射交联,即通过辐照效应使高分子链连接在一起,从而增加分子量,最终形成网状聚合物;②辐射降解,即辐照效应导致高分子主链断裂而使分子量降低。当然,聚合物接受辐射能后还可以产生气体、小分子碎片以及后者连接在主链上而形成的带支链的分子,但主要的**辐照效应是交联和降解**。多数聚合物在被辐照时,交联与降解两者一般同时发生,但有主次之分。一般认为,若某聚合物的**辐射交联 G 值**(每吸收 100 eV,聚合物形成交联键的个数)大于其**辐射降解 G 值**(每吸收 100 eV,聚合物断键的个数)的 $1/4$($G_{降解}/G_{交联} < 4$)时,那么该聚合物辐照后的最终效应将产生网状聚合物;若主链断裂 G 值大于交联 G 值的 4 倍,则该聚合物最终将被降解。前者称为交联型聚合物,后者称为降解型聚合物。纯聚合物在无氧辐照条件下的主要辐照效应如表 9.6 所示。

表 9.6　一些聚合物的辐照效应

交联型聚合物	降解型聚合物
聚乙烯，聚丙烯[a]，聚苯乙烯，天然橡胶，合成橡胶，聚硅氧烷，聚氧乙烯，聚氯乙烯[a]，氯化聚乙烯，氯磺化聚乙烯，聚丙烯腈，聚丙烯酸，聚丙烯酸酯，聚丙烯酰胺，聚乙烯基烷基醚，聚己内酰胺，聚酯，聚乙烯吡咯烷酮，聚乙烯醇[b]	聚异丁烯，聚偏二氯乙烯，聚三氟氯乙烯，聚四氟乙烯，聚 α-甲基丙烯腈，聚甲基丙烯酸，聚甲基丙烯酸酯，聚甲基丙烯酰胺，聚 α-甲基苯乙烯，纤维素及其衍生物[b]

[a] 不同文献对聚丙烯(PP)和聚氯乙烯(PVC)的报道不同,在不同条件下,它们可以主要呈现交联,也可以主要表现为降解。如:有报道 PVC 在低剂量下交联,高剂量下降解;而 PP 在剂量 $D < 500$ kGy 时为降解,$D > 500$ kGy 以后为交联。

[b] 据报道,聚乙烯醇在干态时可产生辐射降解,而湿态时可发生辐射交联。相似地,水溶性的纤维素衍生物在糊状时可发生辐射交联,而稀溶液和干态时主要发生辐射降解。

　　由表 9.6 可知,聚合物的结构与聚合物的辐照效应有着密切关系,可以归纳出以下几点:

　　(1) 对于乙烯类不对称二取代物单体(如单体结构为 $CH_2 = CR_1R_2$)组成的聚合物,一般以辐射降解为主,而无取代物或一元取代皆以辐射交联为主。但也有例外,如聚偏氟乙烯。

　　(2) 聚合热较低的聚合物以辐射降解为主,聚合热较高的聚合物以辐射交联为主。热裂解时倾向于生成原单体的聚合物以辐射降解为主,见表 9.7。

　　(3) 有 C—O 作桥连接主链单元的聚合物(如聚丁缩醛、聚烯醛等)易于辐射降解。

　　(4) 带有支链的、支化度高的聚合物有利于辐射交联。

　　(5) 在侧链中,含有—C—O—键连接的主链结构单元的聚合物亦以辐射降解为主,如聚乙烯醇缩甲醛。

　　以上只是根据实验结果给出的判断聚合物辐照效应类型的基本判据,也有不少例外,而且随着实验条件不同,还会有变化。因此要准确判断辐解类型,必须通过实验证实才行。

表 9.7　高分子的聚合热与辐照效应的关系

高分子的重复单元	辐照效应	聚合热/(kJ·mol^{-1})	热裂解时单体产额/(%)
乙烯	交联	92.05	0.025
丙烯	交联	97.8	2
丙烯酸	交联	77.40	—
丙烯酸甲酯	交联	77.50	2
苯乙烯	交联	71.13	40
甲基丙烯酸	降解	66.11	—
异丁烯	降解	54.39	20
甲基丙烯酸甲酯	降解	54.39	100
α-甲基苯乙烯	降解	37.66	100

9.3.1　辐射交联

1. 反应机理

　　辐射交联(radiation-induced crosslinking)是聚合物辐照效应中最重要的一种,通常是利用高能或电离辐射引发聚合物线性大分子间以化学键相连,进而导致分子量增加,随着交联键的增多逐渐形成区域网状结构,最终实现高分子间三维交联网络的形成,从而改善聚合物的物理和机械性能。辐射交联是聚合物改性和制备新型材料的一种有效方法,在改善聚合物综合性能和加工生产多样化产品方面是化学交联法所无法比拟的。

　　高分子辐射交联是一个复杂的过程,辐射交联与降解同时发生,但总有一方面是主要的。辐射交联与降解二者之间的关系将在下节中详细介绍。目前,关于辐射交联的反应机理,多数学者认为是以自由基反应为主,主要依据是:

　　(1) 使用顺磁共振谱仪(ESR)可以观察到聚乙烯在真空辐照时会产生三种自由基:烷基自由基($-CH_2-\dot{C}H-CH_2-$)、烯丙基自由基($-\dot{C}H-CH=CH_2$)和多烯自由基[$-\dot{C}H\{CH=CH\}_{\overline{n}}$],其中引发交联反应的主要是烷基自由基。

　　一般,聚乙烯(PE)辐射交联过程可用图 9.8 表示。

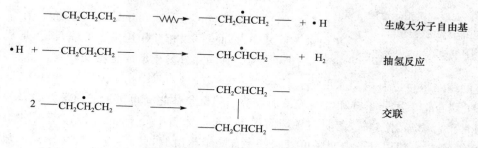

图 9.8　聚乙烯辐射交联反应示意图

　　(2) 交联反应具有较长时间的辐射后效应,而离子反应寿命不可能这样长。

　　(3) 自由基俘获剂能降低高分子的交联度,这个现象可以间接证明交联是自由基机理。

　　(4) 降解型水溶性聚合物在稀水溶液中也可发生交联反应,这种情况下,大分子活性粒子之间距离较远,只有寿命较长的自由基可以彼此复合,完成交联反应。

　　(5) 测定最终辐射交联产物的化学方法与 ESR 测定结合的方法也是验证反应机理的常用手段。如在聚二甲基硅氧烷(PDMS)辐射交联产物中发现(a)、(b)两种物质,两种产物的结构均已被证实:

$$(9\text{-}49)$$

　　因此,我们可以推测上述两种化合物是由以下自由基复合的结果:

　　其中,(c)是 Si—C 键断裂产生的自由基,(d)是 C—H 键断裂形成的自由基。所以,产物(a)可以认为是两个(c)自由基复合的产物,产物(b)是(c)和(d)两种自由基复合的产物。

　　通常聚合物内有结晶区与无定形区之分,辐射交联主要发生在无定形区。从结构来看,无定形区分子链比较柔顺、运动自由,自由基之间碰撞复合的机会较多;而结晶区高分子链排列规整,分子运动受阻,难以发生交联反应。

聚合物辐射交联的交联键类型有以下几种:

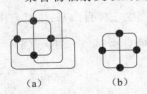

图 9.9　交联键类型示意图
(黑点为交联点)
[(a) 四官能键;(b) 三官能键]

(1) 分子间交联(intermolecular crosslinking):由侧链自由基偶合而成交联桥,在交联点处形成四官能键,这种类型称为 H 型交联[见图 9.9(a)];如果由于主链断裂形成末端自由基,再和一个侧链自由基作用形成三官能键交联点,这种类型称为 Y 型交联[见图 9.9(b)]。

(2) 分子内交联(intramolecular crosslinking):在聚合物分子内部不同基团之间也可以相互作用发生交联反应,形成内交联键。聚合物结构中有序部分易于形成这种交联键,无定形区由于分子链的缠结也可以有内交联形成。

(3) 聚合物中大分子链和填料或添加物分子的聚集体之间也可形成化学键。

通常聚合物辐射交联改善材料性能的作用主要是来自于分子间交联。分子间交联可以制备聚合物凝胶,而利用分子内交联可以制备聚合物纳米凝胶,此时,聚合物分子量一般不随剂量提高而增加,但其粒子尺寸随剂量增大而减小。通常需要聚合物溶液浓度较小,剂量率较高,才有利于实现分子内交联。

2. 基本概念

20 世纪 50 年代,英国学者 Charlesby 和 Pinner 根据一些基本假设,用概率论数学处理方法得到了著名的 **Charlesby-Pinner 关系式**。该关系式给出了高分子辐射交联中,可用实验测得的量如凝胶分数,得到溶胶分数与吸收剂量之间的定量关系,进而确定交联度、降解度和凝胶剂量等参数,在促进高分子辐射化学研究及辐射加工的产品开发方面起到了重要作用。同时,利用该关系式可以判别聚合物的主要辐射效应是交联型还是降解型。为了理解 Charlesby-Pinner 关系式,我们需要先学习几个重要的物理量。

(1) 交联度 q 与降解度 p

交联度又称为交联密度(crosslinking density),定义为交联反应中的主链单体单元数在该聚合物总主链单元数中所占的分数,即主链中每个单体单元发生交联的概率,用 q 表示。若体系中有 A_1 个单体单元,则发生的交联单元数为 qA_1,而交联键数为 $\frac{1}{2}qA_1$(一个交联键连接着两个交联单元)。交联度 q 正比于吸收剂量,不取决于剂量率,可表示为

$$q = q_0 D \qquad (9-50)$$

其中,q_0 表示单位剂量的交联度,是反映聚合物辐射交联反应或者交联敏感性的特征常数,正比于聚合物的交联 G 值[用 $G(x)$ 表示]。

从交联点 G 值的定义出发,有

$$G(\text{交联点}) = \frac{q_0 N_A \times 100}{6.24 \times 10^{15} \times 10 \times 10^3 \times M} \qquad (9-51)$$

式中,N_A 为阿伏加德罗常数,单位剂量为 10 kGy,转换为 eV/g,M 为单体的分子量。将 N_A 值代入上式得

$$G(交联点) = 9.6 \times 10^5 q_0/M \tag{9-52}$$

由于 $G(x)$ 是交联点 G 值的一半，所以有

$$G(x) = 4.8 \times 10^5 q_0/M \tag{9-53}$$

与交联度相对应的物理量是**降解度**（或降解密度），定义为吸收某一剂量后每个主链单体单元发生降解的概率，用 p 表示。它也与吸收剂量成正比，可表示为

$$p = p_0 D \tag{9-54}$$

其中，p_0 是单位剂量的降解度，反映了聚合物体系辐射降解的敏感性。降解 G 值用 $G(s)$ 表示，与辐射交联类似，存在

$$G(s) = 9.6 \times 10^5 p_0/M \tag{9-55}$$

（2）网络分子量 $\overline{M}_c$ 与交联网络密度

在交联程度较高的情况下，聚合物的结构可看做是网络结构。每个网眼都是由几个分子链构成，因此**网络分子量**也就是相邻交联点间的数均分子量，可用于表征聚合物的交联程度。

对含有 A_1 个单体单元的体系，交联后有 qA_1 个交联链节，每个链节平均有 $A_1/qA_1 = q^{-1}$ 个单元。这个链节的分子量应为 $M \times q^{-1} = M/q$（M 为单体分子量），用 $\overline{M}_c$ 表示，即

$$q = M/\overline{M}_c \tag{9-56}$$

式中，M 为交联聚合物中单体链节分子量，$\overline{M}_c$ 是影响交联网络弹性和溶胀行为的基本参数。对于中等交联程度的聚合物可用溶胀法求出 $\overline{M}_c$，从而计算出聚合物的交联度。

由式(9-56)、(9-50)和(9-53)可推出 $G(x)$ 与 $\overline{M}_c$ 的关系如下：

$$G(x) = 4.8 \times 10^5/(D\overline{M}_c) \tag{9-57}$$

由式(9-57)可知，辐射交联产额与剂量、网络分子量成反比，即 $G(x)$ 一定时，剂量越大，网络分子量越小。

交联网络密度（density of network chain）是指相邻两个交联点间分子链的密度，或者是1 cm³ 交联聚合物中所含交联分子链的摩尔数，用 $\dfrac{v_c}{V}$ 表示，其中 V 是未溶胀时交联网络的体积，则有

$$\overline{M}_c = \rho \Big/ \left(\frac{v_c}{V}\right) \tag{9-58a}$$

或

$$\frac{v_c}{V} = \frac{\rho}{\overline{M}_c} \tag{9-58b}$$

式中 ρ 为聚合物密度。

（3）交联指数 r 与交联系数 δ

对高交联度的聚合物，作为一级近似，末端基团的干扰可忽略。辐射引发的聚合物物理与化学性质的变化依赖于与交联密度相关的数均网络分子量 $\overline{M}_c$。然而在交联度低时，凝胶的形成、溶解性的变化与末端基团效应的关系就不能忽略。这时重要的参数是每个初始线性分子所包含的交联单元的平均数目，而不是两个相邻交联点之间的平均距离。为此，需要学习交联指数和交联系数的概念。

交联指数（crosslinking index）r 是指每个数均初始线性分子所包含的交联单元数；而**交联系数**（crosslinking coefficient）δ 是指每个重均初始线性分子所包含的交联单元数。

$$r = q\mu_1 \tag{9-59}$$

$$\delta = q\mu_2 \tag{9-60}$$

式中，μ_1 表示聚合物的数均聚合度，μ_2 表示聚合物的重均聚合度。将式(9-50)代入上述两式，可得出

$$r = q_0\mu_1 D \tag{9-61}$$
$$\delta = q_0\mu_2 D \tag{9-62}$$
$$\delta/r = \mu_2/\mu_1 = \overline{M}_w/\overline{M}_n \tag{9-63}$$

式中，q_0 是单位剂量的交联度；$\overline{M}_w$ 和 $\overline{M}_n$ 分别为聚合物的重均分子量和数均分子量；$\overline{M}_w/\overline{M}_n$ 值称为分散度，用来表示聚合物分子量的分散性，此值越小，表示分子量越趋于等同。如果聚合物分子量为均一分布，则 $\delta=r$；对 Flory 分布[①]，$r=\delta/2$。当 $\delta<1$ 时(此时为凝胶点以下)，聚合物仍保持其溶解性，而辐射效应为随着剂量增大，聚合物的平均分子量和支化度增大，有定值；当 $\delta=1$ 时(体系开始产生凝胶)，数均分子量有定值，而重均分子量趋于无穷大；当 $\delta>1$ 时(体系包含溶胶和凝胶)，随着剂量增大，凝胶分数增大，溶胶部分分子量有定值，而凝胶部分分子量趋于无穷大。

(4) 凝胶分数 g 与溶胶分数 s

当交联型聚合物受辐照时，分子间交联键的生成减少了初始线性分子的个数，增加了它们的支化度和平均长度。随着吸收剂量的增加，聚合物的分子链最终会形成三维网状结构，其中可溶的部分称为溶胶(sol)，不溶的网络结构称为凝胶(gel)。溶胶和凝胶统称为辐射交联产物。凝胶具有不溶且不熔的特性，只能溶胀于某些溶剂，当加热到一定温度后凝胶会分解，但不熔融。因此，凝胶分子在交联产物中所占的质量分数称为**凝胶分数**，用 g 表示。对应的，溶胶分子在交联产物中所占的质量分数为**溶胶分数**，用 s 表示。

凝胶分数(g)与溶胶分数(s)之间的关系是

$$s = 1-g \tag{9-64}$$

对应聚合物体系开始出现不溶性网络结构的临界条件就是**凝胶化条件**，而与凝胶化条件相对应的交联度就是该体系的**凝胶点**。对应凝胶点的吸收剂量就是**凝胶剂量**(D_g)，它是辐射加工中非常重要的参数。凝胶分数不显示分子内交联，只是分子间交联的宏观表现。虽然与交联度有关，但不是交联度。

(5) 聚合物辐射交联动力学方程——Charlesby-Pinner 关系式

为了导出 s 与吸收剂量之间的定量关系式，Charlesby 等人提出了一些基本假设：①辐射交联是无规交联，聚合物分子量分布属无规分布；②不发生分子内交联或环化；③辐射交联与降解反应是独立进行的；④辐射降解过程也是无规降解；⑤交联度、降解度与吸收剂量成正比；⑥交联度与降解度都很小。

在以上假设基础上，可用 Flory 分布统计方法得出 **Charlesby-Pinner 关系式**。该公式给出了聚合物辐射交联后溶胶分数与吸收剂量之间的定量关系：

$$s + \sqrt{s} = \frac{p_0}{q_0} + \frac{1}{q_0\mu_1 D} \tag{9-65}$$

式中，p_0 是单位剂量的降解度，q_0 是单位剂量的交联度，μ_1 为聚合物的数均聚合度，D 为吸收剂量(10kGy)。实验中，在不同剂量下测出相应的溶胶分数 s，将 $s+\sqrt{s}$ 对 $1/D$ 作图，可得到一

---

① Flory 分布：即无规分布，存在以下函数关系，$\frac{\mu_1}{1}=\frac{\mu_2}{2}=\frac{\mu_3}{3}=\cdots$，$n(\mu)=\frac{A_0}{\mu_1}\exp\left(\frac{-\mu}{\mu_1}\right)$，$w(\mu)=\frac{A_0}{\mu_1^2}\exp\left(\frac{-\mu}{\mu_1}\right)$，式中 A_0 为聚合物分子总数，$n(\mu)$ 为含 μ 个单体单元的分子数目，$w(\mu)$ 为含 μ 个单体单元分子的质量分数。

条直线,截距为 p_0/q_0,斜率为 $1/(q_0\mu_1)$。如聚合物初始数均聚合度已知,则可从以上截距与斜率求出 p_0、q_0 以及 $G(x)$ 等。此外,利用上述定量关系,还可求出凝胶剂量(D_g)、网络分子量($\overline{M}_c$)等。

$$D_g = \frac{4.83 \times 10^3}{G(x)\,\overline{M}_w} \tag{9-66}$$

式中,D_g 单位 kGy,$\overline{M}_w$ 为聚合物的初始重均分子量。此外,D_g 可以通过 $s+\sqrt{s}$ 外推到等于 2 时的剂量得到。由式(9-66)可知,当 $G(x)$ 一定时,聚合物分子量愈大,D_g 愈小。

为了验证 Charlesby-Pinner 关系式对各类聚合物辐射交联的适用性,人们做了大量实验,结果发现一些聚合物符合得很好,如聚氯乙烯;但另一些聚合物,如聚乙烯却不符合,此时用 $s+\sqrt{s}$ 对 $1/D$ 作图,得出的不是一条直线,而是一条曲线,这主要是端基效应导致不符合方程的假设条件。实验结果发现,辐射交联反应能够符合 Charlesby-Pinner 关系式的聚合物,其结构具有以下特点:①刚性聚合物;②由辐射降解型聚合物的单体所形成的均聚物或共聚物。

国内外学者对实验与理论关系式偏离的原因进行了讨论,主要包括以下两个方面:①认为与关系式偏离的这类聚合物初始分子量不符合 Flory 分布;②由统计理论导出的方程未包含聚合物结构因素,建议对辐射交联规律的影响应考虑结构参数。我国学者张万喜、孙家珍、钱保功等研究了高分子结构的因素,对辐射交联反应提出了一个半经验修正式:

$$D(s+\sqrt{s}) = \frac{1}{q_0\mu_1} + \frac{p_0}{q_0 D^\beta} \tag{9-67}$$

式中,指数 β 是一种与聚合物结构性能有关的参数,它在 $0.5 \sim 1.0$ 之间,当 $\beta=1$ 时,即为 Charlesby-Pinner 关系式。

3. 辐射交联的表征与测定方法

(1) 凝胶分数或凝胶含量的测定

通常可采用称重法测定体系内的凝胶含量,即将一定质量的聚合物辐照后,置于索氏提取器中用聚合物的良溶剂回流一定时间除去可溶部分,将不溶部分真空干燥至恒重,计算凝胶含量:

$$g = \frac{w}{w_0} \times 100\% \tag{9-68}$$

式中,w_0 和 w 分别是回流前聚合物的质量(即聚合物的总质量)和回流并干燥后聚合物的质量(即聚合物中凝胶的质量)。

(2) 交联网络分子量的测定

由于 $\overline{M}_c$ 是影响网络弹性和溶胀行为的基本参数,可以利用溶胀平衡法测定。对于交联聚合物,由于高分子链间有交联键,溶胀①到一定程度后,由于网络伸展而产生一种抵抗继续扩张的弹性收缩力,阻止溶剂小分子继续进入,最终达到溶胀平衡。

测定时,需要将辐射交联聚合物中的溶胶部分去除,将凝胶部分放入聚合物的热力学良溶剂中溶胀达到平衡。记录平衡溶胀度,利用 **Flory-Rehner 方程**计算交联网络密度 $\dfrac{v_c}{V}$:

---

①　聚合物与小分子溶剂混合时,溶剂小分子的运动速率很快,易于扩散到高分子链间,把聚合物链节撑开。随着小分子扩散逐渐由表及里,聚合物的体积逐渐胀大的现象称为溶胀。

$$\frac{v_c}{V} = -\frac{\ln(1-\varphi_p) + \varphi_p + X \cdot \varphi_p^2}{A'V_s\left(\varphi_p^{\frac{1}{3}} - \dfrac{2\varphi_p}{\phi}\right)} \tag{9-69}$$

式中，φ_p 为聚合物在溶胀体中的体积分数，X 为考虑给定温度下聚合物与溶剂相互作用的 Huggins 参数，A' 为结构因子，V_s 为溶剂的摩尔体积，ϕ 为网络官能度[①]。根据式（9-58）就可计算网络分子量。需要注意的是，该方法适合估算没有填料且辐射降解可以忽略的聚合物辐射交联的 $\overline{M}_c$ 值。

【例 9.6】　对于大多数 $\phi = 4$ 的辐射交联聚合物，已知该聚合物的平衡溶胀比为 10，$V_s = 80\ \mathrm{cm^3 \cdot mol^{-1}}$，$X = 0.30$，$A' = 1$，计算 $\dfrac{v_c}{V}$。

　　解　平衡溶胀比 $= 1/\varphi_p$，首先求出 $\varphi_p = 0.1$ 时

$$\frac{v_c}{V} = -\frac{\ln(1-\varphi_p) + \varphi_p + X \cdot \varphi_p^2}{A'V_s\left(\varphi_p^{\frac{1}{3}} - \dfrac{2\varphi_p}{\phi}\right)}$$

$$= -\frac{\ln(1-0.1) + 0.1 + 0.3 \times 0.1^2}{1 \times 80 \times \left(0.1^{\frac{1}{3}} - \dfrac{2 \times 0.1}{4}\right)}\mathrm{mol \cdot cm^{-3}} = 7.13 \times 10^{-8}\ \mathrm{mol \cdot mm^{-3}}$$

（3）分子量的测定

分子量的测定方法很多，常用的有三种：粘度法、熔融指数法（MI）、凝胶渗透色谱法（GPC）。其中 GPC 法是利用溶液中聚合物分子通过特种凝胶填料（不同孔径的聚苯乙烯小球）的柱子，把聚合物分子按不同大小和质量加以分离，从而测定数均分子量（$\overline{M}_n$）、重均分子量（$\overline{M}_w$）及分子量分布（$\overline{M}_w/\overline{M}_n$）。

（4）力学性能的测定

拉伸应力：聚合物在接受不同剂量后，测定其拉伸应力随剂量或一定剂量下不同温度的变化。一般情况下，交联后室温拉伸应力变化并不明显。这是由于交联主要发生在线性分子的无定形区，聚合物结晶部分在较低剂量下变化不大。但交联后高温拉伸应力则显著提高。线性高分子拉伸应力 T_B 和测试温度 T 呈对数曲线关系：

$$\lg T_B \propto \frac{1}{T} \tag{9-70}$$

而交联高分子的 T_B 与 T 之间呈线性关系：

$$T_B \propto \frac{1}{T} \tag{9-71}$$

因此，从力学性能的温度依赖关系亦可表征交联高分子。

弹性模量：高分子交联后弹性模量都有所增加。根据 Flory 弹性理论，模量（E）和网络分子量（$\overline{M}_c$）之间有以下关系：

$$\overline{M}_c = 3\rho RT/E \tag{9-72}$$

式中，ρ 为高分子比重，R 为摩尔气体常数，T 为热力学温度（K）。由式（9-72）可知，交联度越高，模量

---

①　网络官能度（crosslinking functionality）：是从每个交联点开始的分子链个数。比如 H 型交联的 $\phi = 4$，Y 型交联的 $\phi = 3$。

E 越大，$\overline{M}_c$ 越小。该方法适合估算没有填料且辐射降解可以忽略的聚合物辐射交联的 $\overline{M}_c$ 值。

（5）其他

在较高剂量下聚合物的交联会伴有结晶度下降，可通过 X 射线衍射法测定结晶度的变化。聚合物辐照效应中不饱和度的变化是常见的现象，它和交联反应有一定关系。因此，也是表征交联的一种方法，不饱和度可通过红外谱仪测定。

4. 影响辐射交联的因素

（1）辐照温度的影响

辐射交联反应主要靠高分子链自由基复合，而这种自由基复合直接取决于高分子链的活动能力。温度升高，有利于分子链的运动，可见温度提高，聚乙烯的 $G(x)$ 增加，即有利于交联反应。表 9.8 列出聚乙烯辐射交联 G 值与温度的关系。

表 9.8　聚乙烯辐射交联 G 值与温度的关系

温度/℃	$G(x)$ 值
−196	0.9
+70	3.6
+100	5.0

（2）剂量和剂量率的影响

聚合物辐射交联时，在一定的剂量范围内交联度与剂量成正比，而与剂量率无关，但在较低剂量范围内交联度随剂量率增加而上升趋势较快。

（3）气氛的影响

氧是自由基聚合的阻聚剂，是交联反应的抑制剂。聚乙烯辐射交联，由于氧的存在会导致凝胶含量减小（表 9.9）。这是由于聚合物体系在空气中辐照时，主链自由基优先与氧反应生成过氧化物，最终导致主链降解。可见，氧的存在会对辐射交联起到抑制作用。

表 9.9　聚乙烯膜厚度与辐射凝胶含量的关系

聚乙烯膜厚度/μm	剂量/kGy	凝胶含量/(%)	
		空气	真空
5	250	40	72
18	180	26	59
50	180	31	64
100	180	51	66
175	180	62	67

此过程中可能发生的反应如图 9.10 所示。

从表 9.9 还可以看出，PE 膜越薄，空气的影响越显著，即空气存在下，相同剂量时，凝胶含量随膜厚增加而增大；但真空条件下，膜厚对凝胶含量影响不大。这是由于膜越薄，空气越易于渗入，氧的影响就越显著。

（4）高分子结构的影响

高分子结构，特别是高分子链的柔顺性对辐射交联反应有密切关系。一般情况下，柔顺的高分子链较易进行辐射交联，而刚性的高分子链较易进行降解反应。此外，聚合物的立体结构

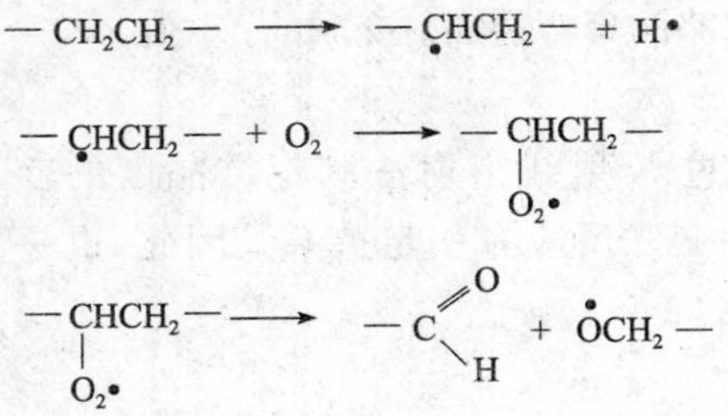

$$-CH_2CH_2- \longrightarrow -\overset{\bullet}{C}HCH_2- + H\bullet$$

$$-\overset{\bullet}{C}HCH_2- + O_2 \longrightarrow -\underset{\underset{O_2\bullet}{|}}{C}HCH_2-$$

$$-\underset{\underset{O_2\bullet}{|}}{C}HCH_2- \longrightarrow -\overset{O}{\overset{\|}{C}}\underset{H}{} + \bullet OCH_2-$$

图 9.10　聚乙烯有氧条件下
辐照可能发生的反应

（如全同立构、间同立构和无规立构）以及是否存在双键等也会影响辐射交联。

（5）添加剂的影响（强化辐射交联）

通过加入有机或无机添加剂可以降低聚合物交联的凝胶剂量，而凝胶剂量的减小会降低成本，提高辐射加工的商业竞争力。能够提高聚合物辐射交联度的添加剂就称为强化交联剂。一般强化交联剂都含有不饱和键等官能团，强化交联效果顺序：三官能团＞双官能团＞单官能团。

强化交联与未加添加剂的单纯交联反应不同，既有打开烯烃双键的接枝聚合反应，又有分子间成桥的交联反应，是一种复合反应。由于打开双键进行聚合所需的剂量比一般交联反应所需剂量要小得多，因此，强化交联剂存在下可以敏化聚合物的辐射交联反应。此时，强化辐射交联反应实际上并不完全是无规的，不能用无规交联理论处理，所以 Charlesby-Pinner 关系式也不太适用。

9.3.2　辐射降解

1. 辐射降解的反应机理

辐射降解［radiation-induced degradation(scission)］是指聚合物在电离辐射作用下发生主链断裂反应，导致聚合物的分子量降低、相应的热稳定性和机械性能下降、在溶剂中的溶解度增加。聚合物的辐射降解与化学裂解或热裂解是有差别的：辐射降解是无规降解，主链断裂呈无规分布，很少出现端基裂解，主链的每次断裂都形成两个较小的、非均等的大分子，导致平均分子量的减少和分子量分布的变化，很少有单体挥发，因而样品的总质量基本保持不变；化学裂解或热裂解是端基裂解。

无规断裂：

$$-CH_2\underset{\underset{R}{|}}{C}HCH_2\underset{\underset{R}{|}}{C}H- \overset{\triangle}{\longrightarrow} -CH_2\underset{\underset{R}{|}}{C}H\bullet + \bullet\underset{\underset{R}{|}}{C}H_2CH- \tag{9-73}$$

端基裂解：可以看成是加聚反应的逆反应，特点是在一定温度范围内聚合物以挥发的形式得到单体分子或少量分子量较大的碎片。

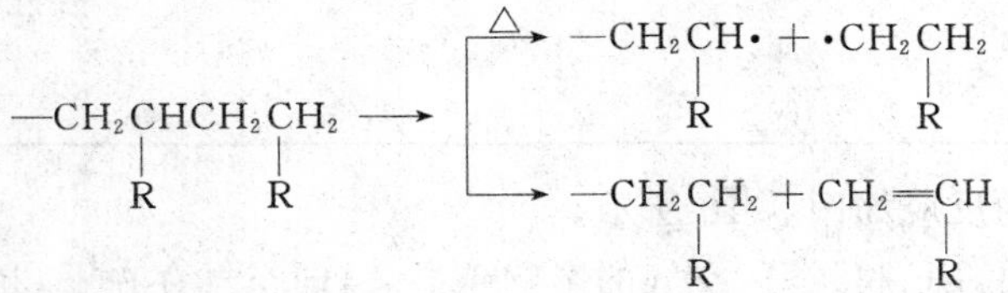

$$-CH_2\underset{\underset{R}{|}}{C}HCH_2\underset{\underset{R}{|}}{C}H_2 \longrightarrow \begin{cases} \overset{\triangle}{\longrightarrow} -CH_2\underset{\underset{R}{|}}{C}H\bullet + \bullet\underset{\underset{R}{|}}{C}H_2CH_2 & (9\text{-}74a) \\[2ex] \longrightarrow -CH_2\underset{\underset{R}{|}}{C}H_2 + CH_2=\underset{\underset{R}{|}}{C}H & (9\text{-}74b) \end{cases}$$

能进行辐射降解的聚合物都有自身的结构特征，通常辐射降解型聚合物一般在分子的 C—C 主链碳原子上的两个 H 皆被取代形成四级碳原子，$-CH_2C(R_1)(R_2)CH_2-$，R_1、R_2 是除 H 之外的原子或基团。它们接受辐射能后优先在较弱的四级碳原子 C—C 部位断裂，生成两个大分子自由基。由于两个较大取代基存在，使它们处在空阻效应的控制之下，自由基很难进行分子链内迁移，也不易进行分子间双基复合反应而交联，因此这些自由基有较高的稳定性,主要反应趋势是重排或分子间的歧化反应而使主链裂解。

典型的辐射降解型聚合物之一是聚甲基丙烯酸甲酯(PMMA),反应过程如下:

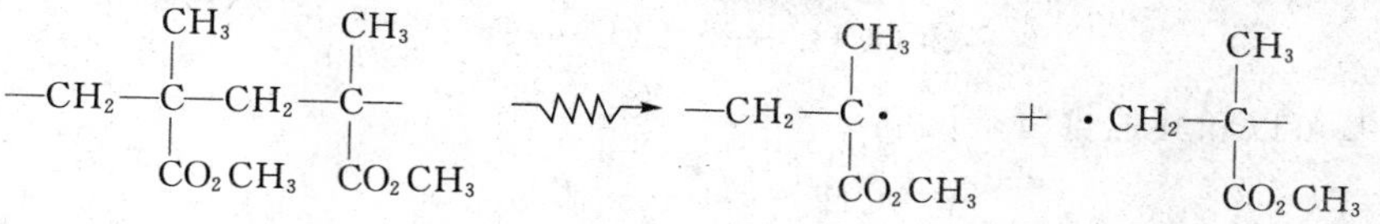

$$
\begin{array}{c}
\text{—CH}_2\text{—C—CH}_2\text{—C—} \rightsquigarrow \text{—CH}_2\text{—C·} + \text{·CH}_2\text{—C—} \qquad (9\text{-}75)
\end{array}
$$

（Ⅰ）三级自由基　　　　（Ⅱ）一级自由基

所生成的三级自由基在室温下比较稳定,受热易发生歧化反应。

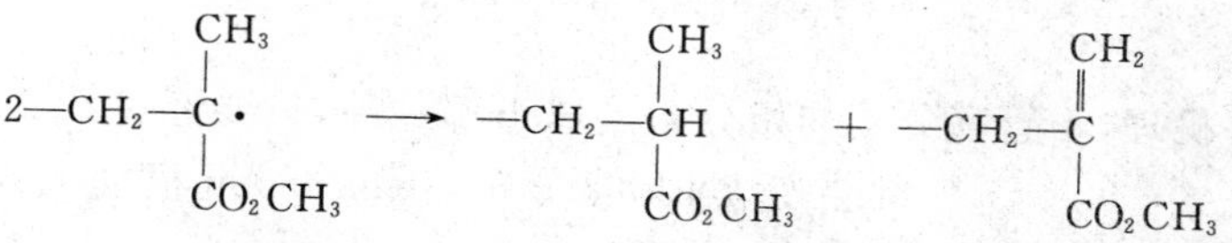

$$
2\text{—CH}_2\text{—C·} \longrightarrow \text{—CH}_2\text{—CH} + \text{—CH}_2\text{—C} \qquad (9\text{-}76)
$$

一级自由基可与邻近大分子链发生抽氢反应,自身稳定化而引发一个新的大分子二级自由基。二级自由基也可以由辐解直接生成,它可以断裂生成三级自由基和一级自由基,也可以发生分子内重排而得到稳定聚合物,反应过程如图 9.11 所示。

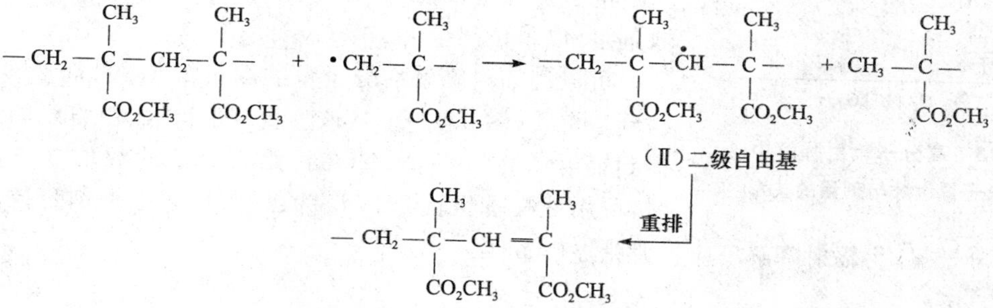

（Ⅱ）二级自由基

图 9.11　PMMA 辐照过程中可能发生的辐射降解反应

聚甲基丙烯酸甲酯辐射降解的另一个重要的过程是失去侧链酯基,反应如图 9.12 所示。

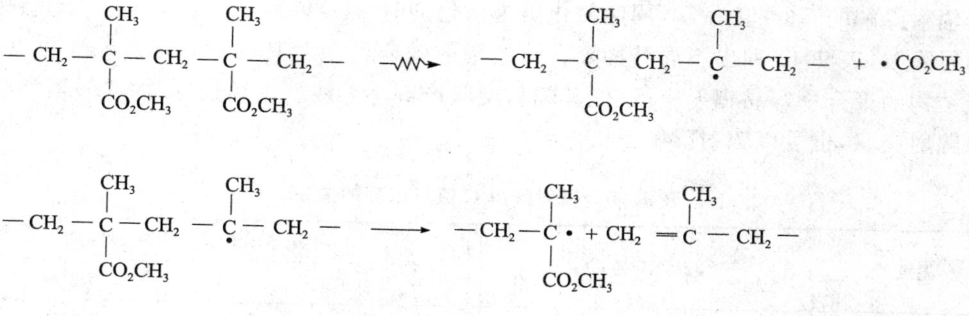

（Ⅰ）

图 9.12　PMMA 辐射降解失去酯基的反应

甲酯基则通过如下反应生成气体和低分子化合物：

$$\cdot CO_2CH_3 \longrightarrow CO_2 + \cdot CH_3 \qquad\qquad (9\text{-}77a)$$

$$\cdot CO_2CH_3 \longrightarrow CO + \cdot OCH_3 \qquad\qquad (9\text{-}77b)$$

甲基或甲氧基可以和其他自由基反应：

$$\cdot CH_3 + H \longrightarrow CH_4 \qquad\qquad (9\text{-}78)$$

$$\cdot CH_3 + \cdot OCH_3 \longrightarrow CH_3OCH_3 \qquad\qquad (9\text{-}79)$$

实验测得 $G(\cdot CO_2CH_3) = 0.7 \sim 0.8$，说明聚甲基丙烯酸甲酯辐解中脱掉酯基是一个主要的反应。

根据无规裂解机理，不管高分子初始分布是属于哪一种，只要经过约 5 次辐射降解，最后都会变成 Flory 分布。Charlesby 根据无规降解机理并应用概率论方法，得

$$\frac{1}{\overline{M}_n} = \frac{1}{\overline{M}_n^0} + 1.04 \times 10^{-6} GD \qquad\qquad (9\text{-}80)$$

式中，$\overline{M}_n^0$ 为辐射降解前聚合物的数均分子量，$\overline{M}_n$ 为辐射降解后的数均分子量，G 为每吸收 100 eV 主链断裂数，D 为吸收剂量（以单位剂量为 10 kGy 计）。

可以用辐射降解后分子量的倒数 $1/\overline{M}_n$ 对剂量 D 作图，得到一直线（图 9.13）。从该直线可求得：①由直线的斜率可得到辐射降解的 G 值；②在初始高分子的数均分子量未知时，可用截距求得；③如 $\overline{M}_n^0$ 为已知，可以根据剂量控制所需的平均分子量，为辐射降解反应工业化提供条件。

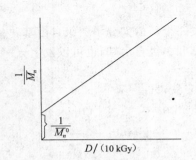

图 9.13　高分子辐射降解中数均分子量倒数与剂量的关系

2. 影响辐射降解的因素

影响辐射降解的因素很多，但主要是温度和敏化剂。对降解型高分子来说，温度升高会加速裂解反应。辐射降解 G 值随温度升高而增加（表 9.10）。为了减少剂量，添加某些起敏化剂作用的试剂，可以起到一定效果。例如氧和四氯化碳对聚氧乙烯的辐射降解都有敏化作用，有氧时其辐射降解的 $G(s)$ 值为 20，用四氯化碳为敏化剂时 $G(s)$ 值为 50。此外，高分子结构也会影响辐射降解，表 9.11 列出不同结构聚合物的辐射效应类型及其辐射化学产额。可见，带有芳香烃结构的聚合物容易辐射交联，但其辐射交联产额小于线性聚烯烃，而丙烯酸酯类聚合物既可以辐射交联，也可以辐射降解。

表 9.10　辐射降解 G 值与温度的关系

温度/℃	聚异丁烯 $G(s)$ 值	聚甲基丙烯酸甲酯 $G(s)$ 值	
		电子束	γ 射线
−196	3.2	—	0.5
−80	3.7	—	—
−78	—	0.75	—
0	—	1.40	—

温度/℃	聚异丁烯 $G(s)$ 值	聚甲基丙烯酸甲酯 $G(s)$ 值	
		电子束	γ 射线
20	5.3	0.6	1.23
70	8.3	—	
90	10.0	—	
100	—	2.3	

表 9.11　常见聚合物的辐射交联和降解 G 值

聚合物	高压聚乙烯	低压聚乙烯	聚苯乙烯	聚-α,β,β-三取代聚苯乙烯	聚-β,β-二取代聚苯乙烯	聚-α-单取代聚苯乙烯	聚-β-单取代聚苯乙烯	聚丙烯酸甲酯	聚丙烯酸正丁酯	聚丙烯酸异丁酯
$G(x)$	3.0~4.0	1.6~1.8	0.049	0.042	0.034	0.039	0.046	0.52	0.57	0.57
$G(s)$								0.15	0.17	0.18

9.4　小　　结

　　高分子辐射化学是现代化学的重要学科方向之一,具有很广阔的工业应用前景。高能辐射作用于单体,可以引发单体发生聚合反应,生成新型聚合物。高能辐射作用于聚合物,可引起大分子的电离与激发,经过初级和次级反应,体系中的活性粒子彼此相互作用,或与介质反应,引起聚合物的一系列物理和化学变化。这就为高分子辐射合成与高分子辐射加工提供了可能性。因此,研究聚合体系以及聚合物的辐射化学变化,无论在理论上和实际应用上都具有重要意义。

　　辐射引发单体聚合主要按照自由基机理和离子机理进行,但不同的条件下,机理也会有所变化,目前辐射引发多种单体共聚合的机理研究还不是很清楚。由于辐照对聚合物的相互作用,会导致聚合物多种多样的物理及化学变化,主要有以下几种类型:①分子链之间形成化学键——辐射交联;②大分子主链断裂并使平均分子量下降——辐射降解;③不饱和结构的浓度和特征变化;④氧化及其他过程;⑤释放出气体反应;⑥异构化和环化反应;⑦接枝和嵌段共聚等。由于辐射效应引起的化学和结构变化,导致聚合物物理机械性能变化,如结晶度、熔点、比重、溶解性能、电性能、弹性模量、硬度、透气性等。我们可以根据不同的改性目的,基于高分子辐射化学原理,选择不同的辐照条件,得到适合不同用途的高分子材料。

　　重要概念:

　　辐射聚合,竞聚率,辐射接枝共聚,辐射交联,辐射降解,动力学链长,交联度,降解度,凝胶,溶胶,凝胶剂量,凝胶化条件,凝胶点,辐射交联产额,辐射降解产额。

　　重要公式:

　　辐射聚合反应动力学方程

$$R = k_p R_i^{1/2} k_t^{-1/2} [M] \tag{9-13}$$

$$R = k_p k_t^{-1/2} (G_R^M \dot{D})^{1/2} [M]^{3/2} \tag{9-14}$$

$$v_n = k_p (k_i k_t)^{-1/2} \dot{D}^{-1/2} [M] \tag{9-17}$$

辐射聚合链引发产额

$$G_i = \frac{G_P}{\mu_1} \tag{9-36}$$

辐射聚合链增长产额

$$G_P = \frac{Q \times N_A \times 100}{qDm \times 6.24 \times 10^{15} \times 1000} = 9.65 \times 10^6 \frac{Q}{qDm} \tag{9-37}$$

辐射接枝聚合产额

$$G_{gr} = \frac{GY \times N_A}{6.242 \times 10^{15} \times D \times \overline{M}_n^{gr}} \tag{9-46}$$

共辐照接枝所需剂量的估算

$$D = \frac{m}{6.24 \times 10^{13} G_R} = \frac{9.65 \times 10^9}{\overline{M} G_R} \tag{9-48}$$

辐射交联产额

$$G(x) = 4.8 \times 10^5 q_0 / M \tag{9-53}$$

$$G(x) = \frac{4.8 \times 10^5}{D \overline{M}_c} \tag{9-57}$$

辐射降解产额

$$G(s) = 9.6 \times 10^5 p_0 / M \tag{9-55}$$

辐射交联度

$$q = M / \overline{M}_c \tag{9-56}$$

Charlesby-Pinner 关系式

$$s + \sqrt{s} = \frac{p_0}{q_0} + \frac{1}{q_0 \mu_1 D} \tag{9-65}$$

辐射降解关系式

$$\frac{1}{\overline{M}_n} = \frac{1}{\overline{M}_n^0} + 1.04 \times 10^{-6} GD \tag{9-80}$$

主要参考文献

1. 哈鸿飞,吴季兰. 高分子辐射化学——原理与应用. 北京:北京大学出版社,2002:27~106.

2. 吴季兰,戚生初. 辐射化学. 北京:原子能出版社,1993.

3. 张涛,侯小东,曹阿民. 有机化学,2006:1328.

4. Chen H,Belfort G. Journal of Applied Polymer Science,1999,72(13):1699.

5. 翟茂林,伊敏,哈鸿飞. 高分子材料辐射加工技术及进展. 北京:化学工业出版社,2004:26~56.

6. Ivanov V S. Radiation Chemistry of Polymers. Translated from the Russian by Koroleva E A. 1st Ed. Utrecht,VSP Netherlands,1992.

7. 张志成,葛学武,张曼维. 高分子辐射化学. 合肥:中国科学技术大学出版社,2000.

8. 黄光琳,冯雨丁,吴茂良. 高分子辐射化学基础. 成都:四川大学出版社,1993.

9. Spinks J W,Woods R J. An Introduction to Radiation Chemistry. John Wiley and Sons Inc,1976: 1~66.

10. 常文保,主编. 化学词典. 北京:科学出版社,2008.

11. 葛学平,白如科. 化学进展,2007,19(9):1406.

12. Bai R K,You Y Z,Pan C Y. Macromolecular Rapid Communications,2001,22:315.

13. Bai R K,You Y Z,Zhong P,et al. Macromolecular Chemistry and Physics,2001,202:1970.

14. Barner L,Zwaneveld N,Perera S,et al. Journal of Polymer Science Part A:Polymer Chemistry, 2002,40:4180.

15. Hong C Y, You Y Z, Bai R K, et al. Journal of Polymer Science Part A: Polymer Chemistry, 2001, 39: 3934.
16. Quinn J F, Barner L, Rizzardo E, et al. Journal of Polymer Science Part A: Polymer Chemistry, 2002, 40: 19.
17. Zhou Y, Zhu J A, Zhu X L, et al. Radiation Physics and Chemistry, 2006, 75: 485.
18. Kiani K, Hill D, Rasoul F, et al. Journal of Polymer Science Part A: Polymer Chemistry, 2007, 45: 1074.
19. Barsbay M, Guven O, Stenzel M H, et al. Macromolecule, 2007, 40: 7140.
20. Barsbay M, Guven O. Radiation Physics and Chemistry, 2009, 78: 1054.
21. Nasef M M, Guven O. Progress in Polymer Science, 2012, 37: 1597.

思　考　题

1. 为什么在辐射引发乳液聚合时,单位体积中的粒子数随温度的增加而减小,而常规乳液聚合的情况正好与之相反?
2. 辐射聚合的特征有哪些?
3. 辐射聚合的三个阶段是什么? 写出聚合速率与剂量率的关系式。
4. 如何判定辐射聚合的反应机理?
5. 辐射接枝中存在哪两个竞争反应? 写出反应式。接枝率如何测定?
6. 辐射接枝共聚的方法有哪些? 辐射接枝共聚的优点是什么?
7. 影响辐射接枝共聚的因素有哪些?
8. 聚合物材料经辐射交联后,聚合物大分子之间形成一定的交联点,使聚合物的分子量提高,并形成一种三维网状结构的分子,对聚合物的各项物理性能会产生哪些影响?
9. 辐射交联与化学交联相比有哪些优点?
10. 辐射交联与辐射降解的影响因素有哪些?
11. 写出 Charlesby-Pinner 关系式,并解释每个参数的含义。
12. Charlesby-Pinner 关系式成立的条件是什么? 其重要性是什么?

第 10 章　气体和固态无机物的辐射化学

10.1　概　　述

由第 1 章关于辐射化学学科的发展简史可知,气体的辐射化学是最早被研究的领域,为辐射化学基础理论的研究和确立作出了重要贡献。因为与液体、固体相比,气体的密度较低,分子扩散迅速,因此气体的辐射化学变化比较简单。气体的辐射化学就是研究电离辐射作用于气体物质引起的化学效应。在气体中,研究外加电场对辐射效应的影响可以了解体系中离子和中性粒子(激发分子和自由基)的作用。利用电离法可直接测量气体中的电离量,通过质谱可鉴定和测量气体被辐照后生成的离子类型、强度和离子-分子反应。因此,研究气体的辐射化学可以加深对辐射化学中原初过程的认识,并为发展凝聚态①体系辐射化学的理论提供佐证。此外,研究气体的辐射化学对建立气体化学剂量计,研究反应堆工艺,例如以气体(如 CO_2)为冷却剂的气冷反应堆建造和安全运转,以及辐射合成等也都有重要意义。本章关于气体辐射化学部分只对一些典型的气体体系(无机气体,如氢、氧和水蒸气等;有机气体,如甲烷、乙烯等)进行讨论。

此外,很早以前人们就已观察到,在电离辐射作用下固体物质会产生许多变化。例如,云母在铀或钍释放的放射线作用下产生多向色晕环;无色玻璃在电离辐射作用下产生颜色,由第 4 章辐射剂量学我们知道,玻璃的变色作用已被用做固体剂量计。20 世纪 40 年代,反应堆工艺技术的发展推动了固体材料辐照效应的研究,因为在反应堆中使用的材料必须能够经受高活度辐射的长期作用。到了 60 年代,随着一些新技术领域的兴起,需要越来越多的具有特殊性能的固体材料,例如航天技术要求抗氧化、耐辐射、耐腐蚀的高温高强度的材料。目前大约 70％的化学工业生产是依靠各种具有特定表面化学活性的催化剂来进行的。辐射已显示了对

---

① 凝聚态(condensed state):指由大量粒子组成,并且粒子间有很强相互作用的系统。自然界中存在着各种各样的凝聚态物质。固态和液态是最常见的凝聚态。低温下的超流态、超导态、玻色-爱因斯坦凝聚态、磁介质中的铁磁态、反铁磁态等,也都是凝聚态。

固体催化剂活性的影响，在辐射作用下，一些固体催化剂的活性变化可以高达 1000 倍。离子注入在金属、绝缘材料和化工材料等方面的研究也取得了成就。离子注入能引起材料表面性能（如硬度、摩擦系数、耐磨性、抗氧化性、催化性能以及光学性能等）的显著变化，有些已取得工业应用。因此，辐射技术不仅是研究固体材料性质的重要手段，而且是研制新型材料的重要方法。预计固体材料的辐射改性将成为引人注目的新课题之一。

电离辐射与固体物质相互作用与气体和液体的不尽相同。在固体中，除了可由非弹性碰撞过程产生电离和激发作用外，重粒子（如质子、氘核和 α 粒子等）还可使相当数目的原子从它们的正常位置位移，形成缺陷。某些固体（如金属）的电离和激发过程对其性能的改变没有明显影响，而形成的结构缺陷对材料性质的改变则起关键作用。另一些固体，如离子晶体和半导体材料，非弹性碰撞和结构缺陷都对固体的性质产生影响。因此，研究固体的辐射效应时，必须注意结构缺陷的生成，以及它们对固体的光学、磁学、声学、力学、热学和化学性质等方面的影响。由于第 9 章高分子辐射化学部分也涉及高分子聚合物固体的辐射效应内容，因此本章固体辐射化学部分主要讨论固态无机物的辐射效应。

10.2　气体辐射化学

10.2.1　气体辐射化学的特点

在气体中，辐射能的传递方式与液体和固体中一样，即非弹性碰撞导致分子电离和激发，形成离子、电子和激发分子等原初活性粒子。就此作用来说，不同物理状态的同一物质将产生相似的辐射化学效应。但是由于气体固有的特性（如密度较低、分子扩散迅速），使得气体的辐解具有自身的特点。

（1）与液体相比，不同 LET 辐射对气体辐解产额影响较小，在一些体系中，不同 LET 的辐射几乎有相同的产额。这种特性与气体的性质有关，由于气体密度较低，扩散迅速，辐照形成的活性粒子（离子、电子、激发分子或原子）并不像凝聚态体系（也称为凝聚体系）那样，最初密集地分布在刺迹或径迹中，而是比较均匀地分布在整个气体中，属均相反应。因此，在低压气体中，刺迹和径迹效应不明显。

（2）与凝聚体系相比，形成的活性粒子的利用率较高。在凝聚体系中，辐照形成的活性粒子最初密集地分布在刺迹和径迹中，它们的局部浓度很高，部分活性粒子可以彼此反应重新形成起始的物质。此外，凝聚相中溶剂分子的笼（蔽）效应也导致活性粒子利用效率降低。在气相中，由于刺迹和径迹效应，笼效应可以忽略，因此气体中观测到的产额常比相应的凝聚体系中的高。

（3）反应容器的壁效应，在液体中是不重要的，但在气体中容器的壁效应十分显著。用阴极溅射镀铂的容器壁可使 NH_3 的分解速率降低。当 NH_3 和 Rn（作 α 源）均匀混合时，分解速率降低约 60%。在玻璃容器壁上也观测到了壁效应，例如用 Rn 的 α 射线辐照 2:1 的 H_2+O_2 体系时，压力下降速率与球形容器直径的平方成反比。目前气体辐射化学中器壁效应的机理尚不清楚，但大致可归因于下列作用：①在辐射作用下，器壁对气体过程的催化作用以及器壁对反应物的富集作用；②器壁起第三体作用，例如

$$O_2 + O \cdot \xrightarrow{M} O_3 \tag{10-1}$$

M 可以是器壁,也可以是其他的第三体分子,起着传递能量的作用。在液体中,这种作用可由周围的分子来完成,通过三体碰撞把分子剩余能量转变为热能,例如在液体水中:

$$\cdot OH + \cdot OH \xrightarrow{H_2O} H_2O_2 \tag{10-2}$$

(4) 在气体中,原初过程产生的离子对数目和体系吸收的能量很容易用物理和化学方法测定,因此气体的辐射化学效应可用离子对产额(M/N)和辐射化学产额(G)描述,两者存在以下关系式:

$$G = \frac{M}{N \cdot W} \times 100 \tag{10-3}$$

式中,W 为气体的平均电离功或每形成一离子对所需的平均能量。对于凝聚体系,因为测定离子对数目 N 和 W 值存在困难,所以辐解产物产额只用 G 表示。

在无外加电场下辐照气体 AB 时,原初过程通过以下反应产生离子和电子:

$$AB \rightsquigarrow AB^{\cdot +} + e^- \tag{10-4}$$
$$AB \rightsquigarrow A^+ + B + e^- \tag{10-5}$$

并进一步发生离子反应和电子反应过程,主要的过程有

$$AB^+ + e^- \longrightarrow A\cdot + B\cdot \tag{10-6}$$
$$AB^+ + AB^- \longrightarrow 2A\cdot + 2B\cdot \tag{10-7}$$
$$AB + e^- \longrightarrow A\cdot + B^- \tag{10-8a}$$
$$\longrightarrow A\cdot + B\cdot + e^- \tag{10-8b}$$
$$AB^+ + AB \longrightarrow ABA^+ + B\cdot \tag{10-9}$$

这些过程将会在终产物的产额上反映出来。

当外加电场存在时,在电场作用下,正、负离子将被电极收集,离子反应过程受到抑制。如果部分产物是由离子反应过程产生,则将观测到产额下降。不受外加电场影响的产额归因于非离子过程。在气体辐射化学研究中,离子形成及离子反应过程的信息更多来自质谱研究,而非离子过程的信息通常来自光化学研究。

10.2.2 单组分气体的辐解

1. 氢

纯氢被辐照时几乎不产生永久的化学变化,因此常选用仲氢[①](p-H$_2$)向正氢(o-H$_2$)转换,氢和它的同位素之间的交换反应作为研究氢辐解历程的"探针"。

光谱和质谱研究表明,在 α 粒子作用下,p-H$_2$ 向 o-H$_2$ 转换是链反应,该过程可用下列反应描述:

$$H_2 \rightsquigarrow \cdot H_2^+ + e^- \tag{10-10}$$
$$H_2 \rightsquigarrow H_2^* \tag{10-11}$$
$$H_2^* \longrightarrow 2\cdot H \tag{10-12}$$

---

① 正氢和仲氢:是双原子分子氢的两种量子态。它有两个质子,质子是费米子,具有半整数的自旋。氢分子中两个质子自旋平行的称为正氢,它可以取两自旋向上、向下或垂直纵轴,所以有三种状态;而两质子自旋反平行的称为仲氢,它只有一种状态。正氢的物理性质与仲氢略有差别,化学性质则完全相同。二者可相互转变,但较缓慢。转变与温度有关,高温有利于转变为正氢。

$$H_2^+ + H_2 \longrightarrow H_3^+ + \cdot H \tag{10-13}$$

$$H_3^+ + e^- \longrightarrow 3 \cdot H \tag{10-14}$$

少量 H 原子也可来自下面的离子过程：

$$\cdot H_2^+ + e^- \longrightarrow 2 \cdot H \tag{10-15}$$

继之 H 原子导致链反应：

$$\cdot H + p\text{-}H_2 \longrightarrow o\text{-}H_2 + \cdot H \tag{10-16}$$

H 原子复合反应导致链终止：

$$2 \cdot H \xrightarrow{\text{M}} H_2 \tag{10-17}$$

反应(10-17)主要在容器壁 M 上发生。

当 D_2 存在时，α 粒子诱导的氢同位素交换反应：

$$H_2 + D_2 \longrightarrow 2HD \tag{10-18}$$

也是一个链反应。在 1.013×10^5 Pa 压力下，$M/N \approx 1000$。少量 O_2、Hg、C_2H_2、C_2H_4、C_6H_6、CH_4、C_2H_6 等物质存在，可以清除 H 原子而抑制交换反应。少量 Kr 和 Xe 也能使交换反应产额显著降低（图 10.1），而 He、Ne 和 Ar 几乎不产生影响。Kr 和 Xe 不与 H 原子反应，它们具有比氢同位素低的电离电位，可以参与离子-分子反应。图 10.1 表明，离子过程引起的链反应比自由基过程更为重要。因此，α 粒子引发的氢同位素交换反应可表示如下：

$$\cdot H + D_2 \longrightarrow \cdot D + HD \tag{10-19}$$

$$\cdot D + H_2 \longrightarrow \cdot H + HD \tag{10-20}$$

$$H_3^+ + D_2 \longrightarrow HD_2^+ + H_2 \tag{10-21}$$

$$HD_2^+ + H_2 \longrightarrow H_2D^+ + HD \tag{10-22}$$

$$H_2D^+ + D_2 \longrightarrow HD_2^+ + HD \tag{10-23}$$

反应链可由离子（H_3^+，HD_2^+，H_2D^+ 或 D_3^+）与相反电荷的离子发生反应或由类似反应的过程而终止。

上述过程清楚地表明，离子的链过程也应是 $p\text{-}H_2$ 转换的主要过程。

氚（T）是氢的另一种同位素，当 T_2 和有机化合物混合时，T 可与有机物中的氢原子发生交换。

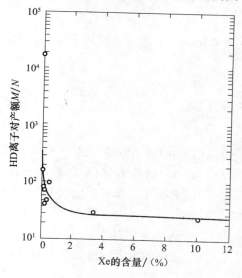

图 10.1　Xe 对 α 粒子诱导的
氢同位素交换反应的影响

这种办法常用来制备氚标记的化合物。一般认为氚标记按以下两种过程进行：

（1）T_2 发生 β 衰变形成反冲 T^+，随后 T^+ 与化合物发生离子-分子反应：

$$T_2 \longrightarrow T^+ + {}^3He + \beta \tag{10-24}$$

$$T^+ + RH \longrightarrow 氚标记化合物 \tag{10-25}$$

（2）有机物受氚释放的 β 射线作用产生离子和激发分子，这些活性粒子随后与 T_2 反应，生成氚标记化合物：

$$RH \xrightarrow{\beta} RH^+ \cdot, \quad RH^* \xrightarrow{T_2} 氚标记化合物 \tag{10-26}$$

2. 氧

O_3 是纯净氧气辐解的唯一终产物,它的产额随实验条件,尤其是氧气流速(动态辐照时)和剂量率而变化。例如静态辐照时,O_3 的产额非常低。但在动态条件下辐照,O_2 流速较慢时,O_3 的离子对产额约为 0.5,流速较高时,$M/N = 2 \sim 2.5$。O_3 产额的变化,可能取决于以下原因:①剂量和臭氧测定方法上的困难;②O_3 的不稳定性;③辐射诱导 O_3 重新分解。在纯 O_3 体系(4×10^4 Pa),α 粒子诱导 O_3 分解的离子对产额为 15 000。

根据光谱、质谱和光化学研究,氧气被辐照时,初级活化作用以及 O_3 的形成可用下列反应式表示:

$$O_2 \rightsquigarrow O_2^* \tag{10-27}$$

$$O_2 \rightsquigarrow 2O\cdot \tag{10-28}$$

$$O_2 \rightsquigarrow O_2^+ + e^- \tag{10-29}$$

$$O_2 \rightsquigarrow O^+ + O\cdot + e^- \quad （次要过程） \tag{10-30}$$

O_2 可有效地清除电子:

$$O_2 + e^- \xrightarrow{O_2} 2\cdot O_2^- \quad （三体过程） \tag{10-31}$$

活性中间产物进一步反应导致 O_3 形成和部分 O_3 重新分解:

$$O_2^+ + \cdot O_2^- \longrightarrow 2O\cdot + O_2 \tag{10-32}$$

$$O_2^* \longrightarrow 2O\cdot \tag{10-33}$$

$$O\cdot + O_2 \xrightarrow{M} O_3 \tag{10-34}$$

$$O\cdot + O_3 \longrightarrow 2O_2 \tag{10-35}$$

反应(10-34)和(10-35)式是一组竞争反应,前者 O_3 形成速率正比于 O_2 的压力(可视为不变),反应(10-35)的速率与 O_3 的浓度成正比,因此 O_3 的产额随 O_2 的流速、辐照时间(或吸收剂量)等因素变化。如果反应(10-34)部分被反应(10-35)替代,则

$$O\cdot + O_3 \longrightarrow 2O\cdot + O_2 \tag{10-36}$$

即 O_3 分解成为链过程。

O_3 也可能由下述链过程导致分解:

$$\cdot O_2^- + O_3 \longrightarrow O_2 + \cdot O_3^- \tag{10-37}$$

$$O\cdot + O_3 \longrightarrow \cdot O_2^- + O_2 \tag{10-38}$$

反应链可因离子中和反应(10-32)而终止。

低温和低剂量辐照氧气,或者测定一个电子脉冲(30 ns)后形成的 O_3 量,得到 O_3 的初始产额 $G(O_3) = 13.8 \pm 0.7$。根据 O_2 的 W 值,离子对产额 G(离子) $= 3.1$。如果忽略 O^+,则根据反应(10-32)和(10-33),可以得到激发 O_2^* 分子[包括反应(10-28)]产额 $G = 3.8$。近年来,辐射合成 O_3 已用于废水处理研究。

3. 水蒸气

光化学实验提供了两个重要事实:①在适当波长($\lambda < 186$ nm)的光作用下,水蒸气光辐解的初级过程为

$$H_2O + h\nu \longrightarrow \cdot H + \cdot OH \tag{10-39}$$

$$H_2O + h\nu \longrightarrow H_2 + O\cdot \tag{10-40}$$

$$H_2O + h\nu \longrightarrow H_2O\overset{\cdot}{} {}^+ + e^- \tag{10-41}$$

其中反应(10-41)仅在 $\lambda < 98.3$ nm 才能发生。②存在逆反应。在密闭体系中,逆反应使光辐解产物(H_2,O_2,H_2O_2)达到一个很低的平衡浓度。对水蒸气的质谱研究证明,电子和 α 粒子轰击水蒸气时存在离子反应和离子-分子反应,它们产生同样的离子,$H_2O\overset{\cdot}{}{}^+$ 是主要的离子产物。

与光辐解相似,H_2、O_2、H_2O_2 是水蒸气辐解的主要产物,在纯净的水蒸气中,它们仅达到很低的稳定态浓度。平衡时的产额与实验条件(如水蒸气的纯度、反应器的性质、辐射类型、剂量率等)有关。根据光化学和质谱研究的结果,水蒸气[即压力为 $(0.66 \sim 1.32) \times 10^5$ Pa,< 150 ℃]的辐解机理可表示如下:

$$H_2O(g) \rightsquigarrow H_2O\overset{\cdot}{}{}^+,\ e^-,\ H_2O^* \tag{10-42}$$

$$H_2O\overset{\cdot}{}{}^+ + H_2O \longrightarrow H_3O^+ + \cdot OH \tag{10-43}$$

$$H_3O^+ + (n-1)H_2O \longrightarrow H^+(H_2O)_n \quad (n = 1 \sim 8) \tag{10-44}$$

$$H^+(H_2O)_n + e^- \longrightarrow \cdot H + nH_2O \tag{10-45}$$

$$H_2O^* \longrightarrow \cdot H^* + \cdot OH \quad (\text{或 } \cdot H + \cdot OH^*) \tag{10-46}$$

$$H_2O^* \longrightarrow H_2 + O\cdot \tag{10-47}$$

$$H_2O^* + H_2O \longrightarrow H_3O^+ + \cdot OH + e^- \tag{10-48}$$

在较低压力和较高温度时,离子群形成[反应(10-44)]受到抑制,反应(10-45)可能被下列反应替代:

$$H_3O^+ + e^- \longrightarrow H_2O + \cdot H \tag{10-49}$$

$$H_3O^+ + e^- \longrightarrow 2\cdot H + \cdot OH \tag{10-50}$$

由激发分子,离子过程产生的自由基将互相反应生成分子产物:

$$\cdot H^* + H_2O \longrightarrow H_2 + \cdot OH \tag{10-51}$$

$$\cdot H + \cdot OH \xrightarrow{M} H_2O \tag{10-52}$$

$$2\cdot H \xrightarrow{M} H_2 \tag{10-53}$$

$$2\cdot OH \xrightarrow{M} H_2O_2 \tag{10-54}$$

$$\cdot H + \cdot OH \longrightarrow H_2 + O\cdot \tag{10-55}$$

$$\cdot OH + \cdot OH \longrightarrow H_2O + O\cdot \tag{10-56}$$

$$O\cdot + \cdot OH \longrightarrow O_2 + \cdot H \tag{10-57}$$

$$O\cdot + H_2O \xrightarrow{M} H_2O_2 \tag{10-58}$$

$$O\cdot + H_2O \longrightarrow 2\cdot OH \tag{10-59}$$

在密闭容器中,下列逆反应使纯水蒸气表现出辐射稳定性:

$$\cdot H + H_2O_2 \longrightarrow H_2O + \cdot OH \tag{10-60}$$

$$\cdot OH + H_2 \longrightarrow H_2O + \cdot H \tag{10-61}$$

表 10.1 列出了利用电子和自由基清除剂[如笑气、少量醇(或烷烃)]测得的水蒸气辐解的原初产物的产额。与第 7 章液态水辐解产生的原初产物测定类似,水蒸气的 ·OH 自由基产额也根据物料平衡关系和氧化还原平衡求得。如果分子过程不生成 H_2O_2,则 $G_{\cdot OH} = 2G_{H_2} + G_{\cdot H}$,分解的水蒸气分子的原初产额 $G_{-H_2O} = 2G_{H_2} + G_{\cdot H}$。与液态水辐解产生的原初产物产额相比,自由基产物产额多,而分子产物产额少,且 $G_{\cdot OH} > G_{\cdot H} > G_{e^-}$。

表 10.1　水蒸气辐解生成的原初产物的产额(对电子和 γ 射线)

原初产物	G_{e^-}	$G_{\cdot H}$	$G_{\cdot OH}$	G_{H_2}	G_{-H_2O}
G 值	3.0 ± 0.4	7.2 ± 0.4	8.2 ± 0.6	0.5 ± 0.1	8.2 ± 0.6

4. 氮化合物

纯 N_2 气对辐射十分稳定,但是在气体混合物中,N_2 可参与辐射诱发的化学反应。据此,人们探索了从空气辐射固氮和 N_2-H_2 气体混合物辐射合成氨的可能性。

在氮化合物中,N_2O 是一种气体化学剂量计。NH_3 是探索工业辐射合成肼(一种火箭燃料)的原料,因此,对它们的辐射化学研究得比较深入。下面对它们的辐射化学分别进行简单讨论。

(1) N_2O

N_2O 辐照时,N_2、O_2 和 NO 是原初产物。在气相中,NO 和 O_2 缓慢地转化为 NO_2:

$$2NO + O_2 \longrightarrow 2NO_2 \tag{10-62}$$

该反应在用液氮冷冻样品分析 N_2 和 O_2 时被加速,因此在最终产物中检测到 NO_2。

N_2O 辐解具有下列特点:

第一,原初产物产额随 N_2O 的初始压力而变化(表 10.2),压力减小,除 O_2 变化不大,其他原初产物产额增加。类似的影响在 1 MeV 电子束辐照 N_2O 时也被观测到。

表 10.2　X 射线辐照不同压力的 N_2O 时,离子对产额(M/N)的变化

N_2O 的初始压力/Pa	M/N			
	NO	O_2	N_2	$-N_2O$
6.66×10^3	4.31 ± 0.03	1.30 ± 0.02	4.74	6.91
2.67×10^4	2.24 ± 0.06	1.30 ± 0.02	3.72	4.84

第二,温度影响产物的产额。图 10.2 所示的温度效应表明,一些生成 N_2、NO、O_2 以及导致 N_2O 分解的离子或自由基过程需要活化能。

第三,在电场中辐照 N_2O 时,产额随电场强度(ε)而变化。如图 10.3 所示,电场强度较小时,除 O_2 外,其余的离子对产额下降,这表明部分产额来自离子复合过程。随着电场强度进一步增加($\varepsilon/p \geqslant 1$,$p$ 为压力),离子电流迅速达到饱和(I_s),同时产额开始上升,产额增加可归因于加速电子的下列反应:

$$N_2O + e^- \longrightarrow N_2 + O^- \tag{10-63}$$

$$N_2O + e^- \longrightarrow N_2 + O\cdot + e^- \tag{10-64}$$

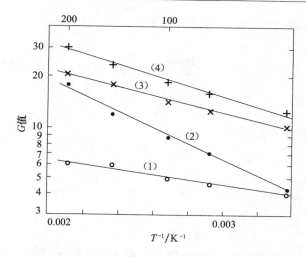

图 10. 2　N_2O 辐解初始 G 值与温度的关系

[压力:5.33×10^4 Pa,温度:24 ℃。(1)G_{O_2};(2)G_{NO};(3)G_{N_2};(4)G_{-N_2O}]

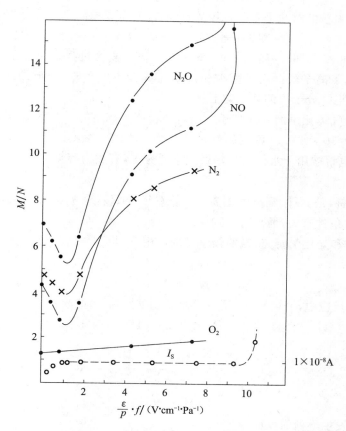

图 10. 3　X 射线辐照 N_2O($p = 6.66 \times 10^3$ Pa)时,ε/p 对离子对产额 M/N 和离子电流 I_s 的影响

(f 为 mmHg 和 Pa 的换算因子,$f = 1.333 \times 10^2$ Pa/mmHg)

综上所述，N_2O 辐解的主要过程可归纳如下：

$$N_2O \rightsquigarrow N_2O^+ + e^- \longrightarrow N_2 + O \cdot \tag{10-65}$$

$$N_2O \rightsquigarrow N_2O^* \longrightarrow N \cdot + NO \text{ 或 } N_2 + O \cdot \tag{10-66}$$

$$N_2O + e^- \longrightarrow N_2 + O^- \tag{10-63}$$

$$N_2O + e^- \longrightarrow N_2 + O \cdot + e^- \tag{10-64}$$

形成的离子和自由基接着发生反应：

$$N_2O + O^- \longrightarrow NO + NO^- \tag{10-67}$$

$$N_2O + O^- \longrightarrow N_2 + \cdot O_2^- \tag{10-68}$$

$$N_2O + O \cdot \longrightarrow N_2 + O_2 \tag{10-69}$$

$$N_2O + O \cdot \longrightarrow 2NO \tag{10-70}$$

$$N \cdot + N_2O \longrightarrow N_2 + NO \tag{10-71}$$

反应(10-69)～(10-71)为吸热反应，对于低能的氮原子和氧原子，则发生下列反应：

$$N \cdot + NO \longrightarrow N_2 + O \cdot \tag{10-72}$$

$$O \cdot + O \cdot \xrightarrow{M} O_2 \tag{10-73}$$

由于氧的产额在场强较低时几乎不受电场的影响，因此主要的离子复合过程为

$$N_2O^+ + \cdot O_2^- \longrightarrow 2NO + O \cdot \tag{10-74}$$

　　在压力较高(如 $p > 2.67 \times 10^4$ Pa)时，观测不到离子复合过程。因为压力较高时，离子和 N_2O 分子之间形成了离子群。离子群被相反电荷的粒子中和时，释放的能量用于破坏离子群，而不是集中在 N_2O 分子内的某一键上。

　　N_2O 体系作为气体化学剂量计是建立在 $G(N_2)$ 值基础上的。在室温和 $1.013\,25 \times 10^5$ Pa 下，推荐的 $G(N_2) = 10.0 \pm 0.2$，可测的剂量范围为 $5 \times 10^2 \sim 2 \times 10^4 (\pm 5\%)$ Gy。此外，N_2O 作为电子清除剂，也常被用于水体系的辐射化学研究中，有关内容见第 7 章。

　　(2) NH_3

　　H_2 和 N_2H_4(肼)是 NH_3 辐解的主要产物。$G(-NH_3)$ 约为 $3\sim 4$。肼是一种火箭燃料，$G(N_2H_4)$ 值与实验条件有关，最高可达到 4。

　　根据氨的质谱和光化学研究，氨的辐解机理可用下列主要过程描述：

$$NH_3 \rightsquigarrow \cdot NH_3^+ + e^- \tag{10-75}$$

$$NH_3 \rightsquigarrow NH_3^* \tag{10-76}$$

在氨的光分解反应中，$\cdot H$、$\cdot NH_2$ 是主要的自由基产物，因此激发分子 NH_3^* 按下式分解：

$$NH_3^* \longrightarrow \cdot H + \cdot NH_2 \tag{10-77}$$

$$\cdot NH_2 + \cdot NH_2 \xrightarrow{M} N_2H_4 \tag{10-78}$$

$$\cdot NH_2 + \cdot NH_2 \longrightarrow N_2 + 2H_2 \tag{10-79}$$

$$2 \cdot H \xrightarrow{M} H_2 \tag{10-17}$$

随着肼浓度增加，发生下列逆反应：

$$\cdot H + N_2H_4 \longrightarrow NH_3 + \cdot NH_2 \tag{10-80}$$

$$\cdot NH_2 + N_2H_4 \longrightarrow NH_3 + \cdot N_2H_3 \tag{10-81}$$

$$2 \cdot N_2H_3 \longrightarrow N_2 + 2NH_3 \tag{10-82}$$

反应(10-80)～(10-82)给肼的合成带来了困难。

$\cdot NH_3^+$ 和 NH_2^+ 是质谱计测得的主要离子产物,前者发生离子-分子反应:

$$\cdot NH_3^+ + NH_3 \longrightarrow NH_4^+ + \cdot NH_2 \tag{10-83}$$

后者通过电荷转移消失:

$$NH_2^+ + NH_3 \longrightarrow \cdot NH_3^+ + \cdot NH_2 \tag{10-84}$$

正离子与电子发生中和反应:

$$NH_4^+ + e^- \longrightarrow \cdot H + NH_3 \tag{10-85}$$

$$\cdot NH_3^+ + e^- \xrightarrow{M} NH_3 \tag{10-86}$$

$$\cdot NH_3^+ + e^- \longrightarrow \cdot H + \cdot NH_2 \tag{10-87}$$

在电场中辐照氨时,氨分解的离子对产额下降约 30%,这表明离子复合反应[特别是反应(10-87)]存在。液态氨辐射分解的产物与气体氨一样,在 γ 辐照下,它们的产额分别为 $G(N_2)=0.22, G(H_2)=0.85, G(N_2H_4)=0.13$。在凝聚体系中,除了激发分子的作用明显减弱外,一般认为液氨的辐解机理与气体氨一样。

5. 二氧化碳

气体 CO_2 对辐射很稳定,有良好的热传递性能,在一些动力堆中 CO_2 用做热传递剂。液体或固体 CO_2 辐解产生 CO 和 O_2, $G(-CO_2)\approx 5$。虽然 CO_2 的光化学和质谱研究已证实, CO_2^* 和它的分解产物(CO 和 O)以及离子($\cdot CO_2^+$, CO^+, C^+ 和 O^+)存在,但气体 CO_2 实际上并不受电离辐射影响。这种辐射稳定性曾归因于下述逆反应:

$$CO + O_3 \longrightarrow CO_2 + O_2 \tag{10-88}$$

可是,反应(10-88)需要约 117.2 kJ 的活化能,在室温时反应十分缓慢。下述机理已被用来阐明纯 CO_2 气体的辐射稳定性,

$$CO_2 \rightsquigarrow \cdot CO_2^+ + e^- \qquad (14.4\ eV) \tag{10-89}$$

$$CO_2 \rightsquigarrow CO + O\cdot \qquad (5.57\ eV) \tag{10-90}$$

$$CO_2 \rightsquigarrow C\cdot + 2O\cdot \qquad (少量,15 \sim 16.68\ eV) \tag{10-91}$$

$$CO + C\cdot \xrightarrow{M} C_2O \qquad E_a = 8.4\ kJ\cdot mol^{-1} \tag{10-92}$$

$$C_2O + CO \xrightarrow{M} C_3O_2 \qquad E_a = 8.4\ kJ\cdot mol^{-1} \tag{10-93}$$

$$O\cdot + O_2 \xrightarrow{M} O_3 \qquad E_a = 0 \tag{10-34}$$

$$C_3O_2 + O_3 \longrightarrow CO_2 + C_2O + O_2 \qquad E_a = 12.6\ kJ\cdot mol^{-1} \tag{10-94}$$

$$C_3O_2 + O\cdot \longrightarrow CO_2 + C_2O \qquad E_a = 12.6\ kJ\cdot mol^{-1} \tag{10-95}$$

$$CO + O\cdot \xrightarrow{M} CO_2 \qquad E_a = 8.4\ kJ\cdot mol^{-1} \tag{10-96}$$

CO_2 是非电子附着气体,因此体系中形成的电子被 O_2 俘获:

$$O\cdot + O\cdot \xrightarrow{M} O_2 \tag{10-73}$$

$$O_2 + e^- \xrightarrow{O_2} 2\cdot O_2^- \tag{10-31}$$

$$O\cdot + C\cdot \longrightarrow CO \tag{10-97}$$

正、负离子由中和过程消失。部分 C_2O 和 C_3O_2 扩散到容器壁形成聚合物。上述机理表明,逆反应（10-94）、（10-95）和（10-96）使产物最后达到很低的稳定态浓度。

少量 NO_2 可以抑制逆反应:

$$NO_2 + O\cdot \longrightarrow NO + O_2 \qquad E_a = 8.4 \sim 16.8 \ kJ\cdot mol^{-1} \tag{10-98}$$

$$C\cdot + NO_2 \longrightarrow NO + CO \quad E_a \approx 20.9 \ kJ\cdot mol^{-1} \tag{10-99}$$

$$2NO + O_2 \longrightarrow 2NO_2 \tag{10-62}$$

石墨和 CO_2 间的反应,在 600 ℃ 以下十分缓慢,但是在反应堆工作温度下,例如 Calder-2 动力堆[①]在运行条件下,石墨损失每年高达 500 kg。这种效应被认为是形成的活性粒子（CO_2^*,O_3 和 $O\cdot$）与石墨反应引起的。

CO_2 是一种无毒、很容易得到的非电子附着性气体,它的 W 值（相对论电子能量,32.9 eV）和低（电场强度）电场中的电子迁移性质都已被精确地研究。因此,它可用做理想的直流和微波脉冲辐解电导实验的现场剂量计(in-situ dosimeter),其吸收剂量由下式求得:

$$D_{CO_2} = 2.89 \times 10^2 \sigma_{CO_2} \quad (Gy) \tag{10-100}$$

式中,σ_{CO_2} 是辐射诱导的电导($\Omega^{-1}\cdot m^{-1}$)。

在相同辐射通量下,介质 x 的吸收剂量 D_x 为

$$D_x = (D/N)_s N_x (S_x/S_s) \quad (J\cdot m^{-3}) \tag{10-101}$$

式中,$(D/N)_s$ 为在标准气体（如 CO_2）中测得的每个分子的能量积存,N_x 为介质 x 分子的浓度（分子数 $\cdot m^{-3}$）,S_x 和 S_s 分别为介质 x 和标准气体的分子阻止本领。

CO_2 气体被用做现场剂量计有下列优点:①在感兴趣的剂量范围所产生的信号很显著;②相对于脉冲宽度,信号的寿命较长;③信号对化学组成的适度变化不灵敏。

6. 甲烷

(1) 甲烷的辐解机理

像研究其他气体的辐解一样,甲烷辐解的许多信息也来源于光化学和质谱研究。甲烷光辐解（$\lambda = 147.0$ 和 123.6 nm,相应能量为 8.4 和 10 eV）时,激发分子分解产生的主要活性粒子是 $\cdot CH_3$,$\cdot CH_2$,$\cdot CH$ 和 $\cdot H$ 自由基。激发分子的分解方式与光子的能量有关,更高能量的光子可产生光电离过程。因此,电离辐射产生的激发分子也将发生类似的分解过程。

无自由基清除剂存在时,自由基主要通过下列反应消失:

$$\cdot CH_3 + \cdot CH_3 \xrightarrow{M} C_2H_6 \tag{10-102}$$

$$\cdot CH_2 + CH_4 \xrightarrow{M} C_2H_6 \tag{10-103}$$

$$\cdot CH_2 + CH_4 \longrightarrow C_2H_6^* \tag{10-104}$$

$$C_2H_6^* \longrightarrow C_2H_4 + H_2 \tag{10-105}$$

$$C_2H_6^* \longrightarrow 2\cdot CH_3 \tag{10-106}$$

$$\cdot CH + CH_4 \xrightarrow{M} \cdot C_2H_5 \tag{10-107}$$

---

① Calder-2 动力堆:1956 年,英国建成世界第一座商用核电站——Calder Hall 核电站,是早期气冷堆。采用石墨为慢化剂,CO_2 为气体冷却剂,金属天然铀为燃料,镁诺克斯(Magnox)合金为燃料棒的包壳材料,故该堆又称镁诺克斯气冷堆。

$$•CH + CH_4 \longrightarrow •C_2H_5^* \tag{10-108}$$

在压力较低时(如 $p < 1.013\,25 \times 10^5$ Pa)时：

$$•C_2H_5^* \longrightarrow C_2H_4 + •H \tag{10-109}$$

在通常温度下,下列反应进行得很慢：

$$•H + CH_4 \longrightarrow H_2 + •CH_3 \tag{10-110}$$

反应速率常数 k 为

$$k \approx 10^{10}\exp(-E_a/RT) \quad (\text{L} \cdot \text{mol}^{-1} \cdot \text{s}^{-1}) \tag{10-111}$$

式中,$E_a \approx 37.7 \sim 40.2$ kJ $\cdot$ mol^{-1},因此,H 原子主要与生成的不饱和烃产物(如乙烯)发生加成反应：

$$•H + C_2H_4 \longrightarrow •C_2H_5 \quad k_{112} \approx 5 \times 10^8 \text{ L} \cdot \text{mol}^{-1} \cdot \text{s}^{-1} \tag{10-112}$$

或者自身复合,或者与其他自由基复合：

$$•H + R• \longrightarrow RH \quad (\text{R}• \text{代表} •\text{H 或其他自由基}) \tag{10-113}$$

初级自由基、次级自由基和形成的分子产物进一步反应生成复杂的最终产物(表 10.3)。由表 10.3 可知,甲烷辐解后的主要产物为氢气和乙烷,其次是丙烷和乙烯、正丁烷等。

表 10.3 CH_4 及 CH_4 气体混合物辐解产物及其 G 值(快电子或 γ 射线)

产 物	G 值		相对产率/(%)		
	CH_4	$CH_4 + NO$	$CH_4 + Ar$	$CH_4 + Ar + I_2$	$CH_4 + I_2$
H_2	6.4	3.6	100	100	
C_2H_2			0	1.6	
C_2H_4	0.13	0.64	0.5	14	
C_2H_6	2.1	0.32	45	0.6	
C_3H_6	0	0.03	0.2	0	
C_3H_8	0.26	0.01	7	0	
$n\text{-}C_4H_{10}$	0.13	0	3.5	0	
$i\text{-}C_4H_{10}$	0.06	0			
$i\text{-}C_5H_{10}$	0.05	0			
HI					8.5
CH_3I				34	70
C_2H_5I				18	4.5
C_3H_7I				0.5	
C_4H_9I				0.1	
CH_2I_2				9	8.5

据此,甲烷辐解的主要离子生成过程可用下列反应表示：

$$CH_4 \rightsquigarrow •CH_4^+ + e^- \tag{10-114}$$

$$CH_4 \rightsquigarrow •CH_3^+ + •H + e^- \tag{10-115}$$

$$CH_4 \rightsquigarrow CH_2^+ + H_2(\text{或 } 2•H) + e^- \tag{10-116}$$

随后,离子发生离子-分子反应[(10-117)和(10-118)式],以及离子中和过程[(10-119)~(10-122)式]：

$$•CH_4^+ + CH_4 \longrightarrow CH_5^+ + •CH_3 \tag{10-117}$$

$$•CH_3^+ + CH_4 \longrightarrow (C_2H_7^+)^* \longrightarrow C_2H_5^+ + H_2 \tag{10-118}$$

$$CH_2^+ + e^- \longrightarrow CH_2 \tag{10-119}$$

$$CH_5^+ + e^- \longrightarrow CH_3• + H_2 \tag{10-120}$$

$$C_2H_5^+ + e^- \xrightarrow{\text{M}} C_2H_5• \tag{10-121}$$

$$C_2H_5^+ + e^- \longrightarrow C_2H_4 + \cdot H \qquad\qquad (10\text{-}122)$$

生成的自由基按前述自由基生成过程生成终产物。

(2) 离子和自由基产额估算

根据 CH_4 的 W 值（27.3 eV）和激发作用对电离作用的比值（0.63～0.8），估算得到的离子对产额和激发产额分别为 3.6 和 2.5。

$\cdot CH_4^+$ 的产额可从辐照含 $0.3\%\sim5\%$ $i\text{-}C_4D_{10}$ 的 CH_4 体系测得。根据 C_3H_8 的产率可以估算 $\cdot CH_4^+$ 的 G 值。当 CH_4 的压力为 6.4×10^4 Pa 时，$G_{\cdot CH_4^+}=1.9$。

CH_3^+ 的产额可用同样的方法测定，在 $i\text{-}C_4D_{10}$ 存在时，$C_2H_5^+$ 离子与 $i\text{-}C_4D_{10}$ 发生负氢离子转移反应：

$$C_2H_5^+ + i\text{-}C_4D_{10} \longrightarrow C_2H_5D + i\text{-}C_4D_9^+ \qquad\qquad (10\text{-}123)$$

根据测得的 C_2H_5D 产额，按反应（10-118）估算得 $G_{CH_3^+}=0.9$。根据估算的 $G_{\cdot CH_4^+}$ 和 $G_{CH_3^+}$ 值，$\cdot CH_4^+$ 约占总离子产额的 53%，CH_3^+ 占 25%，这表明在压力较高时，$\cdot CH_4^+$ 离子的碎裂反应比质谱计（低压）中的少。

清除剂实验求得 $G_{CH_3}=3.3$。$\cdot CH_3$ 自由基来源于激发乙烷分子的解离和反应（10-117）。由激发乙烷分子提供的 $\cdot CH_3$ 产额 $G_{\cdot CH_3}=3.3-1.9=1.4$。

初级过程产生的 H 原子产额，可由辐照含 H_2S 的 CD_4（5.3×10^3 Pa）体系求得。体系中生成的氘按下式与 H_2S 反应：

$$\cdot D + H_2S \longrightarrow HD + \cdot SH \qquad\qquad (10\text{-}124)$$

通过测定 HD 的量，估算得 $G_D=4$。假设 $G_{\cdot H}$ 与 $G_{\cdot D}$ 值不会有很大差异，因此有 $G_{\cdot H}=4$。

根据分子氢的生成机理[反应（10-118），（10-116）和（10-120）]和质谱计测得的 CH_4^+、CH_3^+、CH_2^+ 的丰度，估算得 $G_{H_2}=3.5$，此值与碘存在时从 $CH_4\text{-}CD_4$ 体系测得的 $G_{H_2}=3.2$ 相接近。如果按 6.4×10^4 Pa 的压力辐照下测得的离子丰度（CH_4^+ 53%，CH_3^+ 25%）估算，G_{H_2} 值略低于实验值，差值可能归因于反应（10-105）。

$\cdot CH_2$ 和 $\cdot CH$ 自由基的产额也已经被测定，它们分别为 $G_{\cdot CH_2}=0.7$ 和 $G_{\cdot CH}=0.1\sim0.3$。

目前对于长链饱和烷烃 C_nH_{2n+2} 的辐射化学研究表明，其主要辐解产物包括 H_2、短链烷烃 C_sH_{2s+2}（$s<n, s=n/2$）、短链烯烃 C_pH_{2p}（$p<n$）、相同链长的烷烃 C_nH_{2n}、更长链的烷烃 $C_{2n}H_{4n+2}$ 和 C_mH_{2m+2}（$n<m<2n$）。根据该原理可以利用电子束辐照天然气，将气体烷烃转化为液态烃，即转化为汽油，$C_{2n}H_{4n+2}$ 和 C_mH_{2m+2}（$n<m<2n$）是主要的目标产物。但是通过甲烷的辐解机理可知，长链烷烃的辐射化学产额较低，因此需要探索提高目标产物产额的方法。

7. 乙烯和乙炔

乙烯（C_2H_4）辐解的主要产物是聚合物，此外还有氢、饱和与不饱和的碳氢化合物。光化学实验表明，激发 C_2H_4 分子可以分解为分子产物（H_2，C_2H_2）和自由基产物（$\cdot H$，$\cdot C_2H_3$）。乙烯的质谱分析结果表明，主要离子为 $\cdot C_2H_4^+$、$C_2H_3^+$ 和 $C_2H_2^+$，对应相对丰度（%）分别为 38%、23% 和 22%，因此，乙烯辐解可能涉及下列主要过程：

$$C_2H_4 \rightsquigarrow \cdot C_2H_4^+ + e^- \qquad\qquad (10\text{-}125)$$

$$C_2H_4 \rightsquigarrow C_2H_3^+ + \cdot H + e^- \qquad\qquad (10\text{-}126)$$

$$C_2H_4 \rightsquigarrow C_2H_2^+ + H_2 + e^- \qquad\qquad (10\text{-}127)$$

$$C_2H_4 \rightsquigarrow C_2H_4^* \tag{10-128}$$

$$C_2H_4^* \longrightarrow \cdot C_2H_3 + \cdot H \tag{10-129}$$

$$C_2H_4^* \longrightarrow C_2H_2 + H_2 \tag{10-130}$$

由于母体本身是自由基清除剂,因此它可与自由基、离子发生加成反应,例如

$$C_2H_4 + \cdot C_2H_3 \longrightarrow \cdot C_4H_7 \tag{10-131}$$

$$C_2H_4 + \cdot H \longrightarrow \cdot C_2H_5 \tag{10-132}$$

$$C_2H_4 + \cdot C_2H_4^+ \longrightarrow (\cdot C_4H_8^+)^* \tag{10-133}$$

在低压(如 26.7 Pa)时,发生以下反应:

$$(\cdot C_4H_8^+)^* \longrightarrow C_3H_5^+ + \cdot CH_3 \tag{10-134}$$

在压力较高时,$(\cdot C_4H_8^+)^*$ 离子通过与周围分子碰撞失去过剩能量:

$$(\cdot C_4H_8^+)^* + C_2H_4 \longrightarrow \cdot C_4H_8^+ + C_2H_4 \tag{10-135}$$

上述过程生成的自由基或者由复合(或歧化)反应生成饱和与不饱和的碳氢化合物,或者通过链增长形成聚合物:

$$R\cdot + C_2H_4 \longrightarrow R{-}CH_2{-}CH_2\cdot \xrightarrow{C_2H_4} 聚合物 \tag{10-136}$$

辐照 C_2H_4-C_2D_4 气体混合物,氢气的组成几乎全部为 H_2 和 D_2,这意味着分子氢是由反应(10-127)和(10-130)产生的。与乙烯的其他辐解产物不同,$G(H_2)$ 值不随吸收剂量变化,因此,乙烯体系(或丙烯)可以用做气体化学剂量计[取 $G(H_2)_{C_2H_4}=1.2$ 或 $G(H_2)_{C_3H_6}=1.1$]。

表 10.4 列出了乙烷、乙烯和乙炔的辐解产物 G 值。可知:①不饱和烃比饱和烃对辐射敏感,它们主要转变成聚合物。②不饱和烃的氢气产额较低。氢的产额和聚合物的量及烃的不饱和度之间的关系如下:

烃的不饱和度:　　　　　$CH{\equiv}CH > CH_2{=}CH_2 > CH_3{-}CH_3$

形成的聚合物量:　　　　$G(Poly)_{C_2H_2} > G(Poly)_{C_2H_4} > G(Poly)_{C_2H_6}$

氢的产额:　　　　　　　$G(H_2)_{C_2H_2} < G(H_2)_{C_2H_4} < G(H_2)_{C_2H_6}$

不饱和烃的这种特性与它们本身是自由基清除剂有关。③不饱和烃是烃类辐解的一种产物,是有效的自由基清除剂,因此产物的产额随吸收剂量而变化。通常测定辐解产物的产额时,控制母体化合物的转变量不大于 1%。

乙炔的可能辐解机理,曾用下列离子群和激发分子过程描述:

$$C_2H_2 \rightsquigarrow \cdot C_2H_2^+ + e^- \tag{10-137}$$

$$\cdot C_2H_2^+ + (C_2H_2)_{19} \longrightarrow [(C_2H_2)_{19}C_2H_2^+] \tag{10-138}$$

$$[(C_2H_2)_{19}C_2H_2^+] + e^- \longrightarrow C_{40}H_{40}(聚炔) \tag{10-139}$$

$$C_2H_2 \rightsquigarrow C_2H_2^* \tag{10-140}$$

$$C_2H_2^* + C_2H_2 \longrightarrow (C_2H_2^*)_2 \xrightarrow{C_2H_2} C_6H_6 \tag{10-141}$$

上述机理阐明了终产物的生成过程,解释了为什么离子对产额[$M_{(-C_2H_2)}/N \approx 20$]几乎不随实验条件(剂量率、压力和温度)而变化。

C_2H_2-C_2D_2 气体混合物被辐照时,检测到了 C_2HD、C_6H_5D、$C_6H_3D_3$ 和 C_6HD_5 产物,表明乙炔辐解也发生 C—H 键断裂。因此,最终产物也可能通过自由基过程生成。虽然自由基机理不能解释恒定的离子对产额,但它说明了乙炔辐解为什么没有 H_2 形成。有关乙炔的辐解机理仍需进一步研究。

表 10.4　乙烷、乙烯、乙炔的辐解产物谱

产　物	G 值		
	C_2H_6（γ 辐照）	C_2H_4（快电子）	C_2H_2（氚 β 粒子）
母体化合物（$-G$）		15.5	71.9
H_2	6.8	1.28	
CH_4	0.61	0.12	
C_2H_2	0	1.46	
C_2H_4	0.05	—	
C_2H_6	—	0.27	
C_3H_6	0	0.23	
C_3H_8	0.54	0.11	
C_4H_8	0	0.40	
C_4H_{10}	1.1	0.48	
C_5H_{10}	0.54		
C_5H_{12}		0.06	
C_6H_{14}		0.13	C_6H_6 5.1
聚合物		≈11	$C_{40}H_{40}$ 57 *

* 体系吸收 100 eV 能量转变成聚合物的母体分子数目。1 G 单位＝1.0364×10^{-7} mol·J^{-1}。

10.2.3　多组分气体混合物的辐解

1. 含 NO_x 和 SO_2 的烟道气

SO_2 和 NO_x 是最主要的大气污染物,主要来源于一些矿物燃料(无烟煤、褐煤、石油和天然气)的燃烧过程。大约 90% 的 SO_2 和 63% 的 NO_x 来自燃烧燃料的工厂(发电厂和其他工厂),其余则来源于交通运输和民用(表 10.5)。一个 100 MW 的电厂,如果燃烧含硫 2% 的煤,大约每小时向大气排放 3×10^5 m^3 的烟道气,其中 SO_2 浓度为 1600 ppm,NO_x 200 ppm,年排放量为 12 kt 和 0.7 kt。这些排放物会对环境(尤其是对森林、湖泊和建筑物等)造成严重危害。核电是最清洁的能源,但是目前还不能完全替代其他能源,因此从废气中提取 SO_2 和 NO_x 具有重要意义。用化学方法净化废气的主要问题是产生二次污染物,而电离辐射则在废气中产生活性粒子(电子、离子、激发分子和自由基),活性粒子之间相互反应,可使有害物质分解或转变成易于回收的产物,因此无二次污染物。第 1 章中曾经介绍过辐射化学在该领域的应用进展。本节详细讨论烟道气的辐射化学行为。

表 10.5　不同排放源排出的 SO_2 和 NO_x

排放源	$SO_2/(\%)$	$NO_x/(\%)$
发电厂	50.0	37.5
工业锅炉	38.0	26.1
交通工具	1.5	30.1
民用	10.5	6.3
核电站	0	0

目前常用电子束来处理烟道气,将烟道气除去飞灰,经水喷雾塔调湿,降温(70~90 ℃)之后,与 NH_3 混合,进入反应器,用电子束引发反应。有关工艺流程图如图 10.4 所示。烟道气主要由 H_2O、O_2、N_2、SO_2、NO_x、CO 和 CO_2 组成,在电子束作用下,主要发生以下反应:

$$H_2O \xrightarrow{\quad\sim\!\!\sim\!\!\sim\quad} \cdot H,\ \cdot OH,\ e^-,\ H_3O^+\ [或\ H_3O^+(H_2O)_{n-1}] \tag{10-142}$$

$$O_2 \xrightarrow{\quad\sim\!\!\sim\!\!\sim\quad} O_2^+,\ O_2^*,\ e^- \tag{10-143}$$

$$O_2 + e^- \xrightarrow{\quad O_2\quad} 2\cdot O_2^- \tag{10-31}$$

$$O_2^* \longrightarrow 2O\cdot \tag{10-33}$$

$$\cdot H + O_2 \longrightarrow HO_2\cdot \tag{10-144}$$

$$H_3O^+\ [或\ H_3O^+(H_2O)_{n-1}] + \cdot O_2^- \longrightarrow HO_2\cdot + H_2O(或\ nH_2O) \tag{10-145}$$

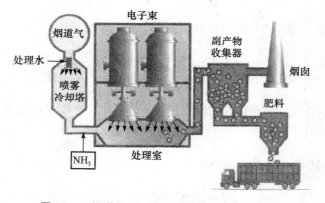

图 10.4　烟道气电子束处理的工艺流程示意图

$\cdot OH$、$O\cdot$、$HO_2\cdot$ 自由基将 NO 氧化成 NO_2,随后进一步使 NO_2 氧化成 HNO_3:

$$NO + \cdot OH \longrightarrow HNO_2 \tag{10-146}$$

$$NO + O\cdot \longrightarrow NO_2 \tag{10-147}$$

$$NO + HO_2\cdot \longrightarrow NO_2 + \cdot OH \tag{10-148}$$

$$NO_2 + \cdot OH \longrightarrow HNO_3 \tag{10-149}$$

$$NO_2 + O\cdot \longrightarrow NO_3 \tag{10-150}$$

$$NO_3 + NO_2 \rightleftharpoons N_2O_5 \xrightarrow{\quad H_2O\quad} 2HNO_3 \tag{10-151}$$

$$HNO_2 + O\cdot \longrightarrow HNO_3 \tag{10-152}$$

$$HNO_2 + HNO_3 \longrightarrow 2NO_2 + H_2O \tag{10-153}$$

$$2HNO_2 \longrightarrow NO + NO_2 + H_2O \tag{10-154}$$

CO 存在时，它与体系中的还原性成分（NO，NO_2 和 SO_2）竞争 ·OH 自由基：

$$CO + \cdot OH \longrightarrow CO_2 + \cdot H \tag{10-155}$$

反应(10-155)使 NO 的氧化过程减缓。

SO_2 通过如下反应被氧化成 H_2SO_4：

$$SO_2 + 2\cdot OH \longrightarrow H_2SO_4 \tag{10-156}$$

$$SO_2 + O\cdot \longrightarrow SO_3 \xrightarrow{H_2O} H_2SO_4 \tag{10-157}$$

当化学计量的氨（相对于 $SO_2 + NO_x$）存在时，它清除体系中的正电荷：

$$H_3O^+ (H_2O)_{n-1} + NH_3 \longrightarrow NH_4^+ + nH_2O \tag{10-158}$$

$$H_3O^+ + NH_3 \longrightarrow NH_4^+ + H_2O \tag{10-159}$$

$$NH_4^+ + e^- \longrightarrow \cdot NH_2 + 2\cdot H \tag{10-160}$$

另一方面，它与 ·OH 自由基反应：

$$NH_3 + \cdot OH \longrightarrow \cdot NH_2 + H_2O \tag{10-161}$$

形成的 ·NH_2 自由基，部分与 NO 和 NO_2 反应：

$$\cdot NH_2 + NO \longrightarrow N_2 + H_2O \tag{10-162}$$

$$\cdot NH_2 + NO_2 \longrightarrow NH_2NO_2 \tag{10-163}$$

$$NH_2NO_2 \longrightarrow N_2O + H_2O \tag{10-164}$$

大部分的氨与生成物 HNO_3 和 H_2SO_4 反应：

$$H_2SO_4 + 2NH_3 \longrightarrow (NH_4)_2SO_4 \tag{10-165}$$

$$(NH_4)_2SO_4 \xrightarrow[H_2O]{NH_3, HNO_3} (NH_4)_2SO_4 \cdot 2NH_4NO_3 \tag{10-166}$$

$(NH_4)_2SO_4 \cdot 2NH_4NO_3$ 是一种颗粒状固态肥料，可用于需要氮和硫的棉花、玉米等农作物的施肥。

2. CH_4、NH_3、H_2O 等气体混合物的辐解

CH_4、NH_3、H_2O 是星际分子，是构成原始地球大气的主要成分。大气中的 O_2 是生命出现后由光合作用过程产生的。表 10.6 列出了这些气体混合物辐解的主要产物。由表 10.6 可知，在电离辐射作用下，简单的气体物质可用于合成生物有机分子和其他的有机化合物，这对生命起源于化学演化的理论是有力的支持。这些结果预示：①在宇宙空间，在宇宙射线作用下也可能发生类似的过程，甚至可能在地球形成以前，这一过程就早已进行着。因此，辐射合成有机分子可能是一个重要的宇宙过程。②地球形成后，放射性元素衰变释放的能量几乎都被禁锢在地壳中转变为热能。但是在地球形成的某一阶段（如还原铁分散在地幔中尚未形成地核时），宇宙射线将会比现在更强烈地作用于原始大气。因此，辐射合成也可能在原始大气中进行。

表 10.6　CH₄、NH₃、H₂O 等气体混合物的主要辐解产物

气体混合物	辐射类型	主要产物
CH_4,NH_3,H_2O,N_2	X 射线	乙酸,乳酸,甲胺,甘氨酸,丙氨酸,天冬氨酸
CH_4,NH_3,H_2O,H_2	电子	CO_2,C_2H_6,C_2H_4,$C_2\sim C_7$ 的烃,HCN,甘氨酸,丙氨酸,天冬氨酸
CH_4,NH_3,H_2O,N_2	电子	甘氨酸,丙氨酸,甘氨酰胺
CH_4,CO_2,CO,NH_3,N_2,H_2O	X 射线	胺类,中性氨基酸,酸性氨基酸
CH_4,NH_3,H_2O,H_2S	电子	简单氨基酸

目前关于 CH_4、NH_3、H_2O 等混合气体辐照后终产物的生成机理仍不清楚。碳氢化合物可能由 CH_4 辐解产生的自由基生成,如 $C_2H_6(2 \cdot CH_3 \xrightarrow{M} C_2H_6)$,胺类可由烷基(R·)和 ·$NH_2$(来自 NH_3 辐解)反应生成:

$$\cdot CH_3(R\cdot) + \cdot NH_2 \longrightarrow CH_3NH_2(RNH_2) \tag{10-167}$$

甘氨酸可能由 $(H_2CN)\cdot$ 或 $(HCN)^{\bar{}}$ 生成:

$$HCN + \cdot H \longrightarrow (H_2CN)\cdot \tag{10-168}$$

$$HCN + e^- \longrightarrow (HCN)^{\bar{}} \tag{10-169}$$

$$(HCN)^{\bar{}} + H^+ \longrightarrow (H_2CN)\cdot \tag{10-170}$$

$$2(H_2CN)\cdot \longrightarrow H_4C_2N_2 \xrightarrow{2H_2O} NH_2CH_2CO_2H + NH_3 \tag{10-171}$$

10.3　固态无机物辐射化学

10.3.1　辐射对固体性质和光学特性的影响

1. 固体性质变化

当一个完善的晶体在温度为热力学温度零度以上时,晶体中的原子在其平衡位置附近作热运动。温度升高时,原子的平均动能随之增加,振幅增大。原子间的能量分布遵循麦克斯韦(Maxwell)分布规律。当某些具有比平均能量大的原子,其能量足够大时,可以离开它们的平衡位置而挤入晶格的间隙中,成为间隙原子,而原来的晶格位置变成空位。这种一对对的间隙原子和空位在不断地运动中,或者复合,或者运动到其他位置上去。将晶体中同时产生的一对间隙原子和空位叫做**弗仑克尔(Frenkel)**[①]**缺陷**(图 10.5)。在晶体表面上也可发生类似的过程,一些原子离开表面而进入环境,在原来位置上产生空位,晶体内部的原子可以运动到表面填补这些空位,结果在内部产生空位(图 10.6),这种空位称为**肖特基(Shottky)**[②]**缺陷**。Shottky 缺陷是由相等数量的正离子空位和负离子空位构成的。

电离辐射与固体物质相互作用时,非弹性碰撞过程传递给介质的能量用于介质原子的电离和激发,而弹性碰撞传递给介质原子的能量用于增加它的动能。当晶格点阵上的原子得到足够能量时,可以离开它们的正常位置,形成 Frenkel 缺陷和 Shottky 缺陷。对于 γ 射线、X 射线和电子,它们主要产生电离和激发作用,但是,如果这些辐射具有较高的能量(如对于原子量

---

①　以苏联物理学家雅科夫·弗仑克尔(Яков Френкель)的名字命名。
②　以德国物理学家沃尔特·肖特基(Walter Schottky)的名字命名。

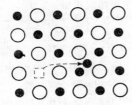 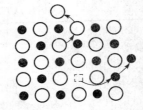

图 10.5　辐照 AgBr 中产生的 Frenkel 缺陷示意图
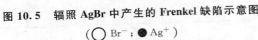
（○ Br⁻；● Ag⁺）

图 10.6　辐照 KCl 中产生的 Shottky 缺陷示意图
（○ Cl⁻；● K⁺）

为 50～100 的原子,辐射能量大于 0.5 MeV),也可使少量晶格点阵上的原子发生位移(表 10.7)。间隙原子常常陷落在一个亚稳态位置上。在热振动影响下,间隙原子可以返回到较稳定的位置,同时释放它的储能。储能释放与温度有关,但是大部分储能是在室温以下释放的。对于金属,辐射产生的缺陷很容易复合,因此只有在低温下辐照才能观测到释放储能。图 10.7 展示了在 4 K,用 1.2 MeV 电子辐照(注量[①]为 9×10^{17} 电子·cm⁻²)的铜箔,能量释放与温度的关系。在 60 K 以下,释放能量归因于间隙物进入邻近的空位或其他间隙物移入较远的杂质陷阱等;在较高温度时,释放能量过程可归因于间隙物从浅阱移入深阱,或归因于各种聚集和复合作用。在铜中,每个 Frenkel 缺陷复合大约释放出 5 eV 能量。

表 10.7　不同电离辐射辐照 Cu 后所产生的 Cu 原子位移

辐射类型	能量/MeV	通量密度*/(cm⁻²·s⁻¹)	时间	每个 Cu 原子的位移概率
中子	2	10^{13}	30 d	10^{-1}
氘核	10	6×10^{12}	10 h	10^{-2}
电子	2	6×10^{14}	10 h	10^{-3}
γ 射线	1.3	10^{11}	30 d	10^{-8}

* 为单位时间内粒子注量的增量,也称为注量率。

　　研究固体辐照后的储能现象具有实际意义。一些非金属(如石墨)在室温或高于室温的温度下被辐照后可以比金属储存更多的能量,储能释放时会产生大量热。1957 年 10 月 10 日,英国温斯凯尔(Windscale)的一个石墨慢化反应堆,曾因释放储能引起火灾,使大量的 ¹³¹I 和其他放射性物质进入大气。

　　缺陷可使固体的电性能发生变化。图 10.8 为一些金属(Au,Ag 和 Cu)在氘核作用下电阻率的变化(Au>Ag>Cu)。对金属来讲,电性能变化不能归因于电离作用,因为电离产出的正穴可迅速地被自由电子重新填补。可是,辐射产生的缺陷(如间隙原子和空位)不仅可以散射传导电子,影响电子有序流动,而且可使规则的晶格遭到破坏,这样就导致电阻率增加。

　　半导体的电性能对辐射十分灵敏,因为半导体中价带与导带之间的能隙较窄,价带中的少数电子可被辐射、热、光等外界因素激发,越过能隙进入导带中,呈现出不同程度的电导性。一个电子从价带进入导带,同时在价带中产生一个空穴,即同时产生一个电子-空穴对。空穴在

---

①　注量(fluence):以入射粒子数目描述辐射场性质的一个量。定义为进入单位截面积的一个球体的粒子数。

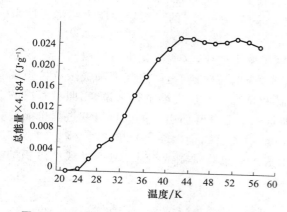

图 10.7　辐照铜样品释放总能量与温度的关系

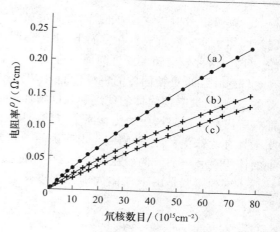

图 10.8　氚核辐照 Au、Ag、Cu 时的
金属电阻率与注量的关系

〔(a) Au；(b) Ag；(c) Cu〕

外电磁场中的行为，就如一个可以迁移的正电荷 e^+。反之，导带中的电子也可能返回价带空穴处，发生电子-空穴复合过程。当晶体处于平衡状态时，电子-空穴对的产生和复合过程速度相等，导带中有一定浓度的处于平衡状态的自由电子，价带中也有相同浓度的空穴。在这种情况下，电导性是由相同数目的电子和空穴共同提供的。表 10.8 列出了一些半导体的辐照效应，这些效应都是由生成的缺陷引起的。例如，一个 n-型半导体[①]被辐照时，如果生成的缺陷可以接受传导电子（称为**受主缺陷**），那么半导体的电导率就会下降。随着这类缺陷生成，正穴不断产生，n-型半导体中的载流子[②]逐渐由正穴替代原来的传导电子，也就是说，n-型半导体就转变成 p-型半导体[③]。反之，如果形成的缺陷是给电子的（称为**施主缺陷**），它将使 p-型半导体的电导率下降。

表 10.8　一些半导体的辐照效应

材料	辐照效应	材料	辐照效应
n-型 Ge	转变为 p-型	n-型 AlSb	接近极限电子浓度
p-型 Ge	接近极限空穴浓度(7×10^{16} cm^{-3})	p-型 AlSb	转变为 n-型
n-型和 p-型 Si	载流子浓度接近本征值	n-型 InAs	电子浓度无限增加
n-型 InSb	接近极限电子浓度(4×10^{16} cm^{-3})	p-型 InAs	转变为 n-型
p-型 InSb	转变为 n-型	n-型 InP	电子浓度降低，没有转型证据
n-型 GaSb	转变为 p-型	p-型 CdTe	转变为 n-型
p-型 GaSb	接近极限空穴浓度($\approx10^{16}$ cm^{-3})		

---

①　n 型半导体：即自由电子浓度远大于空穴浓度的杂质半导体。也称为电子型半导体。

②　载流子：在物理学中，载流子指可以自由移动、带有电荷的物质微粒，如电子和离子。在半导体物理学中，电子流失导致共价键上留下的空位（或空穴）被视为载流子。在电解质溶液中，载流子是已溶解的阳离子和阴离子。类似地，游离液体中的阳离子和阴离子在液体和熔融态固体电解质中也是载流子。

③　p 型半导体：即空穴浓度远大于自由电子浓度的杂质半导体。也称为空穴型半导体。

缺陷可以散射热波,因此固体物质被辐照后会使其热传导性能下降。这种效应对石墨、陶瓷等固体物质特别重要。在室温下,中子辐照的石墨(10^{20} nvt)[①]的热传导性能大约降为原来的 1/10。这种效应随温度升高而下降。

辐射作用也可使固体的机械性能、体积、密度等发生变化,这些变化也与辐照产生的缺陷有关。例如,缺陷使固体的硬度和强度增加。通常,金属被辐照后,屈服强度和极限抗拉强度都有所提高。辐照产生的位移原子可使固体的体积增加。对反应堆工艺来说,辐照后石墨的膨胀具有特殊意义,这种膨胀是由间隙原子迫使点阵平面分开而引起的。核转变过程也能使铀的体积显著增加。例如在 500~800 ℃ 的反应堆中辐照铀至燃耗[②] 0.25% 时,体积约增加10%。这种膨胀是由于气体或固体裂变产物生成。如果将铀制成合金,则可以减小体积的变化。

2. 光学特性变化

在第 4 章辐射剂量学部分,我们已经了解到许多固体物质(包括无机、有机晶体,玻璃及聚合物)在辐射作用下,其光学特性会发生变化。这些变化大都是缺陷(原来存在于固体中的,或辐射产生的)引起的。一些聚合物光学性质的变化是与辐射作用下发生的化学过程(如聚乙烯以交联为主,聚甲基丙烯酸酯以降解为主)有关。下面我们将讨论缺陷形成的光学活性中心。首先解释什么是色心。**色心**(color center)是指透明晶体中由点缺陷、点缺陷对或点缺陷群捕获电子或空穴而构成的一种可导致可见光光谱区有光吸收的缺陷。

纯净的理想离子晶体[③]对可见光-红外光的辐射都是透明的。例如,碱金属卤化物晶体对电磁辐射透明的波长范围为 25 μm~0.25 pm,上述波长光子的能量不足以使电子越过能隙由价带跃迁至导带。更高能量的辐射(如短波长的紫外光)照射离子晶体时,价带中的电子有可能被激发进入导带,发生光吸收。因此,离子晶体对短波长的紫外光是不透明的。在晶体中,一个束缚着电子的负离子空位和俘获正穴的正离子空位,都是光学活性中心,它们都能在可见光区域产生光吸收。如果在晶体中存在着 Shottky 缺陷(它们也可在辐照时产生),电离辐射从晶格点阵原子上逐出的电子,部分可以陷落在负离子空位中,如图 10.9 所示。这个陷落电子可用第 5 章介绍的 ESR 谱仪测定,发现该陷落电子与周围 6 个正离子(三维结构)发生强烈的相互作用。因此,这个电子可以看做被空位周围 6 个正离子所共有。当束缚的电子被激发时,相应地产生一个特征的光吸收谱带。这种能引起光吸收的缺陷-束缚电子的负离子空位及其同周围离子的缔合体,称为 **F 色心**。由 F 色心产生的吸收带称为 F 吸收带。表 10.9 列出了碱金属卤化物 F 色心的吸收光谱带峰的波长和能量值。

除了电子在负离子空位陷落形成 F 色心和 R 色心(由三个相邻的 F 色心构成)外,电离辐射产生的正穴会沿着晶格迁移(经由电子迁移),当迁移到正离子空位周围时,形成一个稳定的正离子空位-正穴体系,该体系称为 **V 色心**。图 10.10 为辐照 KCl 晶体中 V 色心的生成示意图。在正离子空位周围的一个 Cl^- 失去一个电子后,形成正离子空位-氯原子稳定体系,氯原

---

①　nvt:total integrated neutron flux 的简称,意思是中子通量的时间积分。
②　燃耗:反应堆运行过程中核燃料的消耗程度,消耗掉的燃料数量。燃耗达到一定限度后,燃料元件应该更换,否则元件将被破坏或者反应堆的反应性因裂变产生的中子毒物不能维持反应堆的正常运行。
③　离子晶体(ionic crystal):正、负离子靠静电作用(离子键)结合在一起而形成的晶体。一般由电负性较小的金属元素和电负性较大的非金属元素生成。

子与围绕正离子空位的 5 个 Cl^- 处于平衡状态,并与 5 个 Cl^- 共享它们所带的 5 个电子。

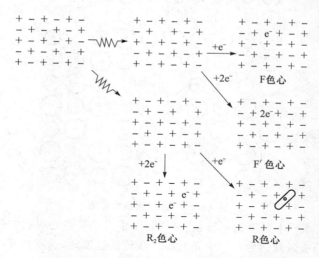

图 10.9　辐照固体物质中 F 色心和 R 色心形成示意图

表 10.9　碱金属氯化物 F 色心的光吸收

晶体	吸收光谱的峰值和对应波长的能量		晶体颜色
	λ/nm	E/eV	
LiCl	385	3.1	黄色
NaCl	465	2.7	橙色
KCl	563	2.2	紫色
RbCl	624	2.0	蓝色
CsCl	603	2.0	蓝色

　　在晶体中,有时两个或更多的缺陷会占据着相邻的格位,这样,它们在库仑引力、偶极矩力、共价键力以及晶格的弹性力作用下,可以互相缔合形成缺陷的缔合体。这些缔合体也可成为晶体的光吸收或光发射中心(图 10.9)。晶体中各种色心的名称、符号、本质和说明如表 10.10 和图 10.11 所示。

K^+	Cl^-	K^+		K^+	Cl^-	K^+
Cl^-		Cl^-		Cl^-		Cl^-
K^+	Cl^-	K^+		K^+	Cl^-	K^+

　　（a）正离子空位　　　　　（b）V 色心

图 10.10　辐照 KCl 晶体中
V 色心形成示意图

表 10.10　离子晶体中的各种色心

名称	符号	本质*	说明
a	$V_X^{\cdot}$	$(\square_-)$	阴离子空位,带一正电荷
F	V_X	$(\square_- + e^-)$	阴离子空位上束缚一个额外电子,中性
F′	V_X'	$(\square_- + 2e^-)$	阴离子空位束缚两个额外电子,带一负电荷
R_1	$(V_X V_X)^{\cdot}$	$(2\square_- + e^-)$	两个相邻阴离子空位束缚一电子,带一正电荷
R_2	$V_X V_X$	$(2\square_- + 2e^-)$	相邻两个 F 色心缔合,中性
M	$V_X V_M V_X$	$(2\square_- + \square_+ + e^-)$	一个 R_1 色心与一个相邻的阳离子空位缔合,中性
V_1	V_M	$(\square_+ + h^+)$	一阳离子空位束缚一空穴,中性
V_2	$V_M V_M$	$(2\square_+ + 2h^+)$	相邻两个 V_1 色心缔合,中性
V_3	V_M'	$(2\square_+ + h^+)$	V_1 色心与一个阴离子空位缔合,带一负电荷

* $\square_-$ 及 $\square_+$ 分别代表阴离子空位及阳离子空位,e^- 代表额外电子,h^+ 代表空穴。

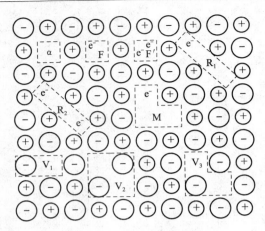

图 10.11　各种色心示意图

各种色心在一定条件下可以相互转化。例如,用相当于 F 色心吸收波长的光照射晶体,原来束缚在 F 色心的电子被激发到导带产生光电导。在较低温度时,这些电子部分被别的 F 色心所俘获形成 F′ 色心,而原来的 F 色心变成一个无电子的负离子空位(即 α 色心),如下式所示:

$$2F \xrightleftharpoons[\text{升温}]{\text{低温光照}} F' + \alpha \tag{10-172}$$

电离辐射作用下,玻璃光学性质的变化与离子晶体相似,即与存在的缺陷有关。例如,掺银磷酸盐玻璃辐照时,产生变价离子缺陷(荧光中心):

$$Ag^+ + e^- \longrightarrow Ag^0 \tag{10-173}$$

$$Ag^+ \rightsquigarrow Ag^{2+} + e^- \tag{10-174}$$

这些缺陷在紫外光照射下发射很强的橙色荧光($500 \sim 700$ nm),其强度与形成的荧光中心的浓度及玻璃吸收的能量有关。掺银磷酸盐玻璃的这种性质可以量度玻璃所受剂量的大小。含锰玻璃辐照时产生紫色,这可能与锰被氧化有关,释放的电子可被 Fe^{3+} 离子俘获。

10.3.2　辐射对固体化学过程的影响

从经典的观点看,在晶体物相[①]中存在着物质的局部输运过程,它们导致物相晶格点阵中原子的电子构型的变化。固体中组分化学势[②]的局域变化是引起这些变化的重要原因,是固相化学反应的重要驱动力。对于固相反应来说,除了内部因素(固体反应物的晶体结构、内部缺陷、物质化学反应的活性和能量等)外,一些外部因素,如电离辐射照射晶体、反应温度等,也可以改变固体物质内部或表面的结构和缺陷状况,从而改变其能量状态,因此也可以影响固相化学反应。

1. 化学分解

固体的热分解总是发生在晶体结构中缺少对称性的地方,即那些存在着点缺陷、位错[③]、

---

①　物相:是物质中具有特定的物理化学性质的相。同一元素在一种物质中可以一种或多种化合物状态存在,所以,特定物质的物相都是以元素的赋存状态及某种物相(化合物)相对含量的特征而存在的。

②　化学势(chemical potential):又称化学位,为在指定温度和压力下,除物质 i 外其余物质的量保持不变时,在极大量的系统中加入 1 mol 物质 i 引起系统吉布斯自由能的变化。是强度性质,由温度、压力和系统的组成决定。

③　位错(dislocation):在材料科学中,指晶体材料的一种内部微观缺陷,即原子的局部不规则排列(晶体学缺陷)。从几何角度看,位错属于一种线缺陷,可视为晶体中已滑移部分与未滑移部分的分界线,其存在对材料的物理性能,尤其是力学性能,具有极大的影响。该概念最早由意大利数学家和物理学家维托·伏尔特拉(Vito Volterra)于 1905 年提出。

杂质以及晶体表面等处。在前面我们已经讨论了电离辐射作用下固体物质结构和缺陷的变化。这些变化可使晶体的活性中心增加,从而促进固体物质的化学分解。在含有共价键的固体中,电离和激发作用可使共价键断裂,并导致化学变化。硝酸盐、氯酸盐、高氯酸盐、溴酸盐等被辐照时,均呈现出这种特性。

硝酸盐被辐照时,O_2 和 NO_2^- 是主要辐解产物,此外还有少量 N_2 形成(约占气体产物总量的 1.5%,O_2 占 98.5%)。分解生成的 NO_2^- 离子与 O_2 分子数之比接近 2(表 10.11)。根据结果可以认为,硝酸盐辐射分解主要是由 NO_3^- 的电离和激发引起的。由于 O═O 键能为 5.1 eV,N—O 键能为 3.7 eV,因此,从能量上看,是有利于反应(10-179)发生的。NO_2^- 的生成与吸收剂量呈线性关系,因此,在一定的剂量范围内可以排除扩散的氧原子与 NO_2^- 离子间的逆反应。O_2 通过扩散最终陷落在晶体的空穴中。

表 10.11　γ 辐照硝酸盐晶体形成的 NO_2^- 与 O_2 分子数之比

硝酸盐	NO_2^-/O_2
$Ba(NO_3)_2$	2
KNO_3	2.04
$NaNO_3$	1.67

可能的硝酸盐辐解反应如下:

$$NO_3^- \rightsquigarrow NO_3\cdot,\ NO_3^*,\ e^- \tag{10-175}$$

$$NO_3^* \longrightarrow NO_2^- + O\cdot \tag{10-176}$$

$$NO_3\cdot + e^- \longrightarrow NO_3^* \longrightarrow NO_2^- + O\cdot \tag{10-177}$$

$$2O\cdot \longrightarrow O_2 \tag{10-178}$$

$$O\cdot + NO_3^- \longrightarrow NO_2^- + O_2 \tag{10-179}$$

固体硝酸盐的辐射分解产额大致取决于下列两个因素:①N—O 键发生断裂所需的能量;②NO_3^- 周围可利用的空间大小,这种空间越大,从 NO_3^- 解离氧原子时排斥邻近离子所需的能量越小。对不同的固体硝酸盐,N—O 键键能几乎不变(约 3.7 eV),但是在 KNO_3 晶体中,每个 NO_3^- 离子可利用的空间要比 $NaNO_3$ 晶体中大 20%,因此,KNO_3 有较高的辐解产额(表 10.12)。

表 10.12　γ 辐照不同固体硝酸盐的 $G(NO_2^-)$ 值

硝酸盐	$G(NO_2^-)$
$CsNO_3$	1.68±0.05
KNO_3	1.57±0.05
$NaNO_3$	0.25±0.02
$LiNO_3$	0.02±0.007

固体氯酸盐被辐照时,O_2、ClO_2^-、Cl^- 是主要产物,同时还有少量 ClO^-、ClO_4^- 和 ClO_2 生成。在室温下经 γ 辐照的固体氯酸钠在溶解于水后,从溶液中测得这些产物的产额分别为:$G(O_2)=$ 1.95,$G(ClO_2^-)=1.34$,$G(Cl^-)=0.95$,$G(ClO^-)=0.21$,$G(ClO_4^-)=0.23$,$G(ClO_2)=0.22$。退火作用对产物产额有影响。图 10.12 给出了辐照的氯酸钠晶体在不同温度下退火时 $G(Cl^-)$ 值的变化。辐照在晶体内部形成高能点阵缺陷结构,在溶解于水时,它们主要生成氯酸盐。在高温退火时,加热提供充足能量,使缺陷结构分解成 Cl^- 离子。在 50 ℃退火时,$G(Cl^-)$ 值下降可能与 Cl^- 和 O 原子复合重新生成 ClO_3^- 离子有关。在较高退火温度下,这种复合过程会因氧原子扩散和复合成 O_2 等竞争过程加强而受抑制。

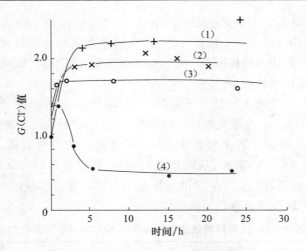

图 10.12　退火作用对辐照的氯酸钠晶体产物 $G(Cl^-)$ 值的影响

[(1) 210 ℃；(2) 185 ℃；(3) 100 ℃；(4) 50 ℃]

电离辐射在固体内部和表面引起的损伤可使固体热分解的动力学特性发生变化。例如，$CaC_2O_4 \cdot H_2O$ 热分解按以下三步进行：

$$CaC_2O_4 \cdot H_2O \xrightarrow{\triangle} CaC_2O_4 + H_2O \tag{10-180}$$

$$CaC_2O_4 \xrightarrow{\triangle} CaCO_3 + CO \tag{10-181}$$

$$CaCO_3 \xrightarrow{\triangle} CaO + CO_2 \tag{10-182}$$

在 γ 射线作用下，产生的位错和表面蚀刻坑都能使过程(10-180)和(10-181)的活化能和频率因子(或指前因子)明显下降。类似地，反应堆辐照的 $MnC_2O_4 \cdot 2H_2O$ 脱水活化能从 99.3 ± 2.9 kJ·mol^{-1}下降为 72.4 ± 2.9 kJ·mol^{-1}，脱水线性速率常数提高 3.2 倍(70 ℃)。这是因为堆辐照产生的缺陷遍布整个晶体，它们是潜在的成核位置。加热时它们迅速地成核和聚集。此外，电离辐射或快中子撞击(如在 C、H、O 和 Mn 原子上)以及 ^{56}Mn[由 $^{55}Mn(n,\gamma)^{56}Mn$ 反应产生]原子反冲也会导致 $C_2O_4^{2-}$ 离子分解。

2. 固-固相反应

在非均相的固态反应中，反应物微粒的表面生成产物，生成物将初始反应物隔开。反应之所以能够继续进行下去，是因为反应物不断扩散穿过反应界面和生成物质层。因此，固-固相反应的速度与晶格中原子(或离子)脱离它们的平衡位置作扩散输运的能力有关，也就是说，与体系中原子(或离子)和空位的浓度差以及化学势梯度有关。前面我们讨论过，电离辐射在固体内可以引起缺陷和化学分解，因此辐射作用有可能使一些体系的扩散速率和固-固相反应的速率有所增加。例如，均匀混合的 MgO-Fe_2O_3 粉末合成镁铁氧体的反应遵循如下扩散方程：

$$(1 - \sqrt[3]{1-x})^2 = kt \tag{10-183}$$

式中，x 为时间 t 时 MgO 转变为产物的质量分数，k 是固态反应的速率常数。γ 辐照可使镁铁氧体的生成速度增大，因为在 γ 射线作用下发生如下反应：

$$Fe_2O_3 \xrightarrow{\hspace{0.3cm}\wedge\wedge\wedge\hspace{0.3cm}} FeO + O_2 \tag{10-184}$$

生成较高浓度的阴离子空位和较小扩散活化能的 Fe^{2+} 离子。两者使扩散速度增加，反应活化能下降(表 10.13)。

表 10.13　γ 辐照对镁铁氧体生成反应活化能的影响

样品组成 Fe$_2$O$_3$ 的质量分数/(%)	活化能/eV	
	未辐照	γ 辐照
20	1.24	1.22
40	1.05	1.03
50	0.74	0.71
60	0.66	0.63
80	0.56	0.53

3. 辐射对固体催化活性的影响

　　固体的催化活性与它的表面性质有着密切的关系,因此,凡能引起固体表面性质(如表面热力学、原子结构和电子结构等性质)变化的过程都有可能影响固体的催化活性。电离辐射在固体内部和表面形成电子、空穴和缺陷,扩散过程使部分电子和空穴在晶格点阵或表面缺陷处陷落。电子、空穴和陷落过程生成的粒种在固体表面可与吸附相中的分子相互作用。这种作用可使一些物理吸附的分子转变为较强束缚的形式,化学吸附的分子成为较弱束缚的形式以及使吸附分子与邻近的气相(或液相)中的分子反应时具有不同程度的活性。因此,辐照可以改变吸附、解吸以及表面催化反应的速率。例如,化学吸附在 ZnO 表面的 O_2 主要以 O^- 和 $\cdot O_2^-$ 形式存在。辐照时,表面的空穴(含迁移到表面的空穴)与吸附的氧作用导致氧解吸。可能的反应过程如下:

$$h(空穴) + O^- \longrightarrow O\cdot \tag{10-185}$$
$$h + \cdot O_2^- \longrightarrow O_2(吸附) \tag{10-186}$$
$$O\cdot + O^- \longrightarrow \cdot O_2^- \tag{10-187}$$
$$\cdot O_2^- \longrightarrow O_2(吸附) + e^- \tag{10-188}$$
$$O_2(吸附) \rightleftharpoons O_2(气) \tag{10-189}$$

表面电子通过下列反应导致氧吸附:

$$O_2(气) \rightleftharpoons O_2(吸附) \tag{10-190}$$
$$e^- + O_2(吸附) \longrightarrow \cdot O_2^- \tag{10-191}$$
$$\cdot O_2^- \longrightarrow O\cdot + O^- \tag{10-192}$$
$$O\cdot + e^- \longrightarrow O^- \tag{10-193}$$
$$\cdot O_2^- + e^- \longrightarrow 2O^- \tag{10-194}$$

　　在一些体系中,化学吸附不是一个孤立的电荷迁移过程,而往往是诱发其他化学反应的先兆。在这种情况下,固体表面起着一种促进某个化学反应的催化剂的作用。

　　辐照引起的固体催化活性的变化,通常可在一定条件(如恒定的温度、压力和试剂用量等)下,借助于它们(辐照和未辐照固体)使 H_2O_2 水溶液(无稳定剂存在)分解时 O_2 的释放速率来测定。在这些条件下,反应速率不受迁移现象影响,溶解的 O_2 量与释放的 O_2 总量相比可以忽略。

　　就辐照对催化活性的影响来说,有的体系呈负效应,有的体系呈正效应,有的体系活性变化不大,也有一些体系的活性可以成千倍地变化。这些差异往往与**催化剂的性质、制备催化剂使用的原料和制备方法、使用的辐射类型以及剂量**等因素有关。在辐照引起催化活性改变的同时,常常伴有反应活化能、吸附、解吸以及表面活性部位浓度发生变化等现象。这表明,一些体系催化活性的变化与辐照引起催化反应机理的改变有关,另一些则与辐照导致表面活性部位浓度的变化有关。例如,$CuO-Al_2O_3$ 固体对 O_2 氧化 CO 的过程有催化作用。催化剂用 γ 射线辐照处理后,催化活性显著提高(约提高 250%～500%,取决于照射的剂量和催化反应温度),反应活化能保持不变,这意味着催化反应是按同一机理进行的。$CuO-Al_2O_3$ 催化剂辐照处理约有 9% 的重量损失(主要是吸附水辐解),表明辐照可以消除表面的 ·OH 自由基,这样原先被 ·OH 自由基占据的、游离的表面活性部位,部分将参与 CO 的催化氧化反应。因此,γ 辐射诱导的 $CuO-Al_2O_3$ 催化剂活性增加主要是由于辐照导致催化剂表面活性部位——Cu^{2+} 离子浓度增加。

　　电离辐射对单组分金属氧化物催化剂(如 NiO、Fe_2O_3、CuO、CdO、Cr_2O_3、ZnO、MgO、Mn_2O_3 等)至少产生两种影响:①影响氧化物的比表面氧化能力;②影响氧化物的催化活性。对于后者,如前所述,一些氧化物呈负效应,另一些呈正效应,但是大多数辐射处理的氧化物并不影响检验反应(对 H_2O_2 的催化分解)的活化能。这表明,辐射不能改变催化中心的催化效率。因此,辐照后活性的变化是由表面催化中心的浓度变化引起的。许多研究提出,催化剂表面上活性成分的氧化态是决定催化效率最重要的一个参数。根据这一假说,辐照对氧化物催化活性的影响可用二价催化位点(bivalent catalytic sites)原理解释。此原理认为,催化反应是在给体和受体成分组成的活性位点 A^{n+}-A^{m+}(对 NiO,如 Ni^{2+}-Ni^{3+})上进行的。给体和受体成分由催化剂活性成分的较低氧化态离子(A^{n+})和较高氧化态离子(A^{m+})构成。根据此原理,催化剂辐照时发生下列反应:

$$A^{n+}\text{-}A^{m+} \underset{b}{\overset{a}{\rightleftharpoons}} A^{m+}\cdots A^{m+} + (m-n)e^- \tag{10-195}$$

$$A^{n+}\text{-}A^{m+} + (m-n)e^- \underset{d}{\overset{c}{\rightleftharpoons}} A^{n+}\cdots A^{n+} \tag{10-196}$$

$$A^{n+} \underset{f}{\overset{e}{\rightleftharpoons}} A^{m+} + (m-n)e^- \tag{10-197}$$

$$A^{n+}\cdots A^{n+} \rightleftharpoons A^{m+}\cdots A^{m+} + 2(m-n)e^- \tag{10-198}$$

　　辐解氧化反应(10-195,a)和还原反应(10-196,c)导致催化中心损失,形成不活泼的潜中心 $A^{m+}\cdots A^{m+}$。潜中心通过还原反应(10-195,b)和氧化反应(10-196,d)可以重新转变为催化中心 A^{n+}-A^{m+}。晶体中孤立的 A^{n+} 离子不能形成活性中心和潜中心,它们只能在辐照时通过反应(10-197,e)和(10-197,f)影响催化剂表面的氧化能力。根据上述机理,催化剂辐照时催化活性的变化可归因于反应(10-195,a)至(10-196,d)。若初级辐射或次级电子与活性催化中心反应[即反应(10-195,a)和(10-196,c)],会导致催化中心浓度降低。相反,初级辐射和次级电子如与潜中心反应[即反应(10-195,b)和(10-196,d)],则使催化中心浓度增加。γ 辐照氧化物时,催化活性下降,同时常常伴有表面氧化能力的提高,这意味着 γ 辐照主要引起催化中心和孤立离子的氧化。电子辐照常导致催化活性增高和表面氧化能力降低,因此,电子辐照主要引起潜中心或金属离子的还原[反应(10-195,b)、(10-196,d)、(10-197,f)等]。

10.4 小   结

本章主要针对气体和固体无机物的辐射化学进行了简单讨论。与固体和液体相比,气体的辐射化学变化比较简单;LET 对气体的辐解产额影响较小,且气体的辐解产额可以用离子对产额描述;形成的活性粒子利用率较高,存在显著的容器壁效应。气体的辐射化学原理已经成功地用于气体剂量计和烟道气的辐照处理,未来有望利用辐射加工烷烃制备石油。固体无机物的辐射效应中,结构缺陷的产生更为重要,它会对固体的光学、磁学、声学、力学和热学以及化学性质等产生影响。在电离辐射作用下,含有共价键的固体也会发生共价键断裂,导致化学变化。除了电离辐射可以在固体内部和表面形成电子、空穴和缺陷外,扩散过程可使部分电子和空穴在晶格点阵或表面缺陷处陷落,进而影响固体表面性质。因此,辐照可以改变固体吸附、解吸和表面催化反应的速率。但是一般情况下,辐照不能改变固体催化中心的催化效率,只是引起表面催化中心的浓度变化。

重要概念:

离子对产额,色心,Frenkel 缺陷,Shottky 缺陷,F 色心,V 色心,载流子,注量,离子晶体。

重要公式:

$$G = \frac{M}{N \cdot W} \times 100 \tag{10-3}$$

$$D_{CO_2} = 2.89 \times 10^2 \sigma_{CO_2} \quad (Gy) \tag{10-100}$$

$$D_x = (D/N)_s N_x (S_x/S_s) \quad (J \cdot m^{-3}) \tag{10-101}$$

主要参考文献

1. Swallow A J. Radiation Chemistry:An Introduction. London:Longman Group Limited,1973.

2. Spinks J W T,Woods R J. An Introduction to Radiation Chemistry. 2nd Ed. Wiley-Interscience, 1976.

3. 吴季兰,戚生初. 辐射化学. 北京:原子能出版社,1993.

4. 核科学技术辞典. 北京:原子能出版社,1993.

5. Lind S C,Hochanadel C J,Ghormley J A. Radiation Chemistry of Gases. Reinhold Publishing Corporation,1961.

6. 常文保,主编. 化学词典. 北京:科学出版社,2010.

7. Sugimoto S,Nishii M,Sugiura T. Radiation Physics and Chemistry,1984,24:567.

8. Sugimoto S,Nishii M,Sugiura T. Radiation Physics and Chemistry,1985,26:715.

9. Sugimoto S,Nishii M,Sugiura T. Radiation Physics and Chemistry,1986,27:147.

10. Leonhardt J W. Radiation Physics and Chemistry,1986,28:559.

11. Tokunaga O,Nishimura K,Suzuki N,et al. Radiation Physics and Chemistry,1978,11:299.

12. Warman J M,De Haas M P. Radiation Physics and Chemistry,1988,32:31.

13. Shimamori H,Hotta H. Journal of Chemical Physics,1983,78:1318.

14. Toriumi M,Hatano Y. Journal of Chemical Physics,1983,79:3749.

15. 苏勉曾. 固体化学导论. 北京:北京大学出版社,1987.

16. Hochanadel C J, Davis T W. Journal of Chemical Physics, 1957, 27:333.

17. Patrick P F, Mc Callum K J. Nature, 1962, 194:766.

18. Basahel S N, Obaid A Y, Diefallah EI-H M. Radiation Physics and Chemistry, 1987, 29:447.

19. Diefallah EL-HM, Baghlaf A O, Meligy EL-M S, et al. Radiation Physics and Chemistry, 1986, 27:123.

20. Ryabykn S M. Radiation Physics and Chemistry, 1987, 26:1.

21. Ryabykn S M. Radiation Physics and Chemistry, 1987, 29:447.

22. Cropper W H. Science, 1962, 137:955.

23. Mücka V. Radiation Physics and Chemistry, 1987, 30:293.

24. EL-Shobaky G A, EL-Nabarawy T H, Fagal G A, et al. Radiation Physics and Chemistry, 1988, 32:773.

25. 张曼维. 辐射化学入门. 合肥:中国科学技术大学出版社, 1993.

26. Antoniotti P, Benzi P, Castiglioni M, et al. Chemistry of Materials, 1992, 4:717.

27. Delaet M, Tilquin B. Radiation Physics and Chemistry, 1991, 38:507.

28. Sack N J, Schuster R, Hofmann A, et al. Astrophysical Journal, 1990, 360:305.

29. Ponomarev A V, Holodkova E M, Ershov B G. Radiation Physics and Chemistry, 2012, 81(9):1440.

30. Watanabe D, Yoshida T, Allen C, et al. Journal of Radioanalytical and Nuclear Chemistry, 2007, 272:461.

31. Norizawa K, Kondoh T, Yang J, et al. Radiation Physics and Chemistry, 2009, 78:1153.

32. Diaz-Droguett D E, Zuniga A, Solorzano G, et al. Journal of Nanoparticle Research, 2012, 14:679.

思　考　题

1. 气体辐射化学的特点是什么?

2. 氧气的主要辐解产物是什么? 其产物产额与哪些因素有关?

3. 水蒸气辐解形成的初级产物有哪些? 其产物的产额是如何测定的?

4. 常用的气体剂量计有哪些?

5. 简述烟道气辐照处理的基本原理和优势。

6. 辐照对固体无机物产生的缺陷会引起哪些变化? 举例说明。

7. 辐照对固体催化剂的催化活性影响如何?

8. 哪些因素会影响辐照固体催化剂的催化活性?

9. 固体硝酸盐辐照后的主要产物有哪些? 哪些因素会影响其辐解产额?

第 11 章　辐射化学的应用

11.1　辐射交联电线电缆和热收缩材料
11.2　粉末橡胶的辐射制备及其应用
11.3　辐射生物效应的应用
11.4　纳米粒子的辐射合成
11.5　小结

电离辐射作用于介质后产生三种效应,即物理效应、化学效应和生物效应。三种效应往往不是孤立的,相互之间有着一定的内在联系,电离辐射引起的物理化学变化是内在联系的纽带。化学和生物效应的产生是介质吸收电离辐射能后引起化学或生物分子结构及性能变化的结果。辐射化学应用主要是化学效应和辐射生物效应在不同生产或研究领域的应用,因此辐射化学应用涉及多学科和多生产领域。

第 1 章里我们介绍了辐射化学学科的发展史,可知辐射化学与辐射效应的发现可追溯到19 世纪,早在 1895 年德国伦琴(Röntgen W C)发明 X 射线管,次年就观察到 X 射线管发出的射线可以杀灭细菌,同年法国贝克勒尔(Becquerel A H)发现铀盐会使感光底片感光,到 1901年法国居里(Curie M)发现含结晶水的镭盐会不断释放出气体,随后证实所放出的气体是氢气。但辐射化学应用,尤其是大规模的商业应用则是随着辐射化学基础性研究的不断深入和扩展,以及大功率辐照装置的出现才得以慢慢发展起来的。下面介绍辐射化学应用的发展史。

辐射化学应用或应用辐射化学(applied radiation chemistry)通常又称为**辐射加工**(radia-tion processing),起始于 20 世纪 50 年代末,1956 年美国强生爱惜康(Ethicon)公司利用一台电子能量为 6 MeV、功率为 4 kW 的直线加速器进行商业运行,对医疗用品施行辐射灭菌。1957 年美国另一家辐射加工公司瑞侃(Raychem)成立,并申请了辐射法制备聚乙烯(PE)热收缩材料的发明专利,利用一台小型加速器进行聚乙烯热收缩膜的商业化生产。现在 Raychem已发展成世界第一大辐射加工产品公司,年产值达数百亿美元。产品以辐射交联电线电缆、热收缩产品为主,品种规格型号有上千种。1960 年英国建起一座 50 万 Ci 的 Co-60 γ 辐射装置对医疗用品进行辐射灭菌处理。此后的 30 年是辐射化学应用迅速发展的黄金期,研发领域以及辐射加工产品种类和规模迅速扩张,如辐射交联电线电缆制备,热收缩管、膜的辐射交联制备,胶乳和粘合剂的辐射聚合,橡胶的辐射硫化,导电和分离功能膜的辐射接枝制备,纳米无机材料的辐射合成,医疗卫生用品的辐射灭菌,食品的辐射保鲜处理,工业三废的辐射处理,高分子材料的辐射改性,特种功能材料的辐射合成等等领域。

利用电离辐射与物质相互作用所产生的物理效应、化学效应和生物效应,对被加工物品进行处理以达到预定目标(如材料改性、消毒灭菌、生物变异等)的技术就称为辐射加工技术。辐射加工及其产品生产和应用已不再局限于发达国家,而是迅速扩展到发展中国家。到目前为止,在我国用于辐射加工的生产线就数以百计。在世界范围内,辐射加工产品的产值已数倍于核电的产值。但辐射加工主要产品依然局限于高分子材料的辐射改性产品,医疗卫生用品的辐射灭菌,食品的辐射保鲜处理和某些特殊功能材料的辐射合成。

辐射化学应用是一个涉及多种学科的交叉学科,其研究和开发涉及的领域、基础知识和技术手段非常广泛,应用领域的不同对理论知识和技术的需求不同。本章仅结合一些实例对辐射化学应用过程中的基本概念、基本知识和方法作介绍,期望达到举一反三的目的。

11.1　辐射交联电线电缆和热收缩材料

辐射交联电线电缆和热收缩材料是辐射加工中应用最早、规模最大的两个领域,其应用涉及材料科学、聚合物化学、高分子辐射化学和辐射工艺等多学科。该两类辐射加工产品主要利用高分子辐射化学的基本原理,即聚烯烃类聚合物的辐射交联或接枝共聚反应来对其进行改性,制备新型高性能的高分子材料。辐射交联电线电缆和热缩材料在国内外得到大规模生产和广泛应用。其制备过程在辐射加工中具有典型性和代表性,对其制备过程的了解有利于对辐射加工或辐射化学应用的认识。

11.1.1　辐射交联电线电缆

辐射交联电缆之所以成为辐射化学应用或辐射加工中最成功的领域,是因为辐射交联与常规化学方法交联相比有不可比拟的优越性,表11.1中列出两种方法的优缺点。

表 11.1　辐射交联与化学交联之比较

内容	辐射法	化学法	
		过氧化物法	硅烷水热法
适用基材	PE,聚氯乙烯(PVC)等聚烯烃,橡胶	PE,橡胶	低密度聚乙烯(LDPE)
挤出成型性	容易	困难	容易
使用寿命	优	较好	差
信号缆高频性能	优	不合格	不合格
使用时抗变形性	优	优	差
外观	优	差	好
加工设备	复杂,较贵	较简单	简单
交联温度	室温,固态	高温、熔态	高温水,固态
交联结构	非晶区交联完善	均匀交联完善	非均匀交联
结晶度变化	不变	降低	不变
适用性	中小型线、缆	大规格电缆	小规格电线
电性能	优	耐压下降	—
最高使用温度	150 ℃	90 ℃	90 ℃
短路温度	350 ℃	250 ℃	—
机械性能	提高	降低	无变化
投资	较大	小	小

从表 11.1 中各项指标的比较可明显看出，辐射交联电线电缆除一次性投资较大外，其他方面均具有明显优势，尤其在绝缘性能、耐热性能、高频使用性能、室温固态交联和基材适用性等方面比传统方法更具有不可替代的优势，因此辐射交联方法与常规方法相比具有很大的竞争优势。

一般辐射交联制备电线电缆的制备工艺如图 11.1 所示。可见生产环节很多，但最主要的生产环节为配方设计和辐照工艺。下面分别简单介绍。

1. 配方设计

配方设计主要包括基材和辅料的选择，如抗老化剂、热稳定剂、抗氧化剂、交联促进剂、脱膜剂、阻燃剂等。辐射交联电线电缆的基材主要有聚乙烯、聚氯乙烯、聚偏氟乙烯、乙烯-四氟乙烯共聚物等。其他助剂则是根据最终产品的性能要求和加工工艺的要求进行选择。但一般来说，热稳定剂、抗老化剂、抗氧化剂和交联促进剂是不可或缺的。

配方设计不是各组分的简单相加，而是根据辐射加工产品的综合性能要求来决定的，如电性能、耐热温度、机械强度、拉伸性能、电绝缘性能、阻燃性等。配方研究的基础是对各组分在不同加工环节上的物理化学性能及变化的深入了解，这就需要大量深入细致的实验室基础性研究工作。一个好的物料搭配组合是生产合格辐射加工产品的关键之一。基材选择、添加剂的使用品种、量的大小、加入顺序均要综合考虑。在配方研究过程中必须考虑到添加剂与所选基材的相容性、挤出成型过程中的流动性、加工热稳定性、抗辐射性能对辐射交联反应的影响，以及在热成型、电子束辐照和产品使用过程中的消耗、迁移、渗出等性能。

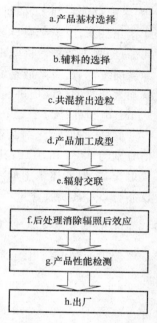

图 11.1　辐射交联制备电线电缆的流程示意图

（图中流程框：a.产品基材选择；b.辅料的选择；c.共混挤出造粒；d.产品加工成型；e.辐射交联；f.后处理消除辐照后效应；g.产品性能检测；h.出厂）

配方中热稳定剂、抗氧化剂和防老化剂多为受阻胺类、受阻酚类和亚磷酸脂类化合物。这类添加剂在聚合物的加工和使用过程中通常是必不可少的，其作用机理就是可有效清除或抑制在加工和使用过程中的自由基反应，尤其是聚合物与氧自由基之间的反应，以达到抗氧化和抗老化的目的。由第 9 章可知，绝大多数情况下聚合物的辐射交联机理就是自由基反应机理，这类化合物的加入必然会不利于辐射交联反应的进行，降低聚合物交联 G 值，即降低辐射源的能量利用率，提高生产成本。因此在配方中常常加入辐射交联敏化剂，又称为辐射交联促进剂（含有单或多不饱和官能团的化合物），在辐照过程中易于通过自由基反应参与聚合物分子之间的桥联作用，将辐照体系中非链式反应转化为链式反应，提高交联反应的 G 值，促进交联反应的进行。此外，几乎所有聚合物都不是纯辐射交联型的，辐射交联和降解同时发生。通常所说交联型聚合物或降解型聚合物只反映某种聚合物在辐照过程中，交联和降解哪一过程是主要过程。聚合物材料辐射降解程度与体系吸收剂量有密切关系，因此在辐射交联电线电缆和热缩材料生产中，如何降低体系吸收剂量达到辐射交联目的，这不仅可降低生产成本，重要的是在很多情况下，不降低体系吸收剂量根本生产不出合格的产品，因为一般大剂量照射会造成聚合物基材的损伤程度增加，使产品性能变坏。

配方中常用的辐射交联敏化剂有：丙烯酸丙烯酯（AMA）、顺丁烯二酸二烯丙酯（DAM）、二甲基丙烯酸乙二醇酯（DMEG）、三聚氰酸三丙烯酯（TAC）、三甲基丙烯酸三羟甲基丙酯（TMPTM）、三羟甲基丙烷三丙烯酸酯（TMPTA）等。这些交联促进剂对相应的辐射交联体系非常有效。

以聚乙烯为基材的辐射交联电线电缆生产中，尽管聚乙烯属于辐射交联型高分子材料，但其 $G(x)$ 值亦不高，约为 $1\sim2$，如果不加辐射交联敏化剂，则需要大剂量的照射，对于小规格的线、缆尚可进行制备，但对大尺寸的电缆而言很难实现。因为大规格的电线电缆其外绝缘层厚度达几毫米，厚绝缘层导致辐射交联过程中辐解产生的小分子气体产物（如氢气、小分子烷烃和烯烃）来不及扩散逃逸出绝缘层，最后小分子产物的累积就会使绝缘层产生小气孔，甚至使绝缘层发泡，严重降低绝缘层的机械性能、耐热性能和电绝缘性能等。为了克服这个问题，通常加入适量的交联促进剂如 TMPTM，将辐射交联剂量降到 100 kGy 即可制备绝缘层厚度为 3 mm、电缆外径为 25 mm 的大规格电线电缆。

同样，交联敏化剂对聚氯乙烯的辐射交联也尤为重要，聚氯乙烯辐射交联和主链降解 G 值分别为 0.33 和 0.10，其 $G(x)$ 值不高，主链断裂 G 值并不低，这样的纯聚氯乙烯体系不利于辐射交联，但若体系中加入适量的 TMPTM 或 TMPTA，在氮气保护下电子束辐照，吸收剂量仅 10 kGy，其凝胶含量可达 100%。

2. 辐射交联电线电缆生产中的束下工艺问题

辐射交联电线电缆通常采用电子加速器辐照装置，典型的辐照装置示意图如图 11.2 所示。在辐射交联产品的生产中，**束下工艺**是另一关键环节。束下工艺是理论性、经验性和实践性很强的加工环节。其关键是如何根据具体产品规格和要求设定辐照条件和参数，如电子束能量、线缆传输速度、辐照方式、单面照射还是多面照射等，以使辐照均匀度最优化、效率最大化。

由第 2 章我们知道，电子束辐照具有剂量率高、易于控制、能量利用率高等优势，但其最大的弱点就是电子束穿透能力较弱。表 11.2 给出不同能量电子在不同介质中的最大射程，也就是某一能量的电子在某一介质中所能穿过的最大距离。值得指出的是，这一距离是统计学意义上的距离，不意味着一定能量的电子束中所有电子个体均能达到这一射程。在不同距离上，电子能量传递给介质的速率是不同的，也就是介质吸收的剂量随照射深度有一分布，如图 11.3 所示。

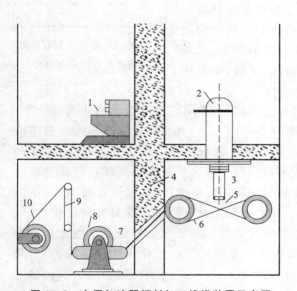

图 11.2　电子加速器辐射加工线缆装置示意图

（1—加速器控制台；2—加速器；3—束流引出装置；4—辐射防护层；5—多重传送器；6—线缆；7—辐射防护倾斜孔道；8—送料装置；9—补偿器；10—接收系统）

表 11.2　不同能量电子在不同介质中的最大射程

能量/MeV	空气(20 ℃,1 大气压)	水/mm	铅/mm
30	109	132	10.2
10	43.1	49.8	5.4
1	4.1	4.4	0.7
0.1	0.13	0.14	0.027
0.01	0.002 4	0.025	0.000 73

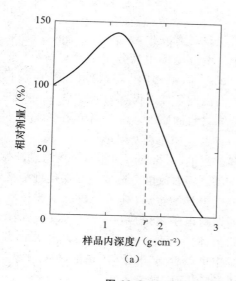
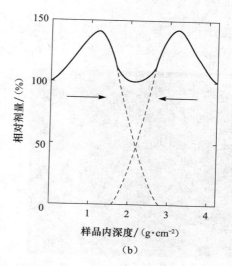

图 11.3　5 MeV 电子束吸收剂量与深度分布曲线

[(a) 单面照射;(b) 双面辐照]

(电子的适用射程 r 为 1.75 cm)

从表 11.2 可知,能量达 10 MeV 的电子在水中的射程仅为约 50 mm。这就会造成被辐照样品在介质不同深度位点上吸收剂量不同。由图 11.3 不难看出,在电子束作用的不同深度上,介质吸收剂量从表面到介质不同深度先有一上升过程,很快达到最大值,然后迅速下降,是非均匀分布的。剂量-深度分布曲线反映了电子能量在不同路径上传递的过程。能量传递的不均匀性会造成被照样品剂量吸收均匀度很差。辐射加工中**吸收剂量均匀度**定义为:被辐照样品某一位点处最大吸收剂量与某一位点处最小吸收剂量之比。图 11.3(a)中 r 值称为**适用射程**,或适用范围(useful range),其定义为:与被照射物入射表面吸收剂量相同位点的深度值。该值与入射电子能量、材料密度有关。5 MeV 电子在水介质中的 r 值约为 1.75 cm。值得注意的是,对于 5 MeV 电子束辐照水可用以下经验式估算:

$$r = E^2/(3d) \quad (E < 1 \text{ MeV}) \tag{11-1}$$

$$r = E/(3d) \quad (E > 1 \text{ MeV}) \tag{11-2}$$

式中,E 为电子能量(MeV),d 为产品材料密度(g·cm^{-3}),r 为适用射程(cm)。

通过两个经验式就可估算出某一电子能量的电子束在单面或双面辐照方式下最佳的辐射加工厚度。一般情况下,双面辐照的有效加工厚度是单面辐照的 2.5 倍,能大幅提高剂量吸收的均匀度,如图 11.3(b)所示。2 MeV 的电子束辐照 12 mm 厚的聚乙烯绝缘层时,单面辐照的吸收剂量不均匀度高达 1.6,因此该能量的电子适宜加工的厚度最大不超过 8 mm。

为进一步改进辐照均匀度,经常在辐照样品下面放置重金属反射片,如 Pb 板,其目的就是将穿透过样品的那部分电子重新反射回辐照样品方向,这样不仅提高辐照均匀度,同时亦可提高电子束能量利用率。总之,束下工艺是一实践性、经验性非常强的研究课题,最佳辐照工艺条件的选择必须根据辐照设备的性能、工艺参数、辐照环境,以及辐照产品的形状、组成和辐射交联性能等因素综合考虑来确定。

3. 电荷积累现象

在高分子绝缘材料的辐射加工中,电荷积累现象时有发生,尤其在绝缘层厚度大、电子能量较低、吸收剂量率高的工艺条件下更容易发生。电线电缆中高分子绝缘层材料,如聚乙烯、

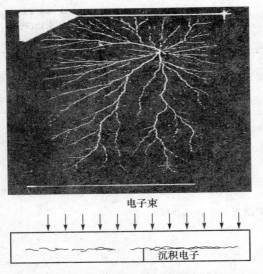

电子束

沉积电子

图 11.4　电子束辐照聚甲基丙烯酸甲酯 (PMMA)时的李其顿波洛图

聚氯乙烯、氟塑料[①]等,辐射交联后可保持其在较高温度条件下仍有高电阻率,这也是广泛用于绝缘材料的原因。由于高电阻率,在辐照过程中会产生体积电荷(volume charge),并可能引发辐射放电(radiation charging),这是非常有害的现象。辐射放电会造成绝缘层电性能变坏,甚至放电击穿绝缘层,其径迹成三维树枝状,即产生所谓的**电子树效应**(tree effect),也叫李其顿波洛图(图 11.4)。在聚烯烃、聚丙烯酸酯、聚苯乙烯中可以看到"电子树"现象,但在 PVC、聚四氟乙烯(PTFE)中看不到。

由第 3 章可知,电子束辐照过程中,电子与介质不断发生非弹性碰撞致能量损失而减速,同时也会产生能量较低的次级电子。对每个电子而言,其命运不外乎两种:一是尚具有一定能量的电子在介质表面附近逃逸出基体;二是随着电子与介质的非弹性碰撞能量损失过程的进行,电子的能量不断损失而减速,最终陷落在绝缘层内。高分子绝缘层的高电阻率和基体微观结构不均匀性都有利于慢化电子的陷落积累。电荷积累量可达 $0.1\ C\cdot cm^{-2}$,绝缘体的负电位可高达 $10^9\ V\cdot m^{-1}$。这种累积电荷在绝缘体中的寿命与所处环境有关,在温度较低、环境干燥的条件下,寿命可达数天时间。绝缘层中大量不稳定电子存在,很容易在电磁场或机械撞击等外在因素作用下而被突然释放出来破坏绝缘层。此外,辐解过程中气体产生也会引起电荷积累和放电。

解决因电荷积累造成放电损伤或者电子树效应的方法有三种:①提高电子能量,使大部分电子穿过绝缘层,这样会有效降低电荷大量积累,但同时也会大大降低电子束的能量利用率,

---

① 氟塑料:是部分或全部氢被氟取代的链烷烃聚合物,它们有聚四氟乙烯(PTFE)、全氟(乙烯丙烯)(FEP)共聚物、聚全氟烷氧基(PFA)树脂、聚三氟氯乙烯(PCTFE)、乙烯-三氟氯乙烯共聚物(ECTFE)、乙烯-四氟乙烯(ETFE)共聚物、聚偏氟乙烯(PVDF)和聚氟乙烯(PVF)。

以损失效率为代价,即以效率换安全;②在配方中加入适量的交联促进剂以降低辐照所使用的剂量,避免电荷的过度累积,也是实践中通常采用的有效方法;③配方中添加具有一定极性的添加剂,以使绝缘层有利于陷落电子的迁移,使电子缓慢释放,避免电荷积累,然而极性添加剂必然造成绝缘层绝缘性能的损失,即以性能换安全。

11.1.2　辐射交联热收缩材料

辐射交联热收缩材料广泛用于热收缩膜、热收缩带和热收缩管的生产。这类产品在电信、电子、食品包装、高压输电、机械制造等领域有着重要应用。

1. 主要的制备原理

结晶或半晶聚合物如聚乙烯、聚氯乙烯、聚偏氟乙烯、氟塑料、硅橡胶、氟橡胶等,其流变性能与聚合物交联程度有直接关系。未交联聚合物随加热温度提高,从玻璃态转变到粘流态,转变点即聚合物的熔点。低度交联后的聚合物,由于线性分子形成了三维立体网络结构,即有不溶不熔的凝胶生成。部分交联聚合物在加热过程中,随温度升高首先出现的不是粘流态而是高弹态或粘弹态,再升高温度才出现粘流态。具有一定交联结构的结晶或半晶聚合物在粘弹态下熔体具有弹性,即在外应力作用下可以拉伸或扩张,若外应力消除,熔体又恢复到原来状态。如果在应力作用下迅速降低温度使其凝结,即可固定其扩张后的形状,若再加热升温,则又回到无应力下的原始状态。以上原理过程如图 11.5 所示。这就是著名的辐射部分交联聚合物所具有的"**形状记忆效应**"(memory effect)。形状记忆效应是英国辐射化学家 Charlesby 于 1950 年发现的,该效应的发现促进了辐射交联热收缩产业的蓬勃发展。

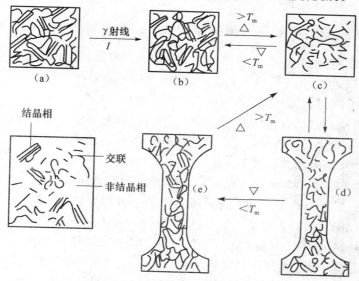

图 11.5　聚合物辐射交联的形状记忆效应原理示意图

[(a) 未辐照样品;(b) 辐照后样品;(c) 结晶熔融消失,宏观形状不变;(d) 拉伸样品,冷却定型样品;(e) 形状记忆材料]

2. 辐射加工流程

热收缩材料生产的一般工艺流程如图 11.6 所示。与辐射交联电线电缆情况(图 11.1)类似,工艺流程中配方设计和辐照工艺是两个关键环节,但相互之间不是孤立的,需要相互合理匹配。配方中的基材以乙烯（PE）、乙酸乙烯酯共聚物（EVA）、三元乙丙橡胶（EPDM）较常用，添加剂包括抗氧化剂、颜料、交联促进剂、光稳定剂和阻燃剂等，基材和辅料是根据产品性能要求进行选择搭配。这些添加剂的加入必然影响到聚合物的辐射交联反应，所以最优配方的确定是建立在对大量不同组合体系的辐射交联行为深入研究基础上的。

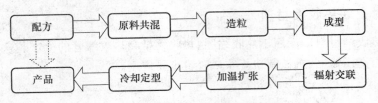

图 11.6　热收缩材料辐射法制备工艺流程

　　辐射交联热收缩材料的束下工艺要求要比电线电缆辐射交联的束下工艺严格得多，一是剂量吸收均匀度要高，二是吸收剂量控制要更严格。剂量太高则凝胶含量高，熔体粘弹性就高。若粘弹性太高，不利于扩张工艺进行，生产出的器件收缩率太低。显然若吸收剂量太低，基材交联程度不够，更无法对器件尺寸进行扩张。一般来说，控制辐照产品辐射交联后的凝胶含量在 50%～60%。热收缩材料吸收剂量不均匀的直接结果会导致所辐照器件不同部位交联程度不同，这样就会造成加热扩张时粘弹性不均匀，有些部位过度交联使扩张程度不够，有些部位因交联程度不够造成过度扩张而破裂。因此，辐照均匀度一般控制在 10% 以内。

11.2　粉末橡胶的辐射制备及其应用

11.2.1　粉末橡胶研究和应用的历史及现状

　　粉末状的橡胶一般包括两种：一种是指粉末状的天然橡胶和合成橡胶，它和普通片状橡胶相比，除了形状不同之外，并无特殊差别，一般称之为粉末橡胶（powdered rubber）；另一种是由废旧橡胶回收利用而制得的粉末状产品，这种产品被称为胶粉（rubber powder）。胶粉一般来说有三种制造方法，即常温粉碎法、低温粉碎法和超微细粉碎法。根据制备方法不同可以得到不同粒径的胶粉，作为橡胶填料及复合材料等使用，并广泛用于轮胎、胶管、胶带、胶鞋、橡胶工业制品、电线、电缆以及建筑材料等产品。

　　早在 1922 年，美国专利就提出了粉末橡胶的制法（Hopkinson 法）。1930 年，英国邓禄普（Dunlop）公司发表了粉末橡胶专利。此后虽不断有人进行研究，但由于生胶分子链具有冷流[①]凝聚性，需使用隔离剂防止凝聚。生胶的粒度越小，其表面积就越大，需用的隔离剂则越多，给橡胶制品的质量带来了很大问题，因此该方法的产业化未能成功。至 1956 年，美国古德厘奇（Goodrich）化学公司开发研制出世界上最早商品化的粉末橡胶产品，即粉末丁腈橡胶。到 20 世纪 80 年代，粉末橡胶的专用加工设备取得了令人瞩目的进展，由此带来了几乎所有胶种粉末化的发展。

　　我国粉末橡胶的研究开发工作始于 20 世纪 70 年代，到 1988 年兰化合成橡胶厂又对粉末丁腈进行了新的研制探索，确定了采用共凝法加隔离剂的路线，获得成功，并中试生产出 21 吨

---

① 冷流（cold flow）：指固体在常温下的粘滞性流动现象。

粉末丁腈橡胶,用于制造铁路高摩擦闸瓦。1997 年中石化北京化工研究院和北京大学在国内外率先采用辐射硫化橡胶胶乳和喷雾干燥相结合的方法,制备了粒径可达纳米级的超细全硫化粉末橡胶,并于 2002 年实现了工业化生产,而且其产能不断扩大。通过该方法可以生产超细全硫化粉末丁苯橡胶、超细全硫化粉末丁腈橡胶、超细全硫化粉末羧基丁苯橡胶、超细全硫化粉末羧基丁腈橡胶、超细全硫化粉末丙烯酸酯橡胶、超细全硫化粉末丁苯吡橡胶、超细全硫化粉末硅橡胶和超细全硫化粉末氯丁橡胶等粉末橡胶。该制备方法有如下特点:①以橡胶胶乳为原料,采用辐射硫化的方法使胶乳中橡胶粒子交联,交联密度和凝胶含量高。②粉末橡胶粒子粒径及粒径分布与所用橡胶乳液的橡胶粒子粒径及粒径分布基本相当,所以可通过乳液合成技术控制橡胶乳液的粒子粒径及粒径分布,从而最终控制粉末橡胶粒子的粒径及粒径分布。如果橡胶乳液粒子的粒径为纳米级,就可以制备粒径在纳米级的粉末橡胶。辐射全硫化纳米橡胶具有明显的尺寸效应。③隔离剂少,甚至不加隔离剂,容易制备分散良好的、纯净的粉末橡胶。④粉末橡胶流动性好,储存时间长。⑤成本低。中石化北京化工研究院超细全硫化粉末橡胶的工业化生产,使我国粉末橡胶的生产技术达到了世界领先水平。⑥粉末橡胶产品种类丰富,几乎可以将任何橡胶乳液制备成粉末橡胶。

11.2.2　超细粉末橡胶的辐射制备

采用辐射硫化方法制备粉末橡胶的原料为橡胶胶乳,其具体过程为:以合成橡胶胶乳或天然橡胶胶乳为原料,加入助剂和交联敏化剂,经 ^{60}Co γ 射线或电子加速器产生的电子束辐射交联后,再经喷雾干燥制备粒径与橡胶乳液粒子粒径基本相同,并具有特殊结构的超细橡胶粒子,工艺路线如图 11.7 所示。在此制备过程中,关键参数包括吸收剂量率、吸收剂量、交联敏化剂种类及用量等。凝胶含量应控制在 60% 以上,通常在 80% 以上。可见,超细全硫化粉末橡胶的制备过程主要包括两个步骤:①橡胶乳液的辐射交联,或辐射硫化[①];②辐射硫化后的橡胶乳液的喷雾干燥。

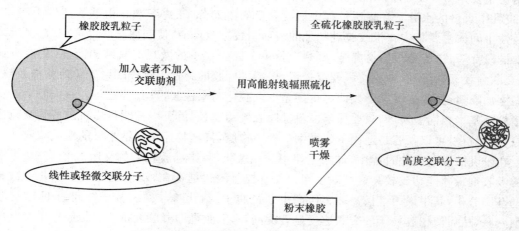

图 11.7　辐射全硫化超细粉末橡胶的制备示意图

---

①　硫化:一般指在橡胶工业中,将生橡胶与硫化剂和促进剂等混合在一起,在一定的温度和压力作用下成熟橡胶的加工过程,将线性高分子交联成富有弹性的体型结构高分子,相应强度增大,塑性和溶解性变小,使用温度范围扩大。辐射硫化就是利用辐射方法将生橡胶交联成成熟橡胶的过程,该方法主要实现橡胶分子的碳碳键交联。

1. 橡胶胶乳的辐射硫化机理

与其他硫化方法相比,橡胶胶乳的辐射硫化具有下述特点:①胶乳的辐射硫化既有电离辐射与胶粒直接作用引发的交联反应,又有水辐解产生的活性自由基引发的交联反应。后者称为间接作用,且往往强于直接作用,所以乳液辐射交联速度远大于干胶,胶乳浓度越低,辐射硫化速度越快。②胶乳粒径越小,硫化速度越快。③橡胶在胶乳状态下辐照时,其降解程度远小于干胶,而且不同辐照介质对辐照胶乳的性能没有明显的影响。④胶乳中加入辐射交联敏化剂,可降低最佳吸收剂量。⑤辐照后胶乳仍具有胶体稳定性。⑥辐射交联使橡胶胶乳中的橡胶粒子交联均匀,而且交联密度高,但就单个粒子的微观结构而言交联又是不均匀的,单个橡胶粒子表面分子链交联密度比粒子内部更高,形成梯度交联的核壳结构,这样就减少了粒子间的凝聚,有利于胶乳长期储存。⑦辐射硫化胶乳的透明性和光泽度比硫磺硫化胶乳好。

橡胶胶乳的辐射硫化机理一般认为与干胶相同,是自由基交联反应。在辐射直接作用下,橡胶 C—H 键或其他链断裂,形成自由基活性中心,胶乳中水分子辐解产生的活性粒子(如 ·OH、·H 自由基等活性中间体)间接作用于橡胶粒子表面分子,形成自由基活性中心,然后与其他自由基结合形成交联键,或引发橡胶分子链上的不饱和键发生接枝共聚合反应。

在橡胶胶乳的辐照过程中,有氢气生成而且双键急剧消失,所以推测交联键很可能主要发生在橡胶分子链的 α-甲基上。在电离辐射作用下,水辐解所产生的自由基对橡胶的交联起到重要作用,·OH 的存在不利于橡胶乳液粒子的辐射交联。氧气对橡胶乳液的辐射交联反应影响不大,原因是水辐解后产生的活性物种不断消耗水中的氧气,同时乳液中表面活性剂分子层可有效地阻止水相中的氧气向聚合物相扩散,导致聚合物与氧气作用减弱。橡胶在胶乳状态下的辐射硫化速度超过胶膜及生胶。同时橡胶乳液粒子作快速布朗运动对加速胶乳辐射硫化也有重要作用。电离辐射有较强的穿透力,它可引起胶乳粒子内部整体的交联,而且形成的分子结构主要是 C—C 键,可以使胶乳粒子中交联结构比较均匀一致且交联密度较高;另一方面,胶乳中大量的水分子在辐照过程中形成大量的激发分子、离子和自由基等活性中间体,这些活性中间体主要集中在橡胶胶乳粒子的表面引发交联反应,使表面交联度更高,自由运动的末端链段变短,橡胶分子不易缠结、凝聚。就单个橡胶粒子的微观交联结构而言,从表面到中心,交联程度逐渐降低,中心交联程度最低,保持了橡胶的弹性。这样辐射硫化后的橡胶粒子,无需添加隔离剂,通过喷雾干燥即可得到超细全硫化粉末橡胶,且其粒径与乳液中原来的橡胶粒子粒径基本相同。所以,只要控制原料橡胶胶乳的粒径,就可以控制最后所制备的全硫化粉末橡胶的粒径,可以很容易地制备超微细的粉末橡胶,甚至粒径达到纳米级的粉末橡胶。

在胶乳的辐射硫化过程中,如果不使用交联敏化剂,则橡胶粒子的交联 G 值有限,需要很高的吸收剂量才能达到较高的交联密度。如有辐射敏化剂存在,辐射敏化剂多为含不饱和烯丙基基团分子,其中烯丙基极易被辐照产生活性粒子,活化参与橡胶分子链间的 H 型交联或 Y 型交联,从而使橡胶粒子的交联速度显著提高,降低胶乳的凝胶剂量。在橡胶辐射交联中常用的敏化剂有单官能团、二官能团、三官能团和四官能团交联助剂或其组合。单官能团的交联助剂主要包括(甲基)丙烯酸辛酯、(甲基)丙烯酸异辛酯、(甲基)丙烯酸缩水异辛酯;二官能团的交联助剂主要包括 1,4-丁二醇二(甲基)丙烯酸酯、1,6-己二醇二(甲基)丙烯酸酯、二乙二醇二(甲基)丙烯酸酯、三乙二醇二(甲基)丙烯酸酯、新戊二醇二(甲基)丙烯酸酯、二乙烯基苯;三官能团的交联助剂主要包括三羟甲基丙烷三(甲基)丙烯酸酯、季戊四醇三(甲基)丙烯酸酯;四官能团的交联助剂主要包括季戊四醇四(甲基)丙烯酸酯、乙氧化季戊四醇四(甲基)丙烯酸酯。敏化剂的加入不仅降低了辐照时间和吸收剂量,也降低了生产成本。交联敏化剂主要在橡胶粒子表面分布,使橡胶粒子表面的交联程度更高,因此橡胶分子可自由运动的末端链段更短,不易缠结,从而导致橡胶粒子更加不易团聚。通常交联敏化剂的官能度越高,对橡胶粒子辐射交联的促进作用越大,所以三官能度的敏化剂使用较多。交联敏化剂的使用量一般在胶乳固含量的 5% 以内,最佳吸收剂量与胶乳体系有关,一般在 1~300 kGy 即可。

2. 辐射硫化橡胶胶乳的喷雾干燥过程

当采用喷雾干燥的方法干燥辐射硫化的橡胶胶乳时,雾化工艺条件应控制雾滴尺寸和尺寸分布,从而控制干燥后的橡胶微球尺寸和分布。但是,由于橡胶胶乳在喷雾干燥之前已经进行了辐射硫化,使橡胶粒子达到了一定的交联程度,可自由运动的末端链段变短,橡胶分子不易缠结,导致粒子不易凝聚。喷雾干燥过程中,不同的喷雾条件下,雾滴的粒径可能很大,喷雾干燥后得到的二次微球尺寸也可能很大,但是这些微球都是由无数粒径和胶乳中橡胶粒子粒径基本相同的橡胶粒子组成。这些初始橡胶粒子经过辐射硫化后不容易团聚在一起,所以当喷雾干燥后的粉末胶在使用过程中,只要经过熔融挤出剪切就很容易分散,并以原始橡胶胶乳中粒子的尺寸进行分散。合适的喷雾干燥工艺条件对橡胶粒子的初始粒径影响不大。如图 11.8 所示,图 11.8(a)为原料丁苯胶乳粒子的透射电镜(TEM)照片,可见胶乳粒子的粒径在 100 nm 左右。图 11.8(b)为图 11.8(a)的胶乳粒子辐照交联后喷雾干燥得到的粉末橡胶微球,粒径基本在微米级。图 11.8(c)为图 11.8(b)所示的丁苯粉末橡胶微球在聚丙烯(PP)中的分散形貌,可以看到,分散相超细粉末橡胶粒子的粒径也在 100 nm 左右,即经过 PP 和超细粉末橡胶共混加工后,超细粉末橡胶在 PP 基体中分散尺寸与原料橡胶的胶乳粒子粒径基本相同。橡胶胶乳辐射硫化过程中的吸收剂量、剂量率、敏化剂种类和用量等是影响粉末橡胶性能的主要因素。下面将举几个实例说明不同粉末橡胶的辐射制备。

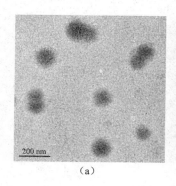 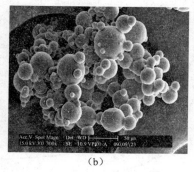 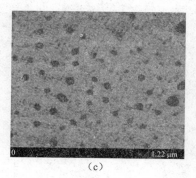

(a)　　　　　　　　　　　(b)　　　　　　　　　　　(c)

图 11.8　不同工艺条件下的粉末橡胶粒子形貌

[(a) 丁苯胶乳粒子的 TEM 照片;(b) 丁苯胶乳辐射硫化及喷雾干燥后得到的超细粉末丁苯胶胶微球形貌的扫描电镜(SEM)照片;(c) 丁苯粉末橡胶在 PP 中分散形貌的原子力显微镜(AFM)照片]

(1) 超细全硫化粉末天然橡胶的制备研究

天然橡胶是非交联型的聚合物胶乳,辐照前凝胶含量通常小于 5%。要制备全硫化粉末天然橡胶,需要使用较高的剂量,而添加辐射交联敏化剂可有效促进天然橡胶的交联。例如,在天然橡胶胶乳中添加 3% 的三羟甲基丙烷三丙烯酸酯(TMPTA),用钴源辐照,吸收剂量达到 150 kGy 后（剂量率为 50 Gy·min^{-1}），再通过喷雾干燥，即可得到可自由流动的全硫化粉末天然橡胶。经测试该粉末橡胶的平均粒径约为 500 nm，凝胶含量为 94.1%，溶胀指数为 12.8。吸收剂量对粉末天然橡胶凝胶含量的影响如图 11.9 所示。从图中可以看出，凝胶含量随吸收剂量的增加而增加，但吸收剂量达 100 kGy 后，凝胶含量增长变慢。此外，随着辐射交联敏化剂含量增加，凝胶剂量下降，相同剂量下，凝胶含量提高。图 11.10 是在相同的吸收剂量下，剂量率对天然橡胶凝胶含量的影响。可以看出，在剂量率小于 90 Gy·min^{-1} 时，天然胶乳的凝胶含量随剂量率的减少而升高，这说明在相同剂量下，较低的剂量率有利于交联反应。其原因是，当剂量率较低时，单位时间内产生的自由基浓度较低，高分子链上的自由基有足够的时间相互复合形成网络结构；而在高剂量率下，瞬态自由基和活性中间体的浓度较高，活性中间体间和分子内自由基相互结合的概率较大，从而导致不同分子间自由基复合的概率下降，形成交联网状结构的可能性变小。

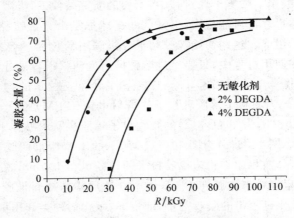

图 11.9　敏化剂用量和吸收剂量对凝胶含量的影响
（DEGDA—二乙二醇二丙烯酸酯）

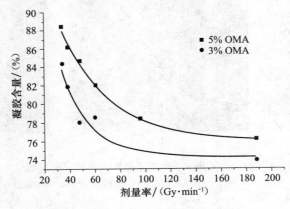

图 11.10　吸收剂量率对凝胶含量的影响
（OMA—甲基丙烯酸异辛酯）

　　可以看出，制备超细粉末天然橡胶时，应使用较低的剂量率和较高的剂量及适量的交联敏化剂，但低剂量率会降低生产效率。

（2）超细全硫化粉末羧基丁腈橡胶的制备

羧基丁腈橡胶胶乳在合成过程中本身已有一定的交联度，因此在较小的剂量下即可使之达到较高的凝胶含量。例如，在羧基丁腈胶乳中加入 3% TMPTA 后用钴源辐照，胶乳吸收剂量仅为 25 kGy 就可通过喷雾干燥，制备出可自由流动的全硫化羧基丁腈粉末橡胶。经测试该粉末橡胶的粒径约为 80 nm，凝胶含量为 97.1%，溶胀指数为 6.7。

交联敏化剂的含量与种类对相同胶乳的敏化作用亦不相同，图 11.11 为加入不同用量敏化剂时，吸收剂量对粉末羧基丁腈橡胶溶胀指数的影响。从图中可以看出，随着吸收剂量的增加，溶胀指数逐渐减小，说明粉末橡胶的交联程度增加。敏化剂含量越高，溶胀指数越小，说明敏化剂对粉末羧基丁腈橡胶交联确实有明显的促进作用。由图 11.12 可知，随着交联敏化剂官能度增加，溶胀指数下降越明显，交联程度越大。

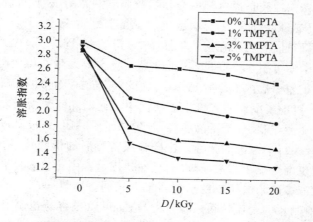

图 11.11　敏化剂用量对羧基丁腈橡胶辐射交联后溶胀指数的影响
（TMPTA—三羟甲基丙烷三丙烯酸酯）

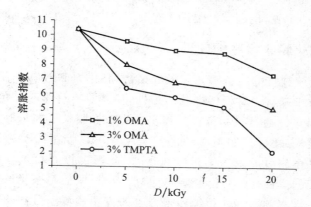

图 11.12　敏化剂种类对羧基丁腈橡胶辐射交联后溶胀指数的影响
（OMA—甲基丙烯酸异辛酯；TMPTA—三羟甲基丙烷三丙烯酸酯）

（3）其他超细全硫化粉末橡胶的制备研究

超细全硫化粉末丁苯、羧基丁苯橡胶、丁腈橡胶、氯丁橡胶、丙烯酸酯橡胶等均可采用相应的合成橡胶胶乳经过辐射交联后制备，使用较低剂量即可得到高交联度产品。凝胶含量变化规律与上述研究结果相同，使用低剂量率、高吸收剂量，加入一定含量的多官能团敏化剂等均有利于制备高凝胶含量的超细全硫化粉末橡胶。目前已经制备出的辐射硫化超细粉末橡胶的种类及其平均粒径列于表 11.3。

表 11.3　辐射硫化制备的粉末橡胶种类

全硫化粉末橡胶的种类	平均粒径/nm	全硫化粉末橡胶的种类	平均粒径/nm
丁苯橡胶	≈100	羧基丁腈橡胶	50～100
羧基丁苯橡胶	100～150	硅橡胶	100～150
丙烯酸酯橡胶	100～150	丁苯吡橡胶	≈100
丁腈橡胶	≈100	氯丁橡胶	≈100

由于超细全硫化粉末橡胶是通过辐射交联橡胶胶乳制备的,在胶乳辐射交联过程中,为提高交联效率、降低吸收剂量,还加入了交联敏化剂。交联助剂(敏化剂)在橡胶粒子上的浓度分布由外向里逐渐减少,而且,介质水在射线辐照下,可产生大量激发分子、离子和自由基等活性中间体。这些活性粒子均可引发交联反应,而这些反应主要发生在橡胶粒子的表面。辐射交联过程决定了橡胶粒子表面比内部更容易交联,因此,该方法得到的全硫化粉末橡胶粒子具有特殊的微观结构,即橡胶粒子的交联程度由表面向中心逐渐降低。由于表面交联程度更高,可自由运动的末端链段变短,橡胶分子不易缠结,导致粒子不易团聚,极易以初始粒径分散,粒子中心交联程度最低,又保持了橡胶的弹性。这样辐照硫化后的橡胶粒子,不需添加隔离剂,通过喷雾干燥即可得到超细全硫化粉末橡胶,而且在使用过程中比较容易分散,最终在聚合物基体中的分散粒径与乳液中原来的橡胶粒子粒径基本相同。所以,只要控制原料橡胶胶乳的粒径,就可以控制最后所制备的全硫化粉末橡胶的粒径,可以很容易地制备超微细粉末橡胶,甚至是粒径达到纳米级的粉末橡胶。目前其他常规技术几乎无法生产纳米级粉末橡胶,也很难实现粒径和粒径分布可控。因此,可以说超细全硫化粉末橡胶的工业化生产是粉末橡胶,甚至是橡胶工业技术的重要突破,也是辐射交联在橡胶工业中的一个成功应用。

11.2.3　超细全硫化粉末橡胶的应用

由于超细粉末橡胶独特的制备工艺和微观结构,特别是粒径在纳米级的超细粉末橡胶能够以初始粒径分散于基材中且保持橡胶的弹性,使其具有许多独特的优点:①粒径小,可达 100 nm 以下,而且可以通过控制聚合过程实现粉末橡胶粒子粒径和粒径分布可控;②可以初始粒子尺寸分散;③通过控制喷雾干燥雾滴尺寸可以控制团聚橡胶粒子尺寸,团聚粒子在剪切作用下容易再分散成单个纳米级粒子,因此可以控制粉末橡胶的堆积密度;④粉末橡胶依然保持橡胶的弹性;⑤通过调整粉末橡胶组成,调控粉末橡胶与被改性塑料(或橡胶)的相容性;⑥不含隔离剂。因此超细粉末橡胶的应用领域十分广泛,主要的应用领域有以下几个方面。

1. 改性塑料

橡胶改性塑料一般以塑料为连续相,橡胶为分散相。分散相橡胶的粒径及其分布,以及橡胶粒子在塑料中分散的均匀程度对改性塑料的性能均有很大影响。超细全硫化粉末橡胶的粒径小,粒径分布均匀,能均匀分散在塑料中,不仅可以改性热塑性塑料,还可以改性热固性塑料。由于粉末橡胶的种类很多,当用于改性热塑性塑料如 PP、聚对苯二甲酸乙二醇酯(PET)、聚对苯二甲酸丁二醇酯(PBT)、尼龙(Nylon)、聚碳酸酯(PC)、聚甲醛(POM)等时,可以根据橡塑共混的溶解度相近原理选择合适种类的超细全硫化粉末橡胶。常用热塑性塑料和全硫化粉末橡胶的溶解度参数[①]如表 11.4 所示。超细全硫化粉末橡胶可以提高热塑性塑料的韧性,同时可以保持热塑性塑料刚性不降低或降低不明显,而且达到同样的增韧效果所用超细全硫化粉末橡胶的用量少于一般常用增韧剂。当超细全硫化粉末橡胶的用量较小时,在提高热塑性塑料韧性的同时,还可以同时提高其刚性和热变形温度。当粉末橡胶用于改性热固性塑料时,不仅可以提高热固性塑料的韧性,还可以同时提高其耐热性和玻璃化温度,这是一般改性用橡胶所无法达到的效果。

表 11.4　全硫化粉末橡胶与塑料的相容性关系

原料[a] 及其溶解度参数	PP 7.8~8.0	PE 7.9	PA 12.7~13.6	POM 11.0*	PET 10.7	PBT 11.0[c]	PVC 9.5	AS 9.4~9.6[c]	PC 9.5	PS 9.1	PMMA 9.0~9.5
DB 8.6	Y[b]	Y	GR[b]	GR	GR	GR	GR	GR	GR	Y	GR
SDB 9.0[c]	GP[b]	GP	Y	Y	Y	Y	Y	Y	Y	GP	Y
DJ 9.4	GP	GP	Y	Y	Y	Y	Y	Y	Y	GP	Y
SDJ 9.6[c]	GP	GP	Y	Y	Y	Y	Y	Y	Y	GP	Y
BS 8.8	GP	GP	Y	Y	Y	Y	Y	Y	Y	Y	Y
NR 8.0	Y	Y	GR	GR	GR	GR	GR	GR	GR	Y	GR
CR 9.0	GP	GP	Y	GR	GR	GR	GR	GR	GR	Y	GR
GXJ 7.5	Y	Y	GR	GR	GR	GR	GR	GR	GR	Y	GR
DP 9.35	GP	GP	Y	GR	GR	GR	Y	Y	Y	Y	Y

[a]PP 为聚丙烯,PE 为聚乙烯,PA 为尼龙,POM 为聚甲醛,PET 为聚对苯二甲酸乙二醇酯,PBT 为聚对苯二甲酸丁二醇酯,PVC 为聚氯乙烯,AS 为丙烯腈与苯乙烯的共聚物,PC 为聚碳酸酯,PS 为聚苯乙烯,PMMA 为聚甲基丙烯酸甲酯,DB 为全硫化粉末丁苯橡胶,SDB 为全硫化粉末羧基丁苯橡胶,DJ 为全硫化粉末丁腈橡胶,SDJ 为全硫化粉末羧基丁腈橡胶,BS 为全硫化粉末丙烯酸酯橡胶,NR 为全硫化粉末天然橡胶,CR 为全硫化粉末氯丁橡胶,GXJ 为全硫化粉末硅橡胶,DP 为全硫化粉末丁吡橡胶。

[b]Y 表示可直接共混改性,GP 表示需要对塑料进行接枝改性,GR 表示需要对全硫化粉末橡胶进行接枝改性。

[c]聚合物的溶解度参数根据斯莫尔表估算而得。

2. 新型全硫化热塑性弹性体

由于橡胶粒子在共混前就已经完全硫化,采用这样的全硫化粉末橡胶制备橡胶/塑料共混型全硫化热塑性弹性体的过程只是一个橡胶与塑料共混的简单过程,无需像动态硫化法那样精细的加工设备和严格的加工工艺条件。只要橡胶的体积分数不超过临界体积分数,橡胶在橡塑共混物中始终保持为分散相,不会出现相反转,因此,当全硫化粉末橡胶的用量在一定范围内逐渐增加时(例如当体积含量从 0.1% 到 73%),共混物的性能连续可调。当橡胶用量为 50% 以上时,共混物为全硫化热塑性弹性体(TPV)。与动态硫化法比较,此方法制备的全硫化热塑性弹性体成本低,所用设备简单,在普通的塑料加工机械上即可进行生产。制备热塑性弹性体的挤出温度根据所用塑料连续相的加工温度确定,一般为塑料连续相的加工温

---

① 溶解度参数:也叫溶度参数(solubility parameter),是内聚能密度的平方根,单位$(J \cdot cm^{-3})^{0.5}$。是"相似者相溶"经验规则的定量化,可用来作为高聚物选择溶剂的依据;在高聚物的共混体系,可作为两种高聚物相容性的判据。

度,其他加工条件和制备相应的增韧塑料没有区别。极易添加其他各种加工助剂。产品的稳定性好、颜色浅、模量高。根据橡塑共混的溶解度相近的原理(表 11.4),可以采用此方法制备一系列的全硫化热塑性弹性体。特别是对于尼龙型热塑性弹性体等不易进行工业化的体系很有效。

3. 改性橡胶

当超细粉末橡胶用来改性汽车胎面胶时,可以使胎面胶的滚动阻力、耐磨性和抗湿滑性同时得到改善。

4. 辅助分散作用

由于粉末橡胶极易以初始粒径分散,在高温加工过程中,剪切分散时只发生弹性变形,其他组分不能够穿过橡胶粒子,而只能随粉末橡胶粒子运动,因此随粉末橡胶均匀分散,其他组分也被均匀分散。例如可以帮助无机纳米粒子、其他加工助剂等在基体中分散。目前在超细全硫化粉末橡胶的作用下已成功将低熔点合金分散于聚丙烯基体中,制备抗静电或导电高分子材料。

5. 应用实例

(1) 超细全硫化粉末橡胶改性环氧树脂

环氧树脂具有优异的粘接性、电绝缘性、耐化学药品性和优异的力学性能,被广泛应用于许多领域。然而,环氧树脂固化后,存在质地硬而脆、耐开裂性差、易产生裂纹、冲击强度低等缺点,限制了它在很多方面的应用。因此,对环氧树脂的增韧改性研究十分必要。但是绝大多数增韧剂在提高韧性的同时,会降低环氧树脂的耐热性、强度等性能,无法得到具有优异综合性能的材料。根据相似相溶原理,超细全硫化粉末丁腈橡胶、超细全硫化粉末羧基丁腈橡胶等几种粉末橡胶可以用来改性环氧树脂,当采用羧基丁腈粉末橡胶改性环氧树脂时,羧基丁腈粉末橡胶能够以初始粒径均匀分散在环氧树脂基体中,使环氧树脂的韧性显著提高,例如,12 wt% 羧基丁腈粉末橡胶和环氧树脂预聚物混合固化后,使环氧树脂的无缺口悬臂梁冲击强度从 11.4 kJ·m^{-2} 提高到 22.3 kJ·m^{-2},然而目前最常用的液体端羧基丁腈橡胶只能使环氧树脂的无缺口悬臂梁冲击强度提高到 15.9 kJ·m^{-2}。而且研究发现,超细全硫化粉末羧基丁腈橡胶的加入,不仅不会降低环氧树脂的热变形温度,甚至使其热变形温度略微提高,从 113 ℃提高到 114 ℃;更重要的是,环氧树脂的玻璃化温度也显著提高,从 142 ℃提高到 150 ℃,而且当羧基丁腈粉末橡胶的使用量小于 20 wt% 时,随着粉末橡胶用量的增加,玻璃化温度提高。这是一般环氧树脂增韧剂达不到的,也不符合传统的共混理论。按照传统的共混理论,部分相容两相体系共混后的产物将出现两个相互靠近的玻璃化转变峰,即低玻璃化转变峰提高,高玻璃化转变峰降低,但是在环氧树脂和羧基丁腈粉末橡胶共混体系中,环氧树脂的玻璃化转变峰不仅没有降低,反而有所提高。为了解释这个结果,研究人员进行了深入的研究。

图 11.13 为超细全硫化羧基丁腈粉末橡胶改性环氧树脂冲击断面 SEM 照片。可以看出,超细全硫化羧基丁腈粉末橡胶改性后的环氧树脂冲击断面发生了很大变化,改性后的断面更粗糙,有大量荷叶状"韧涡"形成,所以其韧性显著增加。而羧基丁腈粉末橡胶的加入使环氧树脂的韧性和耐热性同时提高,则是因为羧基丁腈粉末橡胶以纳米级粒径分散在环氧树脂基体中,从而使两相间比表面积增大,两相间形成了更多的化学键。

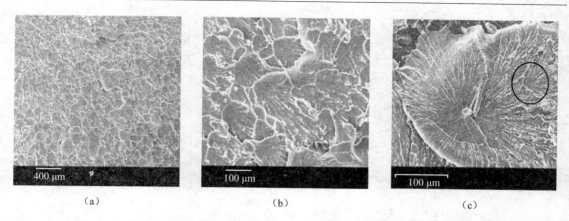

图 11.13　辐射全硫化羧基丁腈粉末橡胶增韧环氧树脂冲击断面形貌的 SEM 照片

[(a)、(b)、(c) 对应不同放大倍数,从左至右倍数增加]

（2）超细全硫化粉末橡胶辅助分散作用

由于粉末橡胶极易以初始粒径分散,在高温加工过程中,剪切分散时只发生弹性变形,其他组分不能够穿过橡胶粒子,而是随粉末橡胶粒子运动,因此伴随着粉末橡胶的均匀分散,其他组分也被均匀分散。这样就可以帮助无机纳米粒子、其他加工助剂等在基体中分散。

蒙脱土（montmorillonite, MMT）是属于膨润土一类的天然粘土,目前研究较多。其中具有实际应用前景的是 2∶1 型粘土矿物,其基本结构单元是由一片硅氧四面体夹在两片铝氧八面体之间,靠共用氧原子形成的层状结构。每个片层厚度为 1 nm,长、宽各为 100～1000 nm 不等。由于天然蒙脱土片层在形成的过程中,一部分位于中心层的铝氧八面体上的三价铝被低价金属（如 Fe、Cu 等）离子同晶置换,导致片层内表面呈现弱的电负性,因此在片层的表面吸附着金属阳离子（如 K^+、Na^+ 等）以维持整个矿物结构的电中性。虽然蒙脱土在水中可以完全剥离成单层分散,但是干燥后,蒙脱土片层又会团聚在一起,而且这种层状结构很稳定,在塑料共混过程中也无法剥离。所以,一般需要在蒙脱土使用前对其进行有机化处理,但是处理成本很高。研究发现,将蒙脱土浆液与辐射交联过的橡胶乳液均匀混合后,乳胶粒子插入分散开的蒙脱土片层之间,使其隔离。经过喷雾干燥后得到的复合粉末也保持了乳液状态的微观结构,即粉末橡胶粒子和蒙脱土片层相隔离,使蒙脱土片层有效剥离,当具有这种微观结构的复合粉末和塑料（如尼龙 6）共混改性时,由于橡胶粒子对蒙脱土片层的隔离作用,蒙脱土片层在共混过程中很难团聚。因此,在橡胶粒子的帮助下,未进行有机化处理的蒙脱土片层在尼龙 6 基体中实现剥离。如果没有橡胶粒子,天然的蒙脱土片层不会被剥离。其剥离过程如图 11.14 所示。

X 射线衍射分析和微观形态可以证明,蒙脱土在超细全硫化粉末橡胶帮助下在塑料基体中实现了剥离。采用 X 射线衍射仪（XRD）对蒙脱土粉末、超细全硫化丁苯吡粉末橡胶/蒙脱土复合粉末和尼龙 6/超细全硫化丁苯吡粉末橡胶/蒙脱土复合粉末的纳米复合材料分别进行扫描,可以直接分析复合粉末在尼龙 6 基体的分散情况。如图 11.15 所示,曲线（a）为钠基蒙脱土粉末的 X 射线衍射图,蒙脱土（001）面的衍射峰出现在 $2\theta=7°$ 的位置,钠基蒙脱土粉末的片层间距约为 1 nm;在曲线（b）已经观测不到蒙脱土（001）面的衍射峰,表明复合粉末中蒙脱土片层已经剥离,剥离的蒙脱土片层和橡胶粒子在复合粉末中相互隔离分散;曲线（c）也观测不到任何的衍射峰,这表明蒙脱土在尼龙 6 基体中亦处在被剥离状态。所以,X 射线衍射结果表明,在尼龙 6 中蒙脱土的片层结构已经被破坏而实现剥离。

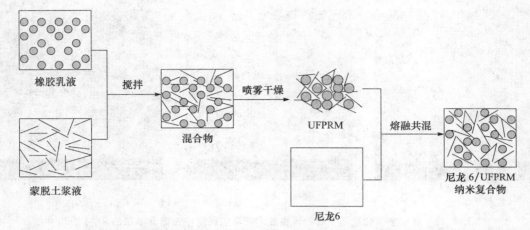

图 11.14　蒙脱土在超细全硫化粉末橡胶(UFPRM)帮助下在塑料基体中的剥离过程示意图

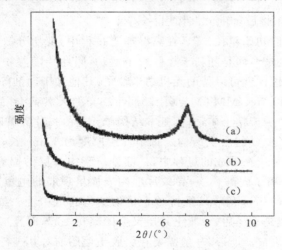

图 11.15　蒙脱土及其共混物的 X 射线衍射谱

〔(a) 蒙脱土粉末；(b) 超细全硫化丁苯吡粉末橡胶/蒙脱土复合物；(c) 超细全硫化丁苯吡粉末橡胶/蒙脱土
复合粉末与尼龙 6 共混物〕

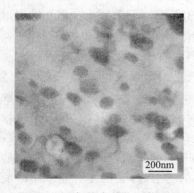

**图 11.16　超细全硫化丁苯吡粉
末橡胶/蒙脱土的复合粉末与尼龙 6
共混物的 TEM 照片**

　　图 11.16 为超细全硫化丁苯吡粉末橡胶/蒙脱土的复合粉末与尼龙 6 共混物的 TEM 照片,进一步证实了蒙脱土片层在尼龙 6 复合材料中的良好分散。黑色圆形阴影为橡胶粒子,黑色线条为蒙脱土片层。由图 11.16 可见,绝大部分橡胶粒子在尼龙 6 基体中分散良好,且以单个粒子的形式均匀分散,同时蒙脱土片层被剥离且以单片层形式分散在橡胶粒子之间的基体中,这与 XRD 结果相一致。根据 TEM 和 XRD 结果,可以认为以这种新型复合粉末为原料,通过简单熔融共混就可以成功制备出剥离型尼龙 6 纳米复合材料,未进行任何有机化处理的蒙脱土在基体中实现了剥离。

　　利用此方法,可通过改变无机纳米材料的种类、橡胶的类型和高分子材料基体的种类,制备出多种具有不同特性的三元高分子纳米复合材料。已经采用纳米氢氧化镁、纳米碳酸钙和纳米蒙脱土等与不同种类橡胶粒子复合,对多种塑料和橡胶进行了改性,制备了同时具有高刚、高韧、高耐热、高流动性和优异阻燃性的高分子复合材料。也利用外加橡胶和无机纳米粒子在 PP 中难以分散的特点,制备了无机纳米碳酸钙"包藏"于橡胶粒子之间分散在 PP 中的、具有特殊结构的多相 PP 材料,具有这种相结构的材料具有优异的性能,PP 的刚性和韧性可同时得到提高。

（3）成核剂

将特殊橡胶粒子与聚烯烃成核剂复合,制备出了一种高效聚烯烃复合成核剂,解决了成核剂在聚丙烯中分散效果不好、效率低这一关键的技术问题,并进行了大批量的工业化应用。开发出很多牌号的低成本高性能聚烯烃树脂,如高结晶聚丙烯树脂、高抗冲聚丙烯树脂等,尤其是所制备的汽车保险杠专用聚丙烯树脂是世界上第一个达到德国大众汽车公司 A 级标准的反应器直接生产的汽车保险杠专用聚丙烯树脂。该树脂不仅物理机械性能优异,并且不需要加入极性单体接枝物就具有优异的可漆性能,不经二次共混改性,可直接用于制备汽车保险杠,不仅可节能、降低成本,还可提高性能的稳定性。

由于复合成核剂中超细全硫化粉末橡胶的存在,促进了成核剂在聚丙烯基体中的均匀分散,从而提高了成核剂的成核效率,所以这类复合成核剂的主要特点是成核效率提高,不仅其弯曲模量和热变形温度等性能的提高明显高于现有市售成核剂,而且结晶温度和结晶速率的提高也优于现有市售成核剂,因此,使用此类复合成核剂改性 PP 树脂的成本明显降低。预计这类聚丙烯复合成核剂将大量替代现有成核剂,在高刚性、高韧性、高耐热性聚丙烯材料制备方面得到越来越广泛的应用。

11.3　辐射生物效应的应用

电离辐射与生物活性物质相互作用会产生一系列的生物效应,如致死、基因突变、抑制生长、引发系列病变、失活等。这些宏观生物效应并不是在电离辐射作用于生物活性物质的瞬间就表现出来的,也就是说在时标上比化学效应滞后很多,甚至滞后数十年,说明失活和致死与生物活性体的代谢过程有密切关系,但电离辐射与生物活性物质相互作用所造成的生物分子多级结构的化学变化是辐射生物效应产生的基础。这种相互作用既可以是直接作用又可以是间接作用,且间接作用往往强于直接作用。早在一个世纪前就发现电离辐射具有杀死微生物的能力,目前杀死微生物的机理尚不十分清楚,但随着辐射化学与辐射生物效应的深入研究以及核技术的不断进步,人们对辐射生物效应的利用得到了飞速发展,如在医疗卫生用品的辐射灭菌、食品的辐照处理、核农学、放射医学等各领域中的应用。生物活性物质吸收电离辐射能后发生何种效应与生物活性物质所处的辐照环境、活性物质组成与功能特性、吸收剂量、剂量率等诸多因素有关,如何将辐射生物学效应应用于生产实践中更是一个艰巨的过程。本节仅对医疗卫生用品的辐射灭菌和食品的辐照保鲜作一概括介绍,这是在辐射加工中应用最早、规模很大的两个领域。

11.3.1　基本原理

"靶学说"又称"击中理论",其核心思想是:设想在生物体细胞中生物大分子（如 DNA）存在一个具有一定体积 v 的对电离辐射敏感的区域,射线只有击中这个区域,才能产生相应的生物学效应,该敏感区域即称为靶,v 即为靶体积。令体积为 $v(\text{cm}^3)$ 的靶代表受照射物体的敏感结构单元的大小,剂量 D 为每 cm^3 的击中数,则 vD 表示体积 v 中受吸收剂量 D 照射时的平均击中数,每个靶平均击中 n 次的概率遵守 Poisson 分布,即

$$P(\xi = n) = \frac{(vD)^n}{n!} \text{e}^{-vD} \qquad (11\text{-}3)$$

其中,ξ 为随机变量,n 为击中次数,P 是平均击中 n 次的概率。对生物活体而言,n 次击中是指一个生物活性大分子必须经过 n 次击中才能产生某种效应(失活或钝化等),所以如果一个靶仅受到 $(n-1)$ 次击中便存活下来,那么存活数应是 $(n-1)$ 次击中的各个体数的总和:

$$N = N_0 \sum_{m=0}^{n-1} \frac{(vD)^m}{m!} \text{e}^{-vD} \qquad (11\text{-}4)$$

式中,$m=0,1,2,3,\cdots,n-1$。对微生物而言,式中 N_0 为辐照灭菌前的总细菌数,N 为吸收某一剂量后的存活细菌数。

存活百分率 S 为

$$S = \frac{N}{N_0} = \sum_{m=0}^{n-1} \frac{(vD)^m}{m!} \text{e}^{-vD} \qquad (11\text{-}5)$$

式(11-5)是单靶 n 次击中情况下存活百分率的普遍表达式,如果生物活性个体(如细胞、菌体等)仅有一个活性部位,即单靶情况,并且只需一次击中即可使其致死或失活,未击中的便存活下来。式(11-5)中当 $m=0$ 时,那么 0 次击中的存活百分率为

$$S = \frac{N}{N_0} = \text{e}^{-vD} \qquad (11\text{-}6)$$

对式(11-6)取对数得

$$\ln \frac{N}{N_0} = -vD \qquad (11\text{-}7a)$$

或

$$N = N_0 \text{e}^{-vD} \qquad (11\text{-}7b)$$

由上述各式可以得出以下结论:

(1) 在单靶一次击中的情况下,细胞或菌体的存活数随吸收剂量的增加而减少,并遵守指数衰减规律。若以存活百分率的对数作为纵坐标,吸收剂量为横坐标作图,应得到一直线,其斜率即为所谓的靶体积 v。不难理解,靶体积越大,说明该生物活体对电离辐射越敏感。

(2) 若吸收剂量 D 达到 $vD=1$,则细菌存活数为

$$N = N_0 \text{e}^{-1} \qquad (11\text{-}8)$$

即在此吸收剂量下菌体的存活率为 e 的倒数,即 37%。该剂量通常表示为 D_{37}。式(11-8)的物理意义为:一次击中即杀死一个菌体,且每个菌体平均被击中一次的情况下,若吸收剂量为 D_{37},菌体中只有 63% 的菌体被击中一次以上而失活,仍有 37% 菌体未被击中而存活下来。对不同的菌体,在不同的辐照环境下 D_{37} 不同,其大小反映了菌体对电离辐射的敏感性,D 值越大,说明该菌抗辐射能力越强。

(3) 在辐射灭菌实践中,以使用更为方便的 D_{10} 作为表征某种细菌敏感性的参数,**D_{10} 值**(decimal reduction)(D_{10} value)定义为初始菌数被杀死 90%(存活 10%)时所需要的剂量。其表达式可由式(11-7)得出(常用对数表达式):

$$\lg(N/N_0) = -kD \qquad (11\text{-}9a)$$

$$D_{10} = 2.3 \times (1/k) \qquad (11\text{-}9b)$$

其中 k 称为**灭活常数**,其数值大小与 D_{10} 互为倒数关系,显然 k 越大,菌体对辐射越敏感。其物理意义是微生物被一次击中(单位吸收剂量)致死的概率,反映出某一微生物对电离辐射的敏感性。根据该式很容易通过实验测定出不同菌体在不同条件下的 D_{10} 值。

存活百分率与剂量的关系如下:

$$\lg S = - D/D_{10}$$

(11-10)

上述菌体存活表达式是由无规单靶一次击中学说导出的,许多菌体的辐照体系遵守指数规律。由于靶学说是建立在理想而简单的模型基础上,即未考虑电离辐射与菌体之间是直接作用还是间接作用,亦未考虑菌体细胞的修复能力,有其局限性,因而有许多辐照体系不符合指数衰减规律。

通过第 4 章的辐射防护知识我们了解到,微生物的辐射效应一般认为是电离辐射通过直接作用或间接作用的方式作用于微生物细胞中的 DNA,造成 DNA 的链断裂或碱基对的损伤,从而使微生物丧失细胞功能和繁殖能力。如果吸收剂量达到某一定值,这一损伤便不可修复,成为致命损伤即引起细胞死亡或繁殖能力丧失,即发生了确定性效应。电离辐射对生物活性体所造成的辐射生物效应可以说是非常高效的。表 11.5 列出了不同类生物活体的辐射致死剂量。

表 11.5　不同生物活体的辐照致死剂量

生物活体	致死剂量 D/kGy
高等动物(包括哺乳类)	0.005～0.01
昆虫类	0.1～1.0
芽孢菌	10～50
非芽孢菌	0.5～10
病毒类	10～200

从表中数据可知:①不同的生物个体抗电离辐射能力相差 5 个数量级;②同一类的生物活性体之间辐射敏感性亦相差甚远;③电离辐射是一种产生某种高效生物效应的能源形式,所以辐射灭菌是一种强有力的加工手段;④病毒具有较强的抗辐射性。

虽然辐射灭菌的微观过程非常复杂,机理尚不十分清楚,但在灭菌过程中剂量-效应关系相对比较简单,可以通过实验测得细菌存活率与剂量的关系。剂量-效应关系大致可分为三种类型,并可以通过实验测得,如图 11.17 所示。

图 11.17 中纵坐标为存活率,以对数表示,横坐标为吸收剂量,第一类是 S 型,第二类为指数型,第三类是混合型。显然,指数型是满足单靶一次击中学说理论的微生物存活曲线。S 型曲线在低剂量区域有一"肩",说明该类微生物对辐射损伤具有自修复功能,此类微生物需要经历两次或两次以上的击中才会致死,该曲线的直线部分延长到剂量为 0 时,在纵轴上所得值 (E) 表示菌体失去活性所需要的理论打击次数,称为外推值。混合型是由含有两个以上的、辐射敏感性不同的微生物群体组成的混合体的存活曲线,该曲线是各不同群体存活曲线的叠加,表示微生物是一个对放射线敏感性强和弱的菌群的混合体。

从存活曲线图中可以得到两个非常有用的辐射效应参数,直线斜率 k 即为灭活常数,该常

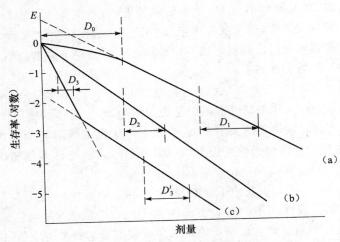

图 11.17　细菌受照射后存活-剂量关系曲线

[(a) S 型;(b) 指数型;(c) 混合型]

数反映了该微生物的抗辐射能力。第二个参数就是 D_{10} 值,即某种微生物经过辐照后尚有 10% 存活时的吸收剂量。这一参数可以用于评价某种微生物的辐射敏感性和在辐射灭菌加工中确定辐射工艺参数。表 11.6 中列出了一些细菌和病毒在不同辐照条件下的 D_{10} 值。

表 11.6　某些细菌和病毒的 D_{10} 值

细菌名称	辐照条件	D_{10}值/kGy	细菌名称	辐照条件	D_{10}值/kGy
(1) 革兰氏阴性菌			魏氏杆菌	纸盘	2.7
绿脓杆菌	纸盘	0.029	破伤风杆菌	纸盘	2.2～3.3
大肠杆菌	纸盘	0.085	肉毒杆菌	磷酸盐缓冲液	1.3～3.4
肺炎杆菌	纸盘	0.22～0.44	(5) 酵母菌		
乙型副伤寒杆菌	磷酸盐缓冲液	0.19	酿酒酵母	—	0.5
(2) 革兰氏阳性菌			白色球拟酵母	—	0.4
金黄色化脓球菌	纸盘	0.18	(6) 霉菌		
肺炎双球菌	纸盘	0.52	黑曲霉		0.5
化脓球菌	纸盘	0.32	特异青霉		0.2
痤疮丙酸杆菌	纸盘	0.29	(7) 病毒		
(3) 喜氧芽孢杆菌			脊髓灰质炎病毒	水中	0.7～2.4
圆胞芽孢杆菌	纸盘	1.2		冻干	3.2
枯草杆菌	纸盘	1.7～2.5	流行性感冒病毒	水中	0.6～2.5
生胞芽孢杆菌	纸盘	1.9～3.0		冻干	1.5
短小芽孢杆菌	纸盘	2.6～3.3		生理盐水	0.5
(4) 厌氧芽孢杆菌			痘苗病毒	盐水冷冻	1.6～5.3
产芽孢杆菌	纸盘	2.2～2.9			

　　从表 11.6 可知,不同微生物的辐射敏感性差异非常大。同一微生物的辐射敏感性与介质的组成、介质的状态、辐照气氛等条件有密切关系。病毒的抗辐射能力远高于细菌。病毒是一类比细菌还小的非细胞形态的生物,并严格寄生于易感细胞内,以复制方式繁殖。病毒自身并无代谢能力,但其进入细胞后能改变细胞的代谢功能,产生新的病毒。病毒对疾病的传染性要

远高于其他微生物,因而其危害性非常大。病毒抗辐射能力强,要钝化病毒则需要高剂量,幸运的是病毒具有热敏感性,通过热处理可以使病毒失活。

11.3.2　医疗及卫生用品的辐射灭菌

医疗器械及卫生用品的灭菌在医疗、卫生防疫及生物化学研究领域是至关重要的环节。目前灭菌方法主要有三:环氧乙烷熏蒸法、高温蒸汽蒸煮法和电离辐射灭菌法,前两种为常规灭菌方法,第三种是一项成熟的灭菌新技术。辐射灭菌方法在世界各国得到广泛应用,尽管目前国内辐射灭菌方法还不能完全取代常规方法,但已占到绝大多数的份额。与常规方法相比,辐射灭菌法具有以下明显的优点:

(1)辐射灭菌在常温下进行,即使被辐照样品吸收剂量达到 25 kGy,样品温度仅升高几度,也就是说,灭菌过程中的热效应几乎可以忽略不计。辐射灭菌对样品本身的材料组成及其包装材料有更广泛的适用性。

(2)辐射灭菌所用的辐射源主要为钴-60 γ 源,商业化的钴源辐照装置如图 11.18 所示。少量使用 X 射线源和高能量电子束。γ 和 X 射线均具有很强的穿透能力,可对预密封包装好的医疗卫生器材进行灭菌,灭菌均匀彻底,特别适用于一次性使用的医疗卫生用品消毒,如外科手术用品、一次性输液品、导流用品等。由于是密封包装后灭菌,这就避免了运输储存过程中的二次污染,当然其前提是包装保持完好无损。使用一次性医疗卫生用品是防止交叉感染、降低患病率的重要手段。

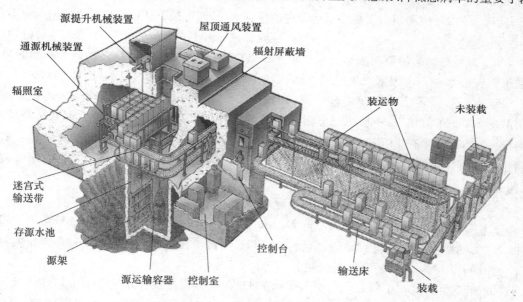

图 11.18　商业化的钴源辐照装置及辐射加工工艺示意图

(3)环氧乙烷灭菌会造成环氧乙烷的有害残留,环氧乙烷有致细胞突变危险,而辐射灭菌样品中一般不会造成有害物的残留。这也是辐射灭菌方法在与环氧乙烷灭菌方法的竞争中占有绝对优势的根本原因。

(4)辐射灭菌方法速度快,效率高,容易进行质量控制,适合大规模产品加工。

辐射灭菌法亦有其不足之处:

(1)灭菌剂量比较高,达到无菌要求的吸收剂量一般需要达到 25 kGy 以上,有些辐射敏感性产品或材料就不适宜辐射灭菌。某些药品的辐射灭菌是不可取的,如水溶液类的药物、生物活性类药物等。中成药的辐射灭菌在我国属于大宗辐射灭菌产品,目的是杀灭药品中可能污染的致病菌和可能造成药品腐败变质的微生物,以丸、散、膏、丹及原材料的灭菌为主。中成药的辐射灭菌是中国的一大特色,因此我国从 20 世纪 70 年代开始专门对中成药的辐射灭菌的安全性和质量控制问题进行了长时间的深入研究,并建立了中成药辐射灭菌的国家统一标准。

(2) 与常规灭菌方法相比,辐射灭菌的辐照设备一次性投资较大,运行费用较高。

11.3.3　辐射灭菌工艺问题

辐射灭菌的工艺问题主要包括两个方面:①辐射灭菌剂量的确定;②辐照样品的吸收剂量的均匀度控制。辐射灭菌的目的是杀死医疗卫生用品中可能的污染菌。从存活分数-剂量指数关系曲线可知,辐射灭菌过程是一随机过程,遵守指数衰减规律,这就意味着辐射灭菌方法永远达不到灭杀样品中所有污染菌的程度,无论使用多大的吸收剂量。然而,这也并不是说辐射灭菌永远达不到对某一产品的灭菌目的,只是达不到绝对无菌。通常所说的某种医疗用品"无菌"只是意味着对该用品的灭菌效果达到了置信度非常高的灭菌水平。在辐射灭菌加工中通常以**灭菌保证水平**(sterility assurance level,SAL)来衡量辐射灭菌的置信度,其定义为:在辐照后的样品中检出未达灭菌目的的最大概率。如 SAL 为 10^{-3} 是指在灭菌产品中,检出未达到灭菌要求的产品的概率为千分之一;而 10^{-6} 意味着检出的概率仅百万分之一。根据灭菌产品初始污染菌数,所灭菌的 D_{10} 值和根据灭菌要求所设定的保证水平,即可按下式定出辐射灭菌的剂量 D_s:

$$D_s = D_{10}(\lg N_{max} - \lg SAL) \tag{11-11}$$

式中,N_{max} 为样品初始污染菌数最大值。由(11-11)式可看出,D_s 是由 D_{10} 值、最大初始污染菌数和灭菌保证水平三个因素来决定的,是达到所需灭菌保证水平的吸收剂量。

保证水平的取值,不同国家有所不同,在我国和英、美等国家对于一次性与体内接触的医疗用品的 SAL 值取 10^{-6},一般情况下辐射灭菌剂量约为 D_{10} 值的 12 倍,如手术器材器械、注射器、输液管等。对于外用卫生用品的 SAL 值取 10^{-3},如医用手套、纱布、防护服等。在满足文明生产的前提条件下,用 25 kGy 的剂量完全可以对产品实行可靠的灭菌,即达到所谓的"无菌"要求。

通常亦用下式确定灭菌剂量 D_s:

$$D_s = D_{10}\lg(N_0/N) + C \tag{11-12}$$

式中,N_0 为初始菌数,N 为灭菌后残留微生物数,C 为经验校正值。若辐照条件与剂量实测条件完全相同,则 C 为 0;不一致则需校正。

1997 年卫生部发布了《^{60}Co 辐照中药灭菌剂量标准》(内部试行),规定了中药辐照灭菌时最大吸收剂量应不超过下列数值:散剂 3 kGy,片剂 3 kGy,丸剂 5 kGy,中药原料粉 6 kGy。不允许辐照中药材为含龙胆苦甙的药材,如秦艽、龙胆等。

11.3.4　食品的辐照效应

1. 食品辐照的化学效应

食品主要组分有蛋白质、碳水化合物、脂肪等。目前关于主要食品成分的辐射化学效应研究表明,对于蛋白质和酶辐照后存在辐射交联与辐射降解,对于葡萄糖辐照后主要发生辐射降解,而脂肪中不饱和脂肪易被氧化,出现脱羧、氢化、脱氨等作用。饱和脂肪比较稳定,但有氧存在时,由于会发生自动氧化作用,饱和脂肪也会被氧化。表 11.7 给出了不同糖类辐照后的主要辐解产物及其 G 值。

表 11.7 辐射不同固态糖类的主要辐解产物

糖	辐解产物	G 值	5 kGy 时浓度/(10 mg·kg^{-1})
葡萄糖	甲醛	0.06	0.095
	乙醛	—	
	丙酮	—	
	葡萄醛酸	0.4	4.1
	葡糖酸	0.8	8.2
	5-脱氧葡糖酸	0.32	3
果糖	甲醛	2.5	4
蔗糖	甲醛	0.16	0.25
	果糖	—	—
	葡萄糖	—	
甘露糖醇	甲醛	0.8	1.26
	果糖	0.56	5.2

2. 食品辐照的生物效应

食品辐照后发生的生物效应主要有:抑制蔬菜发芽和果实后熟。辐照导致细胞中 DNA 和 RNA 受到损伤,植物体生长点上的细胞不能发生分裂。辐照干扰三磷酸腺苷(ATP)的合成,使细胞的核酸减少,抑制了植物体的发芽。导致微生物和昆虫的死亡,造成遗传物质 DNA 的损伤。辐射化学效应的产物与细胞组成发生反应。

3. 影响食品辐照效应的因素

(1)辐照食品的水和状态:比如辐射加工对结晶氨基酸只发生直接作用,而对氨基酸溶液则发生直接和间接作用。

(2)使用的剂量:低剂量时,维生素的辐照效应不明显,只有剂量达到 25 kGy 以上时,其破坏程度才与热处理相当。同样,大剂量辐照时,胱氨酸溶液的辐射降解产物会出现 H$_2$S 气味,原因是发生了 S—S 键断裂。

(3)辐照时食品的温度:辐照处理对维生素的破坏程度要比热处理小。如果在冷冻状态下照射,维生素的敏感性更弱。

(4)环境氧气存在与否:在无氧条件下辐照丙氨酸,可形成丙酸、甲烷、乙基胺、CO、丙酮酸、乙醛等;在有氧条件下还会产生乙酸和甲酸。

11.3.5 食品的辐射加工

"民以食为天","病从口入"都强调了食品安全对人类生存和社会发展的重要性。食品的辐射加工处理是电离辐射生物效应应用的另一重要领域。自 1943 年美国麻省理工学院 Proctor 按照陆军后勤部的合同,首先用射线对汉堡包进行处理,从此开始了辐照食品的研究。

20 世纪 50 年代,辐照食品基础研究在世界各国广泛开展,到 80 年代便得到广泛应用。食品的辐射保鲜处理是一种延长食品保藏时间、提高食品质量和保障食品安全的新技术。食品辐射加工的原理是电离辐射与介质相互作用后所引起的生物效应,而在食品保存处理方法上像加热、冷冻、腌制和脱水方法一样属于所谓的物理保藏方法。

电离辐射具有强穿透性,既可杀死寄生在产品表面的病原微生物和寄生虫,也能杀灭产品内部的病原微生物和寄生虫,或抑制产品的生理活性,从根本上消除产品霉烂变质的根源,达到保质安全的目的。食品的辐射保鲜方法是公认的、从根本上解决由于致病菌感染食品而引起食源性疾病的最好方法,同时也是减少食品损失、保证食品安全的有效手段。在 1980 年,世界卫生组织、联合国粮农组织和联合国原子能机构联合得出结论:"任何食品当其总平均吸收剂量不超过 10 kGy 时没有毒理危险,不再要求做毒理试验,同时在营养学上和微生物学上也是安全的",到 1999 年又宣布"超过 10 kGy 以上剂量的辐照食品,也不存在安全问题"。食品的品种类型、形态繁多,但食品辐射处理的主要目的只有 3 个:灭菌(尤其是致病菌或微生物)、杀虫、抑制生长。联合国粮农组织(FAO)、国际原子能机构(IAEA)和世界卫生组织(WHO)联合专家委员会于 1980 年 10 月 27 日至 11 月 3 日在日内瓦召开了关于辐照食品卫生会议。依据以前各届专家委员会的建议和这些机构组织的其他技术或法律专家会议所作出的结论,允许食品辐照的最大能量水平是:电子束为 10 MeV;γ 射线和 X 射线为 5 MeV。

我国已批准的辐照食品有豆类、谷物及其制品,干果果脯类,熟畜禽肉类,冷冻包装畜禽肉类,香辛料类,新鲜水果、蔬菜类。目前的应用主要以香辛料、大蒜、脱水蔬菜为主。据核农学会调查,2005 年我国辐照食品产量达到 14.5 万吨,占世界辐照食品总量的 36%,产值达到 35 亿元,近年来又有进一步增长。以辐照食品的种类和数量而言,中国是世界上辐照食品应用最多的国家之一。

1. 食品辐射杀菌处理

食品在生产加工、包装、运输和储存过程中极易受到各种微生物的污染,这些微生物可能是直接导致疾病发生的致病菌。有些微生物虽不会直接致病,但可能会产生对人体有害的毒素导致食物中毒,有些微生物会导致食物霉变腐烂而不能食用。食品的辐射灭菌就其原理而言与医疗卫生用品的辐射灭菌无本质区别,多数微生物存活率-剂量曲线遵守指数衰减规律。但食品的辐射灭菌要比医疗用品灭菌复杂得多,食品的品种类型繁多,组成复杂,形态各异,而且不同的食品有各自不同的灭菌目的和要求。

食品的辐射杀菌大致可分为两大类:①类似于巴氏灭菌,有针对性地杀灭非芽孢病原微生物或腐败微生物,使用剂量较低。如杀灭高蛋白含量的肉、蛋、奶制品污染的沙门氏菌及大肠杆菌等。沙门氏菌是高蛋白食物中的一种常见菌,对人类健康危害非常大。幸运的是,沙门氏菌对电离辐射非常敏感,即使在干冻状态下,仅用 5~7 kGy 的剂量照射就能全部被杀死。8 kGy 处理过的鸡肉在 -30 ℃温度下保存两年,其质地和色香味均无变化。辐射杀菌特别适用于禽类、鱼类和肉类食品的保鲜处理。②辐射灭菌处理,类似于医疗用品的辐射灭菌,有时又称为辐射消毒,其目的是杀死食品中的所有微生物,以达到无菌要求,如太空食品、医院中有无菌要求的病人食品,以及实验动物的无菌食品等。

食品辐照保鲜具有以下优点:最大限度地保持了营养成分;保持肉类食品原有的感官指标;辐照杀菌谱广;放射安全性好,无可检测放射性和无有害辐射产品;微生物安全性高,无致病菌及其分泌的毒素;毒理安全性好。

2. 辐射杀虫

食品或农产品的辐射杀虫处理主要包括以下两方面：

（1）杀灭昆虫。有昆虫污染的食品或农产品亦很普遍，一般说来昆虫污染过的食品不宜食用，这会造成大量浪费。昆虫污染过的农产品不仅不宜食用，而且还会随长途运输进行传播，造成生态危害，如谷物、小麦及干鲜果品的进出口贸易中这一潜在危害越来越严重，因此受到各国高度重视。

辐射杀虫是控制昆虫污染行之有效的方法，昆虫幼虫对电离辐射比较敏感，用比较低的吸收剂量即可杀灭或控制其发育。辐照过的卵虽可发育成幼虫，但不能继续发育成蛹；辐照过的蛹虽可发育成成虫，但该成虫已没有继续繁育的能力。仅用 0.4~1 kGy 的剂量辐照就可阻止卵、幼虫和蛹向下一阶段继续发育。直接杀死成虫所需剂量较高，约为 3~5 kGy，但仅约 0.25 kGy 的剂量可致昆虫不育或在数周内死亡，所以以在早期阶段对食品或农产品进行辐射杀虫处理效果最好。

（2）杀灭食源性寄生虫。食源性寄生虫包括蠕虫。寄生虫可能通过食物传染给人，致人感染寄生虫疾病。电离辐射对寄生虫造成的辐射效应主要有致雌性成虫不育，抑制幼虫成熟和将其杀死。控制这些寄生虫的生殖生长所需剂量随不同发育阶段而不同。如旋毛线虫不育剂量仅 0.12 kGy，抑制其成熟发育的剂量约为 0.3 kGy；但若致其成虫死亡，则需 7.5 kGy 较大的剂量。

3. 抑制发芽和延迟成熟

块茎类植物的块茎休眠期较短，易于发芽变质而不宜食用，而造成大量损失，如马铃薯、大蒜、洋葱等。在休眠期内对块茎进行小剂量的辐照处理即可抑制其发芽，延长保存期。三磷酸腺苷（ATP）是植物发芽生长中必不可少的能量来源物质。新收获的块茎处于休眠期，体内 ATP 含量较低，不足以促使块茎发芽，而 ATP 是经由一系列的酶催化反应合成的。电离辐射会造成 ATP 合成酶的钝化和分解酶的激活，这样就双向干扰了 ATP 的合成，使块茎中 ATP 含量处于非常低的水平，从而抑制 DNA、RNA 的合成，达到抑制发芽的目的。与此同时，辐照还会抑制生长激素的合成，使植物分生组织处于钝化状态，其结果亦是抑制块茎发芽。在休眠期内（约收获后的 120 天内）大蒜仅用 100 Gy 的剂量照射处理，常温下保存一年后蒜瓣鲜嫩，大蒜素含量保持不变，而未经辐射处理发芽后的大蒜，其大蒜素含量下降约 80%，营养价值大大降低。

具有后熟过程的鲜果和蔬菜，经辐射处理可抑制其成熟过程，如香蕉、柑橘、木瓜、芒果、番茄等。此类蔬果收获后，体内可以合成促进其成熟的乙烯，并有一呼吸高峰期[①]。在呼吸高峰期到来之前，适当剂量的辐照就可抑制乙烯合成酶的活动，干扰乙烯的合成，从而达到抑制后熟、延长保鲜时间的目的。

经辐射处理保藏食品具有许多优点：食品经过杀虫、灭菌、延迟成熟和抑制发芽等不同加工环节，不仅减少储存、运输过程中的损耗，延长货架期，而且也提高了食品的品质和卫生标准。食品的辐射加工是一种冷加工过程，容易保持食品的原有风味和新鲜程度。辐射处理亦不会有任何有害物质生成或残留。目前食品辐射加工所用辐射源是以钴-60 为主，其射线能量较高，穿透能力强，加工均匀，食品尤其是熟食品，预先密封包装好后再辐射处理，不仅方便食用，也可有效防止二次污染。各国已批准的辐照食品种类很多，表 11.8 中列出了某些食品

---

① 呼吸高峰期：果实的呼吸量一般随着生长和肥大而减少，在生长停止时最低。但苹果、番茄和香蕉等果实在停止生长后呼吸量却急剧增加，然后再减少。这段呼吸量增加的时期称为呼吸高峰上升期。

辐射加工所需适宜剂量。

表 11.8　某些食品辐射加工所需适宜剂量

辐射加工食品种类及目的	适宜剂量/kGy
抑制马铃薯、大蒜、洋葱等块茎发芽	0.05～0.15
杀灭谷物类及肉类食品中的寄生虫	0.1～2.0
杀灭蔬菜和水果中的霉菌	1.0～5.0
杀灭肉、蛋、禽及动物饲料中的沙门氏菌,防食物中毒	5.0～10
杀灭肉及其制品中的腐败微生物,延长货架期(0～4 ℃)	1.0～10
杀灭调味品中污染微生物,以利保藏	10～30
人及实验动物所需无菌食品	10～25
肉类及鱼类食品的常温长期保藏	40～60

图 11.19　辐照食品的标识

辐射加工食品具有很多优越性,但不是所有食品都可"一照即得"这样简单。食品不同于药品,是人们长期大量摄入的食物,其食用安全性是最为重要的考量。所以各国都制定有严格的、有关辐照食品的法律。哪些食品可以辐照处理,经什么工艺条件加工,产品外包装上还必须加有世界各国统一的辐照食品标识(图 11.19),都要遵照辐照食品法进行生产和销售。

11.4　纳米粒子的辐射合成

纳米材料是指由尺寸在 1～100 nm 的粒子构成,并具有特殊性能的材料。纳米粒子是由少数原子或分子聚积而成的,其物理形态是介于原子、分子与结晶相态之间的一种状态,即所谓的介观态。处于介观相态的物质所具有的表面效应、量子效应、尺寸效应、体积效应等,赋予了纳米材料既不同于原子、分子,亦不同于宏观体相状态的特殊性能,如催化性能、非线性光学性能、光伏特性、导电性能和磁数据存储性能等。从 20 世纪 80 年代开始,纳米材料的研究和应用成为热点科学领域之一。目前纳米材料的制备主要通过自上而下("top-down")和自下而上("bottom-up")方法来实现。"自上而下"的原理是采用从大块晶体通过刻蚀、腐蚀或研磨的方式获得纳米材料,例如多孔硅发光材料就是从硅片的腐蚀而来,使基于微电子学硅材料迈向光电子学乃至光子学技术的路途变得现实可行。该方法的特点是,通常需要研磨或者刻蚀,以及反复加热循环,得到的材料尺寸在 10～1000 nm 范围,尺寸分布较宽,经常在加工过程中会引入杂质。而"自下而上"是从原子或分子出发来控制、组装、反应生成各种纳米材料或纳米结构,通常利用热力学平衡的方法,调节溶液过饱和浓度,粒子成核和生长过程以及动力学方法在一个有限模板空间内控制前驱体浓度来调控粒子生长。由于"自下而上"是从原子或分子水平来构建纳米结构或纳米材料,是研究领域中常用的方法。目前常规化学法有气相沉积法(CVD)、凝胶法等,此外还有近年来快速发展起来的辐射还原法。

早在 100 年前,发现 X 射线和 γ 射线使感光底片感光就是 Ag^+ 被还原的反应。纳米粒子的辐射合成是近 30 年来电离辐射应用研究比较活跃的领域之一,尽管到目前为止尚未看到大规模的商业应用,但其应用前景和潜力非常看好。γ 射线的定态辐射还原可批量制备纳米材料,脉冲辐解技术为纳米粒子辐射合成研究和应用提供了基础性研究的强有力的技术手段。

近年来不仅单一贵金属纳米粒子被成功合成,过渡金属纳米粒子也被成功合成。半导体纳米粒子、硫化物纳米粒子和氧化物纳米粒子也已相继被成功辐射合成,如 Au、Ag、Pt、Ru、Pd、Ni、CdS、CuO 等。具有合金结构、核壳结构和多孔结构的多金属纳米粒子,以及有载体的金属负载纳米粒子也已相继成功合成。脉冲辐解技术是研究金属纳米粒子还原成核机理、凝聚过程解析、氧化还原电位测定及氧化还原反应动力学常数测定的有效方法,相关内容见第 6 章。

11.4.1　基本原理

1. 一般过程

辐射合成金属纳米粒子主要包括还原、成核、团簇生长和结聚 4 个步骤。辐射合成金属纳米粒子的前提条件:①作为前驱体的金属离子必须能被辐解产生的还原性活性粒子还原到原子态或低价态;②原子态或低价态的原子进一步凝聚成团簇或纳米粒子达到稳定状态。

根据第 7 章我们知道,由于水辐解过程中既产生强还原性的活性粒子,也产生强氧化性的活性粒子,同时在有氧辐照气氛下,溶解氧也是氧化性的,显然要实现金属离子的还原就必须建立一个辐射还原体系。在水溶液辐照体系中第一个条件是满足的,水辐解产生的还原性活性粒子有水化电子 $e_{aq}^-[E^\ominus(H_2O/e_{aq}^-)=-2.87\ V_{NHE}]$ 和氢原子 $[E^\ominus(H^+/\cdot H)=-2.3\ V_{NHE}]$,从氧化还原电位可知,水化电子和氢原子是很强的还原性粒子,能还原绝大多数的金属离子 $M^+[M^+$ 为一价金属离子,也可以是多价离子或配位(络合)离子]。

水辐解过程中生成的 $\cdot OH$ 自由基则是强氧化性的$[E^\ominus(OH/H_2O)=2.76\ V_{NHE}]$,它会将离子或原子氧化到更高价氧化态,这样的体系不利于低价态纳米粒子生成。合成金属纳米粒子必须建立合适的还原体系,其方法就是在辐照体系中加入 $\cdot OH$ 自由基清除剂,清除剂的作用是清除 $\cdot OH$ 的同时,生成具有较强还原性的自由基。比较常用的清除剂有异丙醇和甲酸盐类化合物,在该体系中 $\cdot H$ 自由基也会与异丙醇和甲酸根离子发生抽氢反应。通常情况下,$\cdot OH$ 和 $\cdot H$ 自由基与小分子有机化合物之间的抽氢反应是扩散控制的反应,生成的有机自由基亦具有比较强的还原性:

$$(CH_3)_2CHOH + \cdot OH(H) \longrightarrow (CH_3)_2\dot{C}OH + H_2O(H_2) \tag{11-13}$$

$$(CH_3)_2\dot{C}OH + M^+ \longrightarrow M^0 + (CH_3)_2CO + H^+ \tag{11-14}$$

$$HCOO^- + \cdot OH(H) \longrightarrow \dot{C}OO^- + H_2O(H_2) \tag{11-15}$$

$$\dot{C}OO^- + M^+ \longrightarrow CO_2 + M^0 \tag{11-16}$$

在中性条件下,生成的自由基氧化还原电位分别为 $E^\ominus((CH_3)_2CO/(CH_3)_2\dot{C}OH)=-1.8\ V_{NHE}$ 和 $E^\ominus(CO_2/\dot{C}OO^-)=-1.9\ V_{NHE}$。反应(11-13)、(11-14)是扩散控制的快反应,氢原子参与的反应虽然与 M^+ 的反应是竞争反应关系,但所生成的自由基依然有很低的氧化还原性电位,即有很强的还原大多数金属离子的能力。氧也会参与氧化反应,影响金属离子的还原历程,但可通过真空或惰性气氛下的无氧辐照工艺条件消除氧对辐射还原的影响。

辐射还原生成的纳米粒子的稳定方法通常有两种途径:①以水溶性高分子聚合物作稳定剂,新生成的团簇或纳米粒子与高分子链中的某一基团发生吸附作用,被束缚在高分子链上。吸附在分子链不同位点上的团簇或纳米粒子之间的碰撞和聚结受到阻碍,避免粒子逐渐增大而沉淀,达到稳定的目的。聚乙二醇、聚乙烯醇、聚丙烯酰胺、羧甲基纤维素、变性淀粉和明胶等水溶性聚合物亦常用做金属纳米粒子的稳定剂,用以制备纳米金属胶体。在此体系中水溶性聚合物既起到了纳米粒子稳定剂的作用,同时也起到了氧化性自由基清除剂的作用。②将团簇或纳米粒子制备在固体载体的表面,粒子与载体表面之间的吸附作用会阻止纳米粒子间的结聚,达到稳定的目的。常用的固体载体有活性炭、碳纳米管、石墨、Al_2O_3、SiO_2 和沸石等。

初始阶段,还原生成的新生金属原子(也叫裸原子)之间的结合能远高于原子与溶剂或配体的键能,因此一旦两原子相遇便发生聚结,生成二聚体、多聚体、原子团簇或纳米粒子,过程如下:

$$M^0 + M^0 \longrightarrow M_2 \tag{11-17}$$

$$M^0 + M^+ \longrightarrow M_2^+ \tag{11-18}$$

$$M_n + M^+ \longrightarrow M_{n+1}^+ \tag{11-19}$$

$$M_{m+x}^{x+} + M_{n+y}^{y+} \longrightarrow M_{p+z}^{z+} \tag{11-20}$$

$$M_{n+1}^+ + e_{aq}^- \longrightarrow M_{n+1} \tag{11-21}$$

其中,m、n、p 为已被还原原子数,亦称为原子聚集数(nuclearity),x、y、z 为团簇中的离子数。上述各式给出了纳米粒子的还原、成核、团簇生长和聚结的反应过程。反应(11-18)、(11-19)是前驱体离子与原子和团簇间的缔合过程,是一快过程。由于相同电荷间的排斥作用,会阻碍反应(11-20)中相同电荷团簇间的聚结过程,而影响团簇的生长,但随着团簇原子聚集数的增加,该团簇上吸附的离子的氧化还原电位会不断升高,从而有利于团簇的生长。反应(11-21)中的还原粒子还可以是水化电子之外的其他还原性自由基,随着团簇的生长,还原体系越来越有利于反应(11-21)的进行。

图 11.20 给出了辐射还原金属离子的原理示意图。从图中的反应可以看到辐射还原反应

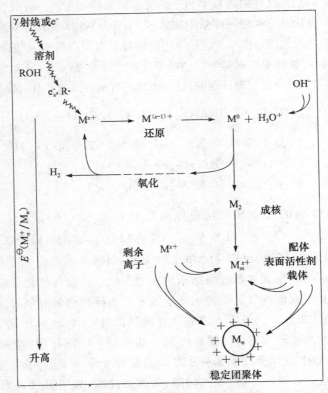

图 11.20　金属离子水溶液中金属离子辐射还原的过程示意图

的共同特点:一是自由基反应,速度快,受扩散控制;二是竞争反应过程普遍存在,如反应 (11-21)与水化电子反应、氢原子与金属离子的还原反应,以及(11-14)、(11-16)反应之间,反应 (11-17)、(11-18)、(11-19)之间均存在竞争;三是由于电离辐射与介质相互作用无选择性,使辐解中产生的多种活性粒子参与的反应体系非常复杂。在有固体载体存在条件下,载体吸收电离辐射能量后产生的电子、空穴亦会在载体表面引发金属离子的还原反应。

　　2. 氧化还原电位

　　辐射还原制备纳米粒子的过程中,原子/离子间的标准氧化还原电位的高低是最重要的热力学参数。原子/离子氧化还原电位不仅与离子配体、溶液 pH、价态有关,而且与原子聚集数,即团簇大小有关。表 11.9 中列出某些原子/离子对的氧化还原电位。

表 11.9　某些氧化/还原对的标准氧化还原电位($E^\ominus$, V_{NHE})

氧化/还原对 (M^+/M^0)	Au^+/Au^0	Cu^+/Cu^0	Ti^+/Ti^0	Ag^+/Ag^0	$Ag(CN)_2^-/Ag^0(CN)_2^{2-}$	$Ag(NH_3)_2^+/Ag^0(NH_3)_2$	$Ag(EDTA)^{3-}/Ag^0(EDTA)^{4-}$
$E^\ominus$	−1.4	−2.7	−1.9	−1.8	−2.6	−2.4	−2.2
氧化/还原对 (M^+/M^0)	Ag^+/Ag_{met} *	Ag_6^+/Ag_6	Cu^+/Cu_{met}	Cu_7^+/Cu_7	H^+/H_2	H^+/H^0	
$E^\ominus$	0.79	0	0.52	−0.4	0	−2.3	

* met 指金属态。

　　从表中的数值可以看出,裸原子[①]的氧化还原电位是非常低的,易于再氧化回到离子态,不同配体的存在对其氧化还原电位影响很大。银原子的氧化还原电位 $E^\ominus(Ag^+/Ag^0)$ 与银金属电极电位 $E^\ominus(Ag^+/Ag_{met})$ 之差实际上就是固态银的升华能(约 2.6 V),而与 $E^\ominus(Ag_6^+/Ag_6)$ 之差就是 Ag^+ 吸附于原子团簇上的吸附能。从初生态裸原子经聚结成为二聚、多聚、团簇离子,再到固态粒子的生长过程中,氧化还原电位在初始阶段增长非常快,即随着团簇离子中原子聚集数的增加,标准氧化还原电位快速由负转正,氧化稳定性很快提高。由于高还原性(低氧化还原电位),初生态的金属原子会再次被溶剂或水辐解生成的质子氧化,再回到离子态,并伴有氢气生成。

$$M^0 + H^+ \longrightarrow M^+ + \cdot H \tag{11-22}$$

$$\cdot H + \cdot H \longrightarrow H_2 \tag{11-23}$$

　　金属离子在水溶液体系的辐射还原过程中,水化电子有能力还原除碱金属离子以外的所有离子,而清除剂异丙醇和甲酸根自由基则仅能还原那些氧化还原电位比其更高的金属离子。从氧化还原电位和辐射还原过程可以看到,水化电子在金属离子的还原中起到至关重要的作用,尤其是在辐射还原初始阶段,对于氧化还原电位较低的非贵金属离子尤为如此,如锌、铜、镍离子等。在辐射还原体系中,除了强还原粒子 e_{aq}^-,还会同时伴有比较温和的还原性自由基生成,如小分子醇类自由基、$\cdot CO_2^-$、聚合物自由基等。这些比较温和的还原性自由基不能直接还原某一离子到原子态或低价态,但首先由水化电子还原生成的团簇离子随核聚集数的增加,其氧化还原电位亦不断增加,达到某一临界值后,这些温和的还原性粒子就会还原吸附在团簇上的离子到零价态或低价态。这样的辐射还原过程好像是一催化过程,即水化电子引发

_____

① 裸原子:为不含任何配体的原子。

金属离子还原、成核、团聚达到某一临界状态后,温和还原性离子接着促进团簇离子的还原和生长。如乙醇自由基的氧化还原电位为-1.8 V,它不能直接还原银、铜、镍离子,但可以还原吸附在团簇上达到了一定聚集数的离子。

3. 成核和生长

在辐射合成纳米金属离子的过程中,团簇的成核与生长是非常重要的。因为成核与生长不仅直接与离子的氧化还原行为有关,而且与纳米粒子的粒径、粒径分布有密切关系。粒径及其分布直接关系到纳米材料的性能,不同粒径的纳米金属催化剂的氧化还原电位不同,显然会影响其氧化还原催化反应的活性和选择性。纳米粒子的辐射合成中,成核、结聚、团簇生成、金属离子的吸附、溶剂化反应以及原子再氧化等反应过程是一系列竞争过程。这一系列竞争过程与剂量率、pH、清除剂浓度、金属离子浓度、稳定剂和载体等因素有关。此外,各过程的竞争能力是动态的,除了剂量率和固体载体外,其他因素都会随着还原进程的进行而不断变化。这些因素在合成中应综合考虑,并根据具体的反应体系确定哪些竞争反应占主导地位。

剂量率对纳米粒子的生成,尤其是粒子形态结构有重要影响(图 11.21)。剂量率高,辐解

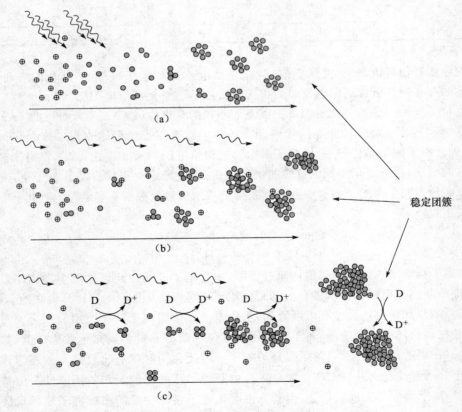

图 11.21　吸收剂量率对金属纳米团簇成核生长过程的影响

[(a) 高剂量率;(b) 低剂量率;(c) 低剂量率并有电子给体 D 存在]

(长箭头方向为辐照时间增加方向,采用聚合物稳定纳米团簇尺寸,防止聚结,但不会阻止后续的
离子和电子转移,因此低剂量和电子给体存在下,团簇也可以长成大尺寸粒子)

生成的还原性粒子浓度高,初生态原子数目大,结聚成二聚或寡聚粒子的速度快,成核中心的数目就多,在一定离子浓度下合成出的纳米粒子粒径就小。若再有稳定剂或载体的抑制聚结作用,就更有利于合成粒径小、分布窄的纳米粒子。反之,在低剂量率下,一方面初生态原子浓度低,成核中心的数目少,另一方面团簇表面吸附的离子具有更高的氧化还原电位。这就意味着吸附于团簇表面的离子还原会占有优势,其结果是成核数目少,团簇生长速度相对快,粒径变大。

在纳米粒子的辐射合成过程中,金属离子还原、原子并聚成核、团簇生长、寡聚团簇再氧化、纳米金属粒子生成等一系列过程并不是孤立进行的,始终存在竞争关系,只是在不同条件和不同时段上哪一过程更具有优势。通过控制竞争过程的影响因素,就能达到控制纳米粒子合成的目的。

11.4.2　金属纳米负载催化剂的辐射合成及其应用

辐射合成的催化剂主要有两种形态:一种是由聚合物稳定的胶体溶液催化剂,另一种是由固体载体支撑的催化剂即纳米负载催化剂,后者因其稳定性好、贵金属易于回收、使用方便等优点而应用最为普遍。常用的固体载体有碳材料(碳纳米管、炭粉、石墨)、金属氧化物(如 Al_2O_3、硅氧化物、沸石)以及聚合物离子交换膜多孔材料等。一般来说,辐射法制备纳米负载催化剂有两种方法:①首先在溶液体系中将金属离子辐射还原成纳米粒子,然后经吸附过程或过滤方法将纳米粒子负载在载体上。此方法的缺点是:溶液浓度较低,制备量较少,效率低。粒径控制比较困难,若无稳定剂存在,粒径不易控制;若有聚合物稳定剂存在,则会给吸附过滤负载过程造成困难。此外,这种方法制备的催化剂与载体之间的作用较弱,在制备和使用过程中易脱落。若胶体溶液催化剂为贵金属,则贵金属回收困难较大。②较常用的方法就是原位辐射还原制备金属纳米粒子的方法。此方法克服了前种方法的缺点,简便易行,性能亦比较稳定。下面就以催化加氢纳米催化剂的辐射合成为例,解释辐射法合成纳米粒子的优势及潜在的应用。

在石油化工工艺中,聚丙烯的合成原料为丙烯。由石油裂解产物中分离得到的丙烯常含有少量的丙炔和丙二烯。在丙烯的聚合过程中,少量丙炔和丙二烯不仅会降低聚合反应催化剂的催化活性,而且使聚丙烯的性能变差,因此在合成聚丙烯的丙烯原料中丙炔和丙二烯的含量要求在非常低的水平,其摩尔分数一般要低于 1×10^{-6}。要使丙烯达到如此高纯度的要求,最好的办法就是将丙炔和丙二烯通过催化加氢转化为丙烯。传统氢还原制备的 Pd/Al_2O_3 催化剂是目前常用的加氢催化剂之一。中石化北京化工研究院与北京大学合作对 Pd/Al_2O_3 加氢催化剂进行了辐射还原法、常规化学还原法和传统氢还原法三种不同方法的比较研究,研究结果表明,辐射方法具有很大的竞争优势。这三种方法都是首先将 Pd 的前体离子化合物均匀喷涂并吸附于 Al_2O_3 小球表面,然后再以这三种不同方法还原。辐射还原是将吸附 Pd 后的小球以适量的异丙醇浸润,除氧密封于聚乙烯密封袋中,然后在 γ 辐射场中辐照还原,还原后的产物于常温真空干燥,即可得到 Pd/Al_2O_3 催化剂。常规化学还原法是将负载了 Pd 的小球在 pH=5.5 的异丙醇还原溶液中常温还原,还原结束后过滤干燥得到催化剂。传统氢还原法是将负载了 Pd 的小球在 80 ℃干燥,然后在 450 ℃下烧结。先将钯转化为氧化物,在表征催化活性前,在温度 300 ℃、10%氢气、90%氩气的气氛下再将钯氧化物转化为零价钯粒子。表 11.10 中列出了三种不同催化剂的形态结构及性能的比较结果。

表 11.10　Pd/Al₂O₃ 催化剂的三种不同制备方法的比较

催化剂特征	辐射还原	传统还原	化学还原
Pd 含量	≪0.14%	0.30%	—
Pd 粒子形态	单质	氧化态	单质
粒子分布	均匀	烧结	聚集
选择性	高	低	高
与载体作用	强	强	弱
对反应物吸附能力	强	较强	弱
催化综合性能	好	中	差
制备工艺	简单	一般	繁琐
制备成本	低	中	高
粒径可控性	易	差	差
聚丙烯选择性	63.30%	17.80%	26.60%
乙炔转化率	98.50%	99.00%	97.70%

　　三种催化剂的乙炔转化效率非常接近,在钯含量远低于传统还原方法的情况下,辐射合成催化剂的选择性仍然高出其他二者约 3~4 倍。从表中结果综合考虑,可确定辐射合成催化剂的综合性能具有绝对优势。

　　在浸润状态下,Pd/Al₂O₃ 催化剂的辐射合成是非均相体系,体系吸收电离辐射能的主体是固体载体,体系中的载体、少量水和自由基清除剂构成了辐射还原环境,除水辐解产生的活性粒子引发的还原反应外,载体在电离辐射作用下产生的电子和空穴也会通过下列反应直接或间接引发 Pd 金属离子的还原反应:

$$Al_2O_3 \overset{\sim\sim\sim}{\longrightarrow} e^- (Al_2O_3) + h^+ (Al_2O_3) \tag{11-24}$$

$$e^- (Al_2O_3) + H_2O \longrightarrow e^- \tag{11-25}$$

$$h^+ (Al_2O_3) + H_2O \longrightarrow \cdot OH + H^+ \tag{11-26}$$

$$(CH_3)_2CHOH + \cdot OH \longrightarrow (CH_3)_2 \overset{\cdot}{C}OH + H_2O \tag{11-27}$$

　　在辐射还原过程中,载体内部生成的电子和空穴一旦迁移到载体表面,金属离子就在载体表面被电子或 ·OH 与异丙醇反应生成的异丙醇自由基原位还原。这种原位还原不仅有利于金属纳米粒子"锚定"在载体表面,而且生成的纳米粒子粒径小,避免粒子间凝并,保证粒子分布均匀。

　　辐射还原法是制备金属纳米粒子催化剂的有效方法之一,概括而言,该方法有如下特点:

　　(1) 辐解过程中生成的溶剂化电子具有很低的氧化还原电位,它可以还原除碱金属之外的所有金属离子,尤其适用于贵金属和过渡金属的还原。

　　(2) 新生态的金属原子(又称为"裸原子")和寡聚态原子或带电离子团簇的氧化还原电位也非常低,易被氧分子、溶剂或质子重新氧化回高价态。因此,建立辐射还原和纳米粒子稳定体系是合成金属纳米粒子的关键。

　　(3) 辐射还原在常温下进行,生成的金属纳米粒子的形态易于控制,可有效避免高温氢还原法中"烧结"效应发生,也可避免常规化学方法中纳米粒子与载体结合弱,以及粒子之间易于团聚成大粒子的弊端。

　　(4) 以钴-60 为辐射源时,γ 射线具有强穿透能力,易于制备均匀分布于胶体或载体中的纳米粒子,如制备通体均匀分布的多孔膜催化剂。若以电子束为辐射源,则应特别注意束下工艺问题。

(5) 在辐射还原制备金属纳米粒子过程中,溶剂化电子起到了最为关键的作用,尤其对氧化还原电位较低的金属离子,如 Cu^{2+}、Ni^{2+} 等,初始阶段随着团簇离子的增大,氧化还原电位快速升高,超过某一临界点,具有较高氧化还原电位的自由基便可使其还原到低价态。

(6) 选择不同体系和条件,可制备出单一金属结构、多种金属的合金结构或核壳结构、氧化物或硫化物结构的纳米粒子。

11.5　小　　结

本章主要介绍了辐射化学在高分子、生物化学和纳米材料领域中的应用。重点讨论了辐射交联电线电缆和热收缩材料、超细粉末橡胶的辐射制备及其应用。并结合辐射化学的生物效应原理,介绍了医疗用品的辐射灭菌以及食品辐照保鲜等。由于高分子领域内的辐射加工应用最为广泛,原理也比较成熟。随着国家对环境保护的要求越来越严格,对于食品的辐照以及医疗制品的辐射灭菌在辐射加工产业中所占的份额也越来越大。有关纳米材料的辐射合成还是刚新兴的产业,但也显示出很好的发展趋势。

重要概念:

辐射加工,束下工艺,吸收剂量均匀度,适用射程,电子树效应,形状记忆效应,D_{10} 值,D_{37},灭菌剂量,灭菌保证水平,存活百分率,灭活常数,辐射硫化,辐射还原,纳米材料,裸原子。

重要公式:

$$S = \frac{N}{N_0} = \sum_{m=0}^{n-1} \frac{(vD)^m}{m!} e^{-vD} \tag{11-5}$$

$$\lg(N/N_0) = -kD \tag{11-9a}$$

$$D_{10} = 2.3 \times (1/k) \tag{11-9b}$$

$$\lg S = -D/D_{10} \tag{11-10}$$

$$D_s = D_{10}(\lg N_{max} - \lg SAL) \tag{11-11}$$

主要参考文献

1. 吴季兰,戚生初. 辐射化学. 北京:原子能出版社,1993.
2. 李承华. 辐射技术基础. 北京:原子能出版社,1988.
3. 施培新,主编. 食品辐照加工原理与技术. 北京:中国农业科学技术出版社,2004.
4. Woods R J,Pikaev A K. Applied Radiation Chemistry:Radiation Processing. New York:Wiley-Interscience,1993.
5. Huang F,Liu Y,Zhang X,et al. Macromolecular Rapid Communications,2002,23:786.
6. Huang F,Liu Y,Zhang X,et al. Science in China Series B—Chemistry,2004,48(2):148.
7. Peng J,Zhang X,Qiao J,et al. Journal of Applied Polymer Science,2002,86:3040.
8. Peng J,Qiao J,Zhang S,et al. Macromolecular Materials and Engineering,2002,287:867.
9. 李代双,彭静,庄得川,等. 辐射研究与辐射工艺学报,2004,22(5):281.

10. Zhang X,Wei G,Liu Y,et al. Macromolecular Symposia,2003,193:261.

11. Dong W,Zhang X,Liu Y,et al. Polymer,2006,47(19):6874.

12. Wang Q,Song Q,Qiao J,et al. Polymer,2011,52(15):3496.

13. Belloni J. Catalysis Today,2006,113:141.

14. De-Lamaestre R,Esiau B H,Bernas H,et al. Physical Review B,2007,76(20):205431.

15. 陈彦长,罗祎,主编. 辐照食品与放射性污染食品. 北京:中国质检出版社,2012.

16. 周公度,主编. 化学辞典. 第二版. 北京:化学工业出版社,2011.

17. 常文保,主编. 化学词典. 北京:科学出版社,2010.

思　考　题

1. 辐射交联与常规化学方法交联相比有哪些优越性?
2. 辐射交联工艺中为什么经常加入少量的交联敏化剂?
3. 利用辐射加工生产热收缩材料的主要原理是什么?
4. 如何提高电子束辐照的辐照均匀度?
5. 如何减小电子束辐照过程中的"电子树效应"?
6. 辐射方法制备超细粉末橡胶的优点有哪些?
7. 超细粉末橡胶制备工艺中辐射硫化的基本原理是什么?
8. 哪些因素影响超细粉末橡胶的辐射法制备?
9. 辐射硫化制备的超细粉末橡胶为什么有助于粘土在聚合物基材中的剥离和分散?
10. 辐射灭菌和常规方法灭菌有哪些优势或者特点?
11. 靶学说的内容是什么? 有何局限性?
12. 辐射灭菌能否达到绝对无菌? 为什么?
13. 影响食品辐照效应的因素有哪些?
14. 金属纳米粒子辐射法制备的基本原理和基本过程是什么?
15. 如何稳定辐射还原过程中的纳米粒子?
16. 辐射法制备金属纳米粒子的特点是什么?

附　　录

附录 1　γ 照射率常数 Γ 值

核　素	$\Gamma_{Ka}/(10^{-18}Gy \cdot m^2 \cdot Bq^{-1} \cdot s^{-1})$	$\Gamma_X/(10^{-18}C \cdot m^2 \cdot kg^{-1} \cdot Bq^{-1} \cdot s^{-1})$
^{11}C	3.87×10^1	1.14×10^0
^{13}N	3.87×10^1	1.14×10^0
^{15}O	3.87×10^1	1.14×10^0
^{18}F	3.87×10^1	1.14×10^0
^{22}Na	7.79×10^1	2.29×10^0
^{40}K	5.11×10^0	1.50×10^{-1}
$^{52}Fe^1$	2.72×10^1	7.99×10^{-1}
^{59}Fe	4.08×10^1	1.20×10^0
^{56}Co	1.15×10^2	3.38×10^0
^{57}Co	6.24×10^0	1.84×10^{-1}
^{58}Co	3.58×10^1	1.05×10^0
^{60}Co	8.50×10^1	2.50×10^0
$^{56}Ni^1$	6.16×10^1	1.81×10^0
$^{57}Ni^1$	6.43×10^1	1.89×10^0
^{65}Ni	1.83×10^1	5.38×10^{-1}
^{89}Sr	3.05×10^{-3}	8.99×10^{-5}
$^{90}Sr^2$	2.33×10^{-3}	6.87×10^{-5}
$^{91}Sr^1$	2.49×10^1	7.33×10^{-1}
^{90}Y	2.33×10^{-3}	6.87×10^{-5}
$^{91m}Y^1$	2.00×10^1	5.89×10^{-1}
^{91}Y	1.24×10^{-1}	3.64×10^{-3}
$^{93}Zr^2$	2.20×10^0	6.47×10^{-2}
$^{95}Zr^1$	2.73×10^1	8.05×10^{-1}
$^{97}Zr^1$	6.25×10^0	1.84×10^{-1}

核　素	$\Gamma_{Ka}/(10^{-18}Gy \cdot m^2 \cdot Bq^{-1} \cdot s^{-1})$	$\Gamma_X/(10^{-18}C \cdot m^2 \cdot kg^{-1} \cdot Bq^{-1} \cdot s^{-1})$
$^{99m}Tc^1$	5.03×10^0	1.48×10^{-1}
$^{103}Ru^1$	1.77×10^1	5.22×10^{-1}
$^{105}Ru^1$	2.88×10^1	8.46×10^{-1}
$^{106}Ru^2$	7.36×10^0	2.17×10^{-1}
^{103m}Rh	1.03×10^0	3.02×10^{-2}
^{105}Rh	2.86×10^0	8.41×10^{-2}
^{106}Rh	7.36×10^0	2.17×10^{-1}
$^{123}I^1$	1.07×10^1	3.15×10^{-1}
^{124}I	4.13×10^1	1.22×10^0
^{125}I	9.79×10^0	2.88×10^{-1}
^{129}I	4.30×10^0	1.27×10^{-1}
$^{131}I^1$	1.44×10^1	4.23×10^{-1}
^{132}I	8.15×10^1	2.40×10^0
$^{133}I^1$	2.25×10^1	6.61×10^{-1}
^{134}I	9.19×10^1	2.70×10^0
$^{135}I^1$	5.17×10^1	1.52×10^0
^{134}Cs	5.76×10^1	1.69×10^0
^{136}Cs	7.74×10^1	2.28×10^0
$^{137}Cs^2$	2.13×10^1	6.28×10^{-1}
^{137m}Ba	2.25×10^1	6.64×10^{-1}
$^{140}Ba^1$	7.49×10^0	2.20×10^{-1}
$^{152}Eu^1$	4.13×10^1	1.21×10^0
^{154}Eu	4.31×10^1	1.27×10^0
^{155}Eu	2.24×10^0	6.61×10^{-2}
^{160}Tb	3.97×10^1	1.17×10^0
^{170}Tm	1.96×10^{-1}	5.76×10^{-3}
^{169}Yb	1.18×10^1	3.47×10^{-1}
^{192}Ir	3.02×10^1	8.88×10^{-1}
^{195}Au	1.65×10^1	4.86×10^{-1}

核　素	$\Gamma_{K_a}/(10^{-18}Gy \cdot m^2 \cdot Bq^{-1} \cdot s^{-1})$	$\Gamma_X/(10^{-18}C \cdot m^2 \cdot kg^{-1} \cdot Bq^{-1} \cdot s^{-1})$
^{198}Au	1.52×10^1	4.48×10^{-1}
^{197}Hg	1.35×10^1	3.99×10^{-1}
^{203}Hg	1.09×10^1	3.21×10^{-1}
^{204}Tl	1.78×10^{-1}	5.25×10^{-3}
^{203}Pb	2.68×10^1	7.90×10^{-1}
^{210}Pb[1]	9.49×10^0	2.79×10^{-1}
^{210}Po[1]	3.12×10^{-4}	9.18×10^{-6}
^{226}Ra[3]	4.65×10^{-1}	1.37×10^{-2}
^{227}Ac[1]	2.06×10^{-1}	6.08×10^{-3}
^{230}Th[1]	2.37×10^0	6.98×10^{-2}
^{232}Th[1]	2.35×10^0	6.91×10^{-2}
^{234}Th[1]	2.71×10^0	7.98×10^{-2}
^{232}U[1]	3.31×10^0	9.74×10^{-2}
^{233}U[1]	1.73×10^0	5.09×10^{-2}
^{234}U[1]	2.76×10^0	8.13×10^{-2}
^{235}U[1]	1.18×10^1	3.46×10^{-1}
^{237}U[1]	1.95×10^1	5.73×10^{-1}
^{238}U[1]	2.31×10^0	6.80×10^{-2}
^{237}Np[1]	1.61×10^1	4.75×10^{-1}
^{239}Np[1]	1.75×10^1	5.14×10^{-1}
^{238}Pu[1]	2.63×10^0	7.74×10^{-2}
^{239}Pu[1]	9.85×10^{-1}	2.90×10^{-2}
^{240}Pu[1]	2.50×10^0	7.37×10^{-2}
^{241}Pu[1]	1.53×10^{-3}	4.50×10^{-5}
^{242}Pu[1]	2.08×10^0	6.13×10^{-2}
^{241}Am[1]	1.55×10^1	4.57×10^{-1}
^{242}Am[1]	5.43×10^0	1.60×10^{-1}

注:核素符号右上角标的含义:1—具有放射性衰变子体;2—母体不发射光子,其子体半衰期短到足以与母体达到长期平衡,常数值为其子体常数值与该子体产额的乘积;3—母体发射的光子能量在 10 keV 以下,其子体能发射能量大于 10 keV的光子,且半衰期短到足以与母体达到长期平衡,相应常数值为其子体常数值与该子体产额的乘积。

附录 2　各向同性点源 γ 射线减弱所需的屏蔽层厚度

1. 各向同性点源 γ 射线减弱 K 倍所需的水屏蔽层厚度 (cm)

水　　　$\rho=1.00 \text{ g} \cdot \text{cm}^{-3}$

衰减倍数 K	E_γ/MeV													
	0.25	0.5	0.662 (^{137}Cs)	1.0	1.25 (^{60}Co)	1.5	2.0	2.5	3.0	4.0	5.0	6.0	8.0	10.0
1.5	22.7	20.2	19.3	19.0	19.2	19.6	20.4	21.0	21.8	23.5	23.9	24.5	25.6	26.2
2.0	27.2	26.9	26.7	27.5	28.3	29.3	31.0	32.4	34.0	36.5	38.4	39.8	42.1	43.6
5.0	40.8	43.6	45.3	49.0	51.7	54.9	59.3	63.3	67.3	74.2	79.5	83.8	90.7	95.4
8.0	46.8	51.1	53.6	58.7	62.3	65.8	72.3	77.6	82.9	92.0	99.2	105.0	114.2	120.8
10	49.5	54.5	57.3	63.1	67.1	71.7	78.2	84.2	90.1	100.2	108.2	114.8	125.2	132.6
20	57.5	64.6	68.5	76.3	81.6	86.8	96.2	104.1	111.9	125.1	135.8	144.7	158.8	168.9
30	62.1	70.4	74.9	83.8	89.8	95.7	106.4	115.4	124.2	139.4	151.6	161.8	178.1	189.8
40	65.2	74.3	79.3	89.0	95.5	101.9	113.5	123.3	132.9	149.3	162.7	173.8	191.6	204.5
50	67.7	77.4	82.7	92.9	99.9	106.7	119.0	129.4	139.7	157.0	171.2	183.1	202.1	215.9
60	69.6	79.8	85.4	96.2	103.5	110.3	123.4	134.4	145.0	163.3	178.8	190.7	210.6	225.1
80	72.7	83.7	89.7	101.2	109.0	116.6	130.4	142.1	153.5	173.1	189.5	202.5	224.0	239.7
1.0×10^2	75.0	86.7	93.0	105.1	113.3	121.3	135.7	148.1	160.0	180.6	197.5	211.6	234.3	250.9
2.0×10^2	82.2	95.7	103.2	117.0	126.5	135.6	152.2	166.4	180.1	203.9	223.4	239.8	266.1	285.6

续表

水　　　ρ=1.00 g·cm⁻³

衰减倍数 K	E_γ/MeV													
	0.25	0.5	0.662 (¹³⁷Cs)	1.0	1.25 (⁶⁰Co)	1.5	2.0	2.5	3.0	4.0	5.0	6.0	8.0	10.0
5.0×10^{2}	91.5	107.5	116.5	132.5	143.5	154.2	173.6	190.3	206.3	234.2	257.8	276.6	307.8	330.9
1.0×10^{3}	98.5	116.2	125.7	144.0	156.2	168.5	189.6	208.1	225.9	256.9	282.5	304.2	339.0	365.0
2.0×10^{3}	105.3	124.8	135.3	155.3	168.8	181.8	205.4	225.8	245.3	279.4	307.6	331.5	370.0	398.8
5.0×10^{3}	114.2	136.0	147.8	170.2	185.3	199.7	226.1	248.9	270.7	308.9	340.6	367.5	410.8	443.3
1.0×10^{4}	120.8	144.4	157.4	181.3	197.6	213.2	241.7	266.3	289.9	331.1	365.3	394.4	441.4	476.7
2.0×10^{4}	127.4	152.7	166.5	192.4	209.9	226.6	257.2	283.6	308.9	353.7	390.0	421.4	472.0	510.1
5.0×10^{4}	136.0	163.3	178.3	206.9	225.9	244.6	277.5	306.3	333.9	382.2	422.4	456.7	512.7	554.0
1.0×10^{5}	142.5	171.8	187.8	217.8	238.0	257.4	292.7	323.4	352.7	404.0	446.9	483.4	542.4	587.1
2.0×10^{5}	149.0	180.0	196.8	228.6	250.0	270.5	307.9	340.4	371.4	425.8	471.3	510.0	572.6	620.1
5.0×10^{5}	157.3	190.7	208.8	242.9	265.8	287.8	328.0	362.8	396.1	454.5	503.4	545.0	612.5	663.7
1.0×10^{6}		198.7	217.7	253.6	277.7	300.8	343.0	379.6	414.7	476.2	527.6	571.5	642.5	696.5
2.0×10^{6}		206.7	226.7	264.2	289.6	313.7	358.1	396.5	433.8	497.8	551.8	597.9	672.6	729.4
5.0×10^{6}			234.8	278.2	305.2	330.8	377.9	418.6	457.6	526.2	583.6	632.7	712.2	772.6
1.0×10^{7}			247.3		317.0	343.7	392.9	435.3	476.6	547.7	607.7	659.0	742.4	805.3
2.0×10^{7}			256.4		328.8	356.4		452.0	494.4	569.1	631.3	685.2	771.9	837.9
5.0×10^{7}			267.8		344.4	373.3			518.6	597.4	663.3	719.7	811.3	880.9

2. 各向同性点源 γ 射线减弱 K 倍所需要的铅屏蔽层厚度 (cm)

铅　$\rho=11.34 \text{ g} \cdot \text{cm}^{-3}$

衰减倍数 K	E_γ/MeV																	
	0.25	0.5	0.662 (^{137}Cs)	1.0	1.25 (^{60}Co)	1.5	1.75	2.0	2.5	3.0	4.0	5.0	6.0	8.0	10.0	^{198}Au	^{192}Ir	^{226}Ra
1.5	0.07	0.30	0.47	0.79	0.97	1.11	1.20	1.23	1.25	1.23	1.15	1.06	1.00	0.89	0.82	0.2	0.2	0.8
2.0	0.11	0.50	0.78	1.28	1.58	1.80	1.96	2.03	2.07	2.06	1.95	1.81	1.70	1.53	1.40	0.3	0.3	1.3
5.0	0.26	1.10	1.68	2.74	3.36	3.84	4.19	4.38	4.54	4.58	4.42	4.16	3.94	3.56	3.28	0.7	0.8	3.1
8.0	0.33	1.40	2.13	3.45	4.22	4.83	5.27	5.52	5.76	5.82	5.66	5.35	5.08	4.61	4.25	0.8	1.2	3.8
10	0.37	1.54	2.34	3.78	4.62	5.29	5.78	6.05	6.32	6.40	6.25	5.92	5.63	5.11	4.71	1.0	1.4	4.4
20	0.48	1.97	2.98	4.80	5.85	6.70	7.32	7.68	8.06	8.19	8.04	7.66	7.31	6.67	6.16	1.3	1.8	5.8
30	0.54	2.22	3.35	5.38	6.56	7.51	8.21	8.62	9.05	9.22	9.08	8.67	8.29	7.58	7.01	1.5	2.1	6.7
40	0.59	2.40	3.61	5.79	7.06	8.08	8.83	9.28	9.76	9.94	9.81	9.39	8.99	8.23	7.62	1.6	2.3	7.3
50	0.62	2.54	3.81	6.11	7.45	8.51	9.31	9.78	10.3	10.5	10.4	9.95	9.53	8.73	8.09	1.7	2.5	7.6
60	0.65	2.65	3.98	6.37	7.76	8.87	9.71	10.2	10.7	11.0	10.8	10.4	9.97	9.15	8.48	1.8	2.6	8.0
80	0.69	2.82	4.23	6.77	8.25	9.43	10.3	10.9	11.4	11.7	11.6	11.1	10.7	9.81	9.09	2.0	2.8	8.5
1.0×10^2	0.73	2.96	4.43	7.09	8.63	9.87	10.8	11.4	12.0	12.2	12.1	11.7	11.2	10.3	9.56	2.1	3.0	9.0
2.0×10^2	0.83	3.38	5.05	8.06	9.81	11.2	12.3	12.9	13.6	13.9	13.9	13.4	12.9	11.9	11.1	2.5	3.5	10.3
5.0×10^2	0.98	3.93	5.86	9.33	11.3	13.0	14.2	14.9	15.8	16.2	16.1	15.6	15.1	14.0	13.1	3.2	4.0	12.1
1.0×10^3	1.08	4.34	6.48	10.3	12.5	14.3	15.6	16.4	17.4	17.8	17.9	17.3	16.8	15.6	14.6	3.8	4.5	13.5

续表

铅　　ρ=11.34 g·cm⁻³

衰减倍数 K	E_γ/MeV																	
	0.25	0.5	0.662 (137Cs)	1.0	1.25 (60Co)	1.5	1.75	2.0	2.5	3.0	4.0	5.0	6.0	8.0	10.0	198Au	192Ir	226Ra
2.0×10^3	1.19	4.75	7.08	11.2	13.6	15.6	17.0	17.9	19.0	19.5	19.6	19.0	18.4	17.2	16.1	4.5	5.0	14.8
5.0×10^3	1.33	5.30	7.88	12.5	15.1	17.3	18.9	19.9	21.1	21.7	21.8	21.2	20.6	19.3	18.2	5.5	5.5	16.6
1.0×10^4	1.44	5.71	8.49	13.4	16.3	18.6	20.3	21.4	22.7	23.3	23.5	22.9	22.3	20.9	19.7	6.5	6.0	18.0
2.0×10^4	1.54	6.12	9.09	14.3	17.4	19.8	21.7	22.9	24.3	25.0	25.1	24.6	23.9	22.5	21.3	7.7		19.3
5.0×10^4	1.68	6.66	9.88	15.6	18.9	21.5	23.6	24.8	26.3	27.1	27.3	26.8	26.1	24.7	23.4	9.5		21.1
1.0×10^5	1.79	7.07	10.5	16.5	20.0	22.8	25.0	26.3	27.9	28.7	29.0	28.4	27.7	26.3	25.0			22.5
2.0×10^5	1.89	7.48	11.1	17.4	21.1	24.1	26.3	27.8	29.5	30.3	30.8	30.1	29.4	27.9	26.5			
5.0×10^5	2.03	8.01	11.9	18.7	22.6	25.7	28.2	29.7	31.5	32.5	32.8	32.3	31.6	30.0	28.6			
1.0×10^6	2.14	8.42	12.5	19.6	23.7	27.0	29.6	31.2	33.1	34.1	34.5	33.9	33.2	31.6	30.2			
2.0×10^6	2.24	8.83	13.1	20.5	24.8	28.3	30.9	32.6	34.6	35.7	36.1	35.5	34.8	33.3	31.8			
5.0×10^6	2.38	9.37	13.8	21.7	26.3	29.9	32.7	34.5	36.7	37.8	38.3	37.7	37.0	35.4	34.0			
1.0×10^7	2.49	9.77	14.4	22.6	27.4	31.2	34.1	36.0	38.2	39.4	39.9	39.3	38.6	37.0	35.6			
2.0×10^7	2.60	10.2	15.0	23.6	28.5	32.4	35.5	37.4	39.7	40.9	41.5	41.0	40.2	38.6	37.2			
5.0×10^7	2.73	10.7	15.8	24.8	30.0	34.1	37.3	39.3	41.7	43.0	43.7	43.1	42.4	40.7	39.3			

附录 3 水化电子 (e_{aq}^-) 和 H 原子的反应速率常数

溶 质	与 e_{aq}^- 反应		与 H 原子反应	
	产 物	反应速率常数/ $(10^7 \text{L} \cdot \text{mol}^{-1} \cdot \text{s}^{-1})$	产 物	反应速率常数/ $(10^7 \text{L} \cdot \text{mol}^{-1} \cdot \text{s}^{-1})$
辐照水中存在的粒种				
e_{aq}^-	$H_2 + 2OH^-$	540*	$H_2 + OH^-$	2500
$\cdot H$	$H_2 + OH^-$	2500	H_2	1300*
$\cdot OH$	OH^-	3000	H_2O	3200
$O^- (\text{pH } 13)$	$2OH^-$	2200	OH^-	2
$HO_2 \cdot$	HO_2^-		H_2O_2	2000
$\cdot O_2^- (\text{pH } 11)$	O_2^{2-}	1300	HO_2^-	
H_{aq}^+	$\cdot H$	2350	H_2^+	0.00026
OH^-	—		e_{aq}^-	2.3
H_2		<1	—	
O_2	$\cdot O_2^-$	1900	$\cdot HO_2$	1900
H_2O	$\cdot H + OH^-$	1.6×10^{-6}		
H_2O_2	$\cdot OH + OH^-$	1200	$\cdot OH + H_2O$	9
无机溶质				
Br_2^-	$2Br^-$	1300		
Cd^{2+}	Cd^+	5300		<0.01
Ce^{3+}		<100	$Ce^{3+} + H^+$	
CO	$(CO^- \longrightarrow H\overset{\cdot}{C}O)$	100		<0.01
CO_2	$\cdot CO_2^-$	770		≈0.003
HCO_3^-	HCO_3^{2-}	<0.1		
$Cr_2O_7^{2-}$		5000		1600
Cu^{2+}	Cu^+	3500	$Cu^+ + H^+$	60
Fe^{2+}	Fe^+	20	$Fe^+ + H^+$	1.6
Fe^{3+}	Fe^{2+}	≈5000	$Fe^{2+} + H^+$	5
$Fe(CN)_6^{4-}$		<0.01		4
$Fe(CN)_6^{3-}$	主要为 $Fe(CN)_6^{4-}$	300		390
I_2	I_2^-	5100	$HI + I$	4000
I_3^-	$I_2^- + I^-$	2000		
N_2O	$N_2 + O^- (\longrightarrow \cdot OH + OH^-)$	870		0.01
NO	$NO^- (\longrightarrow HNO)$	2700		
NO_2^-	NO_2^{2-}	450		100
NO_3^-	$NO_3^{2-} (\longrightarrow NO_2 + 2OH^-)$	1100		1.4

溶　质	与 e_{aq}^- 反应		与 H 原子反应	
	产　物	反应速率常数/$(10^7 \text{ L} \cdot \text{mol}^{-1} \cdot \text{s}^{-1})$	产　物	反应速率常数/$(10^7 \text{L} \cdot \text{mol}^{-1} \cdot \text{s}^{-1})$
Na^+		<0.01		
NH_4^+	$\cdot H + NH_3$	0.2		
$H_2PO_4^-$	$\cdot H + HPO_4^{2-}$	0.42	$H_2 + HPO_4^{2-}$	<0.0002
HS^-	$\cdot H + S^{2-}$	0.06		
H_2S	$H + HS^- (65\%)$ $H_2 + S^- (35\%)$	1350		
SF_6	$6F^- + SO_4^{2-} + 7H^+$	1650		
SO_4^{2-}		<0.1		
有机溶质				
乙醛		350		3.4
乙酸	$CH_3CO_2^- + \cdot H$ $CH_3CO\cdot + OH^-$	8.4 9.6	(pH 1)	0.02
乙酸根离子(pH 10)		<0.1	(pH 7)	0.027
丙酮	$(CH_3)_2 \overset{\cdot}{C}-O^-$	590	H 加成 H 抽取	0.04 0.19
乙腈	$CH_3CH=\overset{\cdot}{N} + OH^-$	2.5	$CH_3CH=N\cdot$	0.35
N-乙酰基丙氨酸	(pH≈7)	1.0	(pH 1)	0.8
乙炔		3500		
丙烯酰胺	$(CH_3CHCONH_2)^-$	1800	$CH_3\overset{\cdot}{C}HCONH_2$	1800
烯丙醇		<0.1		230
苯胺		<2		180
苯	$\cdot C_6H_7 + OH^-$	1.3	$\cdot C_6H_7$	53
苯甲酸	(pH 5.4)	3300		100
苯甲酸根离子	(pH 5~14)	330	(pH 7)	87
二苯甲酮	$(C_6H_5)_2 \overset{\cdot}{C}-O^-$	3000	$\cdot C_6H_6COC_6H_5$	
苯甲醇		13		65
苄基氯		550		
溴乙酸根	$Br^- + \cdot CH_2CO_2^-$ (pH 10)	620	$HBr + \cdot CH_2CO_2^-$ $H_2 + \cdot CH(Br)CO_2^-$	35 <0.2
溴苯		430		
对溴酚		1200		
氯乙酸(pH 1~1.5)	$Cl^- + \cdot CH_2CO_2H$	690	$HCl + \cdot CH_2CO_2H$ $H_2 + Cl\overset{\cdot}{C}HCO_2H$	0.008 0.018
氯乙酸根(pH 7~11)	$Cl^- + \cdot CH_2CO_2^-$	120	$H_2 + Cl\overset{\cdot}{C}HCO_2^-$ $HCl + \cdot CH_2CO_2^-$	0.26 0.026
氯苯		50		
氯仿	$Cl^- + \cdot CHCl_2$	3000	$H_2 + \cdot CCl_3$	1.2
胱胺(RSSR)(pH 7.3)	$RSSR^-$	4000		

溶 质	与 e_{aq}^- 反应		与 H 原子反应	
	产 物	反应速率常数/ $(10^7\,L \cdot mol^{-1} \cdot s^{-1})$	产 物	反应速率常数/ $(10^7\,L \cdot mol^{-1} \cdot s^{-1})$
半胱氨酸 （正离子）(pH 1)		3000	$H_2 + \cdot SCH_2-CH(NH_3^+)-CO_2H$	250
（两性离子） (pH 5.5~7)	$HS^- + \cdot CH_2CH-(NH_3^+)CO_2^-$	820	$H_2 + \cdot SCH_2CH-(NH_3^+)CO_2^-$	100
			$H_2S + \dot{C}H_2CH-(NH_3^+)CO_2^-$	12
			从 C—H 键抽氢	5
（负离子）(pH 11.6)		7.5		
胱氨酸（RSSR） （正离子）(pH 1)			$RSH + RS\cdot$	500
（两性离子）(pH 6.1)	$RSSR^-$	1300		＞150
（负离子） (pH 10.7~12)		300		
乙醚		＜1		4.7
乙醇	$C_2H_5O^- + \cdot H$	＜0.01		1.7
乙酸乙酯		5.9		0.06
乙胺(pH＞11)	$CH_3\dot{C}H_2 + NH_3 + OH^-$	0.1		
（正离子）(pH＜10)	$\cdot H + CH_3CH_2NH_2$	0.25		
乙烯		＜0.025		300
氯乙酸根(pH≈10)		0.12(pH 7)	$H_2 + F\dot{C}HCO_2^-$	0.04
氯苯		6.5		
甲醛		＜1		0.5
甲酸	$HCO_2^- + \cdot H$	15	$H_2 + \dot{C}O_2H$	0.11
	$H\dot{C}O + OH^-$	19		
甲酸根(pH 9~11)	$H\dot{C}O + OH^-$	≈0.001		22
D-葡萄糖		0.03		4
甘氨酸 （正离子）(pH 3)		47	(pH 2)	1.7
（两性离子） (pH 6.4~8.5)	$NH_3 + \cdot CH_2CO_2^-$	0.7	$H_2 + NH_3^+\dot{C}HCO_2^-$	0.008
（负离子）(pH 11)		0.18		
甘氨酰替甘氨酸两性 离子(pH 6.4)		25		15
碘乙酸根(pH 10)	$I^- + \cdot CH_2CO_2^-$	1200		
碘苯		1200		
碘乙烷	$I^- + \cdot C_2H_5$	1500		

续表

溶　质	与 e_{aq}^- 反应		与 H 原子反应	
	产　物	反应速率常数/ $(10^7\,L\cdot mol^{-1}\cdot s^{-1})$	产　物	反应速率常数/ $(10^7\,L\cdot mol^{-1}\cdot s^{-1})$
甲基丙烯酸根(pH 10)		840		
甲烷		<1		
硫代甲烷	$SH^- + \cdot CH_3$	1800		
甲醇	$CH_3O^- + \cdot H$	<0.001		0.16
甲醇自由基	$\cdot CH_2OH \longrightarrow CH_2OH^-$	<10		
硝基苯	$C_6H_5NO_2^-$ $(\longrightarrow C_6H_5NO_2H)$	3000	$\cdot C_6H_5NO_2$	170
硝基甲烷(pH 0~6)	$CH_3NO_2^-$	2500	(pH 1)	4.4
(负离子)(pH 12)	$CH_3NO_2^-$	660		
草酸(pH 1.3)	$\cdot C(O)CO_2H + OH^-$	2500		0.04
(一价阴离子) (pH 2.8~4)		330		
(二价阴离子) (pH 7~10)		3		
苯酚(pH 6.3~6.8)		1.8	(pH 7)	420
(负离子)(pH≈11)		0.4		
dl-苯丙氨酸两性离子 (pH≈7)		1300		12
2-丙醇(pH 7.2)			$CH_2\overset{\cdot}{C}OHCH_3$	5
嘌呤(pH 7.2)		1700		
吡啶(pH 5.5~7.3)		300	(pH 7)	6.4
吡咯(pH 10.3)		0.06		
核糖		<1		
苯乙烯		1300		
四氯乙烯		1300		
四氰基乙烯		1500		
四硝基甲烷（pH 5.5~7)	$C(NO_2)_3^- + NO_2$	5000	(pH 7)	260
硫脲		300		
噻吩		6.5		
胸腺嘧啶		1800		
三氯乙酸根(pH≈10)		1200		
尿嘧啶		1100		300
尿素		0.028		

* 为 k 值,不是 $2k$ 值。

附录 4　·OH 自由基和 O⁻ 离子的反应速率常数

反应物	产物或反应类型	反应速率常数 /(10^7 L · mol^{-1} · s^{-1})
存在于辐照水中的粒子		
e_{aq}^-	OH^-	3000(2200)
·H	H_2O	2000
·OH	$H_2O_2(HO_2^-)$	530 ** (<2600)
$(2O^- \longrightarrow O_2^{2-})$		(<80) **
$HO_2·$	$H_2O_3(\longrightarrow H_2O + O_2)$	900
$H_2O_2^+$ (pH<1.51)	$H_3O^+ + O_2$	1270
$·O_2^-$ (pH>2.74)	$OH^- + O_2$	1010
OH^-	$O^- + H_2O$	1200
H_2	$·H + H_2O(·H + OH^-)$	4.9(8)
O_2	(O_3^-)	(290)
H_2O	$(·OH + OH^-)$	(0.17~2)
H_2O_2	$HO_2·+H_2O(O_2^- + OH^-)$	2.7(53)
无机溶质		
BH_4^-	$BH_4 + OH^-$	1200
Br^- (pH 6~9)	$·Br + OH^-$	110
CO	$·H + CO_2$	45
CO_2		<0.1
HCO_3^-	$CO_3^- + H_2O$	1.25
$·CO_3^{2-}$	$CO_3^- + OH^-$	41(<1)
Ce^{3+}	$Ce^{4+} + OH^-$	7.2
CNS^-	$(CNS)· + OH^-$	1100(100)
$C(NO_2)_3^-$	$C(NO_2)_3 + OH^-$	300
Cu^{2+}	$Cu^{3+} + OH^-$	35
Fe^{2+}	$Fe^{3+} + OH^-$	35
$Fe(CN)_6^{4-}$	$Fe(CN)_6^{3-} + OH^-$	1200(<7)
I^-	$·I + OH^-$	1550(96)
NO_2^-	$NO_2 + OH^-$	620(28)
H_2S	$HS· + H_2O$	1830
$KHSO_4$ (pH 7)		0.15

反应物	产物或反应类型	反应速率常数 /$(10^7 \text{ L} \cdot \text{mol}^{-1} \cdot \text{s}^{-1})$
H_2SO_4（pH 0.1～2）	$HSO_4 + OH^-$	0.07
Tl^+	$Tl^{2+} + OH^-$	7.6
有机溶质		
乙酸（pH 1～2）	$\cdot CH_2CO_2H + H_2O$	1.65
乙酸根（pH＞6）	$\cdot CH_2CO_2^- + H_2O$	7.5
丙酮	$\cdot CH_2COCH_3 + H_2O$	8.5
乙腈	$CH_3C(OH){=}N\cdot$ 或 $CH_3\overset{\cdot}{C}({=}N){-}OH$	0.55
N-乙酰丙氨酸	抽氢反应	46
丙烯酰胺	加成反应	450
苯胺	加成反应	790
苯	加成反应	530
苯甲酸（pH 3）	加成反应	400
苯甲酸根（pH＞6）	加成反应	540（＜0.6）
苯甲醇	加成反应	840
溴乙酸根	$\cdot CHBrCO_2^- + H_2O$	4.4
正丁醇	抽氢反应	390
2-丁醇	抽氢反应	260
异丁醇	抽氢反应	340
特丁醇	抽氢反应	51
氯乙酸	$\cdot CHClCO_2H + H_2O$	5.6
对氯苯甲酸根	加成反应	500
氯苯	加成反应	620
氯仿	$\cdot CCl_3 + H_2O$	1.4
胱胺（pH 1.4～9）		1470
半胱氨酸（pH 1～2）	$\cdot SCH_2CH(NH_3^+CO_2H)H_2O$	≈900
胱氨酸（RSSR）（pH 2）	$RSOH + RS\cdot$	480
乙醚	$\cdot C_2H_4OC_2H_5 + H_2O$	235
乙醇	$\cdot C_2H_4OH + H_2O$	180（95）
乙酸乙酯	抽氢反应	32
乙基胺（pH＞11）	$H_2O + CH_3CH_2\overset{\cdot}{N}H, H_2O + CH_3\overset{\cdot}{C}HNH_2$	630
正离子（pH＜10）	$H_2O + \cdot CH_2CH_2NH_2$	50
乙烯	$HOCH_2CH_2\cdot$	180
甲醛	$\cdot CHO + H_2O$	≈200

反应物	产物或反应类型	反应速率常数 /(10^7 L · mol^{-1} · s^{-1})
甲酸(pH 1)	$\cdot CO_2H + H_2O$	13
甲酸根(pH 6~11)	$\cdot CO_2^- + H_2O$	280
甘氨酸		
(正离子)(pH 3)	$NH_3^+\overset{\cdot}{C}HCO_2H + H_2O$	1.1
(两性离子)(pH≈7)	$NH_3^+\overset{\cdot}{C}HCO_2^- + H_2O$	0.9
(负离子)(pH>9.5)	抽氢反应	260
甘氨酰甘氨酸(pH≈6)	抽氢反应	25
D-葡萄糖	抽氢反应	190
甲烷	$\cdot CH_3 + H_2O$	24
甲醇	$\cdot CH_2OH + H_2O$	84(55)
硝基苯	加成反应	340
硝基甲烷	加成反应	<0.9
(负离子)	加成反应	850
对亚硝基-N,N-二甲基苯胺(PNDA)	加成反应	1250
草酸(pH 2)	$\cdot O_2CCO_2H + H_2O$	0.8
(二价阴离子)	$\cdot O_2CCO_2^- + OH^-$	0.95(1.6)
苯酚(pH 6~9)	加成反应	1200
苯丙氨酸(pH≈7)		630
正丙醇	$\cdot C_3H_6OH + H_2O$	265
异丙醇	$CH_3\overset{\cdot}{C}(OH)CH_3 + H_2O$	200
吡啶(pH 7)	加成反应	250
核糖	抽氢反应	210
胸腺嘧啶	加成反应	530
甲苯	加成反应	300
尿嘧啶	加成反应	630

* 在括弧中的反应产物和反应速率常数是 O$^-$ 离子的,反应速率常数值在 pH≥11 条件下测定。除非另有说明,测定 ·OH 自由基的反应速率常数的 pH 范围均低于 11。

** 是 k 而不是 $2k$。

附录5　常见瞬态物种在水溶液中的瞬态吸收光谱

1. 水化电子 e_{aq}^- ($\lambda_{max} = 720$ nm, $\varepsilon_{720} = 1.9 \times 10^4$ L·mol^{-1}·cm^{-1}, 300 K)

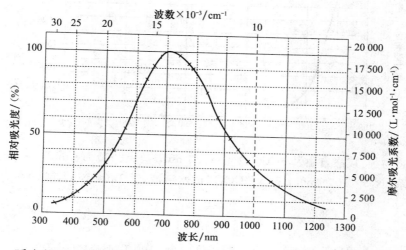

瞬态物种:水化电子 e_{aq}^-, $\lambda_{max} = 720$ nm, $\varepsilon_{720} = 1.9 \times 10^4$ L·mol^{-1}·cm^{-1}

体系:水为三重水,300 K,1 bar

2. 超氧离子自由基 $\cdot O_2^-$ ($\lambda_{max} = 245$ nm, $\varepsilon_{245} = 2350 \pm 120$ L·mol^{-1}·cm^{-1})

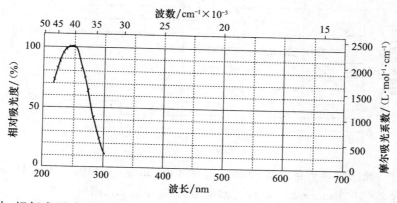

瞬态物种:超氧离子自由基 $\cdot O_2^-$, $\lambda_{max} = 245$ nm, $\varepsilon_{245} = 2350 \pm 120$ L·mol^{-1}·cm^{-1},

$k(O_2^- + O_2^-) < 0.35$ L·mol^{-1}·s^{-1}

体系:空气饱和 10^{-2} mol·L^{-1}甲酸钠水溶液,含有 10^{-4} mol·L^{-1} EDTA,加入 Na$_3$PO$_4$

调节 pH=10.5

3. 羧酸自由基 $\cdot CO_2^-$ ($\lambda_{max}=235$ nm，$\varepsilon_{235}=3000$ L·mol^{-1}·cm^{-1})

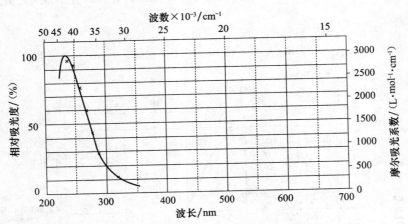

瞬态物种：羧酸自由基 $\cdot CO_2^-$，$\lambda_{max}=235$ nm，$\varepsilon_{235}=3000$ L·mol^{-1}·cm^{-1}

体系：含 3×10^{-2} mol·L^{-1} HCOO$^-$ 的水溶液，通 1atm N$_2$O，pH=9

4. 硫酸阴离子自由基 $\cdot SO_4^-$ ($\lambda_{max}=450$ nm，$\varepsilon_{450}=1100$ L·mol^{-1}·cm^{-1})

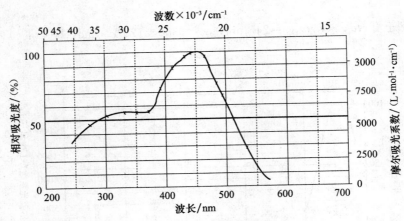

瞬态物种：硫酸阴离子自由基 $\cdot SO_4^-$，$\lambda_{max}=450$ nm，$\varepsilon_{450}=1100$ L·mol^{-1}·cm^{-1}

体系：含 2×10^{-3} mol·L^{-1} S$_2$O$_8^{2-}$ 水溶液，通 1 atm Ar，pH=5.1

5. 硝酸自由基 $\cdot NO_3$ ($\lambda_{max}=595,640,675$ nm, $\varepsilon_{635}=250\pm90$ L $\cdot$ mol^{-1} $\cdot$ cm^{-1})

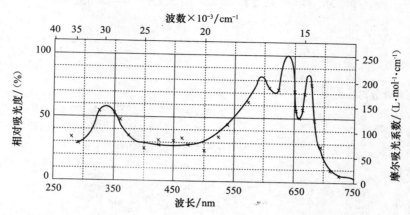

瞬态物种:硝酸自由基 $\cdot NO_3$, $\lambda_{max}=595,640,675$ nm, $\varepsilon_{635}=250\pm90$ L $\cdot$ mol^{-1} $\cdot$ cm^{-1}

体系:含 0.1 mol $\cdot$ L^{-1} K$_2$Ce(NO$_3$)$_6$,水溶液 pH$=0.65$

6. 硫氰阴离子自由基 $\cdot$(SCN)$_2^-$ ($\lambda_{max}=480$ nm, $\varepsilon_{480}=7600$ L $\cdot$ mol^{-1} $\cdot$ cm^{-1})

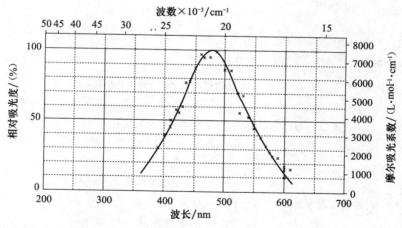

瞬态物种:硫氰阴离子自由基 $\cdot$(SCN)$_2^-$, $\lambda_{max}=480$ nm, $\varepsilon_{475}=7600$ L $\cdot$ mol^{-1} $\cdot$ cm^{-1}

体系:含 10^{-4} mol $\cdot$ L^{-1} KSCN 水溶液(新鲜配制),N$_2$ 饱和,pH$=6.0$

附录 6　某些物理常数和单位换算

1. 物理常数

阿伏加德罗常数	$N_A = 6.023 \times 10^{23}$
普朗克常数	$h = 6.626 \times 10^{-34}$ J·s $= 4.136 \times 10^{-15}$ eV·s
摩尔气体常数	$R = 8.314$ J·mol^{-1}·K$^{-1} = 1.986$ cal·mol^{-1}·K^{-1}
玻尔兹曼常数	$K = 1.380\ 658 \times 10^{-23}$ J·K^{-1}
法拉第常数	$F = 9.648 \times 10^4$ C·mol^{-1}
电子电荷	$e = 1.602 \times 10^{-19}$ C $= 4.803 \times 10^{-10}$ esu
电子静止质量	$m_0 = 9.109 \times 10^{-31}$ kg
电子静止质量相当的能量	$m_0 c^2 = 0.8186 \times 10^{-13}$ J $(0.511$ MeV$)$
1 mol 理想气体[$1.013\ 25 \times 10^5$ Pa (1 atm),273 K]的体积 V_m	$V_m = 22.4$ L
光子在真空中的速度	$c = 2.998 \times 10^8$ m·s^{-1}
电子在干燥空气中每产生一个离子对消耗的平均能量	$W = 33.97$ eV

2. 单位换算

1 Ci $= 3.7 \times 10^{10}$ 次核衰变·s$^{-1} = 3.7 \times 10^{10}$ Bq

1 Bq $=1$ 次核衰变·s$^{-1} = 2.7 \times 10^{-11}$ Ci

3.7×10^{13} Bq(1 kCi)^{60}Co 源(点源)在 1 m 处的照射量率　$\dot{X} = 1300$ R·h^{-1}

3.7×10^{13} Bq(1 kCi)^{137}Cs 源(点源)在 1 m 处的照射量率　$\dot{X} = 330$ R·h^{-1}

半减弱厚度　　　$d_{1/2} = 1.06$ cm(对^{60}Co γ 射线和铅)

$\qquad\qquad\quad d_{1/2} = 5.2$ cm(对^{60}Co γ 射线和混凝土)

$\qquad\qquad\quad d_{1/2} = 0.57$ cm(对^{137}Cs γ 射线和铅)

$\qquad\qquad\quad d_{1/2} = 3.8$ cm(对^{137}Cs γ 射线和混凝土)

照射量为 1 R 的 X 射线或 γ 射线,空气的吸收剂量为

$$D_{空气} = 8.76 \times 10^{-3}\ Gy = 8.76 \times 10^{-3}\ J·kg^{-1}$$

照射量为 1 R 的硬 X 射线或 γ 射线,水的吸收剂量为

$$D_{水} = 9.71 \times 10^{-3}\ Gy = 9.71 \times 10^{-3}\ J·kg^{-1}$$

1 Gy $= 1$ J·kg$^{-1} = 100$ rad

1 rad $= 10^{-2}$ Gy $= 10^{-2}$ J·kg$^{-1} = 100$ erg·g^{-1}

$\qquad = 6.242 \times 10^{13}$ eV·g$^{-1} = 10^{-5}$ W·s·g^{-1}

1 eV·g$^{-1} = 1.602 \times 10^{-16}$ Gy $= 1.602 \times 10^{-14}$ rad

1 eV $= 1.602 \times 10^{-19}$ J $= 1.602 \times 10^{-12}$ erg $= 8.066 \times 10^3$ cm^{-1}(波数)

1 cal $= 4.185$ J

1 G 单位 $= 1.0364 \times 10^{-7}$ mol·J^{-1}

1 光子的能量 $E(\text{eV})=1.240\times10^3/\lambda$ （nm）

1 Å$=10^{-10}$ m$=10^{-1}$ nm$=10^{-4}$ μm

1 eV·s$^{-1}=1.602\times10^{-19}$ W

1 W$=6.242\times10^{18}$ eV·s^{-1}

1 eV·分子$^{-1}=23.06$ kcal·mol$^{-1}=96.49$ kJ·mol^{-1}

1 atm$=1.013\,25\times10^5$ Pa$=760$ mmHg$=760$ torr

1 bar$=0.1$ MPa$=10$ N·cm^{-2}